ERNST PLEWE †

GEOGRAPHIE IN VERGANGENHEIT UND GEGENWART

ERDKUNDLICHES WISSEN

SCHRIFTENREIHE FÜR FORSCHUNG UND PRAXIS
HERAUSGEGEBEN VON EMIL MEYNEN
IN VERBINDUNG MIT
GERD KOHLHEPP UND ADOLF LEIDLMAIR

HEFT 85

FRANZ STEINER VERLAG WIESBADEN GMBH
STUTTGART 1986

GEOGRAPHIE IN VERGANGENHEIT UND GEGENWART

AUSGEWÄHLTE BEITRÄGE ZUR GESCHICHTE UND METHODE DES FACHES

VON

ERNST PLEWE †

HERAUSGEGEBEN VON

EMIL MEYNEN UND UTE WARDENGA

FRANZ STEINER VERLAG WIESBADEN GMBH
STUTTGART 1986

Zuschriften, die die Schriftenreihe „Erdkundliches Wissen" betreffen, erbeten an:
Prof. Dr. G. Kohlhepp, Im Kleeacker 12, D-7400 Tübingen
oder
Prof. Dr. A. Leidlmair, Kaponsweg 17, A-6065 Thaur/Tirol
oder
Prof. Dr. E. Meynen, Langenbergweg 82, D-5300 Bonn 2

CIP-Kurztitelaufnahme der Deutschen Bibliothek
Plewe, Ernst:
Geographie in Vergangenheit und Gegenwart : ausgew. Beitr. zur Geschichte u. Methode d. Faches / von Ernst Plewe. Hrsg. von Emil Meynen u. Ute Wardenga. – Stuttgart : Steiner-Verlag-Wiesbaden-GmbH, 1986.
(Erdkundliches Wissen ; H. 85)
ISBN 3-515-04791-3
NE: GT

Professor Dr. Ernst Plewe, der langjährige Mitherausgeber des „Erdkundlichen Wissens", starb am 18. 5. 1986. Wir verloren einen Kollegen und Freund.

Dieser Aufsatzband war als Festschrift zum 80. Geburtstag (22. 5. 1987) gedacht. Er erscheint jetzt als Gedächtnisschrift. Diese gilt einem Wissenschaftler, der im Spiegel des Schaffens der geistigen Vorfahren immer wieder neue gegenwärtige Entwicklungen seines Faches überprüft und seine Erkenntnisse in klaren Worten vorgetragen hat. Sein Wort wird weiterleben.

G. Kohlhepp *A. Leidlmair* *E. Meynen*

INHALT

Ernst Plewe. Lebensweg und wissenschaftlicher Beitrag zur Geschichte und Methodik der Geographie. Von E. Meynen und U. Wardenga 9

Ausgewählte Beiträge von Ernst Plewe:

1. Untersuchungen über den Begriff der „Vergleichenden" Erdkunde und seine Anwendung in der neueren Geographie (1932) 21
2. Randbemerkungen zur geographischen Methodik (1935). 112
3. Philosophische Erdkunde (1938) 124
4. Vom Wesen und den Methoden der regionalen Geographie (1952) 130
5. Studien über D. Anton Friedrich Büsching (1958) 159
6. Die Entwicklung der französischen Geographie im 18. Jahrhundert (1977). . . 180
7. Teleologie und Erdwissenschaften im Rahmen der Naturphilosophie von Henrich Steffens (1968) 199
8. Alexander von Humboldt 1769–1969 (1970). 222
9. Carl Ritters Stellung in der Geographie (1960) 249
10. Carl Ritter. Hinweise und Versuche einer Deutung seiner Entwicklung (1959). 259
11. Ritters „produktenkundliche" Monographien im Rahmen seiner wissenschaftlichen Entwicklung (1979) 328
12. Heinrich Barths Habilitation im Urteil von Carl Ritter und August Boeckh (1963). 345
13. Karl Theodor Andree 22. X. 1808–10. VII. 1875 (1977) 353
14. Eduard Hahn. Studien und Fragen zu Persönlichkeit, Werk und Wirkung (1975). 364
15. Alfred Hettner, seine Stellung und Bedeutung in der Geographie (1960) 379
16. Prof. Dr. Walther Tuckermann 17. 8. 1880–14. 9. 1950 (1950) 392
17. Hermann Lautensach 20. 9. 1886–20. 5. 1971 (1972) 407
18. Heinrich Schmitthenner 3. 5. 1887–18. 2. 1957 (1957) 414

Veröffentlichungstätigkeit von Ernst Plewe 431

ERNST PLEWE. LEBENSWEG UND WISSENSCHAFTLICHER BEITRAG ZUR GESCHICHTE UND METHODIK DER GEOGRAPHIE

Die Lebens- und Werkdaten von Ernst Plewe sind in kurzen Worten zu fassen. Geboren am 22. 5. 1907 in Preußisch-Stargard, verlebte er hier und im ostpreußischen Allenstein, wo er 1926 das Abitur ablegte, seine Kindheit und Jugend. Leipzig, Innsbruck und Greifswald waren die Plätze des Universitätsstudiums, Geographie, Geologie, Germanistik, Volkskunde und Philosophie die Fächer. 1931 promovierte er in Greifswald in Geographie, Geologie und Philosophie. Eine Lebensfügung sollte es sein, daß der junge Doktor 1932 Hilfsassistent in Heidelberg und nach dem 1933 abgelegten Staatsexamen planmäßiger Assistent des Geographischen Instituts wurde.

Als die Städtische Handelshochschule Mannheim aufgelöst und ihre Ausbildungsgänge an die Universität Heidelberg als 6. Fakultät überführt wurden, übernahm er hier die wirtschaftsgeographischen Lehrdarbietungen noch vor seiner Habilitation, der er sich 1937 an der Philosophischen Fakultät unterzog. Die Verleihung der Dozentur erfolgte 1938, jedoch erst 1941 seine Ernennung zum Diätendozent, weil er im nationalsozialistischen „Dozentenlager" unliebsam als Kritiker aufgefallen war. Drei Jahre später wurde er zum außerplanmäßigen Professor ernannt. Die Kriegsjahre überschatteten die ersten Jahre seiner Lehrtätigkeit. Von 1939 bis Februar 1940 war er Soldat im Fronteinsatz. Infolge einer Nierenentzündung entlassen, übernahm er für drei Trimester die Leitung des Heidelberger Instituts. Dann stand er wieder im Militärdienst, zunächst an der Libyenfront. Nach einer schweren Fußverletzung frontdienstuntauglich, wurde er als Wehrgeologe in Norwegen eingesetzt und war später Leiter der Wehrgeologenstelle in Ostdeutschland. Es waren Jahre der praktischen Anwendung des Gelernten im Gelände. Juli 1945 kehrte er aus Kriegsgefangenschaft nach Heidelberg zurück. Er übernahm in schwerer Zeit erneut die Wahrung der Geschäfte des Geographischen Instituts in Heidelberg und daneben an der 1946 wiedererrichteten Wirtschaftshochschule Mannheim einen Lehrauftrag für Wirtschaftsgeographie, dazu für drei Semester einen zweiten Lehrauftrag an der Technischen Hochschule Darmstadt. Spätherbst 1947 wurde diese Tätigkeit durch die gleichzeitige Berufung als Extraordinarius an die Wirtschaftshochschule Mannheim und die Technische Hochschule Darmstadt amtsrechtlich anerkannt. Ein halbes Jahr später, Februar 1948, erfolgte die Ernennung Plewes zum außerordentlichen Professor für das Gesamtgebiet der Geographie an der Wirtschaftshochschule Mannheim. Angebote des Ordinariats in Greifswald und Ostberlin und eine spätere Berufung nach Hamburg (1963) lehnte er ab. Mai bis Oktober 1950 und Oktober 1952 bis Juli 1953 vertrat Plewe den Heidelberger Ordinarius, doch blieb Mannheim seine Lehrstelle. 1957 wurde er zum persönlichen Ordinarius ernannt, 1961 erfolgte die Ernennung zum o. Professor. Nach einer erfolgreichen 40-jährigen Lehrtätigkeit wurde Plewe 1972 emeritiert.

*

Die Daten sind die zeitlichen Festpunkte eines Lebens, sie verlangen, um Zusammenhänge und Eigenständigkeit zu erkennen, um die Individualität eines Lebensweges zu begreifen, eine Spiegelung vor den menschlichen Begegnungen und vor dem historischen Hintergrund, dessen Geschehen und Ereignisse nicht nur die große Politik, sondern auch das alltägliche Leben des Einzelnen in oft tiefgreifendem Maße bestimmen.

Ernst Plewe ist als ältester Sohn zusammen mit vier Geschwistern – zwei Brüdern und zwei Schwestern – in einem Arzthaushalt in Preußisch-Stargard aufgewachsen. Der glücklichen, sorgenfreien Zeit seiner frühen Kindheit setzte der Erste Weltkrieg durch die Trennung der Familie und die in seinem Gefolge für die Zivilbevölkerung anbrechenden Not- und Hungerjahre ein rasches Ende. Als Posen und Westpreußen aufgrund des Versailler Vertrages 1919 an Polen gelangten, entschloß sich Plewes Vater, früh ergraut und resigniert aus dem Weltkrieg heimgekehrt, angesichts des immer stärker werdenden polnischen Drucks auf die deutsche Minderheit Westpreußen zu verlassen und im ostpreußischen Allenstein eine neue Praxis aufzubauen. Mitten in der das verbliebene Barvermögen der Familie restlos aufzehrenden Inflationszeit war dies kein leichtes Unterfangen, blieb der aus dem Westen zugewanderte Arzt doch zunächst aus der Allensteiner kassenärztlichen Vereinigung ausgeschlossen und damit allein auf die Einkünfte aus einer schlecht gehenden Privatpatientenpraxis angewiesen. So mußte, da kein Geld für die Anmietung einer Stadtwohnung vorhanden war, die Familie erneut getrennt werden. Während die Mutter mit den jüngeren Geschwistern mehr schlecht als recht auf einem Bauernhof untergebracht wurde, bewohnte der älteste Sohn zusammen mit dem Vater ein im Allensteiner Zentrum angemietetes großes Zimmer, das zugleich als Praxis diente. Gerade aber diese harte, stets von Sorgen um das tägliche Auskommen geprägte frühe Allensteiner Zeit sollte für den jungen Plewe in vieler Hinsicht entscheidend werden. Denn während des Krieges hatte er, lieber in Wäldern stromernd als das Schulpensum durcharbeitend, den Anschluß auf dem Gymnasium insbesondere in den Naturwissenschaften und modernen Sprachen verloren. Unter der Anleitung des Vaters wurden nun konsequent, Schritt für Schritt die entstandenen schweren Kenntnislücken geschlossen, so daß Plewe 1926, ohne ein Jahr repetieren zu müssen, das Abitur bestand.

Ungemein wertvoll wurden die frühen Allensteiner Jahre jedoch auch deshalb, weil der Vater, der im Krieg seine Neigung zur Philosophie entdeckt hatte, zusammen mit dem Sohn Kant las, beginnend mit der leicht verständlichen „Theorie der Naturgeschichte des Himmels“ über die „Grundzüge der Metaphysik der Sitten“, die „Kritik der praktischen Vernunft“, die „Kritik der reinen Vernunft“ bis zu den „Prolegomena“.

Hier liegt der Schlüssel für das philosophische Interesse Plewes, das sich in sein Studium hinein fortsetzte und seine spätere wissenschaftliche Haltung und Arbeit bestimmt hat.

*

Doch nicht der Philosophie, die er als Nebenfach wählte, sondern, vom Schulunterricht motiviert, wandte er sich der Germanistik im Hauptfach zu, als er 1926 das Studium in Leipzig aufnahm. Die Entscheidung für Geographie als drittem Fach fiel eher zufällig, einem Vorschlag des Vaters folgend, obwohl Plewe als Mitglied einer Allensteiner „Wandervogel“-Gruppe bereits als Schüler Erfahrungen in der Geländebeobachtung gewonnen hatte.

Das Germanistikstudium wurde eine herbe Enttäuschung. Und so verlagerte sich, angeregt durch Vorlesungen von Hans Meyer und Wilhelm Volz, das Interesse des Studenten. Bereits in Leipzig studierte Plewe schwerpunktmäßig Geographie und, einer damals üblichen Fächerkombination entsprechend, Geologie, deren Grundbegriffe ihm Franz Koßmat, Leiter des Sächsischen Geologischen Landesamts, in Übungen und Vorlesungen vermittelte.

Nach zwei Leipziger Semestern setzte der inzwischen 21-jährige sein Studium in Innsbruck bei Johann Sölch und dessen damaligem Assistenten Hans Kinzl fort. Geologie, der er treu blieb, hörte er bei dem überragenden Lehrer Raimund von Klebelsberg, Siedlungs- und Volkskunde bei Hermann Wopfner. Auf zahlreichen Exkursionen mit seinen Lehrern, aber auch durch eigene Fahrten, erschloß sich ihm die Alpenwelt.

Insbesondere Hans Kinzl – eine herzliche Freundschaft sollte die beiden später verbinden – beeinflußte ihn während des Innsbrucker Semesters nachhaltig. Nicht nur, daß der Student als ein begeisterter Teilnehmer von Kinzls gründlichen kartographischen Übungen profitierte; der Assistent förderte ihn auch in ganz anderer Hinsicht. Rückblickend schildert Plewe, sein Leben lang ein brillianter und exzessiver Erzähler, der oft mit spitzem Humor den Nagel auf den Kopf zu treffen wußte, die betreffende Schlüsselsituation folgendermaßen:

„Ich saß im Geographischen Institut und las. Kinzl trat an mich heran und fragte, was ich da läse. Es war ein Kapitel aus einem Lehrbuch. Kinzl klappte das Buch zu und sagte: „Das zu lesen ist doch nichts“. Setzte sich dann neben mich und fragte, was ich denn nun eben ‚gelernt‘ hätte. Ich betete also los. Er aber fing an zu bohren: „Alles schön und gut, aber *wer* hat da eigentlich *was* gesagt?“ Ich antwortete brav nach Lehrbuch. „*Der* hat *das* gesagt.“ Kinzl: „Stimmt das?“ Ich: „Ich weiß nicht, aber da steht's doch!“ Kinzl: „Ja, in dem und dem Aufsatz, den muß man lesen, um beurteilen zu können, ob das Lehrbuch richtig referiert.“ Und dann ging er, holte die Zeitschrift mit dem Aufsatz und sagte: „Hier, lesen Sie! In der wissenschaftlichen Originalarbeit lebt die Wissenschaft, nicht im Lehrbuch, das nur zur Orientierung da ist und zum Hinweis auf die Originalarbeiten.“ – So habe ich bei Kinzl eigentlich erst wissenschaftlich arbeiten gelernt.“[1]

*

1928 bezog Plewe in seinem vierten Semester die Universität Greifswald. Hier sind der Geograph Gustav Braun, die Geologen Weigelt und Richter und – nach Weggang des ersteren – Serge von Bubnoff sowie der Philosoph Hans Pichler seine Lehrer gewesen. Besonders Pichler bestimmte die geistige Entwicklung Plewes in der Greifswalder Zeit. Ein „rüder Zwischenruf“, mit dem der sich als „Kantianer“

1 Aus einem Brief Ernst Plewes an Ute Wardenga vom 2. Februar 1985.

begreifende Plewe die Empfindlichkeit des „Leibnizianers" Pichler herausfordern wollte, hatte am Ende dazu geführt, daß der kritische, mit Widersprüchen keineswegs zurückhaltende Student „Senior" am Philosophischen Seminar wurde und zu Pichler und dessen Familie in freundschaftlichen Kontakt kam. Trotz des ausgezeichneten Verhältnisses zum Greifswalder Philosophen blieb Plewe aber bei der Geographie, denn gerade die Fülle der Empirie und die methodischen Probleme ihrer wissenschaftlichen Erforschung zogen ihn in Bann. Keineswegs hat er jedoch Ende der zwanziger und Anfang der dreißiger Jahre bereits mit dem Gedanken gespielt, eine Hochschullaufbahn als Fachgeograph einzuschlagen. Eher einer Neigung als einem spezifischen Ziel folgend, bat er, ohne zu wissen, was kommen würde, Gustav Braun schließlich um ein Promotionsthema. „Und da schickte mir eines Tages", wie sich Plewe noch über fünfzig Jahre später im Gespräch erinnert, „Braun auf einem kleinen Zettel, von seiner Hand geschrieben, mein Thema durch den Assistenten. Und ich guckte das an und konnte mir überhaupt nichts darunter vorstellen: Über den Begriff der ‚Vergleichenden Erdkunde'. Ich fragte den Assistenten, ob er sich was darunter vorstellen könnte und der sagte, das wüßte er auch nicht. Und so habe ich mich dann sehr langsam in die Geschichte der Geographie eingearbeitet . . ."[2].

Braun zeigte am Fortgang der Arbeit nur wenig Interesse, obwohl er, wie Plewe vermutet, den Doktoranden mit einer durchaus persönlich geprägten Absicht auf das Thema angesetzt hatte. Denn der Greifswalder Ordinarius hatte – wie immer mit untrüglichem Gefühl für Modeerscheinungen in der Geographie – 1930 ein Bändchen über allgemeine vergleichende Physiogeographie publiziert und hoffte offenbar, sein Schüler werde ihm im Nachhinein einen historisch fundierten, in seinem Sinne interpretierten Begriff einer „vergleichenden Erdkunde" liefern. Darin sollte er sich freilich täuschen. Denn in seiner Dissertation (vgl. hinten S. 21–111), die Plewe bescheiden „Untersuchung über den Begriff der ‚vergleichenden' Erdkunde und seine Anwendung in der neueren Geographie" nannte, wird der Schlagwortcharakter dieses Wortes eindrucksvoll nachgewiesen und abschließend geurteilt: „Es besteht also kein Grund, dieses schwer belastete Wort in der Geographie beizubehalten. Aufgefangen hat es Ritter vor 115 Jahren, ausdrücklich versuchsweise von artfremder Wissenschaft übernommen. Seither spukt es beunruhigend in der Geographie herum, kann nirgends festen Fuß fassen und wird eines Tages aus ihr verschwunden sein, wie schon aus anderen Wissenschaften, die sich aus ihren vorwiegend vergleichenden Kinderjahren zu einer Prinzipienwissenschaft ausgewachsen haben. Sollte man es dennoch beibehalten wollen, dann muß man sich vergegenwärtigen, daß es nur die Bedeutung eines willkürlichen Kennworts für ein beliebiges Gebiet der Geographie hat, auf das man sich aber auch erst noch einigen müßte, denn heute hat es selbst noch nicht einmal diesen – bescheidensten – Sinn unumstritten und eindeutig"[3].

Angesichts der auch anderweitig – etwa bei Hettner – bestehenden Bestrebungen, die vergleichende Methode in der Geographie aufzuwerten, mußte dieses auf-

2 Interview mit Ernst Plewe. Gesprächspartner: André Kilchenmann und Ute Wardenga (= Karlsr. Mskre. z. Wirtschafts- und Sozialgeogr. H. 67), Karlsruhe 1984, S. 4.

3 Plewe 1932, S. 83.

grund eindringender, auch heute noch vorbildlicher historischer Untersuchung formulierte Urteil wie ein Menetekel klingen, zeitgenössische Bemühungen um eine „vergleichende Erdkunde“ als wenig aussichtsreiches Unterfangen schon im Keim ersticken. Die Gesellschaft für Erdkunde zu Berlin veröffentlichte Plewes Untersuchung als Ergänzungsheft IV ihrer Zeitschrift (1932), eine außergewöhnliche Anerkennung.

*

Bereits diese erste Arbeit zeigt die Plewe kennzeichnende Art, im Rückblick Fragen der Gegenwart zu erörtern, die Vergangenheit nicht als bloße Vorgeschichte zu begreifen, sondern gleichsam als einen fernen Spiegel erscheinen zu lassen, in dessen Bild Bekanntes und Fremdes, Altes und Neues, Universelles und Individuelles auf eine ganz eigenartige, interpretativ und deutend zu erfassende Weise verwoben ist. Plewes Freude an der Schürfung in älterer Literatur hat nichts zu tun mit der Selbstzufriedenheit eines jener weltabgewandten Antiquare des frühen 19. Jahrhunderts, die jenseits des großen Wissenschaftsgetriebes in eremitischer Weltabgeschiedenheit ihren endlosen Faden gespannt haben. Vielmehr geht es ihm darum, verloren gegangenes Gut aufzulesen und zu gegebener Zeit wieder an die Front der Forschung zurückzubringen; auf Diskussionswürdiges, der Beachtung Bedürftiges und Aktuelles in den Schriften längst verstorbener Geographen hinzuweisen. Plewe hält nichts von der unhistorischen Attitüde, die sich mit großer Gebärde über das Gestern erhebt und nur das Heute gelten läßt, dabei aber übersieht, daß gegenwärtige Ereignisse und Ideen eingebunden bleiben in einen in der Vergangenheit aufgespannten Rahmen, mithin das Heute durch das Gestern bedingt und in Teilen auch bestimmt ist. Er begreift die Aufgabe des Disziplinhistorikers auch nicht bloß darin, Merkwürdigkeiten und Kuriositäten in der Erbmasse einzelner Geographen zu entdecken und sich an deren altfränkischem Glanz zu freuen oder aus der Sicht des Nachgeborenen überschlägig, rasch, auf Legitimitation des Aktuellen bedacht zu urteilen. Disziplingeschichte zu betreiben ist für ihn vielmehr mit dem Anliegen verbunden, Bescheidenheit und Skepsis gegenüber den eigenen wissenschaftlichen Auffassungen zu üben, Einsicht in die Relativität des eigenen Standorts zu gewinnen, aber auch auf immer wiederkehrende, gleichsam zu typisierende Situationen in der Entwicklungsgeschichte der Geographie aufmerksam zu machen und aus zunächst vermeintlich ganz Individuellem exemplarisch allgemein Gültiges herauszuarbeiten. Fachgeschichte ist für Plewe gewesene Lehr- und Forschungswirklichkeit. Sie zu verstehen ist nicht gleichbedeutend mit einer Übersetzung in heutige Sprache und einer Subsumtion unter Vertrautes, sondern vor dem Hintergrund der Zeit und innerhalb der jeweiligen, eine Epoche prägenden Weltanschauung Fremdes, Eigentümliches, Andersartiges gelten zu lassen und dessen für uns Heutige oft nur schwer verständlichen Sinn und Wert in den zeitgenössischen Bezügen aufzuweisen. In der Entwicklung der Geographie weiß Plewe deshalb feinsinnig zwischen Freiheit und Notwendigkeit, Zufall und Gesetzmäßigkeit zu unterscheiden und zeigt, wie beides in jedem Augenblick schier unentwirrbar miteinander verwoben ist.

*

Auch sein eigener Lebensweg ist reich an Situationen, in denen Zufall und Notwendigkeit auf eine ganz eigenartige Weise eine Synthese eingehen, sich Wägbares mit Unwägbarem vermischt und letzten Endes tiefgreifende Wirkungen hervorbringt.

Nach seiner Promotion plante Plewe, Antiquar zu werden. Da erhielt er von seinem Innsbrucker Lehrer Johann Sölch das überraschende Angebot, als Hilfsassistent bei ihm zu arbeiten. Auf den Rat seines Vaters schlug Plewe die Antiquarslaufbahn aus und entschied sich, zunächst an der Universität zu bleiben. Sölch, dem Plewe ein Exemplar seiner Arbeit hatte zukommen lassen, war seit 1928 Nachfolger auf dem Lehrstuhl Hettners in Heidelberg. Bereits wenige Tage nach seinem Dienstantritt lernte der junge Greifswalder Doktor Alfred Hettner persönlich kennen. Freilich waren die Bedingungen, unter denen der Schüler Gustav Brauns seinen Antrittsbesuch bei dem achtunggebietenden Heidelberger Emeritus machte, alles andere als erfreulich. Denn seit der Auseinandersetzung um die Ideen von William Morris Davis hatten sich die beiden Ordinarien nicht mehr viel zu sagen. Braun versuchte, wo er nur konnte, gegen Hettner zu opponieren. So benutzte er auch den gerade um diese Zeit auflodernden Konflikt um Spethmanns ‚Dynamische Länderkunde‘ und das länderkundliche Schema zu einem überaus polemisch geführten Kampf gegen Hettner und seine ganze Schule. Hettner selbst, der zu dieser Zeit mit Hochdruck an der Fertigstellung seines alten Projektes einer ‚Vergleichenden Länderkunde‘ arbeitete, hatte in seiner Geographischen Zeitschrift 1932 Plewes Dissertation – deren Ergebnisse überhaupt nicht in Hettners Bild paßten und ihn zu einer vollständigen Revision seiner zweifellos recht überschlägigen Geschichtsauffassung nötigen mußten – für seine Verhältnisse sehr kritisch rezensiert und im Schlußsatz von oben herab bemerkt: „So scheint mir das abschließende Urteil des Verfassers über den Gebrauch des Wortes vergleichend doch etwas schief zu sein“[4]. Für den heute gemeinhin als starrsinnig und dogmatisch geltenden, Neuerungen und Reformen vermeintlich nicht aufgeschlossenen Hettner schien also nach Lage der Dinge kaum Grund zu bestehen, mehr als ein paar höfliche Floskeln mit dem, wie es Plewe einmal selbst formulierte, „jungen Dachs aus Greifswald“ zu wechseln. Doch bereits bei der ersten Begegnung fanden die beiden ihrem Wesen nach vollkommen verschiedenen Geographen Kontakt. Der fast um ein halbes Jahrhundert jüngere, unerschrockene, und dort, wo er sich im Recht glaubte, unnachgiebige Plewe konnte Hettner von einzelnen Unstimmigkeiten und Ungenauigkeiten in seiner Rezension durch gemeinsames Studium der fraglichen Literatur überzeugen. Hettner wollte daraufhin seine Rezension berichtigen, was Plewe indessen selbstbewußt mit dem Hinweis ablehnte, daß, sollte seine Arbeit wirklich Substanz haben, sie sich auch trotz der Hettnerschen Rezension durchsetzen werde.

Von diesem Zeitpunkt an war das Eis gebrochen. Allmählich entstand zwischen Plewe und Hettner eine freundschaftliche Verbundenheit, die dem jüngeren vielfältige Anregungen schenkte, ja, die Plewe zum Interpreten des Altmeisters und zum Betreuer des Nachlasses Hettner werden ließ. Bereits 1959 aus Anlaß des 100. Geburtstages von Hettner, später, 1969, in einem Neudruck von Hettners

4 A. Hettner, Rez. zur Dissertation Plewe in: GZ 1932, S. 496f.

„Reisen in den columbianischen Anden" und in diesem Jahr anläßlich des 600-jährigen Bestehens der Universität Heidelberg setzte er ihm als Forscher, Lehrer und Mensch ein ehrendes Andenken. Plewe trat in den 60er Jahren auch mit Professor G. Pfeifer in unermüdlichem Eifer für das Fortbestehen der von Hettner gegründeten Geographischen Zeitschrift ein. Er war Mitherausgeber 1963–1976, teils in Abwesenheit von Pfeifer verantwortlicher Schriftleiter. Zugleich übernahm er die Mitherausgabe der von E. Meynen geführten „Beihefte der Geographischen Zeitschrift. Erdkundliches Wissen" 1964–1984, beide Tätigkeiten in selbstloser Redaktionsarbeit. Plewe hat sich überdies viele Jahre unter Hintansetzung anderer Arbeit der mühsamen Abfassung des Bandes „Wirtschaftsgeographie" von Hettners „Allgemeiner Geographie des Menschen" gewidmet. Denn 1941 beim Tode Hettners bestand das Lehrbuch nur aus einem Inhaltsverzeichnis und Hunderten von stenographischen Notizen, die es zu transkribieren, zu ordnen und im Sinne Hettners zusammenzustellen und inhaltlich zu verbinden galt.

*

Den Weg, den Plewe eher einer Laune als einem wirklichen Interesse Brauns folgend in seiner Dissertation eingeschlagen hatte, verfolgte er in Heidelberg im fortlaufenden Dialog mit Hettner weiter.

Kaum drei Jahre nach seiner Doktorarbeit veröffentlichte er den Beitrag „Randbemerkungen zur geographischen Methodik" (vgl. hinten S. 112–123). Darin setzt er sich mit neuen Ideen insbesondere von Banse, Volz, Muris, Schrepfer und Spethmann auseinander. Diese hatten in verschiedenen Schriften gegen das Gebot der Objektivität in der Wissenschaft Stellung genommen und versucht, „Erlebniswert" und „subjektive Anschauung" als wesentlichstes Element geographischer Erkenntnis hinzustellen, hatten eine Geographie national-deutscher Prägung gefordert, Analyse als „undeutsch" abgelehnt und demgegenüber einzig Synthese gelten lassen wollen. Damit und mit dem Postulat, Geographie solle „Landschaft" als „Ganzheit" begreifen, die Erde als einen Organismus ansehen, nicht Seins-, sondern Sinnzusammenhänge durch phänomenologische Wesensschau entdecken, war das Kausalitätsprinzip in Verruf geraten, das die o.g. Autoren überschlägig mit dem länderkundlichen Schema identifizierten. Hettner war als „liberalistischer Positivist" schwer unter Beschuß geraten; seiner unheilvollen Wirkung meinten die Autoren die Zersplitterung und Uneinigkeit und die Esoterik der zu akademisch und zu wenig lebensnah betriebenen Geographie zuschreiben zu können. Er habe mit seiner „undeutschen" Analysewut die Länderkunde zu einer weithin problemlosen Wissenschaft gemacht, wertvolle Entwicklungstendenzen bei Ritter und Richthofen im Keim erstickt, mithin die geographische Wissenschaft mehr behindert als gefördert.

Ernst Plewe schien in mehrfacher Weise zu einer Auseinandersetzung mit diesen vehement, im Ton der Forderung vorgetragenen neuen Ideen berufen zu sein. Denn zum einen war er Mitglied jener jungen Generation, deren Wortführer sich aufs schärfste bemühten, eine intellektuelle Distanz von der Generation Hettners zu schaffen, ja, die ganze Auseinandersetzung gerne als einen Generationenkonflikt interpretiert sahen. Zum anderen hatte insbesondere O. Muris das von Plewe in sener Dissertation dargestellte filigrane Geschichtsbild und mit ihm die Wiederentdeckung Ritters und das damit einhergehende vorsichtige Abrücken von Alexander von Humboldt sowie die kritische Beurteilung Peschels für seine Zwecke mißbraucht. Aller vorsichtigen, leisen und bei Plewe vorhandenen differenzierten Töne entkleidet, hatte er dieses Geschichtsbild Plewes grobschlächtig, apodiktisch, laut, hier ungebührlich lobend, dort in rasendem Zorn verurteilend als Fanfarenstoß der neuen Zeit in seiner Schrift „Nationale Erdkunde" (1934) hinausposaunt, um, in dem Bewußtsein, auch vor der Geschichte des Faches eine Legitimation gefunden zu haben, das, was man für die Hettnersche Geographie hielt, wie die Stadtmauern von Jericho zum Einsturz zu bringen.

An der Ende der zwanziger und Anfang der dreißiger Jahre heraufziehenden neoromantischen Art und Weise, das „Wesen" der Geographie zu bestimmen, hatte Plewe durchaus Anteil, sah, wie viele mit ihm, die Defizite der traditionellen Geographie. Demgegenüber erblickte er in der von der Philosophie der Romantik geprägten Ideenwelt Ritters ein aktuell bedeutsames Gegengewicht. Als ein Mitglied der jüngeren Generation nimmt er in seinem Beitrag eine zwischen den Parteien vermittelnde Stellung ein, versucht, die Spreu vom Weizen zu trennen, auf Bestehendes hinzuweisen und es gemäß jenem, was im Rahmen der Zeit als fruchtbare Entwicklungsrichtung erschien, zu transformieren, ohne freilich mit dem Postulat aufzutreten, auf zeitgenössische Probleme absolute Antworten geben zu können.

Ähnliche Ziele verfolgte er drei Jahre später im Aufsatz „Philosophische Erdkunde" (1938; vgl. hinten S. 124–129). Eine Besprechung des Buches von P. H. Schmidt „Philosophische Erdkunde. Die Gedankenwelt der Geographie und ihre nationalen Aufgaben" benutzt er, um im Vergleich mit früher erschienenen, ähnlichen Werken von J. R. Forster und E. Kapp auf die Zeitgebundenheit wissenschaftlicher Fragestellung und Erkenntnis hinzuweisen und zu betonen, daß Wissenschaft nicht im Elfenbeinturm und in weltabgewandten Zirkeln betrieben wird, sondern daß es gerade wissenschaftsexterne Faktoren sind, die der Wissenschaftsentwicklung zu bestimmten Zeiten wesentliche Impulse zu geben vermögen.

Plewes Auffassung vom Wesen und den Methoden der regionalen Geographie dokumentiert sich in dem gleichnamigen, 1952 in der Zeitschrift „Studium Generale" erschienenen Beitrag (vgl. hinten S. 130–158).

Angesichts ihres komplexen Forschungsgegenstandes faßt er Geographie als eine vielschichtige und facettenreiche Disziplin auf, erläutert, wie die heutige Geographie sich im Mit-, Neben-, Gegen- und Nacheinander verschiedener Konzeptionen zu einem Komplex sehr unterschiedlicher, dennoch vertretbarer Auffassungen entwikkelt hat. So konstituiert sich die Geographie nicht als eine abstrakte Wissenschaft in einer Welt definierter Axiome, Stoffe und Bewegungen, sondern ganz im Sinne Hettners als eine Gegenwartswissenschaft, deren Forschungsfeld die Erdoberfläche in ihrer räumlichen Differenzierung ist. Im Unterschied zu vielen seiner Zeitgenossen lehrt Plewe in Anlehnung an Hettner das Raumkontinuum. Der geographische Gegenstand ist nicht gegeben, sondern muß unter der Fragestellung des Zusammenseins und Zusammenwirkens von Erscheinungen im Raum erst – wie es Heinrich Schmitthenner einmal ausgedrückt hat – durch Geistestätigkeit gebildet werden. Die Erforschung und Darstellung des riesigen Objektbereichs der

Geographie setzt weitgespannte Kenntnisse auf vielen Gebieten voraus und erfordert eine beträchtliche Anzahl unterschiedlicher Fähigkeiten. Jedoch orientiert sich spezialisierte geographische Einzelforschung stark an persönlichen Vorgaben. Aus den vorhandenen Differenzen von Vorbildung und Überzeugungen bei Geographen ergibt sich – als ein traditionelles Charakteristikum der Disziplin – ein konkurrierendes Nebeneinander verschiedenster Forschungsperspektiven. Plewe faßt dies nicht als ein vorwissenschaftliches Defizit auf, sondern als eine Chance, auf dem Forum der Geographie mit Mut zur Theorie und in der Diskussion die eigene Wissenschaft zu gestalten.

Diese von Dietrich Bartels einmal „relativistisch-instrumentell" genannte Wissenschaftsauffassung Plewes findet sich zentral repräsentiert in der regionalen Geographie, der Erforschung und Darstellung der Erde als Komplexes verschiedener, durch den Kausalzusammenhang ihrer Elemente charakterisierter Erdräume. Die damit in Zusammenhang stehenden methodischen und wissenschaftstheoretischen Probleme – etwa das Problem der Raumabgrenzung, des Verhältnisses von Induktion und Deduktion in der Geographie sowie das Problem von Idiographie und Nomologie in der Länderkunde – werden von Plewe subtil interpretiert. Dabei zeigt sich, daß regionale Geographie durchaus nicht zu beschränken ist auf rein idiographische Elemente, ja, daß sich gerade hier, insofern von singulären Raummerkmalen abstrahiert wird, ein weites Feld für typisierende und vergleichende Forschung ergibt. Damit werden letzten Endes auch nomologische Aussagen in bezug auf den regelhaft ausgebildeten Komplexcharakter regionaler Geofaktorensysteme möglich.

Eine solcherart aufgefaßte und betriebene regionale Geographie ist freilich weit entfernt davon, Trivialzusammenhänge zu konstatieren, Allgemeinplätze zu verbreiten, nur topographisch, additiv und enzyklopädisch zu sein. Plewe selbst hat in der Überzeugung, daß bloße methodologische Programmschriften bisher noch nie ausgereicht haben, zur Hebamme wuchtiger Lebenswerke zu werden, in einigen glänzenden regionalgeographischen Studien wie etwa „Zur Entwicklungsgeschichte der Stadt Mannheim" (1955), „Die Agglomeration Mannheim-Ludwigshafen" (1962/63) oder „Mannheim-Ludwighafen, eine stadtgeographische Skizze" (1963) den überzeugenden Beweis dafür angetreten. Daneben hat er zahlreiche Studien zu regionalen Problemen der oberrheinischen Landeskunde, insbesondere des pfälzischen Raumes veröffentlicht und mehrfach zu Fragen des geographischen Unterrichts Stellung genommen.

*

Plewe hat keine eigene Forschungsreise unternommen. Der Platz besinnlicher Arbeit war die Bibliothek, die er sich im Laufe der Jahre mit dem Geschick und der Sicherheit eines Antiquars aufbaute und die Raritäten allerersten Ranges – so fast alle geographischen Schriften des 18. Jahrhunderts – in Fülle birgt. In geschlossenen Reihen neben- und übereinander säumen die Bücher bis zur Decke die Wände des Arbeits- und Bibliothekszimmers und quellen von hier aus in benachbarte Räume.

Plewe war aber keineswegs reiner Schreibtischgelehrter. So legte er in seiner 1937 erschienenen Habilitationsschrift die Ergebnisse versierter Geländebeobachtung vor, hat während des Krieges in Norwegen reiche Erfahrung als Wehrgeologe gesammelt und in den fünfziger Jahren mehrfach als Gutachter vor Ort bei Projekten im In- und Ausland mitgearbeitet. Auf zahlreichen Exkursionen mit seinen Studenten hat er immer wieder den Wert eigener Anschauung und differenzierter Geländebeobachtung unterstrichen und die Studenten zu geordnetem geographischen Sehen angeleitet.

*

Das Thema, zu dem Plewe im Laufe seines Lebens jedoch forschend immer wieder zurückgefunden hat, ist die Geschichte der Geographie. Sie erschließt sich für ihn nicht über einen systematischen Ansatz, der das Studium von abstrakten Begriffen und die Entwicklung einzelner Teilbereiche der Geographie in den Mittelpunkt seiner Forschungsinteressen rückt. Plewe betrachtet die Geschichte der Geographie gleichsam von unten her, so wie sie sich in Leben und Werk einzelner Geographen manifestiert. Damit zieht er die Konsequenz aus den in der Dissertation niedergelegten Ergebnissen.

Die weiteren, im vorliegenden Band zusammengefaßten, ausgewählten Beiträge Plewes über die Entwicklung der französischen Geographie im 18. Jahrhundert, über D. Anton Friedrich Büsching, Henrich Steffens, Alexander von Humboldt, Carl Ritter, Heinrich Barth, Karl Theodor Andree, Eduard Hahn, Alfred Hettner, Walther Tuckermann, Hermann Lautensach und Heinrich Schmitthenner sind Erbe eines Disziplinhistorikers und Philosophen unter den Geographen.

Mit großer Belesenheit und gemäß seiner philosophischen Ausbildung sucht er hinter den Werken einzelner Geographen die möglichen und tatsächlichen Ideenströmungen, analysiert die spezifisch historischen Bedingungen, unter denen sich wissenschaftliche Vorstellungen entwickeln und zur Geltung gelangen, aber auch infolge der Umprägung wissenschaftlichen Denkens zurückgedrängt werden und in Vergessenheit geraten. Wenn Plewe in seinen disziplinhistorischen Studien den zu einer bestimmten Zeit lebenden, in eine bestimmte Familie hineingeborenen und unter bestimmten Umständen herangebildeten und von dritten angeregten Forscher in den Mittelpunkt seiner Untersuchung rückt, so geschieht dies aus der Überzeugung, daß Forschung nicht losgelöst von der jeweiligen Wirklichkeit betrieben wird, sondern auf vielfältige Weise darin eingebunden bleibt, Teil dieser Wirklichkeit ist. Denn Ursache disziplinärer Entwicklung ist der in die kleine Welt der Familie und des Alltags und in die große Welt der Politik, Ideen und Weltanschauungen eingebunden bleibende, handelnde Mensch. Erst wenn man nach dessen jeweiligen Motiven und Handlungsspielräumen fragt, wird ein individueller Beitrag zur Entwicklung der Disziplin verständlich und auch begründbar.

Plewe kennzeichnet die Geographie als eine in allen Stadien ihrer Entwicklung von einer Vielzahl einander verstärkender und auch widerstreitender Kräfte geprägte Disziplin. Am Beispiel einzelner Geographen zeigt er meisterhaft, in welch hohem Maße wissenschaftsexterne Faktoren wie Erziehung, Bildung, Begabung und zeitgeschichtliche Ereignisse und Tendenzen den Gang der disziplinären Entwicklung mitzubestimmen vermögen, ihn weder kalkulierbar noch abschätzbar machen. Keineswegs wird er dadurch aber bloß zufällig und willkürlich, was der gern zitierte lapidare Satz „geography is what geographers do“ nahelegen möchte. Denn selbst dort, wo die Wirkung externer Faktoren hoch zu veranschlagen ist, wo in kontrahierender Sicht, wie es Plewe selbst formuliert, „das in naher Vergangenheit Erreichte gegenüber dem in schwer erkennbarer Ferne zurückliegenden“ überbewertet wird, man „das nicht mehr Aktuelle ohne Rücksicht auf seinen Wert unbeachtet“ läßt, „einst genial und bleibend Erfaßtes für selbstverständlich und den eigenen Standpunkt für endgültig“ hält, baut Forschung auf Forschung auf, ist das Nachfolgende auch – und gerade –, wenn es ganz anders und neu sein will, ohne das Vorangegangene nicht zu verstehen. Der vielfach beklagte mangelnde Konsens in der Geographie, der ihr anhaftende, vielgestaltige und heterogene Charakter ist für den Disziplinhistoriker Plewe in dem Bewußtsein, daß es keine absolute Antwort auf die Frage gibt, was Geographie sei, kein Anlaß zu einem Lamento. Dennoch, und darauf weist er in seinen Studien hin, gibt es in der Geschichte der Geographie Zeiten, in denen unter dem Einfluß hervorragender Persönlichkeiten wie Humboldt, Ritter, Richthofen und Hettner wesentliche, auch für spätere Generationen noch wichtige und bedeutsame Formulierungen gefunden und durch positive inhaltliche Forschung untermauert wurden. Die daraus abgeleitete Kontinuität der Entwicklung der Geographie ist bei Plewe keineswegs entelechisch gedacht: jede neue Geographengeneration bestimmt nicht nur auf die nur ihr eigene Art und Weise Wesen, Aufgabe, Ziel und Methode der Geographie; sie sucht auch, wie er es im Vorwort zur Habilitationsschrift von Dietrich Bartels ausgedrückt hat, neue Orientierungen und trifft andere Objektivierungen. Darüber hinaus setzt sie sich in ein ganz besonderes Verhältnis zur disziplinären Vergangenheit, die sie aus ihrer Sicht heraus zu begreifen sucht und für ihre Zwecke gleichsam in Wert setzt. Hier jenseits der durch aktuelle Zwecksetzungen diktierten Wahrnehmung historischer Wirklichkeit ausgleichend und auf objektives Urteil bedacht zu wirken, ist Anliegen Plewes.

Dabei weiß er auf eine Vielzahl von Verhaltensmustern hinzuweisen die unabhängig von Ort und Zeit den Gang der Wissenschaft u.U. auch heute bestimmen könnten. So zeigt er am Beispiel Hettners wie die Umprägung des Denkens in der Wissenschaft zugleich in den Ansprüchen auch Verzicht beinhaltet, unter welchen Bedingungen, aber auch mit welchen Folgen ein Fortschritt erkauft wird. Im Falle Hahns weist er darauf hin, wie durch uneinsichtiges und wenig diplomatisches, dafür aber bewundernswert konsequentes Verhalten ein bedeutsames theoretisches Werk vom Andenken an die Person getrennt wird und sozusagen anonym auch heute noch als Kristallisationspunkt für Problemstellungen in verschiedensten Wissenschaften dient. Im Falle Andrees hingegen schildert er, wie unter dem Vorzeichen einer orthodoxen Konsolidierung des Faches qualitativ Hochstehendes voreilig als „veraltet“ abgetan, skandalös umgebogen und mißverstanden wird. Am Beispiel Schmitthenners verdeutlicht er, wie sich der Einzelne unter vielfältigen Anregungen eigenständig entwickelt, Gedanken und Ideen transformiert, Gleiches unter anderen Bedingungen wahrnimmt und so zu neuen Problemen findet, aber auch unter welchen Bedingungen und mit welchen Voraussetzungen eine herrschende Theorie widerlegt wird.

So können die im folgenden abgedruckten Studien Plewes zur Fachgeschichte durchaus auch als feinsinnig interpretierte Lehrstücke gelesen werden, die neben allem Einmaligen, Situativen und Unwiederholbaren auf Grundsätzliches und allgemein Gültiges hinweisen in einer von Menschen geprägten Welt der Wissenschaft.

*

Wenige Wochen, nachdem die vorstehende Würdigung niedergeschrieben war, ist Ernst Plewe nach kurzer schwerer Krankheit am Pfingssonntag 1986 unerwartet verstorben. Davon, daß wir ihm, dem Nestor der deutschen Geographiehistoriker, die nun vorliegende Auswahl aus seinen Schriften zum 80. Geburtstag als Festgabe überreichen wollten, hat er nichts gewußt, ja, in der ihn kennzeichnenden Art der persönlichen Bescheidenheit eine solche Überraschung wohl nicht einmal erwartet. Aus unserer Festschrift ist nun eine Gedächtnisschrift geworden. Ihr Zustandekommen haben wir auch der tatkräftigen Mithilfe von Ernst Plewes kongenialer Lebensgefährtin, Frau Dr. Ilse Plewe-Voelcker zu danken. Für eine umfassende Würdigung von Ernst Plewes vielfältigen Verdiensten war unter den gegebenen Voraussetzungen kein Platz. Wenn wir unsere Einleitung nur geringfügig überarbeitet im ganzen aber in der Form zum Druck gegeben haben, wie sie für eine Festschrift konzipiert wurde, so mag dies als ein Mangel empfunden werden. Hinter unserem Handeln stand jedoch die Überlegung, daß der nun vorliegende Band weniger als Merkmal einer abgeschlossenen Epoche und Dokument einer vergangenen und uninteressant gewordenen Objektivierung anzusehen sei. Was immer Ernst Plewe in seinem Leben zur Förderung der Methodik und Geschichte der Geographie unternommen hat, um dieses intellektuelle Erbe zu besitzen, muß es erst erworben werden. Dazu soll die vorangestellte Würdigung, die auch als eine Einleitung in den Ansatz Plewes verstanden werden kann, in der ihr eigenen, von einem Nekrolog stark abweichenden Art Hilfestellung bieten.

Was Ernst Plewe einst über Hettner schrieb, gilt auch für sein eigenes Schaffen. Sein Werk ist weit und zugleich engmaschig genug, jedem neuen Gedanken Anknüpfungspunkte zu bieten. Es ist geschaffen worden nicht nur im Ringen um eigene Konsolidierung, sondern auch um das Verständnis der geographischen Fragestellung. Es läge in unserem eigenen Interesse, von dieser Grundlage auszugehen. Nichts würde Plewes Absichten und seiner Lebenshaltung mehr entsprechen, wenn jenseits einer bloßen kognitiven Aneignung mit Hilfe des Geschichtsbildes, das er uns gezeichnet hat, neue Objektivierungen getroffen würden.

E. Meynen, Bad Godesberg U. Wardenga, Münster

UNTERSUCHUNG ÜBER DEN BEGRIFF DER »VERGLEICHENDEN« ERDKUNDE UND SEINE ANWENDUNG IN DER NEUEREN GEOGRAPHIE

VON

ERNST PLEWE.

Einleitung.

In dieser Untersuchung soll dem heute wieder viel gebrauchten und zuweilen scharf umstrittenen Begriff der „vergleichenden" Erdkunde nachgegangen werden. Es hat sich mir im Laufe der historischen Forschung ergeben, daß die Frage durch Analyse von einfachen Definitionen hervorragender geographischer Wortführer nicht zu lösen ist, sondern daß allein ein Eingehen auf die jeweilige Grundauffassung von geographischer Wissenschaft überhaupt Licht in die Streitfrage bringen kann. Durch diese notwendige Problemerweiterung hat auch das ursprüngliche Thema, nach dem nur die Zeit von Ritter bis Ratzel vorgesehen war, eine Erweiterung auf das 18. Jahrhundert erfahren. Somit ist in der vorliegenden Arbeit der Versuch gemacht, an einer der zentralen Fragen der Methode die Geschichte der Geographie der Neuzeit von der formalen Seite her aufzurollen. Dabei ist grundsätzlich mehr Wert gelegt auf die Erfassung der Methode typischer geographischer Autoren, als auf eine ohnehin nie zu erreichende und auch fruchtlose historische Vollständigkeit.

Mit dieser Arbeit fühle ich mich bei vielen tief verpflichtet.

Herr Professor G. Braun hat mir die Anregungen gegeben, hat sie als Greifswalder Dissertation angenommen und mich in ihrer Ausarbeitung trotz seiner in Einzelheiten abweichenden Stellungnahme jederzeit auf das hochherzigste unterstützt. Er hat auch die Aufnahme der Arbeit in die Schriftenreihe der Zeitschrift der Gesellschaft für Erdkunde zu Berlin dem Vorstand vorgeschlagen. Dem Vorstand, insbesondere Herrn Professor Norbert Krebs, danke ich für sein Entgegenkommen.

Herr Professor Hans Pichler hat nicht nur diese Arbeit, sondern meine ganze wissenschaftliche Entwicklung seit 3 Jahren verfolgt und mich in allen Fragen der Geschichte und der Philosophie sowohl im Unterricht, wie vor allem in unzähligen Gesprächen gefördert. Ihm schulde ich meinen tiefsten Dank.

Für ein arbeits- und gerade auch für die vorliegenden Untersuchungen überaus lehrreiches Semester danke ich Herrn Professor Sölch, unter dessen zielbewußter Führung ich mich endgültig dem Studium der Geographie zugewandt habe.

Nicht unerwähnt bleiben mögen schließlich die Bemühungen der hiesigen Universitätsbibliothek um die teilweise sehr entlegene, oft nicht einmal nachweisbare Literatur. Wer erfahren hat, in welchem Durcheinander man die notwendigen Arbeiten lesen muß, wie sehr man bei der Ausarbeitung auf Auszüge und das Gedächtnis angewiesen ist — eine peinliche, aber praktisch nur zu oft unvermeidliche Lage gerade bei einer solchen analytischen Begriffsuntersuchung —, wird zuweilen nur skizzierte Teile entschuldigen, wenn nur das Ganze sich dem kritischen Urteil als brauchbar darstellen sollte.

Inhaltsübersicht.

Seite

Einleitung: Auffassung des Themas 5

Vergleichende Erdkunde von Varenius bis Carl Ritter 6

Varenius' „geographia comparativa". Versuch einer neuen Interpretation . . 6
Geographischer Vergleich in Nachbarwissenschaften 8
Die soziologische Entwicklung der „vergleichenden" Wissenschaften 9

Die historische Entwicklung der länderkundlichen Theorie 11

Büsching, Topologie der Staaten 11
Mentelle, „vergleichende" historische Geographie 13
Das Ordnungsprinzip dieser ersten Topologien 15
Die „reine Geographie" 16
J. Chr. Gatterer 17
Hommeyer 18
Zeune, Übergang zur modernen Länderkunde 20

J. R. Forster; Entwicklung seiner Arbeitsweise an den klimatologischen und anthropogeographischen Kapiteln seiner „Bemerkungen" 22

J. G. Forster 27
Die Bedeutung der Forster in der Geschichte der Geographie 27

Die „vergleichende" Erdkunde bei Carl Ritter 28

„Vergleichende Erdkunde" als Schlagwort 28
Ritters Schreib- und Denkstil 28
Biographische Voraussetzungen 29
„Europa" 29
„6 Karten von Europa" 30
Seine methodischen Schriften 32
Erkenntnis der Notwendigkeit einer geographischen Typologie 33
„Handbuch der allgemeinen Erdkunde" 34
Die Gesetzmäßigkeit im Werden Ritters 36
Ritter als erster Berufsgeograph 36
Hat Ritter seine „vergleichende" Erdkunde definiert? 37
Ritters Ablehnung einer Definition im Streit mit Fröbel 38
Inhaltliche Ausdeutung seiner „vergleichenden" Erdkunde als Übernahme romantischer Ideen in die Geographie 39
Der Begriff der organischen Ganzheit 39
Der Begriff des Wirkens, des Funktionszusammenhanges 41
Räumliches und zeitliches Moment bei Ritter 42
Bevorzugung des menschlichen Moments 43
Der Vergleich 44
Zusammenfassende Interpretation von Ritters „vergleichender Erdkunde" . . 44

„Vergleichende" Erdkunde bei Alexander v. Humboldt 46

Humboldt und Ritter 47
Menschliche Voraussetzungen für seine Arbeiten 47
Unterschiede der Geographie vor und nach Humboldt 48
Die Rolle der schöpferischen Phantasie 48
„Vergleichende Naturkunde" als Kosmologie 49
Hauptwesenszüge: Organischer Zusammenhang, kausale Verknüpfung, Induktion, irdische Bindung 49
Geographie als Erkenntniswissenschaft 50
Anwendung des geographischen Vergleichs 51
Humboldts sachliche und wertfreie Arbeit innerhalb des Gegebenen . . 53
Ziel und Sinn seiner „vergleichenden" Forschung 53
„Vergleichende" Geographie als wissenschaftliche Geographie bei Ritter und Humboldt 55

Vergleichende Erdkunde von Varenius bis Carl Ritter.

„Carl Ritter war nicht ohne Vorgänger."
Peschel.

Hettner[1]), Hassinger[2]), Kretschmer[3]) u. a. legen den Trennungsstrich zwischen mittelalterlicher und moderner Geographie in die erste Hälfte des 17. Jahrhunderts, wo die Entdeckungen im wesentlichen ihren Abschluß erreicht hatten, die Entdeckungsunruhe sich legte, und Zeit und Stoff für eine mehr intensive Forschung vorhanden war. Die Zeit stand unter dem Willen zur Zahl, zur exakten mathematischen Erfassung der Erscheinungen. So ist es nicht erstaunlich, daß auch die wissenschaftliche Erdbeschreibung zunächst von dieser Seite her in Angriff genommen wurde. Wenn man von Physikern usw. absieht, deren Forschung allmählich auch der Geographie zugute kam, so ist vor allem Varenius[4]) zu nennen, der seine „Geographia Generalis" noch selbst als angewandte Mathematik bezeichnete[5]). Bekanntlich taucht in diesem Werk zum erstenmal der Begriff der „komparativen" Geographie auf[6]). Günther interpretiert diese pars comparativa nun dahin, daß sie jene Eigenschaften untersucht, die sich aus der Vergleichung zweier Erdorte ergeben. Man würde jedoch dem eigentlichen Sinn dieses Kapitels näher kommen, wenn man es als mathematisch-geographische Verhältnislehre auffaßte, da die Kap. 34—40 eigentlich keinen Vergleich enthalten, sich aber in ihrem Endresultat alle in einem Zahlenverhältnis ausdrücken lassen. Dies kann durchaus der zutreffende Begriff für die Angabe Günthers sein, daß die pars comparativa „wesentlich die Lehre von der geographischen Ortsbestimmung, Kartographie und Navigationskunde enthalte". Überblickt man zudem den „allgemeinen" Teil des Werks im großen, so erkennt man darin eine

---

[1]) Hettner, 77, S. 59. — [2]) Hassinger, 71a. — [3]) Kretschmer, 110, S. 112ff. — [4]) Varenius, 221. — [5]) Günther, 65, S. 53 und 159, Anm. 239.

[6]) Varenius gliedert seine Schrift in einen „allgemeinen" und einen „speziellen" Teil, den allgemeinen wieder in einen „absoluten" (Erde als ganzes und für sich, Gestalt, Größe, Abmessung, Bewegung, stoffliche Beschaffenheit, Verteilung von Land und Wasser, Morphologie, Klimatologie usw.), einen „respektiven", in welchem die Erde in ihrer Beziehung zu den Gestirnen behandelt wird und einen „Komparativen" Teil, von dem Günther sagt, daß er „am schwierigsten zu umgrenzen" sei. Varenius unterteilt seine pars comparativa (in der Übersetzung von Günther) folgendermaßen:

Kap. 31: Von der geographischen Länge der Orte.
„ 32: Von der gegenseitigen Lage zweier Orte.
„ 33: Von der Entfernung eines Ortes von einem anderen.
„ 34: Vom sichtbaren Horizont.
„ 35: Von der Seefahrtskunst im allgemeinen und vom Schiffbau.
„ 36: Von der Last, die ein Schiff tragen kann.
„ 37: Vom 1. Teil der Schiffslenkung, der Distanz.
„ 38: Vom 2. Teil der Schiffslenkung, dem Kompaßstrich.
„ 39: Vom 3. Teil der Schiffslenkung, der Histriodromie, Bestimmung des Schiffsweges.
„ 40: Vom 4. Teil der Schiffslenkung, Ermittlung des augenblicklichen Orts des Schiffes.

bestimmte, wohlüberlegte Systematik: Der „absolute" Teil befaßt sich mit der Erde als einem qualitativ gegebenen Körper, der „respektive" Teil mit den Beziehungen zwischen ihr und den übrigen Himmelskörpern, der „komparative" Teil schließlich hat die mathematischen Verhältnisse auf der Erdkugeloberfläche zum Gegenstand. Man übersetzt demnach wohl am sinnreichsten die vielgenannte Stelle[7]): „Pars comparativa, affectiones illas considerans, quae ex comparatione unius loci ad alium oriuntur" mit: Komparativer Teil, jene Eigenschaften untersuchend, die sich aus dem Verhältnis zweier Erdorte zueinander ergeben. Unter diesem Gesichtspunkt braucht man auch nicht die Entschuldigung für Varenius, er habe eine „ars nautica mit Rücksicht auf den praktischen Vertrieb seines Werkes aufgenommen"; sie ordnet sich zwanglos einer mathematischen Verhältnislehre auf der Erdoberfläche ein, ist geographisch angewandte Proportionslehre[8]) braucht also nicht mehr als eine Entgleisung „des sonst so streng sichtenden Varenius" angesehen zu werden. Eine Stütze erhält diese Auffassung durch die von Varenius angewendete seltene Konstruktion comparatio ad. Sie ist bereits bei Cicero zu finden und bedeutet dort Proportion, Verhältnis, während die gewöhnliche Konstruktion comparatio cum in der Regel durch Vergleich mit . . . wiederzugeben ist[9]).

Nachfolger in dieser Art der Begriffsbestimmung dürfte Varenius nicht gehabt haben, wie er überhaupt keine engere Schule hinterlassen hat. Jedenfalls ist es sämtlichen Historikern, die sich mit ihm beschäftigt haben, aufgefallen, daß er den Begriff der „vergleichenden" Geographie „anders und enger" gefaßt hat als die Folgezeit[10]). Trotzdem durfte er aus der Betrachtung nicht ausgelassen werden; denn er hat den Terminus, der zur Verdeutschung durch „vergleichend" herausfordert, gehabt, und ist auch bis heute immer wieder in die engere Diskussion der Frage nach einer vergleichenden Erdkunde hineingezogen worden.

Abgesehen von Varenius scheint das 17. und beginnende 18. Jahrhundert an einer wissenschaftlichen Geographie wenig Interesse gefunden[11]) zu haben, sie hat vielmehr vorwiegend am Ausbau jener systematischen Wissenschaften gearbeitet, deren Resultate dann A. von Humboldt zu ihren überraschenden Anwendungen auf die Erde befähigten. Man erfand Apparate, maß, triangulierte, korrigierte und schuf auf neuen Grundlagen neue Karten, so daß das Antlitz der Erde in der Vorstellung der Zeit immer festere Formen annahm, ohne doch die Forschung vorläufig für sich zu interessieren.

---

[7]) Varenius, 221, S. 7.

[8]) Vgl. dazu Cassirer (242), wo auf S. 55ff. die technisch-mathematische Formenlehre und damit auch ausdrücklich der Begriff der Proportion als zentrale Fragen in der Weltanschauung der Renaissance herausgehoben werden. Cassirers Untersuchungen, die mir leider erst nach Abschluß dieser Arbeit bekannt wurden, lassen die Bemühungen Varenius gerade um die pars comparativa in einem zeitgeschichtlich außerordentlich interessanten Licht erscheinen.

[9]) Ein Hinweis, den ich Herrn Privatdozent Dr. Egermann verdanke. Vgl. auch das Cicero-Lexikon; dort Beispiele.

[10]) Humboldt 88, I. S. 60—74; Günther, 65; Ratzel, 175; Peschel, 162, S. 80, 812.

[11]) Kretschmer, 110, S. 126—136.

Doch ließ sich das geographische Denken nach der Entdeckungszeit nicht mehr in die landläufigen Kosmographien fassen; es gedieh auf dem Nachbarboden. Peter Heinrich Schmidt[12]) hat gezeigt, wie die Staats- und Wirtschaftswissenschaften abseits von der Zunftgeographie zur geographischen Anschauung der Länder vorzudringen suchten und hat die getrennten Wege der Geographie und der Wirtschaftsforschung vom Entdeckungszeitalter bis zur Gegenwart verfolgt, vor allem auch unter starker Berücksichtigung der immer kräftiger werdenden Vergleichung[13]).

Die Umstellung des Denkens beim wirtschaftenden Menschen wurde hervorgerufen durch die „großen Umwälzungen auf allen Gebieten des öffentlichen Lebens[14])". Die plötzliche außerordentliche Weitung des räumlichen Horizonts, die verstärkte Silber- und Goldzufuhr, welche in der zweiten Hälfte des 16. Jahrhunderts eine Preisrevolution hervorrief und die „sozialen Verhältnisse aller Länder" änderte, die plötzliche Änderung der Verkehrslage der wichtigsten Handelsstaaten und vieles andere ließ die rein beschreibende Methode als nicht mehr hinreichend erscheinen und drängte auf dem Gebiet der Staats- und Wirtschaftsforschung zur Untersuchung, zur Aufsuchung von Regelmäßigkeiten, von Ursache und Wirkung, zur Möglichkeit der Voraussicht, d. h. zum räumlichen Vergleich. Diese neue Einstellung nahm ihren Ausgang von den italienischen Staatsmännern des 15. und 16. Jahrhunderts und wurde weitergeführt von ihren wissenschaftlichen Nachfolgern der nächsten Generation in den Niederlanden und England. „Die Vergleiche planmäßig durchzuführen, sie etwa bewußt zur Methode auszubilden, liegt ihnen noch fern; sie werden unwillkürlich zu dieser Untersuchung geführt[15])." In der Tat findet sich nicht nur der geographische Vergleich in der sich jetzt unter dem Druck der historischen Umstürze ständig entwickelnden Nationalökonomie, sondern diese weist viele Jahre später — etwa durch Adam Smith — der zurückgebliebenen Geographie neue Wege, indem sie ihr „vergleichende", d. h. typologische und systematische Gesichtspunkte zur Verarbeitung bietet. Zur Erläuterung ihres Einflusses sowie des der Völkerpsychologie und Geschichte (Herder) auf das Werden der Geographie, so wichtig er für unser Thema wäre, kann ich nur auf P. H. Schmidt hinweisen, dessen Ausführungen an dieser Stelle einzugliedern wären.

Weitere „vergleichende" Gedanken vor größter Bedeutung für die Geschichte der Geographie sind die vorwiegend geophysikalischen Konstruktionen, die, aus dem Altertum und aus der Bibel in das Mittelalter übernommen, etwa seit dem 17. Jahrhundert einer wissenschaftlichen Untersuchung unterworfen wurden und zur Klärung des geographischen Weltbildes ganz ungeheuer stark beigetragen haben. Somit zeigt sich hier auch von dieser Seite her eine Wurzel, die — ohne im engeren Sinne Geographie zu sein — dennoch Gedanken und Anstöße zu systematischer geographischer Arbeit etwa im Sinne Humboldts in sich barg. Am Beispiel von der Lehre der Entstehung der Quellen, wie es Wisotzki dargestellt hat[16]), kann man

---

[12]) P. H. Schmidt, 209. — [13]) Schmidt, a. a. O. S. 4/5. — [14]) A. a. O. S. 11ff. — [15]) Schmidt, a. a. O. S. 12. — [16]) Wisotzki, 234, S. 1ff.

sich diese engen historischen Bindungen, die aus dem 17. und 18. Jahrhundert hinüberleiten zur Geographie des 19. Jahrhunderts, am besten vergegenwärtigen. Es sollte hier nur gesagt werden, daß es durchaus falsch ist, Ritter und Humboldt, je nach dem Interesse, das man ihnen entgegenbringt, entweder zu verselbständigen, oder auch wieder in ihrer Abhängigkeit gar zu sehr und zu einseitig festzulegen. Auch die geographische Wissenschaft ist ein Strom mit Quell- und Nebenflüssen, kennt Zeiten schnellen Wachstums und solche langsamer Entwicklung, nicht aber ist sie irgendwann einmal aus dem Gedanken eines Mannes entsprungen, heiße er nun Humboldt oder Ritter. Solche Zusammenhänge aufzuzeigen, muß der vornehmste Zweck dieser Arbeit sein.

Man pflegt ganz allgemein in geschichtlichen Betrachtungen der Geographie den unhistorischen und systemlosen Charakter der Zeit vom 16. bis 18. Jahrhundert dem systematischen Denken des 19. gegenüberzustellen; das ist im ganzen richtig. Im einzelnen darf dabei aber dreierlei nicht völlig übersehen werden:

1. Entstammen diesen Jahrhunderten die größten Systematiker der neueren Zeit auf zahlreichen Wissensgebieten.

2. Ist ihr Wirken nicht isoliert geblieben, sondern gewann auch auf die Geographie, vorwiegend von der zweiten Hälfte des 18. Jahrhunderts an immer mehr Einfluß. So ist etwa Herder von Leibniz abhängig. Auf manchen Gebieten wurde aber deshalb eine Systematik erschwert, weil es Aufgabe jener Jahrhunderte war, sich mit der überwältigenden Fülle neuen Tatsachenmaterials vertraut zu machen, dessen Erkenntniswert damals oft genug gar nicht abzuwägen war. Die verlästerten „Merkwürdigkeiten" sind in der Geschichte der Geographie deshalb nicht ohne Bedeutung; wurde doch durch sie der Wissensstoff ausgebreitet und bekannt. Wie schwer aber die geographische Kanonisierung den früheren Zeiten geworden sein mag, erhellt schon allein daraus, daß sie auch heute noch lange nicht widerspruchsfrei durchgeführt ist.

3. In allen Wissenschaften regt sich durch das ganze 18. Jahrhundert hindurch der Wille zur Systematik durch Scheidung des Verschiedenen und Zusammenfassung des ähnlichen. Benfey[17]) hat für die Geschichte der Sprachforschung diese Beziehungen aufgedeckt und verfolgt. Er hat da gezeigt, wie weit das Bestreben zurückreicht, ähnliche Worte bei verschiedenen Völkern in Zusammenhang zu bringen, bis schließlich durch die Kenntnis des Sanskrit der Schlüssel für die indogermanische Sprachentwicklung gefunden wurde. Es wäre hier historisch ungerechtfertigt, die vergleichende Sprachwissenschaft (übrigens ein Wort, das heute mehr und mehr aus der wissenschaftlichen Sprache ausscheidet) erst mit dem Jahre 1803 anheben zu lassen, wo dieses Wort zum erstenmal von Schlegel gebraucht wurde, oder gar erst mit Franz Bopp 1816 und seiner ersten wirklichen Ausarbeitung einer sprachgeschichtlichen Systematik, und das ganze vorhergegangene Bemühen, auf dem die Männer aufbauten, als „rohes Aggregat" zu bezeichnen.

---

[17]) Benfey, 15.

Das gleiche starke theoretische und systematische Interesse begegnet uns um diese Zeit in sehr vielen Wissenschaften, so las Blumenbach in Göttingen seit 1785 vollständige Kurse einer vergleichenden Anatomie als eigene Wissenschaft und zog in weiten Kreisen das Interesse auf dieses Gebiet (Sömmering, Camper, Forster, Humboldt, Goethe, Ritter u. v. a.). Pestalozzi versuchte die Pädagogik zu reformieren und hat damit auch zu einer Neuauffassung der räumlichen Anschauung beigetragen[18]). In die Kosmologie brachten Kant und Laplace System. Die Geschichtswissenschaften wurden mächtig durch Herder und seine Vorgänger gefördert. Die Philosophie gewann systembildende Kräfte von einem Grad und einer örtlichen Häufung wie einst in Griechenland. Aus diesen Zusammenstellungen soll ein „Zeitgeist" nicht abgeleitet, sondern nur gezeigt werden, daß die Entwicklung des Vergleichs in der Geographie keine Einzelerscheinung ist, sondern in soziologischen Zusammenhang zu bringen ist mit der Lebensarbeit von Generationen auf zahlreichen Gebieten; daß es sich hier um keine isolierten Neuschöpfungen handelt, sondern um das Auflodern einer universalen Denkrichtung, die schon seit dem Beginn der Renaissance da und dort verborgen glomm[19]). Eine nicht nur formale, sozusagen argumentierende, sondern ganz unmittelbare und inhaltliche Bedeutung gewinnt dieser Hinweis dadurch, daß Zusammenhang und geistiger Austausch der Gelehrtenrepublik damals sehr viel enger und reger war als heute. Der einzelne fühlte sich nicht so stark an sein — auch noch weniger abgezirkeltes — Wissensgebiet gebunden und war auch nicht so von ihm beansprucht, wie es heute meist der Fall ist. Besonders trifft das für die Geographie zu, der es an einheitlicher akademischer Pflege ja noch vor kurzem völlig fehlte, und der sich die Forscher von den verschiedensten Ausgangspunkten und mit den verschiedensten Methoden nahten. Ihre Geschichte entwickelte sich nicht wie die der meisten anderen Wissenschaften in einem geschlossenen Zuge, sonderen baut sich anfangs fast willkürlich und planlos aus einer Menge Einzelabsichten und Sonderforschungen auf. So wird sie bunt und vielseitig und ihre Darstellung schwierig.

Als Resultat dieser kritisch gewordenen induktiven vergleichenden Arbeit vorwiegend des 17. Jahrhunderts ergibt sich eine Vorstellung vom Erd- und Weltbau, die die schwersten traditionellen Hemmungen schon überwunden hatte. Zwar war der Begriff der Erde noch weitgehend unentwickelt, dennoch stand er jetzt als solcher der Forschung zur weiteren Reinigung und Berichtigung zur Verfügung und zog allmählich als besonderes Forschungsfeld das theoretische Interesse auf sich. Etwa bis zur Mitte des 18. Jahrhunderts beherrschten das Feld noch fast ausschließlich die Forscher der Einzel-

---

[18]) Wisotzki, 234, S. 120, 239; siehe auch unten S. 29, 33, 35.

[19]) Dilthey, 25. Vgl. auch Rothacker, 252, eine sehr wichtige Arbeit, die mir erst nach dem endgültigen Abschluß der vorliegenden Untersuchung bekannt wurde. S. 80—140 werden hier die uns interessierenden Fragen behandelt. Ein besonderer Abschnitt mit reicher Literaturzusammenstellung handelt von der vgl. Methode und kommt zu ähnlichen Ergebnissen.

wissenschaften, so wie Reiseschriftsteller[20]). „Größere systematische Werke der Länderkunde sind kaum zu erwähnen[20])." Erst dann übernahm die jetzt immer mehr sich entwickelnde Geographie ihre eigentliche Aufgabe.

Die methodischen Anfänge der Länderkunde führen auf zwei Wurzeln zurück: die Statistik (Achenwall, Süßmilch und ihre Vorgänger) und die alte geophysikalische Theorie von dem Erdgezimmer (charpente du globe), welcher Buache Ausbau und Anerkennung verschaffte.

Auf den Statistiken fußte der Theologe Büsching mit seiner historisch politisch aufgezogenen „Neue Erdbeschreibung" (1754 ff.), welche ihn zu dem bekanntesten und geachtetsten Geographen der Zeit machte. P. H. Schmidt spricht auch ihm eine „vergleichende Methode" zu[21]), welche „nur zu Gegenüberstellungen, nicht zu einer Sonderung des Verschiedenen und Gemeinsamen" führte.

Wie hat Büsching seinen Stoff angefaßt? Man kann sagen, daß sein Werk eine gedankenarme aber fleißige und notwendige Sammelarbeit ist, auf der die alte kosmographische Tradition noch schwer lastet. Er hebt hervor, er wolle die Erde beschreiben, und tatsächlich ist auch nicht ein Funken Konstruktion und innere Verbundenheit zwischen den einzelnen Teilen, seien es nun Staaten oder „Hauptrichtungen des Staatslebens". Mir liegt der 1. Band der 4. Auflage[22]) vor. Er beginnt mit einem Vorbericht, der zunächst die Geschichte der verschiedenen Auflagen streift, und sich dann sofort an die Auseinandersetzung des Zwecks der Arbeit macht. „Mein Zweck ist, eine Beschreibung des bekannten Erdbodens zu liefern, die so richtig und brauchbar sei, als sie irgend . . . verschafft werden kann. Dazu ist unumgänglich nötig gewesen, daß ich ganz von vorne angefangen habe, als ob vor mir noch keine Erdbeschreibung verfertigt worden wäre." Die Vorgänger sind ihm nicht genau und zuverlässig genug, und so hat er „einen kostbaren geographischen Briefwechsel" unterhalten, und aus diesem, sowie allen Quellen, deren er habhaft werden konnte, durch Vergleich aller untereinander eine möglichst „sichere", „brauchbare" und „nützliche" Beschreibung der einzelnen Länder geliefert. Nach einer längeren Auseinandersetzung, wer alles aus einer Geographie Nutzen ziehen kann, sowie nach Angabe seiner wichtigsten Quellenschriften, kommt er zu der berühmten „Einleitung in die Erdbeschreibung", welche in dürren Worten auf einigen 60 Seiten nicht nur seine Theorie über die Erdbeschreibung und ihre Methodik enthält, sondern zugleich die ganze mathematische und physikalische Geographie umfassen will. In diesem Abschnitt habe ich auch den einzigen größeren wirklichen Vergleich gefunden, in welchem er die Höhen der Gebirge regional klassifiziert, aber nur so nebenbei und merklich als Nachtreter. Den ganzen Rest des Werkes nimmt die „bürgerliche Geographie" ein. Historisch bedeutsam ist, daß Büsching sich für seine statistischen Angaben auf Joh. Peter Süßmilchs „sehr brauchbare und angenehme Anmerkun-

---

20) Hettner, 77, S. 60—66. — 21) Schmidt, a. a. O. S. 34.
22) Büsching, Nr. 241.

gen" beruft. Seine länderkundliche Darstellung beginnt mit einer Einleitung „Von Europa überhaupt", in der er sich aber auf eine Beschreibung der europäischen Meere beschränkte, weil er diese in seiner folgenden Staatenkunde nicht gut unterbringen konnte. Dann endlich folgt die eigentliche Erdbeschreibung, die ganz systematisch und bewußt sich eng an die politische Gliederung anschließt. Es ist eine Staatenkunde und will es auch sein; die Beschreibung eines jeden neuen Landes beginnt mit derselben Überschrift: „Einleitung in den Staat von X. . . .", welche einen kurzen Überblick zunächst über die vorhandenen Karten des Gebiets gibt, dann über Grenzen, Größe, Klima, Produkte, Bevölkerung, soziale Verhältnisse, Verfassungswesen, Sprache, Religion und Kirchenverfassung, Stand von Kunst und Wissenschaft, von Industrie, Verkehr und Handel, Wechsel- und Leihwesen, Münzrecht, Titel und Orden, Kanzlei- und Gerichtswesen, königliche Einkünfte und Steuern, endlich Kriegsmacht. Darauf wird das ganze Land nach seiner politischen Einteilung besprochen in der Art, daß er die größten Einheiten, in die es geteilt ist (Provinz, Stift, Gespanschaft), beschreibt, bis hinunter zu den einzelnen Kreisen und deren Städte und Flecken, ja selbst Dörfern, soweit er sie kannte und sie ihm „merkwürdig" erschienen.

Welches sind die Vor- und Nachteile dieser Methode? Was bedeutet sie für einen geographischen Vergleich? Vor allem anderen ist zu sagen, daß Vergleiche bei Büsching nicht zu finden sind. Er verspricht zwar mitunter, irgendwann einmal im folgenden den „Unterschied" zwischen zwei Dingen, etwa Adelsrechten in verschiedenen Ländern, herauszuheben, hält solche Versprechen aber, soweit ich sehe, nie, außer wo er, nur um sich nicht zu wiederholen, die völlige Gleichheit zweier Erscheinungen betont. Sonst ist ihm der Vergleich ein völlig fremdes Gebiet, das zeigt etwa folgende Stelle, die einzige, wo ich einen Vergleich in dem länderkundlichen Teil fand: „Man vergleiche das ungeheure Kirchspiel Paldamä in Finnland, welches 40 geographische Meilen lang und 12 breit ist, und in welchem in einigen Gegenden ein Bauernhof von dem andern 7 Meilen entfernt ist, mit der Provinz Holland, welche kaum halb so groß, auch an sich wenig fruchtbar ist, und nichtsdestoweniger 37 Städte, 8 Flecken und eine Menge ansehnlicher Dörfer, welche zum Teil viele schwedische Städte übertreffen und auf 1 Million Menschen enthält; so muß man über den Unterschied staunen[23])." Das ist alles; er geht darauf nicht weiter ein, läßt den Unterschied eigentlich weit mehr im Gefühl wirken, als daß er ihn ausspräche oder etwa seinen Ursachen nachginge.

In Versuchen, kausal zu verknüpfen, kann bei Büsching der Anspruch auf eine „vergleichende Geographie" nicht begründet sein, denn Ansätze zu solchen Verknüpfungen finden sich bei ihm nur in ganz seltenen, fast zufälligen und sehr allgemein gehaltenen Ausnahmefällen. Etwa wo er einzelne Einflüsse des norwegischen Gebirges auf die Bewohner bringt, und damit dann noch den Handel, die Einfuhr, das Seewirtschaftswesen in Zusammenhang bringt[24]). Sei diese Stelle nun von ihm, oder habe er sie entlehnt, sie steht so

---

[23]) A. a. O. S. 418. — [24]) A. a. O. S. 298/300.

vereinzelt da, daß sie nicht berücksichtigt zu werden braucht. Man könnte fast sagen, Büsching meide absichtlich Erklärungen, selbst wo er sie leicht hätte bringen können[25]).

Dennoch ist der systematische Fortschritt vor den Vorgängern unverkennbar: Er betont den Wert der Beobachtung und Quellenkritik und stellt selbst die umfangreichsten Nachforschungen an; er sichtet das Material aller Staaten einheitlich nach bestimmten geläufigen Stoffkategorien und handelt sie nebeneinander ab; wenn diese seitdem auch bis zur Unkenntlichkeit modifiziert worden sind, sowohl in der Auswahl wie in der Verarbeitung, so war doch Büschings Anfang ein Ausgangspunkt, seine Art der zwar unverarbeiteten, jedoch einheitlichen Sonderung des Gesamtstoffes methodischer als die geographische Arbeit seiner Vorgänger; endlich war auch sein länderkundliches Schema in gewisser Weise vollständig, indem bei seinem Fortschritt nach Staaten und deren räumlichen Abteilungen kein Stück des Territoriums unbeachtet bleiben durfte. Sein Streben, nach Möglichkeit Zahlenangaben zu bringen, war für eine spätere „vergleichende“ Erfassung eines Landes ebensowenig gleichgültig wie die Gegenüberstellung der verschiedenen Stoffgattungen. Es ist in gewissem Sinne eine Eigentümlichkeit der geographischen Literatur der Zeit, daß sie die gedankliche Arbeit, das eigentliche Vergleichen und Untersuchen, dem Leser überließ, dem sie aber das Material in hohem Grade aufbereitet vorlegte; in Mentelle wird gleich noch ein ähnlicher Fall zu prüfen sein. Die Methode und damit auch die ersten unausgesprochenen Vergleiche liegen hier im Ausgangspunkt der Arbeit, nämlich der kritischen Sammlung und Gliederung des Stoffes. Ihr gegenüber ist die wirkliche Forschung, die durch schwierigere logische Gedankenhandlungen, vorwiegend der Subsumtion, zu Erkenntnissen über das unmittelbar Gegebene hinaus vorzudringen sucht, bei diesen ersten methodischen Geographen der Neuzeit nur in seltenen Fällen zu finden. Da wir aber gewöhnt sind, nur in dieser letzten Form der Gewinnung von Erkenntnissen den sich zwingend aufdrängenden Vergleich zu sehen, sprechen wir ihn gar zu leicht den anspruchslosen, vorwiegend assertorischen Anfängen unserer Systematik ab. Schon die unmittelbaren Nachfolger jener politisch-statistischen Darstellungsart[26]), Gaspari, Fabri, Hullemann, Hassel, Cannabich, Gallet u. a. weichen in dem, was sie wollen, erheblich von Büschings reiner Staatenkunde ab, gehören schon in die Frühanfänge der Entwicklung der Länderkunde, die in ihrer neuen Art, Vergleiche zu bringen, unten zu besprechen ist.

An Büsching anzuschließen in der Form der reinen Gegenüberstellung der Materie und dem Verzicht auf den Vergleich ist Mentelle in seinem 1781 erschienenen und unter dem Titel „Vergleichende Erdbeschreibung[27])“ ins Deutsche übersetzten Werk. Schon Lüdde[28]) weist darauf hin, daß der französische wie der deutsche Titel sehr unzutreffend ist, und daß dieselbe Sache bei Phil. Brietius unter dem durchaus zutreffenden Namen: Parallela

[25]) A. a. O. S. 293 unten. — [26]) Vgl. Schmidt 209, S. 219 Anm. 12. — Wisotzki, 234, „Reine Geographie“. — [27]) Mentelle, 250. — [28]) Lüdde, 124, S. 13 Anm. 11.

Geographiae veteris et novae", Paris 1648/49, vorkommt[29]). Die Auffassung des „produktionsreichen Mentelle" vom Wesen der Geographie kommt gut zum Ausdruck: „Allgemeiner Plan dieses Werkes": „Der Titel dieses Buches kündigt zwar nur eine Erdbeschreibung an. So wie ich aber diese Wissenschaft immer ansehe, muß sie nicht bloß Nomenklatur sein, sondern auch andere Kenntnisse lehren, die zur Geschichte und Zeitrechnung gehören und zur tieferen Kenntnis auch dieser beiden Wissenschaften leiten. Mein Buch will dies tun. . . ." Im übrigen schließt er sich an Clüver und d'Anville[30]) an.

Welche Rolle spielt bei Mentelle der Vergleich? Er sagt selbst auf S. 2: „Ich konnte vermuten, daß man sich bei der ersten Ankündigung einer vergleichenden Erdbeschreibung unter meinem Werke eine ununterbrochene Verwendung oder Vergleichung des ehemaligen und gegenwärtigen Zustandes eines Landes vorstellen würde, und in der Tat könnte dies der Ausbreitung solcher Kenntnisse sehr vorteilhaft sein. Mein Zweck ist's wirklich[31])." Der methodischen Unsicherheit entspricht die gleiche praktische. Der starke Wille zur Wissenschaftlichkeit findet noch keine geographischen Kategorien und bleibt völlig in der Topographie und Geschichte stecken. „Die Lage der Orte ist sicher und beständig." Sie nimmt er zum Ausgangspunkt. Als Beispiel diene der 3. Band: „Die Türkey" (Südosteuropa). Er beginnt mit der mathematischen Erdbeschreibung, d. h. er bringt auf einer halben Seite die Lage, Größe und Grenzen des zu untersuchenden Gebietes. Schon auf der zweiten Seite folgt die „politische Erdbeschreibung", welche sich in drei größere Abteilungen gliedert, die „alte Erdbeschreibung", in der nacheinander und unverbunden die alten Staaten besprochen werden, rein topographisch, ohne die geringste zusammenhängende länderkundliche Beschreibung. Das Buch ist nur lesbar in Verbindung mit Karten, ähnlich wie Büschings „Neue Erdbeschreibung", und ist wohl auch so gedacht. Die Anschauung der Karte muß den Zusammenhang bringen, da die Sprache, wie es scheint, noch nicht die Begriffe zu einer Beschreibung hergeben kann. Dennoch wird irgendwie ein begrifflicher Zusammenhang zwischen den einzelnen topographischen Details als notwendig empfunden. Da man ihn nicht findet, müssen die schon in der Einleitung angekündigten historischen Reminiszenzen herhalten und mühsam die Zufälligkeiten der Einzelheiten verdecken. Denselben Ausweg nimmt Mentelle auch im großen, indem er zwischen den 1. und 3. Teil, die alte und neue Geographie, einen zweiten historischen Teil einschiebt: „Historischer und chronologischer Abriß der Geschichte der europäischen Türkey." Dieser soll dazu dienen, die Unterschiede zwischen der alten und der neuen Geographie zu erklären? Aber welches sind die Unterschiede? Mentelle muß diese Frage im Bewußtsein gehabt und die Ungenüge seines Werkes in dieser Beziehung gefühlt haben, als er zwischen den zweiten und dritten Teil den Satz schob: „Nach der Kenntnis des gegenwärtigen

---

[29]) Zitiert nach Gatterer, 44, 1. Bd. S. 118.

[30]) Mentelle, 250, S. 23/24. — [31]) A. a. O. S. 2.

Zustandes der Türkey wird man leicht den Unterschied zwischen der alten und neuen Erdbeschreibung dieses ausgebreiteten Landes fühlen, und bei sich selbst die Vergleichung machen können. Überhaupt hat dieses Reich im Norden gewonnen und im Süden verloren. ... Und eine ausführliche Erdbeschreibung der mittleren Zeit würde uns die Geschichte dieses Wachstums deutlich gezeigt haben; sie hätte aber unser Werk weitläufiger gemacht, als der Plan andeutete, und man kann sich durch den historischen Abriß eine ziemlich deutliche Vorstellung davon machen." Der Fortschritt etwa gegenüber Büsching in Hinsicht des Vergleichs ist der, daß dieser methodisch gefordert wird. Aber sein Wesen wird verkannt, indem er mit der historischen Herleitung verwechselt wird, während der Vergleich selbst nur kurz das Identische und das Unterschiedliche der beiden Zustände in beiden Zeiten hätte herausheben müssen. Die im Anschluß an Clüver immer zahlreicher werdenden „alten" Geographien reizten das Interesse in zwei Hinsichten, man möchte den Unterschied zwischen heute und damals erkennen, aber auch das historische Werden dieses Unterschiedes einsehen. Das eine wäre ein möglicher Typ einer „vergleichenden" Geographie, das andere ist ein Stück Geschichte. Der Mangel an begrifflicher Schärfe und an länderkundlichen Kriterien ließ Mentelle diesen Unterschied übersehen und seine Topographie in Geschichte überfließen. Es ist sinnlos, kalte Zahlen, Namen und Linien geographisch zu vergleichen; eine solche Arbeit wird notwendig in den Bann der Geschichte gezogen. Also auch hier: Vergleichende Geographie = reine unverbundene Gegenüberstellung; insofern also mit Büsching eine Stufe.

Die Frage nach Vorgängern und Nachfolgern Mentelles ist schwer zu beantworten. Ich habe vor ihm das Wort „Vergleichende Geographie" in dieser Bedeutung nicht gefunden; es kommt hierbei auch weniger auf Vollständigkeit, als auf den Typ an. Jedoch hat sich der Begriff im Sinne Mentelles an vielen Stellen eingebürgert, das beweist etwa eine Stelle im Registerband des Kayser 1831 S. 134, wo sich unter den Schlagwörtern auch folgendes findet: „Vergleichende Erdkunde = (Neue und alte Geographie)", unter welchem Ritters Erdkunde, Hofers Anleitung zur Geographie der alten und neueren Zeit (1774) und Schachts „Lehrbuch der Geographie der alten und neuen Zeit" (1831) geführt werden.

In Büsching und Mentelle haben wir extreme Typen einer Staatengeographie, wie sie zu der Zeit allgemein herrschend war. Der Grund zu dieser Einteilung der Erdoberfläche liegt auf der Hand: man nahm sie, weil sie für das rein auf das Nützliche eingestellte Publikum die brauchbarste war. Aber auch dem Autor selbst war mit den politischen Grenzen ein zwar wenig haltbarer, aber doch naheliegender Rahmen gegeben, in den er seine Details eintragen konnte; vor allem war er schon deswegen naheliegend, weil er von der Statistik und der täglichen Lebensgewohnheit geboten wurde und selbst bei größter Anstrengung gar keine anderen Anhaltspunkte für eine von der politischen abweichende Grenzziehung hätte gefunden werden können. An diesem Punkte setzte die Kritik an der Staatsgeographie Büschings ein, und es wird sich zeigen, daß dieser

Bau völlig eingeebnet werden mußte, bevor neue Ideen in die Geographie eindringen konnten. Das Ringen um die „natürliche Grenze" spielte sich ab unter dem Namen „Reine Geographie" oder „Natürliche Geographie". Wisotzki[32]) hat sie verfolgt, und Sölch hat die Untersuchung bis auf die heutigen Tage durchgeführt[33]). Man kann mit einem gewissen Recht behaupten, daß die Geographie sich eigentlich im Kampf um diesen Begriff herausgebildet und allmählich nicht nur ihren Gegenstand gefunden hat, sondern auch ihre Arbeitsmethode. Es ist bezeichnend, daß die Kritik an der geographischen Darstellung ihren Ausgang nahm von der Kritik an der Grenze, denn hier war das alte System am brüchigsten, d. h. von dieser Seite erkannte man am sichersten die Äußerlichkeit und auch die Unbrauchbarkeit dieser so ganz auf das Nützliche zugeschnittenen Geographie, da ihr einziger wirklicher Inhalt, das topographische und statistische Detail, sich mit jeder Grenzverlegung änderte. Von einer Stabilisierung dieses schwankenden Gerüstes erhoffte man einen sicheren Gang der ganzen geographischen Darstellung, und richtete deswegen auch wie fasziniert sein Augenmerk anfangs fast ausschließlich darauf. Man erkennt leicht, daß die Frage nach der natürlichen Grenze unlösbar ist, bevor man nicht von der nur ein Negatives bezeichnenden Peripherie auf den Kern der Sache ging, nämlich auf die von dieser Grenze umschlossenen Landeinheit, Landschaft, das Landindividuum oder wie man es nennen mag. Dennoch lag in dieser, wenn auch vorläufig unlösbaren Frage nach einer von der staatlichen Einteilung unabhängigen geographischen Grenze schon dieser nächste Schritt, und zugleich auch der notwendige Gang einer neuen geographischen Methode; denn wo man Grenzen finden wollte, die der Natur angepaßt waren, mußte man unterscheiden, d. h. aber vergleichen.

Ihren bewußten Ausgang[34]) nahm diese Bewegung wohl von dem Juristen Leyser[35]). Er verlangte in scharfer Kritik gegen die politische Grenzziehung eine natürliche. Schon hier am Anfang führt die Vieldeutigkeit dieses Begriffs und der ganz auf die Grenze als solche gebannte Blick zu der Verwechslung von Naturschrankengrenzen und Naturgebietsgrenzen im Sinne Siegers, Geochorengrenzen im Sinne Sölchs. Es ist gewiß, daß man früher diese Unterscheidung hätte machen können, wenn sich die Geographie energisch dieses Gedankens angenommen hätte; aber er wurde zunächst als unnütz verworfen, das Wesen der Geographie gerade in der stets veränderten Beschreibung der politisch-topographischen Einzelheiten gesehen[36]). Staat und Land wurden identifiziert, und sind auch tatsächlich nach dem, was man von ihnen zu sagen hätte, nur zu unterscheiden durch eine andere Umgrenzung. Der zweite Grund, der das Interesse an dem Grenzbegriff festhielt, war die plötzlich sehr rasch durch Buache populär gewordene Lehre von dem „Charpente du Globe", dem Zusammenhang der Gebirge, die bis zu Ritter und Humboldt geltend geblieben ist und z. B. bei Herder deutlich ausge-

[32]) Wisotzki, 234, S. 131—266. — [33]) Sölch, 215. — [34]) Wisotzki, 234, S. 197. — [35]) Leyser, Commentatio de vera geographiae methodo, 1726. — [36]) Hauber, 1726. — Hering, 1728.

sprochen sich findet. Im Anschluß an diese Theorie, welche die orographische Beschaffenheit der Erde zuerst in den Vordergrund rückte, fochten die Theoretiker ihre Kämpfe um die „nassen" und die „trockenen" Grenzen, und die Handbuchschreiber versuchten vergeblich, ihren spröden Stoff den neuen Ideen unterzuordnen; sie konnten sich von der statistischen Grundlage nicht so rasch befreien. Einen tiefen Einblick in diese Verfilzung der ersten geographischen Versuche von Büsching über Gatterer gewährt das Schriftchen Gatterers „Ideal einer allgemeinen Weltstatistik"[37]). Die zahlreichen von ihm darin wiedergegebenen Dispositionen zeitgenössischer Statistiken und Staatshandbücher sind von den Gliederungen geographischer Werke wenig unterschieden. Nur sehr langsam beginnt man ein Gefühl dafür zu bekommen, daß eine politische Geographie oder Staatenkunde einen anderen Forschungsgegenstand hat als eine „reine" Geographie. Ein Nachfolger Gatterers, Gaspari, hat es ausgesprochen: „Nicht jedes Land macht einen besonderen Staat aus und nicht jeder Staat nimmt ein ganzes Land ein. Länder und Staaten müssen also wohl unterschieden werden." Vorbild für solche Sätze waren etwa die Apennin- oder die Pyrenäen-Halbinsel, oder Skandinavien, wo diese Unterscheidung besonders deutlich wird. Aber es ist unendlich schwer geworden, die Kriterien für eine von der Staatenkunde verschiedene Länderkunde zu finden, länderkundliche Tatsachen aus ihrer Vereinzelung herauszubringen und sie „pragmatisch" (Ritter) zu machen. Mit dieser geschichtlichen Bedingtheit ist auch die Notwendigkeit dieser langen Auseinandersetzung mit der Geographie vor Ritter zu begründen; denn nicht aus dem unhistorischen Rückblick ergibt sich ein richtiges Urteil über die Bedeutung Ritters und seine „vergleichende Erdkunde", sondern aus dem Verständnis gerade für die Zeit, die er abschloß.

Einen nachhaltigen Schritt, Länderkunde und Staatenkunde zu trennen und auch die erste nach ihren eigenen Grundsätzen zu pflegen, tat Johann Christoph Gatterer. Er ist keiner von den extremen Typen, sondern als Geograph eine Übergangserscheinung und deshalb schwer faßbar. Sucht man ihn daher gegen Büsching einerseits, andererseits gegen Ritter zu unterscheiden, kommt man vielleicht am raschesten zu einer Vorstellung von seiner Bedeutung[38]).

---

[37]) Gatterer, 42.

[38]) Gatterer, 42, 43, 44.

Anmerkung: Gliederung des „Abriß der Geographie".

1. Teil: Gränzkunde.
   a) Mathematische Gränzkunde.
   b) Physische Gränzkunde.
      Wassergränzen.
      Landgränzen.
2. Teil: Länderkunde.
   a) Allgemeine Länderkunde. (Karten, Literatur usw.)
      Natürliche Klassifikation der Länder.
   b) Neue Länderkunde, „insbesonderheit von jedem Lande einzeln nach der oben mitgeteilten natürlichen Klassifikation".
   c) Alte Länderkunde.
3. Teil: Staatenkunde. (Stark weltgeschichtlich durchsetzt.)

2*

Er strebte über Büsching hinaus, insofern er die allgemeinen Teile seiner geographischen Werke stark ausbaute, wie die mathematische Geographie, die physische Geographie — unter besonderer Berücksichtigung der Atmosphäre sowie der nassen und trockenen Naturgrenzen. Auf diesen, „Gränzkunde" genannten ersten Teil folgt ein zweiter recht unsicherer unter dem Namen „Länderkunde", in welchem über Literatur und Karten, die Größe und Figur aller Länder, meteorologische Methoden und schließlich eine „natürliche Klassifikation aller neuen und alten Länder der Erde" gehandelt wird. In letzterer wird ganz willkürlich und ohne Begründung die Erde rein aufzählend in natürliche Länder geteilt: als Beispiel[39]):

„Pyrenäische Halbinsel. Die Pyrenäische Halbinsel ist fast ringsherum mit dem Meere umgeben. . . . Sie hat also lauter Naturgrenzen. Heutzutage besteht sie aus zwei Ländern: Aus dem großen Spanien und dem kleinen Portugal"; und dann folgt deren politisch-statistisch aufgezogene Besprechung. Doch gehen dieser bei jedem Land noch einige dürftige Bemerkungen über Grenzen und Größe, Orographie, Klima, Flüsse und Seen voraus. Man erkennt hier, wie sich keimartig neue Ideen über Büsching herausheben, sehr unklar und noch fast wie Nebensachen behandelt. Von Büsching rückt ihn ferner eine starke Einschränkung des Stoffs im statistischen Teil ab, allerdings teilweise zugunsten der Geschichte. — Was aber diese Art weit von Ritter abstehen läßt, ist die unverbundene und stichwortartig herzählende durchaus dogmatische und statistische Methode. Alles ist klar, wovon man spricht; in einer aufzählenden Staatenkunde gibt es keine Rätsel, die Darstellung erhält so weder Gelegenheit, mit sich in Widerspruch zu treten und folglich das Denken anzuspornen, noch rundet sich dem Autor der Blick auf ein Land, einen Staat zum System, also im weitesten Sinne zur Idee eines Ganzen. Ritters Gedanken vom „Erdorganismus" und von der „allgemeinen Wechselwirkung" sind noch nicht lebendig. Für Gatterer ist die Geographie noch etwas wie die sauber in Hauptbüchern zu führende Tagesbilanz der Geschichte, summarisch gesehen mit dem räumlichen Auge[40]).

Den nächsten Fortschritt bringen die ausgesprochen „reinen" Geographen, etwa vom Typus Hommeyer[41]), der die Aufmerksamkeit vom Politischen völlig loszureißen sucht und sie mit aller Energie hinlenkt auf das „Terrain", die „Landschaft" und das „natürliche Land". Er stützt sich in der Konzeption seines Werks[42]) stark auf

---

4. Teil: Menschen- und Völkerkunde.
   a) Geographie der Menschenkörper nach Farbe und Gestalt.
   b) „ „ Sprachen.
   c) „ „ Religionen.
   d) „ „ Produkte.
   e) „ „ Kultur.
   f) „ „ Handlung in alter, mittlerer und neuer Zeit zu Wasser und zu Lande.
   g) „ „ Geographie (Entdeckungsgeschichte).

[39]) Gatterer, 43, S. 179. — [40]) A. a. O. S. 3/4. — [41]) Hommeyer, 84, 85. — [42]) Hommeyer, 84, S. 21 Anm.

Friedrich Schulz[43]), welcher von Wisotzki[44]) eingehend gewürdigt ist. Das Geographische im engeren Sinne, wenn auch in größtmöglicher Einschränkung, beginnt hier Form zu gewinnen. Büsching wird (ohne Namennennung) heftig angegriffen, das Wesen der Geographie auf ganz anderen Gebieten gesucht; auf ein Extrem folgt das andere. Alles Inhaltliche verschwindet, an seine Stelle tritt eine fast mathematische Konstruktion natürlicher Landschaften, oder besser natürlicher Grenzlinien. Reine Geographie ist „nichts anderes als eine allgemeine Terrainbeschreibung“[45]). Auch hier wieder der Kampf gegen die politische Grenze, welche Kenntnis der Geschichte voraussetze, die aber nicht zu gewinnen sei ohne eine Kenntnis der Länder. Um aus diesem Zirkel herauszukommen, wählt Hommeyer als Ausgangspunkt „das Terrain“. Die Einteilung gibt ihm das Flußnetz. Ein natürliches Land ist ein Stromgebiet und dessen Abgrenzung durch „Höhenarme“. „Die reine Geographie als Grundlage der Erd- und Länderkunde gibt den Lauf und die Verbindung der Höhenzüge und der von denselben umfaßten Strom- und Flußgebiete mit den, zur Erleichterung der Beschreibung als feste Punkte anzunehmenden großen Städte.... .“ Die reine Geographie will nichts erklären, auch nicht das Zustandekommen der Formen, mit denen sie sich beschäftigt; sie will nichts bringen aus der Länderkunde (Bewohner, Naturprodukte usw.), der Naturkunde (Geologie, Klimatologie, Ursachen der Kräfte) noch der Staatskunde (Verfassung usw.); „sondern sie behauptet das Attribut rein dadurch, daß sie ohne alle weitere Rücksicht, bloß eine Ansicht der gegenwärtigen Gestalt der Erdfläche und ihrer Teile gewährt, und uns ein bleibendes Bild von der Größe, Lage und dem Zusammenhang der natürlichen Länder verschafft“[46]). Hommeyer will so der Geographie ihre Grundlage, die sie bis dahin vernachlässigt hätte, geben. Während die Geographie bis dahin die Erdoberfläche als bekannt voraussetzte, ohne doch feste Begriffe von ihr zu haben und die Landoberfläche in sinnverwirrender Weise so zerteilte, daß deren „kraftvolle natürliche Einheit, unter einer überaus großen politischen Vielheit vergraben, ungekannt und ungenützt liegen blieb“, will er selbst durch eine sehr wohl erkannte allzugroße Beschränkung allen historischen, länder- und völkerkundlichen, staatskundlichen und militärischen Untersuchungen ein festes Gerüst bieten nach den „Regeln der Konstruktion“. So bietet sein Werk weiter nichts als diese oben erläuterte Geländebeschreibung; eingestreut findet man sehr allgemein gehaltene Bemerkungen über Klima, Fruchtbarkeit und Städte. Reicher und berühmter ist sein Werk „Beiträge zur Militär-Geographie der europäischen Staaten“. Dennoch enthält es an geographisch Bedeutsamem nichts mehr als das oben besprochene trockenere Werk. Bereichert ist es nur um eine eingehendere Detailschilderung der Täler und Tälchen der Schweiz sowie einige „ästhetisch- geographische“ Darstellungen.

Vom Standpunkt des geographischen Vergleichs scheint dieses Werk, welches typisch ist für eine ganze Reihe ähnlicher Auffassun-

[43]) Schulz, 211. — [44]) Wisotzki, 234, S. 182. — [45]) Hommeyer, 84, S. VI. — [46]) Hommeyer, 84, S. 12/13.

gen[47]), bedeutungslos zu sein. Dennoch hat es sein Verdienst, insofern als der Vergleich — im Sinne der Unterscheidung im Prinzip der kritischen Auswahl — auch hier wieder im Ausgangspunkt liegt. Es wird bewußt bis auf ganz wenige Elemente alles ausgeschieden; in der Geographie wird Raum geschaffen für die folgenden neuen Versuche. Das „Gesetz der Stetigkeit im Raum" wird mit größtem Nachdruck „dem Gesetz der Aufeinanderfolge in der Zeit[48])" gegenübergestellt; man überspringt alle bisherigen politischen Einteilungen und Zusätze und sucht sich mit phantastischer Konsequenz (H. war Mathematiker) das geometrische Nebeneinander als solches ohne „belehrende Bemerkungen" zu erobern. Der Ausgangspunkt ist dabei noch durchaus nicht frei von zweifelhafter Hypothese (Charpente du Globe), und die Ausführung ist, soweit sie nicht reine Kartenbeschreibung ist, sehr künstlich konstruiert und formalistisch. Scheinbare mechanische Selbstverständlichkeiten über Abdachungsverhältnisse und Stromlauf, Einzugsbereiche der Flüsse und deren Grenzen usw. werden unbesehen auf die Erdoberfläche übertragen, und aus solchen scheinbar selbstverständlichen Grundsätzen wird das „wirkliche" Erdbild, „die natürliche Gestalt der Länder", konstruiert. Bedeutsamer als das Neue, was Hommeyer und seine Gesinnungsgenossen bringen, ist ihre Kritik am Alten: die Staatenkunde ist in einem Zweige ihrer Entwicklung durch die Kritik an der Grenze in das andere Extrem — ausschließliche Betonung des Raumes ohne geographischen Inhalt — getrieben worden. Die extreme „Reine Geographie" stellt in der Geschichte der Geographie somit den toten Punkt dar, aber dieser fast inhaltlose Augenblick ist deshalb von größter historischer Bedeutung, weil er die radikale Beseitigung alles der Geographie wesensfremden Stoffes bedeutet. Die neue „vergleichende" Geographie, die jetzt das Feld betritt, findet nur noch geschlagene Gegner. Das Schicksal der Geographie muß der entscheiden, der jetzt gewichtige Ideen in die leere Waage zu werfen vermag.

In welcher Richtung diese Gedanken zu suchen waren, hatten schon die Andeutungen Gatterers und seines Kreises gezeigt, die sich durch die Bestrebungen der extremen „reinen" Geographen natürlich nicht hatten verdrängen lassen. Den allerdings schon in der Frühzeit des Wirkens Ritters und Humboldts liegenden Höhepunkt ihrer Entwicklung kann man mit gewissem Recht in Zeune sehen.

Zeunes „Gea, Versuch einer wissenschaftlichen Erdbeschreibung"[49]) erhebt den Anspruch, „in der Wissenschaft eine neue Bahn zu brechen". Zeune wird sehr verschieden beurteilt. Während manche in ihm einen Förderer größeren Stils der Geographie sehen, stellen ihn andere unterschiedslos unter die Menge der „reinen Geographen". Das hat seinen Grund in einer eigentümlichen Mittelstellung, die er zwischen den einfach konstruierenden, den aneinanderreihenden und schließlich den neuen allmählich auftauchenden induktiv forschenden Geographen einnimmt, ohne dabei selbst trotz einiger Geschicklichkeit ein überragender Geist zu sein. Er sammelt ebenso

[47]) Siehe Wisotzki, 243, „Reine Geographie". — Sölch, 215, S. 14.
[48]) Hommeyer, 84, S. 18f. — [49]) Zeune, 237.

Ideen wie Grundsätze; die eigene Arbeit besteht für ihn in der „schicklichen" Darstellung. Seine „Gea" ist ein Werkchen, das sich recht gut liest, wenn man an der Armut des Gebotenen keinen Anstoß nimmt. So läßt er etwa die ganze Frage nach der Gestaltung Innerafrikas abhängig sein von dem Nigerlauf[50]), den er dann wieder, mangels genauer Quellen, in Analogie nach dem besser bekannten Orinoco fließen läßt[51]). Das Historische wird grundsätzlich aus der Geographie geschieden; da es doch nicht ganz zu entbehren ist, hängt er der Besprechung je eines Landes einen Städtekatalog an, worunter der Zusammenhang der Darstellung leidet.

Modern mutet an seiner geographischen Auffassung zweierlei an: der Wunsch, das Erdbild in gewissem Maße zusammenhängend zu begreifen und diesen Zusammenhang in einer kausal wirkenden Naturgesetzlichkeit zu erblicken, die alles durchsetzt. Sölch hat (215, S. 14/15) darauf hingewiesen, daß Zeune wohl als erster in die reine Geographie ein wesentliches inhaltliches Moment gebracht hat: Man finde in natürlichen Becken „eine Neigung der Natur, ähnliche Gebilde des Pflanzen- und Tierlebens zu schaffen, ja selbst die Geschlechter der Menschen und Völker setzen sich innerhalb solcher Becken fest. So seien also die Höhenzüge natürliche Pflanzen-, Tier- und Völkerscheiden". Es zeigt sich hier also über die noch festgehaltenen Voraussetzungen der „reinen" Geographie hinaus schon eine der Ideen der späteren „vergleichenden Geographie" (im Sinne von Länderkunde), wenn sie auch noch ein gefährliches Vorurteil einschließt.

Ein zweiter Fortschritt liegt in seinem Auswahlprinzip. Es ist zwar noch dürftig, aber nicht mehr abwegig. Alle Abschweifungen in die beliebte Staatenkunde sind vermieden. Die Erdoberfläche wird nach unsicheren einseitigen Gesichtspunkten[52]) in natürliche Landschaften geteilt, in welchen nacheinander Lage und Grenzen, Höhenverhältnisse, unter Umständen auch die Tierwelt, Abdachung, Klima, Pflanzenwelt und endlich der Mensch behandelt wird; ein Schema, das zeitlich früher die beiden Forster schon ausgebaut hatten. Den inneren Faden der Darstellung gibt bereits eine begrifflich ausgedrückte, aber doch sehr roh gedachte Kausalität. An dieser Stelle interessant erscheint überdies die Fülle der Vergleiche, die sich bei ihm finden. Es sind zwar immer nur kurze Andeutungen, die mehr Darstellungs- als Forschungswert haben. So wenn er kurz die klimatischen und pflanzengeographischen Verhältnisse der drei Mittelmeerhalbinseln gegenüberstellt[53]). Noch eine andere Art geographischer Vergleichung, eher anthropomorpher Analogiebildungen, findet sich bei ihm. Ritter hat seinen ähnlichen, aber tiefer gefaßten Gedanken hierüber an einer Stelle seiner „Erdkunde" etwa in den Worten ausgedrückt: Der Mensch ist ein Spiegel seines Bodens. Es ist jene auch heute noch diskutierte (Gesemann-Prag) Theorie, daß der Heimatboden eine zwingende Macht ausübe auf das Sein des ihn bewohnenden Volkes. Der Spanier muß träge, schmachtend, wollüstig, reizbar sein, „alle glühenden Leidenschaften eines brennenden Himmelsstriches" an sich

[50]) A. a. O. S. 31. — [51]) A. a. O. Analogie zwischen Afrika und Amerika, S. 42. — [52]) Wisotzki, Nr. 243, S. 214—216, 224 usw. — [53]) Zeune, a. a. O. S. 69.

tragen[54]. „Die Sprache dieses Küstenlandes (Italien) hat wegen des Einflusses der Seeluft mehr Zischtöne und gar keine Kehllaute[55]“, ebenso wie „das Plattteutsche oder Niederteutsche in den Ebenen nach der See zu, wegen der feuchteren Luft weicher und gedehnter und das Oberteutsche in den höheren Gegenden härter und gedrängter“ ist[56] usw.

Zusammenfassend kann man also sagen, daß Zeune in seiner kurzen Erdbeschreibung (266 Seiten) zum Teil noch in alten Vorstellungen konstruktiver Art befangen ist, auch wohl nicht schöpferische Kraft genug besaß, etwas Neues zu bringen, daß er aber den Versuch gemacht hat, eine Erdbeschreibung auf prinzipiell naturwissenschaftlicher Basis in äußerlich und innerlich zusammenhängender Form zu bieten und dabei auch den geographischen Vergleich geübt hat. Sein Werkchen macht durchweg einen wohldurchdachten, dem primitiven Aggregat und auch der Staatenkunde fernstehenden Eindruck. Es paßt sich den tastenden Anforderungen einer im Werden befindlichen geographischen Wissenschaft nach Stoffauswahl und Darstellungsart geschickt an. Das sind Züge, die ihn an Ritter und die neue Zeit heranrücken lassen. Aber der Mangel an induktiver Einzelforschung, der bei der Kürze des Vortrages notwendige Gang vom Allgemeinen zum Besonderen, trennt ihn wieder von Ritter und wird von dessen Kritik mitgetroffen.

Einen Sprung vorwärts von nicht zu unterschätzender Bedeutung macht das geographische Denken mit

Johann Reinhold Forster[57],

dem ungewöhnlich vielseitig gebildeten, ebenso philosophisch wie historisch, sprachlich, juristisch, völkerkundlich und naturwissenschaftlich geschulten Manne, den seine dämonische Rastlosigkeit immer wieder aus sicheren Privatverhältnissen in eine ungewisse Ferne trieb. 1765/66 durchstreifte er auf Wunsch der russischen Regierung mit seinem elfjährigen Sohn Johann Georg die Wolga-Steppen, um das dortige Ansiedlungswesen zu studieren und Vorschläge zu einer Besserung beizubringen. Sein unbändiger Trotz brachte ihn um die wohlverdienten Früchte der Arbeit. Ähnlich erging es ihm mit der Südseereise (1772/75), bei der ihm außer jeder materiellen Unterstützung sogar das Recht auf die Publikation seiner Forschungen verweigert wurde. Dennoch wußte er durch einen geschickten Zug, indem er seinen Sohn als Autor vorschob, einige schmale Bändchen herauszubringen, die aber größere systematische Werke aus seiner Feder nur um so schmerzlicher vermissen lassen. Seine “Observations made during a voyage round the world, on physical geography, natural history, and ethic philosophy”, London 1778, von seinem Sohn ins Deutsche übersetzt[58], stehen, was Me-

[54]) A. a. O. S. 60. — [55]) A. a. O. S. 70 — [56]) A. a. O. S. 92.

[57]) Seine Originalität für Deutschland steht wohl außer Frage. Allgemeineren Schlüssen über seine Selbständigkeit müßte eine Untersuchung der zeitgenössischen englischen Literatur voraufgehen. Vgl. dazu 32. Bd. I. S. 3—13.

[58]) J. G. Forster, 34.

thodik, Denksauberkeit, wissenschaftliche Selbständigkeit, Inhalt und Zurückhaltung im Urteil anbetrifft, in der vorhumboldtschen geographischen Literatur in Deutschland einzig da. Humboldt hat zuerst die naturwissenschaftliche Bedeutung J. G. Forsters gewürdigt, im „Kosmos" an mehreren Stellen und auch in den „Ansichten"[59]). Peschel hat von ihm gesagt, daß er „der erste Reisende ist, welcher einen physikalischen Überblick über die von ihm geschaute Welt gegeben und die höchste Verrichtung eines Geographen, nämlich den wissenschaftlichen Vergleich, am frühesten geübt hat"[60]).

In welcher Hinsicht kann man bei J. R. Forster von einer „vergleichenden Geographie" sprechen? Forster hat in seinen „Bemerkungen" einen bisher in dieser Strenge noch nicht beschrittenen Weg eingeschlagen, der ihn von den Tatsachen zu deren Verallgemeinerung, und von dieser zur Erklärung ihrer Ursache führt, soweit er eine solche finden kann. Seine Ausgangspunkte sind, wie er selbst in der Einleitung nicht ohne Stolz hervorhebt, keine „Meinungen und Systeme irgendeines Gelehrten", sondern Tatsachen.

Schon der Plan des Werks, der übrigens[61]) dem Ritter Bergmann entlehnt ist[62]), zeigt den systematischen Charakter des Werks. In 6 Hauptstücken handelt er ab: Erde und Land, Wasser und Weltmeer, den Dunstkreis, Veränderungen der Erdkugel, die organischen Körper (Tier und Pflanze), das Menschengeschlecht. In der Ausführung dieses Planes zeigt er aber fast durchweg den der Geographie eigenen „makroskopischen" Sinn, der Bergmann fehlte, welcher deswegen immer wieder in Ausführungen der systematischen Spezialwissenschaften verfiel. Forster füllt sein Dispositionsgerüst nicht wahllos mit allem, was ihm gerade einfällt, oder was er weiß, sondern er beschränkt sich, wenigstens in den Ausgangspunkten, auf eigene Beobachtungen und zieht dann erst Vergleiche, die ihn zu Regelmäßigkeiten führen. Dies hebt ihn weit über die Nutzschreiber und die theoretischen Klügler seiner Zeit. Diese Eigenart wird wohl am besten aus der bekannten Stelle über die Südspitzen der Kontinente deutlich[63]). Man könnte noch sehr viel solcher Beispiele beibringen, denn sein ganzes Streben geht ja nicht auf Beschreibung von Einzelheiten, sondern auf Zusammenfassung des Gemeinsamen, Ähnlichen, Typischen und Sonderung des Verschiedenen und schließlich auf die Erfassung des Grundes für das Gemeinsame. Er begnügt sich nicht mit der topographischen Aufzeigung der Inseln, sondern klassifiziert sie in bestimmte wenige Typen; er gibt von Bergen nicht nur die Höhe an, sondern beschreibt auch ihren Habitus, findet vor Humboldt die Gesetzmäßigkeit der Pflanzenverteilung in vertikaler Richtung und kommt schließlich auch durch Vergleich seiner und fremder Beobachtungen zu dem — allerdings noch schematischen — Begriff einer unteren Schneelinie, deren Ursachen er zu erschließen sucht[64]). Gerade in seinen pflanzengeographischen, biogenetischen und klimatologischen

---

[59]) Humboldt, 89, 2. Bd. S. 262/263. 88. I. S. 345/46 usw.
[60]) Peschel, 162, S. 494; vgl. auch Ratzel, 177, 1. Bd. S. 13/14; P. H. Schmidt, 209, S. 35/36.
[61]) Forster, 34, Einl. S. V. — [62]) Bergmann, 7. — [63]) Forster, a. a. O. S. 2—4. — [64]) Forster, a. a. O. S. 26—28.

Abschnitten ist in Einzelheiten eine sehr merkwürdige Ähnlichkeit mit Humboldts „Ansichten" nicht zu verkennen, und es mag mit eine Schuld Humboldts sein, der den harten Vater seines Freundes Johann Georg wohl nicht recht leiden konnte, daß Forsters „Bemerkungen" einer ganz unverdienten Vergessenheit verfallen sind[65]).

Ein besonders überzeugendes Beispiel Forsterscher Methode ist der Abschnitt über die Winde, wo er, um den klaren Aufbau als solchen zu betonen, auch vor stilistischen Härten nicht zurückschreckt[66]). Er ist sich der kritischen und methodischen Art seiner Arbeit voll bewußt, so sagt er etwa: „Ich bin weit entfernt, aus so wenigen Beispielen die Regel so allgemein geltend machen zu wollen; indessen erregen sie bei mir den Wunsch, daß man, durch vervielfältigte Beobachtungen dieser Art, einen allgemeineren und treffenderen Schluß auf das Wetter zu machen trachten möge[67])." Und auf der folgenden Seite: „Wir eilen oft alsdann am meisten mit unseren Arbeiten und Folgerungen aus unseren Erfahrungen, wenn wir die größte Ursache hätten, erst zwei bis drei Jahrhunderte bloß Materialien zu sammeln, und dann die Nachwelt schließen zu lassen. Mit wenigen Tatsachen geht es frisch an ein System, welches auf zweifelhaften Erfahrungen ruht, mit Vermutungen ergänzt wird, und bald von selbst zerfällt. . . . Um diesem Schicksale zu entgehen, schränken wir uns hier alleinig auf Tatsachen ein, überlassen anderen die Entscheidung, und geben unsere Schlüsse für nichts bessers, als wie sie wirklich sind, für bloße Vermutungen aus." Dann bringt er sein System der Winde. Er beginnt mit einer ins einzelne gehenden Beschreibung der Winde während seiner Reise. Nachdem er so in gedrängtester Kürze das ganze Material übersichtlich gemacht hat[68]), sagt er: „Aus dieser umständlichen Erzählung ziehen wir nachstehende Folgerungen", welche er nun in vier Punkten zusammengefaßt folgen läßt. Darauf bringt er in einigen Sätzen Modifikationen, Unregelmäßigkeiten usw., schwächt also die Starrheit seiner Sätze, um sie wieder der fließenderen Wirklichkeit anzupassen, und fährt schließlich fort: „Ich erkläre mir nun den allgemeinen Zusammenhang der Winde, nach obigen Bemerkungen, folgendermaßen:" Diese sachlich bedeutungslosen Zwischensätze sind für uns wichtig und deshalb hier eingeschoben, weil sie die bewußte Methodik Forsters verdeutlichen; an derart pointierten Sätzen kann man den Willen, solche Arbeitsweise unter den Naturforschern zu verbreiten, erkennen. Beobachtung, regionale und zeitliche Einordnung der Tatsachen, Aufstellung von Regeln, Einordnung der scheinbaren Ausnahmen, Aufstellung eines dynamischen Systems durch den Versuch einer Erklärung der Gesamtheit der Tatsachen: Das ist in Schlagworten sein Gang der Untersuchung. Niemand kann die darin liegende überaus starke und damals noch ziemlich ungewöhnliche vergleichende Arbeit leugnen. Wir gehen Schritt für Schritt den ganzen Gang seiner induktiven Forschung mit. Es wird wenig

---

[65]) Vgl. Humboldt, 89, S. 45, und dazu Forster, a. a. O. S. 52—58. Humboldt verstümmelt hier in fast gemeiner Weise Forsters richtige Gedanken an einer der ganz seltenen Stellen, wo er ihn überhaupt nennt.

[66]) Forster, 34, S. 104—112 — [67]) A. a. O. S. 103. — [68]) A. a. O. S. 105—108.

geographische Werke geben, die uns in ähnlicher Form und Allgemeinheit von der Beobachtung am Ort zu dem erklärenden abstrakten Aufbau der Gesamtheit der Erscheinungen führen; vielleicht sind Forsters „Bemerkungen" das instruktivste geographische Werk überhaupt, wenn man es weniger nach dem veralteten Inhalt als nach der Denkmethode beurteilt.

Neben diesen mehr naturwissenschaftlichen Ausführungen findet man bei Forster auch ein Studium des Menschen, welches man als seine Hauptarbeit und sein eigentliches Verdienst ansprechen kann. Diese Ausführungen nehmen zwei Drittel des Werks ein. Ratzel hat die Verdienste J. R. Forsters auf dem Gebiete der Anthropogeographie gewürdigt[69]). Forster war nicht der erste, der eine Abhängigkeit des Menschen von seiner geographischen Umgebung behauptete, aber er war der erste, der die Beweglichkeit der Völker erkannte und die Notwendigkeit, ihre heutigen „körperliche und Kulturverhältnisse" zuweilen aus einer andern als der jetzigen Umgebung zu erklären. Ein zweites Verdienst ist die damals gar nicht erkannte Eigenart seiner Erklärung des Zusammenhangs zwischen Mensch und Erde. Er stellte nicht Parallelreihen (etwa im Sinne Zeunes) auf, sondern versuchte, die Wechselwirkung mechanisch zu erklären. Sein drittes Verdienst ist eine so genaue Analyse des Siedlungsraumes der Südsee, eine so besonnene Einordnung der Tatsachen, daß seine Ansichten darüber „noch heute beachtenswert" sind[70]). Um das vergleichende Moment in Forsters Auseinandersetzungen zur Geographie des Menschen zu zeigen, sei ein Auszug aus etwa 30 Seiten in Schlagworten erlaubt: Besiedlung der Inseln am Äquator am stärksten, von da an nach Süden zu abnehmend. Besiedlung der Inseln nur am Rande, hier auch Kulturlandschaft; Inneres in Naturzustand. Klima günstig, Boden fruchtbar, See fischreich, Möglichkeit, auf benachbarten Inseln zu ernten: Daher große Fruchtbarkeit der Bewohner, die keine Lasten kennen. Kurzer Vergleich dieser Verhältnisse mit denen Europas. Schätzung der Bevölkerung Tahitis auf Grund der in geordneten Abteilungen gesehenen Krieger; Errechnung des für eine Person notwendigen Ackers, Vergleich dieser Zahl mit der Volkszahl, Schätzung „wieviel die Insel wirklich bei der billigsten Schätzung ernähren kann". Schätzung der Einwohnerzahl aller Südseeinseln. Wechselwirkung von Kulturhöhe und Bevölkerungszuwachs, Unterscheidung der verschiedenen Rassen im Raume der Südsee; Feststellung, daß Nahrung und Klima und Sitten solche Unterschiede nicht zu erklären vermögen; Vergleich der Insulaner mit den westlich und östlich wohnenden Völkern und die Annahme von Völkerbewegungen, die durch Verfolg der Geschichte sowie sprachlicher, mythischer, somatischer, psychischer und kultureller Übereinstimmungen genauer bestimmt werden.

Übrigens braucht Forster das Wort Vergleichung auch zuweilen an hervorgehobener Stelle, etwa in der Überschrift: „Kurze Vergleichung ihrer (Insulaner) Sitten und Gebräuche mit denen anderer Völker[71])." Es ist wesentlich eine Verbreitungslehre gewisser

[69]) Ratzel, 177, 1. Bd. S. 13. — [70]) Ratzel, a. a. O. 2. Bd. S. 504ff. — [71]) Forster, 34, S. 509—530.

häufiger vorkommender Sitten und ihrer örtlichen Verschiedenheiten über die Erde, ohne allzubestimmte Schlußfolgerungen, welche er sogar ausdrücklich als „keinen hinreichenden Grund zu einer solchen Vermutung“ der Abhängigkeit oder des „gemeinschaftlichen Ursprungs der Völker“ ablehnt. Doch erkennt er im Einzelfalle die Wichtigkeit solcher Argumente an. Allerdings sei ein Vergleich solcher Dinge auch zur Abwehr von Voreiligkeiten wertvoll. Wir finden also schon bei dem ersten der großen „klassischen“ Geographen der Neuzeit eine erkenntnistheoretische Besinnung auf den Wert und die Grenzen des geographischen Vergleichs, die das Wesen der Sache schärfer erkannte, als viele seiner Nachfolger.

Beobachtet man die hier ausgebreitete „durchgeistigte“ (Ratzel = „vergleichend“ bei Ritter) Fülle, so muß man die vielseitige Methodik bewundern. Kein Buch, das vor Forster Geographisches behandelte, enthält so allseitig Bezwungenes und Durchdachtes. Es ist das theoretische Ergebnis eines jahrelang in die engsten Verhältnisse eingespannten hochbegabten Forschers, der sein ganzes Denken auf die möglichst restlose Erfassung seiner überschauenden und doch ins einzelne gehenden Beobachtungen richtete. Das Beobachtungsmaterial war, dem Zweck und der Art der Reise entsprechend, verhältnismäßig gering. Ein Mann wie Forster war unter solchen Umständen darauf angewiesen, das wenige ihm Gegebene zu durchdenken soweit wie möglich. Das einfachste aber, was man mit seinem Stoff machen kann, wenn man sich nicht mit bloßer Nennung begnügt, ist die Gegenüberstellung, Sonderung, Vergleichung; teils um zu umfassenderen Begriffen zu kommen, teils um die Tatsache zu erklären. Wir haben alle Stufen dieser Verarbeitung bei ihm festgestellt. Das Neue bei Forster ist die methodische Durchdringung des Stoffs, das ist im einfachen Fall die Vergleichung. Er begnügt sich nirgends mit der Beschreibung, sondern sucht überall im untersuchten Südseeraum und über ihn hinaus nach Ähnlichkeiten, so daß er alle Erscheinungen einer vergleichbaren Klasse durch Vergleich, Zusammenfassung bzw. Sonderung in ein bestimmtes Verbreitungs- und Typensystem bringt. Es liegt an seiner Einsicht, die Aufspaltung des Materials soweit zu treiben, wie es ihm gutdünkt, nach den Merkmalen, die ihm wesentlich scheinen. Dieses Sammeln und Sichten ist noch immer eine plane Arbeit, man geht nicht in die Tiefe, sondern bleibt in der Weite. Der nächste Schritt wäre, die Gründe für die gefundenen Übereinstimmungen und Unterschiede zu suchen. In diesem Augenblick geht man von der vergleichenden Forschung sensu stricto zur genetischen über. Das heißt aber nicht, daß man den Vergleich aufgibt und eine andere Methode anwendet, sondern der Vergleich als bisher alleinige Methode macht neben sich einem andern Forschungsmittel Platz. Zur Frage nach dem Wie?, Wo? tritt die Frage nach dem Warum?, unter welchen Bedingungen? Man beginnt zu schließen, geht über die Unmittelbarkeit der vergleichbaren Anschauungen hinaus.

Ich habe an Beispielen zu zeigen versucht, wie Forster alle diese Feinheiten wissenschaftlicher Methodik ausgebildet hat, um so zu einer allseitigen Erfassung des Südseeraumes zu kommen.

Zur historischen Richtigstellung sei bemerkt, das J. R. Forster in der geographischen Literatur weit weniger genannt wird, als sein Sohn Johann Georg Forster, und daß man oft gerade auf den letzten als den Begründer einer „vergleichenden Erdkunde“ hinweist. Abgesehen davon, daß die geographische Methodik nicht von irgendeinem Systematiker begründet worden ist, sondern sich im Kampf mit der Materie allmählich entwickelt hat, und nur zuweilen von einem oder dem anderen Forscher besonders stark gefördert wurde, ist als Geograph der Vater der weitaus bedeutendere. Der Sohn allerdings stand sehr viel mehr in dem Kampf der Meinungen in der Gesellschaft[72]). Seine politische Stellung machte ihn schnell ebenso verhaßt wie er anfangs geliebt wurde. Seine lebhafte Phantasie, sein gewandtes Auftreten, seine weitschauenden Ideen, sein sehr weiches und schwärmerisches Gemüt und seine fesselnde Konversation sicherten ihm rasch einen Platz an der Seite und im Kreise der größten Gelehrten und Künstler seiner Zeit. Das alles ging dem zänkischen und mürrischen J. R. ab, der als einsamer Professor in Halle seine Tage in der verzehrenden Sehnsucht verbrachte, den verhaßten Ort verlassen zu können. So trat er hinter dem Sohn in der Vorstellung der Masse zurück. Das wurde noch dadurch befördert, daß der Vater literarisch eigentlich nur durch den Sohn in Deutschland bekannt wurde. Sowohl die „Bemerkungen“ als auch der Bericht über die Weltreise gingen unter Johann Georgs Namen, obwohl auch im zweiten Falle der wissenschaftliche Inhalt des Werkes nach der Ansicht sämtlicher Biographen der Forster auf den Alten zurückgeht. Was Johann Georg aber vor allem den Vorrang gab, war seine glänzende schriftstellerische Begabung, die er mit seiner seltenen Beobachtungsgabe für das Wirkliche gelegentlich in den Dienst einer der Zeit unbekannten durchaus wissenschaftlichen Analyse wirtschaftlicher Zustände auf breiter geographischer, historischer und politischer Grundlage stellte. Die grellen Lichter, die er auf den damaligen äußerst verwickelten wirtschaftlichen und politischen Zustand der Niederrheinlande warf, sind einzig in ihrer Art[73]). Sein Reichtum an Ideen, Kenntnissen, richtigen Beobachtungen und Kombinationen stellt ihn neben Smith und seinen Freund Herder. Dennoch bleibt in allem, was die Methode und die Systematik angeht, der Vater der unbedingt Überlegene; Johann Georg hat ihm das in Briefen oft neidlos zugestanden. Georg stand zu Reinhold von dem Augenblick, wo sein Bewußtsein erwachte, bis zu seiner politischen Abschwenkung in einem ganz seltenen geistigen Abhängigkeitsverhältnis.

Diese Einschiebung soll Johann Georg gegen Peschel, Reinhold Forster in gewissem Sinne gegen alle Historiker in Schutz nehmen und das wissenschaftliche Verhältnis von Vater und Sohn und die Irrungen ihrer Beurteiler aufdecken. J. R. Forster war der erste große deutsche wirklich methodische Geograph im modernen Sinne; sein Sohn war der schriftstellerisch glänzend begabte Vertreter seiner Ideen, verbreitete durch viel gelesene Aufsätze geographisches Inter-

---

[72]) Vgl. Paul Zinke, 239. — [73]) J. G. Forster, 33, 32.

esse und bildete im Anschluß an seinen Vater auch schon die Anfänge einer länderkundlichen Sprache und Systematik aus (vgl. seine „Kleinen Schriften"). Mit Recht kann man Reinhold den Bahnbrecher, Georg den Trommelbuben der im direkten Anschluß an sie in Deutschland einsetzenden „vergleichenden Geographie" nennen. Jener prägte die ersten großen Gedanken, dieser goß sie immer wieder in hinreißende Formen. Alexander v. Humboldt schulte an dem gedankenreichen jungen Weltreisenden seinen geographischen Blick und besprach — berauscht von Forsters Enthusiasmus — auf der berühmten Rheinreise mit ihm seine Weltumseglungspläne. Kühn und bedacht trat auf eigenen Wegen Carl Ritter neben diesen großen Kosmographen. Ihnen folgte der Strom der Geographen, ordnend und ausbauend die in den großen Zügen ewigen Gedanken ihrer Vorgänger.

Die „vergleichende Erdkunde" bei Carl Ritter.

Ist bis jetzt versucht worden zu zeigen, wie der Vergleich allmählich mehr und mehr in Anwendung kam, und hat sich dabei auch herausgestellt, daß der Begriff der vergleichenden Erdkunde schon vorher und in recht verschiedenem Sinne gebraucht wurde, so beginnt er jetzt außerordentlich in Wert und Gebrauch zuzunehmen und sich auszuweiten bis zur Grenze der Bedeutunghaftigkeit. Später hat jeder ihn in seinem eigenen Sinne gebraucht und alle berufen sich auf diese Zeit der plötzlichen Sinnausweitung zwischen 1800 und 1820.

An Ritter heben die Biographen die „einfachen Züge seines Lebens" hervor, das „trotz der 80 Jahre, die es währte, ein sturmloseres gewesen" ist „als das der meisten von seinen Zeitgenossen[74])". Er war ein Mann der „Studierstube" und nicht der Öffentlichkeit. Aber gerade deshalb wird das Verständnis für ihn so erschwert, weil sich bei ihm hinter dieser Stille Rätsel verbergen, deren Lösung wohl für alle Zeiten mehr der Ahnung als der Gewißheit wird anheimgestellt bleiben müssen. Vor allem der Mangel an biographischem Material ist beklagenswert[75]); Urkunden, Briefe usw. fehlen, an denen man seine Anschauungen, unbelastet von akademischer Schwere, studieren könnte. Eine begriffliche Einstellung Ritter gegenüber aber ist deshalb so schwer, weil er selbst sehr unbegrifflich dachte und schrieb. Ihm kam es auf ein Wort mehr oder weniger nicht an, er tat auch nichts, um das Fließende und Vieldeutige der Worte einzuschränken. Logische Strenge war nicht seine Stärke. Durch diese romantische Vernachlässigung der Form bei bestechendem Inhalt leiden Mitteilbarkeit und Eindeutigkeit seiner Gedanken; aber selbst dieser Inhalt war für ihn nicht auf die Geographie beschränkt: Mit einer riesigen rezeptiven Kraft nahm er fast 20 Jahre lang aus zahlreichen Gebieten der Natur- und Geisteswissenschaften alles Erreichbare auf, bevor er mit seinem grundlegenden Werk an die Öffentlichkeit trat. Und man ist vielleicht sogar berechtigt zu sagen, daß sein

[74]) Ratzel, 174, Bd. I S. 382/383.
[75]) Vgl. dazu auch Ratzel und Herm. Wagner.

letztes und eigentlichstes Interesse nicht einmal in dem lag, wodurch er für die Geographie bedeutsam geworden ist, sondern im Suchen nach einer ihm eigentümlichen, in vielem Herder nahestehenden Philosophie, also gerade in dem, was ihm als wertlose hemmende Schrulle unter dem Schlagwort „Teleologie“ so oft zum Vorwurf gemacht wird. Jedenfalls läßt die Entwicklung seiner Erdkunde diesen Schluß zu, der seinen wissenschaftlichen Arbeiten nichts von ihrem Wert nimmt.

Bei einer Würdigung der Ritterschen Anschauungen von der Geographie gehört an erste Stelle die Tatsache, daß er ein Schüler Guts Muths war, von dem er die Pestalozzische Art, die Erde zu sehen, lernte. Die Beobachtung war immer der Ausgangspunkt. Sie wurde auf Spaziergängen geübt. Der zweite Gedanke war der einer inneren Gesetzmäßigkeit, von der man zwar nur eine dunkle Ahnung hatte, die aber gerade Pestalozzi mit größter Leidenschaft suchte. Ritter gibt uns in seinen „Briefen[76])“ davon eine sehr lebendige Schilderung. Der dritte geographische Gewinn für den jungen Carl lag in der methodischen Gewinnung einer Raumanschauung, wie sie vor Pestalozzi nicht gelehrt wurde. Systematisch wurde der Schüler vom engsten Raum, dem Schulhof, in immer weitere Umgebungskreise geführt, so daß in ihm der eigentlich geographische Sinn für das Raumkontinuum erweckt und großgezogen wurde. Die Beobachtung wurde durch Zeichnen in der Landschaft geschärft, und im Kartenzeichnen war der junge Ritter der Tüchtigste unter seinen Kameraden. Nimmt man noch die in dieser Schule herrschende Naturbegeisterung hinzu, so hat man die Grundlagen, auf denen Ritter aufbauen konnte. Da er nicht von vornherein Geograph, sondern Erzieher wurde, war er gezwungen, die mangelnde Bildung der einseitigen Schnepfenthaler Erziehung durch Selbststudium auszufüllen und die inneren Zusammenhänge des Lehrstoffs um so eingehender zu verfolgen, da er sie ja seinen Zöglingen in kurzem vortragen mußte. So zwang ihn schon von seinem 19. Jahre sein ernst genommener Beruf, auf weitesten Gebieten seine hervorragendste Kraft, die synthetische Zusammenschau, zu üben. Seine Lieblingswissenschaften blieben dabei immer die Geschichte und die Geographie, die er einem großen, unten anzudeutenden Weltbild einfügte[76a]).

Das zeigt schon seine geographische Erstlingsschrift: „Europa, ein geographisch-historisch-statistisches Gemälde[77])“. Dieses interessante kleine Werk, das meist als bedeutungslos abgetan wird, weist bereits seine spätere Entwicklung. Gewiß zeigen Titel und Inhalt die Belastung durch die Tradition. Dennoch gehen allzu scharfe Urteile darüber fehl; finden sich doch schon hier fast alle die Gedanken pro-

---

[76]) Ritter, 197, siehe auch unten!

[76a]) Von wesentlichem Interesse dürfte hier auch die religiöse Einstellung Ritters sein. Seine starke Hinneigung zum Pietismus teilt er mit zahlreichen Forschern seiner Zeit. Damit sind zugleich wissenschaftliche und weltanschauliche Voraussetzungen verbunden, deren Analyse im einzelnen noch fehlt. Vgl. dazu Rothacker, 252a. S. 41 und 174. Gerade diese starke biblisch-religiöse Bindung Ritters läßt seine viel behauptete Abhängigkeit von der Philosophie des deutschen Idealismus (Schelling und Hegel) zweifelhaft erscheinen.

[77]) Ritter, 191.

grammatisch ausgesprochen, deren Verwirklichung Ritters Lebensarbeit galt. „Mein Zweck war, den Leser zu einer lebendigen Ansicht das ganzen Landes, seiner Natur- und Kunstprodukte, der Menschen- und Naturwelt zu erheben, und dieses alles als ein zusammenhängendes Ganzes so vorzustellen, daß sich die wichtigsten Resultate über die Natur und den Menschen von selbst, zumal durch die gegenseitigen Vergleichungen (!) entwickelten." „Die Erde und ihre Bewohner stehen in der genauesten Wechselverbindung, und ein Teil läßt sich ohne den andern nicht in allen seinen Verhältnissen getreu darstellen. Daher werden Geschichte und Geographie immer unzertrennliche Gefährtinnen bleiben müssen. Das Land wirkt auf die Bewohner und die Bewohner auf das Land." Ritters Methode ist deshalb die, jeder Landesbeschreibung eine historische Einleitung vorauszuschicken, welche zeigen soll, „was das Land dem Menschen verdankt". Der zweite Teil soll dann „den wichtigsten Einfluß der Naturbeschaffenheit" darstellen. Nach diesem Plan ist jedes Land bearbeitet. Der Fortschritt gegenüber den reinen Geographen ist ersichtlich.

Geographische Vergleiche sind in diesem Werk kaum durchgeführt, wenn sie auch in der Einleitung als notwendig gefordert werden. Er nimmt diese Forderung eigentlich in der Einleitung schon wieder zurück. Es scheint darin fast dasselbe wie bei Mentelle, Büsching u. a. „Ich habe keine allgemeine Einleitung gegeben, weil ich der Überzeugung bin, daß das, was man in ihr gewöhnlich zu geben pflegt, sich am Schluß dem gebildeten Leser viel lebendiger, individueller und bestimmter selbst entwickeln wird. . . . Die allgemeinen Resultate, welche alle sich daraus entwickeln können, würden Stoff zur Bearbeitung eines eigenen Werkes geben[78])." Dieser scheinbare Verzicht könnte der scharfen Kritik der späteren Zeit recht geben. Dennoch bedeutet diese einen historischen Fehltritt, denn das Ausweichen Ritters bedeutet nicht, wie meist zuvor, ein Aufgeben der hochgespannten theoretischen Forderungen, sondern nur einen Aufschub. Hier, 1804, sieht die Geographie ein, daß auf dem bisherigen Weg der gesuchte Fortschritt nicht zu erreichen ist. Aber der neue Weg ist schon sichtbar. Welcher Art die „allgemeinen Resultate" sind, ergibt sich aus dem Inhalt der berühmten „Sechs Karten von Europa[79])", die er 1806 herausgab, deren erste[80]) aber schon im April 1804 im Handel war.

In diesen Karten versuchte er nun das zu gestalten, was ihm begrifflich zu geben nicht gelungen war. Das flächenhafte Kartenbild hat in reinem Nebeneinander dem Wort gegenüber den größeren Totalitätscharakter, kennt nicht das schleppende Nacheinander des sprachlichen Ausdrucks, ein Mangel, der auch heute noch, und gerade in den letzten methodischen Schriften als den Geographen besonders drückend empfunden wird. So war es ein genialer Ausweg Ritters, seinem „Europa" diesen ersten physikalischen Atlas mitzugeben, der die Verbreitung der wichtigsten Elemente irdischer Erfüllung zeigt: Gebirgsverlauf, Höhen, die wilden Gewächse, die Kulturpflanzen, die Tiere, den Menschen. Natürlich ist auch eine solche Gegenüber-

---

[78]) Ritter, 191, Einleitung S. XIV. — [79]) Ritter, 193. — [80]) Ritter, 192.

stellung von Karten verschiedenen Inhalts keine „vergleichende" Geographie, aber sie ist doch ein Schritt weiter zu einer wissenschaftlichen Auffassung, und auch eine ganz neue Methode, welche den wissenschaftlichen Gedanken sofort auf übergreifende Ideen leiten mußte, indem sie die Zusammenhänge zwischen den voneinander abhängigen Tatsachen veranschaulichte. Solche „vergleichende" Gedanken findet man schon in den begleitenden Textbogen. Zeigt die Anlage und beabsichtigte Reihenfolge der Karten[81]) Ritters Idee einer durchgehenden Gesetzmäßigkeit vom Boden über Pflanzen und Tier bis zum Menschen, so kommt diese Anschauung auch begrifflich zum Ausdruck. Er entwickelt bereits die Grundgesetze einer Pflanzengeographie, so schematisch diese von der reinen Geographie beeinflußten Grundsätze auch sind, spricht in aller Klarheit das Verbreitungsgesetz der Pflanzen nach Art und Masse in horizontaler und vertikaler Richtung aus: „Daher wachsen viele Pflanzen, die in Lappland und Island auf freiem Felde stehen, auch auf den Gebirgen der Schweiz, Pflanzen von Norwegen auch auf den Pyrenäen, und das isländische Moos auf den Bergen von Asturien." Hier werden pflanzengeographische Tatsachen aus weit entfernten Gegenden miteinander in Zusammenhang gebracht, und wenn auch nicht erklärt — denn dazu war damals die Auffassung von der Erde noch zu statisch —, so doch erkannt als von einem gemeinsamen biologischen Lebensoptimum bedingt. Gemeinsames wird zusammengefaßt und auf einen gemeinsamen Grund zurückgeführt. Methodisch interessant fährt Ritter fort: „Könnte man es wagen, nach diesem Vorausgeschickten physikalische Klimaten für Europa zu bestimmen, so würden folgende Gewächse von Norden nach Süden gerechnet vorzüglich die Grenzlinien bestimmen helfen: Rocken, Weitzen, Apfel- und Birnbaum, Wein, Ölbaum, edle Früchte, Zuckerrohr." So leicht der Satz klingt, er ist ein großer Wurf. Der gedankliche Weg Ritters ist klar und einfach. Bestimmte Pflanzen treten zusammen mit einem bestimmten Klima auf. Oft ist es leichter, Nachrichten über die Pflanzen einer Gegend als über deren Klima zu erhalten. Also war es ein naheliegender Schluß, rückwärts aus der Vegetation auf das bedingende Klima zu schließen. Hier traten in der engeren Literaturgeographie wohl zum erstenmal große konstruktive Ideen auf, die wirklich berufen schienen, das Wissen von der Erde „pragmatisch" zu machen. Hier erfüllte Ritter schon seine Forderung, nicht länger „eins neben dem andern" zu bringen, sondern „eins durch das andere" zu begreifen. Ratzel wird diesem neuen Gedanken nicht gerecht[82]); er mißt ihn nicht an den Vorgängern, sondern an seiner eigenen Zeit. Eine Frage, die vorläufig wohl unentschieden bleiben muß, ist, wie weit Ritter in diesen Ausführungen unabhängig ist von Humboldt, mit dem er in Frankfurt einige Tage im Jahre 1807 angeregt verkehrte, und dessen Schriften und veröffentlichte Reisenotizen er schon früher studiert hatte[82a]). Stammt auch (laut Einleitung 1806) der pflanzengeographische Grundgedanke von Humboldt, so ist seine

[81]) Ritter, 193, Einleitung. — [82]) Ratzel, 174, S. 395. — [82a]) Kramer 108, I. S. 165.

Anwendung auf Europa und die Methode der Darstellung doch Ritters eigene Arbeit (s. Mitte dieser Seite).

Verfolgt man Ritters geographisches Wirken weiter, so fällt zunächst seine Schweigsamkeit nach so raschem Anlauf auf. Außer der Fortsetzung seines „Europa" folgen für lange Zeit nur einige methodische Aufsätze[83]), in denen er wesentlich drei Ziele verfolgt: Auseinandersetzung mit der „Reinen Geographie", Aufzeigung neuer „pragmatischer" Ideen in vielen Zweigen der Wissenschaft, in deren Fluß er sich hineingestellt hat als einen unter vielen, und Versuch, zu einer zweckmäßigen Systematik der Geographie nach Stoff und Methode vorzustoßen. Es ist eigenartig zu beobachten, wie er sich in diesen Abhandlungen nach und nach in Gegensatz zu der ganzen bisherigen geographischen Literatur stellt, und dennoch Anlehnung findet in seiner Zeit, nämlich an die neuen Geister um sich her, wie Herder, Heeren, Beaujou, Volkney, Mitford, Zimmermann, v. Buch, v. Humboldt u. a., aber auch zurückgreift auf Strabon und Herodot. In „Einige Bemerkungen"[84]) wendet er sich in einer Auseinandersetzung mit Lindner gegen die ganze „Reine Geographie", wie wir sie oben etwa von Hommeyer vertreten fanden, lehnt das „nur Topische" ab und fordert programmatisch von der Geographie die „Beschreibung des gegenwärtigen Zustandes in allen seinen Verhältnissen . . .". „Ihr Zweck ist es, den Menschen mit dem Schauplatz seiner Wirksamkeit bekannt zu machen. Darum ist sie Beschreibung dieses Schauplatzes, nicht an sich, sondern in bezug auf den Menschen." Und zwar soll diese Darstellung „pragmatisch" sein, d. h. „Darstellung des Mannigfaltigen zu einem stetigen und kontinuierlichen Ganzen in Hinsicht des Umfangs und Inhalts". Als Beispiel führt er seine 6 Karten an, deren gedankliches Eigentum er ausdrücklich für sich in Anspruch nimmt. Die Geographie als Staatenkunde war von der allzu engstirnigen topischen Geographie gestürzt worden. Jetzt wird auch diese verstoßen und auf ihrem Platze das Programm der Länderkunde als der Wissenschaft von der Erdoberfläche, ihrer räumlichen Erfüllung und deren Wechselwirkung aufgestellt, an welchem die Geographie bis heute festgehalten hat. Für jede mögliche „vergleichende" Geographie bedeutet das die Einführung des gesamten vergleichbaren Materials in die Grenzen der Wissenschaft. Hierbei wurde die „natürliche Landschaft", eben noch das Ganze der Geographie, zum Rahmen der neuen Systematik; der neue Inhalt sprengte dabei die frühere enge Fassung. Den methodischen Ausbau dieses abgesteckten Gebiets führte er 1808 fort[85]): „Nicht die Stoffanhäufung, sondern die Gestaltung des Mannigfaltigen zum Eigentümlichen" wird gefordert. „Durch das Ergreifen des Wurzelbegriffs auch das ganze Gebiet in sein Eigentum zu verwandeln" heißt wissenschaftlich arbeiten. An dieser Stelle deckt er auch eine Wurzel seines anthropozentrischen Denkens auf[86]). Fichte wirkte auf ihn ein, „immer wieder zum Menschen selbst zurückzukehren, und mit ihm zu dem, was in der Natur und in der Gesellschaft liegt".

---

[83]) Ritter, 194—197. — [84]) Ritter, 194. — [85]) Ritter, 195.
[86]) Fichte, Über das Wesen des Gelehrten, 7. Vorlesung.

Im folgenden spricht er sich zum erstenmal und klarer als jemals später über die vergleichende Erdkunde aus. Das Pädagogische ist ihm dabei nur Gewand, um seine Theorie auszudrücken: Das Kind lerne zuerst seine engste Heimat kennen, erst allmählich erweitere sich der Radius. Der Wert des Unterrichts liege vorläufig auf dem Topischen, der primitiven Kenntnisnahme der physischen Beschaffenheit eines Landes. „Durch diesen Gang konstruiert sich der Schüler die ganze Erdoberfläche, und er trägt ihr lebendiges Bild in der Anschauung. Nach dieser Kenntnis des Einzelnen[87]) geht die Methode zur zweiten Übung über, zur Vergleichung dieses Einzelnen nach allen Gesichtspunkten[87]), die im einzelnen vorkommen, wie Form, Zahl und Maß sie darbieten. . . .“ „So führt diese zweite Übung, gleichsam wie eine Treppe, zur notwendig zu erreichenden zweiten Stufe, nämlich zur vollendeten Kenntnis des Ganzen[87]). Dadurch ist nun das System der Wissenschaft aus ihrem[87]) eigenen Fundament zustande gebracht.“ Ritter nennt hier also alle Geographie, die sich über die topische Beschreibung erhebt, vergleichend. Er hat auch eine gewisse Vorstellung von der Art, wie man die Geographie auf diesem Wege systematisieren soll, und zwar holt er sich seine Vorbilder aus der Biologie: In der Katzenpfote sei „die Tigerklaue schon urbildlich enthalten, im Kohlblatt die Blätter aller Kohlarten“ und so gebe es „in der Anschauung . . . ein Urbild von allem, . . . alles hat seinen Urtypus“. In der lückenlosen Erfassung dier „Urtypen“ läge das Wesen der Wissenschaft. Vorbildlich auf geographischem Gebiet ist ihm hier Humboldt: Ideen zu einer Physiognomik der Gewächse 1806, „wo diese Idee in einer besonderen Anwendung hervorleuchtet“. So wie hier Humboldt die zahllosen Einzellandschaften physiognomisch auf etwa 16 durch ihr Pflanzenkleid bestimmte Urtypen zurückführt, vermutet Ritter, daß auch die physikalische und physische Geographie auf einige Urtypen sich müsse bringen lassen. Wie man diese Urtypen finden mag, wie sie beschaffen sein mögen, weiß er nicht zu sagen; er hält sogar jede Antwort für unsinnig, bevor nicht seine „vergleichende“ (siehe oben) Untersuchung über die ganze Erde ausgedehnt ist. Doch ist er im allgemeinen noch sehr abhängig von der die „natürliche Landschaft“ überschätzenden reinen Geographie.

Es ist schwer, diese unklaren und allgemeinen Gedanken in Kürze zu analysieren. Überläßt man sich aber ihnen, so spürt man deutlich einmal den energischen Willen zu einer innerlichen Systematik heraus, dann aber auch schon den Konflikt, dem Ritter hier nur mühsam unter Berufung auf Humboldts Schrift zu entgehen sucht, ein Konflikt, den Oppenheimer[88]) im Gesamtgefüge fast jeder Wissenschaft aufgezeigt hat, der gerade in der Geographie besonders deutlich wird: Der Gegensatz zwischen einer auf das Typische und einer auf das Einmalige gerichteten Forschungsweise. Jedes natürliche Land ist „in physischer Hinsicht ein Ganzes“, hat seinen „Charakter“. „Jede von der Natur selbst abgegrenzte Strecke würde ein Ganzes darstellen, in Hinsicht seines Klimas, seiner Produktion, Kultur, seiner Bevölke-

---

[87]) Von Ritter selbst gesperrt. — [88]) Oppenheimer, 141.

rung, Industrie, Geschichte usw. Ein Ganzes, gleichsam die Naturpflanze nur an dieser Stelle in ihrer Heimat.“ Ein solches Ganze ist nur durch Analyse einzusehen; der methodische Gang wäre der vom Ganzen zum Besonderen. Dagegen wäre die Aufstellung von wenigen Landschaftsurtypen gerade auf das Sammeln von gegebenem Besonderen unter eine bestimmte Idee angewiesen. Im ersten Falle wird ein komplexes Land zergliedert, bis die einzelnen elementaren Komponenten gefunden sind, aus denen man dann wieder rückwärts in der Synthese das Land aufbauen kann; im zweiten Fall nimmt man das Land als gegeben und sucht durch Vergleichung mit ähnlichen Ländern unter Ausscheidung individueller Einzelheiten zu Typen und „Urtypen“ zu kommen. Wieweit diese Art geographischer Forschung sich praktisch durchführen lassen, ob sie in der Folgezeit in Angriff genommen wurden, und auch ob es nicht andere Forschungsmethoden außerdem gibt, ist hier gleichgültig. Hervorheben muß man nur, daß Ritter diese beiden Forschungsmethoden als „den zweiten Schritt“ zum oberen Stockwerk der Wissenschaft zusammenfaßte unter dem Namen „Vergleichung“. Indem er aber diesen zweiten Stock in seiner Gesamtheit aufsetzt auf den ersten Stock, die rein topische Geographie, so kann man sich dem Schluß nicht entziehen, daß er unter vergleichender Geographie 1806—1808 schlechtweg wissenschaftliche Geographie verstanden hat, ohne Rücksicht auf den Ausgangspunkt und das Ziel der Untersuchung[89]).

Das nächste bedeutsame Werk, welches Ritter[90]) herausbrachte, war schon der 1. Band seiner „Erdkunde“. Doch geht diesem eine Arbeit voraus, die auf Anraten L. v. Buchs nicht veröffentlicht wurde, ein „Handbuch der allgemeinen Erdkunde oder die Erde, ein Beitrag zur Begründung der Geographie als Wissenschaft“. Über diese Arbeit sind mir nur zwei Briefe bekannt, die Kramer veröffentlicht hat[90]). Der erste ist für uns ziemlich unbedeutend, wichtiger der zweite an seinen Stiefvater vom Mai 1809[91]):

„Ich weiß nicht, ob ich Ihnen schon davon geschrieben habe, daß ich mich mit Ausarbeitung eines Handbuchs der physischen Geographie der ganzen Erdkugel beschäftige. Diese Arbeit ist seit einem Jahr für mich die reichste Quelle des Genusses und oft meine Belohnung für manche Unannehmlichkeit gewesen . . . Weil ich in dessen Ausarbeitung mich von jeder Nachbeterei freizuhalten bemühte, und daher den Gang ging, welcher mir der zweckmäßigste und noch ganz ungebahnte schien: so wurde ich fast zu lauter eigenen Untersuchungen genötigt, welche mich mit der schönsten Ausbeute belohnten. Ich war so glücklich, einige große Naturgesetze aufzufinden, welche vieles, was bisher Willkür oder Zufall zu sein schien, in seiner Gesetzmäßigkeit und Notwendigkeit erklärten. So löseten sich mir viele Rätsel auf, in das dunkle Gewirr trat ein gewisses Licht, das mir die Augen öffnete, und der einfachste naturgemäße Gang meiner Untersuchungen führte mich zu merkwürdigen Resultaten, die mir nun in Geographie, Naturgeschichte und Geschichte manche Frucht bringen

89) Vgl. dazu die abweichende Stellungnahme Wisotzkis, a. a. O., S. 282.
90) Ritter, 1. Brief; Kramer, 108, I, S. 260.
91) Ritter, 2. Brief, a. a. O. S. 205ff.

werden. Weit entfernt zu glauben, daß diese Arbeit für andere dasselbe sein werde, was sie für mich ist, und weit entfernt, sie für etwas Vollkommenes zu halten, sehe ich nur zu sehr auch von der anderen Seite ihre Mängel ein und überhaupt jetzt bestimmter die Lücken, welche in dieser ganzen Wissenschaft sind. Indessen glaube ich doch um einige Schritte weiter als meine Vorgänger gerückt zu sein, und vorzüglich über die Meeresströmungen, über die Winde, über die Verteilung der Gebirge und Ebenen, über die Bildung der Flußtäler, über die physischen Klimate und über die Verbreitung der Mineralien, zumal der Salz- und Steinkohlenlager, naturgemäßere Ideen verbreitet zu haben. Die Untersuchungen, welche ich in meinen Karten von Europa angestellt hatte, habe ich nun in einem tieferen Sinne über die ganze Erde vollendet, und bin so zu einer Bevölkerungsgeschichte der Erde durch Pflanzen, Tiere und Menschen gelangt, welche noch weiter als die Geschichte selbst zurückführt. So habe ich die großen Wanderungen der Seetiere, der Fische, der Landtiere, und ihrer Einschränkungen auf gewisse Distrikte durch den Fortgang der Kultur kennengelernt, so auch die Wanderungen der Tropengewächse mit den Strömungen, der Getreidearten mit den Völkerwanderungen, und der Obstarten mit den kultivierten Völkern. So wurde ich zurückgeführt in die Ursitze der Völker und verfolgte nun von da aus die Wanderungen und Verbreitungen des Menschengeschlechts über die ganze Erde; überall fand ich dieselben Gesetze, dieselben Impulse des äußeren Fortziehens, des ersten Ansiedelns, des ersten Ackerbaus, der ersten Schiffahrt usw. So erhielt selbst jeder hohe Gebirgspaß als Passage, jeder Wasserfall, unter dem die erste Ansiedlung, jedes Vorgebirge, vor dem die erste Kolonie, jede Ebbe und Flut in ihrem tiefen Hinuntersteigen in die Flußgebiete als erster Impuls zur Seeschiffahrt usw. ihre historische Bedeutung. So glaube ich jetzt in diesem Systeme der physischen Philosophie die Grundlage einer wissenschaftlichen Geographie überhaupt und aller äußeren Antriebe zur Entwicklung der Völker dokumentiert zu haben: Denn mein System beruht nicht auf Räsonnement, sondern auf Fakten."

„Meine erste Absicht bei der Unternehmung dieser Arbeit war ein Versprechen zu erfüllen, das ich P e s t a l o z z i gegeben hatte, für sein Institut im Geiste seiner Methode die Geographie zu bearbeiten; wirklich begann ich meine Arbeit, fand aber in der Bearbeitung des geographischen Stoffes nur Stückwerk und Zufälligkeit, also in der Behandlung der Wissenschaft Willkür. Da ich nun im Geiste der Methode (denn die Methodiker verstehen selbst nichts von Geographie) jede Willkür verschmähte und das Notwendige suchte, so fand ich es auch, glaube ich, glücklich aus dem geographischen Chaos heraus, und nun wickelte sich mir, da ich einmal den Faden hatte, der ganze verwirrte Knäuel von selbst auf und ich fand sogar in meiner Geographie, welche außer der Befriedigung durch den Verstand auch das Herz erhebt, durch die hohe Weisheit und Gesetzmäßigkeit, die sich in allem offenbarte, einen nicht unwichtigen Beitrag zur Physikotheologie."

Angesichts dieses Briefes, der ein recht deutliches Programm und auch positive Resultate seiner geographischen Arbeit enthält, fällt es schwer, noch von „episodischen Vorarbeiten“ zu sprechen. Es finden sich in diesem Schreiben viele wesentliche Züge angedeutet, die seine „allgemeine vergleichende Erdkunde“ charakterisieren. Man findet einige fast wörtlich 1817 wieder, etwa den Einfluß der Ebbe und Flut auf die Psyche der Anwohner in der Beschreibung des Nils.

Mit der Ausarbeitung dieses Handbuchs hat die große induktive geographische Arbeit Ritters begonnen. Die vorhergehenden Schriften sind Stufen der methodischen Auseinandersetzung, die 6 Karten und dieses Handbuch wurden Anstoß zu seinem Hauptwerk. Wenn man Ritters Produktion verfolgt, kann man sich dem Eindruck eines gesetzmäßigen Ablaufs nicht erwehren: Europa I und II steht aber bei aller Geschicklichkeit der Darstellung wesentlich noch auf der geographischen Basis seiner Zeit, wenn auch die darin enthaltenen Gedanken oft über sie hinausfliehen. Die „Briefe“ nun machen diese Basis selbst zum Gegenstande kritischer Prüfung. Das Handbuch ist der Versuch, auf Grund eigener Studien eine erdumfassende allgemeine Geographie zu entwerfen, der nach obigem Brief der Charakter der Originalität nicht abzusprechen wäre. Das Handbuch findet bei einem hervorragenden Fachmann nicht den rechten Anklang und nun beginnt die mühselige Arbeit, für eine später zu lösende ähnliche Aufgabe in ganzer Breite das ungeheure Material nach neuen Grundsätzen zusammenzutragen und zu ordnen. Den Beweis für diese folgerichtige Entwicklung liefert die Anlage seiner „Erdkunde“, des nächsten und letzten geographischen Werkes.

Im weiteren soll gezeigt werden, daß Ritter aber auch hier nicht zu einer definitiven Begriffsbestimmung der „vergleichenden“ Erdkunde gekommen ist. Das bedeutet aber, wie sich unten zeigen wird, keinen Mangel für ihn, aber für die breite Masse seiner meist geistlosen Nachfolger, die sich kritiklos auf ihn und seine „Auffassung“, „Methode“ beriefen, als hätte er da kein Problem zurückgelassen.

Mit Ritters „Erdkunde“ dringen in die Literaturgeographie Ideen ein, die zwar nicht alle absolut originell, aber für die geographische Literatur neu und bedeutsam waren. Dieser Fortschritt hat verschiedene Gründe. Vor allem war Ritter der erste, der mit sehr reichem und vielseitigem Wissen sich gänzlich in den Dienst der Geographie stellte, die bis dahin herrenloses Gebiet für Gelegenheitsgeographen, Theologen, Staatswissenschaftler, Statistiker, Pädagogen, Militärs usf. war. Erst seit Ritter gibt es in Deutschland Geographen. Damit mußte die eindringende Forschung fortan ein ganz anderes Übergewicht über die Umschau gewinnen als bisher. Jetzt erst konnte das Hauptgebiet der Geographie, die Länderkunde, sich frei entfalten, denn erst mit der vorurteilslosen und sozusagen berufsmäßigen Einstellung auf die Erdoberfläche, das Land, die Landschaft, konnte dem Forscher der Sinn für das Komplizierte (Komplexcharakter) dieser Gebilde aufgehen, der in den bisherigen Darstellungen fast durchweg fehlte. Und wieder diese Einsicht in den Komplexcharakter konnte erst zu einer wirklichen Analyse veranlassen, wie sie in der Nationalökonomie schon lange gebräuchlich war. Denn die ganze Literaturgeographie vor Ritter war ja weder Analyse noch

Synthese, selbst wenn sie zu Sonderungen und Gegenüberstellungen des Materials kam. So war Ritter der erste, der die Idee eines umfassenden geographischen Systems schaute und als eigene Wissenschaft zu verwirklichen suchte. Er baute unter Benutzung aller bekannten Nachrichten und Karten in der seinerzeit möglichen Vollständigkeit seine Länderkunde auf. Schon in dieser Sichtung und kritischen Gegenüberstellung der oft heterogenen Nachrichten liegt eine große vergleichende Leistung seiner Erdkunde, welche auch in seinen Ausführungen großen Raum einnimmt. Heute ist uns eine solche Benutzung und Kritik der Quellen zur Selbstverständlichkeit geworden; alle Kritiker des Ritterschen Werkes haben aber damals gerade diese für eine geographische Abhandlung ungewöhnliche Tatsache hervorgehoben[92]). Für eine „vergleichende“ Geographie bedeutet das aber noch keine besondere Arbeitsmethode, es ist die typische induktive Forschung mit dem zugehörigen Apparat notwendiger Vergleichungen.

Es fragt sich nun, ob und wie Ritter das „vergleichend“ noch enger spezifiziert hat. Es ist bekannt, daß er in keinem Punkte so oft und hart angegriffen worden ist, wie gerade an dieser Stelle. Das wäre nicht möglich gewesen, wenn er sich irgendwo eindeutig darüber ausgesprochen hätte. Dies ist aber nie geschehen. Schon seine ersten Kritiker, vor allem Rhode[93]), tadelten seine logischen Kautschukbegriffe oft ebenso heftig, wie sie seine Verdienste um den Inhalt und die Methode der Geographie als einzig dastehend und „epochemachend“ lobten. So scharfsinnig Ritter Raumverhältnisse zu erfassen und so eindeutig er sie darzustellen wußte, so genial, daß noch Ratzel zwei Menschenalter später sich der lauten Bewunderung über seine „Sehergabe“ nicht enthalten konnte, so dunkel und vieldeutig sind zuweilen seine philosophischen Exkurse. Seine berühmte „Einleitung zu dem Versuche einer allgemeinen vergleichenden Geographie“, die „im Jahre 1816 aus einem Gedankenergusse“ hervorging, und auch deutliche Merkmale eines zwar lange durchdachten, aber dann doch zu rasch im Worte festgehaltenen Gedankenganges zeigt, wird meist zur Begriffserklärung herangezogen[94]). Auf S. 24/25 gibt er eine Erklärung seines Titels: „Allgemein wird diese Erdbeschreibung genannt, . . . weil sie ohne Rücksicht auf einen speziellen Zweck, jeden Teil der Erde und jede ihrer Formen . . . ihrem Wesen nach mit gleicher Aufmerksamkeit zu erforschen bemüht ist.“

„Vergleichend wird sie zu nennen versucht, in demselben Sinne, in welchem andere vor ihr zu so belehrenden Disziplinen ausgearbeitet worden sind, wie vor allem z. B. die vergleichende Anatomie.“ Das ist trotz aller Unbestimmtheit eine aufklärende Bemerkung, vor allem, wenn man die folgende, zu der sich viele gleichsinnige finden lassen, dazu nimmt: Die Grundidee einer vergleichenden Geographie „läßt sich nicht von vornherein definieren oder in ihrem Wesen begrenzen, sondern kann nur durch das Ganze hindurch-

[92]) Etwa Allgem. Lit. Zeitung, Dezember 1819, S. 837; Jenaer Allgem. Lit. Zeitung, Erg.-Bl. 1821, Nr. 2 S. 15.

[93]) Jahrbuch für Literatur, 1820, 11. Bd. S. 175ff. (Lit. Verz. 184).

[94]) Ritter, zit. nach der Ausgabe 1852 (202).

spielend sich mit dem Schlusse in ihrer Vollendung gestalten". Deshalb ist „die Grundregel . . . die, von Beobachtung zu Beobachtung . . . fortzuschreiten". „Die spät erst reifende Frucht kann die Universalgeographie sein[95])." Der „Plan zu einer allgemeinen vergleichenden Geographie" soll in großen Umrissen das „System" einer Erdkunde geben[96]). Läßt man diese methodische Ausführung auf sich wirken — denn einer festen begrifflichen Analyse halten sie nicht stand —, so gewinnt man folgenden Eindruck: Ritter steckte sich das Ziel, eine geographische Wissenschaft auf der Erdoberfläche und in der Beschränkung auf diese zu begründen. Dieses Ziel schwebte ihm als ein System der Erde vor, wie kurz vor ihm ein System des Tier- und Pflanzenreichs, der Sprache, der Religion usw. begründet wurde. Im Anschluß an diese Wissenschaften, auf deren Vorbild er blickte, und die sich auf Grund einer ihnen ganz eigentümlichen Methode „vergleichende Anatomie", „vergleichende Grammatik" usw. nannten, versucht Ritter seine Wissenschaft „vergleichende Erdkunde" zu nennen in der Hoffnung, auf ein ähnliches System zu stoßen, und mit der Absicht, sich von seinen Vorgängern auch im Titel zu unterscheiden und sich dem großen neuen Zuge der Wissenschaften auch äußerlich in der Benennung anzuschließen. Für diese, nicht in strengem Sinne aus dem Wesen seiner eigenen geographischen Auffassung, sondern vielmehr im Anschluß an andere Wissenschaften gewählte Namengebung finden sich zahlreiche Argumente, so etwa in seinem Schreiben an Berghaus[97]). Fröbel griff ihn als erster und recht scharf an seinem „vergleichend" an und forderte eine logische Rechtfertigung. Ritters Antwort wird überall als schwach und unzureichend empfunden, selbst von seinen begeistertsten Schülern. Aber Fröbel und Ritter verstanden einander gar nicht, diskutierten aneinander vorbei; oder genauer: Ritter lehnte den Streit ab. Es fiel ihm gar nicht ein, seinen Ausdruck logisch zu rechtfertigen, weil er wohl wußte, daß dieser nicht hergeben konnte, was da von ihm verlangt wurde. Seine „Rechtfertigung" wird aber gerade deswegen als schwach bezeichnet, weil man sie nimmt für das, was sie gar nicht sein sollte: ein Eingehen auf Fröbel. Die Zeit seiner Auseinandersetzungen ist mit den „Briefen[98])" abgeschlossen. Statt aller Auseinandersetzungen sagt er: Es war „der Zweck meiner allgemeinen vergleichenden Erdkunde, kein solches geschlossenes Kompendium einer Schuldisziplin zu sein (wie etwa die ‚Elemente' von Berghaus), das sich notwendig überall innerhalb der Kompendien anderer Schulwissenschaften scharfe und genaue Grenzen stecken muß, um nicht unnütz in ihr Gebiet hinüberzustreifen. Sie sollte im Gegenteil 1. in das Gebiet aller verwandten Wissenschaften von ihrem Standpunkt aus belehrend übergreifen, sie sollte 2. nicht nur eine lebendige Anschauung aller Lokalitäten der Erde vergleichend von den ältesten Zeiten bis zur Gegenwart, im besonderen und allgemeinen, wie 3. jenes vorgenannten Systems ihrer irdischen Organe und deren Funktionen darbieten, . . . sondern sie soll auch 4. die kritische Durcharbeitung des geographischen Stoffes

[95]) A.a.O. S. 25/27. — [96]) A.a.O. S. 10ff. — [97]) Ritter, 200. — [98]) Ritter, 197.

zu einer erst dadurch möglich werdenden formellen Wissenschaft der Geographie ... zugleich mitenthalten". Er beschließt: „.... den Plan der allgemeinen vergleichenden Erdkunde nicht zu ändern und mich aus einem weiten Kreise allgemein menschlicher Wissenschaft in den engen Kreis einer Schulwissenschaft zu begeben, um den apriorischen Anforderungen zu einem Kompendium der Geographie zu genügen[99])." Man ersieht hieraus, Ritter erkennt durchaus gewisse „apriorische Anforderungen" logischer Begriffe an. Aber er betrachtet seinen eigenen Begriff der vergleichenden Erdkunde als erst entstehend, wartet seine Entwicklung ab, betrachtet ihn also als in strengem Sinne noch gar nicht vorhanden. Er versucht also nicht, ihn zu rechtfertigen, lehnt dies sogar ab. Seine Antwort ist nur eine Berufung auf das Geleistete. Sein Titelbegriff ist nur ein — nicht ohne Absicht gewähltes — Kennwort, dem er aber keinerlei logisch verpflichtendes Recht einräumt. „Vergleichende" Geographie ist ihm kein fester Begriff und kann als solcher nicht Gegenstand der Analyse sein[99a]). Unsere Untersuchung ist also genötigt, auf dem Umwege über Ritters Gesamtwerk Einsicht in seine Vorstellung vom Wesen der „vergleichenden Erdkunde" zu gewinnen. Ohne alle Frage hat er nun in ihr nicht nach einer „vergleichenden" Methode gearbeitet; wie sollte diese auch beschaffen sein! Es können also nur einige der Hauptzüge herausgehoben werden, die für seine Vorstellung und deren Auswirkung von besonderer Bedeutung sind, auch vielleicht ihn und sein Werk gerechter beurteilen und seine Aufgabe moderner erscheinen lassen, als es noch vor wenigen Jahrzehnten möglich war. Die Nachfolger Ritters haben ihren Begriff der vergleichenden Erdkunde auf den einen oder den andern dieser Hauptzüge der Ritterschen Arbeiten eingeengt, was später zu betrachten sein wird.

Ein Teil der Ritterschen Gedankengänge ist rein persönlich zu erklären, entstammt seiner besonderen Erziehung, seiner individuellen Arbeits- und Denkweise, seiner Religiosität, seinen Studien auf andern Forschungsgebieten. Stark zeitbedingt, aus der weltanschaulichen Grundlage seiner Zeitgenossenschaft stammend, ist der wichtigste und fruchtbarste, der Begriff der organischen Ganzheit, den Kant stark ausgebaut und verbreitet, und den Ritter energischer als jeder andere vor und auch nach ihm in die Geographie eingeführt hat, der öfter als jeder andere in seinen theoretischen Auseinandersetzungen wiederkehrt: „Diese Betrachtung des Ganzen ist es, die uns allein das Maß der Teile gibt ...[100])." Schon in der 1. Auflage der „Erdkunde" ist er einer der Zentralbegriffe. Nichtsdestoweniger ist er sehr kompliziert, er läßt sich auch mit dem von Hözel eingehend untersuchten Begriff des geographischen Individuums[101]) nicht völlig zur Deckung bringen. Denn er greift nicht nur regional über die isolierten Individuen, deren größte die Erdteile sind, hinaus, indem er die Erde als Ganzes, als „Organisation" umfaßt, sondern hat für

[99]) Ritter, 200. — [99a]) S. Günther, 60, S. 795. — [100]) Ritter, 202, S. 158. — [101]) Hözel, 86.

Ritter auch einen sehr großen praktischen Forschungswert im Sinne der Ergänzung des lückenhaften Bildes eines Individuums, das allein sich aus dem Quellenstudium ergibt, eben zur „Ganzheit". Sehr deutlich wird der Arbeitswert seiner Idee eines Ganzen in der Natur in dem Bande „Afrika", worauf Ratzel in seiner Würdigung Ritters auch besonders hingewiesen hat. Diese Arbeitsweise, die verhältnismäßig spärlichen Nachrichten zusammenzustellen und zu ordnen, und dann schöpferisch über sie hinauszugehen, konstruktiv auf diesem Minimum von Erfahrung, geleitet von einer genial erfaßten Idee des Ganzen eines Erdteils, ein landeskundliches Gefüge intuitiv aufzubauen, bekundet ein weder logisch noch psychologisch mehr faßbares Maß von Vergleichung. Auf Ritter geht man heute selten mehr zurück, so daß diese schöpferische Synthese und Kombination uns im Gedanken an ihn eigentlich fernliegt. Vielleicht kann aber der Hinweis auf Ed. Sueß verdeutlichen, was Ritter in mehr orographischer, streng an die Erdoberfläche gebundenen Orientierung beabsichtigt und teilweise auch geleistet hat. Es ist ein fortwährendes Ineinandergreifen von Induktion und Deduktion, Analyse und Synthese, deren innere Folgerichtigkeit nicht mehr durch die Befolgung der Logik allein, sondern durch eine geniale wirklichkeitsnahe Raumanschauung darüber hinaus gegeben wird. In ihr, weniger in der Masse der Einzelfeststellungen, liegt das Einmalige und auch heute noch ganz eigentümlich Fesselnde der Ritterschen Erdkunde. Es ist vielleicht nicht falsch gegriffen, wenn man diese Seite des „vergleichenden" Moments mit Ratzels Interpretation „durchgeistigt" nennt. Der Fortschritt, den Ritter gerade hier bringt, ist sehr groß. Man kann ihn ermessen in einem Vergleich zwischen ihm und Johann Georg Forster, etwa den „Ansichten vom Niederrhein[102])". Auch Forster kennt den Begriff der Ganzheit. Aber er weiß ihn von dem der Summe noch kaum zu unterscheiden. Arbeits- und Darstellungswert hat er bei ihm noch nicht. Ritter fühlt sich immer wieder zu konstruktivem Aufbau gedrängt, sei es, daß er — jetzt wirkliche — „natürliche Landschaften" im Laufe der Darstellung in ihren Elementen zusammengreift und als Totalität darstellt, wie etwa das Nilland, das Hochland von Habesch, die Sahara; sei es, daß er im „Rückblick" oder einer „Übersicht" einen ganzen Erdteil als „Individuum" aufbaut. Eine solche Auffassung war erst in der Romantik möglich, wenn sie sich auch bereits in der Geographie der Aufklärung vorbereitet hatte. Ritter drückt das in den Worten aus: „Wenn die frühere Zeit sich mehr mit den Formen, Erscheinungen, Tatsachen, die in den allgemeinen oder in den besonderen Mitten jedes ihrer Reiche und in einzelnen Zweigen derselben lagen, beschäftigte: so scheint es für die gegenwärtige charakterisierend zu sein, daß sie, überall mehr nach Universalität strebend, die äußersten Grenzen und das Übergreifen und Ineinandergreifen der Gebiete, nach räumlichen, physischen, organischen, intellektuellen Dimensionen hin, aufzusuchen und zu einer vollen, lebendigen Mitte zurückzukehren sucht." Dieses leistet in der Geographie eben die neue Richtung, die er vergleichende Geo-

[102]) J. G. Forster, 33, 32.

graphie nennt, wie klar aus der „Einleitung" hervorgeht, wo er Humboldt als den Bahnbrecher dieser Idee feiert[103]). Es ist an dieser Stelle aber deutlicher als irgendwo anders die Weltanschauung des romantischen Geistes in scharfem Gegensatz zu dem in extremen Idealfächern und Isoliertheiten denkenden Aufklärungsdenken ausgesprochen. Es ist die schon oben berührte echt zeitgenössische Abkehr von der Schulwissenschaft, den abgesteckten Erkentnisgebieten, und der Versuch, gerade im Übergreifen das Wirkliche besser zu erfassen, jenseits der herkulischen Säulen größere Weiten zu finden als die Vorgänger. Das sind Arten der inneren Bindung, mit denen Ritter den geographischen Stoff zu einem Ganzen zusammenzuschweißen sich bemüht. Nirgends arbeitet er methodisch einseitig, sondern versucht mit allen Mitteln der Wirklichkeit, dem Wirken, der inneren Verbundenheit nahezukommen. Übergänge, Zusammenhänge werden gesucht. Die Grundgedanken, nach denen er vorgeht, sind zunächst orographische. Vor allem andern ist es notwendig, die Plastik des Erdbodens zu erfassen, und nicht mehr wie früher nach trennenden Gesichtspunkten, sondern unter der Voraussetzung, daß die Erde als „Organisation" sich „gliedert" in „Individuen" verschiedenen Grades und relativer Selbständigkeit, die untereinander in bestimmten Wirkungsverhältnissen stehen. Es ist wohl eine der gröbsten Verkennungen, wenn Ritter so oft vorgeworfen wird, er hätte die Zeit vergessen. Mit der Einführung des Wirkungsbegriffs hat er ja gerade die Zeit in die Geographie eingeführt. Daß man später unter dem Einfluß der Geologie die Zeiträume auch in der Geographie weiterspannte als Ritter, der sich fast nur auf die historische Zeit beschränkte, spielt dabei keine Rolle, ist nur noch gradueller Unterschied. Man muß geographische Handbücher aus der Zeit vor Ritter mit Ritters Erdkunde vergleichen, um gerade im Begriff des Wirkens und seiner Anwendung einen der mächtigsten und bleibenden Fortschritte zu erkennen. Die Bedeutung und zum Teil auch die Art der Anwendung ist ihm wohl über dem Studium Herders aufgegangen, doch mag auch der Einfluß der Nationalökonomie Englands mitgespielt haben. Deutlich ausgesprochen und mit einem geographischen Beispiel belegt hat Ernst Manheim[104]) in seinem jüngst erschienenen Werk die Bedeutung dieser Begriffe „Werden" und „Bewegung" zusammengefaßt. „Wie die konkrete Zeit aus dem Dasein entspringt und nicht umgekehrt, so bekommt auch der konkrete Raum vom Dasein seinen näheren Inhalt. Die Zeit entspringt unmittelbar aus der Dialektik des Daseins, der konkrete Raum erst indirekt, vermittels der Zeit. Der zeitlich vermittelte, konkretisierte Raum ist der Ort. Erst in der Sphäre der Zeit bekommt der Raum seine Realität. Außerhalb seiner bestimmten zeitlichen Bewegung ist das Gegenständliche gleichgültig zum Hier und Dort, es ist nur irgendwo. Im zeitlich noch nicht konkret gewordenen Dasein ist der konkrete Raum noch latent. Erst durch seine Bewegung in der Zeit bekommt das Sein eine konkretere Beziehung zum Raum, zum Ort, erst hierdurch ist es Da-Sein. So ergibt

---

[103]) Ritter, 202, 60—61. — [104]) Manheim, 249.

sich z. B. der konkrete Begriff des geographischen Orts erst aus seiner unvertauschbaren Funktion im Geschichtsablauf, als eine Daseinsbedingung, als ein Daseinsmoment. Der abstrakt räumliche (d. i. von der Zeit abstrahierte) Begriff Europa ist weder real noch irreal, er ‚ist' diese oder jene geographisch bestimmte Erdfläche. Dieser Begriff aber ist real, sobald er einen zeitlich konkreten Inhalt annimmt. . . ." usw. Dieser zeitliche Inhalt kann nun sein, welcher er will. Er wird gegeben etwa durch den Anschluß an die Geschichte, an die Geologie, an die Morphologie usw. Allein die Nennung eines Orts ist sinnlos. Bedeutung erhält der Ort erst dadurch, daß er in Zusammenhänge gebracht wird, daß man seine Funktionen einsieht. Ritter drückt denselben Gedanken so aus: „Machen wir uns frei von dem Vorurteile zu glauben, über denjenigen Teil der Erde unterrichtet zu sein, dessen wohlgezeichnete und namengefüllte Landkarten vor uns ausgebreitet liegen. . . . Werden wir uns des Inhalts dieses Bildes lebendig bewußt, dann erst kann seine Betrachtung wie die einer jeden inhaltvollen Darstellung erweckend . . . für uns werden[105])." Eine andere Stelle, die zeigt, wie auch ihm eine letzte Vollendung der Geographie nur in starker Bindung an den zeitlichen, wirksamen Ablauf möglich erscheint, ist folgende: „Die Erde hat außer dem räumlichen Dasein noch eine Existenz in der Zeit. Sie hat also in dieser eine Entwicklung erlebt, also — eine Geschichte. Die Geschichte der Erde lehrt in ihren Monumenten, daß sie, ihren Teilen wie ihrem Ganzen nach, einer fortschreitenden Umbildung unterworfen, daß sie einer fortschreitenden Ausbildung fähig ist. Die Naturkräfte wirken fortwährend nach den mechanischen Gesetzen der Chemie und Physik auf sie ein. Die belebte Schöpfung, Pflanzen, Tiere, Menschen, gestaltet sich immerfort um als zugehörige Organe und lebendige Glieder ihres Leibes. Die Erde hat ihre eigenen Bildungsepochen — durch Natur und Kultur[106])." „Sie ist daher ein kosmisches Individuum mit eigentümlicher Organisation, ein ens sui generis mit fortschreitender Entwicklung. Die Individualität der Erde zu erforschen und darzustellen, ist die höchste Aufgabe der geographischen Wissenschaft. Kann sie diese Individualität nach allen ihren Teilen, Gliederungen und Funktionen zu klarer Anschauung bringen, so wird die Erdkunde zu einer selbständigen Wissenschaft[107])." Oder: „Die verschiedenen Erdstellen haben . . . Funktionen für das Weltganze[108])." In der Schroffheit der Zuspitzung an Manheim erinnernd: „Das reingedachte gleichzeitige Nebeneinander des Daseins der Dinge ist, als ein wirkliches, nicht ohne ein Nacheinander derselben vorhanden[109])." Damit stellt Ritter nicht nur seine eigene Auffassung eindeutig dar, sondern trifft die große Masse seiner Vorgänger an der schwächsten Stelle ihres aggregierenden Schemas.

Eigentümlich verquickt ist bei Ritter das zeitliche und räumliche Moment, aber immer unter dem leitenden Gesichtspunkt, die heutige Erfüllung der (orographisch im wesentlichen konstant

---

[105]) Ritter, 199, Bd. I S. 3/4. — [106]) Ritter, 204, S. 18. — [107]) Ritter, 204, S. 19. — [108]) Ritter, 202, S. 227. — [109]) A. a. O. S. 157.

gedachten) Erdräume in ihrer Verbreitung und Wechselwirkung festzustellen nach ihren arithmetischen und geometrischen Verhältnissen, und nach ihren historischen Bedingtheiten und weiteren Entwicklungsmöglichkeiten[110]). Die an sich klaren Grundgedanken werden besonders in den späteren Bänden durch Weitschweifigkeiten in der Feststellung der topographischen Tatsachen und durch historische Exkurse unterbrochen und verdunkelt. Dennoch liegen auch hier die Schwierigkeiten tiefer, sind in der Sache selbst begründet. Es galt für Ritter, den richtigen schmalen Pfad zu finden zwischen Sein und Werden, Statik und Dynamik. Es ist kein Zufall, wenn ein vorwiegend historischer Denker wie Ratzel ihm ein Gefühl für die Zeit abspricht, während Naturwissenschaftler wie v. Richthofen fast bedauernd von dem „Historiker Ritter" sprechen. Ritter hat als erster Geograph die Bedeutung der einen wie der andern Richtung in ihrem spezifisch-geographischen Wert erkannt. Seine vorwiegend kontemplative Natur führte ihn dazu, grundsätzlich mehr auf das Sein, das allen Wechsel Überdauernde zu achten als auf den Wechsel selbst. Andererseits gab jedoch erst die Geschichte eine wirkliche Einsicht in die zeitlichen Bedingungen und auch Auswirkungen des Seins. Daraus erklärt sich zum Teil sein Schwanken.

Sein Blick war letzten Endes auf den Menschen gerichtet. Die Erde als „Wohnhaus", als „Erziehungshaus" des Menschen, der Raum und seine Funktion im Ablauf der Geschichte, der Mensch in seiner mehr oder weniger großen Abhängigkeit vom Boden usw. waren für ihn Leitlinien. Es lag in der Zeit, die die ganze Aufklärung und Kant und Goethe zu Vorgängern hatte, ihr Augenmerk vorwiegend auf das Lebendige, vor allem den Menschen zu richten, „das Leben als Zentralbegriff" zu erfassen[111]). Es lag aber ebenso in ihrem Geiste, durch alle Bewegung hindurch „das Eine, das Prinzip" zu sehen[112]), in welchem es keinen Zwiespalt, nur Übergänge geben kann. Die ganze Natur ist ein sehr komplizierter organischer Zweckverband, über dem eine höhere Ordnung mit der Endabsicht waltet, den Geist zu seiner höchsten Vollendung zu bringen. So sind auf der Erde drei Kräfte wirksam: die Kausalität, der die Materie unterworfen ist; die menschliche Freiheit, und die göttliche Vorsehung. Die letztere nicht als „das ganz Andere", sondern als prinzipiell der Einsicht zugänglich gedacht durch das Begreifen ihres Wirkens in der Natur. Natur aber ist Mensch und Erde[113]). Das sind die leitenden Ideen, die wir bei Ritter alle wiederfinden, und die ihm sozusagen den gedanklichen Kitt darbieten, mit dem er das bis dahin unverbundene Aggregat der geographischen Tatsachen zusammenschweißt. Das ist auch der weltanschauliche Hintergrund, auf dem er geologischen und paläogeographischen Untersuchungen als Selbstzweck kein Interesse abgewinnen konnte, der weltanschauliche Hintergrund, der ihn verleitete, die geographische Zeit mit der historischen zu identifizieren, die heutige Konfiguration der Erdoberfläche als gegeben hinzunehmen und

[110]) A. a. O. S. 157. — [111]) K. Fischer, 31, S. 347.
[112]) Fichtes Wissenschaftslehre, Goethes Harmonielehre, Schellings Identitätssystem, die Wiederentdeckung Spinozas und Leibniz' usw.
[113]) Ritter, 202, S. 16.

in der heutigen „Anordnung“ der Räume einen gottgewollten, höchst zweckmäßigen Endzustand möglichst tief zu erfassen.

In den obigen Zeilen ist der Versuch gemacht worden, einige Linien durch den ungemein komplizierten Bau zu legen, den Ritter zusammenfaßt unter dem Wort: „Allgemeine vergleichende Erdkunde“. Es ist dabei aufgefallen, daß ein zu erwartender engerer Vergleich als Methode sich nicht unter der Aufzählung findet, der diesen Begriff logisch hätte rechtfertigen können. Dennoch fehlt ein Vergleich nicht völlig. Ritter vergleicht; aber nur sehr gelegentlich, etwa um das Verhältnis von Rumpf und Gliedern verschiedener Erdteile zu veranschaulichen oder um Regelmäßigkeiten in der Großgliederung der Kontinente festzustellen usw. Ebenso liegt in den vielen von ihm neugeschaffenen Begriffen, der Durchführung seiner Leitgedanken usw. eine große Vergleichsarbeit enthalten. Aber Ritter breitet seine Vergleiche nicht vor uns aus: er begnügt sich meist, fertige Gedanken und Resultate zu bringen. Eine „vergleichende“ Methode im engeren Sinne würde man vergeblich bei ihm suchen. Auch der von Humboldt so oft gebrauchte Vergleich als Darstellungsmittel zur Verdeutlichung ist bei ihm selten. Die Anwendung des Vergleichs als solchem kann demnach nicht ausschlaggebend gewesen sein für Ritters Wortwahl. Er selbst hat das ja auch schweigend in der Abwehr des Fröbelschen Angriffes zugegeben. Es ist ein Mißverstehen, wenn man, wie Marthe, Peschel u. a., sich auf den Boden dieses Anspruches stellt und von hier aus um der wenigen wirklich schriftlich durchgeführten Vergleiche willen nur die ersten Bände der Erdkunde als „in gewissem Grade vergleichend“ bezeichnet.

Auch die schon sehr viel weiter gefaßte Ansicht, Ritter nenne einfach die induktive Methode vergleichend, ist nicht völlig anzuerkennen, sagt nicht genug. So sehr Ritter auch die Forschung auf induktiver Grundlage verlangt und nach ihr arbeitet als nach der einzigen, auf welcher man nicht auf Irrwege kommt, so sehr finden bei ihm doch auch die Ideen des Ganzen, des organischen Zusammenhangs, des Totalitätscharakters usw. ihren Verteidiger. Dadurch kommt mit ihm aber auch der Schritt vom Ganzen zum Teil, also ein deduktives Moment, zu Wort, das man aus den Ritterschen Werken nicht ausscheiden kann, ohne ihnen von ihrer Eigenart zu nehmen, ohne Ritters „vergleichende Erdkunde“ einer wesentlichen Komponente zu berauben. Die ganze Fülle der Ideen und Methoden, mit denen er die Geographie durchgeistigt, mit denen er großenteils erst die erkenntnistheoretische Grundbedingung für eine geographische Wissenschaft geschaffen hat, nennt er schlechtweg und ohne weitere Begründung „vergleichende Erdkunde“, und stellt sie in ihrer Totalität zwei Richtungen gegenüber, einer apriorischen Konstruktionsgeographie, die der Fülle der Erscheinungen nicht gerecht werden kann, und die mit allen ihren verrenkten Ergebnissen fällt, wenn ihre Voraussetzungen nicht zutreffen; und einer summarisch aufzählenden Aggregatlehre, der bei ihrer geistlosen Grundhaltung nur Gedächtniswert, nicht aber Wissenschaftlichkeit und Erkenntniswert zuzuschreiben ist. Seine „vergleichende Erdkunde“ bringt „Befruchtung des Vorhergehenden für das Folgende“, „Einsicht in die Natur des Gegenstandes[114])“.

Nach dieser methodischen Untersuchung ist die Frage nach dem Endziel der Ritterschen Arbeiten zu stellen. Auch hier werden wir keine knappe Antwort zu erwarten haben. Ritter war kein Spezialist, sondern ein weltweiter Denker. Die Endabsicht seines geographischen Forschens war immer eine doppelte, und sie läßt sich als solche am leichtesten in den ersten Bänden erkennen, deutlicher noch fast in der ersten als in der zweiten Auflage. Einmal war er bemüht, das heutige Erdbild darzustellen, Länderkunde zu schreiben. Ein zweites Interesse ging aber über die Darstellung des Einmaligen, Örtlichen hinaus und strebte nach mehr allgemein gültigen, gesetzmäßigen Zusammenhängen. Die Erde in ihrer Wirkung auf das Lebendige, Pflanzen, Tier und Mensch, sowie die Modifizierung dieses rein kausal zu denkenden Naturablaufs durch den denkenden Menschen sind solche Gegenstände. Hierbei kommt Ritter zu dem eigentümlichen Begriff der Entwicklung, der besonders in seinen spätesten Schriften einen fast mystischen Charakter annimmt. Es gibt auf der Erde Gesetzmäßigkeiten sehr verschiedenen Grades, die zu erfassen sind. (Es liegt im Wesen der Romantik, das „Gesetz“ sehr allgemein und indifferent zu gebrauchen an Stellen, wo wir diesen Begriff heute nicht setzen würden.) Die heutige uns mehr oder minder zufällig erscheinende Konfiguration des Festen auf der Erdoberfläche erschien ihm ebenso „gesetzmäßig“ bedingt, wie die Glieder einer Kausalreihe. Aber während länderkundliche Einzeltatsachen grundsätzlich einer kausalen Begründung offenstehen und sogar bedürfen, reißt an der Erde als Ganzem dieser Leitfaden ab. Der Tatsachenzusammenhang besteht nur auf der Erde, trägt aber nicht sich selbst. Hier findet Ritter denselben Ausweg, den Leibniz genommen hat, den viel besprochenen teleologischen. Die Erde in ihrer Totalität muß zweckmäßig sein, und zwar im Hinblick auf die Entwicklungsmöglichkeit des Gesamtmenschengeschlechts. Implicite ist dieser Zweckgedanke schon in seiner Auffassung der Erde als Organismus enthalten. In diesem Sinne baut sich bei Ritter eine eigentümliche Form einer geographischen Gesetzmäßigkeit auf: Jeder Ort wirkt, d. h. ist im Erdganzen verankert und wirkt mechanisch nach seiner Beschaffenheit auf Klima, Pflanze, Tier und Mensch und empfängt von ihnen wieder Rückwirkungen. Alle Erdorte bilden zusammen die Gesamtoberfläche der Erde, und zwischen ihnen besteht ein großes Wechselverhältnis, welches eine allgemeine physische Geographie aufzuhellen hat, um welche Ritter sich wesentliche Verdienste erworben hat, sowohl in seinen Vorlesungen als auch in den eingeschalteten allgemeinen Kapiteln in den ersten Bänden der „Erdkunde“; Beitrag und Fundierung zu ihr gibt die Länderkunde. Über dieser allgemeinen Geographie, die die Gesetzmäßigkeit innerhalb der Teile aufsucht, steht eine Art geographischer Philosophie, welche die Erde als ein einmaliges Wesen auffaßt, dessen letzte größte Züge nicht mehr induktiv durch Vergleichung von Einzelheiten erfaßt werden können, sondern nach einem hypothetischen, aber nach Ritter notwendig zu

[114]) Ritter, 202, S. 191/192.

postulierenden Gesetz einer „Vorsehung", d. h. letzten Zweckmäßigkeit abgelesen werden müssen[115]). Wichtigste Kategorie ist unter diesem Gesichtspunkt der Begriff der Lage, der, von Ritter in seiner geographischen Bedeutung entdeckt, gerade heute wieder wie einst zu Ratzels Zeit, als der „inhaltreichste" gilt. Ritter hat den wechselnden Wert einer bestimmten Lage zu verschiedenen Zeiten klar erkannt[116]) und dessen jeweilige volle Ausnutzung als die große Aufgabe des Menschengeschlechts dargestellt[117]). An dieser Stelle dringen also über eine als selbstverständlich angenommene Wirkungsfreiheit des Menschen innerhalb naturgegebener Grenzen teleologische Gedanken in seine Länderkunde ein. Denn wenn der Geograph den Wert eines Ortes für eine menschliche (etwa wirtschaftliche) Tätigkeit herausstellen kann, so beurteilt er damit Gegenstände der Länderkunde nach Zwecken, urteilt also nicht mehr naturwissenschaftlich kausal, sondern teleologisch. Solche Urteile sind aber im Rahmen der Geographie durchaus zulässig[117a]). Es blieb der Einseitigkeit des Positivismus vorbehalten, über den „Tatsachen" diese Zusammenhänge zu übersehen, Ritters vielgestalte Methodik zu verkennen und seine Gesamtleistung zu verwerfen, wovon unten noch zu sprechen sein wird.

Faßt man alles zusammen, so kann man über Ritter und seine „vergleichende Erdkunde" rückschauend sagen, daß er alle die vielgestaltigen Mittel, mit denen er zu einer vollendeten Einsicht in das „Erdindividuum" kommen will, „vergleichend" nennt, und daß ihm als spätes, von ihm nicht mehr zu erwartendes Endziel eine wirkliche „allgemeine Erdwissenschaft", vorschwebte. Es ist nicht möglich gewesen, im Rahmen dieser Arbeit alle Ritterschen Ideen klarzulegen, und auch seine besten Interpreten, Marthe und Wisotzki, haben da noch nicht das letzte Wort gesprochen. Dennoch ist vielleicht einiges von dem Reichtum und der Kompliziertheit des methodischen Ausbaus seines Werkes und dem starken Gepräge, welches weltanschauliche Überzeugungen und gedankliche Überlegungen ihm gegeben haben, zum Ausdruck gekommen. Ihre letzte Lösung allerdings kann diese Aufgabe erst unter starker Hinzuziehung zeitgenössischer verwandter Werke der Philosophie, Naturphilosophie, Geschichtsschreibung usw. finden.

Die „vergleichende Erdkunde" bei Alexander v. Humboldt.

> **„In der Naturbeschreibung wie in historischen Untersuchungen stehen die Tatsachen lange einzeln da, bis es gelingt, durch mühsames Nachforschen sie in Zusammenhang zu bringen[118])."**

Eine unendliche Fülle von Fragen und Problemen tut sich auf. „Das außerordentliche Talent dieses außerordentlichen Mannes, für den ich keinen Beinamen finde" (Goethe), setzt durch die ganz unge-

[115]) Ritter, 204, S. 14, 16. — [116]) Ritter, 202, S. 155. — [117]) A. a. O. S. 161.
[117a]) Die wissenschaftliche Zulässigkeit dieses „genialen Gedankens Ritters" hat Supan betont. Gleichzeitig hält er Peschel gegenüber aufrecht, daß Ritters teleologische Betrachtungen stets wissenschaftlich einwandfrei, also berechtigt sind.
[118]) Humboldt, 89, S. 38.

wöhnliche Weite seines Wirkens der Untersuchung fast noch mehr Schwierigkeiten entgegen, als das bescheidene, eindringliche und wenigstens äußerlich umgrenztere gelehrte Werk Ritters. Da die Hauptwerke Ritters und Humboldts zeitlich zusammenfallen, wäre ein Grund für die Vorausstellung Humboldts nur gegeben, wenn Ritter von ihm weitgehend beeinflußt oder abhängig gewesen wäre. Dafür ist nirgends ein Beweis erbracht. Alle Konstruktionen, die Ritter zum Epigonen Humboldts machen wollen, fußen auf einigen bekannten Äußerungen Ritters, wie er sie in der Art öfter und von verschiedenen Männern hat verlauten lassen; übersehen wird aber über der Konstruktion aus Worten das völlig verschiedene Wesen dieser so entgegengesetzten Naturen, wie sie die Geographie seitdem nie wieder gesehen hat, so entgegengesetzt, daß sie auch nicht in starke Abhängigkeit voneinander geraten konnten[119]).

Wenn Humboldt trotz eines kleinen chronologischen Vorsprungs hier Ritter nachgestellt wird, so liegt der Grund dazu darin, daß er der modernere ist. Sein Denken, die Ziele seines Forschens, die Richtung seiner Ideen waren weit geeigneter, in den beiden folgenden Generationen Schule zu machen, als die Art Ritters. Der von ihm teilweise heraufgeführte Positivismus hat in ihm, trotz mancher Gegensätzlichkeit, auch seinen Heros gesehen. Von Ritter dagegen muß man sagen, daß er sich selbst überlebt hat; denn es ist eine oft beklagte Tatsache, daß gerade seine Anregungen mit wenigen Ausnahmen von den geistlosesten Vertretern mühsam weitergeschleppt und diskreditiert wurden, bis man etwa um 1870 fast von einem Zusammenbruch der Ritterschen „Schule" sprechen darf, gerade in dem Augenblick, als Humboldt auf der Höhe seines posthumen Ruhmes stand. Hat doch Ritter unter allen seinen Nachfolgern nicht einmal einen Biographen finden können, der auch nur die Feder angesetzt hätte, seine wissenschaftliche Bedeutung zu zeichnen[119a]). Schließlich ist aber Humboldt auch deswegen hinter Ritter gestellt, weil er für unser Thema insofern der wichtigere ist, als er die Anwendung wirklich durchgeführter Vergleiche verschiedener Art am weitesten getrieben hat, und also, wenn das Wort „vergleichende" Erdkunde überhaupt einen eindeutigen Sinn hat, er sich hier müßte finden lassen. Außerdem eignete sich Ritter seiner zahlreichen um die Methode der Geographie bemühten Schriften wegen mehr zur Einführung in diese neue Zeit geographischer Forschung.

Einen einheitlichen Entwicklungsgang Humboldts zu skizzieren, ist hier nicht möglich. Das liegt einmal daran, daß er nicht wie Ritter schrittweise einen geraden Weg zu bestimmtem Ziel gegangen ist, sondern in sehr vielen und heterogenen Wissenschaften sehr früh spezialisiert geforscht hat. Reisen und Studien als Botaniker, Anatom, Physiologe, Bergrat und Mineraloge, Kameralist, Verwaltungsbeamter, Diplomat und Philologe, gelegentlich auch als Kunsthistoriker und Naturphilosoph, dazu die Bekanntschaft mit sehr vielen bedeutenden Zeitgenossen brachten ihn wie keinen anderen in die ganze Breite des eben mächtig anschwellenden Stroms der Naturwissenschaften. Das Geschick hat das Seine dazugetragen, diesem

119) Vgl. dazu Kramer, 108, I., S. 165. — 119a) A. a. O. II. S. 113.

Günstling der Umstände alle Gaben zu verleihen, deren er bedurfte, um Herr des überwältigenden Stoffes zu werden: einen Bruder, der seinen Ehrgeiz ins Unermeßliche trieb, Ausdauer und Fleiß, die ihn von Kindheit auf bis ins höchste Greisenalter begleiteten, eine Gedächtniskraft und Fähigkeit, den Stoff zu beherrschen, die selbst Goethe zu dem Bilde eines Brunnens mit tausend Röhren verleitete, ein universales und scheinbar völlig unspezialisiertes Talent, sich auf allen Gebieten sehend und forschend zurechtzufinden, eine Organisationsgabe und menchliche Anpassungsfähigkeit, die ihn überall den besten Weg gehen ließ, ein Sprachtalent, das keine Grenzen zu kennen schien, vor allem aber eine wissenschaftliche Phantasie und Gestaltungskraft, die ihn im einzelnen zu dem großen Anreger seiner Zeit, im großen aber zum letzten überragenden Kosmographen werden ließ.

Sucht man nach dem wesentlichen Unterschied zwischen Männern wie Forster, Humboldt und Ritter einerseits und der großen Masse ihrer geographischen Vorgänger andererseits, so wird man ihn weniger in einer steigenden „Sachlichkeit" finden, als vielmehr in einem sehr viel größeren Maße der schöpferischen Phantasie, mit dem man etwa seit 1770 den Stoff nicht nur beschreibt, sondern ihn auseinander bricht und nach leitenden Ideen wieder neu und schöpferisch aufbaut. Es ist oben gezeigt worden, daß schon Büsching im Anschluß an die Staatswissenschaft den Stoff nach eigenen Gesichtspunkten geordnet hat, aber er ist nicht über eine reine Beschreibung nach Kategorien äußerlicher Art hinausgekommen. Der Fortschritt, zu dem die neue wissenschaftliche Geographie führt, ist, daß nun versucht wird, gerade das Ungegebene, nicht Augenfällige — den Phantasielosen Unsichtbare —, also den inneren Zusammenhang der Erscheinungen herauszuarbeiten, eine Aufgabe, die nicht der Phantast (Charpente du Globe), auch nicht der Registrator (Aggregatgeographie), sondern nur der phantasiebegabte Forscher sich stellen kann. Humboldt hat diesen Gedanken oft ausgesprochen: „Die Phantasie, ohne deren Anregung kein wahrhaft großes Werk der Menschheit gedeihen kann . . .[120])." Er hat dabei der Phantasie eine Rolle zugeschrieben, die uns ganz unmittelbar auf das Zentrum seines Denkens bringt; man kann geradezu sagen, die uns auf die Methode und das Ziel seines Forschens leitet. „Einseitige Behandlung der physikalischen Wissenschaften, endloses Anhäufen roher Materialien konnten freilich zu dem, nun fast verjährten Vorurteil beitragen, als müßte notwendig wissenschaftliche Erkenntnis das Gefühl erkälten, die schaffende Bildkraft der Phantasie ertöten und so den Naturgenuß stören. Wer in der bewegten Zeit, in der wir leben, noch dieses Vorurteil nährt, der verkennt . . . die Freuden einer höheren Intelligenz, einer Geistesrichtung, welche Mannigfaltigkeit in Einheit auflöst und vorzugsweise bei dem Allgemeinen und Höheren verweilt. Um dieses Höhere zu genießen, müssen in dem mühsam durchforschten Felde spezieller Naturformen und Naturerscheinungen die Einzelheiten zurückgedrängt und von dem selbst, der ihre Wichtigkeit erkannt hat, und den sie zu größeren Ansichten geleitet, sorgfältig verhüllt werden[121])." — Damit soll nicht

[120]) 88, Bd. II S. 54. — [121]) Humboldt, 88, I. Bd. S. 21.

einer Unterschätzung der Einzelheiten das Wort gesprochen werden, die zu „unvollständigen Beobachtungen und noch unvollständigeren Induktionen[122])“ führen, sondern es soll die „großartige Betrachtung des Weltbaues“ gefördert werden, die nicht an Einzelheiten haften bleiben darf, aber auch „nur dann Gründlichkeit erlangt, wenn die ganze Masse von Tatsachen, die unter verschiedenen Himmelsstrichen gesammelt worden sind, mit einem Blick umfaßt, dem kombinierenden Verstande zu Gebote steht[123])“. Bei einem solchen Ziel, die Einzeltatsachen jeder Art zu einem wissenschaftlichen „Kosmos“ zusammenzufassen unter dem Namen „vergleichende Erd- und Himmelskunde[124])“ oder „vergleichende Naturkunde[125])“ muß Humboldt viel Stoff für unser Thema bieten. Man erkennt aber bereits aus diesen Stellen, daß er der „vergleichenden“ Erdkunde bzw. Naturwissenschaft eine ähnlich universale Bedeutung gibt wie Ritter. Kosmologie ist vergleichende Naturwissenschaft: d. h. die Gesamtheit aller Denkmittel, mit denen man „Himmel und Erde“ wissenschaftlich erfassen und in ein System bringen kann, heißt „vergleichend“. Es ist dieselbe Sinnerweiterung über alle Grenzen einer besonderen Methode hinaus, wie bei Ritter. Jeder geglückte Versuch, Tatsachen der Natur in einen sinngemäßen und einsichtigen Zusammenhang zu bringen, ist ein Schritt vorwärts auf dem Wege dieser „vergleichenden“ Methode, ein Schritt näher zum Ziel einer allgemeinen umfassenden „vergleichenden Erd- und Himmelskunde“, also nach Humboldt einer letzten anzustrebenden Universalnaturwissenschaft. Der Unterschied zwischen Ritter und Humboldt liegt hierbei nur darin, daß Ritter sich mit einem Teilgebiet, der Erdoberfläche begnügte, während Humboldt den ganzen Kosmos in sein System einbezog. „Je conçue l'idee d'une physique du monde“ (1796) war seine Grundidee vom Anfange seiner wissenschaftlichen Laufbahn bis zu der erschütternden Einleitung zum letzten, fünften Bande des „Kosmos“. Es bleibt der Untersuchung also wieder die Aufgabe, nach dieser sehr allgemeinen Definition und Klarlegung der Haupttatsache, ins einzelne zu gehen und aufzuzeigen, in welchen Richtungen sich das Denken Humboldts bewegte; auch wieder mit dem notwendigen Verzicht auf Vollständigkeit.

Überblickt man das Gesamtwerk Humboldts und vergleicht man es mit der Durchschnittsproduktion der Zeit vor ihm und der Zeit, die abhängig von ihm arbeitete, so erscheint er uns als eine Art geistiger Wasserscheide, von der das Denken nach verschiedenen Richtungen strömt. Soweit ich sehe, sind es vor allem drei Komponenten, die ihn für das europäische Denken unentbehrlich machen.

1. Mit Goethe und der ganzen Generation der romantischen Geister im weitesten Sinne teilte er die Idee von dem „organischen Zusammenhang“ aller Erscheinungen. Er aber arbeitete diesen Zusammenhang systematisch nach vielen Richtungen aus und besaß zudem die literarische Durchschlagskraft, diesen Gedanken populär zu machen.

---

[122]) Humboldt, a. a. O. S. 17. — [123]) Humboldt, a. a. O. S. 18. Vgl. auch Breysig, 16a. S. 98. — [124]) Humboldt, a. a. O. S. 31. — [125]) Humboldt, 88, II. Bd. S. 131/132.

2. Humboldt hat das Kausalitätsprinzip wie niemand vor ihm in einem Teil der Naturwissenschaften anzuwenden gewußt. Er hat das vordem meist sehr ungefüge[126]) gedachte Prinzip der kausalen Wechselwirkung für das europäische Denken handlich gemacht und damit der Welt, solange sie vorwiegend kausal denken wird (was nicht immer der Fall zu sein braucht), ihr stärkstes Handwerkszeug geschliffen.

3. Humboldt hat mit nie wieder erreichter Breite und Vielseitigkeit in seinen Schriften den wissenschaftlichen Vergleich angewendet, um die überall von ihm als selbstverständlich postulierten Zusammenhänge und Bindungen aufzufinden, wie auch die Unterschiede in dem zu einheitlich Gedachten aufzuspüren, d. h. der Eigenartigkeit der Erscheinungen gerecht zu werden.

Wollte man noch einen 4. Kardinalzug bei ihm hervorheben, so den, daß er eine Reihe Wissenschaften, die bis dahin stark in ihrer eigenen Theorie und Systematik steckten, mit der Erdoberfläche in Beziehung brachte, und sie lehrte, auch das Quantitative und für die Erde physiognomisch Bedeutsame ihres Gegenstandes zu beobachten.

Grundsätzlich ist hierbei zu beachten, daß bereits vor Humboldt viel davon vorhanden und auch in literarisch sehr bedeutsamen Werken niedergeschlagen war, wie etwa bei Goethe und Adam Smith, bei denen Humboldt vieles gelernt hat, und an die man beim Studium seiner Werke oft lebhaft erinnert wird. Und dann ist wichtig, daß die vier Züge, die hier herausgestellt sind, bei ihm nicht nebeneinander dastehen, sondern vollständig verschmelzen zu einem ganz einheitlichen Denk- und Literaturstil, den er in bestimmter wissenschaftlicher und ästhetischer Absicht bei sich von Anfang an herangebildet hat[127]). Humboldt arbeitete eben gleich Ritter nicht engherzig methodisch, abstrakt, wie es in der heutigen deutschen Geographie zuweilen üblich geworden ist. Ihm kommt es nur auf die Feststellung und Ordnung von Tatsachen an. Und gerade dadurch ist er sicher der Geist, der — selbst noch durchdrungen von der konstruktiven Idee des Kosmos — die auf ihn folgende zersplitterte positivistische Zeit mit heraufgeführt hat. Und nur in diesem Sinne ist auch die „vergleichende Wissenschaft" nicht nur bei ihm, sondern bei allen Denkern der ersten Hälfte des 19. Jahrhunderts zu verstehen, seien es Theologen, Geographen, Geognosten, Historiker, Sprachforscher usw. Sie alle stellen sich unter Ideen wie das 17. Jahrhundert, Leibniz, Descartes, Bacon, Spinoza, Varenius, Newton, und einigen sich alle — mit gewissen Unterscheidungen je nach dem Forschungsgebiet — etwa unter den Worten Humboldts: „Phantasiebilder . . . können nur bei denen entstehen, die spielend nach Kontrasten . . . haschen (das würde heißen: sinnlos vergleichen) und sich nicht bemühen, die Konstruktion des Erdkörpers mit einem allgemeinen Blick zu umfassen[128])." Oder: „Da ich aber die Verbindung längst beobachteter Tatsachen der Kenntnis isolierter, wenn auch neuer, von jeher vorgezogen,

[126]) Vgl. selbst noch Forster, 35. — [127]) Humboldt, 89, Vorrede zur 1. Aufl. — [128]) Humboldt, 91, S. 190.

hatte, . . .[129])." In diesem allumfassenden Blick, dem konstruktiven Versuch, innerhalb eines mehr oder weniger weit gespannten Forschungsbereiches allen Erscheinungen mit allen Mitteln gerecht zu werden, und sie alle zu einem Ganzen zu verbinden, darin liegt der gemeinsame Sinn der Absichten Humboldts wie Ritters. Nur die Mittel und Wege der Forschung und Darstellung und auch die letzte tiefste Erfassung der Aufgabe sind — nach der individuellen Natur der Forscher — in Einzelheiten verschieden. Daß es sich hier um keine unbegründete Hypothese handelt, beweist nicht nur die gemeinsame heftige Ablehnung der Geographie des 18., sondern auch die genaue Kenntnis und die Hochschätzung der führenden Geister des 17. Jahrhunderts[130]).

Wie hat Humboldt nun den Vergleich angewendet? Häufige Vergleiche bei Humboldt sind die einer schroffen Kontrastierung und dem darauffolgenden Versuche, aus dieser heraus durch Vergleiche mit ähnlicheren Fällen sich der Wirklichkeit des Gegenstandes anzunähern: „Aus der üppigen Fülle des organischen Lebens tritt der Wanderer betroffen an den öden Rand einer baumlosen, pflanzenarmen Wüste.“ — Kam er eben noch aus Bergtälern, so erhebt sich hier auf der Steppe „kein Hügel, keine Klippe . . . inselförmig in dem unermeßlichen Raum“. Aber der Kontrast allein genügt nicht, um ein lebendiges Bild hervorzurufen; auch das Ähnliche muß berufen werden: Diese Ebene, die einst Meeresboden war, ruft auch heute noch zur Nachtzeit beim Wogen der Dünste die „Täuschung“ eines „küstenlosen Ozeans“ hervor. Und noch einmal wird tiefer gegriffen, um das Landschaftsbild noch klarer der Vorstellung hervorzuzaubern: Das Verschiedene, der Unterschied zwischen Ozean und Steppe muß noch herausgebracht werden: Der Steppe fehlt das Lebendige, Bewegte, die Welle des Ozeans, sie ist tot und kahl. Nach dieser Schilderung des Eindrucks, den die südamerikanische Steppe auf den Wanderer macht, hebt sich plötzlich die Abhandlung auf eine ganz andere wissenschaftliche Stufe, auf eine für Humboldt ungemein bezeichnende Weise. Die Schilderung einer Steppe genügt ihm nicht, er faßt alle Steppen der Erde ins Auge und versucht, sie in ihrer tellurischen Verbreitung und Bedingtheit und in ihrer Eigenartigkeit zu erfassen. Von jetzt an haben wir in der Abhandlung „Über die Steppen und Wüsten“ jene innige Verbindung der für mein Empfinden wichtigsten Züge: der kosmischen Idee, der kausalen Bindung, des Interesses für das Physiognomische der Erde und des Vergleichs als eines unentbehrlichen Forschungs- und Darstellungsmittels: „In allen Zonen bietet die Natur das Phänomen dieser großen Ebenen dar; in jeder haben sie einen eigentümlichen Charakter, eine Physiognomie, welche durch die Verschiedenartigkeit ihres Bodens, durch ihr Klima und durch die Höhe über der Oberfläche des Meeres bestimmt wird.“ Er unterscheidet sie nach ihrem verschiedenen vegetativen Aussehen, skizziert ihre verschiedene Physiognomie zu verschiedenen Jahreszeiten, streift ihre anthropogeographische Be-

[129]) Humboldt, 90, Einleitung S. 3.
[130]) Vgl. Humboldt etwa 88, I S. 74/75; II S. 390ff. usw.

deutung, vergleicht sie nach ihrer Größe usw. Aber man muß doch im allgemeinen sagen, daß der Vergleich nur spielend gebraucht wird, daß er mehr die „Resultate dieser Vergleichung“ als die Vergleiche selbst bringt. Die Vergleiche haben mehr Darstellungs- als Forschungswert, etwa mit Ausnahme des großen Vergleichs zwischen Afrika und Südamerika[131]). Dennoch wird niemand leugnen, daß auch hier der Kern und die Endabsicht der Vergleichungen in der plastischen Darstellung liegt, und daß sich in ihnen zugleich noch etwas von der notwendigen vergleichsgetränkten induktiven Gedankenarbeit des Autors widerspiegelt. Die ganze Arbeit ist jedoch zu sehr aus der Überlegenheit, aus dem ganz Großen heraus gearbeitet, ist zu sehr Kunstwerk, als daß man noch eine besondere Arbeitsmethode an ihr fände, als daß eine Untersuchung, die das Wesentliche der „vergleichenden“ Erdkunde an ihr herausarbeiten soll, Handhaben fände.

Man muß schon zu den Anmerkungen greifen, um in diesem „Vorbild“ und „Muster“ aller „vergleichenden Geographie“ Vergleiche von Forschungswert zu finden, ein tatsächlich vorwiegend vergleichendes Verfahren aufzuspüren. So etwa die Anmerkung 20[132]), wo er das Klima der nördlichen mit dem der südlichen Halbkugel in vielen Einzelheiten vergleicht, um dann die Ursachen für ihre Verschiedenheit aufzuzeigen; oder die ähnliche Anmerkung 18[133]), die sich mehr mit der „Dürre“ des neuen Weltteils beschäftigt. Solche Vergleiche, oft mit Folgerungen verbunden, oft aber auch nur als einfache Zusammenstellungen[134]), die spätere Geschlechter auswerten mögen, finden sich bei ihm in ungeheurer Zahl überall dort, wo er nicht besondere ästhetische Rücksichten nimmt, also etwa in den Anmerkungen zu den „Ansichten“, zum „Kosmos“ oder auch in Schriften wie „Central-Asien[135])“. Aus letztem Werk führe ich eine Reihe solcher Vergleichungen an: Er vergleicht die orographische Erhebung der größeren Plateaus der Erde miteinander und stellt eine Höhentabelle auf; er untersucht den Einfluß des geologischen Baus von Asien auf die orographischen, klimatischen, pflanzengeographischen Verhältnisse zu verschiedenen Jahreszeiten und dehnt sie zum Teil bis auf „die benachbarten Kontinente“ aus; er vergleicht die Richtung der Hauptachsen Asiens und Europas und ihre Einwirkung auf die Konturen der Kontinentalgestalt; er vergleicht die Höhenverteilung der Alten mit der der Neuen Welt; er errechnet die mittlere Höhe der Kontinente und die Tiefen der Meere und vergleicht die gefundenen Werte miteinander; er vergleicht die landläufigen Theorien über die unzähligen Gebirgsrichtungen und das Vorherrschen von Edelmetallen in den „Meridianketten“ mit den tatsächlichen Verhältnissen und kommt zu dem Ergebnis des durchgängigen Vorherrschens weniger gruppenweise paralleler Strukturlinien und findet keine Bevorzugung bestimmter Richtungen bei der Goldführung. Sehr eingehende Untersuchungen, die nur durch sinnreiche Vergleichungen angestellt werden können, verdankt ihm die Klimatologie, besonders die Frage nach den verschiedenen Schneegrenzen und ihren Bedingungen, Arbeiten, die

[131]) Humboldt, 89, S. 10ff. — [132]) 89, S. 121ff. — [133]) A. a. O. S. 109ff. — [134]) A. a. O. S. 163ff. — [135]) 92.

bis vor kurzem (Ratzel) in ihren Ergebnissen noch nicht überholt waren. Ähnliche Anregungen verdankt ihm die Vulkankunde, Erzlagerstättenkunde, Pflanzengeographie, Pflanzenphysiognomie, die Landschaftskunde, die Geostereometrie, die Geschichte der Geographie, die Lehre von den magnetischen Kräften der Erde und so weiter.

Aber das alles sind nur Einzelheiten. Es fragt sich, auf welche wenigen Grundbegriffe Humboldt bei allen diesen Versuchen und Einzelarbeiten hinauswollte. Hier zeigt sich nun am deutlichsten die gedankliche Kluft zwischen ihm und Ritter. Während dieser die Natur kaum jemals wertfrei, sondern in bezug auf den Menschen und seine Kultur dachte, die Welt in ihrer ganzen Ausdehnung für sinnvoll hielt, war Humboldt vielmehr der sachliche Anatom einer wertfreien Welt, innerhalb deren er blieb, deren „Mechanismus“ er begreifen wollte, je älter er wurde, um so mehr. In dieser Beziehung war er kühler theoretischer Beobachter. „Es geziemt dem Menschen nicht, Weltbegebenheiten zu richten . . .[136])“; und von seinem Kosmos sagt er noch 1858: „Mein Zweck war, in einzelnen großen Gruppen der realen Naturprozesse Gesetze und unverkennbare Beweise eines Kausalzusammenhanges aufzusuchen[137]).“ Dieser Zusammenhang, betrachtet als der einzig wesentliche in der Welt, kann aber nicht als solcher überall oder gar in seiner ganzen Ausdehnung in gleicher Weise eingesehen werden. So ist seine Arbeitsweise also ganz vorwiegend die des divide et impera. Er selbst schreibt seinem Wort Kosmos als etymologische und auch seinen Gedanken entsprechende Grundbedeutung „teilen, einteilen, scheiden“ zu[138]). Er versucht die von der „Empirie gegebenen Erscheinungen“ „denkend“ zu betrachten[139]), sie in ihre „Elemente“ zu zerlegen, und diese dann wieder „zu einem Naturganzen“ zusammenzustellen. Er stellt sich hierbei ausdrücklich in Gegensatz zu den apriori konstruierenden Naturphilosophen seiner Zeit (Schelling), denen er den Forschungsmut damit nicht nehmen will, denen gegenüber er sich nur auf anderem Felde weiß in einer Linie mit Aristoteles und Bacon.

Welche Rolle spielt hierbei der Vergleich? Es ist bereits oben gezeigt worden, daß Humboldt außerordentlich vieles meist glücklich miteinander verglichen hat. Ist für ihn nun der Vergleich ein „Ziel“, „Zweck“ oder nur „Mittel“? Das sind oft diskutierte Fragen. Man braucht nur Humboldt zu lesen, um sehr viele Vergleiche, Zusammenstellungen, Gegenüberstellungen zu finden, die als solche stehen bleiben. Das sagt noch nicht, daß sie nur als solche beabsichtigt sind. Überall an diesen Stellen reichte, wie er selbst zugab, seine Kraft nicht aus, den übergeordneten Begriff, das Gesetz zu finden; oder aber es handelt sich um eine versuchsweise unternommene Zusammenstellung, die überhaupt zu keinem Ergebnis führen kann. Wieder an anderen, den meisten Stellen, gelingt es ihm, die zusammengetragenen Einzelheiten mit „zusammenfassendem Blick“ zu gruppieren und eine Gesetzmäßigkeit an ihnen abzulesen. In allen

---

[136]) Humboldt, 88, Bd. II S. 333f. — [137]) Humboldt, 88, Bd. 5 S. 9f. — [138]) A. a. O. S. 14/15. — [139]) A. a. O. S. 5.

diesen Fällen ist der Vergleich offenbar nur Mittel. Es dürfte sich auch unter dem Vergleich als dem letzten Zweck einer Wissenschaft kaum etwas vorstellen lassen. Vergleiche sind Durchgangsstadien, sowohl bei der Lösung einer bestimmten Aufgabe als auch in der Wissenschaft im ganzen. Ob und welche Rolle der Vergleich spielt bei Zusammenfassungen und Unterscheidungen, ist eine Frage der induktiven Logik. Bei Humboldt ist zu sagen, daß seine „vergleichende Erdkunde" einen dreifachen Sinn gehabt haben mag: einmal verstand er, wie Ritter darunter das ihm vorschwebende Ideal seiner Wissenschaft in ihrer Vollendung und gab ihr diesen Namen, darin einem Zuge der Zeit folgend, welche fast jede damals systematisch werdende Wissenschaft so benannte; — zum andern strebte er bei seinen Untersuchungen immer nach einer möglichst vollständigen Induktion, wozu die Hinzuziehung aller, an dem Gegenstand der Untersuchung teilhabenden Fälle notwendig ist. Da diese aber nur durch Vergleichung untereinander für eine Induktion tauglich gemacht werden können, so liegt allerdings diesem Streben Humboldts eine außerordentliche Vergleichstätigkeit zugrunde, von der wir uns in vielen seiner Arbeiten überzeugen können. — Aus diesen beiden ersten geht als drittes Merkmal seiner vergleichenden Erdkunde hervor, daß sie auch sehr stark die Synthese berücksichtigen muß, d. h. die durch Analysen gefundenen Elemente in Zusammenhang zu bringen versucht. Analyse und Synthese sind jedenfalls in der Geographie nur im Idealfalle getrennte Methoden. Im allgemeinen, vor allem aber bei Humboldt, finden sie sich in engster Verbindung. Da aber Vereinigung von Analyse und Synthese von der Logik als „vollständige Methode" (Jevons) angesprochen wird, so haben wir auch bei Humboldt das zu erwartende Resultat, daß die Gesamtheit aller Mittel anwenden zur Gesamterkenntnis der Natur in seiner Sprache heißt: die vergleichende Methode anwenden, um eine vergleichende Erd- und Himmelskunde zu gewinnen. Es ist also definitorisch durchaus dasselbe Ergebnis, wie wir es bei Ritter fanden. Die Unterschiede zwischen beiden liegen anderswo. Humboldt war mehr ein Einzelheiten unter bestimmte Gesichtspunkte klassifizierender Geist, weswegen ihm die Geographie starke Anregungen vorwiegend in ihren allgemeinen physischen Kapiteln verdankt. Seine charakteristische Methode war die Induktion, sein Ordnungsprinzip einseitig stark die Kausalität. Daraus erklärt sich auch zwanglos die sehr viel stärkere Anwendung des Vergleichs bei ihm als bei Ritter. Ritter dagegen war der geborene Länderkundler. Sein Scharfsinn lag mehr im Vereinigen als im Scheiden. Neben der Kausalität ließ er auch andere in durchaus wissenschaftlichem Sinne teleologische Ordnungsprinzipien gelten. Der Einsicht in das Gewordene kann man nach Humboldt nahekommen ausschließlich durch Einsicht in seine kausalen Bedingungen. Ritter läßt daneben grundsätzlich auch den Versuch einer Erklärung nach Zwecken zu, eine Bereicherung unserer Gedanken über die Erde gerade deshalb, weil die Teleologie noch dort ansetzen kann, wo die Forschung auf streng kausaler

Grundlage bereits halten muß; eine Erkenntnis, deren Wert erst heute wieder in der Forschung nach langem Mißverständnis Fuß fassen kann[140]).

Es ist somit erwiesen, daß weder Ritter noch Humboldt eine besondere vergleichende Methode sensu stricto gehabt haben. Humboldts zahlreiche Vergleiche sind, soweit sie nur Darstellungswert haben, überhaupt keine Methode, sondern eine schriftstellerische Eigenart, soweit sie Forschungswert haben die conditio sine qua non einer jeden induktiven Forschung überhaupt. Man kann sich also nicht auf diese beiden Männer berufen, wenn man eine besondere „vergleichende Geographie" in Anspruch nimmt. Bei ihnen ist sie nicht zu finden.

Die Nachfolger Humboldts und Ritters bis zu Peschel in ihrer Auffassung der vergleichenden Erdkunde.

Die zeitgenössische Geographie in Deutschland bis hin zu Peschel steht im ganzen unter dem Einfluß Ritters und Humboldts mit teilweise sehr starken Rückschlägen in eine statistisch aufzählende Richtung. Ein großer Teil der geographischen Forschung wurde der Geschichte befruchtend zugewandt und verlor immer mehr an Bedeutung für eine wirkliche Geographie; ein anderer Teil wandte sich vorwiegend unter dem Einfluß Humboldts und der Spezialwissenschaften mehr der Bearbeitung spezieller Fragen zu, aus denen dann im Laufe des Jahrhunderts sich selbständige Spezialwissenschaften von der Geographie loslösten. Ein weiterer sehr großer Teil der Geographie-Treibenden wandte sich, soweit er nicht überhaupt leeres Stroh[141]) drosch, der Schulgeographie zu, die zunächst stark in der oft sehr flach gefaßten Nachfolge Ritters stand. Nur ein geringer Teil der Geographen schritt zu neuer Arbeit vor und kam zu Ergebnissen, die im wesentlichen Ausbau und Weiterentwicklung wohlverstandener Anregungen der klassischen Geographie war. Als Beispiel für die letzteren könnte man Carl Neumann, Viktor Hehn, K. Andrée, J. G. Kohl und mit Einschränkung auch Ernst Kapp und Roon nennen; wenige Forscher gingen eigene Wege, wie etwa Friedrich Simony. Diese sind es eigentlich, die den geographischen Gedanken weitertragen. Ihnen zur Seite entstehen zwei mächtige Stützen, die wie nichts anderes geschaffen waren, einen geordneten Fortschritt der Geographie zu ermöglichen, die ersten großen und zuverlässigen Atlanten und die ersten geographischen Gesellschaften mit ihren Fachorganen, sowie freie geographische Zeitschriften. Diesen ist es zu danken, daß die fast philologische Klein- und Vorarbeit, die noch Ritter und Humboldt auf eine einigermaßen treue Erfassung der wirklichen Erdreliefs ver-

[140]) Vgl. etwa die Verh. d. 16. Geogr. Tg. 1907 und Martiny, 130, Vorrede.

[141]) Etwa Haug, 72. Seine Schülerhaftigkeit geht so weit, an dem „Erdorganismus" ein „solides Skelett" und Weichteile, Arme, Beine, Schenkel, Zunge usw. zu unterscheiden.

wenden mußten, in der Geographie allmählich überflüssig und als Ballast empfunden wurde. Humboldt und Ritter entstammen aber einer Zeit, die diese Hilfsmittel kaum kannte, und sie haben im einzelnen die kartographische Darstellung, vor allem Asiens, erheblich gefördert[141a]). Das sind historische Gesichtspunkte, die manchen Angriff auf diese zweifellos größten deutschen Geographen und ihre Auffassung von der „vergleichenden" Erdkunde ungerecht erscheinen lassen.

Welche Wege gingen nun in dieser Zeit Begriff und Auffassung von der vergleichenden Erdkunde, und von wem wurden sie getragen? Die bisherige Literatur reicht nicht aus, ein auch nur annähernd vollständiges Bild zu entwerfen. Das beweist eben wieder die dankenswerte Spezialarbeit von Gertrud Müller: „Die Geographie an der Prager Universität, 1784—1871[142])". Hier wird an einem Beispiel gezeigt, wie sehr die privatwissenschaftliche Tätigkeit der Professoren schon früh der Geographie zugewandt war, und wie der Lehrplan nach einer Bestimmung von 1805/06 etwa für angehende Mediziner „Allgemeine Naturgeschichte mit physikalischer Erdbeschreibung" zwangsweise vorsah, während die juridische Fakultät mehr den länderkundlichen und statistischen Teil der Geographie in der Nachfolge Büschings und Gatterers pflegte. Nach dieser Quelle scheint sich ein immer fühlbarer werdender Einfluß der modernen geographischen Richtungen (Forster, Ritter, Humboldt, v. Buch) etwa um 1820 anzubahnen, der auch allmählich auf die Gebiete der Pflanzen- und Tiergeographie, Völkerkunde, den Erdmagnetismus usw. überzugreifen beginnt und dort zum Teil ausgezeichnete Früchte trägt. Besonderes Interesse für uns gewinnt der Privatdozent Johann Palacky[143]), der ab 1856 geographische Vorlesungen hielt, u. a. solche über „Vergleichende Geographie". Er sagt da: „Ich fasse den Begriff der vergleichenden Erdkunde auf als die Lehre der äußeren Erscheinungen des Erdballs in Beziehung zu anderen Wissenschaften und halte für die wichtigste dieser Beziehungen die zu der Welt des Geistes. Ich begreife daher Pflanzengeographie, Tiergeographie, Ethnographie, Statistik als Teile der Erdkunde, die eine spezielle Beziehung zur Botanik, Zoologie, Anthropologie usw. darstellen; so daß z. B. jedes statistische Datum auch geographisch, d. h. für die Kenntnis der Erdoberfläche wichtig ist, nicht aber umgekehrt." „Den Begriff des ‚vergleichenden' fasse ich dahin, daß er die Totalität der Wechselbeziehungen der Erdkunde mit anderen Wissenschaften zu umfassen hat[144])." Er nimmt dabei Geologie und Astronomie als von anderer Seite zu bearbeiten aus. Man sieht, es ist eine präzise Definition, die ausgeht von einer Auffassung der Geographie als wesentlich orographisch-topographischer Beschrei-

---

141a) Ritter, 201. „Eine ganze Bibliothek von Werken, Karten und zerstreuten Arbeiten aller Art" wurde hierzu durchgearbeitet, einmal, um der Kenntnis des Gebiets selbst willen, dann aber auch, um exemplarisch „herkömmlicher Landkartenfabrikation in den Weg zu treten" (S. 8).

142) G. Müller, 135.

143) Man darf ihn vielleicht als Typus für eine größere Zahl geographisch interessierter Hochschullehrer der Zeit annehmen.

144) G. Müller, 135, S. 107ff.

bung, zu der als neues „vergleichendes" Moment die länderkundliche Auswertung anderer systematischer Disziplinen hinzutritt. Seine Definition der vergleichenden Erdkunde ist also nur eine Umschreibung der knapperen und allgemeineren. Formulierung Ritters: „Die Erdoberfläche und ihre Erfüllung". Wie weit Palacky seiner Definition nachgekommen ist, kann ich nicht ermitteln, daß er sie aber wahrscheinlich in uns bereits bekanntem Sinne überschreitet, zeigen die Titelfolgen der Vorlesungen: „Vergleichende Geographie der Mittelmeerländer in der Jetztzeit und im Altertum", „Afrika und Australien, ein vergleichend geographisches Bild" usw. Näher kommt seiner Definition vielleicht die „Vergleichende Geographie von Palästina". Daß es ihm aber im Grunde doch nicht sehr um das „Vergleichend" ging, beweisen seine tschechischen Parallelvorlesungen, in deren Ankündigung dieses Beiwort meist fehlt. Überblickt man aber die ganze Reihe dieser Deutungen, so muß man ihn in die Reihe der Ritter-Schüler stellen. Wenn Gertrud Müller da anderer Ansicht ist, so liegt das an ihrer gar zu engen Auffassung von Ritter, dessen Schwergewicht sie ganz auf die Anthropogeographie legt, während er grundsätzlich auch die Pflanzen-, Tier-, Klima-, Lagerstätten-(usw.) Geographie mit in seine vergleichende Geographie einbezogen hat, und gerade wie Palacky in der Allverbindung dieser Elemente zu einer Länderkunde die Aufgabe der vergleichenden Geographie sah. Überdies folgt Palacky Ritter sogar bis zur Voranstellung der „Welt des Geistes" als wesentlichstem Gesichtspunkt! Dieses Beispiel genügt zu zeigen, wie zufällig das historische Material zur Verfügung steht, genügt aber auch, den Einfluß Ritters und Humboldts und ihres eigentümlich faszinierenden Begriffs der vergleichenden Erdkunde auf die Nachfolger aufzuweisen. Es ist von hier aus nicht möglich, ein Bildnis Ritters im Wandel der Zeiten zu zeichnen, da die Literatur dazu nicht heranzuschaffen ist. Eine solche Arbeit würde es ganz vorzugsweise mit der verschiedenen Interpretation seiner Auffassung von „Vergleichender Erdkunde" zu tun haben. So müssen hier einige Typen dafür genügen.

Die ersten Rezensenten seiner allgemeinen vergleichenden Erdkunde nehmen das Wort vergleichend einfach hin wie etwas Geläufiges und Bekanntes, ohne darauf weiter einzugehen, oder sie übergehen es in der Besprechung ganz. Bei den Hörnern gefaßt haben diese Frage bis zu Peschel hin überhaupt nur zwei Männer, Julius Fröbel und Joh. Gottfried Lüdde. Letzter ein Schüler Ritters, erster ein an Humboldt orientierter, weit über die Geographie hinaus interessierter Kopf, in vielem an J. G. Forster erinnernd.

Fröbels methodische Arbeiten auf dem Gebiet der Geographie fallen in die Jahre 1831—1836. Es sind drei Aufsätze, die jeder außerordentlich ansprechen[145]). Uns interessiert nur der erste: „Blicke auf den jetzigen formellen Zustand der Erdkunde[146])." Er verwirft die Länderkunde als bedeutsame geographische Disziplin und will dafür auf streng naturwissenschaftlicher Basis die Erdkunde zu einer Lehre von der regionalen Gliederung der Erdoberfläche nach verschie-

[145]) Fröbel, 39, 40, 41. — [146]) Fröbel, 39.

denen Systemen (Pflanze, Tier usw.) und ihrer wechselseitigen Abhängigkeit machen. Konsequent schlägt er vor, den Begriff „Land", der ihm als Relict aus einer längst vergangenen Zeit der Staaten- und Kompendienliteratur erscheint, durch den wissenschaftlichen Begriff „Region" zu ersetzen. Von diesem Standpunkt aus kritisiert er Ritters „vergleichende" Erdkunde, indem er ihr als ihren eigentlichen Gegenstand eine klar definierte Zonenlehre entgegenstellt. Weil er darin auch in ganz modernen Darstellungen Nachfolger gefunden hat (etwa Bruno Dietrich), soll seine Auseinandersetzung wörtlich wiederholt werden: „Ein Land geographisch mit einem andern vergleichen scheint uns dasselbe zu sein, wie einen Arm anatomisch mit einem Bein verglichen, was auch seine interessante Seite bietet. Gesetze aber, die für die Kenntnis der Erde denselben Wert hätten wie für die Kenntnis des menschlichen Körpers die aus seiner Vergleichung mit anderen Tierkörpern hervorgehenden, würden sich nur aus einer Vergleichung der irdischen Natur mit der Natur irgendeines anderen Himmelskörpers ableiten lassen, wenn eine solche detailliert möglich wäre. So erscheint es uns also von der größten Wichtigkeit für die ganze formelle Ausbildung der Erdkunde, daß sie durchaus als eine Monographie aufgefaßt werde. Ist sie aber das, so kann im strengsten Sinne von einer vergleichenden Erdkunde nicht die Rede sein. Es würde am Namen wenig liegen, wenn sich mit ihm nicht unmittelbare Anforderungen an die Methode verbänden, welche allerdings von Einfluß auf ihr Fortschreiten sein müssen. Man könnte einwenden, daß es doch einzelne Gebirge, Flüsse, Länder und Völker gäbe, welche sich miteinander vergleichen lassen, so daß man wenigstens auf diese einzelnen Zweige der Erdkunde den Ausdruck „vergleichend" anwenden könnte; und wenn man die ganze Erdkunde vergleichend nenne, so wolle man weiter nichts damit andeuten, als daß eine vergleichende Methode in ihren verschiedenen Zweigen im einzelnen zur Anwendung komme. Hierauf läßt sich mit der Frage antworten, ob man sich eine Gebirgs-, Gewässer-, Länder- und Völkerkunde auch ohne die vergleichende Methode denken kann? Wenn man von Hochebenen, von Steppenflüssen, von Nomadenvölkern spricht, sieht man nicht klar, daß die ganze Kunstsprache, deren man sich bedient, nur aus der vergleichenden Methode hervorgegangen ist? Ohne die vergleichende Methode sind diese geographischen Lehrzweige gar nicht denkbar, so daß das Beiwort als Unterscheidungsmerkmal ganz überflüssig ist und man mit der bezeichneten Methode nichts weniger als etwas Neues hat." Soweit die Zurückweisung dessen, was man seiner Ansicht nach fälschlich bis dahin unter vergleichender Geographie verstanden habe. Jetzt geht er weiter und setzt Ritters „synthetischem" Verfahren ein „analytisches" entgegen, sucht durch eine genaue Analyse der Einzelerscheinungen zu denselben, nun aber erst wissenschaftlich fundierten Ergebnissen zu kommen wie Ritter. Gleichzeitig schlägt er von hier aus eine neue Definition der „vergleichenden Erdkunde" vor: „Von allen Seiten kommen wir auf die Anforderung vollständiger und ungetrennter Durchführung dessen, was wir Systeme von irdischen

Organen genannt haben, über die ganze Erdoberfläche (im Sinne von Berghaus' Elementen) . . . Wir verfahren . . . wie der Anatom, der nicht erst die Knochen, Muskeln, Gefäße und Nerven des Arms, dann die des Beins usw., sondern das Knochengerüst, das Muskelsystem, das Gefäßsystem usw. des ganzen Körpers im Zusammenhang studiert. Auf dieselbe Weise kann die Erdkunde nur zu bedeutsamen wissenschaftlichen Resultaten gelangen, wenn sie die Höhenverhältnisse, die Gewässer, die atmosphärischen und klimatischen Erscheinungen, die Pflanzenwelt, Tierwelt, Menschenwelt und mit letzterer die Niederlassungen der Menschen und ihre Staaten unter sich abgesondert, aber in sich selbst im Zusammenhang über den ganzen Erdboden verfolgt. Hierin scheint uns die wahre vergleichende Methode begründet zu sein, indem hier die Vergleichung nicht mehr willkürlich, sondern in die ganze Gestalt der Wissenschaft verwachsen ist." Für die folgenden Aufsätze ist zu unserer Frage nur hinzuzufügen, daß Fröbel Ritter nicht mehr so radikal ablehnt, sondern dessen länderkundliche Monographien als „angewandte Geographie" (seiner allgemeinen Erdkunde) gelten läßt. Nun erhebt sich die Frage, was liegt Neues in diesem Gedankengang? Ritters Antwort habe ich schon oben behandelt. An dieser Stelle ist seine eigentliche Antwort heranzuziehen[147]), die durch Lüdde im einzelnen gestützt wird. Es berührt uns heute eigentümlich, wie sich der große Mann bescheiden fast dem Spott preisgab, um seinem Freunde Berghaus, der ihm in Unkenntnis der Sachlage als Muster hingestellt wird, den Rücken zu decken. Hier sagt er von dessen Werk[148]): „Fast den ganzen inneren Organismus dieses Lehrbuchs, mit Ausnahme des mathematischen Teiles, muß ich als Resultat meiner Vorträge bezeichnen, doch so, daß hier die Sprache akademischer Mitteilungen auch auf die erste Elementarlehre unpassenderweise übertragen wurde." Also Berghaus hat Kollegnachschriften Ritters bogenweise veröffentlicht — wie Lüdde, der beides verglichen hat, sagt: seitenlang Wort für Wort — und diese soll Ritter sich zum Vorbild einer wirklichen vergleichenden Erdkunde nehmen! Die Verteidigung Ritters Fröbel gegenüber lag 1831 in der taktvollen Behauptung, daß seiner synthetischen Geographie die Analyse voraufgegangen wäre.

Und doch steckt in Fröbels Kritik etwas Neues, das in seiner Bedeutung für den weiteren Verlauf der Wissenschaft nicht zu unterschätzen ist, und auch hier liegt der springende Punkt wieder wie bisher in allen grundstürzenden Reformen in einer Verlagerung des weltanschaulichen Schwerpunktes, die sich in der Geographie immer wieder in einer Umformung des Begriffs der vergleichenden Erdkunde zeigt. Es ist wenig damit gewonnen, daß man sagt: Fröbel nennt vergleichende Geographie das, was man später weiter ausgebaut allgemeine physische Geographie nannte, und da sich ihre durchaus systematischen Anfänge bereits bei Ritter und Humboldt finden, bringt Fröbel nur eine Umtaufung und logische Einengung

[147]) Ritter, 199, Asien Bd. I, 1832, S. 20 Anm. 42.
[148]) H. Berghaus, Die ersten Elemente der Erdbeschreibung. Berlin 1830.

dieses Wortes. Diese Deutung wäre, vom Wort her gesehen, unangreifbar. Es liegt aber in dieser Wortänderung eine tiefe Sinnänderung. Fröbels Schriften bedeuten den programmatischen Auftakt zum Beginn des Zeitalters der bewußten Spezialisierung und das Ende der klassischen, oder wenn man will, romantischen Geographie und ihrer Idee von der durchgängigen Allverbundenheit der tellurischen Erscheinungen. An ihre Stelle tritt eine Ideenrichtung, die sich auf spezielle „Probleme“ einstellt, die nach und nach den Zusammenhang mit dem Erdganzen immer mehr verliert, zugunsten einer systematischen, tief dringenden Analyse isolierter Tatsachen. Es ist eine Eigentümlichkeit in der Wissenschaftsgeschichte, daß sich die Späteren nicht ohne weiteres mit ihren Vorgängern vergleichen lassen. So auch hier. Fröbel verlangt vollständige Durchführung der Systematik der irdischen „Organe“, und glaubt sich damit im Gegensatz zu Ritter und in gewissem Sinne auch zu Humboldt. Er ist sich aber gar nicht der Tatsache bewußt, daß er da bereits mit dem Erbe dieser Männer arbeitet, ja daß es einmal etwa 25 Jahre früher gerade ein Grundpfeiler ihrer Idee von einer vergleichenden Erdkunde gewesen war, alte, isolierte Wissenschaften aus ihrer Systematik zu befreien und mit dem Gedanken ihrer räumlichen, bisher übersehenen Komponente für die Geographie fruchtbar zu machen. Jetzt faßt Fröbel diese Wissenschaften, die erst vor wenigen Jahren entstanden, zu neuen isolierten Konkretheiten zusammen, spezialisiert also sozusagen auf dem neuen, eben gewonnenen Niveau weiter, und ist somit als der Herold und erste Vorbote der Handbücher geographischer Einzeldisziplinen zu betrachten, von dem sie dann auch bewußt oder unbewußt ihren Begriff vergleichend haben[149]).

Mit dieser neuen Einstellung gehen zwei andere Wandlungen in der wissenschaftlichen Geographie Hand in Hand, eine immer mehr ansteigende Wertschätzung des „nomothetischen“ Elements dieser Geographie, die sich bei Fröbel allerdings erst in ihren Anfängen zeigt (Zonenlehre als Monographie der Gesamterde); die zweite ist die weltanschauliche Isolierung der Geographie, worauf näher einzugehen sein wird bei Peschel. Wieweit und ob überhaupt Fröbel seinen Begriff angewendet hat, ist mir nicht bekannt. Aber sein Programm ist so sonnenklar und in großen Zügen auch durchführbar, daß man eine Inkonsequenz oder gar völlige Änderung desselben in der Praxis nicht anzunehmen braucht.

Gehen wir von Fröbel über zu Johann Christoph Lüdde. Er ist durch Hermann Wagners lobende Nennung seiner „Geschichte der Methodologie der Erdkunde[150]) wieder bekannt geworden, in der er zahlreiche methodische Schriften nacheinander aufzählt und oft recht feinsinnig logisch interpretiert, zuweilen auch (S. 51, 94) die Frage der vergleichenden Erdkunde streift. Wichtig in diesem Zusammenhang ist seine Schrift: „Die Methodik der Erdkunde[151])“: „Dennoch wird viel von den mehrfachen Elementen (s. u.) in der Erdkunde geredet, in deren aller Gesamtauffassung allerdings

[149]) **Grisebach**, 53. — [150]) **Lüdde**, 123. — [151]) **Lüdde**, 124, S. 12ff.

das Wesen der Geographie liegt, und durch deren Anerkennung sie ja in unseren Tagen als Wissenschaft hervortauchte. Hierauf beruht ja auch der eigentliche Begriff des Vergleichenden, welchen Karl Ritter in Anwendung auf sie gebracht hat. Das Vergleichende kann nun aber dreierlei Art sein:

1. Indem die verschiedenen Elemente der Wesenheit einer gegebenen Räumlichkeit in ihren gegenseitigen Verhältnissen aufgefaßt, z. B. das vegetative mit dem geographischen, mit beiden das animalische Vorhandensein usw., verglichen wird. Diese Art der Vergleichung ist intensiver Natur und hat es mit dem Nebeneinander des Mannigfaltigen in der Einheit zu tun.

2. Indem eine gegebene Räumlichkeit in ihrer Wesenheit mit ihrer Gewesenheit verglichen, also das Genetische ihrer sämtlichen Elemente in seinen Gegensätzen zusammengefaßt wird. Diese Vergleichung ist chronischer Natur und hat es mit dem Nacheinander des Mannigfaltigen in der Einheit zu tun.

3. Indem eine gegebene Räumlichkeit mit einer anderen verglichen wird. Diese Art ist extensiver Natur und hat es mit keiner Einheit des Raumes, sondern mit mehreren solchen zu tun. Es ist leicht ersichtlich, daß alle jene drei Arten sich gegenseitig ergänzen und bedingen und ferner, daß die letztere von ihnen bei weitem mehr subsidiarisch auftritt. Nun geht indes das Mißverständnis häufig nicht nur so weit, daß man in dem Inhalt eben dieser letzteren überhaupt das Wesen der vergleichenden Erdkunde gefunden zu haben glaubt, sondern viele beschränken sich . . . ebenfalls auch in diesem Falle wieder auf das topische Element allein und vergleichen dann die Längen-, Breiten- und Höhenausdehnung, die geometrische Figur, die Längen- und Breitengrade z. B. der Vogesen mit denen des Schwarzwaldes, und haben damit nach ihrer Meinung — vergleichende Geographie behandelt." Auf S. 73/74 folgt noch eine Definition des geographischen „Elements": „Diejenigen Gegenstände der Geographie, welche zusammen eine unterschiedene Gruppe von einer Menge durch ihre Beschaffenheit zusammengehöriger Einzelheiten bilden, nennen wir ein Element oder einen Bestandteil der Erdkunde." Er unterscheidet im einzelnen neun materielle Elemente (topisch, physikalisch, mineralogisch, geognostisch, geologisch, botanisch, zoologisch, ethnographisch, historisch) und drei spekulative Elemente (ästhetisch, ethisch, religiös). Untersucht man die Verhältnisse dieser Elemente auf einen bestimmten Raum, so treibt man vergleichende Geographie, aus der die verschiedenen Elemente sich gar nicht eliminieren lassen (S. 97). Das ist die logische Ausdeutung des Hauptgedankens der vergleichenden Geographie, wie sie Ritter sich gedacht und getrieben hat, wenn er sagte, daß seine Zeit dadurch gekennzeichnet sei, „daß sie überall mehr nach Universalität strebend, die äußersten Grenzen und das Übergreifen und Ineinandergreifen der Gebiete nach den räumlichen, physischen, organischen, intellektuellen Dimensionen hin aufzufinden und von da nach einer lebendigen Mitte zurückzukehren sucht", d. i. eben die lebendige Erfassung geographischer Individuen, der Länder[152]).

[152]) Ritter, 202, S. 61 f.

Bei Lüdde sind wir in der glücklichen Lage, noch ein weiteres Zeugnis für die sehr weite Interpretation der „vergleichenden Erdkunde“ als einem Manne zu haben, der das logische Moment dieses Begriffs schärfer als je einer vor ihm hervorgehoben hat. Lüdde hat eine Zeitschrift unter folgendem Titel herausgegeben: „Zeitschrift für vergleichende Erdkunde zur Förderung und Verbreitung dieser Wissenschaft für die Gelehrten und Gebildeten[153]).“ Dem ersten Band ist ein, leider nicht in jeder Ausgabe mitgebundenes, Programm beigefügt, das die Überschrift trägt „Programm einer Zeitschrift für Erdkunde“, also da fehlt das Beiwort schon! Der zweite Band ist mir nicht zugänglich gewesen, im dritten Band heißt es nur noch: „Zeitschrift für Erdkunde als vergleichende Wissenschaft“, und der alte Titel ist als Untertitel auf dem zweiten Blatt stehen geblieben; im fünften Band ist die „vergleichende“ Erdkunde gänzlich aus dem Titel geschwunden. Als Mitherausgeber sind nach und nach Fr. v. Liechtenstern, J. G. Kohl und H. Berghaus hinzugetreten, wobei in den letzten Bänden Berghaus scher Geist immer stärker durchgreift. Mit dem zehnten Band ist die Zeitschrift schließlich aus Mangel an Geldmitteln eingegangen. Schon dieses Schwanken im Titel zeigt eine gewisse Leichtigkeit der Auffassung, und das Endergebnis beweist deutlich, daß die vergleichende Geographie als wissenschaftliche Geographie schlechtweg ihr Prädikat auch fallen lassen kann.

Welche Aufgaben hatte diese Zeitschrift?

1. Sie will nach dem Muster von Humboldt, Ritter, Schouw, Ferd. Müller u. a. den Leser auf dem Feld der Erdkunde orientieren.
2. Sie will „den Ausbau der Wissenschaft selbst fördern, namentlich soll sie ganz bestimmt derjenigen wissenschaftlichen Auffassung der Erdkunde huldigen, welche sich in der neueren Zeit geltend gemacht hat . . .

Solche in ihrem Wesen zu erklären, kann man an diesem Ort nicht erwarten, und ich bezeichne sie deswegen kurz . . . als diejenige Carl Ritters, ohne dadurch eine Mißdeutung von denen zu befürchten, welche vor ihm und mit ihm . . . die Korrelation des gegebenen Raumes mit dem geschaffenen Geiste an der Erdhülle abgelesen haben“. Auf der nächsten Seite sagt er, sie solle „das Gesamtgebiet der Erdkunde umfassen“, und zwar „wie es der Begriff des Vergleichenden in dieser Wissenschaft mit sich bringt, nach allen der Erdkunde integrierenden Elementen: dem naturwissenschaftlichen, historischen und philosophischen“. Ein Unterschied zu wissenschaftlicher Geographie überhaupt ist nicht zu erkennen.

Inhaltlich ist von dieser zweifellos recht verdienstvoll geleiteten Zeitschrift zu sagen, daß sie ihren Schwerpunkt anfänglich im anthropogeographischen und völkerkundlichen Gebiet hatte, und daß naturwissenschaftliche und statistische Abhandlungen erst in den

[153]) Lüdde, 125.

letzten Bänden unter dem Einfluß Berghaus' stärker vertreten sind. Wichtig erscheint mir auch das Bestreben, nach Möglichkeit rund und ganz und im Zusammenhang ein Thema zu behandeln. In gewissem Sinne bezeichnend sind für die ersten Bände der Zeitschrift die Abhandlungen des Professors Reuter, der, unter dem Einfluß J. G. Kohls stehend, eine Reihe anthropogeographischer Themen unter dem ausdrücklichen Gesichtspunkt von großen Typen und Regelmäßigkeiten in Angriff nahm. Er hat dabei besonderen Wert auf wichtige geographische Funktionen gelegt, von denen das kulturgeographische Bild eines Landes abhängig ist, etwa die Lage der Hauptstädte, von denen er sagt: „Der Geograph hat unzählig viele Beweise für die Wahrheit, daß ein Volk durch die Wahl der Lage seiner Hauptstädte denjenigen Grad der welthistorischen Bedeutsamkeit zu erkennen gibt, zu welcher es berufen (!) ist und zu welcher es auch wirklich schon gelangt ist oder im Laufe der Zeit schon gelangen wird.“ Dies ist ein Grundsatz, welchen „die vergleichende Erdkunde an die Spitze der kulturgeschichtlichen Entwicklung zu stellen hat“. Man erkennt schon hieraus eine gewisse Abkehr von Ritter, so „Ritterisch“ uns im allgemeinen solche Auseinandersetzungen auch anmuten mögen. Die kühle Zurückhaltung in Fragen des Menschengeschicks, die grundsätzliche Ausschließung alles Prädestinationsglaubens engeren Sinnes aus der Spezialforschung, wie Ritter sie übte, wird hier durchbrochen. Die geographische Lage wird noch immer stark hervorgehoben, aber sie wie auch die ganze Geographie ist bei vielen nur noch ein Keil geworden, mit dem man menschliches Geschick fast charakterologisch herausarbeiten will, wie man meint, auf naturwissenschaftlicher Basis. Solche Arbeiten gehen mit Vorliebe in der „Ritterschule“ unter der Firma: „Hauptgrundsätze der vergleichenden Geographie“, „Bindung zwischen Volk und Boden“ usw. Ein Beispiel, wie man sich diese Bindung und Abhängigkeit dachte, also wie man vergleichende Geographie betrieb: „Kraft und Beharrlichkeit, Scharfsinn und Erfindungsgabe, Ausdauer und Verstand, Hochmut und Abgeschlossenheit, harter Krämersinn und eigensinnige Hartnäckigkeit, berechnender Kaltsinn und starrer Egoismus, stille Betrachtung und ernste Ordnungsliebe, phantasielose Denkweise und phlegmatischer Anstrich, große Liebe zum Vaterlande und andere Charakterzüge zeichnen den Holländer aus. Der durch Mühe und Anstrengung dem Meere und den Flüssen abgerungene Boden, der trübe und feuchte Himmel, der Mangel an abwechselnden Bodenformen, an romantischen Gebirgstälern, die Einerleiheit der Flachländer und die durch Deiche und Kanäle abgesonderten Landschaften, die Beschäftigung mit Viehzucht, Garten- und Ackerbau einerseits, mit Schiffahrt und Handel andererseits erzeugten so viel Eigentümlichkeiten in der Denk- und Handlungsweise der Bevölkerung, in der Politik und Geistesentwicklung, daß man keine Anhaltspunkte für ihre Darlegung haben würde, wenn man nicht die äußerlichen Räumlichkeiten und klimatischen Verhältnisse zur Grundlage machen würde[154].“ Dasselbe sagen solche

---

[154]) Reuter, 181, S. 591/592.

Bemerkungen wie: man müsse stets beim Anblick der Natur „vergleichende Blicke in das industrielle und staatliche Leben der Völker werfen[154])". So und ähnlich hatte man schon vor 100 Jahren argumentiert. Man wird des Lesens in geographischen Werken dieser Zeit sehr bald überdrüssig, weil doch recht viel verkalkte Gedankenlosigkeit in der ungeheuren Menge der mittelmäßigen Produktion sich unter dem Namen einer vergleichenden Geographie und dem Anspruch, durchaus auf richtigem Wege zu sein, breitmacht. Das zeigen oft allein die Titel der Abhandlungen: „Die Gestaltung aller geographischen Verhältnisse eines Weltteils oder Landes hängt vom Betriebe des Ackerbaus ab, welcher zu den wichtigsten Vergleichungen führt[155])." Geographie ist die Kunst, Brücken zu bauen zwischen dem Volk und seinem Tun und dem Boden in seiner heutigen Gegebenheit. Das ist dieselbe Generation, die Ritter überhaupt nur noch eine logisch durchgeführte „kulturgeschichtliche Methode" zuschreibt, durch welche „der innere Zusammenhang der Schicksale der Völker mit den Bodengestaltungen . . . recht anschaulich hervorleuchtet[156])", und diesen Ruf hat Ritter mit seinen sehr viel weiter gespannten Zielen und seinem ungeheuren Wissen und Können seitdem nie ganz verloren; selbst unsere heutigen Geographen sehen ihn und seine vergleichende Erdkunde nur zu oft noch durch die Brille seiner konstruktionsfreudigen und unwissenden Schüler.

Ist so in der großen Menge die sog. vergleichende Geographie inhaltlich sehr stark anthropozentrisch gerichtet, so übt auch rein formal dieses Wort drückende und hemmende Wirkung auf Darstellung und Forschung. Einst von Ritter als leichtes Wort zur Bezeichnung einer modernen Geographie der des 18. Jahrhunderts entgegengesetzt und stets souverän behandelt, wird es in der Folgezeit zu einer Art Stein der Weisen, hinter dem sich geheimnisvolle Kräfte zu verbergen scheinen. Man beginnt zu vergleichen, um dem Wort „vergleichende" Erdkunde überhaupt einen Sinn zu geben, denn als Erbe Ritters kennt man weder dessen Vorgänger, noch — Ritter selbst. Durch Vergleiche muß die Leere unter den Händen gebannt werden, durch Vergleiche muß man dem eigentlich Geographischen auf die Spur kommen können, d. h. man weiß eigentlich nichts Geographisches zu sagen, keine geographische Aufgabe größeren Stils zu lösen, und will diesen Mangel durch Vergleiche ausmerzen: „Der zweite Hauptfehler unserer geographischen Lehrbücher ist, daß in denselben die Länder nicht miteinander verglichen werden. Erst wenn man die vergleichende Methode, welche in der Zoologie und Geognosie so schöne Früchte getragen hat, auf die physische Geographie anwendet, wird sie den Namen einer Wissenschaft verdienen[157])." Oder „Geographia scientifica nasci nullo modo potest, nisi singulae omnes terrae, spectatis omnibus rationibus physicis, comparatae fuerint[158])".

---

[154]) Reuter, 181, S. 591/592.
[155]) Zeitschr. für vergl. Erdkunde, 1844, Bd. III S. 492 ff.
[156]) Zeitschr. für vergl. Erdkunde, 1847, Bd. VII S. 168—203.
[157]) Berghaus, Annalen Bd. I, Heft 1.
[158]) Schouw: Hauniae, specimen geographiae physicae comparativae, 1828, S. 5.

Und so vergleicht man, um einem Wort gerecht zu werden, alles mögliche sinnlos miteinander. Man vergleicht geometrische Figuren von Ländern, Längen und Breiten, Berghöhen zu Hunderten aus aller Welt völlig wahllos und zuweilen sogar ohne jeden Begleittext[159]), Tribute an das magische Wort „vergleichend", groteske Mißdeutungen von Ritters genialem Versuch, die geographische Sprache zu rationalisieren[160]).

Rechnet man dazu noch die Richtung, welche meist von Historikern und Philologen vertreten wurde, welche das Wesen der vergleichenden Erdkunde in der historischen Geographie sahen, so hat man etwa die Haupttypen zusammen. Sie sind kurz folgende:

1. Vgl. Geogr. = Länderkunde (bleibt meist method. Wunsch). W. Pütz[161]).
2. Vgl. Geogr. = Anthropogeographie, zuweilen „philosophische" Geographie (Reuter usw.).
3. Vgl. Geogr. = Historische Geographie, bleibt meist Topographie, Volger[162]).
4. Vgl. Geogr. = Zonenlehre, ist Monographie der Gesamterde, Fröbel.
5. Vgl. Geogr. = Geographische Systematik im Sinne unserer allgemeinen physischen Erdkunde (etwa Humboldt).
6. Vgl. Geogr. = Jeder Versuch einer Länderkunde, der ohne Rücksicht auf Staatsgrenzen arbeitet.
7. Vgl. Geogr. = Kein besonderer Zweig der Wissenschaft, sondern lediglich ein „Prinzip der Auffassung" (Lüdde, 1842).
8. Vgl. Geogr. = Wissenschaftliche Geographie schlechthin, eine Auffassung, die allen Geographen der Zeit nahegelegen hat (Lisch[163])).
9. Vgl. Geogr. = Vergleichung verschiedener Länder miteinander zur Feststellung von Gesetzen.
10. Vgl. Geogr. = Vergleichung aller Länder der Erde untereinander zur Erreichung eines „natürlichen Systems" der Erdkunde[164]).
11. Vgl. Geogr. = Der „letzte Schlußstein, der sich auf die allgemeine und spezielle Geographie aufbaut[165])".

In diesem Wirrwarr der Meinungen und Hoffnungen war niemand, der seine Ansicht hätte durchsetzen können, und so wurde das abgegriffene Wort „vergleichend" in der Geographie bald von den ernsteren Geistern gemieden. Man findet es weder bei Karl Neumann[166]) noch bei J. G. Kohl, Roon u. a., denn es war zu belastet, um noch einen bestimmten Sinn zu ertragen, zu diskreditiert, als daß man seinen guten wissenschaftlichen Namen damit hätte in Verbin-

[159]) Strantz, 216, S. 101—166. — [160]) Ritter, 202, S. 129 ff. — [161]) W. Pütz, 171.
[162]) Volger, 257, ein schauderhaftes Werk in satzlosem Telegrammstil mit 11000 verschiedenen Ortsangaben, ein Aggregat in Reinkultur.
[163]) Lisch, Jahns Jahrbücher 1828.
[164]) J. L. Berghaus, Annalen Bd. III, 1831, S. 585—594.
[165]) Wilhelmi, Ideen über Geographie, 1820, S. 116—121.
[166]) Man vergleiche dessen ausgezeichnete Einleitung zur Physikalischen Geographie von Griechenland, 1885.

dung bringen wollen. Dafür wurde das Wort um so eifriger von Kompilatoren und Schulbuchschreibern verwandt, die sich damit als zur „neuen Richtung", zu „Ritters Schule", zu „Ritterschen Grundsätzen" gehörig anpriesen. So schien das Wort wegen des damit getriebenen Mißbrauchs aus der hohen Literatur zu verschwinden.

Oskar Peschel und die vergleichende Erdkunde.

Da brachte das Jahr 1867 eine entscheidende, wenn auch durchaus nicht klärende Wendung durch einen Aufsatz Peschels: „Das Wesen und die Aufgaben der vergleichenden Erdkunde." Auch hier scheinen mir die Verhältnisse komplizierter und mehr aus dem Ganzen des veränderten Lebensgefühls der zweiten Hälfte des 19. Jahrhunderts zu verstehen, als es in der einzigen wirklichen Diskussion dieser Frage im Geographischen Jahrbuch 1878 und 1880 zum Ausdruck kommt. Nicht ein neuer Begriff wird eingeführt, sondern eine neue Geographengeneration steht auf, gegen die ältere in ganz charakteristischer Weise bereichert und auch verarmt; Streitgrund ist fast die Gesamtauffassung der Geographie, Streitobjekt ist wieder der unglückliche Begriff der vergleichenden Erdkunde, gleich als wäre er das Symbol für die Sache selbst.

Drei Züge scheinen mir an Peschel für die Geographie wichtig zu sein: die Spezialisierung, eine ungeheure Hochachtung vor dem „Gesetz", die Herauslösung der Geographie aus dem weltanschaulichen Zusammenhang, in dem sie noch bei Ritter und mehr oder weniger auch bei Humboldt stand. Alles dies ist nicht an und für sich neu. Peschel verstand es nur, den Schlagworten und Denkrichtungen seiner Zeit Eingang und Sinn zu verschaffen. Friedrich Albert Langes „Geschichte des Materialismus und Kritik seiner Bedeutung in der Gegenwart 1865", das philosophische Werk der Zeit, umreißt scharf ihr klägliches Problemniveau. Eine platte Teleologie, ein Feld-, Wald- und Wiesenoptimismus sehr orthodoxer Natur stand einem krassen Materialismus gegenüber. Der Höhepunkt der weltanschaulichen Auseinandersetzung war der „Materialismusstreit", der bald darauf in einen „Darwinismusstreit" überging; eine Generation, die in Humboldts Kosmos das Wort Gott vermißte und ihn damit für die Materialisten in Anspruch nahm. Eine Bindung an eine so herabgekommene neue Weltanschauung konnte die Wissenschaft nur hemmen, kein Wunder, daß sie jetzt ohne Klage zerrissen wurde. Um so größer wurde dafür das Idol der „exakten Forschung", „der strengen Naturwissenschaft", der „absoluten Natur der Dinge", der „Mechanik der Naturprozesse", der „positiven Philosophie" und wie die Schlagwörter alle heißen mögen. Einen bezeichnenden Ausdruck für diese ungeheure Verabsolutierung der Naturgesetze (gemeint ist immer das Kausalgesetz in irgendeiner Form), findet sich bei Lange: „Erhebt man sich einmal über diesen Standpunkt (des populären Dogmatismus von Schöpfung und Jüngstem Gericht). sucht man den Ruhepunkt der Seele im Gegebenen, so wird man sich auch leicht dazu bringen, ihn nicht in der ewigen Dauer des materiellen Zustandes zu finden, sondern in der Ewigkeit der Naturgesetze[167]).“ Es ist die Zeit der Analyse der Naturvorgänge, in welcher der „Gelehrte“ „Naturhistoriker“ wurde. Diese Blickrichtung auf den Ablauf von Kausalreihen, das Gesetz, muß dem Forscher eine ganz andere Tiefenperspektive geben, als sie uns bisher bei den mehr zusammenbauenden und nur immer von Fall zu Fall Wechselwirkungen aufzeigenden Geographen aufgefallen ist. Der Sinn für das Genetische, den schon Goethe, Ritter, Humboldt hatten, wird jetzt ausschlaggebend. Eduard Richter sagt wohl im Hinblick auf diese Zeit: „Ja, sicherlich besteht der wichtigste Fortschritt, den die Wissenschaften im abgelaufenen Jahrhundert gemacht haben, darin, daß man die Natur als Ergebnis einer Geschichte aufzufassen gelernt hat, und gewiß wird auch in Zukunft eine wahre Aufklärung über Welt und Menschheit immer nur durch eine einheitliche Auffassung der Natur und der Geschichte erreicht werden[168]).“ Die Analyse wird aufs feinste ausgearbeitet. Man geht dem Rätsel der Gebirge mit dem Mikroskop nach, lernt die Gebirge, die bis dahin mehr nach ihren Richtungen unterschieden wurden, nach ihrer Genesis unterscheiden. Wie durch ein Stereoskop sieht man nun den Menschen, die Lebewesen, die Erde selbst mit allen ihren Erscheinungen; die zeitliche Tiefenwirkung schafft eine ganz andere Stellung zur Welt, als sie der Beginn des Jahrhunderts hatte. Dennoch ist auch hier der Positivismus nur ein Tagelöhner im Garten der Romantik, denn die Romantiker im weitesten Sinne waren es eben, die das Welt-Geschehen dem statischen Aggregatwissen des 18. Jahrhunderts entgegengesetzt hatten. Die Neueren bauten diesen Gedanken weiter aus und übersteigerten ihn schließlich.

Mit dieser Vorherrschaft des mechanischen Prinzips sank natürlich auch die Wertschätzung des Sinns, der ratio der Welt, der geistigen Komponente, die man auch wegwerfend „teleologischer Anthropomorphismus“ genannt hat, ins Grab. Der Mensch wurde ein Ding wie jedes andere auch, eine Summe von Atombewegungen, ein Gegenstand der Völkerkunde usw. Das Denken wurde ganz „gegenständlich“, „sachlich“, Maschine im Dienst seiner Objekte, von großer logischer Feinheit und einem wunderbaren Erfolg in Einzeluntersuchungen.

Man könnte die Entwicklung der Geographie seit dem 18. Jahrhundert kurz ausdrücken: Aus einer stark städtischen Kultur heraus fragte das 18. Jahrhundert: Was ist alles da; das ausgehende 18. und beginnende 19. Jahrhundert fragte in seinen großen Köpfen nach dem Zusammenhang des Vorhandenen, und wurde so Begründer der Länderkunde und der allgemeinen Geographie; das ausgehende 19. Jahrhundert fragte nach den Bedingungen, aus denen das Heute im einzelnen werden konnte. Daraus ergibt sich die geographische Aufgabe unserer Zeit, diese drei Fragen zu verbinden und den Werdegang der Erdoberfläche und ihre Erfüllung im einzelnen und im Zusammen-

[167]) Lange, Geschichte des Materialismus, Ausgabe der Deutsch. Bibl. Herausgegeben von Bölsche, S. 121.
[168]) Richter, 185, S. 128.

hang zu erklären. Auf diesem historischen Hintergrund sind Peschels selbständige Erklärungen und auch seine Angriffe gegen Ritter zu denken. Dabei ist Peschel selbst nicht einmal ein bezeichnender und hervorragender Typ seiner Zeit, dazu fehlt ihm die Eindringlichkeit der Analyse, dazu ist er wohl auch zu sehr bei der Geschichte und vor allem bei Humboldt in die Schule gegangen. Verständlich wird seine Wirkung in der Geographie nur durch seine Beherrschung eines programmatischen deutschen Schriftstils, seine vielseitige Gewandtheit und sein Eingehen auf das Aktuelle und dessen Hineinbiegung in das geographische, speziell morphologische Gebiet. Peschel ist kein Genie, das sich neben Ritter oder Humboldt stellen könnte; seine Bedeutung ist die eines guten Lehrers und eines Wortführers.

Dieser journalistische Zug zum Aktuellen zeigt sich in seinen Definitionen, aus denen der Geist des ausgehenden 19. Jahrhunderts stark heraustritt. Es ist kein Zufall oder Mißgriff, wenn er den Begriff der vergleichenden Erdkunde an der Sprachwissenschaft und der Deszendenztheorie orientieren will, an Cuvier, W. v. Humboldt und Franz Bopp, also an genetischen Konstruktionen. Auch er will „die Schicksale der Länderräume“ enträtseln. „Das Verfahren zur Lösung dieser Aufgabe besteht aber nur im Aufsuchen der Ähnlichkeiten in der Natur[169]).“ An dieser Stelle liegt aber der Fallstrick. Es ist ein völliger Fehlschluß, mit dem Peschel vergeblich versucht hat, dem alten Schlagwort einen logischen Sinn zu geben. Das zeigt schon die folgende Seite, das Aralsee-Beispiel. Er vergleicht, um der Entstehung des Aralsee nachzukommen, diesen gar nicht mit anderen ähnlichen Erscheinungen, sondern versucht eine Analyse dieses einen Tatsachenkomplexes selbst. Es gäbe auch gar nicht so viel ähnliche Beispiele, die man mit dem Aralsee vergleichen könnte. Die Analyse einer geographischen Erscheinung gewinnt durch Vergleiche mit ähnlichen Erscheinungen nichts, wenn sie nicht an Ort und Stelle bis zu einer gewissen Endgültigkeit durchgeführt ist.

Dennoch macht auch die Analyse des Aralsees, so primitiv sie ist, einen mehr vergleichenden Eindruck als andere Arbeiten vor Peschel. Das hat aber seinen Grund nicht darin, daß er „Übergänge“, „Zwischenstufen“ und dgl. an anderen geographischen Erscheinungen sucht, und „die einzelnen Stufen der Änderung“ in genetischen Zusammenhang bringt und vergleicht, „den allmählichen Wechsel von Gestalten“ zum System rundend, wie er es doch programmatisch und in steter Betonung seiner Nähe zur vergleichenden Anatomie und Sprachwissenschaft und seiner Ferne von Ritter fordert. Sondern er stellt die heutige Erscheinung des Aralsees in ein System von Hypothesen, Denkmöglichkeiten: „Denken wir uns den Aralsee als eine leere Pfanne“, leiten wir einen Fluß hinein usw. Was muß geschehen? Was geschieht in Wirklichkeit? Wo können die Ursachen dafür liegen? Vergangene, gegenwärtige; was ist alles möglich? Und dann kommt der bezeichnende Schlußsatz: „Gesetzt aber, es beweise uns jemand, daß der gegenwärtige Zustand

[169]) Peschel, 161, S. 5f.

der aralischen Hydrographie ganz anderen Ursachen zuzuschreiben wäre (als wir sie nämlich bei dem Überblick unter den möglichen als wahrscheinlich herausgestellt haben), immerhin hätten wir uns bei dem Bilde doch etwas gedacht[170])." Also darauf kommt es Peschel an, sich an Hand des Kartenstudiums bei geographischen Erscheinungen etwas Genetisches denken zu können; mehr kann er beim Fehlen einer wirklichen Analyse und der Auffassung der Gesamtheit der wesentlichen Merkmale an Ort und Stelle selbst gar nicht erreichen, er kann seine Hypothesen, die er auf Grund allgemeiner Argumentationen gewinnt, nicht verifizieren. Es gibt nun allerdings Denkmöglichkeiten, die etwas Zwingendes für sich haben wie etwa gewisse Kapitel einer physikalischen Morphologie (Walter Penck); aber dahin ist Peschel nie gekommen, das hat er auch nie geahnt oder beabsichtigt.

Anders und doch auch wieder nicht im Sinne seiner theoretischen Erwägungen liegen die Dinge in seiner wohl besten Abhandlung: die Fjordbildungen. Hier stellt er nacheinander fest, was ein Fjord ist, wie und wo er auftritt, verfolgt seine Verbreitung über die Erde hin und gewinnt damit seine räumliche Begrenzung und — anstatt nun in Übergangsformen vor uns einen Fjord in verschiedenen Stadien sozusagen entstehen zu lassen, wie sein Begriff der vergleichenden Erdkunde es fordert — geht dann sofort auf die Bedingungen der Fjordbildung ein. Ich muß mit Marthe[171]) auch Hermann Wagner[172]) gegenüber daran festhalten, daß Peschel nirgends „Zwischenstufen" gesucht hat. Auch Wagners Entgegenhaltung der Einbeziehung der oberitalienischen Seen in die Fjorde bei Peschel ist keine Methode, die die Entstehung der Fjorde erläutern kann, sondern nur eine Identifizierung einander auf den ersten Blick unähnlicher Formen. Es ist eine Zusammenfassung, Typisierung, keine „vergleichende" Auflösung der einzelnen Fjorderscheinungen in eine Entwicklungsreihe.

So könnte man alle „Neue Probleme der vergleichenden Erdkunde" durchgehen und käme zu jenem Ergebnis, das er Ritter vorwirft. Oskar Peschel, „so seltsam es klingen mag, hat nie eine Aufgabe der vergleichenden Erdkunde (in seinem Sinne) gelöst". Unter dem Gesichtspunkt der Definition muß also Peschels Wiederbelebung des Worts als völliger Mißgriff gelten. Doch darf man nicht übersehen, daß abseits der Definition unter dem Wort ein tieferer Sinn verhüllt liegt, eben die Frage nach der Genesis, was auch vor allem das ist, worin die geforderte neue vergleichende Geographie mit der vergleichenden Sprachwissenschaft, vergleichenden Anatomie übereinstimmte. Daher mag Peschel auch mehr dieses Zieles, als des zu verwendenden Mittels wegen seine Geographie vergleichend genannt haben; wenn ihm selbst das auch nie ganz klar geworden sein mag, so spricht doch seine Praxis dafür[172a]).

Eine andere Frage, die unser Thema nur indirekt berührt, aber

---

[170]) Peschel, a. a. O. S. 8. — [171]) Marthe, 128, Anmerkung.
[172]) H. Wagner, Geogr. Jahrb. 1878, Anmerkung 591.
[172a]) Vgl. hierzu auch den Aufsatz von H. von Below: Die vergleichende Methode. Historische Vierteljahrsschrift. 21. Bd. 1923. S. 129ff.

doch in diesem Rahmen nicht übergangen werden darf, ist die nach Peschels Kritik an Ritter, die bereits durch Hermann Wagner eine meisterhafte Interpretation gefunden hat, aber doch in manchem Punkte ergänzt werden könnte. Wiederholt hat Peschel sich eingehend über Ritter und seine Schule ausgesprochen. Die diesbezüglichen Schriften sind zusammengefaßt abgedruckt in den „Abhandlungen zur Erd- und Völkerkunde[173])". Man braucht nun Peschel nicht zu glauben, daß er größere Abschnitte aus Ritters „Erdkunde" mit Verständnis gelesen hat. Seine Kenntnisse scheinen sich auf die kleinen Schriften zu beschränken, soweit er nicht überhaupt von der verhaßten Ritter-Schule auf Ritter selbst zurückschließt. Peschel wirft Ritter fast mit denselben Worten vor, Schöpferabsichten aus dem Erdbild herauszulesen, mit denen Ritter selbst seine Zeitgenossen vor diesem ihnen naheliegenden Fehler warnte; und mehr noch, Peschel kennzeichnet gerade diesen Fehler als das, was Ritter unter vergleichender Erdkunde eigentlich verstanden habe. Es erübrigt sich nach allem obigen, diesen Einwand noch einmal zu entkräften. Hinweisen möchte ich nur darauf, daß man wohl einer Definition eine entgegengesetzte Ansicht entgegenhalten kann, aber damit noch nicht die erste entkräftet hat. Ritter hat, wie oben gezeigt, eine logische Definition seiner vergleichenden Erdkunde nicht gegeben und hat sich ausdrücklich dagegen gewehrt, aus seiner Erdkunde einem Wort zuliebe ein „Kompendium" zu machen. Peschel wirft ihm vor, er hätte das „handwerksmäßige Verfahren der vergleichenden Erdkunde" nicht geübt. Es sind also ganz verschiedene Gegenstände, die da bei beiden in Frage stehen, deren einzig Gemeinsames ein verwirrendes Wort ist. Verschiedene Aussagen über diese verschiedenen Objekte können also nur scheinbar in Widerspruch miteinander geraten. Das hat Peschel übersehen.

Was nun Peschels Kampf gegen Ritters Teleologie angeht, so ist auch das keine neue Idee von ihm, sondern er befindet sich in breiter Front mit seinen wissenschaftlichen Kollegen. Greifen wir wieder zu Langes „Materialismus", so finden wir eine 50 Seiten lange Abhandlung über die Berechtigung und das Unrecht der Verteidiger der Teleologie und ihrer Gegner. Es ist also eine der akuten Zeitfragen, die Peschel auch hier wieder in die Geographie trägt, wie sie andere Forscher in der Abstammungslehre, der Nationalökonomie, der Sprachwissenschaft, der Zoologie, Botanik usw. zur Sprache gebracht haben. Es ist nun gar keine Frage, daß fast alle großen Denker von Plato bis zur Neuzeit sich nicht gescheut haben, in der Welt eine Ordnung anzunehmen und auch ein Ziel, auf das diese Ordnung hinstrebt und hinweist. Der Mensch hat in ihren Gedankensystemen dabei stets eine bevorzugte Stellung eingenommen, wenn er auch nie von ihnen als das Ende aller Dinge genommen worden ist. Mit dieser Teleologie in der Geographie hat es nun eine besondere Bedeutung, die Ritter sehr tief erfaßt hat, die aber der verärgerte Peschel für mehr als ein halbes Jahrhundert höchst oberflächlich diskreditiert hat. Man kann Teleologe sein und trotzdem sehr eindring-

[173]) Peschel, 163, S. 371—423.

liche Forschungen betreiben. Leibniz ist hier wohl das größte und bekannteste Beispiel, dessen Wirkungen übrigens noch weit in Ritters Zeiten hineinreichen, so daß wir in ihm den eigentlichen Vater der Ritterschen Anschauungen sehen müssen. Bei beiden ist der teleologische Gedanke gleichzusetzen mit dem Glauben an eine höchste Weltordnung irgendwelcher Art, der die induktive Forschung nicht hemmt, sondern Ansporn ist zu weiterer Erkenntnis. Von dieser Höhe kann der teleologische Gedanke durch alle Abstufungen herabsinken, bis zu der Plattheit, die in jedem Pflänzchen an jedem Ort einen ganz besonderen Akt göttlicher Gnadenwaltung für den Menschen sieht. Die Ameise ist für ihn dazu da, die menschliche Arbeitsamkeit anzuregen, das Gebirge hat die Aufgabe, den religiösen Sinn zu wecken und den konservativen Charakter seiner Bewohner zu bewahren[174]) usw. Verbindet man diese Gedanken noch mit einer orthodoxen Lehrmeinung, so ist es leicht, in jeder Tatsache der Natur einen Beweis für die Richtigkeit eines Glaubensbekenntnisses zu sehen[175]). In einer solchen Weltanschauung, wo das große Ziel (telos) von seiner Höhe herabgezogen wird und in den tausend Kleinlichkeiten zu ebenso kleinen Zwecken und Absichten wird, verliert die Induktion ihren Sinn und der Mensch die Spannkraft zur Forschung; denn es gibt ja eigentlich nichts weiter zu erforschen als „den bekannten Finger Gottes (Supan)", und den erfaßt der Glaube besser als die Geographie. Eine solche Teleologie muß also notwendig in kurzer Zeit die von ihr befallene Wissenschaft lähmen, da sie deren Ziel und Methode verunreinigt. Ritter gehört nun keineswegs zu diesen Leuten. Man kann Tausende von Seiten bei ihm lesen, ohne auf teleologische Gedanken zu stoßen, die sich nicht voll verteidigen ließen. Mit welch großem darstellerischen Geschick hat er sich der Darstellung Afrikas auch in den Teilen gewidmet, die für den Menschen nicht von der geringsten Bedeutung waren! Ein anderes aktuelles Beispiel ist seine Darstellung der Mandschurei, wo für eine moderne Expedition Ritter sich heute noch als der sicherste Expeditionsführer erwiesen hat[176]). Ritter hat für die Entschleierung Asiens in allen Teilen vielleicht mehr getan als je ein einzelner Sterblicher vor oder nach ihm. Dabei hat er immer den Menschen als das am höchsten Entwickelte auf der Erde als das Beachtenswerteste im Vordergrund seiner Überlegungen gehabt und diesen Gedanken mitunter kräftig ausgesprochen. Aber in seinen besten Werken nimmt der Mensch dennoch keine ungebührlich hervortretende Stellung ein, oft tritt er sogar, wie an einigen Stellen in „Afrika", schmerzlich weit zurück.

Aber schon die Auffassung von E. Kapp[177]) bedeutet einen Abweg von Ritter, bringt nur die Fortbildung eines seiner Gedanken, und Ritter selbst würde es sich nie haben gefallen lassen, in diesem Mann erst seinen Vollender und sein Vorbild zu sehen, wie ihm häufig zugemutet wird. Bei Ritter nimmt die Darstellung der Kon-

[174]) Oberländer, 140. — [175]) Supan, 217.
[176]) Expedition von Dr. Stötzner nach einem Vortrage von Dr. Maier, seinem Begleiter, in der Pomm. Geogr. Ges. 1929/1930.
[177]) E. Kapp, 97.

figuration des Bodens, des Klimas, der Pflanzenwelt usw. den weitaus größten Raum ein. Er hat uns ja erst eigentlich die Räume schauen gelehrt. Kapp tut das Physische in seiner Geographie ab wie etwas, das durchaus bekannt sein sollte und dem er nur noch einige Bemerkungen hinzuzufügen hat, um möglichst bald auf die Kulturverbände zu kommen, für die allein das Buch überhaupt geschrieben ist. Ein überaus interessantes, gedankenreiches, geschichtsphilosophisches Werk auf geographischem Unterbau, für die Geographie nicht ohne Bedeutung, aber geographisch nicht weiterzuführen; lesbar wie ein Roman voller glänzender Intuitionen, aber unvergleichbar mit Ritters „Erdkunde“! Kapp ist der hervorragendste und geistreichste Vertreter der Leute, die Ritters Teleologie zum Teil in Anlehnung an die Hegelsche Geschichtsphilosophie auf ein ganz anderes Geleis geschoben und einseitig schematisiert haben. Die Teleologie sank immer tiefer. Peschel tat den „erlösenden Schritt“, diese Leute mit einem Schlage um Kredit und Hörer zu bringen, was ihm allerdings deswegen nicht schwer fiel, weil ihm die allgemeine Meinung darin sehr weit entgegenkam. Aber seine Hiebe gegen Ritter und dessen imaginären Begriff der „vergleichenden Erdkunde“ fallen auf ihn selbst und seine Unkenntnis Ritters zurück. Das könnte man u. a. im einzelnen philologisch genau an Peschels Ägypten-Beispiel nachweisen.

Zusammenfassend kann man über Peschels Begriff der vergleichenden Erdkunde also sagen, daß sich unter diesem Namen ein morphologisch genetisches Moment programmatisch in der Geographie ankündigt. Peschel überschätzt dabei außerordentlich den Wert des Vergleichs, ein Fehler, der sich in seiner Nachfolge weit durch die methodischen Schriften verfolgen läßt, und der hervorgerufen wurde durch das verführende Wort „vergleichende Erdkunde“. Die von ihm dafür aufgestellte Definition ist so eng, daß sie schon von vornherein auf geographischem Gebiet als unbrauchbar erkannt werden muß; er selbst hat ihr in keiner seiner Schriften folgen können, sondern hat sie stets durchbrechen müssen. Peschels Polemik gegen Ritters vergleichende Erdkunde ist abwegig und belanglos, wie fast alles, was er gegen ihn einzuwenden hat. Das hat würdig und schön schon Wappäus von ihm und auch von der gesamten „Ritter-Schule“ ausgesprochen[178]).

Die „Vergleichende Erdkunde“ von Peschel bis zur Gegenwart.

Wie schon oben bemerkt, hat Peschel die Diskussion über das Wort „vergleichende Erdkunde“ dadurch erheblich erschwert, daß er sie nicht nur mit einer neuen unmöglichen Definition belastete, sondern auch noch in durchaus verwirrender Weise mit der Frage nach einer geographischen Teleologie verquickte. Die Folgezeit hatte nun die Aufgabe, das Verwirrte und noch nie recht klar Gewordene zu

[178]) Wappäus, Göttg. Gel. Anzg., Stück 27, 1879, S. 833—856.

analysieren. Menschlich wurde ihr das fast unmöglich durch das in die Auseinandersetzung durch Peschel getragene persönliche Moment, durch welches ein an sich kühl zu durchdenkender Sachverhalt auf das Gebiet leidenschaftlicher und gefühlsbetonter Anteilnahme an Peschel auf der einen und Ritter auf der andern Seite gezogen wurde, wobei aber gegen Ritter außer einer gewissen Überlebtheit seiner philosophischen Grundüberzeugungen auch noch die allgemeine Unkenntnis seiner Werke stand. Die ganze Schärfe ungereifter Widersprüche zeigt sich in folgender Gegenüberstellung: Im Jahre 1875 erklärte Kirchhoff[179]) rundweg, Peschel hätte endlich den vagen Begriff der vergleichenden Erdkunde festgelegt; 1877 wünscht er den Ausdruck aus der geographischen Literatur auszumerzen[180]). Darauf anwortet 1879 Wappäus, das Wort liege seit Ritter fest und wäre nicht mehr zu vergeben. 1878 erkennt Kirchhoff in den Zielen Ritters und Peschels keinen Unterschied usw. Dieser Verwirrung versuchen einige dadurch zu entkommen, daß sie das Wort gänzlich fallen lassen wollen, während andere, wie Oberländer, aus dem Widerspruch einen Kompromiß machen. Aber das gelingt ihnen nicht, weil Ritter hierbei wieder logisiert werden soll, was zu dem grotesken Widerspruch führt, daß Oberländer schon in der ersten Auflage (!) Ritter (S.18—29) als den Begründer der vergleichenden Erdkunde feiert und dann Peschel (S. 41—42) „mit Recht" zugibt, „daß einer Auffassung und Behandlung der Geographie im Sinne und Geiste Ritters der Name vergleichende Erdkunde von Rechts wegen gar nicht gebühre, daß sie vielmehr geographische Teleologie heißen müsse". „Nur weil es einmal Sprachgebrauch geworden ist", hält er bei Ritter an dem Ausdruck fest. Im übrigen zieht sich aber durch das ganze Werk die Auffassung, daß sich „die Geographie . . . erst in neuerer Zeit, seitdem sie von Karl Ritter reformiert und zu einer vergleichenden umgestaltet worden ist, einen Platz unter den Wissenschaften erobert habe"[181]).

Es hat keinen Sinn, sich mit den in dieser Kontroverse Ritter—Peschel massenhaft auftretenden wertlosen Schriften zu befassen. Wertvolle Äußerungen sehe ich über diese Frage nur bei Marthe, Richthofen und Hermann Wagner, deren Diskussion den Höhepunkt der Auseinandersetzung dieses Problems bedeutet, über welche hinaus wesentlich Neues nicht mehr gesagt worden ist.

Richthofen ist der eigentliche Erbe und Fortführer der Ideen Humboldts und Ritters, und in konsequentem Sinne auch der zur Wirklichkeit durchbrechende Vollender Peschels. Er hat den gesunden unvoreingenommenen historischen Sinn, sich anzugliedern und seinen Platz genau zu bestimmen, wie es in dieser Art Peschel nicht möglich gewesen ist. Er selbst vermeidet im allgemeinen das Wort vergleichende Erdkunde, in seinen methodischen Schriften fehlt es gänzlich; aber er hat es bei Ritter richtig als Kennzeichnung geographischer Verarbeitung schlechthin erkannt[182]) und derart dargestellt: „Nur dann, wenn man, wie Ritter es tat, die Gesamtheit der

[179]) Kirchhoff, Jen. Lit. Zeitung Nr. 720. — [180]) Kirchhoff, Geogr. Jahrb. 1878, S. 593. — [181]) Oberländer, 140, 1. Aufl. etwa S. 81. — [182]) Richthofen, 188, S. 724/725.

in jenen angewandten Zweigen behandelten Erscheinungen in ihrem Kausalverhältnis zu den Formen und der Beschaffenheit der Erdoberfläche betrachtet, wenn man sich also der geographischen Methode bedient, kann die ‚vergleichende Erdkunde' in Ritters Sinne den Rang einer von den übrigen abgesonderten Wissenschaft behaupten und einen integrierenden Teil der Erdkunde selbst bilden." Soweit weiß er sich mit Ritter und auch mit Humboldt völlig einig, in der kausalen Verknüpfung der klimatischen, pflanzlichen, tiergeographischen, anthropogeographischen, kulturellen und wirtschaftlichen Erscheinungen mit der Form und Beschaffenheit des Flüssigen und Festen auf der Erdoberfläche. Aber er führt die Geographie über diesen (mit ihm „angewandt" zu nennenden) Stand hinaus: „Allein sie muß heute, über diesen Standpunkt hinausgehend, die Verkettung von Ursache und Wirkung noch weiter zurückverfolgen . . . ihre Wurzeln hinabtreiben in das Bereich der Geologie", da sie sonst „die gesicherte Basis für Schlußfolgerungen" verliert. Er wird somit Begründer der wirklich wissenschaftlichen Morphologie, wie sie Peschel vorgeschwebt hat, indem er seine Schlußfolgerungen dadurch aus dem Bereich des bloß Denkbaren erhebt, daß er am Ort den Beweis antritt, die Hypothese mit dem Tatsachenmaterial in Einklang bringen muß. Dadurch erhält sein hypothetisch ausgewählter Möglichkeitsfall für die Entstehung irgendeiner Oberflächenform eine Schwere, wie sie Peschel ihm nicht hätte geben können. Noch einmal wendet er sich in der berühmten Anmerkung[183]) gegen Peschels Ausfälle, betont Ritters und Humboldts wissenschaftsbegründendes Verdienst, welches „beruht auf der Methode der kausalen Wechselbeziehungen, wenn er sie auch mit dem schwächeren Ausdruck ‚Vergleichung' benannte". In dieser Interpretation ist Richthofen auch Kind seiner Zeit.

In seinen methodischen Schriften fehlt das Wort „vergleichende Erdkunde". Wo es gelegentlich in seinem China-Werk auftritt[184]), liegt auf ihm kein mystischer oder logischer Akzent, sondern ist etwa mit zusammenfassend zu identifizieren, und wird da sowohl auf einzelne Probleme und ihre systematische Durchführung im Sinne einer allgemeinen Geographie (Lösbildung, Bildung von Abrasionsflächen usw.), wie auch auf die zusammenfassende länderkundliche Überschau angewendet, wie etwa die Darstellung von Nord- oder Süd-China. Besonders für diesen zweiten Fall hat er Nachfolger gefunden. Die zahlreichen häufigen Kolleganküdigungen wie: Vergleichende Geographie von Europa usw. wollen meist nichts anderes sagen, als daß Europa als Totalität, ohne Rücksicht auf die einzelnen Länder Gegenstand eines länderkundlichen Vortrags sein soll. Natürlich ist diese konventionelle Wortwahl ein reiner Notbehelf, um Verwechslungen möglichst zu vermeiden, und hat keinen bestimmten logischen Sinn.

Im Jahre 1878 gab H. Wagner im Geographischen Jahrbuch sein bekanntes Referat: „Der gegenwärtige Standpunkt der Methodik der Erdkunde[185])." Durch seine scharfe und kritische Stellungnahme

---

183) Richthofen, 188, S. 732.
184) Richthofen, 188, Bd. I Einl., Bd. II S. 704 usw.
185) Wagner, 224, S. 550—636.

gegenüber der unglaublichen Menge der durcheinander meist wenig belehrten Methodiker, sowie durch seinen Versuch, einmal von hoher Warte aus das ganze komplizierte Gebäude der Geographie zu überblicken, scheint zum ersten Male diesen ein Blick für das Verworrene und völlig Unzureichende ihrer Ideen aufgegangen zu sein. Jedenfalls nimmt die Zahl der leichtfertigen, weitreichende Umstellungen, Umnennungen usw. fordernden methodischen Versuche ab. Auch die viel diskutierte Frage nach Wesen und Wert der „vergleichenden Erdkunde“ verliert an Interesse, seit man sieht, daß mit ihrer Beantwortung nichts erreicht ist, und daß die Klippen der geographischen Methodik sich längst anderswo gebildet haben, unbekümmert um den Streit über Ritter und Peschel. Die Geographie hatte sich abseits aller methodischen Erörterungen in einen Wissenschaftsfächer gelegt, der in sich Extreme scheinbar vergeblich zu vereinigen bemüht war. Mensch und Erde, geographische Provinz und Erdindividuum, allgemeine Geographie oder Monographie, Natur- oder Geisteswissenschaft oder Brücke zwischen beiden, einheitlicher oder dualistischer oder gar eklektischer Charakter, Grenzen der Wissenschaft usw., waren Probleme geworden, deren Aktualität den Streit um das Wort vergleichende Erdkunde zum Schweigen brachte. Wagners Bedeutung liegt an diesem Punkt vorwiegend in der kritischen Referierung der Ansichten anderer, während er selbst sich eines eigenen Urteils enthält und nur darin einen eigenen Vorschlag bringt, daß er vor einer vorschnellen Verwerfung des umstrittenen Wortes warnt, das ihm zwar in seiner Bedeutung noch ungeklärt, aber nicht wertlos erscheint. Er scheint es trotzdem schließlich aufgegeben zu haben, jedenfalls ist es heute in seinem Lehrbuch nicht mehr vorhanden.

Aber indirekt hat Wagners Arbeit systematisch klärend gewirkt, indem sie Fr. Marthe zu der Neuherausgabe[186]) seiner Festrede: „Was bedeutet Karl Ritter für die Geographie?“ anregte, die er erheblich erweiterte durch einen Anhang über das Wort vergleichende Erdkunde mit besonderer Berücksichtigung Ritters. Diese Schrift hat wenig Beachtung gefunden, weil sie — als nur um eine Anmerkung vermehrter Sonderdruck eines schon an sich schwer lesbaren, schwer verständlichen und zum Teil tatsächlich bereits durch Richthofen überholten Aufsatzes — von Hermann Wagner im Geographischen Jahrbuch in notdürftigen Schlagworten und unter reiner Berücksichtigung der damaligen Ritter-Polemik exzerpiert wurde, wobei Marthes wichtige systematische Gedanken kaum Erwähnung fanden.

Marthe lehnt zunächst die beliebte Parallelsetzung von vergleichender Anatomie und vergleichender Erdkunde ab. Sie hätte nicht im Sinne Ritters gelegen. Ritters wahre Auffassung vom Wesen seiner Geographie käme zum Ausdruck in einem Briefe[187]), worin viele seiner Ideen unter dem Namen „Physiologische Geographie“ angedeutet werden. Danach bedeutet vergleichend bei Ritter Forschen nach induktiver Methode, wissenschaftliches Arbeiten überhaupt. Durch solche Arbeit werde 1. das „Charakteri-

---

[186]) Marthe, 128. — [187]) Ritter, 1815 (?), zit. bei Kramer I S. 350.

stische" und 2. das „Wirkungsvolle" der Erdlokalitäten erkannt. Die dritte Art Ritterscher Vergleiche ginge auf die Veränderungen desselben Erdraums. Alle drei Vergleichsarten begegneten sich „in dem gemeinsamen logischen Zuge, daß sie das Unähnliche der Dinge hervorzukehren und zu beleuchten beflissen sind". Das eigentliche Wesen einer vergleichenden Wissenschaft und das äußerste, was Wissenschaft überhaupt zu leisten vermag, läge jedoch in der Aufweisung von Gesetzen, d. i. in dem Nachweis der ursächlichen Notwendigkeit eines Tatsachenverbandes. In der Geographie habe man zu unterscheiden zwischen „ortserdlich", „teilerdlich" und „gemeinerdlich gültigen Gesetzen": Zu ihnen käme man über die allgemeine Geographie — in welcher jedes der etwa sechs Hauptstoffgebiete der Länderkunde für sich und über die ganze Erde untersucht werde — oder über die Länderkunde, welche auf beschränktem Raum die Wechselbeziehungen und das Zusammenwirken dieser Sonderreiche zu untersuchen hätte. Marthe wirft der Geographie vor, sie hätte bisher weder ganzerdliche noch teilerdliche Gesetze gesucht noch gefunden, und griffe also mit Unrecht Ritter an; man täusche sich, wenn man über ihn hinausgekommen zu sein glaubte.

Eine besondere Bewandtnis hat es mit den örtlichen Gesetzen. Sie sind Ausgangspunkt und Grundlage für teil- und gesamterdlich gültige Gesetze. Zu örtlichen Gesetzen aber käme man nur durch „Vergleich von Vorgängen, die an demselben Ort sich abspielen", folglich ist dieser Vergleich ein zeitlicher; denn es gilt als „unumstößlicher Grundsatz, daß das Jetzt der örtlichen Dinge nur aus dem Einst derselben zu verstehen ist". Diesen zeitlichen Vergleich habe auch Ritter gekannt und proklamiert[188]) und habe ihn auch — vorwiegend nach der ethnographisch-historischen Seite hin — ausgewertet. Peschel und Markham[189]) seien ihm hierin, allerdings zuweilen unter starker Betonung der Geologie, gefolgt.

Marthe verankert somit den Vergleich in das Gesamtgefüge der geographischen Wissenschaft überhaupt: „Überall Vergleich und der Fortschritt der Erkenntnis bedingt durch den Vergleich." Eine besondere „vergleichende" Geographie wird nicht von ihm anerkannt. Sie könne sich von einer wissenschaftlichen „Geographie sans phrase" auch durch nichts unterscheiden. Ein Privileg der Pioniere der Geographie sei es gewesen, ihrer Wissenschaftsschöpfung dieses Prädikat zu geben; in diesem Titel käme das Eigentümliche und Selbständige ihrer Gedankenarbeit zum Ausdruck. Ist die Wissenschaft einmal da, wird nur noch an ihrem Ausbau gearbeitet, so möge die Selbstkritik dieses zur Selbstverständlichkeit gewordene Epitheton fallen lassen. Denn Wissenschaft, wenn sie sich erst einmal eines Tatsachengebietes bemächtigt hat, ist (etwa mit Ausnahme der Logik) immer vergleichend.

Zweifellos trifft die hier sehr frei wiedergegebene Kritik Marthes an unserem Begriff im ganzen zu. Sie forderte jedoch von vielen Geographen zu viel Bescheidenheit; jedenfalls hören die überflüssigen Anwendungen dieses gelehrten Beiworts nicht auf, wenn

[188]) Ritter, 204, S. 23. — [189]) Markham, 126.

sie auch seltener geworden sind als im unmittelbaren zeitlichen Anschluß an Ritter und Peschel.

Ein letzter großer Versuch, im „Ritterschen Sinne" eine vergleichende Geographie zu schreiben, stammt von Ratzel. Er hat sich öfter mit Ritter befaßt und wußte, was die Geographie gerade ihm zu danken hat. Aus seinem Schülerkreis sind die meisten Einzeluntersuchungen zur Geschichte der wissenschaftlichen Geographie der Neuzeit hervorgegangen. Daß seine „Anthropogeographie" Ideen und Anregungen Ritters fortsetzt und ausgestaltet, hat er selbst betont. In diesem Werk lassen sich auch mitunter dunkle Andeutungen finden, daß es „im ganzen Umfange vergleichend" wäre. . . . . . Vergleichend also wieder gleich wissenschaftlich, induktiv. Für die Entwicklung unseres Begriffs bedeutsamer geworden ist sein Werk: „Die Erde und das Leben. Eine vergleichende Erdkunde"[190]. „Dieses Buch trägt den Nebentitel Vergleichende Erdkunde, weil es vorzugsweise die Wechselbeziehungen der Erscheinungen der Erdoberfläche darstellt, also im Sinne von Karl Ritter[191]." Er strebt an „Die Auffassung der Erde als eines zusammengehörigen Ganzen, einer wechselwirkenden Einheit[192]".

Es ist also ein bewußter Versuch, Ritters Gedanken einer Lehre von der Erfüllung der Erdoberfläche auf neugewonnener wissenschaftlicher Basis zu verwirklichen, „die Umfassung der ganzen Erde als eine große Errungenschaft der Menschheit und als Ziel und Aufgabe der Geistesarbeit jedes Einzelnen von uns[193]" darzustellen. Vergleichende Erdkunde als Versuch einer umfassenden Synthese der wesentlichen Züge der Erdoberfläche in systematischer Ordnung, unter Hervorkehrung der allgemeinen Wechselwirkung zu einem bewirkten und weiterwirkenden Ganzen. Daß eine solche Absicht nie auf Grund einer Methode, sondern nur durch allseitige methodische Arbeit erreichbar ist, zeigt die Ausführung dieser bis jetzt letzten wirklich umfassenden Erdkunde.

Hier muß die historische Untersuchung abbrechen. Die Gegenwart hat dieser Diskussion nur in einem Punkt etwas Neues hinzufügen können, die „Vergleichende Landschaftskunde", die allerdings vorläufig noch mehr mit den Fragen des Gehalts der Wissenschaft, als mit einer logischen Durchdringung ihrer methodischen Terminologie ringt[194]. Die heute viel in Rede stehende „vergleichende Länderkunde" ist, wie die Darstellung gezeigt hat, ein altes Programm; jedoch zeigt eine Sichtung der literarischen Erzeugnisse, daß man hier praktisch über Fröbel und Lüdde nicht hinausgekommen ist. Es gibt noch keine vergleichende Länderkunde in unserer Literatur, wenn man nicht gerade „gelegentliche Vergleiche" zweier Länder als besonderen Zweig der Wissenschaft unter diesem Beiwort pflegen und führen will. Von größerer systematischer Bedeutung für die Wissenschaft dürfte ein solcher Versuch nicht werden, wenn sein didaktischer und heuristischer Wert in Einzelfällen auch nicht zu bestreiten ist.

---

[190]) Ratzel, 176. — [191]) A. a. O., 1. Satz des Werkes. — [192]) A. a. O., Bd. II S. 3. — [193]) A. a. O., Bd. II S. 676.

[194]) Vgl. 149. Heft I S. 68, wonach die „vergleichende Landschaftskunde" zwar ein Aufgabengebiet, daß keine bestimmte Arbeitsmethode darstellt.

Zusammenfassung.

„Jedes Wissen erfordert ein zweites und drittes und immer so fort. Wir mögen den Baum in seinen Wurzeln oder in seinen Ästen verfolgen. Eins ergibt sich immer aus dem andern, und je lebendiger irgendein Wissen in uns wird, desto mehr sehen wir uns getrieben, es in seinem Zusammenhang auf- und abwärts zu verfolgen.“
Goethe.

Ein historischer Rückblick vergegenwärtige kurz die wechselvollen Schicksale der „vergleichenden“ Erdkunde. Seit dem Aufkommen dieses Wortes hat man darunter eine zwar jeweilig verschiedene, im einzelnen Falle aber mehr oder weniger umrissene geographische Systematik verstanden. Die ideale Lösung der im Thema gestellten Aufgabe wäre demnach auf folgendem Wege zu erreichen: man müßte von den ersten Anfängen die Geschichte der geographischen Methodik und ihrer Verwirklichung in geographischen Werken verfolgen und daran eine systematische Untersuchung anschließen, die das Gesamtgebiet der Geographie umfassen müßte. Das ist hier nicht möglich. Ich habe mich also nach einer Würdigung des Begriffs bei Varenius auf die Zeit von Büsching bis Ratzel beschränkt, einerseits, weil der Begriff erst in dieser Zeit auftaucht und Schule macht, dann aber auch, weil sich mir die geographische Arbeit dieser Zeit in einer logischen und historischen Konsequenz entwickelt hat, wie sie in anderen Darstellungen m. W. noch nicht zur Sprache gekommen ist.

Für Varenius war die pars comparativa ein fest umrissener Teil seiner dreiteiligen Systematik der allgemeinen Geographie:

Allgemeine Geographie.

pars absoluta = Erde an sich,
pars respectiva = Erde in Beziehung zu den Himmelskörpern,
pars comparativa = Erde als mathematischer Körper.

Der Wortgebrauch in diesem mathematischen Sinne ist alt. Es handelt sich bei dieser Verwendung des Begriffes nicht um ein Vergleichen im Sinne der Unterscheidung und Zusammenfassung, sondern um mathematische Verhältnisse und Proportionen, wie sie zwischen mehreren Punkten des Erdkörpers (con-pars, konstruiert mit ad) bestehen. Diese Begriffsbestimmung ist in der Geschichte der Geographie eine Episode geblieben, da man in der Folge diese stark formale Auffassung und Systematik der Geographie aufgegeben hat. Es ist aber bezeichnend für die spätere Geographie, daß sie der geographia generalis in ihrem ganzen Umfange das Prädikat vergleichend zubilligte, d. h. das Werk in seinen Teilen wie im Ganzen als systematisch durchdacht anerkannte (Humboldt). Dieses Urteil, das die Überzeugung Humboldts und Ritters klar zum Ausdruck bringt, zeigt zugleich, daß man diesen beiden nicht gerecht wird, wenn man ihre Auffassung von vergleichender Geographie in allzugroße Nähe der vergleichenden Anatomie oder Sprachwissenschaft der Zeit rückt, denn von dieser ist bei Varenius noch keine Andeutung zu spüren.

Von einer geographischen Systematik in größeren geographischen Werken scheint im zeitlichen Anschluß an Varenius wenig vorhanden zu sein, doch pflegten und entwickelten Nachbarwissenschaften wie etwa die Nationalökonomie in ihrer eigenen Entwicklung Gedanken, die später von Wert wurden auch für die Entwicklung der Geographie. Die Geographen beschäftigten sich vorwiegend mit kartographisch-mathematischen Studien sowie mit einer meist recht äußerlich gefaßten „alten Geographie".

Der erste, der in die neuere deutsche Geographie ein bestimmtes Ordnungsschema einführte, war Büsching. Im Anschluß an die geläufige Staatseinteilung entwarf er eine Geographie, deren historischer Wert auf der konsequenten und breiten Durchführung eines genau abgesteckten brauchbaren Darstellungsprojektes beruht. Hier liegt also tatsächlich ein Ausgangspunkt für eine bestimmte Ordnung in der geographischen Forschung vor, der in dieser Eigenschaft, der Grundbedingung für jede Wissenschaft, der Förderung und Kritik durch Nachfolger zur Verfügung stand. Diese Kritik übernahm zunächst die „Reine Geographie", indem sie, die Uneinheitlichkeit, Unwissenschaftlichkeit und trotz aller Zweckgebundenheit doch Nutzlosigkeit der Staatengeographie bemängelnd, ihr eine rein topographische Systematik entgegensetzte, die ihr durch eine „natürliche" Fassung des Grenzbegriffes möglich schien. Verlust gegenüber Büsching brachte sie durch ihre sehr starke gehaltliche Verarmung und ihre sehr theoretische Einstellung, die auf Grund einer falschen Voraussetzung (charpente du globe) ins Leere stoßen mußte. Gewinn aber bedeutet ihre radikale Kritik an der für die Geographie belanglosen Stoffanhäufung und ihr äußerst energischer Hinweis auf das Topische, den Raum, als das der Geographie eigentümliche Gebiet.

Einen weiteren Fortschritt bringen sehr allmählich die geographischen Lehr- und Handbücher, indem sie den statistischen Stoff immer mehr beschränken und dafür Einzelmaterial aus länderkundlich bedeutsameren Kategorien aufnehmen. Gedanklich entfernen sie sich in ihrer weniger verarbeitenden als anhäufenden Darstellung wenig von Büsching.

Endgültigen Fortschritt bringen schließlich Reiseschriftsteller und ihre wissenschaftlichen Bearbeiter. Die Forster leisten bahnbrechende Arbeit durch ihre kausal begründenden und verknüpfenden und Räume gestaltenden Darstellungen. Sie und andere objektive Beobachter regen Humboldt und Ritter an; neben einer Fülle stofflicher Bereicherungen auch aus anderen Wissensgebieten brechen in dieser Zeit vor allem die großen Ideen, wie sie in der deutschen klassischen und romantischen Zeit allerorts lebten oder wiederaufleben, in die Geographie ein. Man lernt das Verhältnis von Grund, Ursache und Folge in der ganzen Breite der Wirklichkeit erkennen und verwerten, lernt geographische Wirklichkeit erst sehen. Man erlebt den Zusammenhang von Zeit und Raum, von Erdoberfläche und Geschichte und stellt ihn begrifflich dar. Man erkennt in der Erde mehr als eine Summe von Staaten, man lernt sie als „Organismus" begreifen und postuliert dessen begriffliche Nachbildung im System als wissenschaftliche Geographie, der man in Anlehnung an andere, auf ähnlichen Wegen befindliche Wissenschaften, sowie mit einer gewissen sehr allgemeinen logischen Berechtigung das Beiwort „vergleichend" gibt. Der Erfolg dieser Generation ist groß. Fast das Gesamtgebiet der Geographie wird systematisch in Angriff genommen. Die Länderkunde wie die allgemeine Geographie erhalten fruchtbare und lange nachwirkende Impulse. Die Methodik der Geographie wird in den Grundzügen entwickelt. Die Geographie ist nicht mehr ein Gebiet reiner Kenntnisse, sondern hat Erkenntniswert gewonnen, ist Wissenschaft geworden.

In der Folge erfährt die vorwiegend durch Ritter, aber auch durch Humboldt eingeführte Bezeichnung „vergleichende" Geographie, die bald überreiche Anwendung findet, eine eingehende Diskussion durch Fröbel und später durch Lüdde, ohne daß man bestimmte Ergebnisse erzielte, auf die man sich einigen könnte. Ritter selbst lehnt eine bestimmte logische Festlegung ab und beruft sich auf seine geleistete Arbeit. Mit dem Tode Ritters und Humboldts erfährt die im eigentlichen Sinne gestaltende Geographie eine Unterbrechung. Dafür wird vorwiegend am Ausbau geographischer systematischer Einzeldisziplinen gearbeitet, wie Tier- und Pflanzengeographie, Klimatologie usw.; oft gehen solche Werke unter dem Beiwort vergleichend. Aber allmählich verschwindet es aus der wissenschaftlichen Literatur, da sich gar zu oft der Dilettantismus dahinter verbirgt als „zur neuen Richtung gehörig".

Neu belebt wird es durch Peschel, der in der Lehre von der Formentstehung auf der Erdoberfläche Probleme sah, die sich ihm vorwiegend durch eine vergleichende Behandlung lösen zu lassen schienen. Anstatt aber seine Überlegungen und Arbeiten selbst methodisch auszuwerten, lehnt er sich in seinen methodischen Auseinandersetzungen überstark an artfremde Wissenschaften an; er ist dabei zweifellos nicht nur an seinem eigenen Ziel vorbeigegangen, sondern hat überdies einen neuen heftigen Methodenstreit hervorgerufen, da die Diskrepanz zwischen seinen wertvollen praktischen Erfolgen und seinen widersprechenden theoretischen Ausführungen fühlbar werden mußte. Tatsächlich überholt wurde dieser Kampf durch die Arbeiten Richthofens, der in großem Stil zeigte, wie man an die von Peschel aufgeworfenen Fragen heranzutreten hat. Von der abstrakten Seite her erledigten Hermann Wagner durch sein Gesamtreferat über die Methodik der Geographie und Friedrich Marthe durch seine speziellen Ausführungen über die vergleichende Geographie den Streit. Als Resultat aller Untersuchung ergab sich, daß jede wissenschaftliche Geographie notwendig vergleichend ist, daß es aber eine vergleichende Geographie sensu stricto, die sich von einer Geographie „sans phrase" grundsätzlich methodisch unterschiede, nicht gäbe.

Diese vorläufig letzte große zusammenfassende „vergleichende" Erdkunde im Sinne der klassischen Geographie bringt Ratzel 1901—02.

Es ist versucht worden, das, was man unter „vergleichender Geographie" verstanden hat, bis an die Schwelle der heutigen Geographengeneration zu verfolgen. Eine einheitliche Antwort auf die Frage nach dem Wesen der vergleichenden Geographie hat sich aber nicht ergeben, vielmehr haben sich zahlreiche, im Gesamtgebäude der Geographie bestehende Richtungen gerade in diesem Punkt heftig widersprochen, während manche das ganze Problem als unbedeutend verworfen haben. Eingeschlafen aber sind die Besinnungen hierüber auch heute noch nicht, wie die Arbeiten von G. Braun, A. Hettner, P. H. Schmidt, J. G. Granö, S. Passarge, H. Dörries u. a. beweisen. Das kann kein Zufall sein. Tatsächlich liegen in diesem Grenzgebiet von Geographie, Logik, Erkenntnistheorie und Psychologie erhebliche Schwierigkeiten, die sich durch die einfache Beantwortung der Frage, ob die Forschung eines bestimmten Geographen vergleichend sei oder nicht, keineswegs lösen lassen. Es ist nämlich nicht möglich, von einer wissenschaftlichen Geographie zu behaupten, sie wäre — etwa im Gegensatz zu einer anderen — nicht vergleichend. Jeder Begriff, jedes Urteil, das nicht nur nachgesprochen wird, sondern einem selbständigen Denkprozeß entspringt, setzt stets einen Vergleich, oft sogar eine außerordentlich lange, schwierige vergleichende Denktätigkeit voraus. Jede neue empirische Erkenntnis ist nicht etwas grundsätzlich Neues, sondern bedeutet, daß es wieder einmal gelungen ist, Tatsachen einem System komparabler Objekte zu subsumieren. Im allgemeinen funktioniert das Denken des Erwachsenen aber so mechanisch, daß man sich dieses fortwährenden Vergleichens erst bewußt wird, wenn es an einem Sachverhalt auf Erkenntnisschwierigkeiten stößt. Der naive Mensch kann in solchen Fällen daran vorübergehen; die Wissenschaft aber darf grundsätzlich solchen Fragen nicht ausweichen, sondern hat sie so lange zu bearbeiten, bis die Einordnung geglückt ist, d. h. bis spontane Gedankenarbeit und mechanische Vergleichungen entweder den Platz für diesen Sachverhalt im bisherigen System gefunden oder dieses so verändert haben, daß wieder alle Tatsachen widerspruchslos und sinnreich darin bestehen können.

In der Geographie ist das Ordnungsmedium der Raum. Die erste und primitivste Ordnung ist also die topographische, wie sie grundsätzlich in der Geschichte der neueren Geographie Büsching begonnen hat und wie sie uns heute verfeinert in der topographischen Karte entgegentritt.

Die Geschichte und der heutige Zustand der Geographie aber zeigen, daß über dieses rein räumliche Ordnungsgitter auch noch zahlreiche andere sich fruchtbar auf die Erdoberfläche anwenden lassen. Und zwar kann man die geographisch wichtigsten „Elemente", etwa Oberflächenformen, Klimate usw. aus dem komplexen Gebilde der Erdoberfläche herauslösen und gesondert behandeln; dieses wieder nach zwei Richtungen: monographisch-beschreibend oder systematisch-typisierend. Der erste Weg würde zu einer Verbreitungslehre (etwa Grisebachs Pflanzengeographie), der andere zu typologischer oder genetischer Systematik (W. u. A. Pencks Morphologie) führen. Ein weiterer Schritt würde zur Länderkunde führen, d. h. zur begrifflichen

6*

Nachgestaltung des naturgegebenen Zusammenwirkens der wesentlichen Elemente auf einem gegebenen Raum, wobei es grundsätzlich logisch gleichgültig ist, ob man ihn über die ganze Erde ausdehnt (die sog. allgemeine vergleichende Länderkunde[195]) oder auf einen mehr oder minder eigenartigen Länderkomplex (z. B. Mitteleuropa), oder ob man sich auf ein winziges Versuchsfeld beschränkt (Granö). In diesem Sinne gibt es keine „richtige" und keine „falsche" vergleichende Geographie, sondern jedes Bemühen, das, über nur topisches Nebeneinander hinausstrebend, zum sachlichen Nebeneinander vorzudringen sucht, zu Zusammenhängen von typischer Geltung, ist notwendig vergleichend und kann nicht anders gedacht werden. Nur wer sich auf die Schwierigkeit der hierin liegenden Anforderungen nicht besinnt, wird für die „Krone der Geographie, die vergleichende Erdkunde" noch höhere Ziele suchen. Der psychologische Grund für eine solche Haltung liegt darin, daß das Auge des Forschers über das Erreichte hinweg auf noch ungelöste Probleme gerichtet ist. Hierbei drängt sich auch jene große Vergleichsarbeit in seine Vorstellung, die zur Lösung dieser Fragen unerläßlich ist, weshalb er den Weg dahin gern „vergleichend" nennt. Völlig mit Recht! Doch darf er dem Nebenmann dieses Recht nicht streitig machen, denn auch er leistet analoge Arbeit.

Wenn man den Unterschied zwischen planlosem Aufraffen zunächst wertloser und zufälliger Einzelkenntnisse und wissenschaftlicher, logisch fortschreitender Arbeit zugibt, und in dem notwendig vergleichenden und typisierenden Vorgehen der empirischen Wissenschaften ihr Wesen erkennt, braucht man den Begriff „vergleichend" aus der Geographie nicht auszurotten, kann ihn als berechtigtes und selbstverständliches epitheton ornans beibehalten. Gesetzt, es gäbe etwas absolut Individuelles (Lotze, Logik. S. 28), so wäre dieses ebenso unerklärlich wie unbeschreibbar; man könnte es nur mit einem Namen belegen. Erst die Tatsache, daß sich in unserer Welt die Dinge aneinander anlehnen, in Wechselwirkung treten, Gruppen bilden, in denen sie zusammengefaßt und gegen anderes unterschieden werden können, macht ihre Beschreibung, Untersuchung und damit Wissenschaft überhaupt möglich. Vorstellungen von Dingen jeder Art kann man nun erst dann in Beziehungen bringen, wenn man sie verglichen hat; es gibt also kein Denken, das den Vergleich entbehren könnte, es sei noch so primitiv. Die Untersuchung eines individuellen Falls kann in höherem Grade vergleichend sein und einschneidendere Wirkungen auf die Geographie mit sich bringen, als ein Vergleich Kleinasiens mit Spanien. In jeder Forschung kommt es darauf an, Tatsachen in das eben hierdurch stets sich entwickelnde, labile System der Wissenschaft einzuordnen. Wer in der mehr oder weniger ausgesprochenen Art der Vergleichung einen logischen oder methodischen Unterschied zu sehen glaubt, irrt sich. Die Untersuchung eines speziellen Falls setzt ebenso die Kenntnis der in Frage kommenden Prinzipien und deren Zustandekommen voraus, wie die „vergleichende" Klarstellung dieser Prinzipien die Kenntnis der subsumierten Fälle.

[195]) Hettner, 79. 11.

Von beiden Seiten her kann das Subsumtionsprinzip (Gesetz, Regel, Typus) aufgestellt und gereinigt werden.

Man könnte nun von jenem Vergleichen, das in jedem typisierenden Denken maßgebend ist, eine im speziellen Sinne vergleichende Wissenschaft unterscheiden, die durch planmäßige Vergleichungen Erkenntnisse gewinnen will, also von vornherein Vergleichsmöglichkeiten sucht und die Durchführung und Auswertung dieser Vergleiche als ihre eigentliche Aufgabe ansieht. Ein Blick auf die Geschichte der Geographie sollte aber vor einem derartigen Programm zurückhalten. Eine fast durchweg wertlose Literatur würde leicht unübersehbar wieder ins Kraut schießen. Aber auch das Wesen der heutigen Geographie läßt eine solche Aufgabestellung als besonderen Zweig der Wissenschaft überflüssig erscheinen. Was für Erkenntnisse sollten sich aus dieser „vergleichenden" Geographie ergeben, zu denen uns weder die chorische (Länderkunde) noch die typologische (allgemeine) Geographie führt? Und welches systematische Gerüst sollte diesem Zweig der Geographie seinen inneren Bau und Halt, seine Geschlossenheit haben? In jeder Disziplin sind gelegentlich Vergleiche von großem Wert und werden in Zeitschriften, selten sogar in Büchern[196]) durchgeführt, ohne daß deshalb von einer vergleichenden Geschichte, Geologie, Chemie usw. gesprochen wird. Eine Ausnahme bilden jene wenigen Gebiete, innerhalb deren ganz vorwiegend sorgsam durchgeführte und planmäßig aufeinander folgende Vergleiche den inneren Zusammenhang eines besonders gearteten Untersuchungsmaterials aufzudecken geeignet erscheinen, wie z. B. die vergleichende Anatomie. Die Geographie enthält keine derart beschaffenen Inhalte, auch ist diese Methode noch nie in ihr in größerem Umfang angewendet worden. Es besteht also kein Grund, dieses schwer belastete Wort in der Geographie beizubehalten. Aufgefangen hat es Ritter vor 115 Jahren, ausdrücklich versuchsweise von artfremder Wissenschaft übernommen. Seither spukt es beunruhigend in der Geographie herum, kann nirgends festen Fuß fassen und wird eines Tages aus ihr verschwunden sein, wie schon aus anderen Wissenschaften, die sich aus ihren vorwiegend vergleichenden Kinderjahren zu einer Prinzipienwissenschaft ausgewachsen haben[197]). Sollte man es dennoch beibehalten wollen, dann muß man sich vergegenwärtigen, daß es nur die Bedeutung eines willkürlichen Kennworts für ein beliebiges Gebiet der Geographie hat, auf das man sich aber auch erst noch einigen müßte; denn heute hat es selbst noch nicht einmal diesen — bescheidensten — Sinn unumstritten und eindeutig.

---

[196]) Vgl. etwa das ausgezeichnete Werk von Th. Litt, Kant und Herder. Berlin 1931.

[197]) So heißt heute etwa die frühere „vergleichende Grammatik" indogermanisch Sprachwissenschaft usw.

Literaturverzeichnis.

1. Adickes, E.: Untersuchungen zu Kants physischer Geographie. Tübingen 1911.
2. Banse, E.: Seele und Landschaft. München-Berlin 1928. (Wertvoller Abschnitt über Humboldt.)
3. —: R. Gradmann und die neue Geographie. „Neue Geographie" 1924. S. 77—80.
4. Bastian, A.: Alexander von Humboldt. Festrede Berlin 1864.
5. Benfey, Th.: Geschichte der Sprachwissenschaft und orientalischen Philosophie in Deutschland seit dem Anfang des 19. Jahrh. mit einem Rückblick auf die frühere Zeit. (Gesch. d. Wiss. in Deutschland, VIII. Bd.) München 1869.
6. Berger, D.: Goethe als Vertreter der Länderkunde im 18. Jahrhundert. Ein Beitrag zu Goethes Schaffen, ein Beitrag zur Geschichte der Länderkunde. Diss. Greifswald 1916. (Viele Textproben.)
7. Bergmann, Torbern: Physikalische Beschreibung der Erdkugel. Aus dem Schwedischen übersetzt von Röhl, Greifswald 1769.
8. Bitterling, R.: Geographischer Anzeiger 1929, Heft 8 (Ritter-Heft).
9. Blache, Vidal de la: Le Principe de la Géographie générale. Annales de Géographie 1896, Bd. V, S. 129—143.
10. Blume: Über die Begründer der vergleichenden Erdkunde. Magdeburger Zeitung, Beiblatt vom 15. 9. 1879.
11. Böhmersheim, B. v.: Zur Biographie Friedrich Simony's. Wien 1899.
12. Braun, G.: Zur Methode der Geographie als Wissenschaft. Erg.-H. zum 17./38. Jahresber. d. Geogr. Ges. Greifswald 1925.
13. —: Mitteleuropa und seine Grenzmarken. (S. 44.) Leipzig 1917.
14. —: Geographische Einführung. „Erde und Wirtschaft" II. S. 19—26. 1928.
15. —: Grundzüge der Physiogeographie. II. Bd. Allgemeine vergleichende Physiogeographie. Leipzig-Berlin 1930. 3. Aufl. S. 239—243.
16. Breysig, K.: Kulturgeschichte der Neuzeit. 3 Bde. Berlin 1900. I. Bd. S. 220 ff. (Vergleich in der Geschichte.)

16a. —: Die Geschichte der Seele im Werdegang der Menschheit. Breslau 1931.

17. Bucher: Betrachtungen über die Geographie und ihr Verhältnis zur Geschichte und Statistik. Leipzig 1812.
18. —: Von den Hindernissen, welche der Einführung eines besseren Ganges beim Vortrage . . . . . der Erdkunde auf Schulen im Wege stehen. Köslin 1827.
19. Cramer, W.: Zur Geschichte und Kritik der „Allgemeinen Erdkunde" Karl Ritters. Schulprogramm Gebweiler 1883.
20. —: Die Stellung der Geographie im System der modernen Wissenschaften. Vortrag 1885.
21. Dechen, H. v.: Alexander von Humboldt (Rede). Bonn 1869.
22. Dennert: A. Fr. Büsching. Geographischer Anzeiger 1924, S. 236—237.
23. Deutsch, E.: Das Verhältnis Ritters zu Pestalozzi und seinen Jüngern. Diss. Leipzig 1893.
24. Dietzel: Alexander von Humboldts Natur- und Kulturschilderungen. Eine Auswahl, mit Einleitung. Bibliogr. Institut 1923.
25. Dilthey: Gesammelte Schriften. 2. Bd. 1923. 3. Aufl.
26. Dörries, Hans: Die Städte im oberen Leinetal, Göttingen, Northeim und Einbeck. Göttingen 1925.
27. —: Karl Ritter und die Entwicklung der Geographie in heutiger Beurteilung. Die Naturwissenschaften 1929, S. 627—631.
28. Drobisch: Neue Darstellung der Logik nach ihren einfachsten Verhältnissen. Mit Rücksicht auf Mathematik und Naturwissenschaften. 4. Aufl. Leipzig 1875.
29. Drygalski, E. v.: Ferdinand von Richthofen. Gedächtnisrede, gehalten in der Gesellschaft für Erdkunde, Berlin 1905.

58. Günther, S.: Studien zur Geschichte der mathematischen und physikalischen Geographie. Halle 1877/79.
59. —: Die Erdkunde in den letzten 10 Jahren. Jahresber. f. Geogr. u. Stat. Frankfurt 1896.
60. —: Geschichte der anorganischen Naturwissenschaften im 19. Jahrh. Berlin 1901.
61. —: Der Humanismus in seinem Einfluß auf die Entwicklung der Erdkunde. Verh. d. 7. Internat. Geogr. Kongreß Berlin 1899. Berlin 1901.
62. —: Entdeckungsgeschichte und Fortschritte der wissenschaftlichen Geographie im 19. Jahrh. Berlin 1902.
63. —: A. v. Humboldt und L. v. Buch. Berlin 1900. (Geisteshelden, Bd. 39.)
64. —: Geschichte der Erdkunde. Leipzig-Wien 1904.
65. —: Varenius. Leipzig 1905.
66. Hahn, Friedr.: Klassiker der Erdkunde, ihre Bedeutung für die geographische Forschung der Gegenwart. Königsberger Studien, Bd. I, S. 229 ff.
67. —: Einige Gedanken über Kant und Peschel. In: Zur Erinnerung an J. Kant. Halle 1904. S. 91—105.
68. —: Methodische Untersuchungen über die Grenzen der Geographie (Erdbeschreibung) gegen die Nachbarwissenschaften. Petersmanns Mitt. 1914.
69. Harnack: Geschichte der Kgl. Preuß. Akademie der Wissenschaften. 3 Teile u. Gesamtregister. Berlin 1900.
70. Hassert, Kurt: Friedrich Ratzel. G. Z. 1905.
71. Hassinger, H.: Über einige Aufgaben geographischer Forschung und Lehre. Kartographische und schulgeogr. Zeitschrift. Wien 1919.
71a. —: Baseler Nachrichten v. 1. 12. 1918.
72. Haug: Vergleichende Erdkunde und alttestamentliche Weltgeschichte. Textheft u. 10 Karten. 1894.
73. Heiderich: Die Erde. Allg. Erd- u. Länderkunde. 3. Aufl. 1922.
74. Hellwald: Oskar Peschel. Augsburg 1876.
75. Heller, Geo: Die Weltanschauung A. v. Humboldts in ihren Beziehungen zu den Ideen des Klassizismus. Beitr. z. Kultur- u. Universalgesch. Heft 12. Leipzig 1916.
76. Herder: Ideen zur Philosophie der Geschichte der Menschheit. 1784 ff.
77. Hettner: Die Geographie, ihre Geschichte, ihr Wesen und ihre Methoden. Breslau 1927. (Dort weitere Hinweise auf seine Schriften.)
78. —: Methodische Zeit- und Streitfragen. Neue Folge. G. Z. 1929.
79. —: Die Einheit der Geographie in Wiss. u. Unterr. Geogr. Abende, Berlin 1919, S. 23 ff.
80. —: Das Wesen und die Methode der Geographie. G. Z. 1905, vor allem S. 625—626.
81. —: Die Entwicklung der Geographie im 19. Jahrh. Rede. G. Z. 1898.
82. Hittenlocher: Ganzheitszüge in der modernen Geographie. Die Erde. N. F. 3. Bd. Braunschweig 1925.
83. Hofmann, A. v.: Das deutsche Land und die deutsche Geschichte. Stuttgart-Berlin 1920.
84. Hommeyer: Reine Geographie von Europa. 1. Liefg. Königsberg 1810.
85. —: Beiträge zur Militärgeographie der europäischen Staaten. 1. Bd., welcher eine Beschreibung und Zeichnung der Schweiz und eine geometrische Konstruktion enthält. Breslau 1805.
86. Hözel: Das geographische Individuum bei Karl Ritter und seine Bedeutung für den Begriff des Naturgebiets und der Naturbegrenzung. G. Z. 1896.
87. Humboldt, A. v.: Gesammelte Werke. 12 Bde. Stuttgart o. J (Auswahl.)
88. —: Kosmos. Entwurf einer physischen Weltbeschreibung. 5 Bde. u. Registerband. 1845/62.
89. —: Ansichten der Natur. Ausgabe letzter Hand. 2 Bde. Cotta 1859.
90. —: Reise in die Äquinoctialgegenden des neuen Kontinents. Stuttgart und Tübingen 1815.
91. —: Neue berlinische Monatsschrift. Bd. 15. 1806.
92. —: Central-Asien. Untersuchungen über die Gebirgsketten und die vergleichende Klimatologie. Berlin 1843.
93. Israel, A.: Pestalozzis Institut in Iferten. Gotha 1900.

94. Jaensch, E. R.: Einige allgemeine Fragen der Psychologie und Biologie des Denkens, erläutert an der Lehre vom Vergleich. Arbeiten z. Psychol. u. Philos. Leipzig 1920.
95. Jannasch: Rede zur Erinnerung an C. Ritter. Verh. d. Ges. f. Erdk. Berlin VI, 1879, S. 293.
96. Jessen, Otto: Der Vergleich als ein Mittel geographischer Schilderung und Forschung. Petermanns Mitt., Erg.-H. 209. Gotha 1930.
97. Kapp, Ernst: Philosophische od. vergl. allgemeine Erdkunde als wissenschaftl. Darstellung der Erdverhältnisse und des Menschenlebens nach ihrem inneren Zusammenhang. 2 Bde. Braunschweig 1845, 2. Aufl. 1868.
98. Kappe: Die Unterweser und ihr Wirtschaftsraum. Formen und Kräfte einer Landschaft am Strom. Bremen 1929. (Siehe Einl. S. 7—13.)
99. Kant, J.: Physische Geographie. Hrsg. u. eingeleitet von P. Gedan, Leipzig 1905, 2. Aufl.
99a. —: J. Kants physische Geographie. Hrsg. von Vollmer. 4 Bde. Mainz und Hamburg 1801—1805.
100. Kende, O.: Handbuch der geographischen Wissenschaft. I.: Allg. Erdkunde. Berlin 1914.
101. Kerp, Heinr.: Methodisches Lehrbuch einer begründend vergleichenden Erdkunde. Bonn 1896. 4 Bde.
102. Kirchhoff: Karl Ritter zum Gedächtnis. Gegenwart 1879. S. 197.
103. —: Bemerkungen zur Methode landeskundlicher Forschungen. Verh. d. 4. Dt. Geographentages, München. Berlin 1884.
104. Kißling: Varenius und Eratosthenes. G. Z. 1909, 12—28.
105. Klun: Ritter und v. Humboldt. Geogr. Ges. Wien 1863.
106. Kohut: Alexander v. Humboldt u. Arago. Das Weltall. 1908.
107. Koner: Repertitorium über die vom Jahre 1800—1850 in akad. Abhg., Gesellschaftsschriften u. wissenschaftl. Journalen auf dem Gebiet der Geschichte u. ihrer Hilfswissenschaften erschienenen Aufsätze. 2. Bd., Heft 2, Geographie usw. (Wertvolle Lit.)
108. Kramer, G.: Carl Ritter, ein Lebensbild nach seinem handschriftlichen Nachlaß. 2 Bde. Halle 1864/70. 2., vermehrte Auflage 1875.
109. Krebs, N.: Die Geographie in ihrer Stellung zu andern Wissenschaften. Ztsch. f. Schulgeogr. 1906, 129—137.
109a. —: Die Entwicklung der Geographie in den letzten fünfzehn Jahren. Frankfurter Geograph. Hefte, I. Jahrg. 1927, Heft 1. Frankfurt a. M. 1927.
110. Kretschmer: Geschichte der Geographie. Leipzig 1912. Göschen.
111. —: Die Beziehungen zwischen Geographie und Geschichte. G.Z. V, 1892, 665 ff
112. —: Die physische Erdkunde im christlichen Mittelalter. Geogr. Abhg., Bd. 4, Heft 1. Wien und Olmütz 1889.
113. Kries, J. v.: Logik. Grundzüge einer Urteilslehre. 1916.
114. Kupfer, Fr.: Guts-Muths-Karl Ritter. Zu Friedr. Ratzels Gedächtnis. 1904. S. 217—224.
115. Lampe, F.: Große Geographen. Teubner. 1915.
116. —: Ferdinand Freiherr v. Richthofen. Naturwiss. Wochenschr. 1903, 361—70 (Lit.-Angaben).
117. Lautensach: Allgemeine Geographie. Hdb. z. Stieler, Gotha 1926, S. 1—14.
118. Lehmann, F. W. P.: Herder in seiner Bedeutung für die Geographie. Schulprogramm. Berlin 1883.
119. Lentz: A. v. Humboldts Aufbruch zur Reise nach Süd-Amerika, nach ungedruckten Briefen. Zeitschr. d. Ges. f. Erdk., Berlin 1899.
120. Lind, v.: Kant und A. v. Humboldt. Diss. Erlangen 1897. (Vgl. auch Ztschr. f. Philos. u. philos. Kritik. 1896/97.)
121. Lucas: Ed. Richter. Sein Leben und seine Arbeit. Graz 1905.
122. Lüdde, J. G.: Die Geschichte der Erdkunde. Berlin 1841.
123. —: Die Geschichte der Methodologie der Erdkunde. Leipzig 1849.
124. —: Die Methodik der Erdkunde oder Anleitung, die Fortschritte der Wissenschaft der Erdkunde in den Schul- und akademischen Unterricht leichter und wirklich einzuführen. Nebst Bemerkungen über die Wissenschaft der Erdkunde und Kritiken über deren neueste didaktische Literatur. Magdeburg 1842.

125. Lüdde, J. G.: Zeitschrift für vergleichende Erdkunde. Magdeburg 1842/50. 10 Bde.
126. Markham: On the position, which geography holds relatively with reference to the other sciences and positively as a distinct body of knowledge with defined limits. Proc. R. Geogr. Soc. 1879.
127. Marthe, Fr.: Was bedeutet Karl Ritter für die Geographie? Zeitschr. d. Ges. f. Erdk., Berlin 1879, S. 347 ff.
128. —: Was bedeutet Karl Ritter für die Geographie? (Separatdruck 1880, erweitert um eine sehr wichtige Abhandlung über die vergleichende Geographie.)
129. —: Begriff, Ziel und Methode der Geographie, und v. Richthofens China, Bd. I, Zeitschr. d. Ges. f. Erdk., Berlin 1871, 422—78.
130. Martiny: Grundrißgestaltung der deutschen Siedlungen. Pet. Mitt. Ergänzungsheft 197, 1928. (Wichtig wegen einer modernen u. wiss. Auffassung der Teleologie.)
131. Martius: Denkrede auf Humboldt. Bayer. Akad. d. Wiss. 1870.
132. Mehedinti: La géographie comparée d'aprés Ritter et Peschel. Ann. d. Géogr. 1901, S. 1—9.
133. Merleker: Handbuch der historisch-komparativen Geographie. 4 Bücher. Darmstadt 1839.
134. Müller, Georg: Die Untersuchungen Julius Fröbels über die Methode und die Systematik der Erdkunde und ihre Stellung im Entwicklungsgange der Geographie als Wissenschaft. Diss. Halle 1908.
135. Müller, Gertrud: Die Geographie an der Prager Universität 1748—1871. Arbeiten des Geographischen Instituts der dt. Univers. Prag. N. F. Heft 5. Prag 1930.
136. Neumann, L.: Die methodischen Fragen in der Geographie. G. Z. 1896, S. 35—45 (Literatur).
137. Niemeyer: Penck über die Aufgaben der Geographie. Tidskr. konigl. aardrykokundig genotschap, Leyden 1908, S. 118—123.
138. Oberhummer, Eugen: Die Aufgabe der historischen Geographie. Ber. üb. d. 9. deutschen Geographentag 1891.
139. —: Die Insel Cypern. Eine Landeskunde auf historischer Grundlage. München 1903.
140. Oberländer: Der geographische Unterricht nach den Grundsätzen der Ritterschen Schule historisch und methodologisch beleuchtet. Grimma 1869, 2. Aufl. 1875.
141. Oppenheimer, Paul: Die natürliche Ordnung der Wissenschaft. Jena 1926. (Starke Einbeziehung der Geographie.)
142. Partsch, J.: Carl Neumann, Z. G. E. B. 1887.
143. —: Philipp Clüver als Begründer der historischen Länderkunde. Geogr. Abhandl. Bd. 5. 1891.
144. —: Die Entwicklung der historischen Länderkunde und ihre Stellung im Gesamtgebiet der Geographie. Das Ausland 1892.
145. —: Die geographische Arbeit des 19. Jahrhunderts. Rektoratsrede. Breslau 1899.
146. —: Die Geographie an der Universität Breslau von 1702—1901. Festschrift des geogr. Seminars d. Univers. Breslau zur Begrüßung d. 13. dt. Geographentages. Breslau 1901.
147. —: Heinrich Kiepert. Ein Bild seines Lebens und seiner Arbeit. (Weite historische Ausblicke. Aufklärende Einzelheiten über Ritter.) G. Z. 1901.
148. Passarge, S.: Physiogeographie und vergleichende Landschaftsgeographie. Mitt. d. geogr. Ges. Hamburg 1913.
149. —: Vergleichende Landschaftskunde 1—5. Berlin 1921—1930.
150. —: Die Landschaftsgürtel der Erde. Breslau 1923.
151. —: Landeskunde und vergleichende Landschaftskunde. Zeitschr. d. Ges. f. Erdk., Berlin 1924, 331—337.
152. —: Ist vergleichende Landschaftskunde ein selbständiger Zweig der Erdkunde? Pet. Mitt. 1923, S. 105—107.
153. —: Morphologie der Erdoberfläche. Breslau 1924 (S. 32, 33; 124 ff.).
154. —: Stadtlandschaften der Erde. Hamburg 1930 (Vorwort).
155. Penck, Albrecht: Beobachtung als Grundlage der Geographie. Berlin 1906.

156. Penck, Albrecht: Ziele des geographischen Unterrichts. Berlin 1918, S. 17.
157. —: Die morphologische Analyse. D. Lit. Ztg. N. F. Bd. I. 1924, 1709 bis 1720. (Mit histor. Einleitg. üb. die Morphologie seit Peschel.)
158. —: Neuere Geographie. Zeitschr. d. Ges. f. Erdk., Berlin 1928, Sonderband, 1828/1928.
159. —: Friedrich Simony. Leben und Wirken eines Alpenforschers. Ein Beitrag zur Geschichte der Geographie in Österreich. Geogr. Abhandl. IV, Heft 3. Wien 1898.
160. Penck, Walther: Die morphologische Analyse. Ein Kapitel der physikal. Geologie. Stuttgart 1924.
161. Peschel, Oskar: Neue Probleme der vergleichenden Erdkunde als Versuch einer Morphologie der Erdoberfläche. Leipzig 1869; 1876, 2. Aufl.
162. —: Geschichte der Erdkunde bis auf Alexander v. Humboldt und Carl Ritter. München, 2. Aufl., 1877.
163. —: Abhandlungen zur Erd- und Völkerkunde. Hrsg. von Löwenberg, Leipzig 1877.
164. Peuker: Karl Simony. G. Z. 1896, 657—662.
165. Pfänder, A.: Logik. Halle 1929. 2. Aufl.
166. Philippson: Zwei Vorläufer des Varenius. Ausland 65, 1892, S. 817—818.
167. Pichler, Hans: Vom Wesen der Erkenntnis. Erfurt 1926, 80 Seiten.
168. —: Zur Lehre von Gattung und Individuum. Beiträge für Philos. d. Dt. Idealismus. I. Bd. Erfurt 1918.
169. —: Zum System der Kategorien. Logos Bd. XIX. 1930, 264—277.
170. Prüll: 5 Hauptfragen aus der Methodik der Geographie. Leipzig 1903.
171. Pütz, W.: Lehrbuch der vergleichenden Erdbeschreibung für die oberen und mittleren Klassen höherer Lehranstalten. Freiburg 1854, 369 Seiten.
172. —: Leitfaden der vergleichenden Erdbeschreibung. 24. Aufl., 1895.
173. Ratzel, Friedr.: Carl Ritter, A. D. B. Sp. Druck, S. 13.
174. —: Kleinere Schriften. Hrsg. Helmolt, Bd. I—II. 1906.
175. —: Varenius. A. D. B.
176. —: Die Erde und das Leben. Eine vergleichende Erdkunde. 2 Bände. Leipzig-Wien 1901/1902.
177. —: Anthropogeographie. 2 Bände. 2. u. 3. Aufl. Stuttgart 1909—1912.
178. —: Über Naturschilderung. München-Berlin 1904.
179. Reiter, H.: Der Entwicklungsgang der Wissenschaften von der Erde und sein Einfluß auf die Stellung derselben in der Gegenwart. Freiburg 1886.
180. Rennel: A treatise on the comparative geography of western Asia. . . 2 Bände u. Atlas. London 1831.
181. Reuter: Prinzipien für die Begründung der Hauptaufgabe der Geographie und deren Anwendung für eine erfolgreiche Methode und erfreuliche Belehrung. Zs. f. Gymnasialwesen. Berlin 1849, 3. Bd. 2.
182. —: Abhängigkeit der geographischen und kulturgeschichtlichen Elemente von der Lage der größeren, besonders Hauptstädte, als vorzüglicher Gesichtspunkt für die vergleichende Erdkunde. Zs. f. vergl. Erdk. VI. 1847.
183. —: Fortschritte der Geographie ... Zs. f. vergl. Erdk. Bd. 7, 1847.
184. Rhode: Über Ritters Erdkunde. Jahrbücher der Literatur XI. Wien 1820, S. 175—215.
185. Richter, Eduard: Die Vergleichbarkeit naturwissenschaftlicher und geschichtlicher Forschungsergebnisse. Deutsche Rundschau 1904, Bd. 119, S. 114—129.
186. —: Neue Richtungen der Geographie. Zs. f. Schulgeogr. 1898, 82—84.
187. Richter, Otto: Der teleologische Zug im Denken Carl Ritters. Diss. Leipzig 1905. (Wicht. bibliogr. Übers.)
188. Richthofen, Ferd. v.: China. Bd. I, Berlin 1877.
189. —: Aufgaben und Methoden der heutigen Geographie. Leipzig 1883.
190. —: Triebkräfte und Richtungen der Geographie im 19. Jahrhundert. Zeitschr. d. Ges. f. Erdk., Berlin 1903.

191. Ritter, Carl[1]): Europa, ein geographisch-historisch-statistisches Gemälde, für Freunde und Lehrer der Geographie. Bd. I, 1804; Bd. II, 1807.
192. —: Tafel der Kulturgewächse von Europa, Geogr. nach Klimaten dargestellt. Nebst einem Bogen Text. Schnepfenthal 1805.
193. —: 6 Karten von Europa. 1806.
194. —: Einige Bemerkungen über den methodischen Unterricht in der Geographie. Guts Muths. Zs. f. Pädagogik, Juli 1806, S. 198—219.
195. —: Schreiben eines Reisenden über Pestalozzi und seine Lehrart. Guts Muths. Neue Bibl. f. Pädag., März 1808.
196. —: Zwei Berichte über die Pestalozzische Anstalt in Ifferten, über das Prinzip der Pestalozzischen Methode und dessen Bedeutung nicht bloß für die Jugendbildung, sondern auch für die Entwicklung der Wissenschaften. Guts Muths. Neue Bibliothek, 1808, Bd. I.
197. —: Briefe über Pestalozzis Methode, angewandt auf wissenschaftliche Bildung. Guts Muths. Neue Bibliothek, 1809.
198. —: Die Erdkunde im Verhältnis zur Natur und zur Geschichte des Menschen oder allgemeine vergleichende Geographie. I. Berlin 1817, II. Berlin 1818.
199. —: Die Erdkunde ... 2. Aufl., 1822—1859, 19 Bände.
200. —: C. Ritters Schreiben an Berghaus ... in Berghaus' Ann. der Erd- u. Völkerkunde. 1831, Bd. IV, S. 506—520.
201. —: Entwurf zu einer Karte vom ganzen Gebirgssystem des Himalaia nebst einem Spezialblatt eines Teils desselben um die Quellen des Ganges, Indus und Sutludsch. Abh. der kgl. Akad. d. Wiss. Berlin 1832.
202. —: Einleitung zur allgemeinen vergleichenden Geographie und Abhandlungen zur Begründung einer mehr wissenschaftlichen Behandlung der Erdkunde. Berlin 1852.
203. —: Geschichte der Erdkunde und Entdeckungen. Vorlesungen. Hrsg. von Daniel. Berlin 1861.
204. —: Allgemeine Erdkunde. Vorlesungen. Hrsg. von Daniel. Berlin 1863.
205. —: Europa. Hrsg. von Daniel. Berlin 1863.
Genaueres Verzeichnis der Schriften Ritters bei Otto Richter (187).
206. Roon, A. v.: Grundzüge der Erd-, Völker- und Staatenkunde. Berlin 1832. (Vorrede S. 7—16.)
207. Sawicki, L. v.: Das entwicklungsgeschichtliche Element in der Geographie. Dt. Rdsch. f. Geographie. Wien-Leipzig 1912, S. 14—20.
208. Schlüter, O.: Über das Verhältnis von Natur und Mensch in der Anthropogeographie. Verhandl. d. 16. Dt. Geogr.-Tages. Nürnberg 1907.
209. Schmidt, Peter, Heinrich: Wirtschaftsforschung und Geographie. Jena 1925.
210. Schön, H. G.: Die Stellung J. Kants innerhalb der geographischen Wissenschaft. Diss. Leipzig 1896.
211. Schulz, Fr.: Über den allgemeinen Zusammenhang der Höhen. Wien 1803.
212. Schulze, Bruno: Charakter und Entwicklung der Länderkunde Carl Ritters. Diss. Halle 1902.
213. Schwerdfeger: Bernhard Varenius und die morphologischen Kapitel seiner Geographia generalis. Schulprogr. Troppau 1897—1899.
214. Sieger, Robert: F. v. Richthofen. Dt. Rdsch. f. Geogr. u. Stat. Wien 1906, S. 228—236.
215. Sölch, J.: Die Auffassung der „natürlichen Grenzen" in der wissenschaftlichen Geographie. Innsbruck 1924.
216. Strantz, v.: Vergleichende physikalische Geographie. Annalen der Erdkunde. 1831.
217. Supan, A.: Über den Begriff und Inhalt der geographischen Wissenschaft und die Grenzen ihres Gebietes. Mitt. d. geogr. Ges. Wien 1876.

[1]) Unentbehrlich für eine größere wissenschaftliche Würdigung Ritters ist der dreiteilige Katalog: „Verzeichnis der Bibliothek und Kartensammlung des Professors ... Dr. Carl Ritter. Weigel, Leipzig 1861. I. Bd. Bibliothek. 367 Seiten. II. Bd. Karten.

218. Tiessen: Beobachtende Geographie und Länderkunde in ihrer neueren Entwicklung. Verh. d. 16. dt. Geographentages. Nürnberg 1907.
219. Ule: A. Kirchhoff†. G. Z. 1907, 537—552.
220. Umlauft: Die Pflege der Erdkunde in Österreich von 1848—1898. Mitt. d. geogr. Gesellschaft. Wien 1898.
221. Varenius: Geographia Generalis. 2. Aufl. 1681. Hrsg. Newton.
222. Vierkandt: Entwicklung und Bedeutung der Anthropogeographie. In: Zu Friedrich Ratzels Gedächtnis. Leipzig 1904.
223. Vogt, C.: Über den heutigen Zustand der beschreibenden Naturwissenschaften. Gießen 1847.
224. Wagner, Hermann: Geographisches Jahrbuch, vorwiegend 1878, 1880, 1882.
225. —: Lehrbuch der Geographie. I. Bd. 1. Teil 10. Aufl. Hannover 1920, S. 1—36.
226. —: Die Pflege der Geographie an der Berliner Universität im ersten Jahrhundert ihres Bestehens. 1810—1910. Peterm. Mitt. 1910, 169—176.
227. —: H. Guthe. 25-Jahrschrift der Geogr. Ges. Hannover 1928, S. 17 ff.
228. —: Joh. Ed. Wappäus. Peterm. Mitt. 1880.
229. Wagner, Paul: Methodik des erdkundlichen Unterrichts, Teil I.
230. (Wilhelmi, D.): Ideen über Geographie, deren Bearbeitung, Verhältnis zu andern verwandten Wissenschaften und Methode des Unterrichts in derselben. Von dem Verfasser von „Wahl und Führung“. Leipzig 1820, S. 116.
231. Windelband, W.: Lehrbuch der Geschichte der Philosophie. 12. Aufl., besorgt von Rothacker. Tübingen 1928.
232. —: Einleitung in die Philosophie. Tübingen 1914.
233. Wisotzki: Zur Methodik Carl Ritters. Schulprogramm. Stettin 1885.
234. —: Zeitströmungen in der Geographie. Leipzig 1897.
235. —: Zur horizontalen Dimension nach Carl Ritter. Jahresber. d. Ver. f. Erdk. Stettin 1886, S. 1—55.
236. Wünsche: Die geschichtliche Bewegung und ihre geographische Bedingtheit bei Carl Ritter und bei seinen hervorragendsten Vorgängern in der Anthropogeographie. Diss. Leipzig 1917.
237. Zeune, Joh. Aug.: Gäa. Versuch einer wissenschaftlichen Erdbeschreibung. 2. Aufl. Berlin 1811.
238. Ziegler, Th.: Die geistigen und sozialen Strömungen des 19. Jahrhunderts. Berlin 1898. 1910, 3. Aufl.
239. Zinke, Paul: Georg Forsters Bildnis im Wandel der Zeiten. Ein Beitrag zur Geschichte des öffentlichen Geistes in Deutschland. Prager deutsche Studien. Reichenberg i. B. 1925. (Dort ges. Lit. über Forster.)

Nachtrag.

240. Bruhns: Alexander von Humboldt. Leipzig. 3 Bände. 1872.
241. Büsching: Neue Erdbeschreibung. 1754 ff.
242. Cassierer: Individuum und Kosmos in der Philosophie der Renaissance. Teubner, 1927.
243. Daniel: Handbuch der Geographie. 5. Aufl. Leipzig 1881, Bd. I, S. 1—30.
244. Dietrich, Br.: Grundzüge der allgemeinen Wirtschaftsgeographie. Berlin 1927, S. 35—38, 103 ff.
245. Döring, L.: Wesen und Aufgaben der Geographie bei Alexander von Humboldt. Frankf. Geogr. Hefte V. Frankfurt 1931.
246. Eckert, M.: Neues Lehrbuch der Geographie. Berlin 1931, S. 5—77.
247. Jevons: Leitfaden der Logik (übers. von Kleinpeter). 3. Aufl. Leipzig 1924.
248. Knorr, Fr.: Das Problem der menschlichen Philosophie bei J. G. Herder. Diss. Marburg 1930.
249. Manheim: Die Logik des konkreten Begriffs. München. 1930.

250. Mentelle: Vergleichende Erdbeschreibung oder System der alten und neuen Erdbeschreibung aller Völker und Zeiten. Mit analytischen Tafeln und vielen Karten versehen, welche sowohl den alten und neuen Zustand der Völker miteinander vergleichen, als besonders den Zustand eines Landes in älteren und neueren Zeiten vorstellen. 7 Bände. Wintertour 1785 (anonym übersetzt).
251. Mill, J. St.: Die induktive Logik (übers. Schiel). 1849.
252. Rothacker, E.: Logik und Systematik der Geisteswissenschaften. (Handbuch der Philosophie, Liefg. 6 u. 7.) München-Berlin 1926.
252a. —: Einleitung in die Geisteswissenschaften. Tübingen 1920.
253. Schwarz, Bernh.: Die Erschließung der Gebirge von den ältesten Zeiten bis auf Saussure, 1778. Leipzig 1885.
254. Spethmann, Hans: Das länderkundliche Schema in der deutschen Geographie. Berlin 1931.
255. Steensby, H. P.: Indledning til det geografiske studium. Kopenhagen 1920.
256. Stohn, H.: Lehrbuch der vergleichenden Erdkunde für höhere Lehranstalten und zum Selbstunterricht. Köln 1879. (Vorwort.)
257. Volger, W. Fr.: Vergleichende Darstellung der alten, mittleren und neuen Geographie. Hannover 1837.
258. Leutenegger, A.: Begriff, Stellung und Einteilung der Geographie. Gotha 1922.
259. Korff, H. A.: Geist der Goethezeit. Versuch einer ideellen Entwicklung der klassisch-romantischen Literaturgeschichte. Leipzig 1923 und 1930.
260. Banse, E.: Die Geographie und ihre Probleme. Berlin 1932.

RANDBEMERKUNGEN ZUR GEOGRAPHISCHEN METHODIK

Von Ernst Plewe

Schier unentwirrbar liegen die Gedanken und Ereignisse eingebettet im Schoße der Zeiten. Und doch muß man versuchen, ihr Wesen, ihr Kommen und Gehen, die Veränderungen, die sie mit sich bringen und selbst wieder erleiden, zu verstehen, muß sich ein Bild ihres Woher und Wohin machen. Für und wider geht der Streit, oft langsam und ermüdend, bis ein neues Ereignis, zuweilen aus einer ganz anderen Sphäre, neues Leben, neue Gesichtspunkte, aber oft auch neue Verwirrung in das alte Fragenbündel bringt. An einem solchen Punkte stehen wir. Mit enthusiastischer Energie werfen Speth-

1) Wegener, Klimaprovinzen von Deutschland. Diss. Berlin 1922.

mann, Banse, Volz, Muris und neuerdings auch Schrepfer ihre Ideen in die Methodik der Geographie, während eine andere Gruppe, auf das Erreichte zurückblickend, die Neuartigkeit dieser Ideen überhaupt oder aber ihre theoretische Bedeutung bestreitet und geneigt ist, in ihnen eher das Verworrene als das Zukunftsträchtige zu sehen. Ich ergreife daher gern die mir vom Herausgeber gebotene Gelegenheit, als Jüngerer zur einen oder anderen Frage Stellung zu nehmen, in der Hoffnung, wenn schon keine Klärung, so doch wenigstens Wege dazu und zum gegenseitigen Verständnis anzubahnen.

Der erste Punkt, über den vor allen anderen Klarheit angestrebt werden muß, betrifft die — in diesem Sinne wohl zum ersten Mal seit langer Zeit angegriffene — „Objektivität der Wissenschaft". Es führt zu keinem guten Ende, wenn Muris (S. 7) einen „weltfremden Gelehrten, wie er zum Gespött der Witzblätter geworden ist", konstruiert und in diesem dann den Unsinn aller Objektivität aufgedeckt zu haben glaubt, der nur durch eine schöpferische Subjektivität zu beheben sei. Shaftesbury empfahl, eine marode Sache dadurch endgültig umzubringen, daß man sie in ihrer Lächerlichkeit bloßstellt. Aber ist denn ein nach objektiver Erkenntnis strebender Rationalist wirklich lächerlich? Entspricht er dem von Muris entworfenen Bilde? Ratio heißt Grund, Sinn. Der Rationalismus ist die selbstverständliche Voraussetzung des Forschers, in seinem Gegenstand nichts Sinnloses und Unbegründbares zu finden. Begründet können die Dinge aber immer nur in sich und ihrem von unserer Subjektivität unabhängigen Zusammenhang werden, und dieser „ratio" nachzugehen ist der Sinn aller Wissenschaft seit ihrem Entstehen. Ihr Zerrbild, ein flacher Intellektualismus, kann dieses Bemühen ebensowenig entwerten, wie es durch die Schilderung „subjektiver Erlebnisweisen" ersetzt werden könnte. Denn schließlich erlebt jedes Subjekt immer nur sich selbst; was aber Geltung heischt, muß auch jenseits individueller Grenzen verstanden, begründet und anerkannt werden können. Ist das nicht möglich, dann hebt sich jede weitere Diskussion von selbst auf, da kein Grund mehr überzeugen kann. Die „schöpferische Subjektivität" wird damit aus dem Erkenntnisprozeß nicht ausgeschaltet. Als „Intuition" ist ihr ein hohes Recht nie abgesprochen worden. Doch darf man sie nicht in Gegensatz zur Objektivität stellen. Denn wenn der erleuchtende Gedanke auch freiwillig und durch keine Methode zwingbar aus den Tiefen eines genialen Geistes aufsteigt, muß er doch eine Affinität zur Wirklichkeit haben, objektiv sein, Wesentliches enthüllen, Zusammenhänge bloßlegen, wenn er mehr sein will als ein origineller Einfall.

Derselben Verkennung des Rationalismus entspringt auch die Abneigung gegen den definierten Begriff. Jede Erkenntnis spricht sich im Urteil aus. Dieses bleibt aber so lange unklar und mißverständlich, wie die darin gebrauchten Worte nicht das Wesentliche als etwas Festumrissenes, das heißt einigermaßen Definiertes meinen. Jede „Feststellung" eines Sachverhaltes ist nun tatsächlich zugleich eine Vergewaltigung, da alles Wirkliche entsteht und vergeht, also eine Definition immer nur eine quantitative und qualitative Auswahl aus der Fülle der Eigenschaften eines Dinges zu geben vermag. Ein Irrtum ist aber die Folgerung, die Muris (S. 36) daraus zieht: „wenn wir eben doch nicht angeben können, mit dem wievielten Tropfen der Bach aufhört und der Fluß beginnt,

17*

so hat es gar keinen Zweck, sie zu definieren". Solche Einwürfe sind nur geeignet, im Angreifer selbst jenen Intellektualismus bloßzustellen, gegen den er zu Felde zieht. Und das angebotene Gegengift, die ergo wertlos gewordenen Begriffe durch entsprechende „Erlebniswerte" zu ersetzen, könnte leicht tödlich wirken. Der Begriff will keine Photographie und kein Tropfglas sein; seine Übertreibung führt zu unfruchtbarer Pedanterie. Er enthält weniger, aber auch mehr als jeder Einzelfall, auf den er bezogen werden kann; weniger insofern, als er alle unwesentlichen Eigenschaften ausschließt bzw. nur den Rahmen für ihre etwa notwendig werdende Einschränkung freihält (der Mensch erscheint im Mann und im Weib); mehr, weil er die wesentlichen Eigenschaften aller Einzelfälle eben zum „Wesen", zur Idee dieser Erscheinungen verdichtet. Ein solcher guter Begriff vermittelt klare Vorstellungen. So können etwa ein verwaschenes, kleines Kar, eine Ausbruchnische, ein Quelltrichter und eine Rutschnische u. U. gar nicht oder nur sehr unwesentlich voneinander abweichende Erlebniswerte in mir hervorrufen. Tatsächlich sind sie ja auch selbst von guten Beobachtern des öfteren verwechselt worden. Aber begrifflich sind sie alle voneinander sehr verschieden, und es kommt nur darauf an, ein entscheidendes Merkmal, einen Wesenszug klar in der Einzelerscheinung wiederzuerkennen, und ein gut ausgebautes geographisches Begriffssystem erlaubt dann weitgehende Schlüsse; denn das eben ist der von manchem modernen Methodiker gleichfalls übersehene Vorzug eines Begriffsschatzes: Er wird nicht nur zur lexikalischen Registrierung von Material oder als Vehikel des notwendigen Verständnisses geschaffen, sondern ist immer bestrebt, sich zu einem geschlossenen System zu runden, in dem ein Glied das andere stützt und trägt und in dem längere Ableitungen möglich werden. Die neuerdings so häufig gehörte Meinung, Anschauung und Begriff bedeuteten unüberbrückbare und einander ausschließende Gegensätze, ist ganz irrig. Jede Anschauung belebt den Begriff, erweitert ihn u. U. auch, und jede Anschauung wird durch den Begriff geklärt. Anschauung und Begriff sind so eng miteinander verwachsen, daß es gar nicht möglich ist, sie zu trennen, und das gemeinsame Wort, das beide enthält, heißt im einzelnen Fall Beobachtung, in der ganzen Fülle der Fälle aber Erfahrung. Die Verächter der Logik, des Begriffs und des „Rationalismus" reißen also gutgläubig dem Adler des Geistes die Schwungfedern aus, um ihm das Fliegen zu erleichtern. In diesen Vorschlägen wird niemand einen Fortschritt anerkennen können. Diese Grundfragen, die ja mit der Geographie nichts unmittelbar zu tun haben, sondern Sache der Logiker sind, können wir Geographen nicht in einer glücklichen Stunde nebenbei erledigen.

Treten wir also in Widerspruch zu jenen Theoretikern, die am logischen Fundament der Wissenschaften rütteln, so nehmen wir gegenüber denen, die die Notwendigkeit ihres nationalen Charakters betonen, eine unbedingt positive Stellung ein. Allerdings werden wir auch hier nicht vermeiden können, die verschiedenen Möglichkeiten, die Idee einer „Nationalen Wissenschaft" auszulegen, zu erörtern. Als richtig vorauszusetzen ist, daß es Wahrheiten gibt, die anerkannt werden müssen, wenn man sich nicht der Gefahr des Irrtums, der Fälschung oder auch der bewußten Verblendung aussetzen will. Wie eigentümlich mutet es uns an, wenn Völker mit nicht gerade hervorragenden kulturellen Leistungen ihre Wissenschaft zwingen, um des nationalen Prestiges willen all und jede kulturelle Großtat sich selbst zuzuschreiben; die Kulturgeschichte bietet da viele Beispiele. Dazu hat gerade Deutschland keine Veranlassung. Es ist reich genug, um auch den anderen ein volles Maß der Gerechtigkeit zuzubilligen. Aber an solcher Selbstüberheblichkeit hat der deutsche Gelehrte auch nie gelitten; eher an allzugroßer Bescheidenheit. Wieviel Gedanken hat er nicht im Laufe der Geschichte von außen empfangen und ihnen dann erst die Form, meist aber auch den tiefen Gehalt gegeben, mit dem sie uns untrennbar verbunden geblieben sind. Unsere größten Ideen sind oft entstanden in Anlehnung an ein Fremdes oder auch im Gegensatz zu ihm, haben es aber überwachsen, sind nicht als dessen Ableger zu betrachten. Leibniz ist an Locke, Kant an Hume geworden; welch ungeheure Massen des Wissens aus aller Herren Länder haben Humboldt, Ritter, Herder, die Forster u. v. a. dem deutschen Volk nicht nur materiell vermittelt, sondern auch seelisch einverleibt. Und wie verschieden sind sie doch wieder alle untereinander, schon diese wenigen! Gerade das ist ja das unendlich Lebensfähige und Allüberwindende im deutschen Geist, daß er stets und immer wieder aus dem Inneren unserer großen Männer ersteht, in jedem in anderer Form, in jedem mit neuem Gehalt. F i c h t e hat uns das für alle Zeiten gültig klar gemacht. Vernachlässigen wir in der Geschichte unserer Wissenschaft nicht die Quellen, aus denen der Deutsche schöpfte, haben wir aber auch ein offenes Auge für das, was er aus ihnen gemacht hat, denn hier liegen oft die größeren Taten; der deutsche Genius wird uns dann nicht verborgen bleiben, wir aber werden umgekehrt nicht in den gefährlichen Fehler verfallen, das Erbe unserer Väter und unsere Hoffnung für die Zukunft nach Maßstäben zu messen und zu begrenzen, die sich einmal als zu eng erweisen könnten. Wo ein deutscher Mann mit letztem Verantwortungsbewußtsein vor sich selbst arbeitet und schafft, dort wirkt er am deutschen Geist und der deutsche Geist an ihm.

Dem Geographen sind diese Forderungen nicht fremd gewesen. Es wird ihm zum Vorwurf gemacht, wie wenig er die Interessen des deutschen Volkes vertreten habe, als rühmliche Ausnahme wird Volz's Arbeit in Oberschlesien genannt. Man muß hier unterscheiden. Volz hatte das Glück, als Forscher zugleich politisch wirken zu dürfen. Daß er das Seine geleistet hat, muß anerkannt werden. Wenn er mancherseits aber nur allein bemerkt worden ist, so liegt das nicht daran, daß die anderen Geographen währenddessen uninteressiert beiseite gestanden hätten, sondern weil er besonders herausgestellt war. Die Bibliographie der nationalen Leistungen der anderen würde Bände füllen. Was ist allein über Ost- und Westpreußen oder gar über die Westgrenze geschrieben und gesprochen worden! Wieviel Monographien deutscher Landschaften, deutscher Kolonien, wieviele Atlanten deutscher Lande haben wir. Welches Volk kann unseren „Forschungen zur Deutschen Landes- und Volkskunde" Gleichwertiges entgegenstellen? Und schließlich: wer will dem deutschen Geographen den Vorwurf machen, daß er geschwiegen hätte, wenn Geographen anderer Länder sein Vaterland direkt oder in versteckter Form angegriffen haben? Es sei da nur an die Besprechungen von De Martonne: L' Europe Centrale in allen deutschen geographischen Zeitschriften erinnert. Gewiß, wir wollen nicht selbstgerecht und zufrieden sein, und jeder Hinweis auf die nationale Bedeutung und den nationalen Gehalt der Wissenschaften muß dankbar angenommen werden, er wird nicht ungehört verhallen. Aber den Methodikern sei auch bewußt, daß sie ihrer Wissenschaft getreue Ekkeharde sein sollen, nicht unerbittliche Nornen oder gar engherzige Schematiker; sonst wird einst auch auf sie das Wort vom „Geist der Unfruchtbarkeit und der Methode“ treffen.

Dieser wünschenswerten Entwicklung kann eine bissige Literatur kurzsichtiger Kritiker nur entgegenwirken, vor allem dann, wenn sie offenkundiger Fehler und Irrtümer voll ist. Ihre Absage an das „Unwesentliche“ z. B. ist gefährlich. Denn auch der wichtigste wissenschaftliche Gedanke kann, wenn er neu auftritt und noch nicht seine ganze Tragweite zu zeigen vermag, unwesentlich erscheinen. Von außen her ist das nicht zu übersehen, und von innen aus dem System der Wissenschaft selbst heraus regulieren sich solche Dinge von selbst. Hier ist also immer Vorsicht und eine abwartende Haltung zu empfehlen, kein kurzsichtiger Kampf. Völlig irrtümlich sind jene Meinungen, die die Analyse als undeutsch, positivistisch usw. ablehnen und nur noch eine synthetische Wissenschaft gelten lassen wollen. Das gibt es nicht. Denn jede Synthese ist eine einfache Funktion der voraufgehenden Analyse. Wer aber glaubt, auf Synthese und Analyse gleichermaßen verzichten und sich auf eine Ganzheit schauende und gliedernde Wesenschau beschränken zu können, steht bald mit leeren Händen da. Er zehrt aus den Speichern seiner Gegner, und wenn diese leer ständen, müßte er verhungern. Solche Schlagworte sind nur geeignet, jene Probleme, die noch am fernsten Horizont liegen und von denen heute kein Geograph sagen kann, ob sie für die Geographie je fruchtbar sein werden, restlos zu vernebeln. Auch philosophische Begriffe sollten nicht ohne einen gewissen Grad von Sachkenntnis angewendet werden.

Die Unterscheidung von analytisch und synthetisch ist doppeldeutig: im analytischen Urteil erläutert der Prädikatsbegriff nur den Subjektsbegriff, erweitert ihn aber nicht um ein neues, bisher unbekanntes Merkmal. Dies tut das synthetische Urteil. Diese für den Geographen gleichgültige Unterscheidung gilt also immer nur für das Einzelurteil mit eindeutig definierten Begriffen.

Analytische Methode bedeutet die planmäßige Zergliederung, Auflösung, Teilung eines irgendwie komplexen, zusammengesetzten Gegenstandes in seine einfacheren Bestandteile. Das ist der Weg vom Ganzen zum Teil.

Synthetische Methode ist der umgekehrte Weg vom Teil zum Ganzen.

Praktisch aber gehen natürlich in der Einzeluntersuchung beide Methoden fortdauernd ineinander über, ergänzen und kontrollieren einander. Der Eindruck einer vorwiegend analytischen oder synthetischen Arbeit wird oft nur durch eine mehr oder weniger ausgesprochene Darstellungsart hervorgerufen. Die an der eo ipso „positivistischen“ Analyse verzweifelnden Methodiker, die im Anschluß an die klassische Geographie eine neue „organische Naturauffassung“ proklamieren, seien auf Humboldt, Kosmos V, S. 5 ff hingewiesen; dort werden sie sich grundsätzlich widerlegt finden.

Wenn dennoch die Begriffe Ganzheit und Kausalität, gleichsam als bedeuteten sie an sich schon Widersprüche, so stark im Mittelpunkt nicht nur der geographischen neueren Methodik stehen, so hat das Gründe, die hier kurz auseinandergesetzt werden sollen. Daß heute in der theoretischen Physik der Kausalitätsbegriff in seiner klassischen Prägung eine Auflockerung erfährt, geht uns Geographen nichts an. Woher aber die übereilte, fast schadenfrohe Abkehr von ihm und die Zuwendung zur Ganzheit? Die zweite Hälfte des vorigen Jahrhunderts stand stark unter dem Eindruck der Fortschritte der sog. exakten Naturwissenschaften, übersah aber z. T. deren Voraussetzungen und übertrug ihre Methoden unbesehen auf alle Wissenschaften. Die Geisteswissenschaften emanzipierten sich von dieser Herrschaft am frühesten, aber sicher kennt mancher noch die Zeiten, in denen man dann einen Dichter „erklärt" zu haben glaubte, wenn man die verschiedenen, oft unbestreitbaren, Einflüsse auf sein Schaffen bloßgelegt hatte. Man vergaß zu leicht, daß die Dinge auch ihr Eigentum haben, eine Voraussetzung, die der Physiker weitgehend außer acht lassen kann, denn ihn interessieren die allverbindlichen Gesetze, nicht der einzelne Fall, in dem sie sich manifestieren; etwa das Fallgesetz, nicht das stürzende Glas. Es ist nicht Schuld der Geographen, sondern der in der engstirnigen Nachfolge Kants marschierenden Philosophie gewesen, wenn in die Einzelwissenschaften eine Fülle von Verwirrung kam. Kant hatte durch seine eigenartige Fassung des Substanzbegriffes das Wesen der Dinge völlig entwertet. Der Dinge Eigentum, ihr „an sich", ist nichts für uns, wir erkennen in ihnen immer nur die Struktur des eigenen Erkenntnisvermögens. Von allen Arten aber, wie die Dinge gedacht werden, interessierte er sich in seiner Erkenntnistheorie vorwiegend für die Kausalität. Die fruchtbareren Gedanken, die er in der Kritik der Urteilskraft ausstreute, blieben fast unbeachtet. So bildete man sich allmählich ein, die Dinge dann erschöpft und begriffen zu haben, wenn man sie zueinander in kausale Relationen bringen konnte. Daß Relationen aber nur dann bestehen können, wenn die Dinge auch ein Eigenwesen haben, wurde leicht übersehen. Die besondere Lage der Geographie vor allem in ihrem Zentralgebiet, der Länderkunde, diesen Fragen gegenüber ist nun die, daß es sehr schwer und zuweilen unmöglich ist, die Beziehungen zwischen den Einzelerscheinungen sowohl in ihrer Folge wie in ihrem Nebeneinander aufzudecken. Um so schwerer lastete auf den Geographen die fortwährend wiederholte und berechtigte Frage nach dem Warum. Übrigens eine Schwierigkeit, um die keine Wissenschaft, die sich mit den Gegebenheiten der Wirklichkeit befaßt, herumkommen wird. Um so leichter kann sich heute eine philosophische Richtung durchsetzen, die nur noch die blanke Erscheinungsweise der Dinge als solcher für wesentlich hält und das subjektive Erlebnis der Dinge in den Vordergrund schiebt, auf alle ontologischen Beziehungen verzichtend. Die „Wesensschau" gilt ihr als wertvollstes Erkenntnismittel, die Erkenntnis der „Ganzheit" als erstrebenswertestes Erkenntnisziel. Einzelne Geographen stürzen sich heute mit Vorliebe auf diese zweifellos einseitige Richtung; aber es steht zu erwarten, daß sie viel rascher und gründlicher abwirtschaften wird als die alte Kantische Richtung. Denn ganz abgesehen davon, daß sich mit ihrer Terminologie leichter leeres Stroh dreschen läßt als mit der des deutschen Idealismus, sind auch ihre erkenntnistheoretischen Voraussetzungen widerspruchsvoll und ihre Erkenntnisziele wenig ausgreifend. Diese weltanschaulichen Dinge mußten hier etwas ausführlicher erörtert werden, um die Voraussetzungen der Banseschen Ansichten und seiner Anhänger zu verstehen. Es fragt sich nun, ob in ihnen auch etwas Positives steckt.

Absehen kann man in diesem Zusammenhang von Spethmanns Dynamischer Methode, da er sich nur gegen die Darstellungsart seiner Gegner und gegen ihr Unvermögen, wirkliche Kausalzusammenhänge zu erfassen, wendet. Grundsätzlich ist er aber auf gleichem Wege mit ihnen. Anders in seinem neuen Schriftchen „Das Schicksal in der Landschaft". Er geht hier von der uns schon bekannten Frage aus, ob es in der Landschaft noch andere Faktoren gibt als eine mechanische Kausalität (gemeint sind Funktionszusammenhänge). Statt der nächstliegenden Antwort: jawohl, die Fakta selbst! führt er aber einen durchaus unklaren Schicksalsbegriff ein, relativiert die Dinge also noch viel stärker, als es je eine ganz mechanische Kausalität getan hat, indem er sozusagen über alle Erscheinungen und Relationen in der Landschaft eine Dachrelation aufbaut, von der nun alles abhängig sein soll. Hier wird der Teufel wahrlich durch Beelzebub ausgetrieben. Und der bleibt nicht untätig. Er führt uns ins absolute Nichts. Denn während die kausalen Relationen immer noch faßbar waren als Beziehungen zwischen aufweisbaren Wirklichkeiten, oder wie es Pichler ausgedrückt hat, als Initiativen der Dinge über ein Bisher hinaus in die Zukunft, entwertet das Spethmannsche Schicksal dieses ganz reale Dasein selbst. An der Tatsache, daß sich in Europa eine Kultur entwickelt hat, die welterobernd vordringen konnte, ist nichts zu deuteln. Es hat keinen Sinn, sich das wegzudenken, denn dann ist die Zahl der Möglichkeiten Legion. Mehr noch, solche Fiktionon, grundsätzlich in die Wissenschaft eingeführt, würden allem Sein jede Grundlage entziehen und alle Verantwortung für das Werden und Sein der Dinge in das Schattenreich der formalen Logik verlegen, die aber, als „Wenn — Dann"-Wissenschaft keine Tatsache erklären kann. Spethmanns Schicksal, fasse man es, wie man wolle, ist eine Sackgasse. Schicksal in der Geographie kann nur sein das selbstherrliche: ich bin! der Tatsachen. Die Eigenart ihres Seins, die Wege ihrer Geschichte, die Hinweise auf den Verlauf ihrer Entwicklung stellen der Erforschung so viele Aufgaben, daß es empfehlenswerter ist, mit der Voraussetzung, daß „alles seinen Grund hat, warum es eher ist als nicht ist" (Satz vom Grunde), an ihre Lösung zu gehen, als sich mit der Feststellung zu begnügen, daß in einer anderen Welt auch alles anders sein könnte. Daß man mitunter erst dann zur gerechten Würdigung einer Tatsache kommt, wenn man sie sich fort oder anders denkt, ist keine neue Metaphysik, sondern eine Eselsbrücke. Dieser Baustein zur Neufundierung der Geographie ist unbrauchbar.

Fassen wir das Bisherige kurz zusammen:

1. Der Wille zur Objektivität ist die selbstverständliche Voraussetzung aller Erkenntnis.

2. Alle Erkenntnisse bedürfen sowohl aus Gründen der Mitteilbarkeit wie aus erkenntnistheoretischen Gründen des klaren Begriffs.

3. Eine in den Grenzen der Möglichkeit voraussetzungslose Wissenschaft ist mit leitenden Ideen durchaus vereinbar, braucht solche sogar.

4. Der Kampf gegen das Kausalitätsprinzip ist historisch verständlich, entspringt aber einem Mißverständnis.

5. Spethmanns Versuch, das „Schicksal“ in die Geographie einzuführen, ist verfehlt, da er die Grundvoraussetzung aller Wirklichkeitserkenntnis, den Satz vom Grunde, ausschaltet.

Von allen Versuchen, die Geographie mit neuen Gedanken zu befruchten, bleibt noch eine bestimmte Gruppe übrig. Sie schart sich, zwar untereinander durchaus nicht einig, um den Begriff der „Ganzheit“. Ob Banse, Muris und neuerdings Schrepfer grundsätzlich die Ganzheit eines Erdraums in den Vordergrund der Forschung schieben, ob Volz Harmonie und Rhythmus als neue geographische Probleme bzw. Methoden empfiehlt oder ob Geisler und viele andere vor ihm Raumorganismen suchen, es sind alles nur Spielarten der einen Bemühung, den in anderen Wissenschaften so fruchtbar gewordenen Begriff der Ganzheit auch der Geographie dienstbar zu machen.

Die Fragestellung als solche ist nicht neu. Sie hat — wenigstens in der Form, in der sie uns heute interessiert — ihren Ausgang genommen in Kants Kritik der Urteilskraft, und es ist sehr lehrreich, bei G. E. Wolf nachzulesen, wie wenig die Gegenwart tatsächlich zu ihrer Klärung beigetragen hat. Schelling hat in seiner fruchtbarsten Periode um 1800 viel zur Popularisierung des Ganzheitsbegriffs beigetragen, und wer sich die Zeit nimmt, in geographischen Werken nachzulesen, die etwa vor 120 Jahren geschrieben wurden, wird da die modernsten Ideen mit denselben oder ähnlichen Worten gedruckt finden. Zweifellos haben die heutigen Probleme Fühlung mit den damaligen. Greifen wir Ritter als denjenigen, der den Begriff des Raumindividuums als erster grundsätzlich in die Diskussion geworfen hat, heraus und fragen wir, ob wir heute noch dasselbe darunter verstehen wollen oder können wie er. Leider fehlt uns noch immer eine ausreichende Darstellung seines Werkes, und auch die Einzeluntersuchungen von Hözel und Wisotzki kranken an mancher Schwäche. Aber auch eine ganz schematische Skizze vermag das Wesentliche zu zeichnen. Der Ritter, der die heutigen Begriffe geschaffen hat, hielt die Erde für einen in Einzelräume gegliederten Organismus. Jeder dieser Einzelräume hatte nach ihm die Aufgabe, eigenständige Kultur auf sich erstehen zu lassen. Wie das im einzelnen gedacht war, welchen Einfluß der Mensch, welchen Einfluß das Raumindividuum hatte, ist hier gleichgültig. Bestehen bleibt der große Grundgedanke eines in sich zweckmäßig und im Ganzen wie in den Teilen zu einer Aufgabe organisierten und befähigten Erdkörpers. In dieser Beleuchtung ist die heutige Erdoberfläche aber nicht mehr ein zufällig herausgegriffenes Augenblicksbild der geologischen Entwicklung, sondern ein wohldurchdachtes System, ein in langer geologischer Geschichte auf ein gewaltiges Finale zielendes Kunstwerk Gottes. Hier haben Begriffe wie Ganzheit, Organismus, Raumindividuum usw. einen unleugbaren und auch präzisen Sinn. Sie waren notwendige Folgerungen aus dieser einzigen Metaphysik von Format, zu der sich je ein Geograph aufgeschwungen hat. Aber Ritters Voraussetzungen bestehen heute nicht mehr. Er hat sie nicht erweisen können, und seine Nachfolger haben sie so weit einschränken müssen, daß ihnen nach und nach nicht nur die Grundlage der Ritterschen Terminologie schwand, sondern sie nicht einmal merkten, wie allmählich ein systembildender Gedanke erster Ordnung aus dem Gebäude der Geographie entwich. Vielleicht war er nicht haltbar, vielleicht wird er in einer anderen Form wieder auferstehen — ist er etwa schon unterwegs? —; heute jedenfalls ist von ihm nicht mehr erhalten als eine Terminologie, die die einen mit Selbstverständlichkeit handhaben, andere mit neuem Sinn zu füllen suchen, der Rest als Schlagworte ablehnt.

Stellen wir also erneut die Frage, was man unter „Ganzheit" versteht und welche Bedeutung dieser Begriff für die Geographie haben kann. Zu Unrecht besteht der Einwand, man könne ein so landläufiges Wort nicht auf eine bestimmte Bedeutung einengen. Als philosophisches Problem gibt es die Frage und auch die grundsätzliche Antwort bereits seit Aristoteles, und im einzelnen Fall dürfte leicht aus der Betonung herauszulesen sein, ob nur „das ganze Land" oder der Ganzheitscharakter eines Gebietes gemeint ist.

Zu Unrecht warnt man auch davor, mit dem Begriff der Ganzheit biologische Arbeitsmethoden unkritisch in die Geographie einzuführen. Tatsächlich hat er sich, vor allem unter dem Einfluß von Driesch, in der Biologie als besonders fruchtbar erwiesen; Kant hat diese Möglichkeit längst gesehen und das Grundsätzliche ausgesprochen; aber er hat seine Fruchtbarkeit auch für das Kunstwerk nachgewiesen. Auf die Psychologie hat ihn vor allem F. Krüger angewendet. Seine grundlegende Bedeutung für die Logik und Psycho-Logik hat Pichler erkannt usw. Will man ihn auf seine Anwendungsmöglichkeit in einem bestimmten Fach prüfen, darf man ihn aber nicht in irgendeiner bereits spezifizierten Form heranziehen, also etwa der Driesch'schen, sondern muß ihn in seiner logischen Ursprünglichkeit erfassen.

In der Logik versteht man unter Ganzheit ein ganz bestimmtes soziologisches Verhalten der das Ganze aufbauenden Teile. Wo die Teile keine gemeinsame Ordnung erkennen lassen, wo sie alle isoliert und vereinzelt nebeneinander stehen, also extrem im Chaos, ist ihre soziologische Bindung gleich Null. Umgekehrt sind in einem vollendeten Ganzen die Teile untereinander so eng verknüpft, daß die Art und Weise jedes Teils, zu sein und sich zu entwickeln, in der Gesamtheit aller Teile begründet ist und demnach auch nur aus dem Ganzen heraus begriffen werden kann. Hier herrscht also nicht das Einzelwesen vor, sondern deren Gesamtheit wird beherrscht und gestaltet von der Architektonik des Ganzen.

Hieraus ist bereits verständlich, daß es ebensowenig eine vollkommene Ganzheit wie ein völliges Chaos geben kann. In der Wirklichkeit wird man nach beiden Seiten hin nur Annäherungen finden; die Extreme bleiben Ideen einer die Gegebenheiten überfliegenden und den denknotwendigen Endpunkt suchenden Vernunft. Der sichtende, ordnende, vergleichende, analysierende Verstand wird sich mit Vorteil von dieser Idee führen lassen, wird untersuchen, ob und wieweit die Tatsachen ihr entsprechen. Tut er das nicht, folgt er ausschließlich seinen eigenen Interessen, verliert er sich leicht im Einzelnen, das Ganze aus den Augen verlierend. Umgekehrt aber wird er sich entschieden dagegen wehren, wenn die Vernunft mit großer Handbewegung irgend etwas als „organische Ganzheit" erkannt zu haben behauptet. Er kennt aus der Geschichte der Wissenschaften und auch aus dem praktischen Leben ihre kritiklose Leichtgläubigkeit zu gut. Auf zwei Beinen geht der Mensch, und eins ist ihm so lieb und wert wie das andere. Zwei geistige Kräfte braucht auch die Erkenntnis: eine führende Vernunft und einen sichtenden Verstand. Eine unverständige Vernunft wirft Blasen und kommt nicht vom Fleck; ein unvernünftiger Verstand bohrt sich als „Positivismus" ziellos durch den Sand der Tatsachen. Nur in brüderlicher Gemeinschaft fördern sie die Erkenntnis.

Was heißt das jetzt geographisch?

1. Eine geographische Ganzheit vorauszusetzen kann in dieser vorsichtigen Form nicht schädlich sein. Schlimmstenfalls kommt man für ein bestimmtes Gebiet zur Ablehnung.

2. Der Ganzheitscharakter muß im Gegenstand der Forschung, nicht im subjektiven Erlebnis des Betrachters begründet sein. Zweifellos kann ich eine Landschaft, aber auch beliebige Teilausschnitte ästhetisch ganzheitlich auffassen und gestalten. Ich begreife sie dann aber als mein Kunstwerk, nicht als selbständiges Eigenwesen; ich bekenne mich in diesem Akt zu meinem Gefühl, erkenne aber darin kein Objekt. Diesen Unterschied lassen Banses Werke auf jeder Seite vermissen, und neuere Methodiker scheinen geneigt, seinen Irrtum zur Theorie zu erheben. Im Kunstwerk spricht sich sein Gestalter aus, in der Erkenntnis lauscht der Forscher selbstlos den Worten der Natur.

3. Die Tatsache fließender Grenzen spricht a priori noch nicht gegen das Bestehen geographischer Individualitäten. Hier berühren sich Fragen, schließen einander aber nicht ein. Auch der Begriff der Individualität darf nicht zu eng gefaßt werden. Nur eine bewußte biologische Abstraktion vermag ein Lebewesen zu isolieren; Ökologie und Soziologie suchen es in jenem größeren Verband auf, in dem allein es lebensfähig ist. Der Geograph denkt ebenso. In aller Welt wird er nirgend eine selbstgenügsame Landschaft suchen. Wo sich aber die Fülle der Kräfte in einem Gebiet in ausgesprochener Sondergestalt ausdrückt, die wesentlichen Züge allemal das Ganze repräsentieren, Kräfte, die von außen hereintreten, nicht so stark wirken, daß das eigenständige Wesen zerstört wird, dort darf man wohl von einem Raumindividuum sprechen. Es hat nichts zu sagen, daß ein solches Gebiet Glied in einem größeren Ganzen ist. Als Beispiel diene eine Stadt: Grundriß und Aufriß sollen geschlossen und harmonisch sein. Keine Einzelheit tritt ungebührlich heraus. Wenn das einzelne Haus, die bevorzugte Straße auch arm und reich wohl unterscheiden lassen, herrscht doch in jeder Erscheinung der gleiche Wille, das gemeinsame Gesetz. Nichts hindert die Anwendung des Ganzheitsbegriffs. Die Stadt ist aber innerhalb ihrer Mauern nicht lebensfähig. Sie braucht ein Einzugs- und ein Absatzgebiet. Hier werden sich Einzelheiten meist schon eigenwilliger herausheben. Aber die ganze Umgebung kann ihren Schwerpunkt wirtschaftlich und kulturell derartig in der Stadt haben, daß wir sie mit der Stadt zusammen als ein größeres Ganzes begreifen können . . . usw. Die grundsätzliche Frage ist immer nur die: treten in einen Raum von außen her Kräfte, und in wie hohem Maße stören sie dessen Harmonie? Zerstören sie sie etwa ganz? Schaffen sie im Verein mit den alten Kräften eine neue Gestalt? Greifen wir an dieser Stelle den „Schicksal"-Gedanken Spethmanns in anderer Form wieder auf. Setzen wir ein ideal ausgeglichenes und harmonisches geographisches Gebiet voraus, ein ideales Stromsystem, eine ideale Wirtschaftslandschaft; für ein solches Gebiet gäbe es kein Schicksal. Alle Erscheinungen wären aus dem Ganzen heraus

begreifbar, Unvorhergesehenes wäre kaum zu befürchten, alles hätte seine „ratio essendi" in einem systematischen Zusammenhang, der einer Analyse einsehbar wäre. Hier wäre alles folgerichtig und selbstverständlich. Schicksal kann einer solchen Landschaft nur das von außen Herantretende werden. Ein Kaufhaus K. mit dem Stammhaus X., eine Verwerfung, eine Klimaschwankung u. dgl. fremdbürtige Kräfte greifen hier störend oder fördernd in den vorher geschlossenen Kreis. So ist Europa der ganzen übrigen Welt zum Schicksal geworden. Aus dem Zusammenhang der chinesischen Kultur z. B. ist der Einbruch Europas nicht zu verstehen. Trotzdem ist er aber keine „metaphysische Größe". Die begreifliche causa liegt nur außerhalb des Rahmens der innenbürtigen Kräfte Chinas.

Für die Länderkunde folgt hieraus praktisch, daß man um so häufiger zum „Schicksal", d. h. zur Feststellung empirischer und im Rahmen des Untersuchungsgebiets nicht erklärbarer Tatsachen kommen wird, je komplizierter und kleiner und aufgeschlossener es ist. Einem Geist, der das Gefüge der ganzen Welt überblickte und durchschaute, bliebe nichts rätselhaft; das ist die Voraussetzung der Wissenschaft. Die Grenze geographischer Betrachtungen ist das Erdrund (mit Einschluß der Wirkungen von Sonne und Mond). Beschränken wir unseren Blick streng auf die Erdoberfläche, so wird die Antwort auf deren Ganzheitscharakter allem Widerspruch zum Trotz heute noch negativ ausfallen. Selbst wenn wir die atmosphärische Zirkulation als den heute wohl rationellsten Faktor mit einschließen. Aber die großen Züge im Relief der Erdoberfläche sind heute noch ganz unklar, sind einfach als Facta hinzunehmen. Geologie, Geophysik und Morphologie sind an ihrer Klärung dauernd tätig, einzelne Züge treten mit immer größerer Klarheit hervor, aber ein System der Großformung können sie noch nicht bieten. Einen großen Schritt hat hier die Mineralogie getan, der auch für uns methodisch interessant ist; die Gefügekunde hat gezeigt, wie sich im Kleinsten das Große, im Großen das Kleinste widerspiegelt.

Unter diesem Gesichtspunkt fällt vielleicht auch neues Licht auf die Frage Länderkunde (bzw. Landschaftskunde) und allgemeine Geographie. Mancher sieht zwischen ihnen eine unheilbare, bedauerliche Kluft. Ich glaube, wir unterscheiden hier am besten mit Hettner, G. Braun, E. Obst[1]) u. a. Eine allgemeine Geographie als mehr oder minder ausführliches, im Einzelfall aber doch selten ausreichendes Kompendium der Ergebnisse der Nachbardisziplinen hat tatsächlich nur propädeutischen Wert, ist also als solche im logischen System der Geographie überhaupt nicht verankert. Sie dient dem Geographen wie das Lexikon dem Philologen. Eine allgemeine Geographie als Länderkunde der Erde aber ist der notwendige Schlußstein jeder regionalen Arbeit. Jede Bearbeitung eines Teilgebiets der Erde wirft Fragen auf, die nur jenseits seiner Grenzen beantwortet werden können. Der äußerste Rahmen, in dem ein Maximum von Fäden am sinnreichsten miteinander verknüpft werden können, in den

1) Nach gütiger brieflicher Mitteilung. Vgl. seinen indessen erschienenen Aufsatz: „Zur Auseinandersetzung über die zukünftige Gestaltung der Geographie." Geographische Wochenschrift, 1935, S. 1—16.

jede Einzeluntersuchung sich einfügen will, ist eben die Gesamtoberfläche der Erde. Die Hoffnung, ihr System zu finden, trug Männer wie Humboldt, Ritter, Berghaus u. a. Wie dieses System einst aussehen wird, wissen wir nicht. Aber als Glied in der Gemeinschaft der Suchenden hat auch heute schon jeder glückliche Finder Teil an der Ernte von morgen.

Literatur.

Da die obige Skizze weder ein Sammelreferat noch ein Forschungsbericht sein will, sondern nur einige der heute oft weit auseinanderstrahlenden methodischen Tendenzen von einem festen Standpunkt aus zu prüfen versucht, kann auf die Anführung der sehr weitschichtigen Literatur verzichtet werden. Eine Auswahl genüge:

Muris, O., Erdkunde und nationalpolitische Erziehung. Breslau 1934.

Schrepfer, H. (Petersen-Schrepfer), Die Geographie vor neuen Aufgaben. II. Teil; Einheit und Aufgaben der Geographie als Wissenschaft. Frankfurt a. M. 1934.

Spethmann, H., Das Schicksal in der Landschaft. Berlin 1932.

Hettner, A., Der Begriff der Ganzheit in der Geographie. Geogr. Z. 1934.

Volz, W., Geographische Ganzheitlichkeit. Ber. d. math. phys. Kl. d. sächs. Ak. d. Wiss. LXXXIV. 1931.

Granö, J. G., Reine Geographie. Publ. Inst. Geogr. Univers. Aboensis. Helsinki 1929. Dort weitere Literatur.

Pichler, H., Zur Logik der Gemeinschaft. Tübingen 1924.

—, Vernunft und Verstand. Blätter für Deutsche Philosophie. Hermann-Schwarz-Festschrift 1934.

Thomsen, G., Über die Gefahr der Zurückdrängung der Exakten Naturwissenschaften an den Schulen und Hochschulen. Neue Jahrb. f. Wiss. u. Jugendbildung 1934, H. 2, S. 164—175.

Die wichtigen Aufsätze von Burchard, Mortensen u. a. im Geogr. Anzeiger 1934 Heft 23/24 sind erst nach Einreichung des Manuskripts dieses Aufsatzes erschienen.

Philosophische Erdkunde[1] / Von Ernst Plewe

Zum drittenmal in den letzten 150 Jahren taucht in der deutschsprachigen geographischen Literatur ein Buch auf mit dem Anspruch einer philosophischen Erdkunde. Es ist nicht ohne Reiz, diese drei Werke in kurzem Vergleich nebeneinander zu halten, zeigt sich doch kaum deutlicher irgendwo der Schicksalsweg der Erdkunde als an solchen Werken, die fast wie zufällig am Wege stehen, dem rückschauenden Betrachter aber doch mehr zu sein scheinen, da sie an Wendepunkten des Forschens und Denkens geschrieben worden sind.

J. R. Forsters „Bemerkungen über Gegenstände der physischen Erdbeschreibung, Naturgeschichte und sittlichen Philosophie auf seiner Reise um die Welt gesammelt", Berlin 1783, stehen am Anfang dieser Reihe. Noch war die Welt des Geistes nicht auf Spezialisten verteilt, noch konnte ein Mann an einer Universität das gesamte Gebiet der Natur- und Staatswissenschaften beherrschen und lehrend und forschend vertreten. Mühsam ordneten die Geographen einen fossil gewordenen Stoff in ihrer ewig unzulänglichen Systematik. Aber die ganze Gedankenfülle, die sich in wenigen Jahren geradezu überstürzen sollte, war schon vorhanden und begann in der einen oder anderen Wissenschaft bereits Früchte zu tragen. In diese Situation warfen die Forster ihre geographischen Werke, gefüllt mit lebendiger Anschauung, getragen von dem Gedanken des inneren und auch räumlichen Zusammenhangs aller Dinge. Es ist zu eng gesehen, wenn man meint, die Werke der Forster hätten dem europäischen Menschen die Tropen erschlossen. In ihren großen Reisebeschreibungen wie auch in den kleineren Aufsätzen haben sie zweifellos den geographischen Horizont des Europäers unendlich erweitert. Dieses Verdienst ist aber fast unwesentlich neben jenem größeren, daß sie den Menschen der Aufklärung die Probleme einer Landschaft, die großen Fragen nicht nur ganzer Kontinente, sondern auch des eigenen Heimatbodens sehen gelehrt haben. Hierin gerade liegt das Geheimnis und der Zauber der Persönlichkeit und der Werke des jungen Forster, der mit vollem Recht seine Essays und Reiseskizzen als im weiteren Sinne philosophische Gedankengänge dem ausgehenden 18. Jahrhundert unterbreitete und darin in Humboldt einen Nachfolger fand. Man wird kaum einen Zweig der heutigen, weit gewordenen Geographie finden, der sich nicht in seinen Anfängen und in echt geographischer Auffassung bei ihnen bereits findet. Geologie, Tektonik, Morphologie, Klimatologie, Ozeanographie, Gewässerkunde, Glaziologie, Bodenkunde, die Geographie der Pflanzen und Tiere strahlen vielfach in ihrer modernen Auffassung aus den Werken dieser beiden Pioniere der geographischen Wissenschaft. Im Mittelpunkt ihres Interesses stand aber der Mensch. Und was sie gerade zur Geographie des Menschen beigetragen haben, wird in der Idee richtungweisend bleiben. Sie haben nicht nur wertvollste Erkenntnisse der Völkerkunde vorweggenommen, sondern sie entwickelten auch die Hauptfragen der geographischen Rassenkunde, der Bevölkerungsentwicklung, der Tragfähigkeit der Erdräume, der Wirtschaftsgeographie und Wirtschaftsgeschichte und anderes mehr für das von ihnen besuchte Gebiet und zogen aus diesen Erfahrungen vorsichtig und doch weitgreifend Schlüsse von allgemeiner Bedeutung. Das also war die erste „philosophische Erdkunde", ein Hineinstürmen in eine neue Welt, ein Hineinschauen in Zusammenhänge und kausale Tiefen dort, wo vor ihnen die Masse der Einzelheiten erdrückte, die unübersehbare und ewig veränderliche Masse der Tatsachen problemlos aufzählend abgehandelt wurde.

Jahrzehnte des Ausbaues folgten. Die Welle, die den deutschen Geist auf die Höhe des deutschen Idealismus getragen hatten, begann zu verebben. Die Großen der Zeit waren bereits tot; die beiden greisen Klassiker der Geographie standen noch auf der Höhe ihres Ruhmes.

---

[1] Zu: P. H. Schmidt (St. Gallen): „Philosophische Erdkunde. Die Gedankenwelt der Geographie und ihre nationalen Aufgaben." Stuttgart: Enke 1937. 122 S. Geh. RM. 5,—, geb. RM. 6,60.

Aber ihre Schüler arbeiteten bereits in den von ihnen vorgezeichneten Bahnen. Da erstand wieder eine philosophische Erdkunde. Ernst Kapp: „Philosophische oder vergleichende allgemeine Erdkunde als wissenschaftliche Darstellung der Erdverhältnisse und des Menschenlebens nach deren innerem Zusammenhang", 1845. Die geschichtliche Situation ist völlig anders. Schrieben die Forster aus dem Bewußtsein heraus, Bahnbrecher zu sein, Suchende auf unbetretenen Wegen der Erde und des Geistes, so spricht hier einer, der die Wahrheit besitzt kraft der Autorität seiner Lehrer. Hegels und Ritters Gedankenwelt ist ihm Überzeugung. „Daß der Mittelpunkt der Vorarbeiten für jede umfassende Schrift geographischen Inhalts die Werke Carl Ritters und seiner Schule bilden müssen, bedarf kaum einer Erwähnung. Im übrigen hat die Sache selbst durchweg das Eingehen auf Hegels Betrachtungen der Natur und der Geschichte und überhaupt auf seine Philosophie geboten." (Vorwort zur 1. Aufl.) Und ebendort weiter: „Darin ruht die Selbständigkeit der geographischen Wissenschaft, darin die Möglichkeit und Notwendigkeit einer Philosophie derselben, daß ihr Objekt die Erde ist, nicht bloß in ihrem Fürsichsein, sondern die Erde als Prophezeiung des im Menschen zur Erscheinung kommenden Geistes, die Erde als Hintergrund aller geschichtlichen Färbung und als Material der Verklärung der Dinge, mit einem Wort, die Erde, wie sie bestimmend auf die Entwicklung des Geistes einwirkt und hinwiederum vom Geist bestimmt und verändert wird." Gute Sachkenntnis, große Belesenheit und vor allem eine starke kombinatorische Begabung setzen den Verfasser instand, über die ganze Erde weg großzügige Analogien zwischen Völkerschicksalen und Bodenkonfiguration aufzuzeigen und das ganze zu einem geschlossenen geographischen System zusammenzufügen. Es ist der vereinheitlichende, aber auch vergewaltigende Geist der Hegelschen Geschichts- und Naturphilosophie, der dieses Werk durchzieht. Es ist aber auch der Hegelsche Hochmut, der den das Werk Kapps abschließenden Satz diktierte: „Ein uraltes Orakel war das der Gäa zu Delphi. Ihre Fragestätte ist nicht mehr auf einen Punkt beschränkt. Die erteilten Antworten, niemals dunkel und selten mehr als eine Deutung zulassend, sind für jedermann klar und verständlich." Es bleibt nichts mehr zu sagen übrig, der Erdgeist hat sich ausgesprochen.

Man kann vielleicht im Bilde sagen: Hatte die Generation der Forster Feuer unter den Kessel des geographischen Wissens gelegt und das gesamte eingetrocknete Material zum Kochen gebracht, so fing jetzt der Inhalt wieder an zu erkalten, und man konnte sich mit großem Löffel an die Mahlzeit machen, die etwas Handfestes und Fertiges versprach, von der sich aber in ganz kurzer Zeit herausstellte, daß sie trotz ihres Wohlgeschmacks nicht recht gar geworden war und ein so heftiges Magendrücken hinterließ, daß man mit dem Zusammenbruch der Hegelschen Schule auch fast von dem der ganzen damaligen Geographie sprechen kann. Es bedurfte schon der Kraft großer Könner, um die Geographie aus diesem Strudel zu ziehen und sie wieder auf eine gesicherte Grundlage zu stellen. Es ist aber auch sehr bezeichnend, daß diese fortan weit mehr im Naturwissenschaftlichen gesucht wird als vom Menschen aus. Und es ist nicht nur eine lang anhaltende Schockwirkung, sondern auch ein Beweis für die enge weltanschauliche Bindung gerade der Geographie, wenn bis auf unsere Tage — trotz Ratzel tatsächlich seit Kapp! — niemand mehr eine umfassende Geographie des Menschen geschrieben hat. Man vergleiche damit nur die anhaltende Produktion ausgezeichneter und zum Teil durchaus origineller Handbücher der physischen Geographie!

Es kann darüber aber nicht übersehen werden, daß auch auf dem Gebiet der physischen Geographie, wenn auch weniger deutlich, vieles erneut in Bewegung gerät. Es wird wohl jedem Teilnehmer an der Jahrhundertfeier des Vereins für Geographie und Statistik zu Frankfurt im Januar dieses Jahres unvergeßlich bleiben, wie Penck in seinem großen Vortrag über Eiszeit und Tektonik die bisherige Auffassung einer stabilen Erdkruste, deren tektonische Geschichte man rückblickend verfolgte mit dem Gefühl restloser Geborgenheit, in Gegensatz stellte zu den in rascher Folge nachgewiesenen jungen und jüngsten Bewegungen stärksten Ausmaßes und auf die einschneidenden Folgen hinwies, die diese Erkenntnis in unserem gefühlsmäßigen Verhältnis zur Erde mit sich bringen muß. Dieses Beispiel ist symptomatisch. Nicht nur die Erde schwankt, physisch, wirtschaftlich, politisch, auch die ganze Welt des Geistes ist im Zusammenhang mit dem großen weltanschaulichen Umbruch allenthalben in einen Gärungsprozeß geraten, der in seinen Wirkungen auch auf das scheinbar so fest gefügte Gebäude der Wissenschaften heute noch nicht abzusehen ist. Man darf dabei von den billigen Beispielen ruhig absehen. Es ist selbstverständlich, daß in einer Zeit der Politisierung des gesamten Lebens die politische Geographie und die Geopolitik verstärkten Auftrieb erfahren und neben bedeutenden Arbeiten auch eine Massenproduktion mit sich bringen. Man kann auch absehen von jener selbstverständlichen Verstärkung des wissenschaftlichen Forschens auf solchen Gebieten, die in dem spezifischen Inhalt einer Weltanschauung wurzeln, zum Beispiel der Rassenkunde. Hier handelt es sich gar nicht um eine weltanschauliche, sondern um eine stoffliche Bindung der Wissenschaft, ganz einerlei ob dieser Stoff nun durch eine beherrschende Weltanschauung oder durch andere Momente an den Forscher herangetragen wird. Nicht der Stoff entscheidet, sondern die Fragestellung!

Und dennoch ist eine weltanschauliche Bindung aller Wissenschaften nicht nur eine Tatsache, auch dort, und bei denen die sie verurteilen und mißverstehen — als Beispiel vergleiche Peschels eigene geographische Studien mit seinen Angriffen gegen Ritters „Teleologie", wohl das schönste Beispiel des Kampfes zweier Weltanschauungen in der neueren geographischen Literatur! —, sondern sogar eine ebenso notwendige wie den Gang der Forschung im ganzen bestimmende Voraussetzung wirklich fördernden Schaffens. Bei Kunstwerken leuchtet dieser Zusammenhang ohne weiteres ein; die Bindungen der Kunst des Dritten Reiches an den nationalsozialistischen Geist haben in Hubert Schrade einen feinsinnigen Interpreten gefunden. Schwieriger ist es schon, vor allem für den Zeitgenossen, dort klar zu trennen, wo das gesprochene Wort zum Träger der Mitteilung wird, also jeder leicht „Herr! Herr!" rufen kann, auch wenn er seiner Zeit längst entstorben ist oder ihr nie geboren war.

Es kann nicht unsere Aufgabe sein, in einer Fachzeitschrift dem allgemeinen weltanschaulichen Gehalt unserer Zeit nachzuspüren. Es genügt zu wissen, daß wir, auch in der Wissenschaft, an einem Wendepunkt stehen, eine Erkenntnis, der sich selbst der Abwehrende nicht wird verschließen können. Dieser Umbruch zeigt sich dem Tiefersehenden gerade dort am stärksten und sichersten, wo weltanschauliche Dinge mit keinem Wort berührt werden. Die Schwerpunkte in den Wissenschaften beginnen sich allenthalben zu verlagern. Lange feststehende und mit Recht eingehaltene Grenzen werden gesprengt. Dinge, auf die man solange großen Fleiß verwandt hat, werden plötzlich wesenlos. Ob irgendein Gebirgsstock 25 oder 28 Terrassen hat, läßt uns nachgerade kühl. Nicht in der statischen Analyse von Oberflächenformen, die zueinander in ein relatives Altersverhältnis gebracht werden können oder sollen, wird die Morphologie ihr Ziel sehen, sondern in der lebendigen und vielseitigen Auffassung der Entstehung einer Landschaft. Es wird dabei keine Rolle spielen, ob man mit den Untersuchungsmethoden immer streng „im Fach" bleibt. Allerdings wird die Aufgabe dadurch in der Regel nicht leichter! In welchen öden Schematismus drohte die Siedlungsgeographie auszuarten, bis Gedankengänge wie Gradmanns Steppenheidetheorie ihr eine bisher ungeahnte historische Tiefe gaben. Die Landwirtschaftsgeographie, die Kolonialgeographie mit ihrem fast unbegrenzten Aufgabengebiet, dann aber auch Themen wie die Geopolitik, die Geomedizin, die Geopsychologie, Kunstgeographie und vieles andere, was plötzlich sozusagen zwischen den festgefügten Bohlen der geographischen Systematik herauswächst, zeigt unruhiges Leben, zeigt das für alle Umbruchszeiten charakteristische Hinübergreifen in Grenzgebiete.

Es ist dabei ganz gleichgültig, ob tatsächlich schon einmal in der Geschichte der Geographie irgend jemand etwas zu dem einen oder anderen Problem gesagt hat; es ist auch belanglos, wieviel vom heute in Angriff Genommenen sich als Irrtum erweisen wird. Entscheidend ist, daß es sich hier um eine allgemeine Erscheinung in der Wissenschaft handelt. Ein Blick auf die geologischen Neuerscheinungen läßt erkennen, daß mit der „Einführung in die Geologie" von Cloos ein Werk vorliegt, das sich grundsätzlich von allen ähnlichen Ausführungen der vergangenen Jahrzehnte unterscheidet durch die starke und programmatische Bindung von Geologie und Physik. Es wäre leicht, aus jeder anderen Wissenschaft analoge Beispiele anzuführen.

Wenn gerade in eine solche Zeit wieder eine „Philosophische Erdkunde" fällt mit dem Untertitel „Die Gedankenwelt der Geographie und ihre nationalen Aufgaben", dann wird man nicht ohne Spannung danach greifen.

Die Aufgabe, die sich P. H. Schmidt in diesem Buch stellt, ist in der Tat umfassend und ungewöhnlich. Er betont schon in der Einleitung, daß die Zweigliederung der Geographie in eine allgemeine und eine spezielle zu Recht besteht. Seine Ausführungen möchte er lieber der allgemeinen Geographie zugerechnet wissen, aber sie sollen doch zugleich auch mehr bieten: „Die philosophische Betrachtung des von der Geographie aufgeschlossenen Tatsachenschatzes stellt die Grundfrage nach dem Wesen der geographischen Erscheinungen und erstrebt über die Aufgaben der allgemeinen Erdkunde hinaus eine zusammenfassende Deutung der Erde." (S. 5.) Das heißt aber, was Schmidt hier sagen will, geht über den im engeren Sinne fachlichen Rahmen hinaus, kann nichts anderes sein als der Einbau der geographischen Erkenntnisse in einen Sinnzusammenhang höherer Ordnung und allgemeinerer Geltung, der keiner fachwissenschaftlichen Kritik mehr unterliegt, sondern am Ende doch im Glauben wurzelt. Sucht und formt die allgemeine Geographie ein geographisches Begriffssystem, gewinnt dieses in der regionalen Anwendung in der Länder- oder auch Landschaftskunde konkrete Bedeutung, so erhebt sich über beiden die philosophische Erdkunde und hält über Begriff und Gestalt die Idee. Die tragenden Ideen einer Zeit sind nichts weiter als ihre Weltanschauung.

Peter Heinrich Schmidt stellt sich entschieden auf die Seite derer, die aus innerem Reichtum heraus auch die Erde in ihrer ganzen Fülle sehen, und die aus eigener Lebendigkeit heraus die Erde nicht nur als Forschungsgegenstand, sondern als lebendigen Organismus zu erfassen vermögen. Wie wenig es ihm darauf ankommt, Wissen zu vermitteln, sondern vielmehr Ideen ihr Recht in der geographischen Forschung zu erkämpfen, geht schon aus der Gliederung des Buchs hervor: Die Gestaltung; Das Leben; Der Geist; Der Sinn. Ein paar Grundgedanken kann man als für die Auffassung des Ganzen charakteristisch herausheben. „Alles Geographische ist nur ein Vorgang", aber notwendig und gesetzmäßig in seinem Ablauf. Mit vollen Händen wirft er, wenn auch nur andeutend, Beispiele auf. Die Erdfeste, die Wasserhülle, der Luftkreis, die ganze organische Lebewelt sieht er erfüllt von Kräften und Spannungen, die nirgend Ruhe und Stillstand dulden. Ja, er wagt sogar wieder die uralte Frage, ob nicht das ganze Weltall, alle Gestirne und auch die Erde von einem geheimnisvollen Eigenleben erfüllt, das zu erfassen wir ohnmächtig sind.

Der zweite Grundsatz des Buches ist das alte Wort vom Menschen als Maß aller Dinge. Damit ist der Mensch nicht nur als geographischer Faktor gemeint, der nach dem Maß seiner Einsicht, seiner leiblichen Notdurft oder auch seiner Habgier Tier- und Pflanzenstämme ausrottet, neue Lebewesen züchtet, weiten Erdräumen das Gepräge seiner Wirtschaft oder Mißwirtschaft aufdrückt; sondern es wird bewußt der Mensch als der Wertmaßstab seiner Umwelt herausgearbeitet. Er setzt in der Natur wie in der Wissenschaft Zwecke, und er nutzt sie. Aber seiner unwürdig wäre es, wollte er die Erde nur noch vom Standpunkt ihrer Nutzbarkeit begreifen.

Dem Menschen eigenartig ist, daß er in zwei Welten leben muß: In der räumlich irdischen Umwelt und in seinem Volk. Die Völker sind entscheidend, nicht das Individuum. Viel schwerer zu fassen ist die Kraft, die den Menschen und auch die Völker an den Boden fesselt, und die Art, wie dieser sie beeinflußt. Welcher Art sind die Bindungen von „Blut und Boden"? Wo liegt das Unrecht des „geographischen Materialismus"? „Die meisten Geographen haben allerdings gegenüber diesen Fragestellungen eher eine zu große Zurückhaltung geübt, als zu großen Freiheiten sich hingegeben." Man darf wohl rückblickend hier hinzufügen, daß gerade das meist fruchtlose Suchen nach den unmittelbaren Zusammenhängen zwischen Mensch und Erde und allzu gewagte und nicht erweisbare Behauptungen seinerzeit die Geographie des Menschen in Verruf gebracht haben; wir sind da heute kaum weiter als Herder oder der junge Hegel. Aus diesem Fragenkomplex ist ja auch vor Jahrzehnten der Kampf um den Dualismus in der Geographie entbrannt, den dann Hettner einerseits gegen Gerland, andererseits gegen H. Wagner zugunsten einer einheitlichen, Mensch und Erde gleichmäßig berücksichtigenden Auffassung entschied, allerdings unter der folgerichtigen Beschränkung auf die geographisch nachweisbare gegenseitige Abhängigkeit, wobei sich herausgestellt hat, daß sich vorwiegend mittelbare Abhängigkeiten des Menschen von seinem Boden herausarbeiten lassen, etwa vorhandene unmittelbare Zusammenhänge aber, abgesehen von groben Selbstverständlichkeiten, bisher noch ganz im Dunkeln geblieben sind. Aber trotz dieser Beschränkung bleibt die Anthropogeographie immer noch ein reiches Arbeitsfeld, auf dem auch im vorliegenden Werk wieder Schmidt viel zu sagen hat.

Aber der Verfasser will ja dieses Buch weniger als wissenschaftliche Untersuchung denn als Bekenntnis und seine geographischen Erkenntnisse als Erlebnis aufgefaßt wissen, und er setzt deshalb nicht ohne Akzent das Wort Jean Pauls an den Schluß der Kapitel, die das wissenschaftlich Greifbare behandeln: „Nicht das Hirn, sondern das Herz denkt die größten Gedanken." Sicher kann sich keine naturwissenschaftliche Disziplin dadurch stärker angesprochen fühlen, als gerade die Geographie. Aber es kommt auch keine mehr in Gefahr, als wenn sich Engbrüstige in ihrem Bereich an seine Verwirklichung machen.

Und fragen wir schließlich, was ist der Sinn der Geographie? Schmidt antwortet: Die Erde zu erforschen und zu erkennen, sie in ihrer Schönheit zu begreifen und sie als beglückende Aufgabe hinzunehmen, jedes Volk von seinem Standpunkt aus und mit dem Willen, das sittliche Recht auf seinen Boden zu behaupten und zu bewähren.

Es ist selbst nach diesem kurzen Referat kaum nötig zu sagen, was uns mit dem Buch und seinem Verfasser verbindet, auch wenn es jenseits der Reichsgrenze geschrieben wurde. Aus ihm spricht wieder Begeisterung und Lebensmut, in ihm setzt sich ein ganzer Mensch mit der Gesamtheit seiner Aufgaben auseinander, sieht in der wissenschaftlichen Erkenntnis eine Tat und einen Weg zu neuer Tat und das Wirken und Leben eines Volkes. Die ewigen Ideen Platos, das Wahre, das Schöne und das Gute durchirren hier nicht mehr wie in der Aufklärung eine imaginäre Menschheit, sondern erfüllen sich in der völkischen Gemeinschaft. Forster schildert noch, wie Kapitän Cook auf größeren Inseln Schweine aussetzte und Gemüsebeete anlegen ließ, um durch solche Gaben in den Wilden den schlummernden Trieb zur Gesittung anzuregen. Das ist ein bezeichnender Zug für das sittliche Pathos, das der Aufklärung ihren Auftrieb gab. An der „Menschheit" — was ja auch nichts weiter hieß als am Engländer des 18. Jahrhunderts — wurden die Völker gemessen und bewertet, zu ihm sollten sie gemacht werden. Das blieb im ganzen trotz mancher gewaltiger Vordenker so bis zum Kriege. Auch der alte „Patriot" dachte kaum wesentlich anders. Erst der wuchtende Druck der Völker aufeinander während des Krieges und nach dem Kriege bringt allmählich bei einem Volk nach dem anderen das Bewußtsein seiner Ursprünglichkeit und seines Eigenwerts zum Durchbruch, mitunter so stark, daß darüber das Verbindende, die — jedenfalls innerhalb eines Kulturkreises — gültigen Ideen fast zu sehr in den Hintergrund treten. Hier im Geiste unserer Zeit vom geographischen Tatsachenschatz aus Wesentliches erfaßt und mit sicherem Takt vorgebracht zu haben, ist das Verdienst dieser ›Philosophischen Erdkunde‹.

Nachtrag 1972

Der vorstehende Aufsatz ist aus seiner damaligen Umgebung heraus zu verstehen, einer unübersehbaren vorwiegend schulgeographischen Literatur, die, sich auf die wissenschaftserneuernde Kraft der nationalsozialistischen Ideen berufend, tatsächlich aber nur mit Schlagworten operierend, gegen die „traditionelle, also rückständige Geographie" programmatisch auftrat. Hettner war als „Nichtarier" ohnehin mundtot. Penck hatte sich weitgehend zurückgezogen, Gradmann wurde als „geographischer Materialist und Determinist" angegriffen. Der als „erklärter Antifaschist" bekannte Hans Cloos rief in seinem eigenen Bonner Institut einmal die Polizei gegen Übergriffe einiger SS-Männer zu Hilfe. Der Aufsatz weist auf die viel weiteren Zusammenhänge des damaligen Umbruchs in den Wissenschaften hin, sieht gerade die vom Nationalsozialismus Angegriffenen produktiv und vorwärtstreibend in diesem Umbruch stehen und fragt die engbrüstigen „Herr!- Herr!-Schreier" (Heil Hitler!) nach ihren entsprechenden Leistungen. Der Hinweis auf den Kunsthistoriker Hubert Schrade sollte zeigen, daß nationalsozialistisches Gedankengut konkrete Gestalt annehmen kann und sinngemäß interpretierbar ist, woran es aber in dem sich nationalsozialistisch gebärdenden geographischen Schriften mangelte.

Studium Generale. 5. Jg. 1952, H. 7, S. 410—421

VOM WESEN UND DEN METHODEN DER REGIONALEN GEOGRAPHIE

Von Ernst Plewe

Die Geographie hat angesichts ihres komplexen Forschungsgegenstandes eine ausgedehnte methodologische Literatur entwickelt, der auch aus den eigenen Reihen vielfach mit Unrecht absprechende Ungeduld entgegengebracht wird. In einer abstrakten Welt definierter Axiome, Stoffe, Bewegungen etwa der Chemie oder Physik gibt es die Fülle unterschiedlicher und dennoch vertretbarer, berechtigter Auffassungen nicht, die in der Eigenart vieler Geisteswissenschaften und auch der Geographie begründet sind. Ihre Diskussion ist kein unnützes Anhängsel der positiven Sachforschung. Erst auf dem Umweg über die Gliederung der Wissenschaften nach den Erkenntniskräften (Kant) und über das Problem ihres Bildungswerts (Pestalozzi) hat um 1800 die moderne Geographie sich selbst erfaßt und trat damit in den Läuterungsprozeß ein, der sie ihren logischen Ort im System der Wissenschaften finden und rasch zu bedeutenden Leistungen heranreifen ließ. Der Spannungsreichtum sowohl im geographischen Objekt selbst wie in seinen Auffassungsmöglichkeiten wird immer wieder Probleme aufwerfen, die definitorisch oder normativ nicht zum Schweigen gebracht werden können. Diese Blätter, die mit Absicht vielfach auch alte, fast vergessene Literatur heranziehen, wollen nichts Neues, sondern dem Zweck eines „Studium generale“ entsprechend mehr eine allgemeine Vorstellung von der Problemlage der Geographie bieten.

Der Gegenstand und logische Ort der Geographie

Die historische Situation der Geographie vor etwa 80 Jahren war folgende: Den Boden für sie als Wissenschaft hatte im wesentlichen Carl Ritter geschaffen, der sie auf die „Erdoberfläche und ihre Erfüllung“ als Forschungsgegenstand festlegte und in einer monumentalen Länderkunde von Asien erprobte und festigte. Sehr wesentliche länder- und landschaftskundliche, klimatologische, pflanzengeographische, orometrische, wirtschaftsgeographische u. a. Beiträge A. v. Humboldts erweiterten ihren einer methodischen Bearbeitung zugänglichen Stoff. Dadurch wurde die Geographie aus einem Spielplatz fremder Interessen, Stapelplatz statistischer und kosmographischer Mitteilungen, Archiv mangels Methode unauswertbarer Reiseberichte zu einer gesicherten Wissenschaft entwickelt, die alsbald auch auf viele Nachbarwissenschaften fruchtbar, wirkte. Aber Humboldt und Ritter starben 1859 ohne einen rechten geistigen Erben. Als daher gegen Ende des Jahrhunderts die Geographie an zahlreichen Hochschulen gleichzeitig als Fach etabliert wurde und ihr damit plötzlich aus allen möglichen Wissenschaften Kräfte zuströmten, Geologen, Pädagogen, Mathematiker, Physiker, Biologen (Ratzel), Juristen (Peschel), Philologen, Historiker, setzte eine fast unbegrenzte Thematik und methodische Verwirrung ein. Ihr suchte man, dem Zuge der Zeit entsprechend unter Abkehr von Ritter, zunächst sehr unglücklich von der Methode her durch Ausschaltung des Menschen aus der Geographie und ihre Begrenzung auf die Erde als Naturobjekt zu steuern. Das Forschungsfeld wurde aber dadurch einerseits zu groß, denn die Geophysik mußte sich zu einem selbständigen Forschungsgebiet mit eigenen Methoden entwickeln. Andererseits wurde es aber auch zu eng, denn noch nie seit ihren antiken Anfängen hatte die Geographie darauf verzichtet, den Menschen in ihre Betrachtung einzubeziehen. Ohne ihn gibt es keine Geographie der Siedlung, der Wirtschaft, des Verkehrs, der Politik usf., entfällt also ein höchst wirksamer Faktor in der Gestaltung der Länder. Ohne Bezug auf den Menschen gibt es — etwa in geologischer Vergangenheit — zweifellos Gebiete, Areale, Räume der Gebirgsbildung, der Abtragung, der Sedimentation usw. Gäbe es ohne ihn | aber auch Länder und Landschaften? Dieser immanente Bezug auf den Menschen war Kant, Forster, Ritter, Humboldt stets bewußt. Das ist später mißverstanden, als „teleologische Zweckforschung“ umgedeutet worden und hat sich über Hettner leider zu einem stehenden Vorurteil festgefressen. Wie dem auch sei, jedenfalls wurde nach kurzem Schwanken beides, die Selbstverstümmelung wie auch die Erweiterung auf Fremdgebiete im Sinne einer „Allgemeinen Erdwissenschaft" zugunsten einer fragwürdigen einfacheren naturwissenschaftlichen Methode, aufgegeben. Viel falsche Einschätzung der Geographie (La géographie, c'est le parasite des sciences) stammt aus dieser überwundenen nachklassischen Frühperiode ihrer modernen Geschichte, die im Entscheidenden Hettner methodisch erledigt hat. Im Hinblick auf sein System wird man sich angesichts mancher neuen Aufgaben, die z. Z. Geographen übernehmen — denn die Geographie hat tatsächlich etwas vom Charakter einer Pionierwissenschaft —, fragen müssen, wo es tatsächlich beengt, oder wo man doch bereits auf Nachbargebiete übergreift, die man später wieder aufgeben wird. Umgekehrt wird aber auch ein etwaiger Verächter der Geographie sich entscheiden müssen, ob er die an sie gerichteten Fragen mit übernehmen kann und will. Denn es gibt Fragen, die nur an den Geographen gerichtet werden können. Das wird, unabhängig von aller Theorie, z. B. dann akut, wenn Expeditionen unter Ausschluß des Geographen nur aus Spezialforschern zusammengestellt werden, tagtäglich aber in der Praxis der Schule, wenn dort der gerade methodisch recht schwierige Geographieunterricht, wie so häufig, einer ungeschulten Lehrkraft übertragen wird, die sich fruchtlos mit ihm abmüht, falls sie die Stunden nicht ganz anderen Zwecken widmet.

Das Forschungsgebiet der Geographie ist die Erdoberfläche der Gegenwart. In geologischer Vergangenheit zurückliegende Zustände behandelt als Zweig der Geologie die Paläogeographie; Schnitte in historischer Zeit (historische Geographie) sind Grenzgebiete der Geschichte, Geographie und Botanik geworden. Demnach ist es auch verfehlt, die Urlandschaftsforschung, die Rekonstruktion der Physiognomie von Erdräumen vor dem umgestaltenden Eingriff des Menschen, als zentrale Aufgabe der Geographie anzusprechen, so wertvoll und aufschlußreich sie auch ist. Wie man aber die Erdoberfläche nicht zu eng als Berührungsfläche von Erde und Luftozean auffassen darf, sondern auch die Lebewelt, die unteren Luftschichten als Klimabereich und die bodennahe Erdkruste unter bestimmten Gesichtspunkten mit einbeziehen muß, ist auch der Begriff der Gegenwart nicht zu eng zu nehmen. Vielmehr ist der gegenwärtige Zustand der Erdoberfläche in seiner charakteristischen räumlichen Differenzierung das Erklärungsziel, folglich muß der genetischen Herleitung ein Spielraum in die Vergangenheit eingeräumt werden, den der einzelne Forscher nach seinen Interessen, Fähigkeiten sowie nach der Art seines Forschungsgegenstandes weiter oder enger fassen wird. Geographie ist also nicht eine Wissenschaft von einzelnen Dingen oder Sachgruppen und deren Eigenschaften, zu denen gegebenenfalls auch deren geographische Verbreitung einschließlich deren Begründung gehört. Sie ist also nicht die Wissenschaft vom „Wo" der Dinge, geographische Arealkunde, die vielmehr jede Wissenschaft für ihre Objekte nur selbst betreiben kann. Sondern sie ist Raumwissenschaft, wie die Geschichte Zeitwissenschaft ist. Der Einwand Winklers, jede Dingwissenschaft sei Raumwissenschaft, „weil alle körperlichen Dinge auch räumliche Begriffe sind", seine Forderung nach einer jeweils lückenlosen historischen Landschaftsgeschichte „im Sinne eigentlicher Historik" und seine daraus geforderte Definition der Geographie als Zeit-Raum-Sachwissenschaft dürfte kaum Nachfolge finden. Ihm würde auch Kant widersprechen («Physische Geographie», Ausgabe Vollmer 1801, Bd. I S. 8 ff.):

„Jede eigentliche Naturerkenntnis ist entweder eine besondere, wo die Dinge abgesondert, jedes für sich betrachtet werden, die Naturgeschichte des Pferdes, des Löwen, des Baums u., oder eine allgemeine, wo man sie in einem Ganzen betrachtet, physische Geographie." „Alle Erdbeschreibung, soweit sie ein System sein soll, muß vom Globus, der Idee des Ganzen anfangen und darauf stets Beziehung haben." „Wenn die physische Geographie die Naturdinge, soweit wir mit ihnen in Gemeinschaft kommen, in einem Ganzen beschreibt, so ist sie also kein systema naturae ... der einzelnen Naturdinge. Ein Natursystem, das Linnéische oder ein anderes, zählt alle einzelnen Naturdinge auf, bringt sie nach ... Ähnlichkeiten unter Titel und Klasse. Die physische Geographie gibt vielmehr eine Idee vom Ganzen, dem Raume nach. Sie stellt uns die Naturdinge nach ... den Stellen dar, an welche die Natur die Dinge hingesetzt hat. Sie beschreibt uns den Zustand und die Beschaffenheit der Naturdinge (natürlich dem Raume nach!) zu irgendeiner Zeit, z. B. der gegenwärtigen, und nimmt auf den vorhergehenden Zustand nur so viel Rücksicht, als er die Erklärungsgründe desselben enthält, oder der gegenwärtige Zustand die sichtbare Folge des vorhergehenden ist", d. h. sie ist keine Natur-Geschichte! — Auf diese physische Geographie gründet er dann die politische, die Wirtschafts-, Religionsgeographie sowie die der Sitten, die jeweils in ihrer räumlichen Verschiedenheit und Abhängigkeit von den anderen geographischen Bedingungen zu betrachten sind, „kein unserer physischen Geographie fremder Zweck".

Die Anwendung dieser Idee auf einen begrenzten Raum nennt er „Chorographie (Landschaftsbeschreibung, Gegendbeschreibung, welche gleichsam die Physiognomie einer Gegend schildert)". Sie ist verschieden von der „Ortsbeschreibung oder Topographie". Dann folgen die berühmten Sätze vom Sinn geographischer Bildung:

„Es ist nichts, was den gesunden Verstand der Menschen mehr kultiviert und bildet, als Geographie. Der gesunde Verstand erstreckt sich auf Erfahrungen und nähert sich durch | dieselben. Will man nun seine Erfahrungen nur ein wenig ausbreiten, nicht ganz auf das Fleckchen begrenzen, in dem man geboren wird, so braucht man sogleich ... geographische Kenntnis. Wem diese abgeht, ... hat kein Ganzes, worauf er sie beziehen kann."

Damit ist das Wesentliche noch heute gültig ausgesprochen. Die Geographie beschreibt und analysiert also die einzelnen Dinge, Zustände, Sachgruppen nicht als solche nach den ihnen zukommenden Eigenschaften, übernimmt damit also auch nicht die Verpflichtung zu deren restloser Analyse, sondern sie faßt sie nach ihrem Beieinandersein und Zusammenwirken auf, soweit sie dadurch Räume charakterisieren und differenzieren, Eigenschaften von Erdräumen sind. Wäre dieses Beieinander der Dinge im Raum ein zufälliges Aggregat, so müßte es topographisch zur Kenntnis genommen werden; weist es aber eine Ordnung, d. h. einen Kausalzusammenhang auf, so ist es der Erkenntnis zugänglich, kann sich darauf eine Wissenschaft gründen, die Notwendigkeit besitzt.

Die Zahl der Dinge auf der Erde ist Legion. Gibt es eine Richtschnur ihrer Auswahl für den Geographen? Auch hier belehrt uns Kant. Nur die Dinge gehören in die Geographie, die mit einer Beziehung zur „Physiognomie einer Gegend" in Wechselwirkung untereinander stehen. Hettner nennt das mit anderen Worten die erklärende Beschreibung des Wesens der Länder und Landschaften, wobei zum Wesen alles das gehöre, was man sich nicht andersgeartet oder abwesend denken könne, ohne den Charakter des betreffenden Raums zu verändern; denn diese Änderung vorausgesetzt, würde wiederum Veränderungen an allen anderen Raumeigenschaften hervorrufen, hätte also einen wesentlich anderen Raumcharakter zur Folge. Man kann, ohne weitreichende räumliche Änderungen als Konsequenz, sich nicht Berlin an die Weichsel, den Rhein zur Rhone abfließend, ein Wüstenklima über einem Regenwald denken. Auch die Kultur, soweit sie auf ihrer irdischen Grundlage erwächst und auf diese gestaltend zurückwirkt in Siedlungen, Verkehr, Wirtschaftsformen, Lebensweise usf., gehört ins Bereich der Geographie. Dagegen sind ausgeschlossen alle jene Dinge, Ereignisse, Zustände, Kräfte, die ohne Bezug zu den anderen Erscheinungen der gleichen Erdstelle stehen, in wesentlich anderen Zusammenhängen wurzeln, etwa historische Persönlichkeiten, der Ablauf des historischen Geschehens, die Organisation des wirtschaftlichen, sozialen, politischen Lebens, die technischen Prozesse der wirtschaftlichen Produktion, Gestaltungen der Kunst usf. Es hängt mit dem die Fülle der wesentlichen Erscheinungen eines Raums zu einem Gesamtbild verknüpfenden Charakter der Geographie zusammen, daß sie solchen nicht raumgebundenen Tatsachen gegenüber eine betonte Distanz wahren muß. Unendlich viele Dinge, große und kleine, die „an sich" von allergrößter Bedeutung sein können, interessieren den Geographen nur insoweit, als sie raumcharakterisierend sind, also u. U. gar nicht, so etwa der Inhalt der Uffizien, die Konstruktionsunterschiede der Eisenbahn-Rheinbrücken, der Dom von Köln u. v. a. Ihn geht statt dessen die geographische Lage dieser Städte im weiten Raum, hier Norditaliens, dort Westeuropas an, die Funktionen, die diese Städte auch in ihrer engeren topographischen Lage groß gemacht haben, und er wird dabei Gelegenheit haben, die Masse der Kunstschätze, der Kirchen und Klöster, die Wucht der Profanbauten in richtiger historischer Profilierung (nicht Erzählung) mehr oder minder en bloc zur Beleuchtung dieser geographisch einmaligen Punkte mit heranzuziehen.

Daraus ergibt sich ein Hinweis auf die Größenordnung geographischer Objekte. Als Maximum bietet sich von selbst die Erdoberfläche in ihrer Gesamtheit, als das überall in sich selbst zurücklaufende Kontinuum, zugleich die einzige unzweifelhaft gegebene geographische Ganzheit, in der jeder einzelne Ort nicht nur seinen geometrischen Platz nach Koordinaten hat, sondern auf die er auch in zahlreichen anderen Funktionen (etwa klimatisch, tektonisch) fest bezogen ist. Das Minimum aber ist nicht etwa eine Fläche oder ein Raum, der ein beliebiges Ding umschließt, sondern ein Stück der Erdoberfläche, das nach sinnvollen geographischen Inhalten noch gegen seine Umgebung absetzbar, von ihr unterschieden ist. Dementsprechend unterscheidet in der modernen geographischen Methodik Schmithüsen „Fliesen" als Grundeinheiten im unbelebten Gefüge eines Erdraums, „Naturökotope" im Bereich der biologischen Naturlandschaft und sozialräumliche Grundeinheiten im Bereich der Kulturlandschaft. Hier kann man in der Gliederung nun außerordentlich und damit zugleich methodisch gefährlich weit gehen; denn es gibt „Fliesen" oder auch Ökotope, die man mit einem Schritt überspringen kann. Wie man mit geographischem Takt Ökotope ausgliedert und dadurch einen geographischen Raum in den sinnvoll kleinsten Zellen erfaßt, ihn dadurch aber zugleich in seiner größeren Erscheinungsform als Einheit in der Mannigfaltigkeit charakterisiert, hat in dieser Zeitschrift[1] Carl Troll am Beispiel der Gegend um das untere Aggertal im Bergischen Land kartographisch demonstriert. Denn darin wird man wiederum Kant recht geben dürfen: geographisches Objekt kann immer nur eine größere Vergesellschaftung solcher „Landschaftszellen" sein, nie etwa eine noch so klar umschriebene Quellmulde, ein Termitenhaufen, ein Strandwall usw. Vielmehr wird man eine geographische Einheit immer noch als „Gegend", als „Landschaft" mit einer eigenen Physiognomie, als ein Stück Erdoberfläche, mit dem man noch „in Gemeinschaft treten" kann, müssen ansprechen können. Geographie ist also eine Wissenschaft nicht an sich, sondern für uns. Sie soll uns unsere Umgebung in makroskopischer Sicht beschreiben, kausal erklären und damit zu unserem geistigen Eigentum machen. Dieses aber

[1] Bd. 3, S. 170/1, 1950.

nun nicht im Sinne einer Lokalchronik (das wäre nach Kant „Topographie"), sondern unter steter Beziehung auf die Idee des Ganzen der Erdoberfläche. Jedes Stück der Erdoberfläche ist in seiner geographischen Substanz unvertauschbarer Standort und Ausdruck des Zusammenwirkens sehr verschiedener Kräfte, in jedem Fall solcher der unbelebten, meist auch der belebten und der kulturellen Sphäre, die jede für sich, wie in ihrem funktionellen Zusammenspiel, eine lange Geschichte hinter sich haben, im ganzen also ein höchst verwickelter Komplex.

Damit ist ein Programm der Geographie gegeben, an dem sie prinzipiell festgehalten hat. Hettner hat seine grundsätzliche Übereinstimmung mit Kant betont, auch wenn er (etwa im Gegensatz zu Schlüter, der am Begriff des Bildes, der Physiognomie der Landschaft festhielt) das Gewicht stärker auf das „Wesen" der Länder und Landschaften gelegt hat. Zweifellos Wesentliches, etwa Luftdruckdifferenzen in ihrem maßgeblichen Einfluß auf Wetter und Klima, entzieht sich dem unmittelbaren Eindruck. Umgekehrt wird der Geograph dem mehrfachen außerordentlichen physiognomischen Wandel einer Landschaft unserer Breiten im Lauf der Jahreszeiten keinen entsprechend breiten Raum in seiner Darstellung zubilligen, hier kommt es vielmehr auf begrifflich Wesentliches an, die Länge der Vegetationszeit, Art und Verteilung der Niederschläge, der Früh- und Spätfröste und deren Konsequenzen u. dgl. Auch die so außerordentlich wichtigen Lagebeziehungen von Städten, Ländern zueinander, politische Grenzen und Ansprüche, Sprachzugehörigkeit etwa in völkischen Mischgebieten, selbst so ausgesprochen konkrete Fakten wie das Weltkabelnetz, die Meeresströmungen usw. nehmen kaum bildhafte Züge an. Außerdem kommt im Begriff des Wesens stärker die Tendenz der Geographie, das Bleibende (das sich ja auch in einer Entwicklungstendenz, in Periodizitäten usw. darstellen kann) in der Erscheinungen Flucht zu erfassen.

In der Praxis erweisen sich solche Definitionsunterschiede in der Regel als unbedeutend, enthalten einen fruchtbaren Kern und sind doch wiederum nicht konsequent durchführbar, lassen hier zuviel, dort zuwenig Spielraum; dessen rechtes Maß schließlich der geographische „Takt" bestimmt.

Jedenfalls herrscht grundsätzliche Einigkeit darüber, daß Gegenstand der Geographie nicht jedes Landschaftsbild, wie es sich eben darbietet, das unendlich mannigfaltige Substrat der Erdoberfläche ist. Darin ist außerordentlich viel geographisch Zufälliges und Irrelevantes, was entweder völlig durch das Sieb geographischer Objektivierung hindurchfällt, nicht geographische „Substanz" ist, oder doch nur in starker Generalisierung summarisch oder in gelegentlicher Andeutung zur Darstellung kommt. Die Geographie will keine Enzyklopädie alles dessen bieten, was in einem Erdraum vorhanden ist. Mit anderen Worten: Der geographische Gegenstand ist nicht „gegeben". Vielmehr konstruiert der Geograph über dem Substrat des Gegebenen eines Stücks Erdoberfläche dessen „Wesen" nach den oben erörterten Gesichtspunkten. Dabei werden im Fortschritt der Geographie und ihrer Nachbarwissenschaften immer wieder geographisch bedeutungsvolle Zusammenhänge im bisher geographisch amorph gesehenen Substrat aufgedeckt und der geographischen Substanz bereichernd zugeführt. Umgekehrt hat sie manches Forschungsgebiet aufgegeben, auf dem Nachbar- oder Tochterdisziplinen, sich spezialisierend, zu tieferen Einsichten kommen; hier übernimmt der Geograph gegebenenfalls die für ihn wesentlichen geläuterten Begriffe und Ergebnisse, macht sie seinen Zwecken dienstbar.

Diesem überaus komplizierten Charakter ihres Forschungsgegenstandes entsprechend stützt sich die Geographie auf eine Fülle von Nachbar- und Hilfswissenschaften, ohne jedoch deshalb in deren Quersumme aufzugehen, wie ihr gelegentlich nachgesagt wird. Davor bewahrt sie ihr eigener Forschungsgegenstand und ihr eigenes Forschungsziel, während die geographische Methode der Raumdifferenzierung auch von anderen Wissenschaften angewendet wird, etwa der Hygiene, der Sprachwissenschaft u. v. a. Die Geographie läßt sich auch nicht in das übliche Unterscheidungsschema Geistes- oder Naturwissenschaft pressen, da ihr Objekt die Kräfte aller Kausalitätsformen, der mechanischen, biologischen und geistigen, in sich vereinigt. Dementsprechend setzt ihre erfolgreiche Forschung und Lehre weitgespannte Kenntnisse auf vielen Gebieten und bestimmte Fähigkeiten voraus: räumliches Vorstellungsvermögen, eine analytische Beobachtungsfähigkeit für den Funktionszusammenhang sehr verschiedener Elemente im gleichen Raum und ihre unterschiedliche Abwandlung in anderen Räumen, schließlich die Gabe der Synthese, das Getrennte aus den Elementen heraus in seiner kausalen Verknüpfung wieder so vor den Augen des Lesers aufzubauen, daß diesem die Ge|stalt, das gegliederte Wesen des Erdraums plastisch und zugleich durchsichtig vor Augen steht. Spranger hat diesem Ideal eines Geographen mit einem Blick auf Herder in seiner Übersicht über die Wissenschaften und ihr Tun die Palme gereicht. Es ist schwer zu verwirklichen, denn Geographie läßt sich nie aus der Enge heraus fruchtbar betreiben. Eine organisatorische Verengung würde bereits ihre grundsätzliche Koppelung als Studienfach mit einer fixierten Auswahl von Beifächern, unter Ausschluß anderer, bedeuten, würde im Effekt den Verlust eines entsprechenden Stücks geographischer Substanz aus ihrem Gebäude nach sich ziehen. Denn die Gewichte geographischer Forschung verteilen sich naturgemäß doch nach der Vorbildung. Es ist darum bedauerlich, daß manche Fachzusammenstellungen aus dem Studium der Geographie fast verschwunden sind. Ritter war von Haus aus Kameralist, Historiker und Erzieher, Humboldt Kameralist, Geolog und Techniker; entsprechend verschieden und doch vorbildlich sind ihre geographischen Konzeptionen. Die Schaffung eines „Diplomgeographen" mit möglichst freier Fachzusammenstellung neben dem stark gebundenen Staatsexamen als Abschluß könnte hier erstarrte Grenzen zweckmäßig brechen. Die gleiche geographische Aufgabe nimmt unter der Hand verschiedener Forscher sehr unterschiedliche Gestalt an, wie etwa ein Vergleich aller bedeutenden Landeskunden von Deutschland zeigt. Diese Unterschiede ergeben sich aus Differenzen der Bildung und Überzeugungen, treffen also die Gesamtkonzeption. In ihnen wurzeln auch viele methodologische Probleme. Das aber ist letzten Endes das Charakteristikum von Geistes-, nicht von Naturwissenschaften. Man wird daher wohl im Gegensatz zur vorherrschenden Auffassung der letzten Generationen sagen dürfen: Geographie ist die Lehre von dem komplexen Gehalt der Erdoberfläche, den sie nach Regeln und nach individueller Gestaltung im Bereich der mechanischen und der biologischen Kausalität wie der menschlichen Motivation unter dem Gesichtspunkt ihrer räumlichen Integration und Differenzierung untersucht. Ihr grundsätzlicher Bezug auf den Menschen jedoch — unverwechselbar mit einer verengenden „Zuspitzung" auf ihn —, der schon in solchen Grundbegriffen wie Land, Landschaft, Wesen oder Physiognomie der Länder usw. zum Ausdruck kommt, läßt sie ihrem Standpunkt nach, unbeschadet ihrer oft vorwiegend naturwissenschaftlichen Einzelforschung, stärker den Geisteswissenschaften zuneigen.

Wie die Geographie ein Auge auf das Wesen ihrer Grenzwissenschaften haben muß, so sollten diese sich auch das Wesen geographischer Auffassung vergegenwärtigen, und zwar weniger an Hand methodischer Erörterungen, als durch gelegentliche Lektüre eines der großen Meisterwerke, etwa Partschs Schlesien, Philippsons Mittelmeergebiet, Theobald Fischers Mittelmeerbilder, Lautensachs Portugal, Hettners Rußland, Vidal de la Blache, Le tableau de la géographie de la France, Metz, Die Oberrheinlande, Waibel, Urwald, Veld und Wüste u. v. a., dies aber mit dem Blick auf die Gesamtauffassung unter Hintansetzung ärgerlicher Kritik an Einzelheiten auf eigenem jeweiligem Fachgebiet. Nicht Historiker haben uns die wichtige Unterscheidung kontinentaler, potamischer und thalassischer Kulturen gewiesen, nicht Agrarwissenschaftler den Fundamentalunterschied von Hackbau und Pflugbau erkannt, nicht Geometer und Politiker uns Begriff und Gefühl für den unendlich vielseitigen und schillernden Komplex „Grenze" entwickelt, nicht Meteorologen die Erde in klimatische Räume gegliedert, nicht Botaniker und Zoologen die Verbreitung und Lebensweise von Pflanze und Tier im ökologischen Kausalzusammenhang mit der Erde, auf der sie leben, erkannt. Überall ist hier der die Gesamtheit der Erscheinungen der Erdoberfläche in ihrem Zusammenhang und ihrer Wechselwirkung aufspürende Geograph mindestens vorangegangen. Dieser Blick auf das Ganze hat seinen Sinn und seine Fruchtbarkeit neben der analytischen Kraft anderer Wissenschaften nicht verloren.

Länder- und Landschaftskunde

Kant hat sein geographisches Programm zwar scharf formulieren, nicht aber erfüllen können. Er sieht in seinem Werk, das er nach Sachgruppen, nicht räumlich, aufgezogen hat, vielmehr nur eine „Einleitung“ und „Vorarbeit“[2] zu einer physischen Geographie und erfaßt damit wiederum scharf ein methodisches Problem, das seither immer wieder zur Diskussion gestellt wurde, das der „allgemeinen Geographie“ und ihrer Stellung und Behandlung im System der Geographie.

Eine der frühen klassischen Quellen, in denen die vielfach treffenden theoretischen Gedanken des 18. Jahrhunderts auch praktisch verwirklicht sind, bietet der junge Humboldt[3]:

„... ; es bleibt uns übrig, ein Gemälde von der natürlichen Beschaffenheit des Landes, von der Konstruktion seiner Gebirgsmassen, von den Unebenheiten des Bodens und dem mannigfaltigen Einfluß zu entwerfen, welche diese Unebenheiten auf Klima, Kultur und militärische Verteidigung des Landes ausüben. Bei dieser Darstellung werden wir uns nun allerdings auf allgemeine Resultate beschränken; ausführliche | Naturbeschreibungen gehören in das Gebiet der Naturgeschichte und nicht der Statistik eines Landes (also der Länderkunde nach heutigem Begriff). Wie kann man sich aber einen richtigen Begriff von dem Territorialreichtum eines Staates machen, ohne die Form und Richtung der Gebirge, ohne die Höhen der großen Gebirgsflächen, ohne die wunderbare Temperaturverschiedenheit dieser Tropenländer zu erkennen, in welchen am schroffen Abhang der Kordilleren alle Himmelsstriche gleichsam schichtenweise übereinander gelagert sind.“

Oder in konkreter Anwendung auf den Ackerbau:

„Allgemeine Betrachtungen über die Konstruktion des Erdkörpers und über die physische Einteilung von Neuspanien gewähren nicht bloß ein naturhistorisches Interesse. Sie sind von nicht minderer Wichtigkeit für den Staatsmann. In Frankreich, ja fast in ganz Europa hängen Benützung und landwirtschaftliche Verteilung des Bodens beinahe ausschließlich von

[2] Ausgabe Vollmer, Bd. 3, S. 327. Der der Ausgabe fehlende, von Rink aber berücksichtigte regionale Teil der kantischen physischen Geographie ist wenig originell und methodisch belanglos.

[3] A. v. Humboldt: Versuch über den politischen Zustand des Königreichs Neuspanien. Tübingen 1809, Buch I, Kap. 3, S. 38 und 56/57.

der geographischen Breite ab; in den Tropenländern ... hingegen werden Klima, Natur und Produkte, äußere Gestalt, ich möchte sagen Physiognomie des Landes einzig und allein durch die größere oder geringere Erhöhung über den Meeresspiegel bestimmt. Dieser Einfluß der senkrechten Höhe ist so mächtig, daß der Einfluß der Breite fast gänzlich dagegen verschwindet. Linien, wie sie A. Young und Herr Decandolle zur Bezeichnung der Verschiedenheit der Landeskultur auf gewöhnlichen Karten von Frankreich zogen, können zu ähnlichem Zweck in Neuspanien nur auf Profilen dargestellt werden."

Es folgen nun Höhenangaben für einzelne Pflanzen im Gebiet zwischen 19 und 20° N; Zuckerrohr, Baumwolle, Kakao und Indigo wachsen nur bis zu einer Höhe von 800 m, Pisang gibt über 1550 m keine Frucht mehr, unter 1850 m wächst keine Fichte, steigt aber bis gegen 4000 m auf usf. Daraus ergeben sich hypsometrisch gestaffelte Zonen der Vegetation wie des Anbaus, die einer zusammenfassenden Typisierung zugänglich sind. Auf diesem Forschungsgebiet fühlt sich Humboldt als Geograph: „Mögen meine schwachen Bemühungen einigermaßen das Dunkel aufhellen, welches seit Jahrhunderten über der Geographie eines der schönsten Erdstriche schwebt."

Humboldt und Kant stimmen also in ihrer Auffassung vom Wesen der Geographie als Raumwissenschaft völlig überein. Daher hat Humboldt auch die einer Errechnung, Klassifizierung, Sachanalyse zugänglichen Beobachtungen und Aufsammlungen seiner Reise den Fachwissenschaften überlassen, der Astronomie, Botanik und Zoologie, die geographische Aufgabe aber, die Charakterisierung und Gliederung der durchwanderten Räume nach ihrer dinglichen Erfüllung selbst übernommen. Denn man kann wohl dem Botaniker Herbarien, Samen usw. in sein Laboratorium bringen, nicht aber das geographische Objekt verrücken, das Zusammensein und -wirken der Dinge im Raum, das nach Art und Maß nur der unmittelbaren Beobachtung zugänglich ist.

Nach seiner Reise traf Humboldt in Frankfurt den jungen Carl Ritter, der als Erzieher und Methodiker schon seit längerem mit dem Problem Geographie rang, aber von dem Weiterfahrenen wohl doch erst den Kern der Sache begreifen lernte und, anders als jener, nun auch konsequent Geograph wurde und ihr eigentlicher Klassiker blieb. Sein Hauptwerk, eine rund 24 000 Seiten umfassende Länderkunde von Asien, könnte in der damaligen Form heute nicht mehr geschrieben werden. Aber sowohl in der Gesamtkonzeption wie in zahlreichen Einzelheiten enthält es bisher noch nicht ausgeschöpfte Anregungen und Probleme. Schon die Tatsache, daß die ihm eingestreuten „Anmerkungen", die ihm stilistisch die „Orgel" Thorbeckes (s. u.) ersetzen sollen, durchweg teils als „Beiträge zur allgemeinen Geographie", teils als nicht zur Sache gehörige historische u. ä. Exkurse angesprochen werden, zeigt die verfehlte Blickrichtung. Sie gehören alle zur Sache, stehen jede an ihrem wohlüberlegten Platz und suchen jede, ob sie nun den Tiger oder die Baumwolle, das Zuckerrohr oder den Weg von Heerzügen behandeln, das Wesentliche eines Raums, die Einheit in einem charakteristischen Sektor ihrer Mannigfaltigkeit, zu begreifen:

„Der eigentümliche Gang unserer Untersuchungen, verschieden von allem früheren geographischen Herkommen, in welchen der Leser sich ganz hinein zu versetzen hat, um überall den wahren Zusammenhang, die Ordnung ... wahrzunehmen, und immer höhere Erleuchtung jedes Besonderen *für* und *durch* das Ganze zu gewinnen, ist der, daß wir überall ... nicht von willkürlichen, herkömmlichen, compendiarischen Ab- und Einteilungen und positiv gewordenen geographischen, meist larvenartigen Begriffen ausgehen, welche man vom Allgemeinen auf das Besondere gewöhnlich ganz irrig übertragen hat. Er besteht vielmehr darin, daß wir, von den Maßen und ganz übersichtlichen Anschauungen ausgehend, uns erst überall mit Kritik ganz im einzelnen in den räumlich, naturgemäß, gesonderten Lokalitäten orientieren, um dieses dann in den zusammengehörigen Gruppen, nach den individuellsten Erscheinungen, Verhältnissen und hervortretenden Gesetzen, in den Wirkungen und gleichzeitigen räumlichen Sphären der Kräfte aufzufassen, um, mit dem Verbande der verschiedenen Gruppen, wiederum uns zu allgemeineren Beschreibungen, Verhältnissen, Konstruktionsgesetzen in Beziehung auf das Physikalische und auf die anderweitigen Funktionen jedes Lokales, auf das Organische und Lebendige, zu erheben. Hierzu dient die Anordnung der Paragraphen, deren jeder mit seinen Fortsetzungen, Unterabteilungen, Anmerkungen ein in dieser Hinsicht abgerundetes, dem Wesen nach alle positiven Daten zu *einem* Brennpunkt konzentrierendes Ganze enthalten sollte. Wäre dies erreicht, so müßte ein jeder derselben den wahren Umriß eines nunmehr ... wirklich zu handhabenden Glieds in einem dereinst zu ordnenden *natürlichen System* der Geographie darbieten." (Die Erdkunde, Asien I, 1832, XV f.)

Seither hat die individualisierende Länderkunde als unbestrittenes Kerngebiet der Geographie sich methodisch gestrafft und Formen gefunden. Mit Hilfe des viel angegriffenen, aber dennoch nicht zufälligen oder konventionellen „länderkundlichen Schemas" sowie den immer zahlreicher und treffender gewordenen graphischen Mitteln, vor allem Karten, bewältigt man die Fülle des Stoffs heute leichter als zu Ritters Zeit. Nach einer Erörterung der geographischen Lage des gewählten Gebiets werden nacheinander auf dessen geologischer Grundlage die Ober|flächenformen, Klima, Böden, Gewässernetz, heimische Pflanzen- und Tierwelt, Art der Besiedlung, Landwirtschaft, die Städte im Zusammenhang mit Gewerbe, Handel und Verkehr, endlich als Ergebnis die Volksdichte (natürlich nicht algebraisch-statistisch, sondern wie alle anderen Themen unter räumlichem Gesichtspunkt) besprochen. D. h. ein komplexes geographisches Land wird in seine landeskundlich wesentlichen Elemente zerlegt, die allerdings selbst immer noch höchst komplexer Natur sind und auch untereinander in einem durchlaufenden Verhältnis der Wechselwirkung stehen, in einem Kausalzusammenhang. Im einzelnen variabel, der wissenschaftlichen Herkunft des Forschers ebenso nachgebend wie der Eigenart des gewählten Raums, bildet dieses Schema doch in den meisten länderkundlichen Darstellungen das Gerüst.

In kleinen Räumen besteht überall die Möglichkeit, auf den Kausalzusammenhang dieser Elemente untereinander einzugehen. Wo aber große Gebiete, etwa Erdteile, die Iberische Halbinsel usw., ausschließlich in dieser Art abgehandelt werden, besteht die Gefahr, daß statt der Analyse des örtlichen Zusammenwirkens dieser Grundkomplexe nur deren gegeneinander abgehobene Verbreitungslehren geboten werden. Die Darstellung bewegt sich dann jeweils ganz in der Horizontalen, ohne daß die Vertikale, der Kausalzusammenhang, der zwischen diesen Schichten besteht, herausgearbeitet wird.

Es bleibt die wesentlichste geographische Aufgabe unerfüllt bzw. dem Leser überlassen, sich aus der alle oder doch einen wesentlichen Teil dieser Schichten durchsetzenden „Transparenz" selbst ein Bild ihres inneren Zusammenhangs zu machen. Dennoch ist die Berechtigung des Schemas eine doppelte. Der in einer durchgehenden Wechselwirkung aller Elemente bestehende Komplexcharakter eines geographischen Gebiets muß in ein Nacheinander zerlegt werden, denn die Sprache ist keine Orgel, wie Thorbecke hierzu einmal feinsinnig bemerkt hat.

Nun kann man aber das Klima eines Raums nicht erörtern, ohne eine Charakterisierung der geographischen Lage, der Orographie und Topographie, vorausgeschickt zu haben, ohne die Begriffe wie Luv- und Leelagen, Ozeanität und Kontinentalität usw. usf. im leeren Raum schweben, nichtssagend wären. Umgekehrt wirkt zwar das Klima zurück auf die Terraingestaltung, aber doch im Angriff auf geologisch vorgegebene Formen, etwa Bruchstufen, Hochgebirge u. dgl. Klima, Bodengestalt und Gesteinscharakter bedingen den *Charakter* der Vegetation, wenn diese auch ihrem *Artenbestand* nach in zurückliegenden geologischen Bedingungen wurzelt, die zu erhellen nicht mehr geographische Aufgabe ist. Der Mensch schließlich in seiner Lebensform und Wirtschaft, seinen Siedlungen, Verkehrswegen u. a. paßt sich diesen Naturverhältnissen an, in primitivem Zustand ihnen weitgehend unterworfen, bei gehobener Einsicht und Technik das Spektrum der in ihnen gebotenen Möglichkeiten nach seinen jeweiligen Zwecken (gewitzt, aber auch belastet durch Traditionen aller Art) nutzend. Die Einhaltung etwa dieser Reihenfolge, falls diese richtig als logisch, nicht als „Ausdruck einer einfachen, linear verlaufenden Kausalkette“ (Gradmann) aufgefaßt wird, hat also ihren unleugbaren Sinn. — Ihr mehr äußerlicher, technischer Vorteil besteht darin, daß nichts grundsätzlich Wesentliches vergessen oder unterdrückt werden kann.

Die Besinnung auf diese Ratio länderkundlicher Darstellung bannt die Gefahr der Erstarrung im Schema. Den großen Raum charakterisieren auch große, beherrschende Züge der geographischen Lage, Konfiguration, des Klimas, der Tektonik, teils ihn zusammenfassend, teils ihn gliedernd; Einzelheiten haben ihren Ort erst nach deren Kenntnis. Demnach schickt man heute methodisch der individualisierenden Darstellung eines größeren Gebiets dessen „allgemeine Länderkunde“ voraus und bringt die Fülle des nur für beschränktere Gebiete bedeutsamen Stoffs erst in der untergliedernden „speziellen Geographie" der Länder und Landschaften. Dieser Weg ermöglicht, im Rahmen des Ganzen wie in dessen räumlicher Differenzierung die jeweils wesentlichen Kausalzusammenhänge nachzuweisen und zu einer wirklich konkreten Länderkunde zu verflechten. —

Natürlich gelten auch diese Darlegungen nur für gut durchforschte Gebiete. Wagt man etwa nach einer mehr oder weniger ausgiebigen Bereisung eines wenig bekannten großen Raums dessen länderkundliche Zusammenfassung, wird man sie notgedrungen im Stil einer „allgemeinen Länderkunde" halten, wie es etwa Credner für Siam gehalten hat. Andernfalls bietet man Itinerare, die die ganze Fülle gewissenhafter, aber auch recht heterogener Beobachtungen zeitlich und örtlich fixiert zu späterer beliebiger Auswertung niederlegen. Hiervon besitzt die Geographie eine unschätzbar wertvolle, aber kaum übersehbare Substanzmasse aus Jahrhunderten, die einer Aufschlüsselung, vor allem für die Kulturgeographie außereuropäischer Gebiete in unserer rasch sich wandelnden Zeit, wohl wert wäre. Ihrer kann natürlich auch der Landeskenner nicht entbehren, denn auch ihm sind stets ja nur mehr oder minder kleine Gebiete, Profile seines Gebiets augenscheinlich bekannt. Aus dem Munde eines Kombinationsgenies wie Ritter klingt daher eine gelegentliche Bemerkung nicht paradox, man könne das Wesen eines Landes besser aus der Entfernung, aus dem Studium | jahrhundertelanger Geschichte auf seinem Boden und in seiner Umgebung sowie aus der kritischen Auswertung zahlreicher Reisender beurteilen, als aus allzu großer, durch die Masse des Zufälligen verwirrender und beengender Nähe; Voraussetzung sei nur, daß der Stoff in ausreichender und kritische Vergleiche zulassender Menge zuströme. Die grundsätzlich gegenteilige Auffassung vertritt Otto Lehmann, der in einer Kritik der Länderkunde der Ostalpen von Krebs selbst für ein so großes Gebiet in allen Teilen Originalarbeit auf Grund durchweg eigener Beobachtungen verlangt unter nur vergleichend herangezogener Literaturberufung; acht Jahre Begehungszeit rechnet er Krebs als für diesen Raum hinreichend vor.

Fragt man sich nun nach den Erkenntnisquellen für den immer

apostrophierten durchgängigen Kausalzusammenhang aller wesentlichen Erscheinungen eines Raums, so ist dieser zunächst nur eine Voraussetzung, eine regulative Idee der Vernunft, die aber Wissenschaft, jedes Fragen nach dem „Warum" erst möglich macht. Andernfalls nähme man alles hin, wie es gegeben ist.

Eine große Masse der geographischen Substanz ist als gegeben hinzunehmen, auch wenn sich etwa andere Wissenschaften hier um Kausalzusammenhänge bemühen. Warum und in welcher Vergesellschaftung dieses Erz hier, ein anderes dort vorkommt, ist reines Forschungsgebiet der um die Geschichte der Erdkruste bemühten Wissenschaften, kann von Geographen nur im Ergebnis resümiert werden. Das gleiche gilt auf zahlreichen anderen Gebieten; aus welcher Tiefe und Ursächlichkeit der Geschichte des Lebens der Palmenreichtum bestimmter Tropengebiete stammt im Gegensatz zur Palmenarmut klimatisch ähnlich strukturierter Räume, ist eine Frage nach Woher und Warum, die den Geographen nichts mehr angeht, ja wo er die Tatsache als zum Vegetationscharakter gehörig nur noch en bloc, nicht in den floristischen Einzelheiten aufnimmt. Ganz allgemein darf man wohl sagen: Warum etwas ist oder nicht ist, ist kein geographisches Problem; dieses beginnt erst mit der Erforschung des inneren Zusammenhangs der im Raum vorhandenen Dinge und ihrer räumlichen Differenzierung.

Eine Quelle für die Erkenntnis solcher Zusammenhänge ist die unmittelbare Beobachtung. Wer einen Wolkenbruch, das Zusammenschießen seiner Wässer in Wildbächen, das Abspülen der Hänge, das Einreißen von Erosionsrinnen, den Schutttransport eines im Hochwasser rasenden Gebirgsflusses, abgehender Muren oder Lawinen erlebt hat, dem ist die Zertalung und Abtragung der Gebirge kein grundsätzliches Rätsel mehr. Aber auch in langen Zeiträumen langsam wirkende Kräfte können an ihren Wirkungen unmittelbar erkannt werden, z. B. die Abflachung der Hänge in unserem humide-gemäßigten Klima am Hakenschlagen der verwitternden Gesteine unterhalb der abwärtswandernden Bodenkrume usw. Wer auf eine ungepflegte, von Altwassern durchzogene weglose Talaue inmitten einer wohlgepflegten Kulturlandschaft trifft, dem sagt dieses Nebeneinander, daß hier periodische Überschwemmungen offenbar die Kultivierung der Aue erschweren; umgekehrt wird man aus dem Maß vorhandener Deiche und Dämme auf die Größe abzuwehrender Hochwässer schließen dürfen, auch wenn man ihrer nicht Zeuge sein konnte. Ich versetze mich gleichsam in das Kräftespiel hinein, das in einer Landschaft herrscht oder geherrscht haben mag, und suche es zu entwirren, den einzelnen Kräften bestimmte Wirkungen zuzuordnen. Dabei spielen Arbeitshypothesen, Durchdenkung von Konseqenzen und darauf gerichtete weitere Beobachtungen, die meinen Gedanken bestätigen oder ihm widersprechen, eine nicht mindere Rolle wie das Maß und die Art der in meiner Erfahrung herangetragenen, vorgegebenen Kenntnisse. Das Gewirr der diluvialen Ablagerungen etwa Norddeutschlands konnte man sich noch vor relativ kurzer Zeit nicht anders als durch große Wasserfluten zusammengeschwemmt vorstellen, bis die Kenntnis der Eiswirkungen die gleiche Erscheinung nicht nur zwangloser erklärte, sondern auch eine Fülle bisher unbeachteter Einzelfragen in das neue Bild einzuordnen erlaubte. Daß die Niederschläge auf schwer durchlässigem Gestein in humidem Klima ein Flußnetz erzeugen, ist evident. Beobachtungen aber, daß dieses oft quer durch entgegenstehende Gebirge hindurchfließt, wie etwa der Rhein durch das Rheinische Schiefergebirge, und daß die Talhänge wiederum von Terrassen als Resten ehemaliger Talböden begleitet werden, hat zu sehr wesentlichen Einsichten in das relative Alter von Strom und Gebirgshebung, also in den Mechanismus der Entstehung dieser Landschaft geführt. Hettner nennt diese Methode der Analyse die geographische Interpretation.

Ob es, wie Hettner annimmt, neben dieser geographischen Interpretation noch eine eigene induktive, deduktive und vergleichende *Methode* in der Geographie gibt außer den selbstverständlichen, aber immer nur auf kurzem Weg tragenden und zu jedem Denken gehörenden logischen Verfahren der Induktion, Deduktion und des Vergleichs, erscheint mir zweifelhaft. Daß endlich dort, wo die unmittelbare Beobachtung versagt oder nicht ausreicht, andere Erkenntnisquellen herangezogen werden müssen, Statistiken, alte Landesbeschreibungen, Karten und Pläne, historische Urkunden aller Art usw., versteht sich von selbst. Im engeren Sinne geographisch ist nicht die Arbeitsmethode und das Forschungsmaterial, sondern das Forschungsziel und der Forschungsgegenstand, der erfüllte, in seiner Typik oder Eigenart zu erfassende und zu gliedernde Raum.

Für die Raumgliederung gibt es kein Rezept von allgemeiner Gültigkeit, denn es bieten sich zahlreiche Gliederungsprinzipien an. Eindeutig, wenn auch geographisch kaum je ganz befriedigend, ist die Einteilung nach Staatsgebieten. Abgesehen davon, daß manche politischen Gebilde räumlich nicht zusammenhängen, sind sie gelegentlich auch starken Veränderungen ausgesetzt. Die geographische Berechtigung einer politischen Raumgliederung ist aber doch vielfältig gegeben: Der Staat nimmt erheblichen Einfluß mindestens auf alle anthropogenen Elemente seines Raums; durch seine Verwaltung, seine Zoll-, Wirtschafts-, Verkehrs- und Außenpolitik. Er faßt Gebiete gleicher Währung, gleicher Kultur- und Lebensauffassung zusammen, sammelt für sein Gebiet auch die statistischen Unterlagen nach gleichen Gesichtspunkten, bietet also ein gleichmäßig aufgearbeitetes Material solcher Daten, die der Erhebung durch einen einzelnen unzugänglich wären. Eine auf gewisse Vollständigkeit zielende geographische Untersuchung über politische Grenzen hinweg scheitert nicht selten an der Unvergleichbarkeit statistischer Quellen. (Vgl. Waibel, Rohstoffgebiete des trop. Afrika, 1937.)

Der unleugbare anthropozentrische Einschlag der Geographie aber verlangt auch Rücksicht auf den Leser, dessen bevorzugter Frage nach der Natur und Eigenart von Staatsräumen sie nicht ausweichen darf. Daher sind die meisten sich an eine breitere Öffentlichkeit wendenden länderkundlichen Werke politisch gegliedert, gehen mit Recht erst über die meist unwesentlichen politischen Binnen- und Verwaltungsgrenzen zu einer freieren Raumgliederung nach naturgegebenen oder kulturellen Gesichtspunkten über. Jede Überschätzung der Grenze aber trifft die Abwehr Ritters:

„Jedoch: mathematische Linien als Begrenzungen finden sich nirgends in der Physik, nirgends in der Natur und Geschichte, wo statt der Scheidungen überall ebenso Zusammenhang hervortritt, und mit diesem allseitige Wechselwirkung. Sowenig im tierischen Organismus ein einzelnes Glied, ein einzelnes Organ herausgerissen aus dem physiologischen

Zusammenhang des Ganzen begriffen werden kann in der Wesenheit seiner Natur, sowenig kann ein einzelner Länderteil seinen wesentlichen Verhältnissen nach für sich erschöpfend aufgefaßt werden, wie der herkömmlich zerhackte Zuschnitt der Kompendiengeographie zeigt, da diese es nur mit absolut toten Massen zu tun zu haben glaubt. Wir sehen dagegen in jedem Länderraum nur ein Glied, dessen Erscheinungen und Verhältnisse sich nur aus dem Zusammenhang mit seinen Umgebungen nachweisen lassen, dessen Funktion im besonderen nur aus dem System des Ganzen hervorgehen kann, weil der Erdorganismus eben dieses Ganzen auch gestaltend jedesmal einwirkt auf das Besondere." (Erdkunde 15 a, 1850, S. 12.)

Das damit aufgeworfene Problem der „natürlichen" Gliederung, Grenze, Landschaft usf. ist ein Wespennest geographischer Methodologie. Zunächst muß es sorgfältig getrennt werden von jedem politischen Zweck, jedem Machtanspruch, der sich der biegsamen und vielfach auch fügsamen „natürlichen geographischen" Begründung sehr oft und gern propagandistisch im Gewande objektiver Wissenschaft bedient. Daß ein Staat einen von *Natur* ihm zukommenden Raum zu erfüllen habe, ist ein mystischer, wenn nicht rabulistischer Gedanke, den der Stärkere zu gegebener Zeit dem Schwächeren gegenüber durchsetzen kann. Mitunter fixieren sich politische, völkische, kulturelle Grenzen an schwer überschreitbaren Naturschranken, während von Natur aus so wohlindividualisierte Räume wie Böhmen oder das Pannonische Becken nie völkische und kulturelle Einheiten waren.

Die Idee der naturräumlichen Gliederung ist ursprünglich auch völlig unabhängig von diesem späteren Mißbrauch auf antiker Wurzel als ein typischer Gedanke der Aufklärung entwickelt worden in einem Europa stärkster territorialer Zerrissenheit und Instabilität, der gegenüber hilflos die alte politisch-statistische Erdbeschreibung nach einem neuen „natürlichen" Gliederungsgrundsatz suchte. Sie glaubte ihn in den Stromgebieten, begrenzt durch Wasserscheiden, zu finden; dabei wurde bis ins frühe 19. Jahrhundert hinein angenommen, daß diese Stromgebiete nicht nur eindeutig durch Bergländer (die a priori auf topographischen Karten konstruiert wurden) begrenzt seien, sondern auch einen gemeinsamen, sie individualisierenden geographischen Inhalt hätten, ein besonderes Klima, eine charakteristische Vegetation, ihre kulturelle

Eigenart usw. Aus dieser Sphäre stammt der Begriff des „Geographischen Individuums“, der über die Romantik (Ritter) mit wesentlich anderem Gehalt nie recht geklärt bis in die Geographie der Gegenwart reicht. Nur von dieser, unter den europäischen Gebildeten weitgehend akzeptierten Wasserscheidengeographie aus kann man den erschütternden Eindruck der Durchschiffung der Bifurkation des Cassiquiare durch Humboldt richtig würdigen, den Eifer verstehen, mit dem jede neu entdeckte Bifurkation kartographisch publiziert wurde. Hier stürzte mit einer allzu rasch gezimmerten, aber der Aufklärung entgegenkommenden geographischen Theorie tatsächlich eine Welt zusammen. Der „charpente du globe“, das „Erdgezimmer“, Vorbild und Maßstab, ja geradezu Naturgewand einer Weltordnung, erwies sich als ein Kartenhaus. Die „Reine Geographie“ — so nannte sich diese Richtung — war damit tot.

Nicht aber gestorben ist ihre Grundforderung einer Gliederung der Erde nach Prinzipien, die unab|hängig sind vom Wandel politischer Grenzen, nach Möglichkeit der Natur selbst abgelauscht werden sollen. Nur eine Grenze hat absoluten Charakter: die von Land und Meer. Deren Durchdringung erlaubt eine erste horizontale Gliederung.

Zwar läßt sich auch die scheinbar grenzenlose Meeresfläche nach geographischen Gesichtspunkten auffassen, kausal beschreiben und gliedern (G. Schott, Bartz, Lautensach u. a.), aber zum konstanten Problem wird die Raumgliederung doch erst auf dem Lande. Einen Raum gliedern heißt, bestimmte Gebiete nach der Zusammengehörigkeit ihrer geographischen Substanz zu einer Einheit zusammenfassen und diese gegen unähnliche Gebiete abgrenzen. Einteilungskriterium kann jedes Element bieten, das am Aufbau von Ländern und Landschaften wesentlich beteiligt ist. Aber nur selten werden alle diese Elemente untereinander übereinstimmende Grenzen zu ziehen, also einen Raum seinem Gesamtinhalt nach eindeutig nach allen Seiten gegen seine Umgebung abzuheben, erlauben. Selbst die so klar individualisierte Stromoase des Nils ist klimatisch von den umgebenden Wüsten nicht unterschieden, wird also in ihrer Eigenart nur durch einen Teil selbst der wesentlichsten Landschaftselemente bestimmt, wobei hier sogar die Fernwirkung eines weit entlegenen Gebirgs- und Klimagebietes ausschlaggebend ist. Demnach ist eine die ganze Erde erfassende Gliederung nach unterscheidenden Merkmalen der geographischen Substanz nur in zwei Richtungen möglich:

1. die eigentlich länderkundliche Gliederung unter Berücksichtigung *aller* geographisch wesentlichen Raumelemente, wobei man wertend mal dieser, mal jener Elementengruppe individualisierenden Wert zubilligen muß. Im allgemeinen werden die beiden durchschlagendsten, Klima und Bodengestalt mit ihrem weitreichenden Einfluß auf Vegetation, Hydrographie, Böden, wirtschaftliche Nutzungsmöglichkeiten usw. dabei ausschlaggebend sein, gelegentlich aber auch andere. Dieses Prinzip ist zweifellos berechtigt, trotz des dagegen vorgebrachten Einwands der letzten Endes eklektischen Auswahl der raumindividualisierenden Dominanten. Tatsächlich ist ja auch die sehr große Mannigfaltigkeit unterschiedlicher Erdräume ihrer Wesensart nach nicht einem einzigen unterscheidenden und bestimmenden Prinzip unterzuordnen. Man sucht vielmehr Kerngebiete von ausgesprochener Eigenart auf, sucht deren dominierende Eigenschaften und deren Rückwirkung auf den übrigen Landschaftsinhalt in ihrem Wesen zu begreifen und wird schließlich mit „geographischem Takt" diesen Raum nach außen begrenzen, Übergangsgebiete, „periphere" Landschaften zu einem neuen Kernraum mit anderen Eigenschaften herausarbeitend.

2. Sehr viel einheitlicher wird die Gliederung, wenn man nur einen Teil der geographischen Substanz berücksichtigt, vom Rest abstrahiert. Das läßt sich im Rückgriff bis auf einen einzigen Faktor, etwa Jahresisothermen, -niederschläge, Frühlingseinzug, Verbreitung bestimmter Pflanzen, Tiere, Rassen usw. durchführen und ergibt begrenzte Verbreitungs-„Gebiete" (nicht Landschaften!) die auch begrenzte Vergleichbarkeit untereinander aufweisen, allerdings — und das wird oft nicht beachtet — nur im Rahmen der Definition des Geofaktors. Einer Jahresniederschlagskarte der Erde ist nur die durchschnittliche Höhe des jährlichen Niederschlags zwischen zweckmäßig gewählten Schwellenwerten zu entnehmen, nicht aber, in welcher Form (Schnee, Landregen, Platzregen, Tau usw.), in welcher Zeit (perennierend oder periodisch), bei welchen

Temperaturen (Verdunstungsfaktor), auf welches Gestein (Versickerungsmaß), mit welchem Unsicherheitsfaktor usw. usf. er fällt. Wie der Tiger in den peripheren Randgebieten seiner Verbreitung ökologische Sonderformen aufweist, hat der „larvenhaften Allgemeinbegriffen" so abholde Ritter wohl erstmals als Beispiel tiergeographischer Untersuchungen nachgewiesen. Man darf sich also selbst den Inhalt derartiger Verbreitungsgebiete (wie ihn Atlantenkarten darstellen) nicht zu einheitlich vorstellen, vielmehr ändert auch er sich mit dem Wandel der anderen, ihn beeinflussenden Geofaktoren von Gebiet zu Gebiet, hier rascher, dort langsamer.

Weit schwieriger wird die Aufgabe bereits, wenn man eine ganze Anzahl solcher Geofaktoren zu Raumbegriffen höherer Ordnung zusammenzufassen sucht, etwa aus allen klimatischen Einzelfaktoren heraus die Erde oder einen bestimmten großen Raum in Klimagebiete gliedert. Das ist nach einheitlichem Prinzip bereits nicht mehr möglich, vielmehr wird man die räumliche Integration der Einzelfaktoren in möglichst treffenden und wesentlichen Klimagebieten zusammenzufassen und zu benennen suchen. Ob man hierbei (wie Hettner) nach länderkundlicher Methode das Ganze überschauend, nach unterschiedlichen Dominanten genetisch gegliedert, oder wie Köppen stärker nach Schwellenwerten von Temperatur und Niederschlag, bleibt sich im Effekt trotz aller theoretischen Unterschiede ziemlich gleich. Die Klimakarten der verschiedensten Autoren gehen im Ergebnis wenig auseinander. Der Grund dafür liegt eben in dem durchgehenden Kausalnexus, vor allem zwischen Klima und Pflanzenleben, der schon de Candolle zu seiner klimatischen Gliederung der Pflanzenformation veranlaßt hat. Extreme Trockenheit erzeugt Wüsten, periodische Steppen usw. Man kann also eine sinnvolle Aufstellung von Klimaräumen ohne Rücksicht auf kli|matische Konsequenzen in anderen Naturbereichen gar nicht durchführen, kommt demnach unabhängig von unterschiedlichen theoretischen Ausgangspunkten doch zu ähnlichen Resultaten. Dieser Kausalnexus zwischen den einzelnen Geofaktoren (Klima, Höhenlage, Pflanzenwelt, Tierwelt usw.) bringt im großen gesehen doch eine auffallende Gleichsinnigkeit in ihrer aller Gliederung und ermöglicht, Räume der Zusammengehörigkeit im

Wechselspiel der Geofaktoren auch zusammenzufassen, wobei die Frage der Begrenzung von untergeordneter Bedeutung ist, dem subjektiven Ermessen hier mehr, dort weniger Spielraum läßt.

Da es keine zwei Räume gibt, die einander gleich sind, wohl aber solche, die sich in wesentlichen Zügen ähnlich sind, kann die Herausarbeitung solcher Gebiete zwei Zielrichtungen haben: entweder individualisierend gerade die einmalige Eigenart jedes einzelnen Raums (Ägypten) herauszustellen, oder — die rein individuellen Züge unterdrückend — das Typische, in ähnlichen Räumen Wiederkehrende herauszuarbeiten (Stromoasen). Island ist einmalig; der von dieser Insel verkörperte Typ der subpolaren Wiesenländer kehrt mehrfach auf der Erde wieder. Das gleiche gilt vom Amazonasurwald (immergrüne tropische Regenwaldländer), dem europäischen Mediterrangebiet (Winterregengebiete) und vielen anderen. Gerade diese Wiederkehr typischer Landschaften mit analoger physiographischer Erfüllung läßt fruchtbare Vergleiche, etwa die Extrapolierung einzelner Geofaktoren in zwar unterschiedlichen aber ähnlichen Gebieten als Forschungsmethode dieser dem Experiment ja weitgehend entzogenen Wissenschaft, zu. Selbstverständlich kann auch durch eine entsprechende innere Gliederung, etwa des Mediterrangebiets, dasselbe erreicht werden, etwa durch Vergleich tiefliegender Gebiete mit hochliegenden, küstennaher mit kontinentalen usw. Der systematisch durchgeführte Vergleich, im gleichen Raum im Wandel der Zeit, in unterschiedlichen Räumen deren Vergleich untereinander sowie die unmittelbare Beobachtung sind ja die eigentlichen Forschungsmethoden der Geographie. Ihre Aufgabe ist es nicht, etwa Pflanzenphysiologie oder Pflanzensoziologie zu treiben, aber sie verfolgt z. B. eine Pflanzenformation, z. B. den laubabwerfenden Wald der gemäßigten Breiten, durch die verschiedensten Klimagebiete, orographische und geographische Lagen, stellt Abwandlungen seiner Zusammensetzung, den Ausfall etwa vorher bestimmender Bäume bei Überschreitung gewisser Klimagrenzen fest und zieht daraus ihre Schlüsse.

Starken Auseinandersetzungen innerhalb der Geographie selbst, wie insbesondere Angriffen von historischer Seite, ist die Anthropogeographie ausgesetzt. Hat der Mensch kraft seiner Freiheit die

Möglichkeit, sich seine kulturelle Welt zu gestalten wie er will, oder unterliegt er dem gleichen Naturzwang wie die übrige biologische Welt? Zwischen diesen Extremen schwanken die Auffassungen.

Selbst ein so hervorragender Geograph wie F. v. Richthofen meinte, die Anthropogeographie verlöre mit fortschreitender Technik zunehmend an Bedeutung. Tatsächlich liegen die Dinge doch sehr viel verwickelter! Zweifellos einem enormen Naturzwang unterliegen primitive Kulturen, vor allem soweit sie okkupatorisch und ziemlich passiv hinnehmen müssen, was ihnen die Natur an Gaben liefert (Sammelwirtschaft, Jagd, Fischfang usw.), aber auch an Widerwärtigkeiten entgegenstellt. Geht der Mensch zur Produktion über, bricht er damit bereits den Naturzwang, bleibt aber an Naturbedingungen gebunden, etwa den Jahreszeitenwechsel mit allen seinen Konsequenzen auf Anbau, Kleidung, Hausbau, Ernährung, Arbeitszeit im Freien, Art und Form der Viehhaltung, des Bergbaus usw. usf. Leopold von Buch nannte die weit verbreiteten sterilen Buntsandsteinböden Deutschlands Nationalunglück, und deutete damit ihre einer intensiven Kultur und Verdichtung der Bevölkerung widerstrebende Eigenart an. Es ist typisch für nicht ausgewogene junge Kolonialkulturen, daß sie mit der Natur häufig umgehen wie mit einem restlos beherrschbaren Substrat, die feinen Unterschiede der örtlichen Naturbedingungen nur allmählich kennen- und beachten lernen und dabei gelegentlich schwere wirtschaftliche Schäden erleiden. Im Gegensatz dazu sind alte Kulturen erfahrener, passen sich den örtlichen Bedingungen weit feiner und zweckmäßiger an, so die europäische oder die ostasiatische. Was aber fortschreitende Technik in ihnen erreicht, ist weniger eine Lösung von den Naturbedingungen als die fortschreitend engere Anpassung an sie, da der steigende Verkehr den Austausch und damit örtlich die Intensivierung der jeweils vorteilhaftesten Produktion fördert. Der einst weitverbreitete Weinbau ist auf Vorzugsgebiete zurückgezogen, in denen er alle anderen Kulturen zurückgedrängt hat. Andererseits strebt die moderne Verkehrswirtschaft aber auch danach, Produktionsmöglichkeiten zu verifizieren durch Übertragung, etwa des südamerikanischen Kakaos, der eurasiatischen Getreidearten, des amerikanischen Maises, des südostasiatischen Reises, des Schafs, des Rinds usw. in analoge Klimagebiete in aller Welt. Durch zweckmäßige Zucht und Sortenwahl, durch künstliche Bewässerung oder Dränage lassen sich manche Naturgrenzen für Anbau und Viehhaltung in vorher unzugängliche Räume hinein erweitern. Aber sie lassen sich nicht sprengen. Nicht Willkür gegenüber der Natur, son|dern Erkenntnis der Naturbedingungen auf Grund von Erfolgen oder Rückschlägen und dementsprechend zweckmäßige Ausnutzung aller Möglichkeiten ist das Ziel der Naturbeherrschung, spiegelt sich entsprechend wider in der „Harmonie", die in der Raumerfüllung der ungestörten Naturlandschaft besteht, in der Kulturlandschaft durch Abstimmung der Zwecke und Mittel auf die gegebenen Bedingungen schöpferisch angestrebt wird oder doch werden sollte.

Wo sich also die Kultur unmittelbar auf die Natur stützt, ist die wechselseitige Abhängigkeit handgreiflich. Aus der Naturlandschaft entsteht die Kulturlandschaft, in der jene transparent bleibt. Unsere mitteleuropäischen Laubwälder sind größtenteils gerodet, Ackerland geworden; auf die ungünstigen Böden und klimatisch benachteiligten Areale der borealen Nadelwälder rückt der Ackerbau nur zögernd und örtlich vor und bleibt dort arm und dürftig. Eine Fülle von Zusammenhängen ist also zwischen Mensch und Erde gegeben, nicht nur mechanischer und biologischer, sondern auch teleologischer Natur. Der Mensch verfolgt in der Natur mit seiner Technik (die in allen Kulturen verschieden ist!) seine Zwecke und stößt dabei auf die verschiedenartigsten Möglichkeiten, die er nutzt, aber auch auf Grenzen, die er auf die Dauer nicht überschreiten kann, die indes im Lauf der Geschichte der Technik auch recht wandelbar sind (z. B. Standortverlagerungen der Industrie, des Bergbaus usf.). Physiogeographisch stark unterschiedliche Räume werden demnach in der Regel unter gleichen technischen Bedingungen auch kulturell deutlich unterschieden sein. Der Kausalnexus läuft in wesentlichen Elementen also durch von der Natur bis zur hochentwickelten Technik. Die Natur bietet dem Menschen die Grundlage begrenzter Möglichkeiten zu einer Kulturentfaltung, in die er sich finden muß, die im schroffsten Fall, man denke an die 14 Millionen qkm Antarktis, auf Null herabsinken, seine

Existenz überhaupt ausschließen, aber selbst im günstigsten Fall nicht unbegrenzte, nur Wahlfreiheit zulassen. Jede Karte der Hektarerträge auf unterschiedlichen Böden, in unterschiedlichem Klima, der Transportkosten zwischen verschiedenen Orten zeigt überzeugend solche Grenzen, die mit Hilfe der Technik zwar hie und da hinausgeschoben, nicht aber aufgehoben werden können. Das sind Kausalitäten, und zwar wechselseitige, denn wie die Natur dem Menschen bestimmte Handlungsmöglichkeiten, von Landschaft zu Landschaft wechselnd, darbietet, so verändert der Mensch seinerseits diese Landschaft in verschieden hohem Maß und mehr oder weniger sinngemäß zwischen den beiden Extremen einer im höchsten Maß den beabsichtigten Zwecken und dargebotenen Mitteln angepaßten Kulturlandschaft und der kurzsichtig und habgierig völlig verwüsteten, unproduktiv gewordenen Raublandschaft. Ihnen steht der Geograph immer mit zwei Fragen gegenüber: 1. was ist hier geworden, und 2. was war oder ist hier bezweckt? Daß man sehr viele Erscheinungen einer Kulturlandschaft nur mit aus den zugrunde liegenden Zwecksetzungen verstehen und beurteilen kann, ist der vielfach einer rein naturwissenschaftlichen Methodologie verhafteten deutschen Geographie häufig noch ein fremder Gedanke. Im oberflächlichen Rückblick auf eine nie überwundene, durch Peschel und seine Schule in der zweiten Hälfte des 19. Jahrhunderts nur niedergeworfene Periode ihrer Entwicklung schreckt sie vor dem bloßen Wort „teleologisch" zurück, das ihr fast ausnahmslos nur als Synonym für „physiko-theologisch" erscheint, begibt sich damit aber mancher wertvollen Einsicht in ihre eigenen und praktisch unendlich oft angewendeten Forschungsprinzipien[4].

Selbstverständlich stimmen Staaten mit von Natur einheitlich ausgestatteten Räumen in der Regel nicht überein, suchen vielmehr die in ihnen gegebene Enge der Entwicklungsmöglichkeiten im Ausgriff auf andersartig struierte Gebiete zu überwinden, sofern sie nicht aus ganz anderen Tendenzen heraus sich ausdehnen. Gerade die wechselseitige Abhängigkeit sehr unterschiedlicher Natur-

[4] Vgl. hierzu das aufschlußreiche Werk von N. Hartmann: Teleologisches Denken. Berlin 1952.

und Wirtschaftsgebiete voneinander in einem Staatswesen kann zum höchst wirksamen Faktor des Staatszusammenhalts werden (Moltkes „Briefe aus Rußland", hier vom 28. August 1856). Es kommt nun bei der Betrachtung von Räumen darauf an, worauf man den Blick fixiert. Beachtet man mehr die ökologischen Zusammenhänge und Differenzierungen, wird man a priori auf naturräumliche Einheiten — auch in der Kulturlandschaft! — gedrängt werden. Sieht man schärfer die Entwicklung historischer Raumbildungen, dann treten jene als untergeordnet zurück hinter der Raumauswirkung politischer Fakten. Das sind zwei ganz unterschiedliche Gesichtspunkte, aus deren unterschiedlicher Bewertung sich manche Differenz zwischen Geographen und Historikern, oder sachlich gesprochen, zwischen ökologischer und historischer Raumgliederung und Raumbenennung ergibt.

Studien über D. Anton Friederich Büsching

Von Ernst Plewe, Heidelberg

Noch der alte Carl Ritter hegte für Büsching eine Verehrung und Wertschätzung, in der ihm die spätere Geschichte der Geographie nicht mehr gefolgt ist. Dieser erschien er als ein unsteter, ruheloser, wenn auch fleißiger Mann, der die Geographie ebenso zerfahren neben vielerlei anderen Dingen betrieben habe, die er zweckmäßiger hätte bleiben lassen. Er soll die Geographie der Geschichte und Statistik als deren Hilfswissenschaft untergeordnet und ihr damit ihren selbständigen Charakter genommen haben. Ohne Sinn für geographische Zusammenhänge habe er nur ein verworrenes Tatsachenaggregat liefern können. Den Naturwissenschaften fernstehend, sei es seine Schuld, daß die Geographie erst spät und nach seinem Tod ihr allein tragfähiges und somit selbstverständliches naturwissenschaftliches Fundament gefunden hat. Aber auch in der Statistik habe er sich oft leichtgläubig dupieren lassen, soweit seine Zahlen nicht überhaupt aus der Luft gegriffen seien. Als Forscher sei er ohne Originalität seinen Vorläufern gefolgt und habe sich jede tiefere Einsicht durch seinen extremen Nützlichkeitsstandpunkt verbaut. Erstaunlich sei bei dem allem nur, daß seine breit ausgewalzten, gedankenlosen und verworrenen Kompendien Verleger und Leser gefunden haben[1].

Diesem trüben Bild vom Start der modernen regionalen Geographie stehen jedoch recht bemerkenswerte Tatsachen gegenüber. Büschings „Neue Erdbeschreibung", auf die sich diese Urteile fast ausschließlich gründen, liegt (ohne Kurzausgaben) nicht nur in acht bändereichen, von ihm selbst stets bei dem gleichen Verlag in Hamburg besorgten Auflagen vor[2], sondern ist auch gegen seinen Willen, so in der Schweiz[3], nachgedruckt, und endlich in viele Sprachen übersetzt worden, so alsbald ins Englische und Niederländische, ins Französische[4], Italienische[5] und ohne sein Zutun ins Russische[6]. Darüber, daß er in umfänglichstem Maß mit und ohne Namennennung ab- und ausgeschrieben wurde, zeugen die Klagen und sein Kampf um das

---

[1] Eine Schilderung seines Lebens in Lautensach-Festschrift, Stuttgarter Geographische Studien, Bd. 69, Stuttgart 1957.

[2] Im einzelnen im Lit.-Verzeichnis in Lautensach-Festschrift S. 120.

[3] 11 Bände und Registerband, Schaffhausen 1766—1769.

[4] Straßburg 1768—1780 als „Géographie Universelle". Die einzelnen Bände sind nach Erscheinen in den „Wöchentlichen Nachrichten von neuen Landcharten, geographischen, historischen und statistischen Büchern und Sachen" (im folgenden W. N. abgekürzt) angezeigt, der letzte Band Jg. 8, 1780, S. 214.

[5] 20 Bände „in größtem Oktavformat", Venedig 1773—1777 mit einem „Atlante novissimo" 1775ff., von dem 1778 30 Blatt vorlagen. W. N. 1778, S. 134/35 und 137—140.

[6] Druckerei der Kaiserl. Akademie 1770ff., vgl. W. N. 1773, S. 238.

geistige Urheberrecht wohl in jedem Band seiner „Wöchentlichen Nachrichten". Endlich sind von dritter Seite Atlanten[7] und Karten zu und nach seinem Werk erschienen. Kurzum, sein Hauptwerk hat s. Z. eine Breitenwirkung gehabt, die kaum mehr abschätzbar ist, und die einer geographischen Darstellung handbuchartigen Charakters seither nicht wieder beschieden war. Wir haben z. B. keinen Grund, daran zu zweifeln, daß seine „Neue Erdbeschreibung" bei Joseph II. stets greifbar auf dem Schreibtisch stand[8]. Es müssen aber auch sehr breite Schichten des gebildeten Europa sich ihrer ständig bedient haben, denn anders ist ihre hohe Auflagenzahl unerklärlich. Er galt überdies international als Autorität ersten Ranges, wurde als Schiedsrichter, Treuhänder und Kritiker in wissenschaftlichen Fragen und Polemiken[9] angerufen, was noch ungleich bedeutsamer ist, als nur der Verfasser eines viel aufgelegten und weit verbreiteten Werks zu sein, worin er etwa mit Hager oder Hübner auf eine Stufe gestellt werden könnte. Das alles nötigt aber doch zu der Frage, ob die seit langem traditionelle Mißachtung seiner Leistungen nicht mehr zu unseren, als zu seinen Lasten geht, auf Mißverständnissen beruht. Dabei kommt es weniger auf eine fragwürdige „Ehrenrettung" an, als auf die Bestimmung des Wesens eines bestimmten Punktes unserer Wissenschaftsgeschichte.

Die Geschichte der Geographie sollte doch auch stutzig werden ob der Tatsache, daß dieser Mann, der sich selbst stets einen Geographen genannt hat, in jeder Geschichte der Statistik mit einer Hochachtung und Ausführlichkeit behandelt wird, die in Einzelheiten wie im Ganzen unserer geographischen Bewertung widerspricht.

Endlich ist Büsching aber keineswegs nur der Verfasser der „Neuen Erdbeschreibung"; neben zahlreichen anderen Originalarbeiten hat er vor allem in seinen „Wöchentlichen Nachrichten" das geographische Schrifttum und Kartenwesen seiner Zeit nicht nur verfolgt, bekannt gemacht und oft von hoher Warte kritisiert, sondern auch vielfach unmittelbar gelenkt und befruchtet, ein Faktum, das ganz vergessen scheint.

Jener Kreis endlich, den man wohl mit recht die „Büschingschule" nennen darf, und der sehr achtbare Leistungen und keineswegs nur „Epigonen" aufzuweisen hat, ist uns selbst den Namen nach entschwunden. Die Geschichte der neueren, auf die

[7] U. a. F. von Reilly: Schauplatz der fünf Teile der Welt mit beständiger Rücksicht auf die besten Originalwerke in drei Teilen zusammengetragen von einer Gesellschaft Geographen nach und zu Büschings Großer Erdbeschreibung, hg. von Reilly. Teil I, Wien 1789, 94 Karten, 3 Wappentafeln, 2 Blattanzeiger. Sotzmann, D. F.: Ankündigung eines neuen Atlasses zu der Erdbeschreibung des Herrn Dr. F. Büsching, 30 Blatt, in: Cranzler: Neue wöchentliche Nachrichten I, Göttingen 1788, S. 607. Einzelkarten sind selbstverständlich sehr viel zahlreicher erschienen und in den W. N. angezeigt.

[8] Mitteilung in seiner Autobiographie, 1789.

[9] Etwa in der Auseinandersetzung der gleichzeitigen Erfinder des Letterndrucks in der Kartographie, d. s. Breitkopf in Leipzig, A. G. Preuschen in Karlsruhe und W. Haas in Basel. Die historische Darstellung bei Max Eckert, Kartenwissenschaft I, 1921, S. 80, müßte nach Büschings Darstellungen, der die Unterlagen aller Parteien zugrunde lagen (W. N. 1777 und 1778) korrigiert werden. Büschings Vorschlag, nach diesem billigen Verfahren einen Reiseatlas und einen Schulatlas zu drucken, wurde aufgegriffen; Preuschen und Haas wollten den Reiseatlas, Breitkopf den Schulatlas drucken.

letzten Kosmographien folgenden Geographie eilt leider mit großen Sprüngen, oft nur flüchtig mißverstandene oder mißverständliche Zitate aufraffend, von einer markanten Persönlichkeit zur weit entfernten anderen, vernachlässigt die Arbeiten auf Grenzgebieten, bleibt damit aber zusammenhanglos und tarnt die eigene Unsicherheit hinter absprechenden Werturteilen. In der Regel sucht sie nicht einmal einen historisch vertretbaren Standpunkt, sondern tritt an ihren Gegenstand entweder im Rahmen akuter methodischer Kontroversen heran, oder auch mit jenem naiven Fortschrittsglauben, dem alles als Irrweg erscheint, was nicht geradlinig auf spätere Interessen und Forschungswege zielte.

Wenn im folgenden versucht werden soll, das geographische Bemühen jenes Mannes zu umreißen, der in vieler Beziehung am Anfang der modernen Geographie steht, kann nur eine sehr lückenhafte Skizze geboten werden. Den großen Stoff in seinem Gesamtumfang aufzuarbeiten, fehlte die Muße, fehlt hier aber auch der Raum. Vielleicht regt sie aber doch an, die interessanten Fundamente zu untersuchen, auf denen die klassische Geographie steht.

Wie kam Büsching überhaupt zur Geographie? Als junger und ursprünglich ganz vorwiegend dogmatisch und altsprachlich interessierter Kandidat der Theologie, wurde er fast zufällig mit den damals gebräuchlichsten geographischen Büchern von Hager und Hübner bekannt, als er 1749 von Halle nach Petersburg reiste, wo er eine Hauslehrerstelle wahrzunehmen hatte. Hierbei lernte er ihre „große Unbrauchbarkeit" aus Erfahrung kennen und beschloß alsbald eine „Neue Erdbeschreibung" zu verfassen „so richtig und brauchbar, als sie nur vermittelst und nach Maßgabe der besten Hilfsmittel ... verschafft werden kann. Dazu ist umgänglich nötig gewesen, daß ich ganz von vorn angefangen habe, als ob vor mir keine Erdbeschreibung verfaßt worden wäre[10]."

Dieser gewiß nicht bescheidene Anspruch kann zwei verschiedene Gründe haben. Entweder sah er Veranlassung, seiner Vorgänger Grundauffassung von geographischer Darstellung der Länder als nicht mehr den Ansprüchen der modernen Zeit genügend durch etwas ab ovo Neues zu ersetzen, oder aber er nahm Anstoß an prinzipiellen Mängeln innerhalb der üblichen Darstellungsweise, die er dann folglich beibehalten konnte. Daß das zweite der Fall ist, daß er also nicht revolutionieren, sondern nur eine anerkannte Tradition auf einen festen, wissenschaftlichen Boden stellen wollte, ist leicht nachweisbar.

Neu und sein Eigentum ist weniger seine Systematik (s. unten), sondern seine Methode der Ermittlung der Tatsachen. Mit Recht erhebt er gegen seine Vorgänger den Vorwurf, in ihren voneinander abgeschriebenen Kompendien ginge Wesentliches und Unwesentliches, Richtiges und Falsches, Überholtes und noch Giltiges wahllos und undurchschaubar durcheinander. Demgegenüber fordert er ganz im Sinne seiner historischen und philologischen Schulung, daß auch die Geographie kritisch aus möglichst sicheren Quellen schöpfen müsse, falls und soweit sie beansprucht, eine

[10] Vorbericht zu Bd. I der Neuen Erdbeschreibung, aus dem auch die unmittelbar folgenden Zitate im Text stammen.

Wissenschaft zu sein. Behauptungen seiner Vorgänger, über die seine Quellen schweigen, setzt er „zur künftigen Untersuchung aus" und macht auch seinen Nachfolgern zur Pflicht, ihm nie zu trauen, sondern „alles aufs möglichste selbst zu untersuchen". (Bd. I, S. 3.) Quellen aber sind nie die durchweg zweifelhaften Kompendien, sondern Land- und Ortsbeschreibungen von Kundigen, geographische, historische und physikalische Nachrichten auch „in anderen guten Büchern und Schriften", Urkunden und Spezialkarten. Ferner hat er einen „kostbaren geographischen Briefwechsel" durch fast ganz Europa unterhalten, „um des wahren und gegenwärtigen Zustands der Länder und Örter kundiger zu werden, als sonst sowohl aus gedruckten Büchern, als selbst auf eigenen Reisen möglich ist". Überdies schickte er seine eigenen Niederschriften zur Korrektur tunlichst an geeignete und willige Persönlichkeiten aller Stände in die jeweils behandelten Länder.

Wird somit durch Rückgriff auf die Spezialliteratur und auf Landeskenner ein Maximum von Kritik am gebotenen Stoff erreicht, muß auch die Form der Darstellung methodisch sein. Hier sind zunächst seine allgemeinen Forderungen zu nennen. Grundsätzlich trennt er die Geographie von der Kosmographie ab und beschränkt jene auf die „gründliche Nachricht von der natürlichen und bürgerlichen Beschaffenheit des bekannten Erdbodens" (S. 24). Damit ist der Gegenstand der Geographie giltig und bleibend erfaßt. Zur natürlichen Beschaffenheit rechnet er die quantifizierbaren Eigenschaften der Räume wie jede Art ihrer Lage, auch zur Sonne, ihre Größe, Gestalt usw., „teils die Kenntnisse dessen, was auf und unter der Fläche des Erdbodens beweglich und unbeweglich ist, welche man eigentlich die physikalische Erdbeschreibung nennen kann" (S. 25). „Bei der bürgerlichen Beschaffenheit des Erdbodens sieht man auf die vielen und mancherlei Staaten und handelt nicht nur ihre Verfassung überhaupt ab, damit man von ihrer Größe, Stärke, Einrichtung, Regierungsart, Einwohnern usw. einen richtigen Begriff bekomme, sondern man beschreibt auch ihre besondere Verfassungs- und Regierungsart, nebst dem kirchlichen Zustand derselben, ingleichen die Städte, Festungen, Schlösser, Flecken u. a. merkwürdige Örter und Stiftungen" (ebda.).

Die Gründlichkeit der Nachricht besteht darin, daß „nichtswürdige Kleinigkeiten, leere Worte, unanständige Possen, Spöttereien, Anzüglichkeiten und Ketzermachereien" weggelassen werden, und das so herausgearbeitete Wesen der Sache in klarer Sprache und in einer durchgehenden Ordnung „der Verfassung der Länder und der Lage ihrer einzelnen Teile und Örter gemäß" gebracht wird.

Was für eine Reinigung unsere geographische Literatur dadurch erfahren hat, kann nur ein Vergleich mit Werken aus der „galanten" und ihr folgenden Zeit erweisen, die den dürren topographischen Stoff oft genug mit Anzüglichkeiten verkitteten. Weniger Anklang und Nachfolge fand seine Ablehnung jeder Art intoleranter Subjektivität, etwa gegenüber Religionen, Regierungsformen, fremdartig erscheinenden Sitten und Bräuchen, der Bewertung von Volkscharakteren, Nationaleigenschaften usw. Gerade seine strenge Objektivität Erscheinungen gegenüber, die damals uferlose Subjektivitäten auslösten, lag ihm wissenschafts- und volkspädagogisch besonders am Herzen und hat entscheidend zu seiner internationalen Wirkung, gerade auch in katholischen Ländern, beigetragen[11], ihn in Deutschland jedoch auch gegen grundsätzlich anders eingestellte Schriftsteller, wie den wortgewandten und aggressiven Schlözer, leicht ins Hintertreffen gebracht. Solche „Richter" der Throne sprachen die „eitle Neugierde" des Publikums mit zuweilen „frechen und offenbaren Erdichtungen[12]" eben doch leichter an, als nüchterne und ihr eigenes Urteil zurückstellende Darsteller. Abgesehen von der wissenschaftlichen Unsauberkeit sah Büsching in dieser Praxis auch eine äußere Gefährdung der jungen Staatswissenschaften, die dann auch endlich mit dem staatlichen Verbot dieser Zeitschriften akut wurde.

Der Kern der Gründlichkeit aber war ihm „Wahrheit und Zuverlässigkeit". Widersprechen sich die Quellen, dann muß man sie „unermüdet und mit ausharrender Geduld" gegeneinander abwägen, besser aber noch durch „eigene geflissentliche und behutsame Besichtigungen" (wir würden sagen: gezielte und kritische Beobachtungen) sich selbst von der Wahrheit überzeugen.

Zu jeder geographischen Lektüre gehören Karten und Atlanten, denen Büsching nicht nur ein sammelndes, sondern auch ein eminent produktives Interesse entgegenbrachte. Von ihnen fordert er, daß sie „eine vernünftige Projektionsart" haben, daß die Orte nach gemessenen Werten der Länge und Breite richtig eingetragen sind, und daß die Länder methodisch mit hellen Farben (nach J. Hübner dem Älteren, verbessert durch Eb. D. Hauber) illuminiert sind, damit „der Unterschied und die Verbindung der Länder umso besser in die Augen falle" (S. 27). Um das Gradnetz auch für absolute Messungen verwerten zu können, gab Büsching seiner „Einleitung" in die Neue Erdbeschreibung eine Tabelle der Länge aller Parallelkreisgrade vom Äquator bis zum Pol in deutschen Meilen und Minuten bei, die dann bald graphisch auf Karten als „Büschingsches Parallelkreiszirkelmaß" erschien[13]. Auch seine vergleichende Tabelle der s. Z. gebräuchlichsten Europäischen Meilen (ebda.) ging in einer dem jeweilig dargestellten Land entsprechenden Auswahl in Atlanten ein[13].

Zeigt sich Büsching in der Erörterung dieser vorwiegend formalen Voraussetzungen als ausgesprochener Methodiker, sowohl in der reinigenden Abwehr wissenschaftsfremder Dinge, wie in der Frische und Klarheit seiner positiven Forderungen und Vorschläge, zielen die wenigen 18 Seiten des zweiten Teils seiner „Einleitung": „Von der natürlichen Erdbeschreibung", auf sachlich Wesentliches. Ihrer „großen Wichtigkeit" stehe ihre bisherige „Unvollkommenheit" hinderlich im Wege, doch müsse zum Verständnis der im regionalen Teil verstreuten Angaben einiges Wichtige

[11] Toleranz lag Büsching seit jeher. 1759 schrieb ihm der k. k. Regierungsrat Fr. W. von Taube aus Wien, daß seine Neue Erdbeschreibung u. a. deswegen in den österreichischen Landen bei Weltlichen und Geistlichen raschen Eingang gefunden habe im Gegensatz zu schmähfreudigen Autoren. Die Wiener Statistik hat das Büschingsche Erbe auch am längsten festgehalten (vgl. John: Geschichte der Statistik Bd. I, 1884).

[12] Schubert, F. W.: Handbuch der allgemeinen Staatskunde von Europa I/1, Königsberg 1835, S. 62–63. Auf die auch geographiegeschichtlich wertvolle „Einleitung" sei ausdrücklich verwiesen.

[13] Z. B. auf zahlreichen Karten des o. a. Atlas von v. Reilly.

vorweg zusammengefaßt werden. „Vom Dunstkreis" weiß er, daß die Temperaturen, die ganze Witterung eines Orts, nicht nur von der geographischen Breite, sondern auch von den zutretenden Winden bestimmt werden, kennt auch den Unterschied von Land- und Seeklima. In Europa nimmt „die Kälte nicht allein mit den Graden der Breite, sondern auch mit den Graden der Länge zu[14]". Morphographisch unterscheidet er die Mittelgebirge mit ihren weiten Hochflächen und den meist weitabständigen, aber steil eingesenkten Tälern von den durch ein dichtes Gewässernetz scharf zugeschnittenen Hochgebirgen, kennt deren unterschiedliche Richtung in den beiden Welten, verweist auf die offenbar gesetzmäßige Bindung der Erdbeben an die Küsten und die der Vulkane an Küsten und Inseln. In einem kleinen Abschnitt über Wüsten und Steppen (§ 60) hat er, wie später Humboldt (!), auch „die sogenannten Heiden, welche man in einigen europäischen Ländern findet", mit aufgenommen. Unter Verweisung auf Spezialliteratur spricht er ohne Originalität vom Wasser, deutet aber (wenn auch nicht mit diesen Worten, vielleicht auch in Abhängigkeit von Achenwall[15]) die Gliederung der Geographie des Menschen in einen physischen und einen kulturellen Teil an. In jenen nimmt er, z. T. nach Süßmilch, die Zahl und das Verhältnis der Geborenen zu den Gestorbenen und die Hindernisse der Volksvermehrung, das Verhältnis der Geburten von Knaben zu Mädchen, das Problem der Tragfähigkeit der Erde (3 Mird, von denen z. Z. nur ein Drittel lebt) und endlich die Rassenkunde auf. Diesen mehr natürlich bedingten Erscheinungen des Menschenlebens stehen die gesellschaftlich bedingten Sitten und Gewohnheiten der Nationen zur Seite, die aber nicht an zum Teil ebenfalls relativen und fragwürdigen europäischen Maßstäben gewertet und verspottet werden dürfen, sondern für sich in ihrem Zusammenhang, in ihrer Eigentümlichkeit und in ihrer oft augenfälligen geographischen Bedingtheit aufgefaßt werden müssen.

Im Rahmen dieser, der speziellen Länderkunde voraufgeschickten, „Einleitung" ist nun noch eines Abschnitts besonders zu gedenken, der unserer Wissenschaftsgeschichte schon seit 100 Jahren Stein des Anstoßes und billige Zielscheibe des Vorwurfs ist, ohne daß sie darüber stutzt, wenn sie damit auch so anerkannt geniale Denker trifft, wie etwa Herder oder Kant. Es sind seine Ideen „Über den Nutzen der Erdbeschreibung" (§ 17).

Eine Wissenschaft, die in Gebiete eindrang, die noch als Staatgehesmnis galten, sich damals in enger Tuchfühlung mit der gefürchteten Statistik neu zu entfalten begann, stand selbstverständlich mehr oder minder grundsätzlich im Geruch der Staatsgefährlichkeit[16] und konnte jederzeit durch einen Federstrich ebensosehr gehemmt, wie auch gefördert werden. Sie mußte also zwangsläufig dem Staat gegenüber ihre Ungefährlichkeit und ihren Nutzen unmißverständlich begründen. „Ein Regent muß seine eigenen und fremde, sonderlich die benachbarten Länder, not-

---

[14] Büsching: Vorbereitung zur nützlichen Kenntnis usw., Hamburg 1758, S. 15.

[15] Achenwall: Staatsverfassung der heutigen vornehmsten europäischen Reiche, 5. Aufl., Göttingen 1768, § 16.

[16] Vgl. hierzu auch beispielhaft W. N. 1781, S. 81—83 und 249—252.

wendig kennen ... Keiner kann ein Staatsmann ohne die Erdbeschreibung werden... Ja, sagte man, die Staatsbeschreibungen und Charten von Ländern sind Verräter derselben ..." Aber: „Es ist durch ein geographisch-politisches Buch niemals ein Land erobert worden" usw. Man muß wohl auch Autoren, die eine neue Wissenschaft in Abhängigkeit von der Aufnahmewilligkeit der gebildeten Welt, also des vielgeschmähten „Zeitunglesers", entwickeln, zubilligen, sich ihm mit Hinweisen auf die Nützlichkeit, mit anderen Worten Brauchbarkeit ihrer Arbeit zu empfehlen. Aber wieviel hiervon ist reine Fassade! Büschings Werk ist architektonisch ein rein theoretischer Bau, bar aller „nützlichen" Hinweise, wie sie etwa Reisehandbücher und dergleichen damals enthielten; von hier ist also keine Verfälschung in die Wissenschaft eingedrungen, im Gegenteil echtes theoretisches Interesse geweckt und gepflegt worden, psychologisch wertvoll für die Aufnahme ihres bald sehr viel ideenreicheren Vortrags.

Kämpfte der „Nützlichkeitsgedanke" in dieser Richtung also erfolgreich gegen harte Tatsachen der Wirklichkeit, so bedeutet die These, der „Hauptnutzen" der Geographie läge in der Förderung der „Erkenntnis Gottes, des Schöpfers und Erhalters aller Dinge", ganz etwas anderes, zielt auf einen rein geistigen Ertrag. Ohne Verständnis für diesen Gedanken bleibt uns nicht nur Büsching fremd, sondern auch die Geographie bis hin zu Carl Ritter.

Der Pietismus kannte zwei Quellen der Offenbarung, die Bibel und die Werke Gottes. Diese letzten treten uns wiederum in zwei Formen entgegen, in der Natur selbst als göttliche Schöpfung für den Menschen, und in der „Kunst der Menschen" als ebenfalls seiner Gabe. Nun ist „die natürliche Beschaffenheit der Teile und Gegenden des Erdbodens keineswegs einerlei, sondern sehr mannigfaltig", und Gott hat die wachsende Nachkommenschaft aus Adams Wurzel „auf dem ganzen Erdboden ausgebreitet" und den allmählich unterschiedenen Völkern „einem jeden die Grenzen seiner Wohnung bestimmt, deren Einschränkung und Erweiterung weder auf einem ungefähren Zufall, noch auf der Völker eigenem Gutdünken, sondern auf einer allmächtigen und weisen Vorsehung beruhet". Durch seine Kunst (Kultur) hat nun der Mensch diese rohe Gabe „mit unermüdetem kostbarem Fleiße dergestalt überwunden und gezwungen, daß es in verständiger und erfahrener Menschen Augen ein Wunder ist. Wie müssen wir diese großen Werke ansehen? Sind sie für bloße Wirkungen des Menschen zu halten? Keineswegs, sie haben nur die Hände dazu geliehen, durch welche der sie mit Stärke und Klugheit ausrüstende Gott diese Wunder gewirkt hat". Wie Büsching nach seiner „Erweckung" zum lebendigen Glauben vor jeder großen Entscheidung nach gründlicher Vorbereitung in seine Seele hineinhorchte, bis er die Stimme Gottes vernahm, der er dann bedingungslos und oft gegen scheinbar gute Gründe folgte[17], so glaubte er, daß noch unverdorbene Völker unbewußt göttlichen Weisungen folgen. Der vom kausalen Denken (im wesentlichen seit Kant; Büsching sah es mißbilligend heraufziehen und nannte Kant einen

---

[17] Vgl. seine Autobiographie und Lautensach-Festschrift, a. a. O., S. 109f.

„Naturalisten"[18]) beherrschte Mensch der Moderne sieht in solchen Sätzen leicht eine willkürlich von außen hereingetragene Theologisierung der Erdbetrachtung, die die Forschung lange gehemmt und zurückgeworfen habe. Jedoch liegen die Dinge anders. Die pietistische Naturfrömmigkeit war ein entscheidendes Motiv dafür, „die göttliche Ordnung" in allen Teilen und Erscheinungen der Welt ernsthaft zu erforschen. Aus diesem Grund wurde es „überhaupt angenehm, nützlich und nötig, daß wir die Welt kennen lernen, in der wir leben", war es „schimpflich und schändlich", daß viele Menschen, sogar studierte, „ihren Geburtsort und ihr Vaterland, geschweige dann andere Länder", nicht kennen. Selbst „der Gottesgelehrte kann weder die Heilige Schrift recht verstehen und erklären, noch Gott und seine großen Werke recht erkennen und anderen bekannt machen, wenn er in der Erdbeschreibung unerfahren ist." Das Interesse dieser geistigen Bewegung an der Geographie ist also keinesweg zufällig oder aber philanthropisch von dem Wunsch nach einem Überblick über die verwertbaren „Glücksgüter" der Erde bestimmt, sondern metaphysisch begründet. Wer glaubt, daß sich hier eine methodische Irrlehre gleichsam in spielerischem Intellektualismus, zufällig einer Art Modeströmung folgend, der Geographie bemächtigt habe, verkennt das Wesentliche, nämlich daß die Erde in der ganzen Mannigfaltigkeit und Differenziertheit ihrer Eigenschaften hier zentraler Bestand eines religiös bestimmten Weltbildes ist, dem selbstverständlich auch ein Bildungsideal entspricht. Dieses legt aber folgerecht die Verpflichtung auf, den auf der Erde zugänglichen Teil dieser natürlichen Offenbarung mit allem gebotenen Ernst und Fleiß zu erforschen. Hettner[19], dem sich auch A. Kühn anschließt, will diese Philosophie auf eine Theodizee einengen. Ich sehe dazu nirgends einen Grund. Das Problem, wie das Böse in der Welt mit einem allgültigen, allweisen und allmächtigen Gott christlichen Glaubens in Einklang zu bringen ist, hat meines Wissens die Geographie nie beschäftigt. — Ein erstaunlicher Teil der damaligen geographischen Literatur und Forschung stammt nicht eben zufällig von protestantischen Pastoren[20]

[18] W. N. XIII, 1785, S. 358.

[19] Hettner, A.: Die Geographie usw., 1927, S. 71 und Kühn, A.: Die Neugestaltung der deutschen Geographie im 18. Jh., Leipzig 1939, S. 67.

[20] Zimmermann, L.: Der ökonomische Staat Landgraf Wilhelms IV. Veröffentlichungen der historischen Kommission für Hessen und Waldeck XVII, 1 und 2, Marburg 1933 und 1934. Hier wird überzeugend dargelegt, wie das protestantische Kirchenrecht schon in der ersten Hälfte des 16. Jahrhunderts das treibende Moment in der Entwicklung zum ökonomischen Staat und damit der bürokratischen Staatsverwaltung und ihres Mittels, der nach Sachgruppen gegliederten Statistik, geworden ist. Die Beauftragung des protestantischen Geistlichen als Landesbeamter mit Aufgaben der Gemeindeverwaltung weckte in der ganzen Breite dieses Berufsstandes das Gefühl der Verantwortung für den Staat, das er über Kirche und Schule rasch auch in weitere Volksschichten getragen hat. Diese frühe hessische Saat ging später am stärksten im Staat Friedrichs d. Gr. auf, gewann hier ihre eigentliche Gestalt. Wuchs somit der protestantische Geistliche durch Aufträge von außen und oben her, also recht eigentlich organisatorisch, in Staatspflichten hinein, die er ethisch vertiefte, so steht damit nicht in Widerspruch, daß auch der Pietismus auf seinen eigenen Wegen religiöser Überzeugungen in diesen Kreisen Kräfte freistellte, die u. a. gerade in der Erforschung von Problemen der Weltordnung, also auch geographischer Tatbestände, einen göttlichen Auftrag, ihre besondere Berufung erkannten und ihm folgten.

(u. a. Hauber, Büsching, J. R. Forster, Herder) oder von religiös gebundenen Pädagogen. Viele von ihnen, so Hauber, Büsching, Ritter, gehörten dem Kreis der „Erweckten" an. Im übrigen bedeutete ihnen ihr Glaube aber nur das Fundament und die treibende Kraft ihrer Arbeit, ging kaum je als heterogener Faktor, wie ein deus ex machina, in ihre sachlichen Darlegungen ein[21]. Unleugbar macht sich diese theologische Haltung jedoch in einer grundsätzlichen Ablehnung des „Naturalismus", also letzten Endes doch der Kausalauffassung, geltend. Das genetische Bild wird notwendig flach, ist ohne unsere moderne Tiefenperspektive, wenn dicht hinter dem Vordergrund der Dinge, wenn auch unausgesprochen, Gott als Schöpfer und Lenker, hier fördernd, dort strafend und z. B. anstößig gewordene Kulturen auslöschend, erlebt wird. Diese metaphysische Begründung von Zuständen und Vorgängen ist nicht etwa eine Eigenart Büschings, sondern typisch für das Denken der Aufklärung. Daß dieser ganze Komplex kein Gegenstand nörgelnder Kritik sein darf, erst in historischer Betrachtung als sinnvoll sichtbar wird, ist einleuchtend.

Aber auch unabhängig von den oben dargelegten Gründen war es naheliegend, daß diese neue, kritische Geographie mit einer im ganzen statistischen Ordnung ihres Tatsachenstoffes begann. Man hat Büsching seine „statistische" Behandlung der Länderkunde vorgeworfen, seinen Verzicht darauf, sie etwa nach Leysers Vorschlägen unabhängig von der staatlichen Gliederung nach Naturräumen zu behandeln. Ganz abgesehen von der Unzulässigkeit einer solchen Kritik von außen, läßt sie auch jedes Verständnis für die historische Situation vermissen. Was hätte einen Mann, der eben daran ging, ein großes Fachgebiet erweisbar „richtig" darzustellen, bewegen können, es sofort wieder rein spekulativen Ideen preiszugeben, wie sie zwar leicht in einem Programm von 13 Seiten, aber noch keineswegs in der Breite eines noch unübersehbaren Stoffes zu entwickeln waren. Denn worauf hätte sich eine solche „reine Geographie" gründen können? Es ist fast zwecklos, die Fülle der hierfür damals noch fehlenden Voraussetzungen aufzuzählen, mit denen die früheren Versuche in dieser Richtung ja auch ziemlich erfolglos gerungen haben. Amtliche Karten gab es noch nicht. Die in den Plankammern bewahrten Unterlagen waren Staatsgeheimnis, dessen allmähliche Lockerung durch überzeugende Vernunftgründe ganz wesentlich mit ein Verdienst von Büsching gewesen ist, denn er erhielt umfängliche staatliche Informationen und das Recht, sie literarisch zu verwerten, als es der engeren Statistik noch streng untersagt war, den eigenen Staat zu behandeln, sie also noch eine Staatenkunde des Auslands war, eine Beschränkung, die erst Remer 1786 durchbrach. Die besten Karten der Zeit waren die aus der Homannschen Offizin. Büsching schätzte den gesamten Kartenbestand seiner Zeit auf 16.000 Stück, von denen nur etwa 10% auf irgendwelche Originalaufnahmen zurückgingen, der Rest mehr oder minder sorgfältige Nachdrucke waren. Keiner Karte

[21] Wie bewußt sich Büsching auch Konfessionen gegenüber frei gefühlt hat, dafür nur ein Satz: „Es hat seit vielen Jahrhunderten Bekenner gewisser von Menschen erfundenen Formulare gegeben, welche sich, weil sie den größten Haufen ausmachen, den Titul der Orthodoxen anmaßen. Diese muß selbst der freie Forscher der Wahrheit ebensowenig mißhandeln, als er von denselben gemißhandelt zu werden wünscht." W. N. III, 1775, S. 308.

Inhalt war ohne weiteres glaubwürdig, und Büsching warnt oft, sich sorglos auf sie zu stützen, vielmehr sei es eine wesentliche Aufgabe des Geographen, sie auf Grund von Spezialstudien zu korrigieren. „Meine Landchartensammlung von Deutschland ist noch nicht vollständig und besteht doch schon beinahe aus 1400 gestochenen Blättern. Dennoch kann aus allen diesen Blättern noch keine vollkommene allgemeine Charten von 80 Blättern zusammengetragen werden. Deutschland enthält 5000 bis 6000 Städte und Marktflecken, und wir wissen erst von zwanzig und einigen Örtern ihre wahre Lage nach Länge und Breite[22]. Noch trauriger stand es selbstverständlich um die Höhenmessungen, deren Problem, den Mangel einer Barometerformel, Büsching sehr wohl kannte (Einleitung § 51). — Was hätte man vor Humboldts Begründung der Klimatologie mehr über die „Witterung" eines Gebiets sagen können, als daß sie kalt oder warm, feucht oder trocken, rauh oder mild sei, also unbestimmte qualitative Eigenschaftsbezeichnungen, die man bestenfalls mit Angaben über die vorherrschende Bodenkultur oder den Ausfall von empfindlichen Pflanzen zu verdeutlichen vermochte. Ähnlich stand es um die Pflanzengeographie. Da aber auch die Schraffe und die Isohypse als Mittel exakter Geländedarstellung erst um die Zeit des Todes Büschings gefunden wurden, war auch das Relief weitgehend terra incognita, wird oft mehr aus dem Gewässernetz konstruiert und deduziert, als unmittelbar erfaßt. Eine wohlgemerkt alle bekannte Länder methodisch gleichmäßig behandelnde Darstellung aus physischer Sicht war in der Mitte des 18. Jahrhunderts also ausgeschlossen. Erhebt man also Vorwürfe gegen ihn mit dem Hinweis darauf, daß gelegentlich hierüber mehr hätte gesagt werden können, als er bot, verkennt man wiederum das Wesentliche seiner Absichten und Arbeiten, nämlich ihre grundsätzlich methodische Konzeption, die keine Ungleichmäßigkeiten dulden wollte.

Aber auch hier liegt das Problem tiefer, hat nicht nur in dem Mangel an Kenntnissen seine negative Seite, sondern auch seinen bisher kaum richtig gewürdigten positiven Kern. Das alles andere überragende Interesse galt im 18. Jahrhundert dem Staat, machte er sich doch im Absolutismus und Merkantilismus bis in die Lebensgestaltung des Einzelnen hinein oft einschneidend bemerkbar. Die wachsende Macht des Staats hatte seit Jahrhunderten zunehmend ältere Rechte anderer auf sich gezogen, so daß der verbleibende Rechtsrest, etwa der Stände, der Grundherrn, der Städte, Klöster, der Kirche usw. ebenfalls Gegenstand allgemeinen Interesses, wie oft aber auch des Kampfs der daran Interessierten war. Das notwendig wachsende Beamtentum entglitt mehr und mehr den wenigen Dutzend Familien, in denen es in den einzelnen Staaten fast erblich geworden war, und zog weitere Kreise des Bürgertums an sich. Die Folge war, daß das bisher intern von der Tradition der Höfe getragene Wissen vom Staat zwecks Weitergabe an bisher Fernstehende kodifiziert und systematisiert, also als eine öffentlich gewordene Angelegenheit literarisch werden mußte. So entstand die Wissenschaft vom Staat, bzw. den Staaten, die „Statistik", als Universitätswissenschaft, die mit dem lawinenartig wachsenden Gefühl und Bewußt-

[22] W. N. I, 1773, S. 159/60; vgl. auch seine Einleitung zum Deutschen Reich.

sein der Gebildeten für diese neu entdeckte Welt und ihre Probleme in der zweiten Hälfte des 18. Jahrhunderts die Modewissenschaft schlechthin wurde. Ihre Entwicklung gehört nicht hierher, aber zweierlei muß erwähnt werden. Zunächst ist diese frühe Statistik keine Zahlenwissenschaft, enthielt in der Regel überhaupt kaum Zahlen, die ja, soweit vorhanden, meist Staatsgeheimnis waren, ganz überwiegend jedoch überhaupt fehlten. Von dem behutsamen Achenwall ist bekannt, daß er, der große Systematiker der Statistik, eine fast krankhafte Abneigung gegen Zahlen hatte, von denen sein Werk auch chemisch frei ist. Somit war die Statistik zunächst eine mehr oder minder qualitative Beschreibung von Staaten. Als Fundament, als ,,Grundmacht" des Staats aber galten selbstverständlich seit jeher Land und Leute, so daß dieser Teil der Statistik wenigstens programmatisch den Stoff der Geographie vollständig einschloß. Das völlig gleichlautend auf die Geographie angewandte Wort Schlözers (Theorie der Statistik), daß ,,die Geschichte eine fortlaufende Statistik und die Statistik eine stillstehende Geschichte zu nennen" sei, zeigt die fast untrennbare Nähe beider Wissenschaften. Seit Conring war das Normalsystem der Statistik eine Gliederung in vier Komplexe: Grundmacht, Kultur, Verfassung und Verwaltung, und mit Selbstverständlichkeit nimmt die Geschichte der Statistik für sich alle frühen Werke in Anspruch, in denen Teile dieses Stoffs behandelt werden, also u. a. die Kosmographien, Topographien und Landesbeschreibungen. Greift man als Beispiel der in konsequenter Entwicklung von Conring über Achenwall im 19. Jahrhundert ausgereiften Statistik dieser Art etwa Fr. W. Schubert: Handbuch der allgemeinen Staatskunde I/1, Königsberg 1835, heraus, so bietet sie folgendes System für jeden der darin behandelten Staaten:

Einleitung: Historische Übersicht über den Anwachs des Länderbestands. Quellen, Literatur, Karten usw.

I. Grundmacht:

A) Gegenwärtiger Länderbestand nach politischer Einteilung und physischer Beschaffenheit, also Relief, Klima, Hydrographie usf. zugleich an sich, wie im Hinblick auf ihre Eignung zu Kulturzwecken.

B) Bevölkerung nach

1. Zahl, einschließlich Zuwachs und Abnahme, differenziert nach Landschaften und begründet.
2. Stammesverschiedenheit, auch nach Sprachen, ob homogen oder heterogen, unterschiedlicher Begabung, Staatstreue und etwaigen Behandlungsansprüchen.
3. Ständeverschiedenheit nach der Zahl, da das Ständerecht zum Paragraphen Verfassung gehört.
4. Religionsverschiedenheit nach Zahl und Geschichte.

II. Kultur des Staates

A) Physische Kultur in allen Zweigen der Urproduktion nach Landschaften und unter Berücksichtigung ihrer unterschiedlichen Wichtigkeit und staatlichen Förderung.

B) Technische Kultur = Verarbeitung der Rohstoffe im Gewerbe in der Reihenfolge ihrer Bedeutung für den Nationalreichtum.

C) Handel mit den Erzeugnissen von A) und B), Seehandel, Landhandel, Transithandel, Transportmittel, Handelsplätze und ihre Einrichtungen.

D) Geistige Kultur. Zahl, Zustand und Art der Schulen und der schulfähigen Jugend, gegebenenfalls in regionalen Unterschieden. Geistige Einrichtungen und geistiger Verkehr als Spiegel des geistigen Lebens des Volks.

III. Staatsverfassung. Läßt sich im Gegensatz zu I. und II. völlig übersehen.

A. Das Grundgesetz. Feststellung der obersten Regierungsgewalt, Gesetze über Thronfolge, Erbrecht des regierenden Hauses, über Teilbarkeit oder Unteilbarkeit, Vereinigungsverträge mit Ländern und Provinzen und deren etwaige Sonderrechte.

B) Verhältnis der obersten Regierungsgewalt zu den Regierten.

a) Rechte der obersten Regierungsgewalt und die Mittel zur Durchführung ihrer Zwecke. Stellung des Hofs, der Orden und Ehrenzeichen usw.

b) Rechte der Stände, ob gleichförmig oder verschieden nach Provinzen. Zahl, Art und Zustandekommen der Kammern, der Wahlrechte und Geschichte der Verfassung.

c) Verhältnis Staat — Kirche, unter Umständen der verschiedenen Konfessionen.

IV. Verwaltung des Staates.

A) Innere Verwaltung.

a) Zentrale und ihnen unmittelbar unterstellte Behörden.

b) Provinzial- und Polizeiverwaltung.

c) Rechtspflege.

d) Finanzverwaltung.

e) Verwaltung von Heer und Seemacht nebst deren Bildungsanstalten, festen Plätzen, Häfen usw.

B) Auswärtige Verhältnisse.

In diesem Rahmen suchte die Statistik die Forderung Achenwalls zu erfüllen, „alles das, was in einer bürgerlichen Gesellschaft und deren Lande wirklich angetroffen wird", ursächlich darzustellen, um so nicht nur eine Anschauung des Staats, sondern auch eine Einsicht in ihn zu erlangen. Daß in einer so ungeteilten Wissenschaft vom Staat ein spezifisch geographischer Stoff idealiter kaum mehr abhebbar war, ist evident. Eine klare Scheidung gab es nur in staatsfreien Gebieten, also in außereuropäischen Gebieten, deren Beschreibung auch das „Ideal einer Weltstatistik" der Geographie allein überlassen mußte. Hier lag aber auch die einzige definierte Grenze zwischen beiden Wissenschaften. Die tatsächliche Verteilung der Gewichte zeigt aber die Behandlung der Länder bzw. Staatsgebiete im statistischen Schrifttum, so etwa wenn Achenwall in seiner Darstellung Rußlands Land und Leuten nur 10 von 63 Seiten widmet.

Da es nun schwierig ist, aus der Sicht einer Gegenwart, der gerade diese Perspektive verstellt ist, Büschings spezifisch geographische Leistung gegen die Statistik in dieser methodisch verworrenen Situation zu ermitteln, bleiben zwei Wege; man befragt seine Kritiker der Gegenpartei, und dann ihn selbst.

Die Geschichte der Statistik faßt Büschings Leistung in drei immer wiederkehrenden bedeutsamen Urteilen zusammen:

1. Er war der erste, der vor aller amtlichen Statistik der Staatenkunde in seiner Neuen Geographie und in seinen Zeitschriften in großem Umfang Zahlenmaterial mit der damals möglichen Zuverlässigkeit und Genauigkeit geliefert hat. Er füllte also von dieser Seite her deren Programm mit Leben und Substanz[23].

[23] Selbst Schlözer läßt mit Büschings Zeitschriften eine neue Periode der Statistik anheben.

2. Er hat als erster über die damals übliche individuelle Behandlung einzelner Staaten hinaus durch methodische Vergleiche und tabellarische Zusammenstellungen in seiner „Vorbereitung" übergreifende Ergebnisse erzielt. Von ihm stammt also die „vergleichende Statistik", die man lange auch die „Büschingsche Methode" nannte[24].

3. Dem steht aber doch der entscheidende Mangel entgegen, daß er die so wichtigen Tatsachengruppen der Verfassung und Verwaltung der Staaten nur am Rande seiner Werke behandelt hat, so daß er seinen anfänglich durchschlagenden Einfluß auf die Statistik rasch wieder verlor[25].

Diese Kritik zeigt, daß die Statistik bei aller Anerkennung die andersartige Zielsetzung Büschings erkannte und sich von ihm zur bloßen Hilfswissenschaft der Geographie degradiert sah. Wie es ihm also offenbar doch gelungen ist, dem allgemeinen Interesse seiner Zeit gerecht zu werden, dies jedoch auf eigenen, spezifisch geographischen Wegen, kann nur sein Werk selbst erweisen.

Bekanntlich ist die „Neue Erdbeschreibung" aus Zeitmangel des beruflich überlasteten Verfassers ein Torso geblieben, behandelt nur die europäischen Staaten, Rußland einschließlich Russisch-Asien, und im letzten Band die „Einleitung zu Asia", die Länder des türkischen Reiches und Arabien. Für die Fortsetzung nach Ostindien konnte er Wahl und Sprengel gewinnen, für Ägypten den Orientalisten Melchior Hartmann, und für die Vereinigten Staaten den berühmten Lehrer an der Hamburger Handelsakademie Christian Daniel Ebeling. Diese für die Fortentwicklung der Länderkunde nicht unbedeutenden Werke weichen in der Auffassung erheblich von Büsching ab. Es ist sicher nicht unwesentlich, daß Sprengel (nach Schlözer) das verwaiste Hauptwerk Achenwalls in der 7. Auflage betreut hat, oder auch von der Geschichte der Statistik zu erfahren, daß in Ebelings Darstellung der Vereinigten Staaten eine seiner Zeit ideale Statistik vorlag, wie sie Büsching nie gelungen sei[25]. Charakteristisch für alle diese Nachfolgewerke ist ihre enorme Erweiterung im einleitenden allgemeinen Teil durch Aufnahme großer statistischer und historischer, zum Teil auch schon naturwissenschaftlicher Stoffmassen aus zum Teil tatsächlich kaum zugänglichen Quellen, womit das Verfahren entschuldigt wurde. Der Einfluß dieser Form des essay politique auf Humboldt, der in Hamburg zweifellos Ebeling nahegekommen ist, und den dieser im Vorwort zur 2. Auflage (1800) seiner „Vereinigten Staaten" seinen „vortrefflichen Freund" nennt, „der mit den seltensten Kenntnissen und dem feurigsten Eifer für die Natur- und Länderkunde" wichtige Ergebnisse für Südamerika erwarten ließe, ist meines Wissens nie untersucht, so ergiebig diese

---

[24] Allgemein anerkannt, so etwa G. von Mayr: Statistik und Gesellschaftslehre I, Tübingen 1914, S. 323.

[25] So u. a. Fr. W. Schubert, Handbuch der allgem. Staatskunde von Europa I, 1. Königsberg 1835, S. 7. Statistik bei Büsching ein „begleitender Anhang zur Geographie", vgl. dort auch S. 24ff., sowie die Bemühungen von August Niemann: Abriß der Statistik und der Staatenkunde, Altona 1807, die noch ineinandergreifenden Wissenschaften vom Staat begrifflich zu trennen. Über Ebeling: Schubert, a. a. O., S. 66.

[26] „Es ist kein einziges Land, von dem man eine vollkommene historisch-geographische Beschreibung hätte." Im Vorbericht der Neuen Erdbeschreibung II/1 (Portugal), 4. Aufl., 1760.

Frage auch erscheint. Denn es ist unwahrscheinlich, daß Humboldt unberührt von den Interessen dieses frühen Kolonialstatistikers und -historikers, der damals schon lange auch über Mittel- und Südamerika arbeitete, aus Hamburg geschieden ist. Ebenso unbeachtet blieb bisher Ritters Studium bei Sprengel in Halle.

Ohne diese Fäden hier weiter zu verfolgen, wenden wir uns zurück zu Büschings Hauptwerk. Wenn er es schlechtweg „eine historisch-geographische Beschreibung[26]" nennt, erhellt daraus, daß ihm „die bürgerliche Verfassung des Erdbodens" Gegenstand der Forschung ist, im europäischen Raum also Staaten, die ihrer „Verfassung und der Lage ihrer einzelnen Länder und Örter gemäß" geographisch zu behandeln sind. Die Frage, was er unter „Verfassung" versteht, klärt der Hinblick auf sein Werk wohl dahin, daß darunter ein gewisser stark gekürzter Teil des damaligen statistischen Komplexes, in der Hauptsache aber die administrative Raumgliederung, die räumliche Verfassung des Staates, zu verstehen ist. Er verfolgt, wie ein Staat in seinen derzeitigen Raum hineingewachsen ist oder noch weiter in ihn hineinzuwachsen strebt, und wie er sich in ihm räumlich organisiert hat, selbstverständlich unter Beschreibung des Inhalts des Gesamtraums, wie der Teilräume. Greift man als fast wahlloses Beispiel „Das russische Reich" heraus, bietet sich folgende typische Gliederung. Die im ganzen vorzügliche Einleitung von nur 49 Seiten = ein Fünftel des Gesamtumfangs bringt in äußerster Gerafftheit etwa das Programm der üblichen Statistik, aber doch unter dem geographischen Aspekt der Auslassung alles dessen, was in der folgenden Regionalbeschreibung entbehrlich ist.

Einleitung: 1. Landkarten. 2. Grenzen des Reichs und die ihnen jeweils zugrundeliegenden Verträge mit den Anrainern. 3. Natürliche Beschaffenheit (Klima, Vegetation und Hauptprodukte nach den Hauptzonen). 4. Entfernungen, Art des Reisens und Distanzmaße. 5. Schätzung der Einwohnerzahl, Nennung der „vielerlei Nationen", wesentliche Sitten, Lebensstandard, insbesondere Siedlungen der „gemeinen Leute", soziale Rechtsverfassung der Stände. 6. Sprache. 7. Religionen, Gottesdienste und Kirchenverfassungen. 8. Das geistige Leben. 9. Handwerk und Manufakturen. 10. Produktion für den Export nach Waren und Wert, Richtungen des Außenhandels, Bedeutung des Binnenhandels, vor allem mit den weiten Außengebieten wie Sibirien, staatliche Beeinflussung des Handels, Anlauf fremder Schiffe in Zahlen. 11. Gewichte. 12. Zahlungsmittel. 13. Russische Geschichte vorwiegend unter den Gesichtspunkten der Ausbreitung des Reichs und der Sozialgeschichte. 14.—17. Das Herrscherhaus und seine Rechte, Erbfolge, Orden. 18. Verwaltung (die Collegia). 19. Die Staatseinkünfte nach ihren Quellen und die Ausgaben. 20. Heer. 21. Flotte. 22. Die administrative Raumgliederung des gegenwärtigen Reichs.

I. Der europäische Teil des russischen Reichs. Grenzen, Ströme, Seen.

I. Die in diesem Jahrhundert den Schweden abgenommenen Provinzen:

A) Die Herzogtümer Liefland und Esthland.

1. Karten, 2. Namen und Völker, 3. Größe und Grenzen, 4. Klima und Boden, Urproduktion und Handelswege, 5. Siedlungsweise, 6. Sozialverfassung der Bauern, 7. Der Adel nach Herkunft und Rechten, 8. Handwerk, Manufaktur und Handel, 9. Geistiges Leben, 10. Die Religionen und Kirchenverfassungen, 11. Rechts- und Polizeiverfassungen, 12. Territorialgeschichte, 13. Der Landesfürst, Wappen usw., 14. Landesfürstliche Einkünfte nach Herkunft und Wert (insgesamt 16 Seiten!), 15. Derzeitige administrative Gliederung.

I. Das Rigaische Gouvernement.

1. Der Rigaische Kreis. (Ohne das im Folgenden zu wiederholen, sei grundsätzlich gesagt, daß in jeder dieser Beschreibungen der kleinsten Bezirke die Beschreibung der wichtigsten Städte und Orte ihrer Wichtigkeit nach gebracht wird, die Hauptstadt meist recht ausführlich, historisch-topographisch.
2. Der Wendensche Kreis.
3. Der Dorpatische Kreis.
4. Der Pernauische Kreis.
5. Die Provinz Ösel.

II. Das Revalsche Gouvernement.

1. Der Distrikt Harrien.
2. Der Distrikt Wyck.
3. Der Distrikt Jerwen.
4. Der Distrikt Wirland.
5. Die Inseln Dagö u. a.

III. Die unmittelbare Stadt Narwa und deren Liegenschaften.

B) Das Ingermanland oder das Petersburgische Gouvernement. Hier führt eine knappe Einleitung unmittelbar auf die Beschreibung der Städte über, Petersburg sehr ausführlich, stadtgeschichtlich und historisch-topographisch, da eine Untergliederung nicht besteht.

C) Das Wiburgische Gouvernement als Teil des von Schweden abgetretenen Herzogtums Finnland.

1. Der Finnisch-karelische Teil.
2. Der Kexholm Distrikt.
3. Der Nyslot Distrikt.

II. Die von allen Zeiten her zu Rußland gehörigen Provinzen.

A) In Europa.

I. Das Nowgrodische Gouvernement. Kurze Einleitung.

1. Die Nowgorodische Guberne.
2. Die Pleskowsche Provinz.
3. Die Welikolukische Provinz.
4. Die Twerische Provinz.
5. Die Beloserische Provinz.

II. Das Archangelsche Gouvernement. Kurze Einleitung über Land und Leute.

a) Die Archangelsche Guberne und ihre sechs unterstellten Kreise.
b) Die Ustjugusche Provinz mit drei Kreisen.
c) Die Wologdische Provinz mit zwei Kreisen.
d) Die Galitische Provinz ist ungegliedert.

III. Das Moscowsche Gouvernement.

1. Die Moscowsche Guberne.
2.—11. Die ihr unterstellten Provinzen, wie oben.

IV. Das Nischnei-Nowgorodsche Gouvernement.

1. Die Nischnei-Nowgorodsche Guberne.
2.—4. Die unterstellten Provinzen, wie oben.

V. Das Smolenskische Gouvernement, d. i. Weißrußland, administrativ nicht gegliedert, daher unmittelbar die Stadtbeschreibungen.

VI. Das Kiewsche Gouvernement oder Teile von Kleinrußland. Eingeleitet durch eine Abhandlung von 20 Seiten aus der Feder des Petersburger

Historikers und Völkerkundlers Prof. G. Fr. Müller über die Kosaken und ihre Rolle in der russischen Geschichte und Territorialgeschichte, sowie ihre weiteren Bewegungs- und Siedlungstendenzen, selbstverständlich weit über den Bereich von Kiew bis nach Sibirien ausgreifend, den späteren „Anmerkungen" in Ritters Erdkunde vergleichbar. Eine zweite kurze Einleitung Büschings über die Ukraine führt zur Einzeldarstellung der zehn Distrikte des Gouvernements fort.

VII. Das Beolgorodsche Gouvernement.
1.—3. Die Provinzen.
5.—8. Die sogenannten Kosakenregimenter.

VIII. Das Woroneschische Gouvernement. Einleitung über Don, Occa, Kanal und Eichenwälder.
1.—5. Provinzen, wie oben.

II B. Der asiatische Teil des Russischen Reiches.

Einleitung: Meere, Seen, Ströme und die Völker in ihren Wohnsitzen.

I. Das Astrachansche Gouvernement. Recht ins einzelne gehende Einleitung über Lage, Klima auch nach Jahreszeiten und angeblichen Temperaturmessungen, Anbau nach Produkten und deren Qualität sowie mißglückten Experimenten, Naturbewuchs unbebauten Landes, Salzproduktion und -handel, Viehzucht und Wildtiere. Städte wieder im einzelnen.
Die Kosakensiedlungen.

II. Das Orenburgische Gouvernement.
1.—5. Provinzen und Kosakenlinien.

III. Das Kasansche Gouvernement.
1.—6. Provinzen, ihre Angliederung, Bewohner und Städte.

Sibirien:

Einleitung: Name, Ausdehnung, natürliche Beschaffenheit in der Zweigliederung östlich und westlich des Jenissei, Klima nach Zonen, Urproduktion nach Zonen, Tiergeographie und Jagd, Bodenschätze nach Fundgebieten und Wert, Mammutfunde in gefrorenem Boden, die Gebirge, die Eingeborenen nach zwei Völkergruppen gegliedert, die Russen nach ihrer Herkunft und sozialen Gruppen, der sibirische Handel, die Eroberung durch die Kosaken, die heutige Verwaltungsgliederung in Provinzen.

I. Die Tobolskische Provinz.
1. Die Stadt Tobolsk.
2.—5. Die von ihr abhängigen vier Distrikte mit ihren Orten.
6. Die von Tobolsk unmittelbar abhängigen Städte und Festungen.

II. Die Jeniseiskische Provinz und ihre Distrikte.

III. Die Irkutzkische Provinz und ihre Distrikte.

Anhang zu Sibirien: Über das abgesonderte Berg- und Hüttenrevier Catharinenburg in Sibirien und Perm, innerhalb der geographischen Gliederung nach Besitzverhältnissen behandelt.

Die Gegenüberstellung der beide Male Rußland behandelnden Dispositionen der Statistik von Schubert und der Geographie von Büsching darf vielleicht in ihrer Breite entschuldigt werden, wenn sie dazu beitragen kann, den Unterschied dieser Wissenschaften in der Behandlung des gleichen Gegenstands zu klären und die Selbständigkeit des geographischen Werks Büschings gegenüber der Statistik zu demonstrieren. Der Gegenstand der Statistik war damals der Staat an sich in seinen wesentlichen Eigenschaften und Inhalten. Der Gegenstand der Geographie aber war der Staatsraum und dessen topographischer Inhalt, der im wesentlichen unter den Gesichtspunkten seines historischen Gewordenseins und seiner Wirtschaft dargestellt wird. So werden, um nur ein Beispiel anzuführen, die Völker und Nationen nicht unter dem systematischen Ordnungspunkt „Bevölkerung" als Teil der „Grundmacht" behandelt, sondern in den Gebieten ihres Auftretens, wodurch sie zur Charakterisierung ihrer Wohngebiete beitragen usw. usf. Aber auch im Ganzen ist das russische Reich „in seiner bürgerlichen Verfassung" treffend in der raumprägenden historisch-geographischen Gliederung erfaßt, in der die noch vor kurzem schwedisch beherrschten Gebiete den altrussischen und diese wieder den unterschiedlich alten Kolonialräumen im Osten, Südosten und in Sibirien gegenübergestellt werden. Unter diesem politischen Gliederungsgerüst, dessen formal richtige Erfassung und substantielle Bedeutung ihm fraglos die Hauptsache ist, schimmern doch auch die großen Naturzonen, die Tundren, der Nadelwald, der Laubwald, die Getreidesteppen der Ukraine, die Salzsteppen des Südostens und die zunehmende Kontinentalität durch, zwar nicht als Selbstzweck, etwa als Grundlage einer möglichen anderen Gliederung des Raums, aber doch dem aufmerksamen Leser deutlich greifbar. Politisch geographisch ganz anders, aber doch wieder sinnvoll, ordnet die Beschreibung Schwedens die übrigen alten Kulturlandschaften um das staatsbildende Svealand und endet mit dem nordischen Waldgebiet als dem Kolonialraum des Staats. Daß man wenig später den Sinn dieser Ordnung gar nicht mehr verstand, in ihr nur eine willkürliche Zerreißung der Naturordnung sah, die geographisch konsequent nur von N nach S, also in der Richtung der zunehmenden Lebensmöglichkeiten, behandelt werden dürfe, zeigt nur den Wandel der geistigen Interessen und Fragestellungen in ihrem Einfluß auf die Geographie. In diesem Sinne habe ich[27] von den „weltanschaulichen Voraussetzungen" der Geographie in ihren verschiedenen Perioden gesprochen und sehe keinen Grund, das zurückzunehmen.

Die Frage nach den Quellen der geographischen Konzeption Büschings beantwortet A. Kühn[28] mit dem Hinweis auf die reformatorische Bedeutung von J. M. Franz. Nur ihm solle Büsching die grundsätzlich staatsgeographische Richtung, die Systematik seiner Stoffgliederung und sein kritisches Verfahren verdanken, mit dem Fleiß einer „Ameise" dessen vorgegebenes Gedankengebäude mit Tatsachenstoff erfüllt haben. Hier führt die Beschränkung auf die Göttinger Geographen offensichtlich zu Unwahrscheinlichkeiten. Bloße Programmschriften wie die Franzens haben bisher nie ausgereicht, Hebamme wuchtiger Lebenswerke zu werden. Daß ihn nicht ein aliquis, sondern sein Gelehrtengewissen beunruhigende Erfahrungen zur Geographie geführt haben, und wie er sie in Petersburg begonnen hat, erzählt er selbst breit, naiv und glaubwürdig. Quellenkritik lag damals in der Luft; sie brauchte er, der als stud. theol. seinen Lebensunterhalt mit der Korrektur der Manuskripte und Fahnen seiner Hallenser Professoren verdiente, nicht dem windigen Franz zu ent-

[27] Plewe, E.: Der Begriff der „vergleichenden" Erdkunde usf. Z. Ges. Erdk. Berlin, Beiheft 4, Berlin 1932.

[28] Kühn, A.: a. a. O., S. 37ff., insbesondere S. 59/60.

lehnen. Endlich stand aber auch sowohl der Gegenstand, wie auch die Darstellungsweise seit Clüver bis hin zu Hager und Hübner fest. Es sind selbstverständlich Staatsbeschreibungen. Was sollten sie anders sein? Man greife Hübners[29] Darstellung von Portugal, mit der seine „Vollständige Geographie" nach einem kurzen „Vorbericht über Europa überhaupt" (so wörtlich auch Büsching!) beginnt:

Einleitung: Name des Landes, Lage, Beschaffenheit (Klima, Hauptprodukte, Bergschätze), Flüsse, Provinzialeinteilung.

Topographie:
1. Extramadura, Name, Größe, Produkte, Einteilung in sechs Territorien nach den sechs wichtigsten Städten.
2. Die Provinz Beira (wie oben 1.).
3. Die Provinz Entre Minho è Duoro nach ihren vier Territorien.
4. Die Provinz Tra los Montes, vier Territorien, wie oben.
5. Die Provinz Alanteio, fünf Territorien.
6. Das Königreich Algarbia, zwei Territorien.

Anhang: Von den Kolonien der Portugiesen außer Europa:
in Afrika,
in Asia,
in Amerika.

Von den Einwohnern, Eigenschaften, geistiges Leben, Fruchtbarkeit.
Vom weltlichen Regiment. König, Stände, Verfassung, Heer, Flotte, Handel.
Vom geistlichen Regiment. Gliederung in Bistümer, die Macht der Kirche im Staat, die geistlichen Orden, die zur Kirche gehörigen Universitäten.
Die vornehmsten Veränderungen (im Wechsel der regierenden Häuser).
Historische Geographie. Vergleich einiger wahllos herausgegriffener Völker- und Ortsnamen mit den entsprechenden der Antike.
Nachrichten über die besten Landkarten.

In abstoßender Dürftigkeit füllen obige Darlegungen 30 Seiten, von denen etwas mehr als zwei die Einleitung, 20 die Topographie einschließlich der der Kolonien, und der Rest des „Anhangs" acht Seiten einnimmt. Hager ist stoffreicher, aber verfährt wie Hübner. Also auch hier liegt das Gewicht absolut bei der Topographie nach staatlicher Einteilung und Unterteilung, wie bei Büsching. Daß dieser im übrigen als Systematiker von Format diesen „Anhang", soweit er ihn brauchte, in den einleitenden allgemeinen Teil heraufzog, wird man ihm etwa auch als eigene bescheidene Leistung zubilligen dürfen. Selbst die bald als lästig empfundene Praxis Büschings, in großem Umfang die lateinischen Namen von Städten entweder anzuführen, oder, wo solche nie bestanden haben, sie neu zu bilden, findet sich schon bei Hager und Hübner. Das sind nur kleine, aber bezeichnende Beispiele für Traditionszusammenhänge.

Aber selbst ein ziemlich starr vorgegebenes Schema wird ja nicht mechanisch von einer „Ameise" mit beigeschlepptem Stoff gefüllt, sondern stellt in jedem Land eigene Probleme, wie oben an den Beispielen von Rußland und Schweden angedeutet wurde. Ganz neue Fragen tauchen aber dort auf, wo kein Staat mehr vorhanden ist, in dessen Verwaltungsbezirke als vorgegebene Waben man das topographische Detail räumlich geordnet speichern könnte. Sie erheben sich im letzten Band der Neuen Erdbeschrei-

[29] Joh. Hübners Vollständige Geographie I, 7. Aufl., Frankfurt und Leipzig 1753.

bung, Asia I, im Fortschritt von der Türkei nach Arabien mit zunehmender Schärfe. „Für künftige Reisende ist jede Zeile meines Buches eine Frage" (Vorrede). Selbst wo ihm in Kleinasien die Distrikte noch bekannt sind, „wagt" er zuweilen nicht, ihre Grenzen gegeneinander zu bestimmen und läßt es „bloß bei der Anführung der merkwürdigsten Orte" bewenden (S. 52). Es liegt nun in der Natur der Sache, daß sich die „natürliche Beschaffenheit" der Länder umso stärker in den Vordergrund drängt, je weniger sich über die „bürgerliche" teils aus Unkenntnis, teils aber auch wegen ihrer Tatsachenarmut sagen läßt, wobei auch mitspricht, daß die mit wachsender Distanz von Europa zunehmende Fremdartigkeit der Natur als geographisches Objekt an Reiz gewinnt. Seiner Darstellung des Libanon und Antilibanon z. B. läßt sich in seiner europäischen Staatenkunde nichts Ähnliches entgegenstellen. In Arabien endlich verbot sich eine Beschreibung nach Staatsgrenzen von selbst; hier folgt Büsching der antiken Überlieferung, gliedert das Land in das wüste, das peträische und das glückliche, die er wieder nach Vermögen in kleineren Landschaften beschreibt.

Wir sind heute zweifellos geneigt, diese im Gegensatz zu den Europa behandelnden Bänden noch heute unmittelbar ansprechende, am stärksten „geographisch" anmutende Darstellung Arabiens für seine reifste Frucht zu halten, und fraglos liegt in ihr eine einst begangene Brücke zur Landeskunde modernen Stils vor. Bis zu Ritter hin blieb sie maßgeblich, und dessen Worte[30] über sie verdienen wohl, wieder gehört zu werden: „Mit Niebuhr und Bruce trat gleichzeitig in Deutschland der gründlichste Geograph seiner Zeit, A. F. Büsching, mit dem 5. Band seiner Neuen Erdbeschreibung hervor, in welcher die Geographie von Arabien mit einem Fleiß wie nie zuvor bearbeitet war. Niebuhrs gehaltvolle Worte in dem Vorbericht zu seiner Beschreibung Arabiens geben Zeugnis davon, wo er sagt: „Dieses Werk würde mir auf meiner Reise besonders große Dienste haben leisten können, weil dessen gelehrter Verfasser in demselben alles merkwürdige, was man in den in Europa bekannten arabischen und griechischen Werken, ingleichen in allen Reisebeschreibungen, von Arabien findet, mit großer Mühe zusammengetragen, und wenn die verschiedenen Schriftsteller die Namen der Städte oft sehr verschieden geschrieben haben, sie doch glücklich miteinander vereinigt hat." Niebuhr selbst trug mehreres Neue zur Vervollständigung jenes Meisterwerks jener Zeit bei, obwohl nun erst durch seine eigenen Bereicherungen eine ganz neue Ära in diesem wissenschaftlichen Gebiete beginnen konnte". Nun, Büsching war am Start der Reise Niebuhrs und an der Heraufführung dieser neuen Ära wissenschaftlicher Reisen unmittelbar beteiligt[31].

---

[30] Ritter, C.: Die Erdkunde usw., VIII/1, Die Halbinsel Arabien, 1846, S. 9.

[31] Kühn, A.: a. a. O., S. 108. Wenn Kühn eigens betont, daß in J. D. Michaelis „Fragen an eine Gesellschaft ..." 1762 just „das Programm für den Geographen ... überraschend vielseitig und dabei nicht von jenem Nützlichkeitsstandpunkt eingeengt" war (S. 102), und überdies wenigstens Spuren eines Briefwechsels zwischen Michaelis und Büsching (der in den „Fragen" nicht genannt ist) die arabische Expedition betreffend nachweisen kann, paßt das gut in unser Bild.

Eine ganz andere Frage aber ist, ob Büsching selbst seine Darstellung Europas nach dem Arabienwurf für antiquiert gehalten hat. Das ist ohne jeden Zweifel nicht der Fall gewesen. Schon das sehr mühsame und ermüdende, ja fast zur Verzweiflung treibende Geschäft der Besorgung immer neuer, nur auf dem Laufenden der politischen Veränderungen gehaltener Auflagen spricht dagegen. Er war und blieb politisch-historischer Geograph, und nur einem solcher Behandlung ungeeigneten Objekt gegenüber zeigte er sich willens, aber auch fähig, seine Methode sinngemäß zu ändern, sein Ziel neu zu stecken. Man sagt, Büsching habe sich überlebt. Das ist aber nur richtig mit dem Zusatz, daß fast gleichzeitig mit ihm auch seine wissenschaftlichen Objekte ins Grab gesunken sind, deren oft verworrenes Erscheinungsbild im Raum er sorgfältig abzuzeichnen und in jeder neuen Phase zu fixieren bestrebt war. Wie unlösbar war im Grunde die Aufgabe, das Deutsche Reich im Rahmen der Kreiseinteilung Maximilians so darzustellen, daß man trotzdem den politischen Territorien gerecht wurde. Da war es tatsächlich einfacher, unmittelbar nach dem Territorialbesitz der Herrscherhäuser vorzugehen, wie er es in seiner Staatenbeschreibung von Italien getan hat. „Länder"-kundlich im Sinne einer zusammenfassenden Behandlung natürlich zusammengehöriger Gebiete konnte eine solche Darstellung um so weniger sein, je zersplitterter und zerstreuter der Staat im Raum lag. Zweifellos werden die Naturräume völlig unterdrückt, wenn z. B. Oberitalien dargestellt wird nach den damaligen Staatsgebieten:

1. Königreich Sardinien, bestehend aus Sardinien selbst sowie den Herzogtümern Savoyen, Piemont und Montferat, sowie „Stücken des Herzogtums Mailand".
2. Österreichische Staaten der Lombardei, bestehend aus Teilen des Herzogtums Mailand und dem Herzogtum Mantua.
3. Die vom Königreich Sardinien und dem Hause Österreich dem spanischen Infanten unter bestimmten Voraussetzungen erblich überlassenen Lande: die Herzogtümer Parma, Piacenza und Guastalla.
4. Die Staaten des Herzogs von Modena.
5. „Einige souveräne Fürstentümer".
6. Die Republiken Venedig und Genua mit ihren außerhalb Italiens liegenden Besitzungen.

Wenn eine solche Geographie auf uns überlebt und verworren wirkt, so deshalb, weil im heutigen Einheitstaat ihre Objekte nicht mehr gegeben sind. Aber damals waren sie vorhanden, wurden vererbt, umkämpft, verhandelt, verkauft oder vertauscht und ihre Beschreibung war eine keineswegs leichte Aufgabe, die der Geographie gestellt war, und der sie sich nicht entziehen konnte. Zweifellos wird durch Ritters Herabsetzung der Kompendiengeographie als „bloßes Aggregat, mechanische Beschreibung, Aufzählung" usw. Büsching mit getroffen. Wenn aber Ritter behauptete, ohne den Stoff dieser Kompendien zu wiederholen, den Schlüssel zu seinem Verständnis, seine Verhältnislehre, die Gesetze seiner Konstruktion, den Kausalzusammenhang der Erscheinungen usw. usf. geboten zu haben, dann ist das ein Irrtum. Er ging offenbar in seinen Vorlesungen über „Europa"[32], auf die man sich

[32] Ritter, C.: Europa: Vorlesungen an der Universität Berlin gehalten, hg. von H. A. Daniel, Berlin 1863, insbesondere S. 6, aber auch S. 27, wo er von einem „System" der politischen Staaten Europas spricht, ein Wort, das der kritische und auch in seiner Wortwahl nüchtern, aber scharf logisch denkende Büsching auf diese Erscheinungen nie angewendet hätte.

hier nur stützen kann, auf den Stoff dieser Staatenkunden gar nicht ein, sondern konstruierte über ihn hinweg plastisch, packend und ideenreich ein völlig neues Bild. Die politische Karte des seinerzeitigen Europa aber war doch in vieler Hinsicht wirklich nur ein Aggregat, nur der Beschreibung, der mosaikartigen Zusammensetzung, nicht aber einer „philosophischen Durchdringung" zugänglich, an der der im großen und ganzen da ja wohl auch unpolitische Ritter kaum Interesse gehabt hätte. Die Zeiten hatten sich geändert, und mit ihr die Geographie.

Der Raum reicht nicht aus, Büsching noch als geographischen Kritiker, Bevölkerungsstatistiker, Kartographen, Anreger und Förderer fremder geographischer Arbeiten, z. B. meteorologischer Messungen, als Wirtschaftsgeographen, Schulgeographen, Zeitschriftenherausgeber[33] usw. zu schildern. Aber neben seinem international durchschlagenden Hauptwerk trugen doch auch diese mehr am Rande liegenden Bemühungen maßgeblich dazu bei, daß das Ausland Deutschland als die Hochburg der regionalen Geographie anerkannte. Ritter trat in diese wesentlich durch Büsching geschaffene und von seiner Schule gefestigte Tradition ein, ohne in seinen frühen Arbeiten bereits ihr hohes Niveau erreichen zu können; denn sein „Europa, ein geographisch-historisch-statistisches Gemälde[34] liegt noch ganz in Büschings Nachfolge, ist mit den älteren Werken dieser Art vergleichbar, nicht aus sich heraus zu interpretieren.

---

[33] Hierfür bieten seine „Wöchentliche Nachrichten" einen überaus reichen, der Auswertung harrenden Stoff.

[34] 2 Bde., Frankfurt 1804—1807. Dieses Werk kann in seinem Textteil nur aus der Tradition des 18. Jahrhunderts verstanden werden, in der es sogar in eine relativ primitive Statistik zurückschlägt, wie die Städtetabellen für ganze Reiche, das Einschachteln des Stoffs in eine immer gleichbleibende, starre statistische Disposition, das Wettern gegen Tyrannen und Pfaffen u. v. a. zeigen. Das darunter ans Licht drängende neue Raumgefühl klingt nur im dazu geschaffenen Atlas „Sechs Karten von Europa", Schnepfenthal 1806, an.

Ernst Plewe

DIE ENTWICKLUNG DER FRANZÖSISCHEN GEOGRAPHIE IM 18. JAHRHUNDERT*

Kann man ohne erheblichen Verlust an innerem Zusammenhang das 18. Jahrhundert und hier wieder die Leistungen nur der französischen Geographen und Reisenden herausgelöst betrachten? Dient ein solcher Versuch nicht mehr der Hebung des nationalen Selbstgefühls als der Wissenschaftsgeschichte? Broc weist in seiner weitgreifenden und gedankenreichen Untersuchung die Fruchtbarkeit dieses Ansatzes nach, denn stärker als wohl jede andere Wissenschaft hängt die Geographie von Bedingungen und Umständen ab, die von Land zu Land verschieden sind und auch mit der Zeit wechseln. Seine Ergebnisse lassen eine entsprechende Arbeit auch für Deutschland wünschenswert erscheinen, die hier zu zwar anderen, aber doch wohl reicheren Resultaten führen würde, als er sie in einem kurzen vergleichenden Ausblick andeutet.

Einleitend stellen sich ihm zwei Fragen: Was ist Geographie, und wo zeigt ihre Geschichte einen so scharfen Einschnitt, daß an ihm die Untersuchung ansetzen kann? In Frankreich stehen beide in Zusammenhang, wobei die der Periodisierung leichter lösbar ist. In Übereinstimmung mit einem so unvoreingenommenen Historiker wie Oscar Peschel läßt Broc eine neue Periode mit G. D. Cassini anheben, wobei es gleichgültig ist, ob man die Gründung der »Académie des Sciences« (1666), seine Berufung zum Leiter ihres Teilinstituts, der Sternwarte (1669), oder die Vorlage seiner Erdkarte (1682) zum Ausgang wählt, denn mit ihm beginnt die entscheidende und systematisch fortschreitende Korrektur unseres Erdbilds. Diese in sich wieder gliederbare Periode endet um 1800 mit dem Umbruch, den die französische Revolution, darüber hinaus die allgemeine geistige Bewegung Europas und für die Geographie insbesondere Alexander von Humboldt heraufgeführt haben. Es ist also kurz gesagt die Zeit zwischen dem Höhepunkt der Herrschaft Ludwigs XIV. und dem Ausbruch der Revolution.

Schwieriger beantwortet sich die Frage nach dem Inhalt, den Aufgaben, der »Idee«, dem »Selbstverständnis« der Geographie, denn sie schließt viel schwer Wägbares an Zeitströmungen mit ein, das sich kaum an bestimmte Daten knüpfen läßt. Hier sieht Broc langsam mit dem Entdeckungszeitalter sich zwei Ideengänge entwickeln: die technische Revolution, verkörpert durch Galilei, »die die Auflösung des Kosmos ermöglichte« und »die Erde im System des Universums als Standort einer autonomen Geistigkeit konstituierte«, ein Standpunkt, der

---

* Numa Broc, La Géographie des Philosophes. Géographes et voyageurs français au XVIIIe siècle, Paris (Diffusion Ophyrs) 1975, 595 S.

in Descartes seinen philosophischen Ausdruck fand, wodurch sich aber auch die Geographie von der Kosmologie lösen konnte. »Jedenfalls werden gegen Ende des 17. Jahrhunderts das sich Finden in die Zeit und die Beherrschung des Raums für den westlichen Menschen wesentliche und einander ergänzende Hauptaufgaben«. Dagegen gewinnen seit dem 16. Jahrhundert vier aus der Antike stammende Strömungen fortschreitend an Boden, die sich jedoch eher bekämpfen, als sich zu einer geographischen Wissenschaft integrieren: die ptolemäische (= mathematische oder kartographische Geographie), die strabonische (= beschreibende Länderkunde), die aristotelische (= klassische Physik und Geophysik als Ansatz der allgemeinen physikalischen Geographie) und die herodotisch-hippokratische (Ansatz der Anthropogeographie in der Frage des Zusammenhangs von Mensch und Natur). Endlich wurde die ältere Geographie auch stark von praktischen Forderungen bestimmt, war utilitaristisch, so daß es deren so viele wie Nutznießer gab, also die politische, die militärische, die kirchliche, die Handelsgeographie usw. Hier wirkte das »philosophische« 18. Jahrhundert reinigend.

Nach dieser Klärung stellen sich aber noch zwei weitere Vorfragen: von welchem Standpunkt aus ist eine Geschichte der Geographie zu schreiben, und ist die der Reisen in sie aufzunehmen?

Der Standpunkte gibt es drei. Man verfolgt: entweder die Forschung, d. h. die sich selbst schaffende Wissenschaft, oder die Verbreitung der neu gewonnenen Kenntnisse in der gelehrten Welt, die sehr nachhinken kann, oder endlich die schulische Verbreitung der Kenntnisse, also ihr Eintreten ins allgemeine Bewußtsein, ins Lehrbuch. Diese die Masse der Literatur wertende Unterscheidung könnte auch manche heute in Deutschland geführte disziplinhistorische Diskussion entwirren helfen. Broc verfolgt nur die Geschichte der Forschung und die der Verbreitung erworbener Erkenntnisse nur insoweit, wie ihre etwaige Vernachlässigung einen möglichen Fortschritt gehemmt hat. – Mit dem Wort Fortschritt ergibt sich als weitere Frage die nach der Substanz des Darzustellenden, nach der Auswahl des disziplinhistorisch für wesentlich gehaltenen Stoffs. Der tatsächliche Fortschritt ergibt sich ja erst aus dem Rückblick; folgt man isolierend seinem Faden, führt das zu einer regressiv konstruierten und daher letztlich anachronistischen Geschichte der »Wahrheit«. Die Wissenschaft entwickelt sich aber als ein schwer überschaubares Geflecht von sowohl sich bestätigenden und weiterentwickelnden Wahrheiten, als auch von ebenfalls nicht aus der Luft gegriffenen Irrtümern, die oft erst in langer und umwegreicher Forschung überwunden werden, und deren entsprechende Berücksichtigung erst zu einer tatsächlich geisteswissenschaftlichen Geschichte der (geographischen) »Mentalität« führt.

Die Frage, ob und wieweit die Geschichte der Reisen in die der Geographie aufzunehmen ist, löst sich, wenn man über Worte und Etikette hinwegsieht, von selbst. Gereist sind damals ja nicht »Geographen«, sondern Offiziere, Seeleute, Kaufleute, Diplomaten, Agenten, Missionare, Sammler, Glücksritter, Abenteurer, Waldläufer, deren »Reisebeschreibungen« natürlich den »Stubengeographen« den Stoff für ihre verbalen und kartographischen Darstellungen lieferten, denn ohne Reisen gibt es keine Geographie. Sie boten aber weniger Forschungsberichte, als Mitteilungen ihres »Enthusiasmus«, ihrer Erlebnisse und Eindrücke, aus denen sich der objektive Kern oft nur schwer herausschälen ließ. Dazu tritt endlich auch das Problem der Auffassungsfähigkeit, selbst wenn man von dem unterschiedlichen Bildungsgrad der Reisenden absieht. Was sah man überhaupt? Was von dem scheinbar mit Händen Greifbaren trat ins Bewußtsein? Nach Broc »existierten« die den Spaniern seit Jahrhunderten bekannten Anden für die Franzosen nicht vor der Expedition von La Condamine 1745, und selbst in Europa hat der nicht dort Eingeborene die Alpen vor Rousseau nicht »gesehen«, sondern ängstlich seinen gefährlichen Weg unter ihren nur als chaotischer Schrecken empfundenen Bergen gesucht, deren Schilderung ihm fernlag und für die er auch keine Worte gehabt hätte. Philosophen und Künstler werden der Geographie erst später für Vieles die Augen öffnen; in Lokaldialekten (Moräne, Firn usw.), fremden Wissenschaften und Fremdsprachen wird sie ihre Begriffe suchen, und erst nachdem sie Sinn für die Landschaftsmalerei und -dichtung gewinnt (Humboldt), wird sie ihre Objekte dem Leser plastisch und farbig vor Augen stellen können. Jedenfalls aber gehören die Reisen in ihren rel. abstrakten Ergebnissen in die Geschichte der Geographie, in der Schilderung ihres Verlaufs und ihrer subjektiven Erlebnisse aber in die viel blutvollere Entdeckungs- und Reisegeschichte, die neben jener ihre eigene Existenzberechtigung und Substanz hat. – Erst nach Klärung dieser Voraussetzungen tritt Broc in die historische Darstellung ein, die hier nur in ihrem Skelett skizziert werden kann.

Wie gesagt erhielt die französische Geographie ihr Gepräge durch Ludwig XIV., seine neuen Forschungszentren, insbesondere durch den aus Italien berufenen Cassini und die alles zentralisierende und mobilisierende Kraft Colberts († 1683). Damit gewann die Kartographie absoluten Vorrang. Astronomische Ortsbestimmung, noch in den Augen Humboldts conditio sine qua non für jeden reisenden Geographen, Kartographie und Geographie galten damals in der gelehrten Welt für Synonyma, verkörpert in den »Geographen des Königs« wie Cassini, Delisle, d'Anville, Buache. Sie schulten aber auch Missionare, vor allem Jesuiten, denen ihre astronomischen Kenntnisse viele Zugänge für ihre Zwecke öffneten, deren Berichte aber auch die Missionsgeschichte und die der Geographie oft Hand in Hand gehen lassen. Die Geographie wurde unter dieser Führung also die Wissenschaft von der Lage der Orte, eine »Positionsgeographie« in Nachfolge des Ptolemäus. Sie zu fördern wurden ab 1671 Expeditionen ausgeschickt, aber noch 1682 verfügte Cassini für seine revolutionierende Erdkarte nur über 50 vermessene Punkte. Für den Rest war man noch lange auf die Auswertung der unsicheren Reisebeschreibungen ab der Antike angewiesen, worin die »Académie des Inscriptions«, die große Stütze der historischen Geographie, hilfreich war. Dabei merzte eine scharfe Quellenkritik die zahllosen traditionellen Phantasmata aus den Karten aus, nicht selten all zu kritisch auch Richtiges, und überwand den alten horror vacui, zeigte den Mut zur »weißen Fläche«.

Genannt werden muß auch der Königliche Garten, ein ursprünglich von Ärzten geleiteter Heilkräutergarten, den das Akademiemitglied Buffon 1739 übernahm und in ein umfassendes naturkundliches Museum verwandelte, das aber erst in der 2. Hälfte des Jahrhunderts ein aktives naturhistorisches und physisch-geographisches Forschungszentrum wurde. Viel leisteten auch örtliche Akademien, so die von Montpellier, Bordeaux, Dijon u. a. Die alle Forschung bewegende Kraft, ihre »Motivation«, waren der Wille, zum Ruhm des Königs beizutragen, und seine Kolonialpolitik, die, eine Einsicht Colberts, nur bei möglichst umfassender Kenntnis der ins Auge gefaßten Länder und ihrer Bevölkerung Erfolg haben kann, was naturgemäß einschließt, daß dieser Politik fernliegende Länder auch von der Forschung vernachlässigt wurden, oder auch koloniale Verluste zum Rückzug der Forschung zwangen, wie z. B. in Canada oder Louisiana. Sehr unterschiedlich fördernd und hemmend wirkten die kolonialen Handelsgesellschaften. Von solchen politischen Tendenzen unabhängig arbeiteten die der Akademie verbundenen Missionare, so die Jesuiten in China. Was geschah unter diesen Voraussetzungen geographisch?

Die bisher in Italien gelegenen Informationszentren wanderten nach Norden, nach Paris und London. Richers Messungen des Sekundenpendels in Cayenne 1672 zerstörten die alte Vorstellung von der Kugelgestalt der Erde und veranlaßten die beiden bedeutendsten Expeditionen der 1. Hälfte des 18. Jahrhunderts, die nach Lappland (Maupertuis) und Peru (La Condamine), die mit dem Nachweis der Abplattung der Erde um 1750 erst zu dem wahren Koordinatensystem führten. Dieses auszufüllen war einerseits Sache der Landesvermessung, in der Frankreich wiederum die Führung übernehmen wird, und andererseits der Reisenden. Ihnen können wir hier nicht folgen, nur summarisch einige Ergebnisse bis etwa 1750, also bis zur »nautischen Revolution« andeuten.

Aufs Ganze gesehen waren ihre Beschreibungen »Rumpelkammern« eines »liebenswürdigen Eklektizismus«, wenn man von einigen wenigen Spezialisten, etwa Astronomen oder Botanikern absieht, so den Jesuiten in China oder dem »unvergleichlichen« Arzt und Botaniker Tournefort, der mit seinen Reisen ins östliche Mittelmeer und in den Orient »auf Befehl des Königs« (Paris 1717) jahrzehntelang vorbildlich blieb. Anders als sie sahen aber die meisten über ihren engeren Aufgaben das Danebenliegende, die Landschaft, kaum. Und wenn die Stubengeographen in Paris diesen Wust in Periodika oder Sammelwerken kritisch sichteten und geordnet darstellten, wie am gelungensten die Jesuiten in den »Lettres Edifiantes et Curieuses« über China (34 Bde. 1702–1776) oder Abbé Prévost in der »Histoire Générale des Voyages« (80 Bde. 1746–1789), trugen sie nur summierte Kenntnisse, ein Schubladenwissen, wenn auch von bleibendem Wert, zusammen, kamen aber zu keiner regionalen Synthese aus Mangel an einem länderkundlichen Konzept und an geographischen Begriffen. Kein Reisender hat vor Bernardin de Saint Pierre eine Landschaft in ihrer Individualität geschildert.[1]

---

[1] Gegen diese Behauptung Brocs, die für die französische Literatur zutreffen mag, ist für die deutsche doch mindestens eine Frage, wenn nicht Widerspruch anzubringen. Johann Georg Forsters Bericht über die zweite Reise Cooks: »Johann Reinhold Forster's und Georg Forster's Reise um die Welt in den Jahren 1772 bis 1775«, 2 Bde, englisch

Beschrieben wurde vor allem der Mensch, aber nicht als seinem Raum verhafteter Homo geographicus, sondern anthropologisch-ethnographisch in seinen merkwürdigen Spielarten, darin jedoch auch möglichst erschöpfend nach Aussehen, Körperbau, Sitten und Bräuchen, materieller Kultur, religiösen Vorstellungen und Kulten usw. Den Schritt von der Sammlung von Tatsachen zu Begriffen, also zu einer allgemeinen Geographie, verdankt man nicht den Reisenden und ihren Kompilatoren, sondern »philosophischen« Köpfen.

Ihnen wird das trotz gewaltigen Lücken riesige, im Orient, an den afrikanischen Küstensäumen, in den Indien, Nordamerika, Ostasien usf. angesammelte Material zum Rohstoff für die Beantwortung eigener Fragen und zum Bau ihrer Systeme. In der physischen Geographie entwirft Buffon, seinen ursprünglichen Plan zu einem bloßen Museumskatalog sprengend, im Rückgriff auf englische Vorbilder und auch auf Varenius, der Idee nach aber auf Aristoteles, in seiner »Théorie de la Terre« (1749) das erste große, alle wichtigen physisch-geographischen und geologischen Probleme erörternde System der Erde, in dessen phantasiereichen Perspektiven auch der Mensch seinen streng determinierten Standort hatte. Buache veröffentlichte 1752 seinen »Essai de Géographie Physique«, in welchem er über die meist noch unbekannten Ozeane und Kontinente hinweg die Gebirge und Meeresschwellen zu einem statisch gesehenen »Charpente du Globe«, einem Erdgezimmer zusammenschließt und damit der Erdwissenschaft jenen verführerischen deduktiven Charakter verleiht, der stets alsbald Gehör und Beifall findet, so in Deutschland bei dem Göttinger Welthistoriker Gatterer (1775) und der von ihm abhängigen »Reinen Geographie«. Im gleichen Akademieband 1752 blieb ein Vulkanbeobachtungen in der Auvergne auswertender Aufsatz von Guettard, der diese Theorie alsbald hätte stürzen können, lange unbeachtet. – Auch die schon früh in Italien gepflegte und 1694 in Bologna zum Universitätsfach erhobene Hydrologie sowie die Ozeanographie fanden in Buffon und mehr noch in Buache und seinen bahnbrechenden

---

1777, deutsch Berlin 1779 (zitiert nach Forsters sämtliche Schriften Bde 1 und 2, Leipzig 1843) steckt voller plastischer und farbiger Beschreibungen tropischer und außertropischer Landschaften, die es mit den wenigen Bernardin de Saint Pierres ohne weiteres aufnehmen können. Sie sind überdies nicht, wie diese, romanhaft eingekleidet und zu einem gewißen Grade manieriert, sondern streben in erklärtem Gegensatz zu *Herrn Rousseau und den seichten Köpfen, die ihm nachbeten* (Bd. 2, S. 161) eine unvoreingenommene klare und differenzierte Darstellung der beobachteten Gegebenheiten an. Am packendsten ist wohl Saint Pierres Schilderung des Scheiterns eines Schiffes in einem Mauritiusorkan, aber auch diese durch die Liebesgeschichte sentimentalisert. Vergleicht man sie mit Forsters Bericht über die Sturmfahrt in die antarktischen Gewässer (Bd. 1, S. 89 ff.), wird man ihm die Palme reichen müssen. Zur gleichen Auffassung kam übrigens auch Hermann HETTNER in seiner »Literaturgeschichte des 18. Jahrhunderts« (6 Bde 1856/70, 7. Aufl. 1925), der »garnicht genug staunen kann über dieses wunderbare Zusammen von Forscherernst und Künstlerkraft« und betont, daß Forster »zu den Phantastereien Rousseaus vom Naturzustand und zu den aus diesen Phantastereien hervorgegangenen Schilderungen Saint Pierres im schärfsten Gegensatz steht und zugleich ein Meisterwerk unnachahmlichster Poesie« geschaffen hat. Forster geht Saint Pierre aber um ein volles Jahrzehnt voraus. Ob und wann Frankreich von ihm Kenntnis genommen hat, weiß ich nicht; jedenfalls aber zeigen sich hier doch die Grenzen einer isolierenden Betrachtung.

induktiven, ihn von ganz anderer Seite zeigenden Ingenieurgutachten erfolgreiche Förderer.

Der Mensch blieb nicht unbeachtet. »Als die Größe der Könige nach der Zahl ihrer Subjekte gemessen wurde«, entwickelte Vauban für praktische Zwecke, z. B. eine gerechtere Besteuerung, ab 1686 die Bevölkerungsstatistik, den amtlichen Fragebogen, den *Calcul* über die Tragfähigkeit der Böden, Methoden der Raumforschung und Landesplanung und der kartographischen Fixierung ihrer Ergebnisse und erarbeitete in räumlich gut angesetzten Regionalanalysen geographische Modelle zur Überprüfung und Relativierung allgemeiner Resultate. Von der Verwaltung dankbar aufgegriffen, fanden seine Ideen bei der französischen Geographie keine Beachtung. Anders als er schuf sich Montesquieu für den »Esprit de Lois« (1746) seine Unterlagen nicht durch eigene Recherchen, sondern verwendete für das »majestätische System« seiner »Theorie des Menschen«, in der er die von Hippokrates über Bodin führende Tradition fortsetzt, weltweit gesammelte Beobachtungen, ist also nicht der »Vater der Géographie Humaine«, wohl aber ihr großer moderner Anreger. Der ihm zu Unrecht vorgeworfene Determinismus war vielmehr sein großes Problem. Nur die Primitivsten sind der Natur völlig unterworfen; mit steigender Kultur befreit sich der Mensch von ihr zunehmend, und sein Wohlstand hängt dann immer mehr von der Bevölkerungsdichte und der Güte der Regierung ab. Systematische Arbeit macht von der Natur so vernachlässigte Länder wie die Schweiz oder Holland wohlhabend, während fruchtbarste Länder bei zu geringer Bevölkerung und gar schlechter Regierung aus dem Elend nicht hinausfinden, ein Anklang an Toynbees Theorie der »Herausforderung«. Wo nicht eine extreme Natur ausschließend wirkt, neutralisieren gute Gesetze ungünstige Naturbedingungen.

Wie stellt sich nun die französische Geographie in der ersten Hälfte des Jahrhunderts dar?

Die in Massen und vielen Auflagen erscheinenden, also doch einem Bedürfnis entsprechenden Handbücher, die eigentlichen Namensträger der Geographie, breiten einen dürren, größtenteils auch der Karte entnehmbaren Stoff europalastig und vielfach fehlerhaft, aber nicht »methodisch«, wie zeitgemäß behauptet, aus und unterscheiden sich somit kaum von ihren Vorgängern des 17. Jahrhunderts. Zeigen sie Methode, dann ist sie didaktisch. Nur wenige halten sich in Folgeauflagen à jour, und auch dann meist nur für europäische Staaten. Neu ist in ihren besten Vertretern eine gelegentlich hervorragende und moderne Nachdrucke rechtfertigende Bibliographie. Broc nennt nur wenige Vertreter dieser Gattung, die, obwohl ebenfalls durchweg nicht originell, einen encyklopädisch angereicherten Stoff, nicht arm an treffenden Bemerkungen, vermitteln. Angeboten werden aber nicht mehr, wie im 16. und 17. Jahrhundert, schwere Folianten, sondern handliche Bände. In der Starrheit ihres Rahmens, ihrer schematischen Teilungen und Unterteilungen, ihrer Namenregister und klassifizierenden Stoffbehandlung reiht sich die Geographie der Darstellungsweise der damals ihren Aufschwung nehmenden Naturwissenschaften an, ist hierin also nicht negativ zu bewerten.

Geographische Lexika gab es, anschließend an die älteren und zunächst einzigen Sprachlexika, schon im 16. Jahrhundert, wenn auch zunächst für die »alte« Geographie und für philologische Zwecke, nahmen aber bald auch die »neue« auf und erreichten im encyklopädischen 18. Jahrhundert eine Blüte und Güte, die sie noch tief ins 19. benutzbar bleiben ließen, so z. B. B. de la Matinières 10 Foliobände »Grand dictionnaire géographique et critique«, 1726/39. Aber in der großen französischen Encyclopédie verweist gleich einleitend 1751 d'Alembert die Geographie in den Schatten der Geschichte und wertet beide als bloßes Gedächtniswissen ab. Da sie dem Geist des Werks, nämlich kulturkritisch und in ihren Ergebnissen anwendbar zu sein, kaum Handhaben bot, wird sie mit einer Darstellung etwa Afrikas in 30, Amerikas in 43 und selbst Chinas in 27 Zeilen so ungebührlich zurückgedrängt, daß die Kritik Supplementbände erzwang. Dennoch enthält sie einige physisch-geographische Starartikel, so von Demarest oder Baron von Holbach, die als weiterführende Originalarbeiten gelten dürfen. Den Menschen betreffende Artikel finden sich, der physiokratischen und gesellschaftskritischen Tendenz des Werks entsprechend, nicht unter geographischen, sondern unter ethnographischen, demographischen und wirtschaftswissenschaftlichen Stichworten.

Die Akademien in der Provinz verbreiten im interessierten Bürgertum neue Erkenntnisse und sind vielfach auch Stätten sehr aktiver und fruchtbarer Forschung innerhalb ihrer Region. Soweit sie um 1700 gegründet wurden, haben sie ab ovo naturwissenschaftlichen Charakter; ältere, humanistisch-gelehrte, wandeln sich in diesem Sinne. Im Lauf des Jahrhunderts nehmen angewandt-naturwissenschaftliche Arbeiten zu.

Es charakterisiert den Geist der Aufklärung, daß sich neben dem alten Verständnis für die Geschichte mehr und mehr auch das für den Raum durchsetzt, so daß in der »Académie des Inscriptions« die historische Geographie unter so hervorragenden Vertretern wie d'Anville oder N. Frérét zur »königlichen« Wissenschaft wird, die sich dann aber auch der mittelalterlichen (islamische Reisende, Marco Polo und seine Vorgänger usw.) und der neuen Geographie zuwendet. Schwierige Probleme wie z. B. die Nachrechnung antiker astronomischer Angaben, etwa von Mondstellungen, zur kritischen Nachprüfung der Chronologie, erforderten die Zusammenarbeit zahlreicher Spezialisten beider Akademien, lohnten sich auch für die historische Geographie.

Dieses wachsende Raumgefühl drang seit dem 17. Jahrhundert in die Gesamtkultur ein, so spielerisch und künstlerisch in den Chinoiserien und überhaupt im »Exotismus«, mit wissenschaftlichem Ernst in die Geschichtsschreibung. Voltaire war stets bemüht, den Menschen in seiner Zeit und in seinem Raum zu erfassen und schalt nicht als Laie: »Es ist in der Geographie wie in der Moral sehr schwer, die Welt zu kennen ohne aus der Haut zu fahren«, ein Hieb gegen die Lehrbuchschreiber, besonders den damals wohl meist gelesenen Johann Hübner, dessen dickleibige »Kurtze Fragen aus der Neuen und Alten Geographie« (1693) bis zu seinem Tode 1731 nicht weniger als 36 Auflagen erreichten. Seinen historischen Werken setzte er als zum Verständnis unerläßlich geographische Einleitungen voran, womit er auch in Deutschland über Gatterer (Abriß der Geographie, 1775, *man nennt sie deswegen von Alters her das eine Auge der Historie*, S. 4) bis hin etwa zu K. Joëls Geschichte der antiken Philosophie (1921) Schule gemacht hat. Die damalige Freude am Exotismus ermißt man am Umfang der Literaturgattung der Utopien, exotischen Romane und imaginären Reisen, in denen fiktive Personen in irreale, aber oft so realistisch geschilderte Länder versetzt wurden, daß man von ihnen Karten zeichnen könnte, daß man aber auch Berichte realer Reisen für imaginär und fiktiver für real gehalten hat. Je unbekannter ein Erdstrich noch war, desto leichter bot er sich als Schauplatz an, so die »Terres Australes«. Auch diese Gattung stammt mit ihrer charakteristischen gesellschaftskritischen Tendenz aus der Renaissance (Thomas More, Campanella), fiel selbstverständlich im Frankreich der Aufklärung auf dankbaren Boden, entzog aber auch der gelehrten geographischen Abhandlung manches Interesse. Ihr huldigten unter vielen anderen Diderot (Bijoux indiscrets, 1748), sie schon parodierend Voltaire (Candide, 1759) und auch Abbé Prévost, bevor er nach langem anregendem Aufenthalt in England an seine »Histoire Générale des Voyages« herantrat, ein damals jenen Romanen weniger fernstehendes Werk, als man heute annehmen möchte.

War also die erste Hälfte der Periode mathematisch-geographisch, entdekkungsgeschichtlich (Canada, Louisiana, Orient, China, Amazonien usw.) und in der Bildung unbekannte Räume und Sachverhalte überbrückender Theorien weniger arm, als man ihr nachsagt, so wandeln sich die Umstände und mit ihnen die Forschung deutlich ab etwa 1750. Schon 1749 beklagt Buffon mit Recht ein auffallendes Nachlassen der Forschungsreisen und auch des öffentlichen und privaten Interesses an ihnen. Die Masse der dieser Behauptung scheinbar widersprechenden kompilatorischen und lexikalischen Literatur wird man aber wohl weniger als Zeichen eines »sklerotisch« gewordenen geographischen, als des anhaltenden encyklopädischen Interesses werten. Aber man hielt die Sammeltätigkeit der Geographie auch für beendet und wünschte dringend, den kaum mehr überschaubaren Stoff zu verstehen. Dem antworteten um 1750 die verfrühten und uns heute teilweise abenteuerlich anmutenden Theorien von Buffon, Buache und Montesquieu, die die weitere Forschung nicht nur anregen, sondern auch belasten werden.

Mit dem Siebenjährigen Krieg verlor Frankreich praktisch sein Kolonialreich und mit ihm seine alten Forschungsgebiete, mußte also das wenige Verbliebene ausbauen und sich neuen Horizonten zuwenden, und wenn die ersten Versuche (Falklandinseln, Guayana) auch unglücklich endeten, belebten sie doch das geographische Interesse. Glücklicher war man auf den Maskarenen, wo der weltweit erfahrene und als Naturforscher wie als Verwaltungsbeamter hervorragende Pierre Poivre 1767/73 nicht nur zahlreiche Kulturpflanzen akklimatisierte und von hier aus weiter übertrug, sondern auf Mauritius auch ein tropisches Forschungszentrum von internationalem Rang schuf. In dieser anregenden exotischen Atmosphäre wurzelt auch das Genie des Naturforschers und Agraringenieurs Bernardin de Saint Pierre, dessen »Paul et Virginie« (1787) u. a. eine »Voyage à l'Ile de France« (2 Bde. 1773) voraufging.

Der zweite die Forschung verändernde Faktor wird die »nautische Revolution«, die in Frankreich mehrere Aspekte hat. In Brest sammelte sich ab 1752 in Opposition gegen die wissenschaftsfeindlichen und auf ihre »Erfahrung« pochenden alten Kapitäne eine Gruppe wissenschaftlich sehr aktiver Marineoffiziere, deren Leistungen auf dem Gesamtgebiet der marinen Wissenschaften und Techniken es rechtfertigten, sie zu einer »Académie de Marine« und 1769 zu einem Annex der »Académie des Sciences« zu erheben, aus der sich fortan die Schiffsleitungen rekrutierten. Das dringendste Problem war das der bisher höchst fehlerhaften Längenbestimmungen, das sich auf das richtig gehender Schiffsuhren, also den Chronometer reduzieren ließ, und das nach der Kontrollfahrt der »Flore« (1771/72) als gelöst gelten durfte.[2] Nationales Prestige, internationale Zusammenarbeit, nämlich Frankreichs mit England, Fortschritt der Nautik und koloniale Expansion schufen ein für große Expeditionen günstiges Klima. Überdies stieg ab 1760 sprunghaft die Größe der Fernfahrtschiffe von bisher 120 t auf etwa 400–600 t, was ihren Aktionsradius erweiterte, das Leben an Bord erträglicher machte, Gesundheit und Moral der Besatzung hob und die Mitnahme ganzer Forschungsstäbe samt ihrem umfänglichen Instrumentarium und exotischen Sammlungen, statt bisher nur eines Mannes, meist des Arztes, ermöglichte. Man muß die zum Schaden der Wissenschaft und auch des Expeditionsverlaufs völlig unterdrückte Existenz eines so fähigen Mannes wie Steller auf der Beringexpedition (1741/42) mit den wissenschaftlichen Stäben von La Pérouse oder James Cook vergleichen, um den Unterschied der Expeditionsstile vor und nach 1760 als historisches Faktum zu verstehen; moralisierende Vorwürfe sind hier fehl am Platz.

Besteht nun ein Zusammenhang zwischen den Theorien der »Académie« und den von ihr veranlaßten Forschungsreisen? Hier gab es zwei nautisch lösbare Probleme: das zwischen Alaska und Kalifornien angeblich tief in den Kontinent eingreifende »Westmeer«, das den Zugang nach China öffnen und Ziel langen vergeblichen Suchens von den Großen Seen her war; und »die Terres Australes«, über die Präsident de Brosses noch 1756 ein zusammenfassendes Werk vorgelegt hatte. Bougainville segelte 1768/71 nicht auf den ihm empfohlenen südlichen Breiten, sondern querte den Pazifischen Ozean mit den Passaten auf der »klassischen« äquatornahen Route ohne nennenswerte Ergebnisse. Indessen löste der unvoreingenommene Cook auf seinen drei Reisen (1768/79) alle Probleme, jedoch hielt man seine Berichte in Frankreich für Täuschungsversuche, die englischen Kolonialunternehmen einen zeitlichen Vorsprung geben sollten. Daher wurde Kerguélen »wie ein Columbus« empfangen, als er in den von ihm entdeckten Inseln den Rand des »Südkontinents« entdeckt zu haben glaubte. La Pérouse (1785/88) verlor auf seiner mit außerordentlicher Sorgfalt vorbereiteten Expedition kostbare Wochen auf der Suche nach dem von ihm selbst nicht geglaubten »Westmeer«, bevor er in den Tropen auf der Suche nach dem sagenhaften Südkontinent in allzu strikter Befolgung seines riesigen Instruktionskatalogs mit beiden Schiffen scheiterte. Neben Cook ver-

[2] Jedoch machten die nun sicher und linear geführten Schiffe nicht mehr jene Zufallsentdeckungen der älteren Schiffahrt, die ihren unsicheren Weg in weit ausholenden Zick-Zack-Kursen suchte.

blassen ihre unleugbaren Verdienste. Die Ergebnisse der Expeditionen aber standen nun fest: Die die Kontinentalflächen weit überwiegenden Flächen des Weltmeers; die von den flott vor den Passaten segelnden alten Kapitänen weit unterschätzte riesige Ausdehnung des Pazifischen Ozeans und seine trotz allen Südsee-Inseln gähnende Leere; die kompakte Kollossalität Nordamerikas, und endlich der, falls überhaupt vorhanden, hinter die antarktische Eisgrenze zurückgedrängte Südkontinent. Cook schloß die Irrtümer von Jahrhunderten und zugleich das Zeitalter der räsonnierenden Erdsysteme ab mit den deutlich an die »Académie« gerichteten Worten: *Wer will sich fortan mit den geistreichen Träumen eines Präsidenten de Brosses oder des Herrn von Buffon befassen? Wer will noch hoffen, auf dem Australkontinent jenen Handel zu entwickeln, den die Phantasie eines Maupertuis uns vorgegaukelt hat?* (3. Reise Vorwort, Französ. Ausgabe 1785), »herzzerreißende Revisionen«, die nun auch Buffon, »einer der wärmsten Verteidiger des Südkontinents«, in seinen »Epoques de la Nature« (1778) anerkennen muß.

Etwas wesentlich Neues ist demnach zunächst vorwiegend von Arbeiten an Land zu erwarten. Auch hier nur wieder stichwortartige Andeutungen: Frankreich wendet sich, durch seinen Kolonialverlust weniger entmutigt als angespornt, den verbliebenen Resten vorwiegend am und im Indischen Ozean zu. Mit den Ländern rings um ihn bekannt, verfaßt Le Gentil 1779/83 ein Werk über die sie zu einer Einheit zusammenschließenden Monsune. Man geht den verkehrsfeindlichen Riffen nach, diskutiert auf den Maskarenen die Vulkanität, die tropische Vegetation, die fragwürdige Fruchtbarkeit tropischer Böden und die Ursachen ihrer raschen Erschöpfung, baut hier nacheinander zahlreiche tropische Handelspflanzen an, denen aber die Labilität des europäischen Markts und eigene Nachlässigkeit den Erfolg versagen, und versäumt darüber die leicht mögliche Selbstversorgung: alles Anlässe zu vielseitigen kritischen Diskussionen, die von einer sentimentalen exotischen Traumwelt allmählich zu einer realistischen Auffassung der Natur und des Menschen der Tropen führen.[3] – Das von den Jesuiten bisher freundlich und encyklopädisch beschriebene China wird zum Objekt einer mehr weltlichen Forschergeneration und heftiger Auseinandersetzungen zwischen physiokratischen und von ihren Gegnern der »Agromanie« bezichtigten Sinophilen und malthusianistischen Sinophoben, die hier alle Übel einer excessiven Überbevölkerung in einem Lande, dem es an nichts fehlt und das alle seine produktiven Kräfte anstrengt, bestätigt sehen. Ruhiger entwerfen erst Guignes (1784–1801) und Lord Macarntey (1793) in den Grundzügen jenes Bild von China, das noch Richthofen antreffen und wesentlich vertiefen wird. Entscheidend ist, daß die Länder selbst nun zu Problemen werden, und daß die Reisenden nicht mehr beliebige Beobachtungen und Merkwürdigkeiten sammeln, sondern ihnen von der »Académie des Sciences« in einem inneren Zusammenhang stehende Fragen zur Beantwortung gestellt werden, wie z. B. Guinges.

[3] Um diese hatten sich in sehr differenzierender Auffassung auch erfolgreich die beiden Forster bemüht.

Auch dem können wir hier nicht nach Südafrika, Westafrika, in die islamische Welt, nach Persien, Sibirien oder in die jungen USA folgen, nur exemplarisch C. F. Volney »Le Voyage en Syrie et en Egypte«, 2 Bde. 1787 (deutsch 1788) herausheben. Als echter »Erbe der Philosophen« hat er von den besuchten Ländern keine chronologische Reisebeschreibung, sondern so konsequent ein systematisches und methodisches Werk geliefert, daß mit ihm »die Reiseliteratur eine neue Dimension annimmt«, er »einer der Autoren des 18. Jahrhunderts ist, der sich am meisten dem nähert, was man heute Géographie humaine und Soziologie nennt«, der »sich am stärksten der Auffassung von der Geographie nähert, die wir heute vertreten«. CARL RITTER (Erdkunde 15a, 1850, S. 55) aber bedauert trotz rühmender Anerkennung, daß es »keine Spezialitäten seiner eigenen Reiseroute enthält, was doch bei Reisewerken zur Beurteilung des critischen Lesers immer erwünscht bleibt«. Volneys Meisterschaft liegt im Konzept: »Wie seine Vorgänger in der Encyclopédie erfaßt er die Realitäten mittels der Verbindung der verschiedensten Disziplinen: Politik, Geographie, Geschichte, Medizin, Landwirtschaft ... Ökonomie, Soziologie, Psychologie ... Er strebt zu »philosophischer« Vertiefung der Suche nach Ursachen, Zusammenhängen, konstanten Verhältnissen, d. h. zur Erkenntnis von Gesetzen in der physischen wie in der politischen Welt. Der geographische Rahmen ist für ihn nicht (wie z. B. für Voltaire) ein einfacher schmückender Hintergrund, ein für allemal entworfen, um dem Gesetz des Genres zu opfern, er ist vielmehr in jedem Augenblick sich einmischend gegenwärtig ... Hierin war Volney wohl der »Reisephilosoph«, wie ihn sich Rousseau 1755 wünschte, während Montesquieu »mehr Philosoph als Reisender war«. Dieser die Entwicklung schärfer als bisher beleuchtende Satz mag das lange Zitat entschuldigen, gibt aber auch Anlaß zu einem ergänzenden Hinweis. War J. R. Forster mit seinen »Bemerkungen über Gegenstände der physischen Erdbeschreibung, Naturgeschichte und sittlichen Philosophie auf seiner Reise um die Welt (1772/75) gesammelt« (1783) wirklich nur ein »franc-tireur« (S. 498), also eine Art versprengter Einzelkämpfer, Außenseiter? Sein »Konzept« war das gleiche, und seine Durchführung steht hinter der Volneys sicher nicht zurück. Aber seine Herkunft liegt offen: Forster folgte dem Auftrag der Britischen Admiralität, keinen chronologischen Reisebericht, der ja Cooks Aufgabe war, zu liefern, sondern einen »philosophischen«, dessen »Plan und Anordnung« er laut seinem 1780 unterschriebenen Vorwort *größtentheils aus der hierhergehörigen bekannten Schrift des Herrn Ritter Bergmann entlehnt* habe, also des schwedischen Professors für Chemie, Torbern Bergmann: »Physicalische Beschreibung der Erdkugel« 1766 (die 2. Auflage in deutscher Übersetzung von 1780 kann er noch kaum gekannt haben). Die für die Geographie bedeutsamen Gedanken der Aufklärung waren damals allgegenwärtig, und die berufene »neue Dimension« findet man in der nichtfranzösischen Literatur schon in älterem Schrifttum. Spezifisch französisch scheint indessen der politische Bezug zu sein. Die umstrittene Frage, ob Volney ein von der wissenschaftlich wie politisch gleich aktiven Botschaft an der Pforte gesteuerter Agent des französischen Außenministers gewesen ist, läßt Broc zwar offen, bestätigt aber, daß sein Werk nur im Zusammenhang mit der französischen Orientpolitik verständlich ist. Für ihn ist der einzigartige Kreuzpunkt der Meere, Landflächen und Verkehrswege »die ideale Etappe nach Indien, auf das Frankreich nie verzichtet hat«, und »in jedem Augenblick zeigt Volney, daß das Land der Pharaonen daran interessiert ist, die despotische Herrschaft der Türken durch eine aufgeklärte Regierung zu ersetzen«. Napoleon hat das Werk bewundert, und die monumentale »Description de l'Egypte« seiner Expedition ist unmittelbar aus ihm hervorgegangen. Aber der eigentliche »Führer« für seine Operationen war die erstaunlich genaue Ägyptenkarte von d'Anville (1766), ein Beweis für die in Paris auch fern aller politischen Absichten geleistete Gelehrtenarbeit.

In Europa trifft man indessen auf eine ständig und nach 1763 sprunghaft anwachsende Reisebewegung, die, von England im 17. Jahrhundert ausgehend, auch die Kontinentalländer erfaßt und vorwiegend Italien und die Schweiz zum Ziel hatte. Literarisch entsprachen ihr z. T. recht gute Reiseführer, die Ahnen des noch besseren Baedeker, bis hin zu schweren, reich illustrierten Prachtwerken, die schließlich die Sehenswürdigkeiten ins Haus bringen und die Reisen überflüssig machen sollten. Als völliges Neuland entdeckt man ab 1760 die Alpen, nachdem Rousseau mit seiner »Nouvelle Heloïse« (1761) dem bisher allmächtigen, auf Stadt und fruchtbare Ebene fixierten Verstand das Gefühl entgegengestellt und damit auch ein neues Erlebnis der Natur erweckt hatte, die man nun in ihrer Ungebrochenheit, Wildheit, Ursprünglichkeit aufsucht, wo sie nicht mehr als »chaotisch« abgelehnt, sondern als die Seele erregend empfunden wird, im Hochgebirge, in den Felsgebieten Schottlands und Nordeuropas, am tosenden Rheinfall. Aus den Tropen, dem Exotischen, folgt das Echo durch Bernardin de Saint Pierre 1787.

Davon bleibt die Forschung nicht unberührt. Viel stärker als früher gehen die Naturforscher nun ins Gelände, durchstreifen wie Ramond die Pyrenäen und Alpen, wie Saussure alle Alpentäler bis hinauf auf die Gletscher, aber auch etwa das französische Zentralmassiv. In Italien erhalten die Vulkanstudien neuen Auftrieb; klimatisch gleichwertige aber ökonomisch kraß unterschiedliche Gebiete dieses politisch zerrissenen Landes geben alten wirtschaftswissenschaftlichen Diskussionen neuen Stoff, und auch etwa die norditalienische Industrie findet Interesse. Neben Italien wird England nach den Aufenthalten von Voltaire (1726/29) und Montesquieu (1729/32) bevorzugtes Reiseziel politisch interessierter Franzosen. Unter ihnen zogen den überragenden Mineralogen und Gewerbepolitiker Faujas de Saint Fond vorwiegend der erloschene Vulkanismus Schottlands und die britischen Manufakturen an. Diese Verbindung ist nicht zufällig, hatte doch in der 2. Hälfte des Jahrhunderts die Mineralogie als neue »Königin« der Naturwissenschaften ihre ältere Rivalin, die Botanik zurückgedrängt, denn sie stand der nun aufsteigenden Praxis, der Lagerstättenlehre, den Verhüttungsproblemen usw. näher, und damit natürlich auch industriegeographischen Befunden, wie sie Faujas in seiner »Voyage en Angleterre, en Ecosse et aux Iles Hébrides, ayant pour objet des Sciences, les Arts, l'Histoire Naturelle et les Moeurs« (1797) so meisterhaft entwickelte, daß A. Geikie das Werk noch 1907 ins Englische übertrug. Frankreich suchte auf den

Inseln »die noch unklaren Linien des Europa von morgen«, und das auch in seinem geographischen Strukturwandel.

In Frankreich selbst zeigt sich ein auffallender Konservativismus. Daß es unter Cassini de Thury, d. h. der »Académie«, allen europäischen Staaten ab 1756 mit einer auf Triangulation beruhenden Karte großen Maßstabs voranging, die überdies in fast allen Provinzen durch eigene Kartenserien berichtigt und ergänzt wurde, liegt in der gleichen Tradition wie die zahlreichen Monographien über durchweg Verwaltungsbezirke verschiedener Art, die in Schubladenmethode und ohne die Naturgrundlagen mit dem statistischen Detail zu verknüpfen in möglichst verwendbarer Form ihren Stoff ausbreiten. Der einzige Naturforscher, der eine natürliche Gliederung seines Untersuchungsgebiets anstrebt und nicht nur das Relief, sondern auch das Klima, das Pflanzenkleid, die Agrarkulturen und den Menschen zur Gliederung heranzieht, ist Abbé Giraud-Soulavie: »L'Histoire Naturelle de la France Méridionale«, 8 Bde. 1780/84, jedoch bleibt dieser »obskure Landpfarrer« und schlechte Schriftsteller unbeachtet und verschwindet als Jacobiner endgültig in der Politik, wird erst 1908 von Gallois rehabilitiert. Jedenfalls waren um die Jahrhundertwende des reisenden englischen Landwirts A. Young: »Reisen in Frankreich« 2 Bde. 1792/94 die beste, kritischste und von der Regierung zum Studium und zur Weiterentwicklung empfohlene Geographie des Landes.

Aus dieser Erstarrung, diesem statischen und biblischen Erdbild, führten schließlich theoretische Forschungen fernab von jeder Absicht, sie praktisch anzuwenden, heraus. Wieder ging der wandlungsfähige Buffon voran und ersetzte seine »Théorie de la Terre« (1749) durch seine völlig neue Konzeption der »Epoques de la Nature« (1779), die das Erdbild der Gegenwart als etwas geschichtlich Gewordenes begreift. Eigene physikalische Experimente, die Entdekkung der Zunahme der Temperatur nach dem Erdinneren und des preußischen Bergrats Joh. Gottl. Lehmanns »Versuch einer Geschichte von Flötz-Gebürgen« (1756, französisch 1759), der die kristallinen Primärgebirge von den sekundären Flötzgebirgen unterschied, führten nun auch Buffon zu einer genetischen Auffassung der Gebirge als Folge der allmählichen Abkühlung der Erde und der Heraushebung der Gebirge in Perioden. In der letzten Periode hätten gewaltige zurückflutende Meeresströmungen die Haupttäler ausgewaschen, denen zuletzt die abfließenden Regenwässer noch die Nebenflüsse anschlossen. Da dieser Weltsicht die biblischen 4000 Jahre nicht mehr genügen konnten, beanspruchte Buffon für seine Epoques deren 75 000 seit Beginn der Abkühlung und Heraushebung der Primärgebirge, womit eine langfristige Chronologie wenigstens angebahnt wurde. Mit Buache Gebirge unterschiedlichen Alters nur auf Grund des Reliefs, also more geometrico, zu verbinden, war damit theoretisch nicht mehr möglich, jedoch sind Irrtümer mitunter langlebig.

Noch weiter führte der klassische Streit zwischen Neptunisten und Plutonisten unter Faujas, Demarest, Dolomieu und Soulavie um den Basalt, also den aktiven und erloschenen Vulkanismus, der mit exakten Beobachtungen, vorwiegend in der Auvergne, dem »Grab des Neptunismus«, aber auch weltweit vergleichend zu Resultaten kam, denen erst das 20. Jahrhundert Wesentliches hinzufügen konnte. Durch Unterscheidung von Strömen sehr verschiedenen Alters, eingeschobenen Transgressions- und Erosionszeiten, wies Soulavie sechs Ausbruchsperioden nach, die derartige Zeiten beansprucht haben müssen, daß er als geologische Zeiteinheit 1 Million Jahre vorschlug, eine wahrhaft kopernikanische Wende in unserer Weltsicht.

Unsere Umgebung, Berg und Tal, hielten Buache und der junge Buffon noch für ewig. Dreißig Jahre später hat Buffon die Haupttäler aber doch schon genetisch, wenn auch als das plötzliche Resultat einer Katastrophe gedeutet. Soulavie wies sie überzeugend als das Ergebnis sich langsam und nach Regeln eintiefender Stromsysteme, also der »konstanten und ununterbrochenen Tätigkeit« der fließenden Wässer nach, die die Gebirge als ihr Negativ herauspräparieren. Damit wurde er zum Schöpfer einerseits der Geomorphologie, andererseits des Aktualismus, und er wußte, was er seinen Zeitgenossen zumutete: »Man braucht in der Natur fraglos Zeit für die Abfolge aller dieser Geschehen; aber die Zeit kostet die Natur nichts, sie kostet nur unsere Vorstellungskraft etwas«. Damit zerbrach dieser wenig orthodoxe und schließlich aus der Kutte gesprungene Priester unbekümmert »die Mauer der Genesis«, vor der selbst der alte Buffon noch zurückgeschreckt war. Aber das ging wie gesagt verloren und wurde erst viel später wiedergefunden.

Der verständlicherweise letzte Zweig der physischen Geographie, den das Jahrhundert wenigstens zu Ansätzen einer Klärung brachte, war die Klimatologie bzw. Meteorologie. Ihr flüchtiges, komplexes und schwer greifbares Objekt bot im Gegensatz etwa zur Vulkanologie keinen Anhalt dafür, alte Kontroversen durch einige wenige glückliche örtliche Beobachtungen für alle weitere Forschung eindeutig zu entscheiden, zumal man von dem sehr heterogene Dinge zusammenfassenden aristotelischen Begriff der »Meteore« ausging. Man braucht neben den meist nur kurze Zeitspannen erfassenden Berichten der Reisenden feste Beobachtungsstationen, die mit geeichten Instrumenten nach gleichen Methoden vergleichbare Zahlen erarbeiten, und das auf internationaler Ebene. Aber erst 1724 stand das Thermometer von Fahrenheit, 1730 das von Réaumur und 1742/43 das von Celsius zur Verfügung, aber damit noch lange keine einheitliche Beobachtungsmethode, kein internationales Stationsnetz.

Die systematische Arbeit beginnt mit dem gelehrten Pater Louis Cotte, der in seinem »Traité de Météorologie« 1774 die in 60 Bänden der »Académie des Sciences« gesammelten Beobachtungen aus aller Welt kritisch sichtet und in einer vorläufigen Synthese vorstellt. Die Lufttemperaturen führt er nach seinem Akademiekollegen, dem Physiker Dortous (1719), noch in der Hauptsache auf die Erdwärme, das »zentrale Feuer«, erst in zweiter Linie auf die Sonneneinstrahlung zurück. Mit Aristoteles wendet er sich dann den »Meteoren« zu, den wässerigen (Tau, Nebel, Regen, Schnee), den leuchtenden (Bögen am Himmel, Nordlicht) und den feurigen (Blitz, Erdbeben, Irrlichter usw.), korrigiert ihn aber nach neueren Forschungen. Er bleibt aber streng meteorologisch; über die verschiedenen Klimate der Erde zu sprechen ist Sache der Reisenden. Dagegen erfordert die Anwendbarkeit der Wissenschaft breite Erörterungen der »agrarischen Konsequenzen der Meteorologie« für den Landwirt und »medizinisch-meteorologische Beobachtungen« für den Arzt, womit der »Humanist« die hippokratische Tradition fortsetzt. Hiervon lösen sich die beiden Naturforscher Deluc und Saussure gänzlich und ziehen zusammen mit Lavoisier, Cavendish, Priestley u. a. die Meteorologie in den Bann der sich langsam entwickelnden Physik und Chemie. Überall in Europa werden meteorologische und medizinisch-meteorologische Gesellschaften gegründet. Man geht der Malaria nach, schlägt die Trockenlegung der Pontinischen Sümpfe und der Lagunen des Podeltas vor, erreicht aber wenigstens, z. B. im Roussillon, eine Einschränkung des Reisbaus. Antihippokratiker bringen dagegen die Berufs- und Ernährungskrankheiten zur Sprache. Das Ende des Jahrhunderts sieht die Fragen des Wetters und Klimas zwar nicht gelöst, aber doch in fruchtbarer, der bloßen Spekulation entzogener Diskussion.

Die den Menschen angehenden Fragen faßt Broc in zwei Brennpunkten zusammen, dem demographischen Komplex und dem Problem des Determinismus.

Bevölkerungsprobleme sind seit Ende des 17. Jahrhunderts Objekte einer »polemischen Demographie«, die politische und philosophische Schriftsteller für ihre jeweiligen Zwecke brauchen und mißbrauchen. Ihre wissenschaftliche Fundierung als Statistik erhielt sie in Deutschland und fand dann auch in Frankreich, zunächst in Abbé Expilly mit seinem »Dictionnaire Géographique« (1762/70) einen passionierten Vertreter. Er suchte statistisch mittels Indices die Bevölkerung Frankreichs, durch Vergleich verschiedener Jahrzehnte die Bevölkerungsentwicklung, die Wirkung der Kriege, der Landflucht, der Auswanderung auf den Bevölkerungsstand zu ermitteln und kam durchweg zu positiven, den Anschauungen der Philosophen und Physiokraten entgegengesetzten Ergebnissen. Damit widersprach er aber so eingefressenen »nationalen« und auch von der »Académie« geteilten Auffassungen, daß er sein »Dictionnaire« vorzeitig abbrechen und auf seinen geplanten »Traité de la Population« verzichten mußte. Messance (1766) ging es nicht anders. Einen Höhepunkt erreichte die Demographie mit Moheau (1778), dessen »Recherches sur la Population de la France« als ihr mit Beispielen aus Frankreich belegtes Lehrbuch gelten darf, dessen Originalität in der Schärfe der Analysen massenhaft aufgeworfener Probleme liegt. Für Frankreich noch »Populationist«, kündigt er der Welt bereits für die Jahrhundertwende das »Spektrum der Überbevölkerung« an. Die Diskussion über die Landflucht und die Lebensfeindlichkeit der Großstadt, die von Mirabeaus »Ami des Hommes« (1755) ausging, gipfelt in Merciers »Tableau de Paris« (1782/88), deren düstere Zukunftsaspekte zu scharfen Angriffen gegen den solche Riesenstädte durch die Zentralisation fördernden Absolutismus Anlaß geben, also wieder die politische Ausmünzung. Zu solchen statistischen Untersuchungen können die Reisenden nur etwa die Beschreibung der chinesischen Riesenstädte beitragen, die die europäischen Analytiker gern warnend zitieren.

Selbstverständlich war das uralte Problem Mensch und Erde, also der Beziehungen zwischen den menschlichen Gruppen und ihrem Lebensraum als Spezialfrage nach der menschlichen Freiheit überhaupt auch im geographisch relevanten Schrifttum eminent »philosophisch«. Montesquieu fachte die Diskussion neu an, wurde simplifiziert und als Klima-Determinist verschrieen, fand aber Anerkennung und Fortführung in Rousseaus »Contrat Social« (1762) mit normativ-demographischen und politisch-geographischen Betrachtungen. Karge Gebirge zerstreuen die Menschen, Küsten ziehen sie mit Handel, Fischerei und dem notwendigen Schutzbedürfnis zusammen; überbevölkerte Gebiete wenden sich Handel und Gewerbe zu, unterbevölkerte sollen den Ackerbau pflegen, aber die den Menschen an Punkten zusammenziehende Industrie meiden. Noch stärker betont diese relative Freiheit Buffon in seinen »Epoques de la Nature«, in denen er sich von seinem alten ethnographischen und fast absurd deterministischen Standpunkt ab- und einer geographischen Betrachtung zuwendet. Er sieht, stärker als Montesquieu und Rousseau, den Menschen als von Natur aus handelndes Wesen und die Natur als das seiner Schöpfungskraft offenstehende Feld, hierin mehr an Brunhes als an Vidal de la Blache erinnernd.

Aber alle drei und ihre Sympathisanten kennen die Welt nur aus der Lektüre, gehen also mehr von allgemeinen Vorstellungen, als von erlebten konkreten Tatsachen aus. In dieser Fragestellung ist ihnen der Reisende, der aus unterschiedlichen Beobachtungen verallgemeinernde Schlüsse zu ziehen vermag, klar überlegen. Als solche »Erben der Encyklopädie«, Naturforscher und Philosophen zugleich, hebt Broc Ramond und Volney heraus, Gegner des das 18. Jahrhundert beherrschenden systematischen und normativen Denkens und entschiedene Anhänger der die Wissenschaft des 19. Jahrhunderts prägenden induktiven Methode. Ramond, der beste Gebirgsspezialist seiner Zeit, untersucht vorbildlich die Schweizer Sennwirtschaft (1781/82) und vergleicht sie mit den kläglichen Zuständen in den Hochpyrenäen, also in sehr ähnlichen Naturbedingungen, weist die Ursachen dafür nach, zeigt aber auch an zwei benachbarten Pyrenäentälern, daß mit der Abstellung der hemmenden Ursachen in einem der beiden auch der entsprechende Schweizer Wohlstand erreicht wird. Wer im Hochgebirge die Almwirtschaft einer Subsistenzwirtschaft unterordnet, geht an Krücken. »Glücklicher Austausch, dessen Folgen allein die verschiedenen Länder ganz zu ihrem Wert erheben können, indem sich ein jedes der Kultur widmet, die ihr auf den Leib geschrieben ist«. Ähnlich geht Volney in der Levante den Problemen des Nomadismus (1787) und in den USA der sterbenden indianischen und der nachdrängenden Wirtschaft der Weißen nach, untersucht aber auch in dieser die auffallend unterschiedlichen Erfolge französischer und englischer Kolonisten und ihre Ursachen. Es sind mustergültige, einen geographischen Determinismus ausschließende anthropogeographische Monographien.

Im Anschluß an C. J. Glacken sieht Broc in der Frage des geographischen Determinismus drei Tendenzen, die einander im 18. Jahrhundert bis zu gewissem Grade in Phasen ablösen: die christlich-finale einer Gott folgenden Welt, vertreten in den Kosmographien bis hin zu Bernardin de Saint Pierre; eine vom Klima her determinierte Welt in Vergröberung der Ideen von Montesquieu, also nie ernst zu nehmend vertreten; und endlich die »praktische« Tendenz, die den Menschen in und an der Natur zweckmäßig arbeiten und im industriellen 19. Jahrhundert zum selbstbewußten »Gestalter der Erde« werden läßt.

Damit aber steht man vor der Revolution. Nicht zum Vorteil Frankreichs und seiner Reorganisation wird die Geographie, ganz im Sinne der alten Akademievorstellungen, als »spekulative« Wissenschaft zunächst in den Hintergrund gedrängt, flüchten ihre besten Köpfe vor der Verfolgung und übernehmen zweitrangige Gestalten u. a. die Neugliederung in Departements, Männer höher gewerteter Wissenschaften glücklicher die Neuordnung des gesamten Bildungswesens und auch der wissenschaftlichen Institutionen, also der Akademie, der Sternwarte und des Museums. Im Zuge dieser Reform wird der Berufsgeograph, der »Professor«, den bisher allein (abgesehen vom Kartographen) vorhandenen »Amateurgeographen« ganz unterschiedlicher Bildung und beruflicher Herkunft verdrängen. Das so stark mit sich selbst beschäftigte Land muß »die Fackel der geographischen Forschung« England überlassen, sucht aber in der Stille das Erworbene methodologisch in den Bahnen seiner metaphysikfeindlichen Ideologie neu zu durchdenken, ein Prozeß, den erst Auguste Comte (1830/42) abschließen wird. Dann erst, um 1850, wird auch die französische Geographie wieder einen neuen und nicht wieder abreißenden Aufschwung nehmen.

Rückblickend kann man im 18. Jahrhundert zwei Typen von »Geographen« unterscheiden, den Berufs- oder Stubengeographen, der wesentlich Kartograph und im übrigen Lehrbuch- und Lexikonschreiber war, und neben ihm den mit den konkreten Tatsachen dieser Welt konfrontierten Reisenden. Aber beide schätzten sich fast grundsätzlich nicht, verachteten und mißtrauten sich, und die Stubengeographen waren außerstande, das von den Reisenden reich, wenn auch unterschiedlich wertvoll eingebrachte Material, soweit sie es überhaupt für glaubwürdig und annehmbar hielten, ihrer Wissenschaft zu assimilieren. Warum nicht?

Der Geographie fehlte dazu noch alles, ein Konzept, eine Theorie, der Begriffsschatz und sogar die Ausdrucksfähigkeit, ein Sprachstil. Die einzige geographische Theorie des 18. Jahrhunderts war die vom Erdgezimmer des Buache, die, zunächst begeistert aufgegriffen, bald als verfehlt erkannt wurde und die schon per se system-feindliche, sensualistisch-empirische Zeit in ihrer Haltung noch bestärkte. Im Einzelnen gab es gute Ansätze: die Klärung des Determinismus, des Aktualismus, der genres de vie, der natürlichen Landschaft, der Bevölkerungsdichte usw., aber man nutzte sie nur in Einzeluntersuchungen, verallgemeinerte nicht aus Scheu, dogmatisch zu werden. Den »exotischen« Wortschatz bereicherten die Reisenden zwar erheblich mit ihren Passaten, Monsunen, Taifunen, Orkanen, ihrem Yams, Kuskus, den Atollen, der Kopra usw., aber es fehlte an den ebenso unentbehrlichen abstrakten Begriffen, ohne die eine Wissenschaft sprachlos bleibt, d. h. nicht eigentlich existiert. Schon das »Klima« findet kaum seinen Weg aus der Astronomie, ist außerhalb derselben absolut vage, und wenn die »Mortalität« schon im 17. Jahrhundert umläuft, wird die »Natalität« erst 1868 geboren. Erst eine eingehende Sprachanalyse könnte ergeben, was alles an Wörtern die Geographie anderen Wissenschaften bis hin zur Medizin (Erosion), in Frankreich auch anderen Sprachen, so der deutschen und englischen Geologie und Mineralogie verdankt. Die Schilderungen Bernardin die Saint Pierres, Ramonds, Chateaubriands wären ohne Rousseaus literarischen Stil nicht möglich gewesen. Vorher beschrieb man unplastisch und farblos Indien wie ein europäisches Land, denn beide haben Gebirge, Flüsse, Städte, Dörfer, sind hier fruchtbar und dort unfruchtbar usw. Auch das gehört zum Genie Humboldts, daß er diese Malaise erkannte, alle Anregungen der Künste, der schönen Literatur, der sich entfaltenden Naturwissenschaften, der Technik und Wirtschaft in sich aufnahm und das von ihm scharf und sicher Beobachtete, empfindlich für Landschaftsunterschiede, mit der ihm eigenen großen Ausdrucksfähigkeit treffend zur Sprache bringen konnte. In Frankreich selbst schuf erst Elisée Reclus nach 1860 der Geographie ihren eigenen literarischen Stil.[4]

Auffallend und uns heute befremdend ist der Mangel an Erklärungen in der geographischen Literatur des 18. Jahrhunderts. Das aber entspricht der cartesianischen Forderung nach der jeder Erklärung und Systematisierung voraufgehenden Inventarisierung, der umfassenden Stoffaufbereitung. Dem entsprach man, man »nahm auf«, in der Geographie also die Tatsachen in ihrer räumlichen Koexistenz, idealiter in der Karte, die damals vielfach das »Ziel an sich«, der Abschluß schlechthin der geographischen Arbeit war, denn sie gab jedem Sachverhalt seinen Topos im Raum, wie die Naturwissenschaften ihren Sachverhalten ihren systematischen Topos anwiesen. Aber beide verzichteten auf eine Erklärung. Broc lehnt daher, jedenfalls für die Geographie, die These von Durkheim ab: »Jede Wissenschaft bildet sich mit Hilfe ununterbrochener Beiträge, und man kann kaum angeben, von welchem Moment an sie zu entstehen begonnen hat«. Er kommt vielmehr im Gegensatz zu ihm zu der Auffassung, daß die Geographie des 18. Jahrhunderts der der Antike, von der sie sich auch noch echte Informationen zu aktuellen Problemen holte, näher steht, als unsere heutige der des 18. Jahrhunderts. An der Wende steht auch hier wieder A. v. Humboldt, der, da er alle Natur- und Wirtschaftswissenschaften seiner Zeit aktiv und ihrer Methoden sicher beherrschte, sie ihm also kein encyklopädisches Wissen waren, der Geographie die Erde in ihrer vollen Wirklichkeit, in ihrer ganzen Weite und ihrem Problemreichtum als Forschungsfeld öffnete. Das die Geographie aller Zeiten Verbindende ist jedoch, daß sie sich stets als die Wissenschaft vom Erdraum verstanden hat, und das nicht erst seit Kant, wie neuerdings manche deutsche und amerikanische Autoren behaupten.

Hierin hat Broc zweifellos recht, jedoch bedarf seine Kritik einer kleinen Korrektur. Kant wurde durch A. Hettner in die disziplingeschichtliche Diskussion gebracht mit der Bemerkung, er sähe seine Auffassung durch Kant, den er vorher nicht gekannt hätte, bestätigt. Damit hatte Hettner aber weniger die der Geographie nie bestrittene Raumkomponente gemeint, als das ihr innewohnende und sie erst zur Wissenschaft erhebende Kausalprinzip. Nur das gehört zur Geographie, was in einen räumlichen Kausalzusammenhang eingebunden werden kann; der Rest der unendlichen Masse der auf der Erde gegebenen Tat-

[4] Dieser deutschen Ohren sicher angenehm klingenden These ist entgegenzuhalten, daß Humboldt, völlig in die Pariser Gesellschaft integriert, seine geographisch relevanten Werke französisch geschrieben und in Paris veröffentlicht hat. Demnach ist schwer verständlich, daß Frankreich auf Elisée Reclus hätte warten müssen.

sachen ist »geographisch zufällig«. Der Fortschritt der Geographie besteht nach ihm in der Angliederung bisheriger Zufälligkeiten in diesen Kausalzusammenhang, der nach ihm wie nach Kant allein eine empirische Wissenschaft begründet. Der Sache nach führt der Weg von Kant zu Hettner über den ihm in den Originaltexten sehr genau bekannten Humboldt, der, entgegen allen Einwänden, ein recht guter Kantkenner gewesen ist. Diese Zusammenhänge mögen in manchem neueren deutschen Schrifttum nicht recht klar geworden sein. In sehr eigenartiger Weise steht Humboldt damit auch in der »philosophischen« Tradition der französischen Geographie der Aufklärung; seine entscheidenden Anregungen hatte er in Deutschland von Kant, Goethe und Schelling erhalten, brauchte also nicht auf Auguste Comte zu warten, kam aber sicher im Kontakt mit seinen französischen Freunden und »Erben« der Encyclopédie zu der ihm eigenen spontanen und trotz aller Gründlichkeit »leichten« und anziehenden Darstellung seiner Forschungen.

Dieser sicher mangelhafte Versuch, eine 600 Seiten starke Geschichte der französischen Geographie der Aufklärung auf weniger als den halben Umfang ihrer nicht einmal ganz ausreichenden Bibliographie zu reduzieren, hat mehrere Gründe. Broc selbst betont, daß er keine Spezialstudien getrieben, sondern nur eine kaum mehr überschaubare Spezialliteratur zu dieser ersten und wie er meint auch nur vorläufigen Synthese zusammengefaßt hätte. Das wirft ein bezeichnendes Licht auf das Interesse der französischen Geographen an ihrer Wissenschaftsgeschichte, das den deutschen, viel mehr nach vorn hin arbeitenden Kollegen abgeht, ja dem sie sogar vielfach ablehnend gegenüberstehen. Alte Literatur zu lesen wird oft als ein überflüssiger und nur Zeit raubender Luxus empfunden, den man sich in unserer schnellebigen Zeit und rasch fortschreitenden Forschung nicht mehr leisten kann. Die Entstehung unseres Erdbilds, in der sich ja jede Zeit für »mündig« und zu ihren Aussagen berechtigt gehalten hat, sollte dem Geographen nicht gleichgültig sein. Wenn Broc aber, wie uns scheint mit Recht, meint, daß die Geographie in unserem heutigen Sinne erst im 19. Jahrhundert im Zusammenstrom vieler bisher isolierter Wissenschaften entstanden ist, dann liegt das 18. Jahrhundert in einem geradezu dramatischen Scharnier, das zu durchleuchten wohl lohnt. Anstatt sich nun mit der Aussicht auf rel. geringe Ergebnisse auf eine »dogmatische« Betrachtung einzulassen, zieht Broc von allen Seiten her damalige Forschungen und Diskussionen heran, die für das Werden der Geographie bedeutsam geworden sind oder es doch hätten werden können. Seine Belege hierfür konnten natürlich nicht angezogen werden; sie sind überreich und trefflich gewählt, wo die alten Autoren selbst zu Wort gebracht werden. Die deutschen Disziplinhistoriker werden sich aus diesem Werk reichste Anregungen holen, werden es immer zur Hand haben müssen. Wen die 600 Seiten eines nicht immer leichten Französisch zu lesen zu sehr von eigener Arbeit abhalten würden, der wird einem knappen Auszug vielleicht doch einiges auch ihm Wertvolle entnehmen.

Teleologie und Erdwissenschaften im Rahmen der Naturphilosophie von Henrich Steffens

Von Ernst Plewe

Die folgende Skizze gilt eigentlich auf einem Umweg Carl Ritter. Wenn dieser seine Geographie bereits methodisch falsch angefaßt und sein Werk darüber hinaus noch mit anderen Schwierigkeiten belastet hat, kann er als „Klassiker" immer noch respektiert werden, ist aber der lebendigen Diskussion entzogen. So geriet Ritter, wo immer er genannt wird, als Teleologe abgestempelt, aus der Sicht. Es mag daher wohl von Interesse sein, einen wirklichen Teleologen, der auch ein solcher sein wollte, Henrich Steffens, in seinen erdwissenschaftlichen Konzeptionen kennenzulernen, der überdies, wenn auch wohl irrtümlich, Ritter seinen Schüler genannt hat[1]. Ritter hätte nur in Halle bei ihm gehört haben können, wo er sein Studium aber schon im September 1798 beendete, während Steffens seine Lehrtätigkeit dort erst sechs Jahre später, im September 1804, aufgenommen hat, sich im Sommer 1798 vielmehr eben erst von Kiel aus auf den Weg nach Jena, Freiburg und Weimar machte, um dort jene geistige Welt zu suchen, von der seine faszinierende Beredsamkeit erst Jahre später künden sollte. Aber beide, Ritter und Steffens, haben das *eine* gemein, zwar Heroen ihrer Zeit gewesen, aber Stiefkinder der Geschichte geworden zu sein. Denn als Philosoph blieb Steffens im Schatten Schellings, von dem er ausgegangen war, gilt den Historikern der Philosophie nur als dessen vernachlässigenswerter Epigone, obwohl er im Gegensatz zu jenem ein abgerundetes System der Naturphilosophie geschaffen hat. Die Geologie, die für seine philosophischen Ideen grundlegend war und zu der er manchen fruchtbaren Gedanken beitrug, vermißt an ihm das Kausaldenken und beklagt seine Teleologie als skurrilen Rückfall in überholte Vorstellungen, ohne jedoch zu beachten, daß gerade diese Teleologie das Wesentliche seines christlich-romantischen Weltbildes war und daß er bemüht war, mit ihrer Hilfe Probleme zu lösen, die sich eine nur kausal denkende Spezialwissenschaft gar nicht stellen kann, die aber für jedes aufs Ganze der Welt gerichtete Denken unabweisbar sind. Die Geographie endlich hat die Rolle, die er ihr zuschrieb, und die Wege, die er auf ihrem Gebiet wenigstens andeutungsweise beschritten hat, noch nie zur Kenntnis genommen, denn sie sind in seiner „Anthropologie" nicht zu vermuten und auch dort so überwachsen, daß man nur zufällig darauf stößt.

[1] Der Beleg hierfür ist mir leider nicht wieder auffindbar entfallen. Aber der Geograph J. E. Wappäus war Schüler von Steffens, und auch Eichendorff hat ihn gehört und ihm und dem damaligen Universitätsleben in Halle in seiner nachgelassenen Schrift „Halle und Heidelberg" ein würdiges Denkmal gesetzt.

Nun ist nicht zu leugnen, daß sein geographisches Programm Ritter schon deswegen nicht ganz fremd war, weil es ganz allgemein im Gedankenzug der Romantik lag, der ja auch Ritter nicht fernstand. Doch darauf ist weder eine Nachfolge noch gar eine Schülerschaft zu begründen. Offen bleibe hier auch die Frage, ob man später, als man das Organ für die Romantik, die Naturphilosophie und ihrer beider Schriften bereits verloren hatte, das über Steffens verhängte Verdikt — zu Recht oder Unrecht — auch auf Ritter übertrug.

Wie so oft, verzichteten auch die Biographen von Steffens, gefesselt ausschließlich von seiner überragenden Persönlichkeit, auf eine Darstellung und Würdigung seiner Lehre, so Petersen[2] und jüngst wieder Möller[3], während Kuno Fischers[4] klassische Schelling-Biographie Steffens nicht mehr berücksichtigt und ein neuer Versuch[5] über die „Naturphilosophie im 19. Jahrhundert" ihn kaum noch am Rande erwähnt. Eine auf breiter Quellengrundlage begonnene Monographie von Waschnitius[6] blieb im ersten Band stecken; sie verfolgt den jungen Steffens nur bis zu seinem Aufbruch aus Kiel, jedoch vorbereitend die Geschichte der Naturphilosophie von der Antike bis zu Steffens hin; Literatur- und Quellenverzeichnis fehlen, da wohl dem nicht mehr erschienenen Abschlußband vorbehalten.

Nun kann man Steffens nicht verstehen, ohne seinen Lebensweg zu verfolgen, den er in einer umfangreichen Autobiographie[7], einer wertvollen Quelle für das geistige Leben der Goethezeit, aufgezeichnet hat. Man hat ihre Belastung mit Reflexionen bemängelt, verkennt aber damit seine „fast krankhafte Neigung" zur „Beichte" und „Selbstenthüllung"[8], die uns um so wichtiger ist, da wir hier ihn, nicht wie gewöhnlich durch ihn andere kennenlernen wollen. Steffens verwandt und verpflichtet empfindet sich heute wohl nur noch die Anthroposophie[9], die aber doch eigene Wege geht.

Steffens wurde am 2. Mai 1773 in Stavanger als Sohn eines aus Holsteiner Familie stammenden Arztes geboren. Bald wurde der Vater nach Drontheim und dann nach Helsingör versetzt. Henrichs Interessen wurden in dieser Hafenstadt, in der er kräftig und ungegängelt heranwuchs, gänzlich absorbiert von Reisebeschreibungen, Landkarten, Campes „Robinson Crusoe" und den Vorstellungen von fremden Ländern, die er sich auf diesen Grundlagen mit lebhafter Phantasie in allen Einzelheiten des Klimas, der Pflanzen- und Tierwelt, der Bewohner und ihrer Lebensweise ausmalte. Während die trockene gelehrte Schule,

---

[2] *Petersen, Richard:* Henrik Steffens. Ein Lebensbild. Gotha 1884.

[3] *Möller, Ingeborg:* Henrik Steffens. Oslo 1948, aus dem Norwegischen, Stuttgart 1962.

[4] *Fischer, K.*, Schellings Leben, Werk und Lehre. 3. Aufl. Heidelberg 1902.

[5] *Hennemann, Gerhard,* Naturphilosophie im 19. Jahrhundert. Freiburg — München 1959.

[6] *Waschnitius, Viktor,* Henrich Steffens. Ein Beitrag zur nordischen und deutschen Geistesgeschichte. Bd. I, Erbe und Anfänge. Veröffentlichungen der Schleswig-Holsteinischen Universitäts-Gesellschaft, Nr. 49. Neumünster 1939.

[7] *Steffens, Henrich,* Was ich erlebte. 10 Bde. Breslau 1840—1844.

[8] *Steffens, Henrich,* Was ich erlebte, Bd. 9, S. 348.

[9] *Steffens, Henrich,* Anthropologie (1822). Neu herausgegeben und mit einer Vorrede und Anmerkungen versehen von Dr. Hermann Poppelbaum. Stuttgart 1922.

ab 1785 in Roskilde, ihn abstieß, neigte er spontan der Naturforschung zu, studierte Botanik nach Tabernamontanus' Kräuterbuch und eignete sich, um Krügers Naturlehre der Mechanik und die eben die Welt bewegenden neuen elektrischen Versuche zu verstehen, die Grundzüge der Mathematik autodidaktisch an. Die Geschichte wurde ihm am Beispiel der einst bedeutenden und nun herabgesunkenen neuen Heimatstadt Roskilde zum Erlebnis. 1787 nach Kopenhagen verzogen, fiel ihm Buffons Naturgeschichte in die Hände, die ihn, dessen starke religiöse Neigungen ihn ursprünglich zum Theologen zu bestimmen schienen, für die Naturwissenschaften gewann. Aber seine geliebte, langsam an der Auszehrung hinwelkende Mutter mahnte ihn, die Natur in Gott zu sehen. Der darin enthaltene Widerspruch, der sich dem sensiblen Knaben auch in der unterschiedlichen Haltung seiner im übrigen glücklich verheirateten Eltern, des aufgeklärten Vaters und der mystisch pietistischen Mutter, aufdrängte, war fortan für ihn „nicht abzuweisen, sondern zu lösen, blieb ... die stille Aufgabe meines Lebens" (I, 246)[10]. Zwei Patienten seines Vaters nahmen sich des geweckten und lernbegierigen Knaben an, indem der eine ihn in die Conchylienkunde, der andere in die Mineralogie einführte. Mit Goethes „Faust" wurde „ein neuer Grundton meines ganzen Daseins angeschlagen und bebte leise, in gewaltigen Schwingungen, in meinem Inneren nach" (I, 294).

1790 begann er in Kopenhagen ein Verlegenheits-Medizinstudium, am stärksten angezogen vom Botaniker Vahl und dessen die Standortumstände der Pflanzen beachtenden Exkursionen sowie von den Schriften Gottl. Abraham Werners, die er so gründlich studierte, daß ihm die Ordnung einer der größten mineralogischen Sammlungen Dänemarks, der gräflich Moltkeschen, 1793 übertragen wurde. Auf Veranlassung von Vahl übersetzte er auch das „Handbuch der Botanik" von Willdenow, dem A. v. Humboldt seine Einführung in die Pflanzenkunde verdankte, ins Dänische und gab ihm einen Anhang über die Geschichte der Botanik in Dänemark. Er arbeitete sich in die Chemie und ihre Geschichte ein und entschied sich im Streit der Meinungen richtig für den Antiphlogistoniker Lavoisier. Durch einen Freundeskreis wurde er auch mit der Philosophie Kants bekannt, die ihm aber fremd blieb, da sie für das ihn ständig bewegende Problem, „Natur und Geschichte auf irgend eine Weise als ein Ganzes zu betrachten, um es zu begreifen", keinen Ansatz bot (II, 228). Er bedauerte später, damals nicht auf Herders „Ideen" gestoßen zu sein, die ihm „unbeschreiblich wichtig geworden" wären (II, 234). Er machte schließlich ein Examen in Zoologie, Botanik und Mineralogie, studierte Malte Brun[11] und nahm, 21 Jahre alt, einen Forschungsauftrag über Mollusken im Küstengebiet von Bergen an. Dort scheiterten seine geologischen Studien bei dem damaligen Stand der Geologie und seiner Kenntnisse selbstverständlich an der Kompliziertheit des Objekts, aber

[10] Die folgenden Zahlen beziehen sich auf seine Selbstbiographie in der 10bändigen Ausgabe. Nicht ohne Absicht kommt Steffens in diesem Aufsatz möglichst selbst zu Wort, um sich zu erklären.

[11] Ausführlich über ihn II, 254/67.

auch die zoologischen befriedigten ihn so wenig, daß er sich seinen Freunden und Auftraggebern in Kopenhagen zunächst nicht zu stellen wagte, sondern erst nach Deutschland ging, um sich mit dessen geistiger Welt auseinanderzusetzen, die ihn schon in Kopenhagen angezogen hatte. In eben diesen Tagen wurden er und sein Vater durch einen Brand und andere Zufälle mittellos, so daß sich Steffens aus eigener Kraft durchschlagen mußte. Er ging nach Kiel und erhielt hier, noch nicht promoviert, nach einer Prüfung die Venia legendi für Naturwissenschaften an der Philosophischen Fakultät und promovierte an ihr 1797 mit seiner ersten deutschen Schrift „Über die Mineralogie und das mineralogische Studium". Nun kehrte er, wieder selbstsicher geworden, nach Kopenhagen zurück.

Hier stieß er durch Friedrich Heinrich Jacobis Schrift „Über die Lehre des Spinoza, in Briefen an Moses Mendelssohn" (1785) auf Spinoza selbst, der ihm die Augen für die „Spekulation" öffnete, die er bei Kant vermißt hatte. Goethes Instinktsicherheit, Lessings Verstandesklarheit und Spinozas Vertrauen auf die Kraft der Spekulation wurden nun seine „Wegweiser aus dem Dunkeln". Er ergriff sie mit der ihm eigenen „geistigen Aufregung", die „etwas Gewaltsames hatte, was mich innerlich erschütterte". Er konnte in diesem Zustand den Eindruck eines Berauschten oder unter Rauschgift Stehenden machen und hatte sich später gegen derartige Verleumdungen seiner Gegner wiederholt zu wehren[12]. Aber „ich befand mich niemals gesünder, ja niemals glücklicher, als wenn ich in einer Aufregung lebte, die den Fremden gewaltsam, ja vielleicht gefährlich erschien, während sie doch nur die völlig ungezwungene, ja unwiderstehliche Äußerung einer gesunden Natur war" (III, 273). Der so erregt aufgegriffene Spinoza hatte nun eine eigentümliche, wenn auch verständliche Wirkung auf ihn. Mit allen Wünschen und Hoffnungen verblaßte ihm auch die ganze lebendige Natur, damit aber auch „etwas Heiliges und Theures, was ich um jeden Preis erhalten müßte", ohne aber deswegen „den tiefen elastischen Boden aller freien geistigen Tätigkeit", den er bei Spinoza gewonnen hatte, aufgeben zu können (III, 291/92). In diesem „Fegefeuer der Erkenntnis", in dieser seltsam gespannten „Zeit der geistigen Erwartung" prägte sich sein wissenschaftlicher Denkstil. „Es war mir fortan unmöglich, mich mit sinnlichen Gegenständen in ihrer Vereinzelung so zu beschäftigen, daß die Kunde derselben, wenn auch noch so genau, mich auf irgend eine Weise befriedigte" (III, 293). „Für eine wissenschaftliche Ansicht aus dem Standpunkt der Einheit hatte ich einen festen Boden gefunden... Aber zwischen diesem Boden, wie ihn Spinoza gegeben hatte, und der Fülle der Erscheinungen, die mir die Natur und Geschichte darboten, war noch ein Abgrund befestigt, den ich nicht zu bewältigen vermochte. Eben jetzt forderte ich entschiedener als je, daß alles, was lediglich als Erscheinung vor mir lag, sein verborgenes geistiges Wesen enthüllen sollte" (III, 298).

In dieser Situation fielen Steffens Schellings „Ideen zu einer Philosophie der Natur" (1797) in die Hand. Hier spürte er „den ersten bedeutenden Pulsschlag

[12] Freundlichen, aber ihm Fernerstehenden konnte er in diesem Zustand „theatralisch" erscheinen, so etwa Eichendorff.

in der ruhenden Einheit, als regte sich ein göttlich Lebendiges" gegenüber dem alttestamentlichen, starren, Gehorsam fordernden Gott Spinozas. Diese „Ideen" und alsbald auch Schellings „Weltseele" (1798) wurden „der entscheidende Wendepunkt in meinem Leben" (III, 338). Aber nicht im peripheren Kiel, nur im inneren Deutschland konnte er zur Klarheit kommen, daher erbat und erhielt er aus Dänemark ein Auslandsstipendium und wanderte über den Harz nach Jena, erfüllt von Hoffnungen und Erwartungen. Hier aber widerte ihn alsbald ein Kommers so an, daß er sich dessen Konsequenzen sofort durch eine Wanderung über den Thüringer Wald und die Rhön bis gegen Frankfurt hin entzog. In Meiningen blieb er mehrere Tage bei Joh. Ludw. Heim, der sein erster Lehrer in Geognosie wurde und ihm eine Reise durch den Thüringer Wald und dessen Aufschlüsse ausarbeitete, der er folgte (IV, 34). In Ilmenau besuchte er den großen Mineralogen J. K. W. Voigt, den Führer der Vulkanisten gegen G. Abr. Werner, der, obwohl Weimarer Bergrat, auch Goethes „Kenntnisse im Bergfach ebensowenig wie dessen geognostische Ansichten" gelten ließ (IV, 42). Im Schwarzatal fand Steffens noch Zeit zum Studium von Fichtes „Wissenschaftslehre" und eilte nun tief beeindruckt zurück nach Jena.

Hier kam er eben zu Schellings Antrittsvorlesung über die Idee der Naturphilosophie zurecht und wurde zur gleichen Stunde „der erste Naturforscher von Fach, der sich unbedingt an ihn anschloß. Unter diesen hatte er bisher fast nur Gegner gefunden, und zwar solche, die ihn „garnicht zu verstehen schienen" (IV, 76/77). „Die Sonne einer frühern Spekulation, seit der alten griechischen Zeit untergegangen, ging durch Schelling wieder auf und versprach einen schönen geistigen Tag" (IV, 78). Er schrieb diesem sofort für seine „Zeitschrift für spekulative Physik" einen Aufsatz über den Oxydations- und Desoxydationsprozeß der Erde, der darlegt, „daß der vegetative Desoxydationsprozeß, durch welchen die rohen Elemente der Erde für das Leben gewonnen werden, nicht bloß in Beziehung auf die Vegetation selbst, sondern für die ganze Erde als ein belebender betrachtet werden muß" (IV, 81). An diesem Grundgedanken hat Steffens fortan festgehalten und ihn weiterentwickelt.

Ein erster Versuch, Goethe näherzutreten, mißglückte, und enttäuscht und trotzig schlug er jede Vermittlung aus. Als sie später aber ein Zufall zusammenführte, lud der weit Überlegene ihn für einige Tage zu sich nach Weimar, woraus sich eine anhaltende Freundschaft ergab.

Aber Steffens konnte nicht wie sein Idol Schelling ausschließlich in der Spekulation leben, es zog ihn zu einem ernsthaften Tatsachenstudium zu Gottl. Abraham Werner nach Freiberg, das er auf einer Wanderung über Halle-Berlin erreichte. In Halle war kurz vorher (9. 12. 1798) Johann Reinhold Forster gestorben und dessen einzigartige Südseesammlung bereits verpackt, nicht aber seine große Bibliothek, durch die ihn dessen Schwiegersohn Matthias Sprengel führte. „Als ich die Wohnung des verstorbenen Forster verließ, konnte ich freilich nicht ahnen, daß ich bestimmt sei, sein Nachfolger zu werden" (IV, 177). In Halle trat er auch in Verbindung mit dem großen Arzt Joh. Christian Reil, dessen medizinische Forschungen zunächst durch Kant befruchtet worden waren, der dann aber zu Schellings Naturphilosophie übergegangen war und der ihm später noch sehr wichtig werden sollte. In Berlin, das ihn zugleich anzog und ängstigte und wo man damals „nur über Achards Zuckerrübenversuche sprach", freundete er sich mit Tieck an, bewegte sich also ziemlich konsequent unter Romantikern.

In Freiberg traf Steffens den damals 49jährigen Werner[13] und die Bergakademie in höchster Blüte an. Werner, eine Autorität in der Mineralogie, wie sie selbst Linné nicht für die Botanik war, hatte Zustrom aus aller Welt. A. v. Humboldt, L. v. Buch, der Norweger Esmark, der spanische Mexikaner Elhyar, der portugiesische Brasilianer Andrada waren vor wenigen Jahren dort gewesen. Steffens fand den Iren Mitchel und den Schotten Jameson, beide schon bekannte Autoren, vor, ferner den Franzosen D'Aubuisson, Fr. Moß und v. Herder. Werners Gegner in Freiberg war der Berghauptmann Charpentier[14], dem Steffens aber die „Reife" für eine umfassende geologische Theorie absprach. Bei Köhler nahm er ein Privatissimum über die „Administration des Bergwesens", auf Steffens' Wunsch „in ihrer geschichtlichen Entwicklung", das offenbar hervorragend gut den Abbau der oberen Reicherze seit dem 13. Jahrhundert, dann den Rückgriff auf die ärmeren Primärerze und nun folgend bei dauernder Unrentabilität die Verarmung des Bergmannsstandes und der ganzen Region auseinandersetzte (IV, 223 ff.).

In stets aufrechterhaltenem Kontakt mit Schelling begann Steffens gegen den Widerspruch Werners, der das persönliche gute Verhältnis aber nicht trübte, dessen Geognosie „spekulativ" zu verarbeiten, und das mit großem Selbstvertrauen: „Er (Werner) schien, deutlicher als ich selber damals, einzusehen, daß seine letzten Erklärungs-Gründe in der Geognosie meinen Ansichten gegenüber sich nicht zu halten vermochten. Er schien zu fürchten, daß von diesem gefährlichen Mittelpunkte aus allmählich seine ganze geognostische Lehre eine Umwandlung erleiden müßte, durch welche die Eigentümlichkeit derselben verschwände. Werner übte einen entschiedenen Einfluß über alle seine Schüler. Aber die bedeutenderen wenigstens schienen von mir viel zu erwarten und mich zugleich doch als ein fremdes, störendes, ja gefährliches Element zu betrachten" (IV, 228/29). Seine Vorträge über Schellings spekulative Philosophie vor seinen Kommilitonen, u. a. von Herder, späterem sächsischen Berghauptmann, von Herda, Graf Beust, späterem Oberberghauptmann, dem Polen Mielasky, später Berghauptmann in

[13] Steffens' berühmt gewordene Schilderung Werners in IV, 205/15.

[14] Wilhelm von Charpentier (1738—1805), ursprünglich Lehrer für Mathematik an der 1765 gegründeten Bergakademie, legte 1778 nach nur achtjähriger Geländearbeit seine „Mineralogische Geographie der Chursächsischen Lande" mit einer großen geologischen Karte vor, „die erste geognostische illuminierte Charte von einem bedeutenden Districte, zu welcher noch fast gar keine Vorarbeiten vorhanden waren, die nur das Werk eines einzigen Mannes ist und wo doch die Grenzen im allgemeinen sehr richtig angegeben sind" (*Keferstein, Ch.*, Geschichte und Litteratur der Geognosie, Halle 1840, S. 61 ff.). Dieses Werk in zweiter verbesserter Auflage herauszubringen wurde eine der wesentlichen Aufgaben der Bergakademie, an der sie über 60 Jahre lang gearbeitet hat.

Westfalen und einigen Engländern, mußte er jedoch bald wieder einstellen; denn es gab in ganz Deutschland, sicher nicht zufällig, dafür „wohl keinen ungünstigeren Ort" als Freiberg, wo „sinnliche Klarheit alles war" (IV, 232). Aber er kapitulierte nicht!

1801 erschienen in Freiberg seine „Beiträge zu einer inneren Naturgeschichte der Erde", die „das Grundthema meines Lebens behandeln", die „Gewalt der Einheit des Daseins in allen seinen Richtungen" (IV, 286). „Die Natur selber als ein Lebendiges ... schloß das Geheimnis eines tiefen Denkprozesses in sich. Sie mußte aussprechen, nicht bloß was der Urheber der Natur dachte, auch was er mit dem Denken wollte. Durch Spinoza war es mir klar geworden, daß nur Er eine Geltung hätte. Auch Schelling hatte Gott absolut, real, an die Spitze der Philosophie gestellt. *Ich* fragte die empirische Wissenschaft, wie sie vor mir lag. Ihre Facten sollten *Tatsachen*[15] werden, und ich wünschte zu erfahren, ob diese einfältigen Sachen ... wirklich die verborgenste göttliche Tat zu enthalten vermöchten. Ich verdankte Schelling viel, ... aber dennoch ist mir klar, daß durch meine Beiträge ein neues Element in die Naturphilosophie hineinkam. Auch dieses verdankte ich einem anderen Lehrer, Werner nämlich. Wenn Schelling mir den Grundtypus, der als das Bleibende, ... als Denkbestimmung, das ganze Dasein umfaßte, gegeben hat: so entstand durch Werner in mir die Hoffnung, diesen bleibenden Grundtypus selbst, als das Element einer Bewegung, die etwas Höheres, nämlich einen Willen, eine Absicht enthüllte, zu erkennen und darzustellen. Das ganze Dasein sollte Geschichte werden; ich nannte sie die innere Naturgeschichte der Erde ... Der Mensch selbst sollte ganz und gar ein Produkt der Naturentwicklung sein. Nur dadurch ... konnte die Natur ihr innerstes Mysterium in dem Menschen konzentrieren ... Die Geschichte mußte ganz Natur werden, wenn sie mit der Natur ... sich als Geschichte behaupten wollte ... Diese Methode, nicht bloß einzelne Erscheinungen in der Einheit particulärer Hypothesen, sondern alle Erscheinungen des Lebens in der Einheit der Natur und Geschichte zu verbinden und aus diesem Standpunkte der Einheit beider die Spuren einer göttlichen Absichtlichkeit in der großartigen Absichtlichkeit des Alls zu verfolgen, war die offenbare Absicht dieser Schrift" (IV, 286/89). Steffens nahm für sich die Priorität für jene „divinatorische Andeutung", für die „Weißsagung ... einer geologischen Entwicklung des Lebens in der Totalität aller seiner animalischen und vegetativen Formen" in Anspruch, die nach ihm „der unsterbliche Cuvier verwirklichte" (IV, 291). Die spekulative Idee, „daß die in und mit Gott freie Persönlichkeit der verborgene Grund aller Naturentwicklung, der Endpunkt des ganzen Daseins ist, der zu seinem Anfangspunkte zurückkehrt, ward mir vergönnt" (IV, 290/91).

Die Aufnahme dieser Schrift war unterschiedlich. Während charakteristischerweise der junge Freiberger Geologe und Freund Humboldts J. C. Freiesleben in jener Umgebung, in der „sinnliche Klarheit alles ist", sie nur für eine geogno-

[15] Natürlich Tatsachen im spekulativen Sinne, wie ihn der Schluß des Satzes ausspricht!

stische Interpretation der Lehre Werners von der Kalk- und Schieferformation hielt, verstanden die Romantiker, etwa Fr. Schlegel, ihre Absicht sehr wohl, hielten diese Durchdringung von roher Empirie und roher Spekulation aber noch für unreif und dem riesenhaften Wurf nicht adäquat. Aber das entmutigte Steffens nicht. Wie so viele Deutsche der damaligen Zeit, die aus einer überaus nüchternen, geistig armen und bestenfalls religiös sektiererisch verknöcherten Vergangenheit kamen[16], spürte auch er um sich den frischen Wind einer neuen Entwicklung. Mit zahlreichen Gesinnungsfreunden sah auch er sich an einem Wendepunkt angesichts des unvergleichlichen Reichtums an gleichgerichteten Bestrebungen zu Beginn des 19. Jahrhunderts: „Geister, die in allen Wissenschaften ihren Gegenständen gegenüber eine freiere Richtung annahmen, traten in ein Bündnis; ja, was sie geistig bildete, schien aus einer Verabredung einander völlig unbekannter und fremder Persönlichkeiten entstanden, eine den Verbundenen selber verborgene Übereinkunft vorauszusetzen ... und auf ein gemeinschaftliches großes Ziel hinzuarbeiten ... Der Geist, durch Schelling zuerst erwacht, ergriff selbst diejenigen, die ihn abweisen zu müssen vermeinten, und in allen Wissenschaften fing eine andere Sprache an, einen neuen Sinn zu bezeichnen, der, wenn auch verborgen, in der scheinbar auseinanderliegenden Vereinzelung der Gegenstände, die getrennt sich fremdartig schienen, dennoch auf eine zukünftige großartige Vereinigung hindeutete" (IV, 314/16). Bis in die Wahl der Worte hinein hat auch Carl Gustav Carus diese Bewegung empfunden und geschildert.

Die Sylvesternacht 1799/1800 verbrachte Steffens zusammen mit Schiller, Schelling und Hufeland als Goethes Gast in Weimar. Ihm hatte er seine „Beiträge" gewidmet, aber Goethe zweifelte daran, daß diese Naturphilosophie in Frankreich wie in Deutschland bei den empirischen Naturforschern Anklang finden werde, und deutete damit wohl auch seine eigene Ablehnung an, die er jedoch nicht auf den Autor übertrug.

Steffens mußte aus dem vertrauten Kreis der Romantiker, zu denen nun auch Hegel getreten war, 1801 nach Kopenhagen zurückkehren. Dort fanden seine Vorträge über Naturphilosophie bei der Jugend eine enthusiastische, ja „gefährlich" scheinende Aufnahme, bei den Alten dagegen meist scharfe, agressive und ihn schließlich ausschaltende Ablehnung. Beauftragt mit der Untersuchung der Gipslager und Saline Segeberg, wozu er vergleichende großräumige Beobachtungen in Dänemark, Norddeutschland bis Rügen und in Schonen sammelte, wurden seine zweifellos vernünftigen Vorschläge, die schlechte Saline durch Nachbohrung und das staatliche Gipswerk durch Umwandlung in eine A.G. und ihre Übergabe an einen Unternehmer wieder rentabel zu machen, als „phantastisch" abgelehnt. Die in ihn investierten Stipendien schienen verloren.

Da erreichte ihn ein auf Veranlassung seines Freundes Reil aus Berlin von Hofrat Beyme gesteuerter Ruf nach Halle als Ordinarius für Naturphilosophie, Physiologie und Mineralogie, dem der von seiner Heimat Ausgestoßene im Sep-

[16] Darin machten auch Dänemark und Norwegen, im Gegensatz zu Frankreich und England, keine Ausnahme, wie in seiner Biographie zu lesen ist.

tember 1804 gern folgte. In den dort rasch entstandenen Reibungen mit dem Physiker wurde sich Steffens darüber klar, „daß eine jede Einmischung der Philosophie in die Physik nur störend wäre... Die Naturphilosophie ist der Empirie gegenüber eine durchaus ideale Wissenschaft, und zwar eben deswegen, weil ihre Realität in dem All liegt". Sie kann also für Einzelergebnisse *keiner* Wissenschaft Bedeutung haben, da diese sich „aus dem gegebenen Zusammenhang der Dinge ergeben", auch falls es Gesetze sind. Erst was jenseits der Empirie und der in ihr faßbaren Bedingungen liegt, was also „für den Naturforscher keine Bedeutung haben darf", ist Gegenstand der Naturphilosophie (V, 134).

Trotz überwiegender Ablehnung fand Steffens doch in der Elite des damaligen Deutschland auch bedingungslose und ihm ihr Leben lang ergebene Freunde, so den Mediziner Reil, der seine Berufung betrieben hatte und ihm nun die Hallenser medizinische Jugend zuführte, und vor allem den Theologen Schleiermacher, der sich ihm im Kern verwandt fühlte. Schleiermacher und Steffens hörten ihre Vorlesungen wechselseitig, und 1806 reisten sie gemeinsam nach Berlin, wo Steffens u. a. A. v. Humboldt in seinem Gartenhäuschen in der Friedrichstraße aufsuchte; dieser hat ihn als Person aber wohl höher geschätzt als seine Philosophie (V, 170)[17].

Es folgten unruhige und bittere Jahre. Napoleon hob 1806 die Universität Halle auf, und zwei Jahre lang wurde Steffens ein mittelloser und auf die Hilfe von Freunden angewiesener Wanderer, bis er im Frühjahr 1808 auf seine Stelle an der wiedereröffneten, aber nun „matt gewordenen" Universität zurückkehren konnte. Hörer fanden nun aber nicht mehr seine Spekulationen, nur noch seine Experimentalphysik und seine Mineralogie, welch letztere sich als „Vollständiges Handbuch der Oryktognosie", 4 Bände, Halle 1811—1824, niederschlug. Ein Plan, gemeinsam mit dem bekannten Mineralogen Friedrich Ludwig Hausmann, einem engen Freunde Carl Ritters, der damals zeitweilig Oberberghauptmann des Königreichs Westfalen gewesen war, in Kassel „ein wissenschaftliches Bergwerksinstitut" zur Ausbildung von Eleven zu gründen, dessen Leiter Steffens werden sollte, zerschlug sich, und Hausmann zog sich auf seine „stille Professur nach Göttingen zurück" (V, 23). Ein ähnlicher Versuch scheiterte vielleicht auch in Halle[18]. In dieser tristen Situation wurde Steffens ein höchst aktiver und über ganz Deutschland Verbindungen anknüpfender Mittelpunkt des Widerstandes gegen Napoleon. Aber gleichzeitig eignete er sich, ständig um die Erweiterung und Vertiefung seines Wissens bemüht, bei Joh. Fr. Meckel, dem damals bedeutendsten deutschen Anatomen, der u. a. die vergleichende Anatomie von Cuvier übersetzte und wesentlich verbesserte, die für seine Naturphilosophie sehr wichtige Anatomie und vergleichende Anatomie an. Schelling, dessen Philosophie fortan neue Bahnen ging, übertrug ihm als sein Erbe die Weiterentwicklung der

[17] Zu den von ihm „hochgeschätzten vaterländischen Freunden", gegen deren metaphysische Naturphilosophie er seinen „Kosmos" (dort Bd. V, S. 6) abhebt, gehört sicher der von ihm nicht genannte Steffens.

[18] *Petersen*, (Anm. 2) S. 214, falls hier nicht eine Verwechslung vorliegt, denn Steffens spricht davon nicht.

Naturphilosophie, denn beide hielten den einzigen möglichen anderen Partner, Oken, zwar für einen glänzenden Physiologen, der sich „mit bewunderungswürdigem Talent ... von der Vereinzelung der Untersuchungen lösen" und damit auch auf andere Wissenschaften, etwa die Anatomie, höchst befruchtend wirken konnte, aber an der „tiefsten Bedeutung" der echten Naturphilosophie, nämlich „eine religiöse Aufgabe zu lösen", vorbeiging (V, 38). Davon, daß ein so antizipiertes Weltbild nur teleologisch begründet sein kann, war Steffens überzeugt: „So wie in einer jeden organischen Gestalt ein jedes, selbst das geringste Gebilde, nur in seiner Einheit mit dem Ganzen begriffen werden kann, so war mir das Universum, selbst geschichtlich aufgefaßt, eine organische Entwicklung geworden, aber eine solche, die erst durch das höchste Gebilde, durch den Menschen, ihre Vollendung erhielt. Dadurch nun war allerdings eine Teleologie entstanden, die, tiefer begründet, die Stelle der früher verschmähten ersetzte. Denn als ein sich organisch Entwickelndes kann das Dasein nur dann begriffen werden, wenn die Zukunft der Entwicklung schon als eine vollendete uns vorschwebt, und nur in dieser abgeschlossenen Vollendung betrachtet erhalten die früheren Momente eine lebendige Bedeutung" (V, 38).

1810 nahm die neu gegründete Universität Berlin ihren Betrieb auf. Aber Steffens' von seinen nun Berliner Freunden (Schleiermacher, Reil u. a.) sogar mit dem Angebot des Verzichts auf einen namhaften Teil ihres Gehalts für die Dauer von 20 Jahren unterstützter Wunsch, dorthin berufen zu werden, fand kein Gehör. Ein Bedarf an Naturphilosophie in dieser nüchternen Stadt bestand weder damals noch später. Er erhielt nur den Auftrag, die große Mineraliensammlung des von Leipzig nach Berlin berufenen bedeutenden Mineralogen Christian Samuel Weiß, in dem Werner seinen geistigen Erben sah, zu schätzen und für Berlin zu erwerben. Dagegen wurde er 1811 auf die an Stelle von Frankfurt a. d. Oder neu gegründete Universität Breslau als Professor für Naturphilosophie und Naturwissenschaften berufen und fand hier bald Anschluß an K. v. Raumer, ebenfalls einen Schüler Werners, den die junge Universität als Geologen gewann. Hier blieb er von seinem 38. bis zum 59. Lebensjahr, empfand sich aber immer als nie verwurzelnder Gefangener der dort herrschenden Provinzialität.

Seine politische Tätigkeit, sein von Schelling inspiriertes Ringen um eine Universitätsreform, alte Hallenser Bestrebungen, derentwegen er sich nach Berlin gewünscht hatte, seine Teilnahme an den Befreiungskriegen, die ihm in Paris Gelegenheit gab, Malte Brun und Cuvier kennenzulernen, können hier übergangen werden, wie vieles andere und nun z. T. auch unerquickliche biographische Details. Wichtig ist, daß 1822 als Frucht seiner Breslauer Vorlesungen seine „Anthropologie"[19] erschien und daß er auf königlichen Wunsch 1832 schließlich doch als Professor der Philosophie nach Berlin berufen wurde. Als letzte große Arbeit brachte er noch seine „Christliche Religionsphilosophie"[20] heraus. In seinen Vorlesungen konnte er hier die in Breslau noch viel Zeit beanspruchende Physik und

---

[19] *Steffens, Henrich,* Anthropologie. 2 Bde., Breslau 1822.
[20] *Steffens, Henrich,* Christliche Religionsphilosophie. 2 Bde., Breslau 1839.

Mineralogie aufgeben, doch las er neben Natur- und Religionsphilosophie auch Physiologie und Naturgeschichte der Erde[21].

Schon aus diesem knappen Lebensbericht geht hervor, daß Steffens wissenschaftlich stets sehr ernsthaft zwei ganz verschiedene Richtungen verfolgte: Er war im eigentlichen Sinne ein Naturforscher, war in Werners bekannt harter Schule Geologe und Mineraloge geworden und darin hinreichend ausgewiesen, um hierfür, aber auch weit über diesen Rahmen hinaus, Professuren wahrzunehmen und gutachtend tätig zu sein. Hierbei mußten das einzelne und das schlichte Handwerk zu ihrem Recht kommen[22]. Aber er trennte diese empirischen Fach- und Sachwissenschaften scharf von seinen eigentlichen Interessen, der Naturphilosophie, deren Objekt und Methoden andere sind, wenn deren Grundlage auch die Naturwissenschaften bleiben müssen und von ihnen der Naturphilosoph also auch möglichst umfängliche gediegene Kenntnisse haben soll. Die Naturwissenschaften haben in ihrem begrenzten, empirisch gegebenen Stoff mit Hilfe des Verstandes Gestalten (Mineralogie, Anatomie usw.) und Gesetze (Physik usw.) aufzusuchen. Für die Naturphilosophie aber ist die *ganze* Welt, also Natur und Geist, ein in allen ihren Erscheinungen, einschließlich den Ergebnissen der Naturwissenschaften und der Geschichte, organisches Ganzes und als solches nur wieder Rohstoff für ein höheres Erkenntnisvermögen, für die „erzeugende Kraft" der „höheren Vernunft", die Spekulation, die „intellektuelle Anschauung"[23]. Diese selbst ist aber auch wieder nur Natur, wenn auch ihre höchste Blüte. Denn in der Natur gibt es nichts Totes, nur Massen, in denen ein Streben zu immer höher fortschreitender Differenzierung liegt, die schließlich in der Spekulation gipfelt, in welcher die Natur sich selbst erkennt, ihren göttlichen Ursprung und ihren Weg durch alle Stadien hindurch bis zur Freiheit der Persönlichkeit als ihren eigenen Entwicklungsprozeß erfaßt. Wo man dabei hinblickt, ist gleich, da jeder Teil das Ganze repräsentiert. „Sich in die Unendlichkeit des Universums, und in sein eigenes Innere vertiefen, ist dasselbe."[24] Ein Ganzes setzt alle Teile voraus, eine begonnene Entwicklung bereits deren Endzustand. Wie aus einem Knochen das ganze Tier, auch wenn es noch unbekannt ist, rekonstruiert werden kann, wie Cuvier exemplarisch bewiesen hat, so enthält schon der früheste Anfang der Welt, auch wenn man sich ihn nicht vorstellen kann, auch jeder zeitliche Querschnitt ihrer Geschichte und sogar jedes einzelne Produkt, z. B. jeder „Wurm", das Ganze ihrer Entwicklung. In diesem Sinne ist die Welt in allen

---

[21] *Petersen,* (Anm. 2) S. 374. Auch „Was ich erlebte" X, 296, aber auch 302/03, wo er den Schwund des Interesses an der Naturphilosophie beklagt, der ihn zur Aufgabe dieser Vorlesung zwang.

[22] Über den streng wissenschaftlichen und damals sogar sehr fortschrittlichen Charakter seiner „Oryktognosie" vgl. den der Naturphilosophie scharf ablehnend gegenüberstehenden Mineralogen. J. Fr. Ludw. Hausmann: „Handbuch der Mineralogie", Teil I, 2. Aufl. Göttingen 1828, § 457, S. 630—636.

[23] Anthropologie I, 95. Im Folgenden wird nur dieses Werk zitiert, das sein System klarer darstellt als seine „Religionsphilosophie", deren Bd. I („Teleologie") ebenfalls Naturphilosophie ist.

[24] Anthropologie I, 18.

ihren Erscheinungen, wie sie nacheinander und in gesetzlicher Folge, der Mensch als letzte, in die Zeit eintreten, doch „als Ausdruck des göttlichen Selbstbewußtseins, göttlicher Gedanke und Absicht“ ewig.

Versenkt sich nun unter diesen Voraussetzungen ein mit spekulativer Kraft begabter Philosoph ebenso hingebend und selbstvergessen, wie etwa ein großer Physiker in sein Experiment, zurück in den Entwicklungsstrom der Welt, dann kann er mehr leisten als der dem Partikulären verhaftete Naturforscher. Denn in der Anschauung seiner innersten Natur, die — wie ein menschlicher Embryo alle Stadien der tierischen Entwicklung zurücklegen muß — alle Stadien der Weltentwicklung erfahren hat und sie angesichts dieser Welt in der Fülle ihrer Erscheinungen auch wieder reproduzieren kann, kommt er zur wesenhaften Erkenntnis des Universums. Eine so auf ihr Objekt gerichtete intellektuelle Anschauung erkennt die ganze Naturgeschichte als die Entwicklungsgeschichte des Geistes, und damit offenbaren sich auch die Absichten Gottes in ihr. Neu waren diese Gedanken nicht; sie gehen über den Vermittler Avicenna zurück auf den Neuplatonismus der Antike, fanden durch Steffens jedoch eine neue Prägung.

Hier ist nun nicht danach zu fragen, ob diese kühnen Hypothesen haltbar sind und ein geschlossenes System bilden können, sondern nur, welche Bedeutung sie für Steffens' Erdbild hatten. Selbstverständlich sind seine Spekulationen, seine massenhaften unzulässigen Analogieschlüsse und seine ebenso zahlreichen falschen Subsumtionen mit den damals noch recht lückenhaften naturwissenschaftlichen Kenntnissen sehr apodiktisch vorgetragene Amalgamationen eingegangen, die uns heute nicht nur skurril anmuten, sondern häufig auch beim besten Willen nicht mehr verständlich sind. Sie geben seiner „Anthropologie“ die nur schwer überwindbaren Längen. Wer hier beckmessern wollte, käme nie ans Ende, aber auch nicht zum Kern des Gemeinten.

Schelling hatte seine in zahlreichen Anläufen steckengebliebene Naturphilosophie im wesentlichen aus der damals jungen Lehre von Elektrizität und Elektromagnetismus entwickelt. Steffens hat darüber hinaus auch die Erde mit ihrer Geschichte, die genetische Biologie und Anthropologie und die „physikalische Geographie“ seinem System eingeordnet, dessen Vollendung unter allen Naturphilosophen nur ihm gelungen ist. Da nun die ganze Naturgeschichte auf die Entwicklung des Geistes zielt, beginnt seine „Anthropologie“ konsequent mit einer Kosmogonie, setzt sich in einer die ganze Erdgeschichte einschließenden „geologischen Anthropologie“ fort, ehe sie als physiologische und psychologische Anthropologie uns mindestens thematisch vertrautere Formen annimmt, um dann mit einem Blick auf den künftigen Untergang der krank gewordenen Erde in einem großen Verbrennungsprozeß zu enden, wenn auch in der Hoffnung, daß aus dieser „großen Reinigung“, in der immer noch eine „Urkraft des Universums“, „die Liebe mächtig ist“, wieder „ein neues Leben, ein neuer Himmel und eine neue Erde hervorgehen“ werde (I, 475).

Ein Grundbegriff von Steffens ist die „gestaltlose Masse“, in der alle, durchaus vorhandenen, Triebkräfte sich in indifferentem Gleichgewicht, in träger Ruhe befinden. Das Denken darf sich aber von der Masse, wie sie uns in den Unendlichkeiten des Erdkörpers, des Planetensystems und schließlich des Universums entgegentritt, nicht überwältigen lassen; es muß das Maß der „Differenzierung", die immer nur einen kleinen Teil der Masse erfaßt, als das Entscheidende werten. Dann aber erkennt es die Erde als den geistigen, den eigentlichen Mittelpunkt des Kosmos, als den wahren Schauplatz der göttlichen Absichten, also in ihrer einzigartigen Bedeutung, die sie ihrer nur scheinbaren, da nur an der Masse gemessenen Geringfügigkeit und Kleinheit enthebt. Die Masse steht dem Leben am fernsten, ist aber die Wurzel alles Lebens, da sie selbst nicht tot ist, sondern Lebenskeime in sich birgt, wie ihre Strukturen, die Kristallbildung, Granitisierung, Schieferung usw. beweisen. Aber als das dem Leben innerhalb der Einheit des Universums polar Entgegengesetzte bedroht die Masse auch das höher entwickelte Leben, so gelegentlich etwa in Vulkanausbrüchen, Erdbeben, als gestaltloses Wasser in Überflutungen und auch in erdumspannenden Katastrophen, wie uns eine solche weit zurückliegende in der Porphyrformation greifbar wird. Aber auch solche universalen Katastrophen können das höher entwickelte Leben nie ganz vernichten, regen es im Gegenteil jeweils zur Bildung ganz neuer aufsteigender Formen an. Jeder „Trieb zur Differenzierung" erlischt schließlich in einem Produkt, einer Gestalt, wobei die gleichzeitig hemmende Gegenkraft das Anwachsen dieser Gestalt ins Maßlose verhindert. Ist diese Gegenkraft aber zu schwach, dann wird die Harmonie gestört, tritt ein Krankheitszustand ein, den die Natur aus sich heraus mit anderen, gelegentlich gewaltsamen Mitteln (Katastrophen) wieder heilt, und zwar in Richtung auf eine Steigerung des Gesamtentwicklungsprozesses. Der „Erdorganismus" wird also konsequent personifiziert, ist von einem in ihm wirksamen Geist zu ständig neuen Differenzierungen getriebene Masse.

Der Entwicklungsgedanke ist folglich zentral in dieser Philosophie verankert und dürfte vor Steffens, der sich hierin Giordano Bruno[25] nahe weiß, wohl von niemandem mit einem ähnlich starken Gefühl von „Grausen und Lust" wie ein Stehen vor dem Abgrund einer keineswegs immer gütigen und freundlichen Natur erlebt worden sein:

„Gattungen erzeugen sich und sterben; Pflanzen und Tiere entstehen und vergehen; aber dieses wechselnde Leben scheint selbst unsterblich zu sein, wiederholt sich nach unabänderlichen Gesetzen, und eine jede Gattung setzt sich selber voraus, kann nur aus sich selber erzeugt werden, so daß das erscheinende Sterben uns selbst ein fortdauerndes Leben zu sein dünkt. Doch bald verschwindet die heitere Täuschung für die genauere Forschung. Das schöne grünende Leben der Vegetation, in dessen Mitte sich die Scharen der Tiere, wie in einer freundlichen Heimat, erzeugen . . . und sterben, ist selbst nur eine dünne Decke, die eine verworrene Vergangenheit voll Trümmer und Zerstörung nur leicht und unvollständig deckt. Zerrißne Massen starren uns entgegen, seltsame Gräber voll versteinerter Mumien, die nicht blos Individuen, nein, ganze Gattungen einschließen, und klar wird es uns, daß eine Zeit der unsrigen, ein Leben dem jetzigen ver-

[25] *Steffens, H.*, Über das Leben des Jordanus Brunus. Nachgelassene Schriften, hg. von Schelling, Berlin 1846, S. 41—76.

gleichbar, wenn auch auf eine andere Weise gestaltet, wenn auch auf einer niedrigeren Stufe fixiert, einst sich eigentümlich erzeugt, eine Fülle mannigfaltiger Formen entwikkelt hat, und dann nicht theilweise, sondern *ganz* verschlungen ward. Ja, je genauer wir forschen, desto deutlicher wird es, daß solche Zeiten neuer Erzeugnisse, solche Epochen eines gemeinschaftlichen Untergangs mit seltsamen Zerstörungen verbunden, öfter Statt gefunden haben. Und wie derjenige, der tief und ruhig nachsinnend die Geschichte betrachtet, der, nicht getäuscht durch die scheinbar feste Zusammenfügung des gewohnten Daseyns, welches, im Einzelnen wechselnd, dennoch im Ganzen sich zu wiederholen scheint, die Grabmahle ganzer heiterer blühender Geschlechter in der Vergangenheit wahrnimmt, auch das Grab, das furchtbare Hinabsinken *seines* Volkes in irgend einer Zukunft ahnend erblickt: so wird selbst die feste Ordnung des heiteren Lebens der Natur, die uns umgibt, unsicher und schwankend, und möglich muß es uns scheinen, daß die verborgene Macht, die in früheren Zeiten ein bleibendes Leben nicht schonte, deren Gewalt und Stärke uns unbekannt ist, auch diese Ordnung zerstören, daß ein neu erzeugter, nur für lange Zeit gebändigter, wilder Kampf der Elemente auch dieses heitre Leben verschlingen könnte. — Unter diesen Gräbern wollen wir wandeln. Diese stummen Zeugen . . . befragen, ob sie uns irgend eine Kunde zu geben vermögen von dem, was früher in ihnen lebte? ob sie für die Gegenwart, für die Zunkunft, irgend eine Bedeutung enthalten?" (I. 131 f.).

Das ist nur *ein* Beleg dafür, wie Steffens Wissenschaft nicht nur gedacht, sondern sie auch ins Gefühl gebracht und erlebt hat. Eine solche Sprache, mit hinreißender und ihrer Macht über Generationen von Studenten sicherer Beredsamkeit hinausgeschleudert, war mehr als nur eine Popularisierung längst bekannter Gedanken, schuf vielmehr ein neues Naturgefühl, das auch der empirischen Forschung Impulse geben, ihre Phantasie beflügeln konnte.

Es würde hier zu weit führen, Steffens durch den ganzen Gang der Erdgeschichte zu folgen, obwohl er reich ist an überraschenden Bemerkungen, die, vom anhaftenden Rost befreit, eine Ideengeschichte der Geologie nicht unwesentlich bereichern könnten, war ja doch die Ventilierung der „Grundprobleme" seine selbstgestellte Aufgabe. Ihr allgemeiner Zug ist nach dem bisher Gesagten klar. Wir finden „in den *älteren* Gebirgen *nur* die niederen Organisationen, in den jüngeren mit den niederen immer höhere, in den jüngsten erst die Reste der Säugetiere; erst in solchen, deren Bildung sich noch auf irgend eine Weise als fortschreitend betrachten läßt, die äußerst seltenen Reste von Menschenskeletten. So ordnet sich das allgemeine Leben der Erde immer zuversichtlicher, in sich sicherer, um den erst verborgenen, in den höheren Organisationen angedeuteten, in der Menschenorganisation wirklich offenbar gewordenen Mittelpunkt der Individualität" (I, 136/37). Denn „die getrennten, scheinbar selbständigen Gattungen scheinen doch in einer geheimen Verbindung mit einander zu stehen" (I, 154/55).

Überspringen wir seine Ausführungen über die schiefrigen (vegetativen) und kalkigen (tierischen) Formationen und die Zeiten der lebensfeindlichen, die Flöze überdeckenden Porphyr- und Basalteruptionen und greifen den Faden erst wieder auf in der Zeit des Auftretens des Menschen. Diese zeigt manches Außergewöhnliche, das insgesamt als die letzte große Naturkatastrophe aufzufassen ist. Der Nordwesten der Alten Welt birgt Überreste von Säugetieren monströser Form und Größe, die „auf einen titanenmäßigen Übermuth der Tierbildung zu deuten" scheinen (I, 413), und zwar durcheinander Tiere, die ein tropisches Klima und tropisch üppige Vegetation voraussetzen, und solche, die auch heute noch in Nordasien und Europa in abgewandelten Formen vorkommen. Teils fand man sie zusammengeschwemmt in Flözen, teils aber auch in Eis konserviert. Cuvier erklärte den Untergang dieser Tierwelt mit einer plötzlichen Überschwemmung, jedoch genügt das nicht. Man muß zusätzlich eine von „der gegenwärtigen Ordnung der Dinge abweichende Entwicklungsgeschichte des Planetensystems" annehmen, die mit dieser Entwicklungsgeschichte der Erde zusammenfällt und eine „plötzliche gewaltsame Änderung des Klimas" hervorrief, die der Tod dieser Vegetation und dieser Tierwelt war, und das sogar noch vor der Überschwemmung. Problematisch ist nur, ob diese Katastrophe prä- oder postadamitisch war, d. h. ob sie der Mensch in seinen frühesten Anfangsstadien schon miterlebt hat oder nicht. Aus Analogiegründen sollte man das letzte für wahrscheinlicher halten, jedoch erweisen neuere Funde von Menschenknochen im ursprünglichen Gemenge mit „vorsündfluthlichen Knochenresten" (I, 444) eindeutig, „daß das menschliche Geschlecht vor der großen Katastrophe ... schon da war und daß es an der Vernichtung ... theilnahm" (I, 446). Wenn man damit den zeitgenössischen (Cuvier) und den viel späteren Streit großer Gelehrter um die Möglichkeit einer Existenz prähistorischer Menschen vergleicht, in dem ganz offensichtlich enge biblische Vorstellungen das Urteil trübten, hat man einen Maßstab für den Weitblick und die Spannweite der sachnahen Phantasie dieser Naturphilosophie, trotz ihrer programmatischen christlich-religiösen Bindung. Jedoch läßt sich auch hier Forschung, die die Grundlagen der Deutung klärt, von der spekulativen Deutung nicht immer trennen.

Was bedeutet nun aber der tropische Zustand im Nordwesten für die auf ihren Höhepunkt, eben den Menschen, zustrebende Naturentwicklung? Er war ein „Aufstand der Begierden", des „nur Triebhaften", des „wüsten Geistes", der „alles elementarische Leben in eine wilde Vegetation hineinriß, alle Vegetation in eine monströse Tierbildung" (I, 449). Gegen diese einseitige Krankhaftigkeit der Entwicklung des Lebens mußte sich ein ebenso einseitiger Gegensatz anderer kosmischer Kräfte zur Wiederherstellung der Harmonie richten. Dieser konnte aber nur aus einer Polarität[28], hier also der geographischen Polarität heraus wirksam werden, also aus dem Südosten. Hier liegt im Bereich der Südseeinseln, die jenseits des Kontinentalrand-Inselstreifens durchweg Basalte oder über untermeerischen Basaltkuppen aufgebaute Koralleninseln sind, zweifellos ein gewaltiger und erst in junger Zeit im Zusammenhang mit großen vulkanischen Eruptionen zusammengebrochener Kontinent. Dafür spricht schon die zwar tropisch üppige, aber an Gattungen arme Wiederbesiedlung der Inseln mit Pflanzen und Tieren, wie sie Joh. Reinhold Forster beschrieben hat. Also auch hier ein Auf-

[28] Schellings Idee der „Identität in der Polarität" (Magnet!), die auch C. Ritter sehr anzog, war eine Grundvorstellung der romantischen Naturphilosophie, die hier aber nicht verfolgt werden kann. Den streng empirischen Naturforschern war sie ein besonderer Stein des Anstoßes, wobei sie in diesem Fall zweifellos in ihrer Kritik oft zu weit gingen und Wertvolles übersahen.

stand der Massen, wenn auch ganz anderer Art. Die polaren Gegensätze waren demnach damals zu einem Höchstmaß gesteigert, das zu ihrem Zusammenbruch und zu einer neuen Ordnung führen mußte. „Wo irgend eine irdische Entwicklung ihr höchstes Extrem erlangt hat, da bricht sie plötzlich in sich zusammen. Alle irdische Entwicklung fängt freudig an, ist, solange sie von dem Boden eines universellen Lebens getragen wird, heiter, unschuldig, erreicht den Blütepunkt ... innerer Eigentümlichkeit ... wie eine schnell vorübergehende Verklärung. Da bildet sich der Wurm des unendlichen Strebens in sie ein, sie wird immer glühender, scheint das ganze Leben verschlingen zu wollen und zergeht in sich selber ... und so verging in der Vorwelt das Geschlecht und seine betäubende Herrlichkeit, als es die höchste Stufe der Kraft erlangt zu haben glaubte" (I, 453/54). Den Wirkungsausgleich dieser polaren Kräfte sieht Steffens im Zusammenhang: Der Zsuammenbruch des Südsee-Kontinents führte zu einer Neigung der Ekliptik und einer Änderung in der Exzentrizität der Erdbahn, die beide zusammen den monströs gewordenen Nordwesten vereisen ließen und schließlich die Überschwemmung herbeiführten, welche die Reste der durch diese Klimaänderung getöteten Lebewelt sedimentierte. Daß der Mensch aber unter diesen Resten nur sehr selten zu treffen ist, erklärt sich aus seiner Gelöstheit von der Natur. Während die Pflanzen und Tiere, der Natur völlig preisgegeben, starben, wo sie lebten, die Steppentiere auf ihren Steppen, die Waldtiere in ihren vergehenden Wäldern, so daß Steppen- und Waldbewohner selten gemeinsam, meist getrennt sedimentiert wurden, konnte sich der vorausschauende Mensch der Gefahr entziehen, der Kälte oder Überschwemmungen ausweichen, so daß seine Leichen normal verwesten. Das Ziel dieser Katastrophe, die mit einer Überschwemmung des Nordwestens endete, war erreicht, „durch die Abnahme des Meeres, durch einen stillen, fortschreitend tätigen Bildungsprozeß, ward die Stätte der keimenden Geschichte vorbereitet" (I, 340).

Wer könnte leugnen, daß hier der wissenschaftlichen Phantasie Flügel gewachsen sind?! Bei voller Anerkennung der Ergebnisse der Astronomie für die Gegenwart wird deren Gültigkeit für die geologische Vergangenheit bestritten, werden Polverschiebungen als Ursache der Kontinentalvereisung und ferne tektonische Bewegungen als deren Ursache gesucht, wird schließlich eine bestimmte Biocönose verantwortlich gefunden für die beobachtete Thanatocönose und darin die Sonderstellung des Menschen aus seiner Natur heraus erklärt. Jeder dieser Gedanken führte erheblich über Cuvier[27] hinaus. Mag es im einzelnen ein Ikarusflug gewesen sein, der Raum für die Weiterbildung dieser Gedanken war geöffnet.

Ein Grundproblem für die Entwicklungsgeschichte der Erde liegt in der Entstehung der Arten und Rassen, das, von Kant in seiner Grundsätzlichkeit erkannt, von Steffens nach allen Seiten diskutiert, wenn auch nicht gelöst wurde.

---

[27] *G. Cuvier*, Die Umwälzungen der Erdrinde. 5. Aufl. Bonn 1830, übersetzt von J. Nöggerath. Bd. I.

Wunder lehnte er selbstverständlich hier, wie in allen anderen Naturvorgängen, ab. Auch dort, wo er Entwicklungsvorgänge spekulativ *deutete*, war es ihm selbstverständlich, daß die empirische Naturforschung die darin waltenden Naturgesetze suchen muß und auch finden wird. Darin bilden Veränderungen der Lebewelt keine Ausnahme. Änderungen des Klimas und der klimatisch bedingten Umwelt, denen Pflanze, Tier und Mensch etwa durch Wanderungen aus ihrer autochthonen Heimat unterworfen werden können, schienen ihm zur Lösung des Problems nicht auszureichen, könnten wohl kaum mehr als Varietäten der Stammformen verursachen. Das aber weist die Forschung auf den methodischen Weg, das Problem möglichst an reinen Urformen in ihren Heimaträumen zu verfolgen. Hier aber dürfe nun nicht in grober Generalisierung eine Urform, ein genereller Typ konstruiert werden, vielmehr müssen im Gegenteil alle Übergangsformen und kleinsten Varietäten sorgfältig beobachtet werden, denn in ihnen liegt die Lösung des Problems (II, 403). Ist damit nicht doch schon sehr deutlich der viel spätere Gedanke der „Gen-Zentren" vorweggenommen?! Hier nun liegt eine wichtige Aufgabe der physischen Geographie seiner Konzeption:

„Das wahre Verständnis der Rassen ist der Schlußpunkt der Naturwissenschaften, wo die stumme Geschichte der Natur und die laut gewordene des menschlichen Geschlechts ein inneres Gespräch anfangen und sich wechselseitig verständigen werden. Daher muß sie eingeleitet werden auf einem doppelten Wege. Immer tiefer muß das Gesamtbewußtsein des Geschlechtes in eine immer frühere Vergangenheit sich zurückbilden, bis dahin, wo das dämmernde Bewußtsein das früheste Geschick zu ahnen anfängt. Das ist geschichtliche Forschung im engeren Sinne. Der Naturforscher muß das geheime Verständnis der Elemente, das Aufblühen der Vegetation, die Gestaltung der Tiere der Erde, bis dahin verfolgen, wo ihm das innere, eigenthümliche Leben der Gegenden entgegentritt, dann werden ihm die Autochthonen als die gefesselten Geister desselben erscheinen. Wir nennen die Forschung, die in dieser Richtung, von der Urzeit der Natur aus, sich der Urzeit der Menschheit zu nähern versucht, die physikalische Geographie" (II, 398/99). Und er fährt fort: „Ich werde in der physikalischen Geographie, an welcher ich nun seit fast 10 Jahren arbeite, durch eine Vergleichung aller Nachrichten und mir bekannt gewordener geschichtlicher Überlieferung beweisen, daß sich die Übergänge von den Hindus durch einige arabische Stämme in die Ureinwohner Ägyptens, von diesen in die Autochthonen Aethiopiens, durch die Gallas, in die wahren Neger nachweisen lassen. Der afrikanische Neger stellt die höchste Intensität der Bildung in dieser Richtung dar und ist bei aller äußeren Ähnlichkeit dennoch verschieden von dem Australneger, der einen ganz anderen Ursprung hat" (II, 403/04). Physische Geographie bedeutet für ihn also eine genetische Landschaftskunde, deren Kräftespiel sie bis an die Wurzeln der Entfaltung der autochthonen Arten in „Gegenden", also begrenzten natürlichen Landschaften, und dann deren Wanderungen und deren Eindringen als Fremdlinge in andere Gebiete zu verfolgen hat. Zweifellos haben diese Gedanken Steffens lange bewegt; so hat er z. B. seinen berühmten Aufruf in Breslau am 2. Januar 1813 um 11 Uhr in einer Stunde an die Studentenschaft gerichtet, in der er eigentlich „Physische Erdbeschreibung“ zu lesen hatte[28].

Er hat noch andere Probleme seiner physischen Geographie, zu deren systematischer Ausarbeitung er nicht mehr gekommen ist, wenigstens angedeutet. Anschließend an die Isothermenarbeit Humboldts, dessen Schriften er stets aufmerksam verfolgte[29], versuchte er durch Einbeziehung der Temperaturen auch der Meeresoberfläche „die spezifische Temperatur der Erde“ zu ermitteln und fand sie bei 4,5° R, eine Zahl, die ihm wichtig erschien; denn sie bestimmt „das Maß der Intensität des allgemeinen Erdenlebens“ (I, 52/53). Die Unterschätzung um etwa 9° ist gleichgültig gegenüber diesem frühen Versuch und dessen Motivierung, denn erst etwa 30 Jahre später kam man auf dichteren Beobachtungen zu einem genaueren Ergebnis.

In seiner ausgestaltenden Interpretation der Mosaischen Schöpfungsgeschichte (I. 204 ff), dem Gerüst seiner genetischen Geophilosophie, sieht natürlich auch er die altbekannte Tatsache der Sammlung des Festlandes um den Nordpol, die Zuspitzung aller Kontinente und Halbinseln nach Süden, den Zusammenhang der Kontinente über Landengen, die den Äquator schneidende Trümmerzone des Mittelmeergürtels und das Divergieren der Südkontinente: Aber er glaubt in deren Ausrichtung auf einen Punkt der Nordhalbkugel eine bis auf die Südhalbkugel wirksame Urpolarität der Erde, das Ergebnis anziehender und abstoßender Kräfte und damit eine kausale Begründung für das bisher nur als Erscheinung Erfaßte erkannt zu haben. Ein NO-Punkt, das Hochland von Zentralasien, ist „der wahre Contrapunkt des durchaus herrschenden Festlandes einerseits, des durchaus vorwaltenden Meeres andererseits“ (I, 305), während zwei Ost-West-Polaritäten die Einbuchtungen an den Westseiten der Südkontinente und die eigenartig geschwungene Mittelmeerzone verursacht haben.

An Carl Ritter, dessen „große-Verdienste um die physische Geographie (er) keineswegs verkenne“, kritisiert er die „ganz falsche Ansicht von Afrika“, die aus seiner gleichmäßigen Konstruktion von allseitig zu einem inneren Hochland aufsteigenden Terrassen folge, wodurch „das stärkere Hervortreten eines nordöstlichen Gebirgszuges ganz in Schatten gestellt“ werde (I, 307 f). Sehr aufschlußreich für seine Ideenführung ist seine ebenfalls gegen Ritter gerichtete Interpretation Zentralasiens, die hier nur als solche wiedergegeben sei. Wie Afrika scheint auch „dieses höchst eigentümliche Kontinent alle Vulcanität nach außen geworfen zu haben ... So sind jene Hochländer im Inneren ruhig, die urältesten, wie abgelebten Teile der Erde.“ Was das aber bei der von ihm vorausgesetzten organischen Einheit von Natur und Geschichte zu bedeuten hat, folgert er alsbald: „Seit Jahrtausenden berühren geschichtliche Völker den äußeren Rand jener geheimnisvollen Mitte, ohne je in sie eindringen zu können. Tief herabgesunkene Rassen durchkreuzen sie, stets beweglich, für jede höhere Bildung unempfänglich, seit der Urzeit des Geschlechts, und in dem beständigen äußeren

[28] *Petersen*, (Anm. 2) S. 248 f.; auch „Was ich erlebte“, Bd. 10, 288, 301/02.
[29] Anthropologie I, 52, 300, 307, 315, 430, 432; II, 67, 77, 81, 84, 377.

Wechsel des Lebens bleibt die innere Form des Lebens die nämliche. Seit Jahrtausenden behalten sie die nämlichen Sitten, die nämliche Gestalt; dieselben Handelsartikel werden auf denselben unveränderten Straßen nach allen Richtungen gebracht, und wie die tiefgreifende Bildung der Natur, verstummt jede geistige Tätigkeit des Geschlechts, so wie sie den fast verzauberten Rand dieser im Inneren erstarrten Länder berührt" (I, 343/44). Mit anderen Worten: Die „alten Massen" ruhen träge, sind „abgelebt", auch ein vielleicht vor Urzeiten tätig gewesener Vulkanismus ist erloschen. Die einst differenzierenden Kräfte liegen im Gleichgewicht, von ihnen gehen keine Impulse mehr aus. Aber mehr noch: Es herrscht hier die Masse in ihrer kontinentalen, der „Metallität" verwandten und damit am weitesten dem Leben entfernten Form, es fehlt die Masse in ihrer dem „Licht" und damit dem Leben verwandteren, flüssigen Form, das Wasser. Das alles muß auch den hier autochthonen Menschen in seiner Geschichte wie in seinem gegenwärtigen Habitus und Tun herabdrücken. Die Indifferenz, die wechselseitige Neutralisierung aller Naturkräfte lähmt, „fesselt" auch ihn. Keine Naturkraft fixiert ihn zur Seßhaftigkeit, darum wandert er, wandert aber nicht mit festen Zielen, sondern stets in den gleichen, gewohnten, abgelebten Bahnen. Wie eine Sphinx stößt ein solcher „Organismus" das wirklich Lebendige mit fast metaphysischer Kraft ab, verwehrt ihm den Eintritt. Dagegen belebt eine viel aufgeschlossenere und an produktiv widerstreitenden Kräften reichere Natur an den zertrümmerten meernahen Rändern dieser Masse auch den Menschen. Leben hier dennoch Stämme, die diese Impulse nicht spüren und tätig wahrnehmen, werden sie von aktiveren Völkern, die hier einwandern, vernichtet, verdrängt oder aber auch assimiliert und dadurch schließlich dann doch aktiviert. Damit hat Steffens wiederum eine Polarität, die von zentral und peripher, in einer seiner Philosophie eigenen Form den gegebenen geographischen Tatsachen enthoben (?), angepaßt (?), aufgedrängt (?), jedenfalls aber seinem System der naturphilosophischen Anthropologie von der physisch-geographischen Sicht her einverleibt. Fraglos hat er auch, darin viel spätere Erkenntnisse (Serge von Bubnoff!) genial vorwegnehmend, in den „alten Massen" ein „Grundproblem der Geologie" und zugleich einen Grund-Landschaftstyp erfaßt, richtig gesehen, daß er um so reiner und der „Metallität" des Erdinneren verwandter ist, je weniger „differenziert", d. h. von Sedimenten (als Zeugen früheren Lebens) er überlagert ist. Er hat sogar teilweise recht in seiner Überzeugung, daß diese Massen etwas Lähmendes, Fesselndes für den Menschen haben, wenn ihnen das belebende Wasser fehlt (Mangel an Energiestoffen!). Aber die Forschung wird seinen metaphysischen Vorstellungen, die er in die Erde selbst und in die Klammer zwischen Erde und Mensch legt, also seinem teleologischen Gedankengang, nicht folgen können. Fraglich ist jedoch, ob man ihm wissenschaftsgeschichtlich gerecht wird, wenn man hier von einem „Rück-Fall" spricht. Zum Fall gehört die Unabsichtlichkeit und der Absturz, aber beides ist hier zweifellos nicht gegeben. Spekulativen Wegen folgend, hat er der empirischen Forschung neue Wege und ganze Bündel neuer Probleme gewiesen, hat sie zugleich aber auf ihre eigenen Methoden verwiesen und ihr die Spekulation als ihrem Wesen fremd versagt. Allerdings liegt hierin auch das von ihm nicht gelöste Problem, wie sich die von ihm geforderte durchlaufende Kausalität zur teleologischen Urwesenheit der Gesamtentwicklung der Natur verhält.

Die letzte Differenzierung der Natur im Gang der Weltgeschichte stellt sich Steffens folgendermaßen vor:

Alle geschichtlichen Völker haben sich — wahrscheinlich ursprünglich aus Zentralasien, doch fehlt ihm hierfür noch die empirische Bestätigung — in Räume „ergossen, in welchen die Stätte bereitet ward für die höhere geistige Entwicklung des Geschlechts" (I, 336). *Geschichtlich* geworden sind sie durch Unterwerfung der dort angetroffenen Urvölker, also durch Machtentfaltung, die für sie seither charakteristisch geblieben ist. Geographisch gibt es in der Alten Welt drei solcher Kulturzentren, Europa, Indien und Ostasien, und um diese herum geschichtslose Völkertrümmer, die entweder seitab liegen bleiben ohne die Fähigkeit, sich aus eigenen Kräften zu erheben, oder aber von den geschichtlichen, aktiven Völkern unterworfen und erweckt oder ausgerottet oder assimiliert werden[30]. Afrika als das größte Gebiet einer solchen ruhenden Bevölkerung harrt noch der Erweckung; in Nordamerika ging eine merkwürdig indifferente und indolente, selbst gegen den körperlichen Schmerz unempfindliche autochthone Rasse ohne entsprechend nachhaltigen Widerstand zugrunde. Die massive Kontinentalität und die in einem Gleichgewichtszustand ausgewogene Polarität der beiden Teilkontinente können Gründe für diese Indifferenz sein, auf die auch die auffallende Ähnlichkeit aller Indianervölker untereinander trotz ihrer Zersplitterung in zahllose Sprachstämme hinweist. — Das sprechende Gegenteil zu ihnen sind die Malaien: Ihre „Wut ist allgemein bekannt... Diese Masse von Grausamkeit, diese Intensität der Furie, die das ganze Leben in einen Wechsel von furchtbaren Ermordungen verwandelt, *nirgends* ist sie so hervorgetreten. Stand hier nicht die Furie der Natur mit der Wut der Menschen in einem geheimen Bündnisse? hat das durch Vulkane zerrissene in sich zerstörte, versunkene Land nicht ein in wechselseitiger Wut verzerrtes, entartetes Volk begraben? Bricht nicht diese Wut, selbst jetzt, nachdem sie in sich zerbrochen ist, wie die noch nicht erloschene Vulkanität, zerstörend hervor? und kann man nicht annehmen, daß sie lange, ja seit undenklichen Zeiten, geherrscht hat in jenen Gegenden, da man sie in ungestörter Ausbildung so furchtbar herrschend fand bei der Entdeckung von Indien?" (II, 418/19). Sie sind als Reste des Zustandes des ursprünglichen Südkontinents für Steffens zugleich die verbliebenen, hier aber (im Gegensatz zur vordiluvialen Monstrewelt des Nordwestens) noch lebenden Zeugen der „verlorenen Unschuld" (= Harmonie), also des in allen Bereichen der Natur wie des Geistes transparenten Exzesses, der zum Untergang jener Welt führen mußte.

Wir sind am Ende. Worauf es ankam, war, ein Weltbild, das sich zur Teleo-

---

[30] Bei *H. Schmitthenner*, „Lebensräume im Kampf der Kulturen", Heidelberg 1938, 2. Aufl. 1951, taucht der gleiche Gedankengang, wenn auch in anderer Begründung, wieder auf, ohne daß er von Steffens eine Ahnung hatte.

logie bekannte und die Kluft zwischen Glauben und Erkennen, Religion und Wissenschaft überbrücken wollte, in seinen erdwissenschaftlichen Aspekten und Ergebnissen aus seinen Grundlagen heraus zu skizzieren. Möglich ist eine *solche* Teleologie nur unter der Voraussetzung, daß die ganze Welt, insbesondere aber die Erde, (als göttliche Idee und Absicht) ein in toto lebendiger Organismus ist, in welchem Natur und Geist eine durch keine Kluft getrennte, nur durch Differenzierungsprozesse sich entwickelnde Einheit bilden, der Geist also nicht über einem leblosen Substrat, nur an den Menschen gebunden, existiert. Uns erscheint dieses Weltbild fremd, was die Wissenschaftsgeschichte aber nicht der Aufgabe enthebt, es aus der Grabkammer einer „Anthropologie", in der man es nicht mehr vermutet hat, wieder ans Tageslicht zu bringen und zu verstehen. Denn in seiner Zeit war es kein abwegiges Kuriosum, sondern es schieden sich an diesen und ähnlichen Gedanken die Geister, bis der Positivismus sie vergessen machte. Zweifellos anziehend an diesem System ist die Energie und Kühnheit der Ideenbildung und Gedankenführung aus einem metaphysischen Bedürfnis heraus, das auch die exakteste Forschung der Gegenwart empfindet. Offen geblieben sind die Fragen seiner Nachwirkung in etwa möglichen „furchtbaren Spannungen", auch wenn man sich vielleicht ihrer Herkunft aus dem Geist der Romantik nicht mehr bewußt ist.

Was brachte dieses Weltbild damals Neues? Was führte dazu, die Geographie, die zur Mitarbeit aufgerufen und der ein Rahmen hierfür gesteckt war, so attraktiv erscheinen zu lassen, wie sie es seither nicht wieder geworden ist? Mindestens eine Teilantwort darauf erscheint möglich, wenn sie auch manchen bisher gegebenen Antworten widerspricht.

Die Welt dieser religiösen Naturphilosophie war eine Gotteswelt mit dem Menschen als Entwicklungsziel. Das hat der sie ablösende Positivismus mit Recht als unbeweisbar, aber mit Unrecht als absurden Hochmut abgelehnt. Er übersah dabei nämlich etwas Wesentliches. War in dieser Philosophie der Mensch auch das Ziel einer in der göttlichen Idee antizipierten, auf ihn gerichteten, unendlich langen Entwicklung, so doch nicht der Mensch in den Zufälligkeiten und Schwächen seiner begrenzten Erscheinung, sondern in seiner Idee von sich als vernünftigem Wesen, das mit seinen im Universum exzeptionellen Kräften einen (göttlichen) Auftrag zu erfüllen hat. Der Mensch war also groß nur im Blick von unten her, aber klein im Blick von oben her. Er steht zwar voran in der Weltentwicklung, aber keineswegs schon auf ihrem Kulminationspunkt, sondern noch vor einem unabsehbar steilen und mühsamen Anstieg. Ins Geographische übersetzt heißt das: Er hat sich die Welt in einer Weise untertan zu machen, sie also zu vergeistigen, zu kultivieren, deren Maßstab ein (göttlicher) Auftrag ist, den er a priori, weil selbst göttlichen Ursprungs, in sich vernimmt und der nicht in der Wahrnehmung seiner materiellen Interessen aufgeht. Es liegt also in einer so gesehenen, geglaubten und empfundenen Welt ein Anruf. Sie ist mehr als nur eine mit den Verstandeskräften analysierbare Naturtatsache. Eine religiös so erregte Zeit wie die damalige erwartete einen solchen Anruf und reagierte auf ihn mit der aktiven Anteilnahme weitester Kreise der Praxis wie auch quer durch alle Fakultäten. Als diese religiöse Spannung erlosch, konnte Steffens mit seiner Lehre nur noch Theologen ansprechen, nicht mehr, wie noch wenige Jahre früher, in erster Linie Naturforscher und Mediziner. Daß Steffens seine naturphilosophischen Kollegs in Berlin aufgeben mußte, während gleichzeitig Ritters Vorlesungen wie keine anderen vor überfüllten Auditorien stattfanden, spricht für ihren grundsätzlichen und als solchen empfundenen Unterschied. Andererseits ist es kein Zufall, daß die scheinbar so weltfremde Romantik überraschend zahlreiche Männer der Tat erzogen oder doch angezogen hat, so daß just Steffens ihre Existenz vor ihren Gegnern, und das sogar im preußischen Hauptquartier der Befreiungskriege, rechtfertigen konnte; jedoch entzieht sich das einem Urteil vor dem Forum der Wissenschaft.

Und wie steht es mit der Antinomie von Teleologie und Kausalität? Besteht sie überhaupt? Steffens war sich darüber klar, daß empirisch durch Beobachtung und Experiment nur die Naturkausalität feststellbar ist. Wenn er diesem Kausalablauf ein Ziel setzte, ihm also eine Finalkausalität, eine Idee überordnete, so erschließt sich diese nicht der Tatsachenanalyse, also nicht dem begrifflichen, sondern nur dem spekulativen Denken einer hierzu fähigen geistigen Elite. Dieses darf aber mit den Ergebnissen der empirischen Wissenschaften nicht in Widerspruch geraten. Kommt es dennoch zu einem Widerspruch, dann war die Spekulation, also die Deutung falsch und muß korrigiert werden. Idealiter können also beide kaum ernsthaft kollidieren. Die Wirklichkeit sieht aber anders aus. Zwischen Welterforschung und Weltdeutung liegt eine unendlich weite Berührungsfläche, an der es zu fruchtbaren wechselseitigen Anregungen, aber schließlich auch zu Friktionen oder zu schwer kontrollierbaren und nicht selten ungünstigen Infiltrationen kommen mußte. Daß die empirischen Wissenschaften sich dieser Nachbarschaft teils sofort und nach dem Erlöschen der Kraft der Romantik allgemein und grundsätzlich entzogen, ist selbstverständlich. Ein von allen Vor-Urteilen gereinigtes Objekt verleitet nicht schon per se das Denken zu Irrwegen. In dieser Einsicht hat sich der religiös indifferente Positivismus gerade von religiösen Voraussetzungen und Zielsetzungen der Forschung gern und aggressiv distanziert und darin sogar seine erste große Mission gesehen. Aus der Vergangenheit der Erde läßt sich kein Telos ableiten. Der Geologie ist mit der Vorstellung nicht gedient, daß die Diluvialvereisungen eintreten mußten, um den Schauplatz der europäischen Geschichte vorzubereiten. Gestellt, aber offen bleibe hier die Frage, ob sich die empirische Geographie, vertreten etwa durch Carl Ritter, zu einer solchen abwegigen teleologischen Infiltration der von ihr zu fordernden kausalen Denkweise hat verleiten lassen.

Davon völlig unabhängig ist die Frage, ob es wissenschaftlich nachweisbare Finalkausalitäten im geographischen Objekt gibt. In der berechtigten Abwehr gewisser unbeweisbarer und nicht einmal wahrscheinlicher, betont metaphysischer Ideen der Naturphilosophie ist man schon gegen das Wort Teleologie so neuralgisch geworden, daß man m. E. dadurch den Wald vor Bäumen zu sehen verlernt hat. Im Gesamtraum der Naturlandschaften und ihrer Entwicklung wird man im Gegensatz zu Steffens eine Zielstrebigkeit nicht voraussetzen dürfen. Jedoch liegt schon im Begriff der Kulturlandschaft, daß in ihr Ziele, Pläne, Absichten walten und Gestalt finden; die Kulturgeographie arbeitet auf allen ihren Gebieten ständig mit solchen Vorstellungen, Fragen und Hypothesen, will nur das Wort für die Sache nicht wahrhaben. Wer „den Geist" oder „die menschliche Freiheit" für die Gestaltung der Kulturlandschaft verantwortlich macht, vereinfacht und verunklart damit eine sicher sehr verwickelte Problematik. Hettner[31] suchte causa und telos in Einklang zu bringen, als er von der „Motivation" als dem „Korrelat" der Naturkausalität im Bereich des menschlichen Handelns sprach, und hat damit einen wohl gangbareren Weg gewiesen. Daraus ergibt sich die Frage, ob sich für die wesentlichen Motive[32], die für die Grundformen der Kulturlandschaften der Erde, für ihren Wandel oder auch für ihre langdauernde Erhaltung verantwortlich sind, so etwas wie eine Kategorientafel entwerfen läßt. Steffens' metaphysische „stille Gewalten" werden darin selbstverständlich keinen Platz finden können. Aber auch hierin hat Hettner[31] in seiner Typologie der Kulturstufen und Wirtschaftsformen Schneisen zu schlagen versucht, von denen aus die Einzelforschung die methodisch weiter führenden Wege beliebig verdichten könnte. Aber man hat die Weite dieses Wurfs, in der gegenwärtigen Diskussion meist gefesselt an die die Vorbilder stellende Soziologie und damit vorwiegend an europäische Verhältnisse, nicht erkannt oder auch gar nicht zur Kenntnis genommen, hierin wieder bestärkt durch die Abwehr von Hettners „Positivismus", der aber vorläufig auch nichts weiter als ein gängiges Schlagwort ist, während er ursprünglich nur die Abwehr der aus der Romantik überkommenen metaphysischen Ideen in der Wissenschaft sein wollte. Man darf sich heute fragen, wieweit diese nicht doch wieder als „der menschliche Geist" und „die menschliche Freiheit", zeitgemäß getarnt, an die Tür der geographischen Methodologie pochen und den lästigen „positivistischen" Warner als überholt beiseite zu schieben versuchen.

---

[31] *Hettner, A.*, Gang der Kultur über die Erde. 2. Aufl. 1929, und „Allgemeine Geographie des Menschen", 3 Bde., Stuttgart 1947—1957.

[32] Die Motivierung läßt die Bindung an eine Ausgangssituation und die emotionale, intellektuelle und willentliche Auseinandersetzung mit ihr erkennen, die — oft im Widerstreit unterschiedlicher Motive — schließlich zu einer Tat führt, läßt aber die Frage nach ihrem stets problematischen Maß der „Freiheit" in diesem Prozeß nicht nur offen, sondern schränkt es sogar nach Möglichkeit ein.

ERNST PLEWE

ALEXANDER VON HUMBOLDT

1769 * 1969

Zweimal in einem Decennium hat sich die gesamte Kulturwelt diesseits und jenseits des Atlantischen Ozeans, aber auch beiderseits der politischen Mauer, vor den Manen Alexander von Humboldts geneigt, hat 1959 seines 100. Todestages, heuer seines 200. Geburtstages gedacht. An eben diesem Tage, dem 14. September, hat der Nobelpreisträger Werner Heisenberg als Exponent der Alexander-von-Humboldt-Stiftung vor Hunderten der von ihr geförderten ausländischen Forscher in einer großen Rede Humboldts Weltbild dem der Gegenwart, dem der Atomphysik, gegenübergestellt. Vor zehn Jahren schlossen sich alle deutschen wissenschaftlichen Akademien zusammen, um die noch erhaltenen Reste seines weltweiten Briefwechsels zu sammeln und herauszugeben. Viele seiner wichtigsten Schriften sind oder werden nachgedruckt, u. a. auch der 800 Seiten starke, fast verschollene Katalog seiner Privatbibliothek, die gleich zu Beginn der auf 31 Tage angesetzten Auktion in London in Flammen aufging. Kaum übersehbar ist die über ihn in den letzten Jahren erschienene Literatur geworden. Nehmen wir diese Humboldt-Renaissance — und von ihr darf man wohl sprechen! — oft fast gedankenlos als selbstverständlich hin, so fehlt es doch auch nicht an kritischen Stimmen, die diese Bemühungen wegwerfend als „Rummel" bezeichnen, mit denen die Deutschen hüben und drüben ihr gesunkenes Prestige im Ausland heben wollen.

Ganz so ist es aber sicher nicht! Bekanntlich ist das Andenken Humboldts in Gesamtamerika lebendiger als bei uns. Frankreich nimmt ihn als Wahlfranzosen in Anspruch. In Rußland blieb er seit seiner glanzvollen Expedition 1829 bis an die Grenzen Chinas in dankbarer Erinnerung, und sogar England, das Humboldt trotz dessen ernstem und anhaltendem Werben kühl und in entscheidenden Punkten ableh-

5

nend begegnete, trägt zur modernen Humboldt-Forschung Wertvolles bei. Ist diese Humboldt-Renaissance also sicher nicht von Deutschland her manipuliert, so erscheint sie doch auch wiederum mindestens nicht ganz unproblematisch.
Schon daß seine eigene Zeit ihn in ihren Totenreden und Nekrologen trotz aller Anerkennung seinem Bruder Wilhelm nachgestellt hat, dessen Ruhm seither aber doch etwas verblaßt ist, gibt zu denken. Auch Forscher, die auf ihren Spezialgebieten zweifellos Größeres geleistet haben als er, sind gänzlich aus dem Gesichtsfeld der Öffentlichkeit geschwunden. Sein Forschergenie blieb überdies nicht unbestritten, denn er hat nicht selten just fruchtbarste seiner Arbeiten kurz vor dem Ziel aufgegeben oder ihre letzte Lösung anderen überlassen, ist wohl auch als Greis auf manchen Gebieten hinter der Forschung zurückgeblieben. Rühmen die einen ihm als seine überragende Tat nach, er habe Goethes Weltbild richtig erfaßt und es in der ganzen Breite der empirischen Wissenschaften ausgebaut, so warfen gerade das ihm andere schon zu seinen Lebzeiten und bis in die Gegenwart als seinen Kardinalirrtum vor; er habe sowohl in der Sache als auch in der Form seiner Darstellung ständig ästhetische Gesichtspunkte mit wissenschaftlichen vermengt und dadurch bis in die Gegenwart fortwirkende Unklarheiten geschaffen. Preisen die einen die Unermüdlichkeit und Uneigennützigkeit seiner Bemühungen um den Fortschritt der Wissenschaften, so halten andere seine Eitelkeit, seine Ruhmsucht und sein Geltungsbedürfnis für die Motive dieser Betriebsamkeit. Seinen Ruhm, Bannerträger des Liberalismus und der Toleranz in einem reaktionären Deutschland gewesen zu sein, dämpft das böse Wort von dem Jakobiner mit dem goldenen Kammerherrnschlüssel in der Tasche, dessen Situation am Preußischen Hof zwielichtig erscheinen mußte. Zum Skandal wurde die Veröffentlichung seiner Briefe an Varnhagen von Ense in vielen, rasch aufeinanderfolgenden Auflagen unmittelbar nach seinem Tode, in denen sich zahlreiche Persönlichkeiten des öffentlichen Lebens kompromittiert fanden, darunter auch solche, die ihm nahe gestanden hatten. Dieses zweifellos, wenn auch nicht so taktlos verfrüht, von ihm zur Veröffentlichung bestimmte und begierig von einem breiten Publikum als Sensation aufgenommene Buch schien seinen zahlreichen Gegnern recht zu geben, die ihn nun auch als Persönlichkeit für gerichtet hielten. Wenn eine an Intimitäten interessierte Gegenwart aus manchen

seiner frühen Briefe schließlich noch homosexuelle Neigungen ableitet und die zweifellos ungewöhnliche Abhängigkeit des greisen Humboldt von seinem zum Universalerben eingesetzten Diener Seifert auf Erpressung zurückführen zu dürfen glaubt, allerdings ohne hierfür Gründe auch nur andeuten zu können, so stellt das insgesamt doch Fragen, die eine bloße Lobrede auf ihn nicht beantworten kann. Humboldt hat oft und betont von sich gesagt, er hätte sich in seinen Anschauungen nie geändert. Damit meinte er natürlich nicht seine wissenschaftlichen Überzeugungen in diesem Jahrhundert des Aufblühens aller Wissenschaften, sondern die Grundsätze seiner geistigen Existenz. Es scheint also geraten, sich seinen Lebensweg zu vergegenwärtigen.

Er wurde als Sohn eines hochgebildeten Gutsbesitzers, Majors und Preußischen Kammerherrn a. D. 1769 in Berlin geboren und hatte fraglos gute Startbedingungen, denn unter seinen Taufpaten standen ein regierender Herzog, drei Prinzen, darunter der spätere König Friedrich Wilhelm II., drei Minister und zwei Generale. Jedoch versprach sein von Privatlehrern erteilter Unterricht zunächst wenig. Kränklich und leicht überfordert stand er bis zu seinem 16. Jahr im Schatten seines zwei Jahre älteren und humanistischen Studien viel aufgeschlosseneren Bruders Wilhelm. Seine früh erwachten naturwissenschaftlichen Interessen fanden wenig Verständnis und Förderung. Er zeichnete aber gern und gut, weshalb hierfür Chodowiecki als Mentor herangezogen wurde. Im Rückblick erschien Humboldt seine Jugend als unglücklich, wahrscheinlich, weil er kein Talent zur reinen Rezeptivität hatte, zu der ihn die wenig geliebten Hauslehrer anhielten, wohl aber stets zur Produktivität, wie er sie damals nur im Zeichnen entfalten konnte. – Man hat ihm, der bis ins hohe Alter hinein Strapazen wie kein zweiter seiner Standesgenossen überstanden hatte, eine „eiserne Gesundheit" nachgesagt. Auch das ist irrig. Seine Kommilitonen in Freiberg und Göttingen und später auch sein Freund Georg Forster bedauerten, daß sein fanatischer Arbeitswille und sein früh schon außergewöhnliches Wissen und Können an einen so schwächlichen und offenbar zu frühem Tode bestimmten Körper gebunden seien. Als er mit 35 Jahren aus Amerika zurückkehrte, war sein rechter Arm durch anhaltendes Rheuma so behindert, daß er fortan die zum Gruß gereichte Hand mit der Linken anheben mußte und nur mit hängendem Arm auf dem Knie recht unleserlich schreiben

konnte, so aber unabschätzbar viel unter Verzicht auf einen als störend empfundenen Sekretär geschrieben hat, so etwa außer seinen nach Hunderten zählenden Werken noch schätzungsweise 35 000 Briefe. Sein Leben lang hat er an Katarrhen, Indigestionen und Magenschmerzen gelitten, fühlte sich im Winter nur in stark überheizten Zimmern wohl. In höherem Alter schließlich plagte ihn ein seniles Hautekzem, vor allem an den Beinen, so entsetzlich, daß er über jede der so seltenen Stunden des Alleinseins glücklich war, weil er sich dann ungeniert kratzen konnte. Er trotzte also mit zäher Energie seinem zarten und anfälligen, wenn auch widerstandsfähigen Körper die gewünschten Leistungen ab, so etwa auch wenn er, von Natur ein Langschläfer, wegen ständiger anderweitiger Inanspruchnahme seinen Schlaf auf vier Stunden reduzierte, um Zeit für seine wissenschaftliche Arbeit zu gewinnen.
Nach dem frühen Tode des Vaters übernahm die kühle und energische, von ihm hoch geachtete, aber nicht geliebte Mutter die Erziehung. Mit 18 Jahren, nun rasch gegen Wilhelm aufholend, bezog er die Universität Frankfurt a. d. O. als Student der Kameralwissenschaften, mit dem Ziel eines Fabriktechnologen, wozu ihn seine naturwissenschaftlichen Interessen und der Wunsch seiner Mutter bestimmten, ihn im Staatsdienst versorgt zu wissen. Schon nach einem Semester kehrte er aber nach Berlin zurück, wo er wieder botanisierte, technologische Studien trieb, sich in den eben aufkommenden Salons der jüdischen Intelligenz weltmännisch bewegen lernte und sich von den Philosophen Moses Mendelssohn und Marcus Herz in die Ideen der Aufklärung einführen ließ. Mit 20 Jahren folgte er seinem Bruder an die Universität Göttingen, die damalige Hochburg akademischer Freiheit und Gelehrsamkeit in Deutschland, wo er unter Heyne Altertumswissenschaften, unter Lichtenberg Physik, Chemie und Meteorologie, unter Blumenbach Physiologie und beschreibende Naturwissenschaften, ferner höhere Mathematik und pflichtgemäß auch Jura und Ökonomie studierte. Seiner schier unbegrenzten Rezeptivität für alles ihn irgendwie Interessierende hielt immer eine ähnliche Produktivität die Waage. Er lernte nur, um sich gleichzeitig über die Grenzen des jeweils Bekannten hinaus überall in den Strom der lebendigen Forschung zu stürzen. Eine seiner frühesten Arbeiten über „Die Weberei der Griechen", in der er Philologie, klassische Sachwissenschaft und Technologie verband, ist verloren gegangen;

wir kennen sie nur aus Briefen. Eine Arbeit über Probleme der Logarithmenrechnung, die später erst Gauß löste, ließ er wieder fallen, nachdem er nirgends die erbetene Hilfe gefunden hatte, nahm aber noch als 60jähriger in Berlin Privatunterricht in höherer Mathematik, um seines Freundes Gauß Berechnungen des Erdmagnetismus folgen zu können, auf den er als auf diesem Gebiet damals führender Spezialist, im Gefühl seiner mathematischen Unzulänglichkeit, den anfangs Widerstrebenden gedrängt hatte. Erhalten geblieben ist dagegen Humboldts Schrift über die Rheinischen Basalte, die Frucht einer Reise, ehe er überhaupt Geologie und Mineralogie studiert hatte, die aber genügte, ihm einige Jahre später ohne Examen eine Einstellung als Bergassessor in Preußen zu erwirken. Im Grunde war Humboldt Autodidakt, folgte keinem Unterricht systematisch, sondern ließ sich von ihm nur zu eigener, viel rascher fortschreitender Arbeit anregen. Ein erstaunlich zutreffendes Bild dieses Göttinger Studenten, das aber in völlig gleicher Weise auch für den 80jährigen gilt, entwirft ein Brief Wilhelm von Humboldts an J. G. Forster[1]): „Ich liebe ihn unendlich wegen der vorzüglichen Güte seines Herzens und seines Charakters und schätze ihn wegen der Mannigfaltigkeit und Gründlichkeit seiner Kenntnisse und des regen, durch nichts abgelenkten Eifers, diese Kenntnisse zu vermehren, zu verbreiten, nutzbar zu machen. Die Schwächen, die teils Folge, mitunter aber auch Quelle jener besseren Eigenschaften sind, werden Sie bald bemerken, aber auch – verzeihen ... An Gegenständen des Gesprächs ... soll es Ihnen und ihm nicht fehlen. Zwar hat er sich nur wenig mit Metaphysik beschäftigt und erst seit kurzem Kant zu studieren angefangen. Aber für jedes andere Gespräch, in dem sich Räsonnement an facta anschließt, hat er gewiß Geschmack und vielleicht interessiert Sie da seine Lebhaftigkeit, die Freimütigkeit seines Urteils und die witzigen Einfälle, in denen er, wenn er vertrauter wird, nicht unglücklich ist. Seine eigentlichen wissenschaftlichen Kenntnisse erstrecken sich vorzüglich auf höhere Mathematik, Naturkunde, Chemie, Botanik und vor allem Technologie. Daneben beschäftigte er sich mit philologischen Arbeiten ... Zwischen ihm und mir werden Sie eine sehr große Verschiedenheit finden: Bei völlig gleicher Erziehung weichen von unserer Kindheit an Temperament, Charakter, Neigung, selbst Richtung in wissen-

[1]) Zitiert nach A. Leitzmann: Georg und Therese Forster und die Brüder Humboldt. Bonn 1936, S. 150 f.

schaftlichen Dingen immer voneinander ab. Sein Kopf ist schneller und fruchtbarer, seine Einbildungskraft lebhafter, sein Sinn fürs Schöne schärfer, sein Kunstgefühl überhaupt, vielleicht weil er sich selbst mit vielem Eifer auf einige Künste, Zeichnen, Kupferstechen, legte, weit mehr geübt und gebildet. Im Ganzen hat er überall und in jedem Verstande mehr Sinn, mehr Kraft, neue Ideen aufzufassen, aus dem Wesen der Dinge selbst herauszuheben, ich mehr Fähigkeit, Ideen zu entwickeln, vergleichen, verarbeiten." Die hier kaum angedeuteten Schwächen liegen auf der Hand: Geltungsbedürfnis und der Hang, die rasch und scharf erkannten Schwächen des Gesprächspartners und bald auch der Welthändel überlegen mit treffendem Witz zu ironisieren. Dieser Forster, einst Begleiter Cooks auf dessen zweiter Weltreise 1772—1775 und damals in Deutschland eine Celebrität als welterfahrener Naturforscher und Schriftsteller, wurde Humboldt zum Wendepunkt seines bisher nur vielgeschäftigen Lebens, ließ die dunkle Ahnung seines jungen Freundes, selbst einmal Weltreisender zu werden und die geheimnisvollen Tropen zu schauen und zu erforschen, zum festen Entschluß reifen. Wenige Monate später, nach Abschluß seiner Göttinger Studien, reisten sie zusammen den Niederrhein hinab durch Holland nach England und zurück über Paris, wo sie eben zur Revolutionsfeier zurechtkamen, die beide tief beeindruckte. Forster verschrieb sich der Revolution bekanntlich bedingungslos und endete schließlich, als Hochverräter vom Reich geächtet, als Deputierter der Stadt Mainz verlassen und elend in einer Pariser Dachkammer. Humboldt aber war viel zu skeptisch, um einen so hemmungslosen Fortschrittsenthusiasmus teilen, zu sehr moderner Forscher, um sich in der Analyse seiner Beobachtungen mit dem geistreichen Räsonnement seines Begleiters begnügen zu können. Er läuterte für seine Person die Ideen der Revolution, insbesondere die der Freiheit der Persönlichkeit, zur Humanitätsidee, wurde und blieb zwar ebenfalls Weltbürger, jedoch ohne seine Herkunft zu verleugnen oder gar zu verraten. Er war in seiner Zeit wohl neben Kant der einzige überragende Deutsche, den die Greuel der Revolution nicht an der Einsicht in ihre geschichtswendende Bedeutung irre machten. Er fühlte sich durch sie in seiner liberalen Haltung bestätigt und bestärkt, sah sich bitter enttäuscht durch die später in Frankreich aufkommende oder in Deutschland die hoffnungsvollen Ansätze der Befreiungskriege zerstörende Restauration. Er blieb liberal, wurde aber nie Republikaner.

Auch als *Forscher* wußte er sich dem jedem Kalkül abgeneigten Forster überlegen. Ihm war es selbstverständlich, daß man die Dinge selbst durch sachgemäß an sie gerichtete Fragen zum Sprechen bringen muß, sich den Zugang zu ihnen nicht ideologisch verbauen darf. Beides, seine ethischen Überzeugungen und seine Konzeption vom Wesen der Wissenschaft, insbesondere der Naturwissenschaft, festigte er auch philosophisch nach seiner Rückkehr von Paris in Mainz durch ein vertieftes Studium Kants, über den er sich vom dortigen Professor Dorsch Vorlesungen halten ließ. Aber auch sein Berliner väterlicher Freund Marcus Herz war ja Kantianer. Man irrt also, wenn man ihm eine tiefere Kantkenntnis abspricht und aus einer ganz nebensächlichen Bemerkung im „Kosmos" sogar eine Kantgegnerschaft herleitet. Er war durch Kant methodologisch sicher geschult. Noch 1850 wies er eine ihm zugemutete philosophische Kompetenz mit den Worten zurück: „Das einzige, worin ich einigermaßen bewandert bin, ist die Kantsche Philosophie." Also längst, bevor er in Goethe einen vorbehaltlosen Parteigänger und Bewunderer, in Schiller den entschiedenen Gegner seines scharfen, die Natur entmythisierenden Verstands gefunden hatte, hatte sein in der Berliner Aufklärung erwachsenes Denken über Kant den Anschluß an die deutsche Klassik gewonnen. Von Kant stammt sein Bemühen um klar definierte Begriffe, sein Wissen um die Kausalzusammenhänge aller Erscheinungen und sein Bemühen, diese in möglichst quantitativer Analyse aufzuhellen, endlich religiös sein Agnostizismus, den er aber mit Empörung von dem ihm wiederholt unterschobenen Atheismus abhob. So gebildet, war sein allem Neuen stets aufgeschlossener Geist später gefeit vor den „heiteren Saturnalien"[2]) der romantischen Naturphilosophie eines Schelling, Steffens, Hegel, die ihm andernfalls leicht hätten zur Gefahr werden können, wie auch vor den nationalistischen, konfessionellen, pietistischen oder ultramontanen und last not least den antisemitischen Vorurteilen und Umtrieben seiner späteren Berliner Umgebung, denen er mit erheblichen Erfolgen ein gefürchteter und verhaßter Gegner werden sollte. *Das* also waren die Überzeugungen, die er noch in spätem Alter nie verleugnet oder gewandelt zu haben wußte. In den auf Mainz folgenden 1½ Jahren absolvierte er in Hamburg

---

[2]) Briefe an Varnhagen von Ense vom 28. April und 4. Mai 1841.

bei Büsch und Ebeling das Studium der Kameralistik und in Freiberg i. Sa. unter A. G. Werner das der Geologie, Petrographie und Bergbaukunde, die beiden einzigen von ihm in gewohnter Raffung, aber doch systematisch betriebenen Ausbildungsgänge, und trat 1792, 22jährig, für die nächsten 5 Jahre seinen Dienst als Preußischer Bergassessor an. In dem Ineinandergreifen von theoretischen und praktischen Arbeiten, deren Fülle hier nicht angedeutet werden kann, blieben es die glücklichsten seines Lebens. In dem ihm unterstellten, erst jüngst an Preußen gefallenen Bergbau-Revier Ansbach-Bayreuth verachtfachte er die Erträge und machte es wieder rentabel. Seine Gutachten ließ der Minister in Berlin als vorbildlich umlaufen. *Selbst* auf seinen zahllosen Grubenbefahrungen in *Lebensgefahr* geraten, konstruierte er eine Schlagwetter anzeigende Grubenlampe und ein Atmungsgerät. Das ihm *wichtigste* Problem aber wurde hier der ihm unterstellte *Mensch*, der Bergmann. Er sah ihn in Unwissenheit und Aberglauben befangen, als Persönlichkeit gehemmt und daher auch in seiner Produktivität tief unter dem ihm möglichen Niveau. Um dem abzuhelfen, gründete er in Steben aus eigenen Mitteln eine Bergbauschule, deren Besuch zunächst freiwillig und kostenlos war, nur den erfolgreichen Abschluß der Volksschule voraussetzte. Sie sollte „das junge Bergvolk . . . zu verständigen und brauchbaren Bergleuten ausbilden . . . und ihm von Kindheit an Liebe zu unserm Metier und bergmännisches Ehrgefühl einflößen". Den Lehrplan grenzte er umsichtig gegen den der Volksschule und den der Bergakademie sowie das nur in praktischer Grubenarbeit Erfahrbare auf das schulisch Lehrbare ab: Schön- und Rechtschreibung, bergmännisch Rechnen und Kalkulieren, Kompaßkunde, Orientierung unter und über Tage, die Grundzüge des Vermessungswesens, der Gebirgskunde, des vaterländischen Bergrechts, der Gewerkenkunde und der Heimatkunde. Das Lehrmaterial hierfür arbeitete er selbst aus und bildete einen intelligenten Steiger als Lehrer heran. Der große Zulauf hob diese Schule bald, wie von Humboldt erwartet, aus ihrem Experimentalstadium, so daß der Staat sie übernehmen und nun für alle Bergleute obligatorisch machen konnte. Dadurch wurde Humboldt zum bleibend fortwirkenden Reformator des deutschen Bergbaus und Bergmanns, dessen Leistungen auch von höchster Stelle durch Beförderungen außer der Reihe zum Bergmeister, Bergrat und Oberbergrat anerkannt wurden.
Alle diese umsichtig wahrgenommene Berufsarbeit nahm jedoch nur

einen kleinen Teil seiner Zeit in Anspruch. Daneben trieb er physiologische Studien, z. B. über die ohne Sonnenlicht unter Tage wachsenden Pflanzen, oder auch an Tieren und am eigenen Leibe, durch den er von Hautwunden aus elektrischen Strom leitete, um an diesen sehr schmerzhaften, ja gefährlichen Experimenten die Reaktion so gereizter Muskelfasern und Nerven zu studieren. Er griff damit die beiden damals aktuellsten Wissenschaften, die Elektrizitätslehre und die Physiologie, auf und kombinierte beide miteinander, etwas für seine Arbeitsweise ganz Typisches. Er besuchte zwischen Ostsee und Alpen, Weichsel und Rhein die wichtigsten Bergwerke, trat mit zahlreichen Gelehrten, darunter nun auch Goethe, in lebhaften wissenschaftlichen Verkehr und wurde schließlich mehrfach auch mit schwierigen diplomatischen Aufgaben betraut. Was ihm bei seinen weitgestreuten Studien vorschwebte, schrieb er 1796 dem ihm befreundeten Schweizer Physiker Pictet: „Je conçus l'idée d'une physique du monde."
In diesem Zusammenhang ist es gleichgültig, ob Historiker der verschiedenen Spezialwissenschaften rückblickend, wenngleich keineswegs übereinstimmend, die eine oder andere seiner Schriften auch negativ beurteilen, nachweisen, daß mancher andere vielleicht glücklicher experimentiert oder aus seinen Beobachtungen die dem Fortschritt der Disziplin wertvolleren Schlüsse gezogen hat. Damals sah es anders aus, sowohl für ihn selbst, als auch für seine Zeitgenossen. Er arbeitete in zahlreichen Naturwissenschaften an ihren aktuellen Forschungsgrenzen an eigenen Problemen und gewann dadurch ein Geistestraining, eine Urteilsfähigkeit über die Methoden und Ziele der Forschung, kurz eine Erfahrung, wie sie kein zweiter neben ihm in vergleichbarem Umfang aufweisen konnte. D a s, und nicht die Frage, ob er immer und überall das Optimale erreichte, auch wenn er es selbstverständlich anstrebte, war für ihn auf seinem Weg zu einer physique du monde das Entscheidende. Die nicht ausbleibenden äußeren Anerkennungen und Auszeichnungen durch Medaillen, Akademiemitgliedschaften u. a. mögen seinem Ehrgeiz geschmeichelt haben, denn „nur die Lumpe sind bescheiden", sagte auch Goethe. Wichtiger war, daß sie ihm überall und international den Zugang zu den großen Forschern seiner Zeit und ihren Arbeitsstätten ebneten, also zu dem ihm unentbehrlichen persönlichen wissenschaftlichen Gespräch mit den produktiven Männern seiner Zeit.
1796 starb Humboldts Mutter und hinterließ ihm ein Erbe von wert-

mäßig etwa 85 000 Talern. Mit 26 Jahren, also in dem Alter, in dem heute ein normaler Student eben sein Studium beendet, ließ sich Humboldt durch kein noch so verlockendes Angebot, z. B. als wirklicher Oberbergrat mit vierfachem Gehalt je nach Wunsch das schlesische oder das westfälische Bergrevier zu übernehmen, im Staatsdienst halten. Er stürzte sich als freier Mann in die Vorbereitungen seiner lang ersehnten Weltreise, die für ihn kein Abenteuer, sondern die notwendige Voraussetzung seiner auf erdumspannende Resultate zielenden Forschungen war. Ohne sichere Fundamente in den Tropen gibt es aber keine Welterfahrung. Die Tropen aber waren noch die große Lücke im damaligen Wissen.

Und wieder können wir dem Rastlosen nicht folgen, nicht nach Jena, wo er, vielfach im Kontakt mit Goethe, seine anatomischen, physiologischen und meteorologischen Studien fortsetzt, nach Gotha zu Freiherrn von Zach, wo er sich in astronomischer Ortsbestimmung übt, in die Naturalienkabinette von Wien, in die Alpen, die er mit Leopold von Buch, dem damals führenden Geologen, durchstreift. Endlich ist er in Paris, der damaligen Metropole der Wissenschaften und des Instrumentenbaus, wo er im Institut de France, dem Treffpunkt der gelehrten Welt und Quellpunkt vieler Forschungen, schon mit Spannung erwartet wird. Hier ziehen ihn die Cuvier, Lalande, Lagrange, Borda, Geoffroy Saint-Hilaire u. v. a. zu ihren Arbeiten heran und lassen auch ihn mehrfach über die seinen berichten. Hier sammelt er die Instrumente für seine Reisen und bricht schließlich mit seinem neuen Freund, dem bedeutenden Botaniker Aimé Bonpland, nach Marseille auf, von wo er den Absprung in die Tropen zu finden hofft. Napoleon versperrt ihm mit seinem ägyptischen Abenteuer den Weg nach Indien, also wird Südamerika das Ziel. Der Weg dorthin führt über Madrid. Unterwegs mißt Humboldt laufend barometrisch die Höhen, trägt ihre Werte über einer Null-Linie auf und verbindet die Punkte zu einem Profil, das erste der Wissenschaftsgeschichte. Es zeigt einer geographischen Welt, die bisher nur isolierte oder mehr oder minder gescharte Gebirgszüge und dazwischenliegende Täler oder Tiefländer kannte, ganz en passant die Iberische Halbinsel (wenig später auch Mexiko!) als *Hochfläche* und führt ihr damit einen ganz neuen Typus der Erdoberflächenformen vor Augen. In Verfolgung dieses Funds hat Humboldt später Begriffe wie mittlere Kammhöhe, mittlere Paßhöhe, mittlere Gebirgshöhe, mittlere Höhe der einzelnen Kontinente und schließlich der ganzen festen Erdoberfläche geschaffen und ihre Werte zu ermitteln versucht. Das sind keine Zahlenspielereien, sondern Grundbegriffe der Geophysik und Geomorphologie von großer Tragfähigkeit geworden. Diese „Kraft, neue Ideen aus dem Wesen der Dinge selbst herauszuheben", bewies Humboldt auf Schritt und Tritt, überließ deren Ausbau aber nicht selten anderen. Er erkannte als erster den Jura als eigene geologische Formation, überließ es aber seinem Freunde Leopold von Buch, ihn richtig in die Formationsfolge einzuordnen und zu untergliedern. Die Gasmaske und die Grubenlampe wurden schon erwähnt. Auch seine experimentell weit gediehene Idee, den feuergefährlichen Phosphor mit dem schwerer entzündbaren Holz zu einer allgegenwärtigen und vielseitig brauchbaren Einheit, dem Zündholz, zu verbinden, haben erst andere zum Erfolg geführt. Den Ruhm, aber auch die Arbeit, die von ihm aufgegriffene und ziemlich weit geführte kinetische Gastheorie zum Abschluß zu bringen, überließ er neidlos seinem Duz-Freunde Gay-Lussac, wie später den Ausbau seiner Theorie des Erdmagnetismus seinem Freunde Gauß. Und so könnte man noch lange fortfahren.

In Madrid gelang Humboldts diplomatischer Konzilianz das Unwahrscheinliche: Er, der preußische Kalvinist, erhielt von Seiner Katholischen Majestät die Erlaubnis, völlig frei und nach eigenem Belieben in Spanisch-Amerika zu reisen und zu forschen, worin ihn alle örtlichen Behörden zu unterstützen hatten. Man muß das vergleichen mit den einengenden Bedingungen, unter denen noch wenige Jahre zuvor die Expedition der Französischen Akademie der Wissenschaften unter Condamine ihre berühmte und Jahre beanspruchende Gradmessung in Peru durchführen mußte. Sie stand von ihrer Landung bis zu ihrer Abreise unter militärischer Überwachung und hatte außerhalb ihres engen Forschungsauftrags keine Bewegungsfreiheit oder Beobachtungsmöglichkeit. Wissenschaftlich betrat Humboldt also damals eine terra incognita, und es ist daher verständlich, daß die ganze Welt die Ergebnisse seiner Reise, die 1799 begann und 1804 endete, also etwas über fünf Jahre währte, mit größter Spannung erwartete, zumal sie nicht, wie die meisten großen Expeditionen bisher, an den Küsten haften blieb, sondern tief in das Landesinnere eindrang.

Wenn diese Reise alsbald nach Humboldts Rückkehr als epochal empfunden wurde, so nicht etwa, weil er etwas Bemerkenswertes neu entdeckt hätte. Er war überhaupt kein Entdeckungsreisender, hat

nichts gesehen, was nicht schon andere vor ihm entdeckt und beschrieben hatten.
Er hat im wesentlichen bereist die Küstenkordillere und die Llanos von Venezuela, das Stromsystem des Orinoco über die Bifurkation des Casiquiare hinweg ins Amazonassystem, hat dann Kuba, die Insel des Zuckers und der Sklaven, besucht, ist von dort den Magdalenenstrom hinaufgefahren, hat die Anden um Bogotá und die Vulkanriesen von Ecuador erforscht, wo er u. a. den Chimborazo bis auf 5900 Meter erstieg, ging von dort in der vergeblichen Hoffnung nach Peru, in Lima die französische Expedition von Baudin zu treffen und sich ihr nach Ostindien anzuschließen, wandte sich statt dessen nach Mexiko, das er eingehend erforschte, und kehrte schließlich nach einem kurzen Abstecher in die USA, wo er u. a. auch Gast des Präsidenten Jefferson war, nach Frankreich zurück. – Das Neue und Richtungweisende dieser Reise lag vielmehr darin, w i e Humboldt beobachtete und wie er die völlig unspezialisierte Masse seiner Beobachtungen wissenschaftlich bewältigte. Nachdem die eigentlichen Entdeckungsreisen weitgehend abgeschlossen waren, schuf er damals den neuen Typus des Forschungsreisenden, für den er zugleich das zeitlos gültig gewordene Vorbild geblieben ist.
Schon seine nach Europa gebrachten Sammlungen waren einzigartig, obwohl er ein Drittel davon durch Schiffbruch verlor, den er jedoch einkalkuliert und durch entsprechende Verteilung der Stücke möglichst unwirksam gemacht hatte. Er bereicherte u. a. die europäischen Herbarien um 60 000 Spezies, darunter etwa 6300 bisher unbekannte. Was das heißt, hat uns kürzlich hier in Mannheim der Botaniker der Universität Caracas, Prof. Vareschi, der Leiter der A.-v.-Humboldt-Gedächtnisexpedition 1958, dargelegt. Während es dieser, obwohl sie den Orinoco in der Trockenzeit mit Motorboot befuhr, nicht gelang, Pflanzen in Herbarien zu trocknen, sie also chemisch konservieren mußte, hat Humboldt in der Regenzeit und auf offenem Ruderboot nicht nur alle Pflanzen einwandfrei getrocknet und bestimmbar nach Europa gebracht, sondern im gleichen Raum in nicht viel längerer Reisezeit die doppelte Zahl an Pflanzen gesammelt. Was das an Arbeit, technischem Geschick, Ausdauer, Formgedächtnis, Beobachtungsgabe und Blick für das Einzelne in der wuchernden Fülle des Ganzen bedeutet, läßt sich gar nicht ausdrücken. Es ist ebenso unvergleichlich, wie seine Besteigung des Chimborazo im Straßenanzug und

ohne eigentliche Bergerfahrung, die aber trotzdem eine solche Fülle klarer, im einzelnen eingemessener und unter sich in Zusammenhang gebrachter Beobachtungen ergab, daß sie die gesamte weitere Hochgebirgsforschung in Gang brachte. Humboldt hielt mit seinen 5900 Metern allerdings noch jahrzehntelang den absoluten Höhenrekord und nannte sich später mit berechtigtem Stolz nicht ungern „den Alten vom Berge", als welchen ihn auch nach seinem eigenen Entwurf das schöne Gemälde von Schader in der Eingangshalle des Schillermuseums in Marbach darstellt. Aber er lehnte den lebensgefährlichen Bergsport, das pure Abenteuer ohne wissenschaftlichen Ertrag, als menschenunwürdig ab.
Er hat, wenn auch nicht als erster, so doch mit Gebrauchsanweisung, Guano zur chemischen Analyse und experimentellen Anwendung an die Pariser Akademie geschickt. Damit wurde er über seinen Schützling Justus Liebig der Vater der Mineraldüngung und erlebte es noch, daß Guano das wichtigste Exportgut Perus, ja ganz Südamerikas wurde in dem Augenblick, als die europäische Bevölkerung ihren traditionellen Nahrungsmittelspielraum zu sprengen begann.
Die Berechnungen seiner astronomischen Ortsbestimmungen füllen zwei riesige Großfoliobände und haben unser Bild von Süd- und Mittelamerika nicht unwesentlich korrigiert. Wichtiger aber war, daß er nach Möglichkeit alles, was er traf, vermaß und damit fixierte. So hatten z. B. schon vor ihm andere den Casiquiare befahren, fanden aber keinen Glauben, weil der französische Gelehrte Buache seine Theorie vom „Charpente du Globe", vom „Erdgezimmer", allgemein durchgesetzt hatte, wonach jedes Stromsystem in ein entsprechendes System von Wasserscheiden eingeschlossen ist. Bei der damaligen Unkenntnis des Innern der Kontinente war das für die Kartographen eine willkommene Arbeitshypothese. Die großen Ströme waren als Leitlinien des Verkehrs einigermaßen bekannt, nicht aber das Relief, also die dritte Dimension. Auf Buache gestützt, konnte man nun die Gebirge ihrer Richtung und sogar ihrer Höhe nach deduzieren und in die Karten eintragen, denn die größten Flüsse müssen selbstverständlich auch von den höchsten Gebirgen herabfließen. Diese ganze Theorie stürzte mit der Vermessung des Casiquiare, der dadurch unbestreitbar geworden war, ein. Man konnte, ohne das Boot zu verlassen, vom Orinoco in den Amazonas fahren. Hier fehlt also die postulierte

Gebirgswasserscheide. Das Relief der Erde konnte fortan nicht mehr deduziert, mußte empirisch erforscht und aufgenommen werden.
Humboldt hat in fünf Jahre währenden ständigen Beobachtungen und Messungen des Luftdrucks, der Lufttemperatur, der Sonnenscheindauer, der Richtung und Stärke der Winde, des Wolkenzugs, der rel. Feuchtigkeit, des Niederschlags das tropische Klima in fast allen seinen Differenzierungen geklärt. Was auf diesem Gebiet bisher, aber nicht für die Tropen, bestanden hatte, war die hier von der Mannheimer Akademie ausgegangene Sammlung meteorologischer Daten, die als Tabellen veröffentlicht wurden, als solche aber zusammenhanglose Einzelfakten blieben. Humboldt gelang auch hier wieder durch ein Ei des Kolumbus der Durchbruch zur Wissenschaft. Er sonderte aus dieser Masse alle statistisch unbrauchbaren oder technisch fehlerhaften Stationen aus, berechnete für die restlichen ihre Jahresmitteltemperaturen, trug diese auf eine Karte der nördlichen Halbkugel ein und verband die Punkte gleicher Temperatur durch Linien, die er Isothermen nannte. Ihnen folgte bald die Masse anderer Isolinien, also Linien gleichen Luftdrucks, gleicher Monatsmittel etwa der Temperatur, des Niederschlags bis hin zu solchen gleicher Getreidepreise (Th. Engelbrecht). Diese Übertragung von Tabellenwerten ins Räumliche, also auf Karten, ist aber mehr als eine bloße Veranschaulichung. Sie ist vielmehr eine exakte Forschungsmethode, die die Meteorologie und Klimatologie als Wissenschaften erst möglich gemacht, ihnen die Grundlage geschaffen hat. Begreiflicherweise stammen demnach auch die erste und noch heute gültige Definition der Klimatologie und die Umreißung ihrer Aufgaben und Ziele von Humboldt.
Ist schon das *Klima* ein aus dem kausalen Zusammenwirken zahlreicher Elemente begreifbarer Komplex, so in noch viel höherem Maß die *Landschaft*. Der Boden, das Klima, das Wasser, die Pflanzen- und Tierwelt und last not least der Mensch als von seiner Umwelt abhängiges und in sie zurückwirkendes Wesen stehen insgesamt in engsten Wechselbeziehungen. Die diesen Zusammenhängen, insbesondere in bezug auf die Lebewelt, nachgehende Wissenschaft hat erst viel später Haeckel „Ökologie" genannt. Aber längst vor ihm hatte Humboldt in oft sehr eingehenden Beschreibungen und Analysen, etwa der weißen und schwarzen Ströme der südamerikanischen Tropen, ökologisch gesehen und gearbeitet und uns damit nicht nur die Tropen, sondern

die Erde überhaupt neu sehen gelehrt, denn das grundsätzliche ökologische Problem ist bei allen Variationen im einzelnen doch überall dasselbe. Wir alle sehen seit Humboldt Welt und Landschaft mit anderen Augen als die Menschen vor ihm, gleichgültig ob wir Biologen, Geologen, Paläontologen, Geographen, Förster, Bauern oder neuerdings Helfer in Entwicklungsländern sind, die sich ja auch erst in die Ökologie der ihnen zunächst meist fremden Umgebung einarbeiten müssen, ehe sie sinnvoll raten können.

Ich muß hier abbrechen, kann nicht mehr auf die nicht weniger fruchtbaren Funde Humboldts in der Glaziologie, der Ozeanographie, zum Ärger Goethes in der Vulkanologie, der Völkerkunde, der Geomedizin, der amerikanischen Archäologie, der Kulturlandschaftsforschung usw. eingehen. Das Exemplarische muß genügen, seine für die Entwicklung der Wissenschaften und unseres Weltbildes gar nicht zu überschätzenden Leistungen anzudeuten. Den Unterschied der Welten beleuchtet *eine* Kleinigkeit: Humboldts anregendster Reisebegleiter war der kleine Roman „Paul et Virginie"; Darwin stützte sich auf seiner Weltreise dankbar auf die Berichte Humboldts! Vielleicht ist dabei klar geworden, daß Werner Heisenberg in seiner großen Zentenarrede in *einem* Punkt irrte, nämlich in der Meinung, daß Humboldts Weltbild von dem der Atomphysik abgelöst worden sei. Nein, dieses wurde von Physikern für Physiker geschaffen, steht aber, trotz seiner großen Bedeutung, doch nur *neben* dem Weltbild Humboldts. Denn was auch immer der Atomphysiker neu gefunden hat und an Fragen beantworten kann: Unsere konkrete Umwelt deutet er nicht. Gewiß, er kann in sie ungeahnte neue Kräfte schicken, zerstörend oder aufbauend, und sie dadurch erheblich verändern. Als *solche* bleibt sie ihm aber gleichgültig. Die Welt, in der wir *leben*, ist die Humboldts und seiner Nachfolger *geblieben*.

Lassen Sie uns die letzten 55 Jahre dieses außerordentlichen und „vielbewegten" Lebens nur noch skizzenhaft andeuten. Humboldts Empfang in Europa war triumphal. Unter allen Ehrungen war die für ihn wichtigste, daß er Kammerherr des Königs von Preußen zu dessen persönlicher Beratung in allen Fragen von Kunst und Wissenschaft wird, von ihm aber gleichzeitig den unbedingt notwendigen Urlaub nach Paris erhält zur Ausarbeitung seines Reisewerks. Dieses hat er nur in den allgemeinen Teilen selbst geschrieben, in den speziellen, also astronomischen, botanischen, zoologischen usw. größtenteils oder

ganz hervorragenden Spezialisten überlassen. Mit diesem Werk verfolgte er nun leider einen tatsächlich selbstzerstörenden Ehrgeiz, wollte als der Privatmann, als der er gereist war, nun auch das Monumentalwerk der rund 120 Gelehrten und Künstler im Gefolge Napoleons nach Ägypten überbieten. So wuchs das seinige zu einem Torso von 20 z. T. riesigen Foliobänden und 10 Quartbänden an. Getrieben von dem Ehrgeiz, das Unüberbietbare zu erreichen, hatte Humboldt in der Redaktion und Finanzierung dieses Unternehmens eine so unglückliche Hand, daß er damit nicht nur sein gesamtes restliches Vermögen aufzehrte, sondern in Schulden geriet, die er bis zu seinem Tode nicht restlos begleichen konnte, also trotz seines relativ hohen Gehalts als Kammerherr, trotz z. T. sehr großzügiger Sonderdotationen des Königs und trotz der Honorare für seine immens fruchtbare Tätigkeit als wissenschaftlicher Schriftsteller. Allein die Tatsache, daß die weit über 1000 Kupferplatten für die Zeichnungen und Karten des Werks als Altmaterial verschrottet wurden, zeigt den Umfang der Katastrophe. Aber er konnte mit eigenem Geld auch nicht umgehen, so genau er für fremdes Rechnung legte, verlieh oder verschenkte es zum Schrecken seines viel sparsamer veranlagten Bruders generös, wo immer er helfen konnte. Dem Haushalt dieses Hagestolz fehlte die ordnende und zusammenhaltende Hand einer Frau. Aber nur einem Junggesellen war ein Leben, wie er es führte, möglich, das sich, in seinem Arbeitstrieb und seiner Produktionskraft selbst den engsten Freunden rätselhaft, nomadisch zwischen seinen wechselnden spartanischen Wohnungen und Laboratorien, Sternwarten, Bibliotheken, zeichnend und malend in Ateliers, gelegentlich auf kleineren Forschungsreisen oder in diplomatischen Missionen in Europa und schließlich, ebenso triebhaft, in den abendlichen Salons der französischen Gesellschaft als willkommener Causeur und allwissender Herumträger des Klatschs bewegte. Als quasi inoffizieller Botschafter Preußens, denn den offiziellen Gesandtenposten hatte er abgelehnt, betreute er in Paris alle dort eintreffenden Deutschen, schleuste Forscher und Künstler in die gewünschten Kreise ein, arbeitete durch die Kriege 1806/07 und 1812/13 unbehelligt fleißig weiter, konnte aber nach der Eroberung von Paris zu Deutschlands Ehre und Frankreichs Glück u. a. eine Plünderung der Pariser Museen und Sammlungen verhindern.
Endlich, 1827, rief Friedrich Wilhelm III. den Widerstrebenden endgültig nach Berlin zurück, wollte dessen Rat bei seinen kulturpoliti-

schen Bestrebungen nicht länger entbehren, seinem Hof und seiner Hauptstadt mit der schon mythisch gewordenen Gestalt auch Glanz und internationales Ansehen verleihen. Hier wurde der indessen 60-jährige erstmals und bleibend in eigener Wohnung zwischen eigenen Möbeln und einer jetzt rasch wachsenden Bibliothek seßhaft, bedang sich aber aus, jährlich vier Monate in das ihm unentbehrliche Paris beurlaubt zu werden. Er hat diese Erlaubnis nicht ausgeschöpft, war nur noch achtmal für insgesamt 3½ Jahre dort und dann stets auch in diplomatischen Aufträgen. Zwar erleichterte ihm die auch in Frankreich wachsende Reaktion den Abschied, aber noch nichts zeichnete damals den Umschwung ab, an dem er selbst in hohem Maße beteiligt war, der für die nächsten Jahrzehnte Berlin zur führenden Stadt der Wissenschaften werden ließ, die das sinkende Paris überflügelte.
An Arbeit, Ehren und Ärger fehlte es ihm in Berlin nicht. Er hatte ein eigenes Appartement im Potsdamer Schloß und jederzeit Zutritt zum König, der ihn außerordentlich stark und zeitraubend beanspruchte. Dieser war den zahllosen wertvollen Anregungen seines ihm aufrichtig ergebenen und befreundeten Kammerherrn i. d. R. aufgeschlossen, überließ aber ihre letzte Entscheidung und gegebenenfalls Durchführung den zuständigen Ministern. Da Humboldt aber gerade aus seiner Vertrauensstellung heraus in den Kreisen des auf seine Geburtsrechte pochenden weit älteren Adels zahlreiche Neider und erklärte sowie noch mehr geheime Gegner erwuchsen, ergaben sich daraus für ihn endlose zermürbende Querelen. Ein Amt anzunehmen weigerte er sich nach wie vor entschieden. Wie er schon 1810 den Preußischen Kultusminister ausgeschlagen hatte, womit man ihn nach Berlin zu locken hoffte, so nun die Direktion aller Berliner Museen und Sammlungen. Zwei Ämtern aber konnte er sich nicht entziehen, mußte den Vorsitz der Immediatkommission zur Prüfung von Unterstützungsgesuchen von jungen Gelehrten und Künstlern übernehmen, woraus ihm, dem spontan Hilfsbereiten und überaus Gutherzigen, zahllose entwürdigende Bettelgänge und -briefe zum König und den Ministern erwuchsen; und er wurde erster Kanzler des Ordens pour le mérite der Friedensklasse und blieb es auf Lebenszeit. Gewählte umzustimmen, die die Annahme des Ordens aus Abneigung gegen Preußen und dessen reaktionären König verweigerten, erforderte oft sein ganzes diplomatisches Geschick. Dabei hielt er für seine Person und seinesgleichen nichts von Orden, mokierte sich über sie, verkaufte

sogar einmal einen besonders hohen und kostbaren des ihm stets fehlenden Geldes wegen an den Staat zurück, schätzte aber für andere ihren gesellschaftlichen Wert richtig ein und opferte dem viel Zeit. Dabei stoßen wir auf etwas für ihn sehr Bezeichnendes, aber meist Verkanntes: Er sah überall das Ganze, dieses aber differenziert, konnte daher völlig unbefangen an Personen oder Institutionen das eine loben und anerkennen, das andere tadeln und bespötteln. Das hat man ihm in Deutschland, wo man seit jeher in schöner linearer Konsequenz das Kind mit dem Bade auszuschütten pflegt, als Charakterlosigkeit ausgelegt. In der Atmosphäre von Paris verstand man das besser, wartete in den Salons mit genüßlicher Spannung auf sein Kommen und nicht ohne beklommene Neugier auf das, was er aus dieser Gesellschaft der nächsten zutuscheln würde, ohne daß das seine Popularität und seine z. T. tiefen Freundschaften, wie er sie in Berlin nicht wieder gefunden hat, beeinträchtigt hätte.

In Berlin begann er alsbald eine rege Tätigkeit. Er unterbreitete Pläne, die Akademie, die neben hervorragenden Köpfen eine Masse unwürdiger Günstlinge aufwies, neu zu organisieren, um so der Stadt der Künste und schönen Literatur auch *wissenschaftlichen* Rang zu verleihen. Ausdrücklich an die auch von ihm besuchten Vorlesungen über Kunst und Literatur von August Wilhelm Schlegel anknüpfend und in schroffer Ablehnung der damals in Deutschland und insbesondere in Berlin grassierenden romantischen Naturphilosophie stellte sich Humboldt in zwei großen Vorlesungszyklen über „Physische Erdbeschreibung" den „Kappen und Mützen" an der Universität und dem breiten Publikum in der Singakademie vor. Diese Vorlesungen sollten ein durchgeistigtes Interesse an den empirischen Naturwissenschaften wecken und fördern und waren, im Gegensatz zu denen Schlegels, kostenlos. Der Zulauf war unvergleichlich, betrug jeweils über 1000 Köpfe, vom königlichen Haus bis hinab zu den Handwerkern. Aus ihnen ist dann in jahrzehntelangen endlosen Nachtarbeiten sein „Kosmos" hervorgegangen.

Im September 1828 stand Humboldt als Präsident der 7. „Versammlung deutscher Naturforscher und Ärzte" wohl auf dem Höhepunkt seiner glanzvollen Laufbahn. Er hatte sie sorgfältig vorbereitet, hatte Widerstrebende durch persönliche Briefe zum Kommen überredet, so etwa den Primus inter pares, seinen Freund Gauß, dadurch, daß er ihn bei sich zu wohnen bat, lud auch, politische Grenzen übersprin-

gend, die hervorragenden Gelehrten der Nordischen Staaten ein. Seine Eröffnungsansprache ist als eine der großen Reden über Sinn und Wert der Wissenschaft in die Geschichte eingegangen. Er hat diesem Kongreß überdies auch die seither festgehaltene Verfassung, seine Aufteilung in Sektionen, gegeben. Eine ähnliche, noch viel folgenreichere organisatorische Leistung war die auf seine Initiative zurückgehende Schaffung der internationalen meteorologischen und erdmagnetischen Stationsnetze. Humboldt war aber keineswegs nur Naturforscher. Recht eigentlich „gelernt" hatte er ja Kameralistik und Bergbauwesen. Wie er nun diese beiden miteinander zu verbinden und daraus wieder weltweit wichtige praktische Schlüsse zu ziehen wußte, dafür zwei Beispiele:
Die Mengen des vorhandenen Edelmetalls zu wissen ist und war immer wichtig. Humboldt griff das Problem, für das es bis dahin nur vage Schätzungen gab, methodisch auf. Er setzte die 1492 in Europa vorhandene Menge als vernachlässigenswert gering an und durchforschte die Archive in Mexiko und Peru auf ihren nach Europa gerichteten Abfluß, addierte dazu die aus Brasilien hereingekommenen Mengen und kam auf eine Summe von etwa 30 Md. Francs, unterschieden nach Gold und Silber. Er korrigierte mit dieser erstmals auf Urkunden gestützten Methode die damaligen Schätzungen anderer um über 50% und hat allen späteren Statistikern, z.B. Soetbeer, den Weg ihrer genaueren Untersuchungen gewiesen. Den ab 1830 in Finanzkreisen gefürchteten Zustrom aus den neuen Goldbergwerken des Ural erklärte er beruhigend seiner Geringfügigkeit wegen für harmlos.
So als Finanzsachverständiger ausgewiesen, wurde er von dem russischen Finanzminister Graf Cancrin um ein Gutachten über die beabsichtigte Einführung des Platins als drittes Währungsmetall gebeten. Humboldt riet vergeblich mit Gründen ab, denen auch heute noch nichts hinzuzufügen ist, empfahl Cancrin dann aber, sich mit Columbien ins Benehmen zu setzen, dem einzigen Lande, das damals neben Rußland ins Gewicht fallende Platinmengen produzierte, und bahnte diese Verbindung selbst an. Als das gewagte Experiment schiefging, ließ sich der Zar alle diesbezüglichen Gutachten vorlegen, würdigte das Humboldts als klar und überzeugend und ließ die Platinwährung wieder fallen. *Einen* von Humboldt seit Jahrzehnten angestrebten Erfolg hatte dieses Gutachten aber doch für ihn: Der

Zar lud ihn zu einer Reise nach dem Ural und weiter nach Sibirien ein. Humboldt folgte dem Angebot mit zwei ausgezeichneten Begleitern, dem Geologen Gustav Rose und dem Biologen Ehrenberg, brach im April 1829 auf, drang über Petersburg – Moskau – Katharinenburg, eine Schleife durch das Bergrevier des nördlichen Ural, Tobolsk bis zum Altai und zur chinesischen Grenze vor und kehrte über den ihn aus klimageschichtlichen Gründen brennend interessierenden Kaspisee, nicht ohne die dortigen Herrnhutergemeinden und andere deutsche Siedlungen dieser Gegend zu besuchen, über Tula – Moskau – Petersburg im Dezember nach Berlin zurück. Die Reise hatte ihn mit den Ehren eines kommandierenden Generals und entsprechendem, ihm höchst lästigen Gefolge in 8½ Monaten über 15 000 km geführt, die er, unterbrochen nur durch zahlreiche Grubenbefahrungen, fast ständig im offenen Wagen stehend und beobachtend zurückgelegt hat. Er rechnete in Petersburg über die große Vorschußsumme auf den Rubel ab und gab den Rest, den er wohl hätte behalten können, zurück. Die Fülle der hohen Ehrungen erdrückte ihn. Die ihm wichtigen Ergebnisse lagen vorwiegend auf geologischem und klimatologischem Gebiet. Er hatte nun noch das ihm bisher fehlende, das streng kontinentale Klima, kennen gelernt. Seinen Scharfblick als petrographisch urteilender Bergmann bewies er durch den Hinweis, im Ural in Gesteinen, die denen Brasiliens sehr ähnlich sind, auf Diamanten zu achten, deren erste schon gefunden wurden, ehe er nach Petersburg zurückgekehrt war.

Aber über dieser Reise lag ein Schatten, der ihn eine zweite Einladung des Zaren ausschlagen ließ. Er hatte nämlich versprechen müssen, sich auf die Erforschung der *Natur*tatsachen zu beschränken, sich *nicht* um die *Menschen* zu kümmern und über sie auch in seiner Reisebeschreibung nicht zu berichten, denn man hatte Grund, das zu fürchten. Er hatte nach seiner Tropenreise auf das entschiedenste Stellung genommen gegen die Sklaverei, gegen Mißbräuche der Missionen, gegen die Ausplünderung, Fesselung und Bevormundung der Kolonien durch das Mutterland, hatte der von ihm erwarteten Befreiung der spanischen Kolonien sympathisierend entgegengesehen. Das hat man ihm drüben nicht vergessen. – Gewiß, er hat auch nach seiner Asienreise in vertrauten Gesprächen in Petersburg das Los manches Einzelnen, Russen oder Polen, mildern helfen, hat auf hervorragende Bergfachleute aufmerksam gemacht und sie zu fördern erfolgreich vorgeschlagen. Aber er hat sein Wort, über das ihm Wesentlichste, die Lage des Volkes unter einer Despotie, zu schweigen, gehalten, jedoch indem er *überhaupt* schwieg, die Darstellung dieser Reise seinen Begleitern überließ, sich selbst auf die Darlegung seiner naturwissenschaftlichen Untersuchungen beschränkte. Ein zweites Zugeständnis dieser Art mußte er seinem Wesen treu aber ablehnen.

Für den Rest seines Lebens blieb er seßhaft, wenn auch keineswegs ruhig. Kleinere Reisen, oft für mehrere Monate, in Europa, schalteten sich in die Pendelschwingungen zwischen Berlin und Potsdam. Stets begleiteten ihn 30 Pappkästen voller Aufzeichnungen für den „Kosmos", die letzte Kosmographie der Wissenschaftsgeschichte, der er jede freie Minute widmete. 1845 erschien der erste Band, ein Ereignis, das zu Tumulten und Plünderungen der Transporte und Poststationen führte, weil jeder das lange erwartete Werk zuerst haben wollte. 1859 trafen die ersten Korrekturbogen für den fünften Band in dem Augenblick in Berlin ein, als der Sarg des Neunzigjährigen am 10. Mai, vier Tage nach seinem Tode, feierlich zum Dom geleitet wurde. Sein Nachlaß enthielt keinen Satz einer Fortsetzung mehr.

Man hat den „Kosmos" als die letzte große Enzyklopädie eines Einzelnen bezeichnet, was er aber weder ist noch sein wollte. Schon der anspruchsvolle Titel sollte zum Ausdruck bringen, daß hier die Welt als ein *Ganzes* betrachtet wird, das als solches aber nur durchsichtig wird, wenn die Fülle der Tatsachen zurücksteht hinter der Herausarbeitung der Interdependenzen[3]). In solcher wechselseitigen Abhängigkeit stehen auch Natur und geistige Entwicklung. Die wachsende Naturerkenntnis veredelt den Menschen, intellektuell und in seinem Gefühlsleben, wie es etwa in der Kunst zum Ausdruck kommt. Hat also der erste Band ein „Naturgemälde" von der physischen Seite her entworfen, so gilt der ganze zweite Band der Analyse des Reflexes der Naturerkenntnis auf den menschlichen Geist, der Entwicklung der Weltanschauungen aller Kulturvölker und ihrer Selbstgestaltung in der Kunst. Seiner Tendenz und Anlage nach ist es also ein Werk der deutschen Klassik und deutlich unterschieden sowohl von den Enzyklopädien des 18. als auch von den Lehrbüchern der

---

[3]) Brief an Varnhagen von Ense vom 24. Oktober 1834. „Ein Schweben über der Beobachtung, . . . ohne in die dürre Region des Wissens zu gelangen."

„allgemeinen Erdkunde" oder der Geophysik des späteren 19. Jahrhunderts.

Fragt man abschließend nach der *Persönlichkeit Humboldts,* würde man sich jedes Verständnis verbauen, wenn man ihn nicht in seiner *Zeit* sehen würde. Diese Zeitumstände hätten für ihn nicht glücklicher sein können, als sie waren. Seine Jünglingsjahre fielen in das Aufblühen aller Wissenschaften, die er sich bei seiner raschen Auffassungsgabe, seinem Blick für das Wesentliche und mit seinem enormen Fleiß noch fast alle, von der Altertumskunde bis hin zur Astronomie, Physiologie und Anatomie so aneignen konnte, daß er in ihnen produktiv tätig werden konnte. In der gleichen Zeit wurde die Mehrzahl der Instrumente erfunden bzw. brauchbar gemacht, in deren Anwendung er nach dem Ausspruch Kants: Es ist soviel Wissenschaft in den Dingen, als man mathematisch zum Ausdruck bringen kann, Meister war. *Frei* forschen aber kann nur ein *freier* Mann. Dazu verhalf ihm zunächst sein beträchtliches Vermögen. Als dieses im Dienst seiner Wissenschaft verbraucht war, er also abhängig geworden war, blieb ihm trotzdem als Kammerherrn und Freund der preußischen Könige mit Verpflichtungen, die seinen eigenen Interessen in hohem Maße entsprachen, und in seiner auch gesellschaftlich herausgehobenen Stellung diese Freiheit erhalten. Endlich hatten den überaus Kontaktfähigen und Sprachgewandten zahllose Reisen mit fast allen bedeutenden Persönlichkeiten seiner Zeit in anregenden Gedankenaustausch gebracht, sein wissenschaftliches und auch im weitesten Sinne politisches Urteil geschärft, ihn Erfahrungen und Durchblick gewinnen lassen, wie keinen Zweiten seiner Zeit. Wer kannte gleich ihm Spanien und sein Kolonialreich vom Hof in Madrid über alle kirchlichen und Verwaltungsinstanzen bis hinab zum Sklavenhalter, zum nackten Indianer oder zum verlorenen Kapuzinerposten im Urwald, dann aber auch wieder jene Kreise, von denen die Befreiung ausgehen sollte, darunter Bolivar selbst, hatte überdies wertvolle Vergleiche in den USA an höchster Quelle gesammelt, fühlte sich sein Leben lang beheimatet im Zentrum der damaligen Politik, Paris, hatte aber seinen Sitz am Hof in Berlin und kannte außerdem Rußland nun ebenfalls wieder vom Leben am Hof und in den Akademien bis hin zu den letzten Außenposten an der sibirisch-chinesischen Grenze und am Kaspisee?! Bedenkt man, daß er, wo immer er auch war, Vertikalschnitte von der Staatsspitze bis hinab zur sozial tiefststehenden Schicht gewann und diese mit einer Lebhaftigkeit, Anteilnahme und sozialen und politischen Aufgeschlossenheit auffaßte als sein *wichtigstes* Geschäft, dem er sogar Vorrang vor seinen *Forschungen* einräumte, dann wird man sagen dürfen, daß es einen Mann mit mehr Welterfahrung, als er sie hatte, in der Weltgeschichte wohl kaum ein zweitesmal gegeben hat. Jede seiner Arbeiten, jede Zeile seiner Briefe zeigt die Weite seines Blicks und seines Urteils und das völlige Fehlen von Vorurteilen, wie sie dem unter begrenzten Verhältnissen Lebenden selbstverständlich und kaum anlastbar sind.

Und wie sah nun der Mann selbst aus, der so leicht und weltweit in sein Jahrhundert hineingleiten und ihm gerecht werden konnte?

Seine Begabungen waren universal und gleichmäßig, keine war so hypertroph, daß sie die anderen beeinträchtigte, und keine fehlte außer die für Musik. Seinem uferlosen Gedächtnis, das ihm selbst ein Rätsel war, war ein Meer von Tatsachen gegenwärtig, in welchem seine lebhafte Phantasie und sein kritischer Verstand zahllose neue Zusammenhänge und wechselseitige Abhängigkeiten erkannte, so daß ihm unter den Händen eine ganze Anzahl neuer Wissenschaften entstanden, die Klimatologie, die Pflanzengeographie, die Amerikanistik u. a., andere nachhaltig befruchtet und vor ganz neue Perspektiven und Aufgaben gestellt wurden. Er war ein Genie der produktiven Synthese. Gefürchtet war sein Spott. Der aber war nichts weiter als der vordergründige Ausdruck seines überaus empfindlichen und verletzlichen Ethos. Auch hier muß man auf die Grunderlebnisse zurückgehen. Als Kind hatte er sich unterdrückt, mißverstanden und unglücklich gefühlt. So wortreich dankbar er für jede kleinste Wohltat war, den Erziehern seiner Jugend hat er keine Silbe einer freundlichen Anerkennung nachgesagt. Er blühte sofort auf und wurde er selbst in seinem sehr eigenwillig gestalteten Studium und unter den ihn lösenden Gesprächen mit Moses Mendelssohn, Marcus Herz, die sich dann fortsetzten im Studium Kants und im Umgang mit Männern etwa wie Goethe. Er hatte also selbst erfahren, was Freiheit der Persönlichkeit und Würde des Menschen ist, und sprach Jedermann, jedem Volk und jeder Rasse das gleiche Recht zur Selbstbestimmung[4]) zu. Er verachtete jeden, der kraft seines Adels, seines Reich-

[4]) Hierzu und für das Folgende vergleiche Podach, E.: Alexander von Humboldt als Politiker. Deutsche Rundschau, Jahrgang 85. Baden-Baden 1959, S. 430—439.

tums, seines Amtes, seiner Macht, seiner Hautfarbe oder aber auch weil er sich anderen gegenüber im Besitz des rechten Glaubens wähnte, sich ungebührliche Vorrechte anmaßte und sie in Anspruch nahm. Er war daher ein entschiedener Gegner jeder Diskriminierung des Menschen aus rassischen, politischen, sozialen oder religiösen Gründen. Er war ein erklärter Gegner der Sklaverei, ironisierte mit gleißendem Hohn alle Gründe, die für ihre Aufrechterhaltung zu sprechen schienen. Er setzte sich in Preußen für die Durchsetzung des Antisklavereigesetzes ein, demzufolge jeder Sklave, der preußischen Boden betrat, automatisch frei wurde. Wenn das natürlich auch keine praktische Bedeutung hatte, wirkte es doch in der übrigen Welt aufsehenerregend und beispielgebend. Sein durch Vorurteile nicht getrübter Verstand sah aber auch den erbuntertänigen *deutschen* Bauern in seiner dem Sklaven verwandten Situation; er setzte sich daher auch für dessen Befreiung ein. Er haßte den alten Freiherrn vom Stein, der aus egoistischen Motiven seine bessere Einsicht verraten hatte. Ebenso wendete er sich gegen die „scheußlichen Judengesetze" in Deutschland. Der bahnbrechende Anatom und Wegbereiter der Elektrotherapie Robert Remak konnte sich nur dank Humboldts persönlicher Verwendung beim König gegen starke Widerstände als erster Jude in Preußen an der Universität Berlin habilitieren. Auf dem gleichen Wege setzte er die Aufnahme des Physikers Theophil Rieß als erstem Juden in die Preußische Akademie der Wissenschaften durch, dem er später seinen besonderen Schützling, den jungen Mathematiker Eisenstein, folgen ließ, der aber bald nach der Ehrung an Tuberkulose starb. Diese Beispiele lassen sich leicht vermehren. 1848 beruhigte sich die erregte Menge vor dem Berliner Schloß erst, nachdem sie Humboldt neben den König auf den Söller gerufen hatte, und er war es, der den Toten dieser Revolution barhäuptig und zu Fuß auf den Friedhof folgte und damit seine unwandelbare und jedermann bekannte Überzeugung sichtbar zum Ausdruck brachte. Er ruhte nicht, bis die „Göttinger Sieben", die man heute politische Flüchtlinge nennen würde, wieder untergebracht waren. Aber diese Liberalität und Toleranz war kein wurzelloses Allerweltsbürgertum. Am rechten Punkt dachte er durchaus national, etwa wenn er für Königsberg, das ihm für den östlichsten Kulturpfeiler Deutschlands galt, den Bau der Sternwarte durchsetzte, um durch sie den großen Astronomen Bessel dort zu halten.

Er sah überall die Mängel und Schäden, suchte sie aber nicht revolutionär, sondern evolutionär zu beheben oder mindestens zu mildern. Er diente treu seinen Königen, wenn er die Sache der Monarchie auch auf die Länge für verloren hielt, weil die Fürsten ihr i. d. R. nur schlecht dienten. Er sah die Volksrechte steigen und ging beispielgebend „mit den Handwerkern und Kutschern seines Bezirks" zu den Wahlen. Wie sein Weltruhm stieg, sank sein unmittelbarer Einfluß bei Hof mit seinem Alter, war schließlich „nur noch eine Atmosphäre", wie er bedauernd sagte. Aber er hat ihn immer wieder erfolgreich bis zur äußersten noch vertretbaren Grenze geltend gemacht, konnte gegebenenfalls als Diplomat auch warten, zurückstecken oder sein Ziel auf Umwegen ansteuern, etwa dadurch, daß er ihm aus früheren Situationen Verpflichtete nun zu neuen anderen Hilfeleistungen, etwa Gutachten, vor seinen Wagen spannte. Da seine Forderungen keine Einwendungen, kaum Einschränkungen zuließen, hatten selbst seine Freunde nicht selten Grund, ihn zu fürchten. Demgegenüber fiel es ihm leicht, förderungswürdige Talente an die königliche Tafel zu ziehen und sie dort zu Wort zu bringen.

Daß er sich auf allen diesen Wegen in der stickigen Atmosphäre der Herrschaft des Adels, eines engstirnigen Sektierertums und einer wenig fortschrittlichen Bürokratie weit verzweigte Feindschaften zuzog, ist selbstverständlich; stand doch sogar sein Briefwechsel unter Polizeizensur. Wer kann ihm verübeln, wenn er sich dagegen, innerlich verletzt, aber mit Freude am geschliffenen Bonmot, wehrte? Aber er nahm die freiwillig übernommene Verantwortung auf dem Platz, den er errungen hatte, wahr, verließ nie das Kampffeld, zog sich nie, wie doch sein Bruder Wilhelm oft für Jahre, zur Pflege seiner Persönlichkeit in ein stilles Gelehrtenleben zurück. Er verfolgte, unbeirrt durch Rückschläge, skeptisch, jedoch unverzagt, von jedem Platz aus, als Forscher, als Organisator der Wissenschaften, als freier Schriftsteller, als Helfer in persönlichen Nöten, als Höfling, in seinem unübersehbar umfangreichen Briefwechsel und im persönlichen Gespräch das e i n e Ziel: die Befreiung und Veredelung des Menschen. Humboldts Wirkung war unabschätzbar groß, wenn auch am geringsten wohl auf moralischem Gebiet, denn Liberalität und Toleranz sind nur schwer übertragbar, zumal auf eine Generation, die bald nach seinem Tode in gleich drei glorreiche Kriege ziehen, darauf vorbereitet werden mußte und ihre Siege seelisch verarbeiten sollte. Um so größer aber war sie in den Wissenschaften. Hier ging sie unterschiedliche Wege. Humboldt hat mit dem ihm eigenen Scharfblick und dem Wissen um den Wert eines wachsenden Forschungsvolumens sehr viele spezifische Talente für zahlreiche Wissenschaften bis hin zur Ägyptologie (Brugsch) und zu Randgebieten wie der Landschaftsmalerei entdeckt, gefördert und schließlich an ihren rechten Platz gebracht. Weit umfassender aber war die indirekte Wirkung dieses großen Anregers, auf dessen Spuren sich bald wahre Heerstraßen der Forschung entwickelten. Das gilt in erster Linie dort, wo sich die Forschung auf seine Vorschläge hin international organisiert hatte, so in der Meteorologie, der Klimatologie und der Geophysik, also etwa in der Schaffung des erdmagnetischen Stationsnetzes. Wo vorwiegend Einzelpersönlichkeiten, sei es auf Forschungsreisen oder in Instituten, vielfach noch unmittelbar von Humboldt angeregt, beraten und gefördert, seine Probleme aufgriffen, wie selbstverständlich in den eben genannten Wissenschaften, dann aber auch in der Geologie, Vulkanologie, Glaziologie, Ozeanographie, Ökologie, in der Pflanzengeographie und in der Geographie (und Kartographie!) überhaupt, im Bergbau, in den Agrarwissenschaften, in der Amerikanistik usw., ist seine Wirkung unüberschaubar. In allen diesen Wissenschaften stand noch das folgende halbe Jahrhundert unter seinem Einfluß, und manche von ihnen kehrt noch heute zu ihm als dem Quellpunkt ihrer Problematik zurück, wenn sie im Zuge ihrer notwendig fortschreitenden Spezialisierung in ihrem Selbstverständnis unsicher geworden ist. Es ist eine merkwürdige Verkennung, wenn man gelegentlich meint, er habe keine „Schule" hinterlassen, weil er nicht Universitätsprofessor war. Richtig daran ist nur, daß er kein Revierförster war. Aber er ist gegen den Willen dieser Leute in manche Schonung eingebrochen und hat dort Pflanzen gesetzt, die sich herrlich ausgewachsen haben.

Humboldt wußte weiterhin um den Wert der Popularisierung der Wissenschaft und ihrer sinnvollen Projektion nach unten. Kein Volk kann sich im internationalen Wettlauf behaupten, wenn seine Forschung nicht mit getragen wird von einer breiten Masse und wenn die Ergebnisse der Forschung nicht auch im praktischen Leben mit Umsicht und Sinn für ihre Realisierungsmöglichkeiten angewendet werden. Er selbst ging hier vielfach voran, so mit seiner Bergbauschule in Steben, mit seiner Beratung des höchst rückständigen amerikanischen Bergbaus, mit seiner kolonialpolitischen und -wirtschaftlichen Kritik, mit seinen Währungsgutachten, seinen Pariser und Berliner öffentlichen Vorträgen bis hin schließlich zur Stilisierung seines „Kosmos“ oder seines Lieblingsbuchs, der „Ansichten der Natur“, Werke, die strenge Wissenschaft waren, aber zugleich zu Lesebüchern des deutschen Volkes geworden sind, wie sie es werden sollten.

Kaum eine andere Persönlichkeit konnte im Wilhelminischen Zeitalter auf weniger Verständnis stoßen als Humboldt, so daß man ihm damals jede Charakterentwicklung, ja Charakter überhaupt absprach. Aber auch keine spricht wohl unsere vielfach ratlose und verdrossene Gegenwart wieder so aktuell und fordernd an, wie er in seiner stetigen Arbeit an einer besseren Zukunft inmitten einer trüben Zeit. Hierfür ein letztes Wort von ihm aus einem Brief an Varnhagen von Ense vom 15. I. 1846: „Eine große Freude ist es mir, wenn mein keckes Auftreten für Prutz[5]) ihm endlich nützlich geworden ist. Das ist das elend Wenige, das ich in meiner Lage erlange: ich sterbe aber mit dem Gewissensglauben, bis an meinen Tod keinen der mir Gleichgesinnten verlassen zu haben.“

---

[5]) Prutz, Robert, 1816–1872, Dichter, Kritiker und Historiker. Im Antiquariatskatalog von Humboldts Bibliothek findet sich über ihn (S. 581) folgende interpretierende Bemerkung: "Prutz belonged to the Democratic-constitutional Party, and on account of what were considered highly dangerous opinions, was strongly persecuted. He was hunted from Prussia in 1840, and from Jena in 1843. He was only finally saved by the bold interference of Baron Humboldt."

III. ABHANDLUNGEN

A. FESTVORTRÄGE ZUR CARL-RITTER-GEDÄCHTNISSTUNDE

Erster Festvortrag

CARL RITTERS STELLUNG IN DER GEOGRAPHIE

Von Ernst Plewe (Mannheim)

Carl Ritter und Alexander von Humboldt stehen im Andenken wenigstens der Geographen zusammen wie Geistesbrüder der Goethezeit. Jedoch waren sie nicht nur als Persönlichkeiten und in ihren Denkweisen so verschieden, daß sich ein inniger Kontakt zwischen ihnen trotz gegenseitiger Hochachtung und wechselseitiger wissenschaftlicher Förderung ausschloß, sondern auch ihre Wirkung auf ihre Zeit und die weitere Zukunft zeigt bemerkenswerte Gegensätze. Die Unmittelbarkeit, mit der uns Humboldt noch heute anspricht, anregt und Überkommenes zu überprüfen nötigt, unsere Nähe zu dem von ihm entscheidend mitgeprägten Weltbild, gibt den Feiern zu seinem Gedächtnis etwas Selbstverständliches. Ritters Werk aber begegnete nicht nur alsbald geteilter Aufnahme, sondern ist auch seither vielfach Gegenstand einer so ablehnenden Kritik geblieben, daß die ihm mit gleichem Atem gespendete Anerkennung kaum verständlich ist, sofern sie mehr als die äußere Schale seines Wirkens rühmen wollte, etwa seinen Fleiß, den Umfang seiner Schriften, die Fülle des problematisch aufgeworfenen Stoffs, seine methodische Beschränkung auf die Geographie und deren Konstituierung als Hochschuldisziplin. Denn es heißt doch wohl den Stab über den Kern seiner Bemühungen brechen, wenn Albrecht Penck [1] ihn als Hochschullehrer versagen sieht, da es ihm in Jahrzehnten nicht gelungen sei, eine Schule, geschweige denn einen Nachfolger heranzuziehen, wenn Otto Schlüter [2] zu erweisen sucht, daß *die* Dinge, mit denen er und seine Schüler sich vorzugsweise beschäftigten, in dieser Form nicht zur Geographie gehören, und wenn endlich Heinrich Schmitthenner [3] letzthin zwar seine Hinwendung zum geographischen Raum als seine große Tat anerkannt, seine Konzeption geographischer Raumgestalten aber als grundsätzlich verfehlte, da aus religiösen Vorstellungen fließende Versuche abgelehnt hat. Angesichts der Vergessenheit, der die 23 Bände seiner „Erdkunde" schon zu seinen Lebzeiten und mehr noch in unserer hastigen Zeit dank ihrem Volumen, der Kompliziertheit ihres Aufbaus und der rasch fühlbar gewordenen Zeitferne ihrer Diktion verfallen sind, mag sogar das Bedauern, daß er auf sie, anstatt auf einen vielleicht fruchtbareren mündlichen Vortrag seine Zeit verwendet hätte, ein Körnchen Wahrheit enthalten. Klopft man demnach der Kritik den Verputz einer kaum definierbaren Reverenz ab, es sei denn die vor seiner vorbehaltlos verehrungswürdigen Persönlichkeit, dann fragt sich wirklich, ob mehr als eine fast zufällige Verbindung seines Namens und seines Todesjahrs mit dem Humboldts sein Andenken fortleben ließ.

Vielleicht trägt jedoch die Kritik selbst, etwa von der Wahl eines unangemessenen Standpunkts her, Schuld an Mißverständnissen, denen sich das Gefühl instinktiv nie recht hat beugen wollen? Zwischen uns und RITTER liegen Gebirge, deren wir uns in der Regel nicht mehr bewußt sind. Der Positivismus hat die einst göttliche Welt in ein Feld empirischer Tatsachen verwandelt, auf dem das genetische Prinzip in seinen verschiedenen Formen zwar zu großen Erkenntnissen, aber nicht wieder zu einer neuen Weltordnung vordringen konnte. Das hat unser Denken umgeprägt, in seinen Ansprüchen wie in seinem Verzicht. Auch haftet der Sicht nach rückwärts etwas Verführerisches an. Sie überwertet das in naher Vergangenheit Erreichte gegenüber dem in schwer erkennbarer Ferne Zurückliegenden, läßt das nicht mehr Aktuelle ohne Rücksicht auf seinen Wert unbeachtet, hält einst genial und bleibend Erfaßtes für selbstverständlich und den eigenen Standpunkt für endgültig. Die normale problemgeschichtliche Sicht unserer Wissenschaftsgeschichte verfolgt die Entwicklung spezieller Erkenntnisse auf dem Boden einer sicher fundierten Disziplin. Was dem vorausging, der Umbruch der Wissenschaften, ihre Neubegründung auf vorher nicht gegebener Grundlage, bleibt ihr unzugängliche Voraussetzung. Denn diese Revolution spielte sich nicht an der Oberfläche ab, beschränkte sich auch nicht auf eine einzelne Wissenschaft oder gar deren Teilprobleme, sondern vollzog sich in den vibrierenden Seelen sehr sensibler Menschen. Hier reihte sich noch nicht ein Nachfolger an seinen Vorgänger, wie in der Problemgeschichte einer unangefochten auf ihren Fundamenten ruhenden Wissenschaft, sondern hier standen nur Einzelne vor den Trümmern einer überlebten Vergangenheit mit ihrer Ahnung einer fruchtbareren Zukunft und dem Bewußtsein der Schicksalhaftigkeit ihres Werks. Sie bauten in titanenhafter Schöpferkraft Cyklopenmauern. Diesen Bau glättend nachzuarbeiten ist eine spezifische Aufgabe der formallogisch meist scharfsinnigeren Nachfolger. In dieser Situation stand RITTER. Daher gewinnt man den Zugang zu ihm weder im Rückblick, noch aus der Enge einer speziellen Fragestellung. Man muß die Sicht, die sich ihm einst geboten hatte, den Weg, den er gegangen ist, wieder aufzunehmen versuchen, ihn also zunächst wieder historisch, nicht systematisch sehen wollen, um seine Stellung in der Geographie zu klären. Es sei daher erlaubt, an einige biographische Daten anzuknüpfen.

CARL RITTER wurde 1779 als Sohn eines Arztes in Quedlinburg geboren, der jedoch früh starb. Mit glücklichem Griff nahm der Pädagoge Salzmann ihn, einen seiner Brüder und deren Hauslehrer Guts Muts, der sich später mit umfänglichen, soliden Werken in der Geographie einen geachteten Namen geschaffen hat, an sein eben in Schnepfenthal gegründetes Philanthropinum. An dieser, in ihren Absichten edlen, aber engen Hochburg der Aufklärung genoß RITTER 11 Jahre lang als Stipendiat eine in ihren Grenzen vorzügliche Erziehung und Schulung von realistischer Prägung. Als wiederum ein glücklicher Zufall es fügte, daß der Frankfurter Bankherr BETHMANN dem in seiner Berufswahl schwankenden Jüngling die Erziehung seiner beiden Söhne und als Vorbereitung dazu ein in Halle zu absolvierendes Studium anbot, immatrikulierte er sich für Kameralwissenschaften, beschränkte sich aber nicht darauf, sondern nahm aus innerstem Antrieb ein breites Bildungsstudium auf, sowohl nach der naturwissenschaftlichen, wie ergänzend auch nach der humanistischen Seite. Die Lektüre griechischer und römischer Schriftsteller blieb ihm ein auch später tägliches und sogar auf Reisen nicht unterbrochenes Pensum. Aber auch in Geologie, Mineralogie, Physik, Chemie, Botanik, Anthropologie, Meteorologie, den Agrarwissenschaften wird sein Wissen schließlich kaum dem HUMBOLDTS unterlegen gewesen sein. Er hatte darin sein eigenes, begründetes Urteil und konnte mit ihrem Stoff arbeiten, auch wenn er ihm keine Spezialuntersuchungen gewidmet hat. Gleich HUMBOLDT suchte er unmittelbaren Kontakt mit allen großen Naturforschern, die ihm auf seinen Wegen begegneten, hat am Mont Blanc selbst monatelang meteorologische und höhenbarometrische Messungen durchgeführt, für seinen Freund HAUSMANN, den Göttinger Mineralogen, in den Alpen geologisch und mineralogisch gesammelt, war ein vorzüglicher Naturforscher mit einem Blick für das Typische und einem empfindlichen Unterscheidungsvermögen für örtliche Unterschiede. Jeder Blick allein in seine Reisebriefe [4] genügt, die leidige Behauptung zu widerlegen, er hätte „als Historiker" kein Interesse für naturwissenschaftliche Probleme gehabt. Auch waren wohl nicht grundlos seine innigsten Freunde Naturforscher: der Mineraloge HAUSMANN und die Ärzte SAM. TH. SÖMMERING und J. G. EBEL, deren Einfluß auf ihn, so groß er zweifellos gewesen ist, der Mangel an Quellen bisher der Einsicht entzieht. SÖMMERING vertraute seinen Sohn von Jugend auf der alleinigen Erziehung RITTERS an. Diesem brach nun gerade in der pädagogischen Praxis das grundsätzliche Problem auf, das er auf wissenschaftlichem Felde bewältigen sollte. Sein Erlebnis der Unüberbrückbarkeit der gegensätzlichen Denkweisen seines Zöglingspaars, hier SÖMMERINGS, des späteren bedeutenden Arztes, dort AUGUST BETHMANNS, des späteren Savignyschülers und preußischen Kultusministers, wurde ihm angesichts seiner Forderung nach einem einheitlichen Weltbild so deutlich bewußt und belastete ihn so schwer [5], daß er nicht ruhte, bis er in zwanzigjähriger Gedankenarbeit diese Spannung löste, die Brücke zwischen Natur und Kultur schlug und damit unauslöschlich nicht nur in die Geschichte der dadurch wesenhaft vertieften, ja revolutionierten Geographie, sondern auch der Wissenschaft schlechthin als einer ihrer großen Seher und Deuter einging. Der alte ärmliche Streit darüber, ob diese Tat mehr der Geographie oder der Geschichte zugute gekommen sei, enthält keine Kritik an RITTER, sondern ist eine Frage an die eigene Disziplin, ob sie kraftvoll und lebendig genug gewesen ist, seine Anregungen aufzunehmen und weiterzuführen.

Damit sind wir dem historischen Gang der Dinge aber weit vorausgeeilt und kehren zurück nach Frankfurt, wo der junge Hauslehrer seinem triebhaften Hang zur wissenschaftlichen Gestaltung in zwei Bänden „Europa, ein geographisch-historisch-statistisches Gemälde" 1804/07 und in der Schaffung eines physischen Atlasses von Europa folgte. Wenn das Textwerk auch in mancher Wendung das frische Studium der Werke des jungen Herder anklingen läßt, nicht dem Gedächtnis Tatsachen zuführen, sondern den Geist veredeln will und programmatisch das Wechselverhältnis zwischen dem Land und seinen Bewohnern andeutet, im Ganzen ist es doch ein Werk der Aufklärung, eine encyklopädische und in wesentlichen Teilen in Tabellenwerk auslaufende Staatenkunde alter Schule. Auch dem Atlas haften, so sehr er als Faktum einen genialen Durchbruch zu neuen Methoden bedeutet, die zwar der schematisierenden Staatenkunde entgegengesetzten, nun aber spekulativen Vorstellungen der „Reinen" Geographie beengend an. Die in Einzelheiten zutreffende zeitgenössische und spätere Kritik hat indessen wohl zwei Tatsachen von grundsätzlicher Bedeutung bisher nicht hinreichend berücksichtigt, nämlich 1) daß der junge RITTER mit diesen Frühwerken noch vollständig der Aufklärung angehörte, und 2) daß er mit ihnen die beiden Möglichkeiten der Geographie der Aufklärung erschöpft hatte, die kompendiöse Staatenkunde und die aprioristische „Reine" Geographie, daß ihn also eine etwaige Einsicht in deren Ungenügen entweder zur Kapitulation zwingen oder in Neuland führen mußte.

Diesen Durchbruch zu einer revolutionierenden Umprägung [6] seiner Denkweise, seines Lebensgefühls, seiner ganzen Einstellung zu Gott, Welt und Menschen bahnte seine erste Schweizer Reise 1807 an und vertieften die beiden weiteren 1809 und 1811/12. Ihnen verdankte er das ihn zutiefst erschütternde Erlebnis der Landschaft, die anregende Freundschaft mit zahlreichen Naturforschern, die enge Berührung mit der romanischen Kultur, aber auch mit der Frühromantik, mit August Wilhelm Schlegel, im Hause der Mme. de Stael, und vor allem die seine ganze Entwicklung bestimmende, ihn von Grund auf verwandelnde Berührung mit Iferten in dessen größter Zeit. Hier lernte er Pestalozzis Pädagogik in ihren Licht- und Schattenseiten an der Quelle kennen und ihren Wert für die eigene Wissenschaft schätzen, hier erweckte ihn NIEDERER zu einem aktiven, verinnerlichten und weitherzigen Protestantismus und hier gewann er in tiefen Aussprachen alsbald die unendlich anregende Freundschaft mit PESTALOZZI.

Die Forderung Pestalozzis, ihm ein Lehrbuch der Geographie nach seinen methodischen Grundsätzen zu schreiben, führte RITTER zwingend in den Bereich der Methodenlehre und damit zur Auseinandersetzung mit den Ideen seiner Zeit, also jener fruchtbarsten Periode der deutschen Geisteslebens, die etwa mit dem jungen HERDER beginnt und mit dem alternden SCHELLING endet, und deren Gedanken bis zur Mineralogie hin auch in alle Einzelwissenschaften einflossen, z. B. auch in die Arbeiten seiner Freunde Ebel und Hausmann.

1813 begleitete RITTER seine beiden Zöglinge auf die Universität Göttingen. Zurückgezogen in deren Bibliothek, Umgang nur noch mit seinen Schutzbefohlenen und seinem Freunde HAUSMANN pflegend, rang er hier in scharfer Auseinandersetzung mit der Aufklärung, der er sich bewußt entwand, um ein eigenes, neues Weltbild. Man sieht diese Göttinger Jahre von 1813—1819 meist so, als ob er hier nur jene uferlosen Excerpte vor allem der englischen Reisewerke angefertigt hätte, die er für seine „Erdkunde" benötigte. Tatsächlich aber war das nur die notwendige und zeitraubende Begleiterscheinung seiner Gedankenarbeit an den Grundproblemen, deren Schwierigkeiten den rasch und zielstrebig zu arbeiten gewohnten Mann oft an den Rand der Verzweiflung brachten, deren eigenwillige Lösungen seinem Werk dann aber auch den Stempel des Genies und das hierfür charakteristische Merkmal des unergründlich Bleibenden, des Unausschöpfbaren verliehen haben.

Sein Weg dahin ist nur noch teilweise zurückzuverfolgen, läßt aber eine bemerkenswerte Konsequenz und Instinktsicherheit erkennen. Zunächst sammelte er die dunklen und verstreuten Gedanken PESTALOZZIS in einem sprachlich und begrifflich verständlichen System, eine Leistung, die ihn in die vorderste Linie der damaligen Pädagogen stellte. Dem folgten „Einige Bemerkungen *bei* Betrachtung des Handatlas von J. H. G. Heusinger" (1810) [7], die aber als „Ausführliche Rezension *des* Handatlas" bald vergessen wurden und sogar der Aufmerksamkeit des mit RITTER befreundeten Methodologen LÜDDE entgangen sind. Aber wie diese „Bemerkungen" seiner Zeit Aufsehen erregten und mit Recht als das Fundament einer geographischen Methodologie im Geiste der modernen Epoche der Wissenschaft aufgefaßt wurden, so haben sie auch heute noch nichts an Aktualität verloren. Hier wird die „Würde" der Geographie als Wissenschaft mit dem ihr innewohnenden Bildungswert begründet, und dieser wieder aus der Idee abgeleitet,daß ihr Gegenstand, die Erdoberfläche, selbst ein Gebilde, nicht aber ein Zufallsaggregat zusammenhangloser Teile sei. In dieser Abhandlung überwand Ritter die Argumente der Aufklärung, die den Wert der Geographie in den nur mit ihrer Hilfe erreichbaren Zwecken suchte, und seien es selbst theologische Einsichten. Jetzt erst lag der Weg für eine zweckfreie Forschung offen, zugleich war damit der Anstoß gegeben, ein problemreiches ens sui generis, die Erdoberfläche, ein Wesen von einzigartiger und eigenartiger Organisation, in seinen noch geheimnisvollen Verhältnissen, Funktionen und Gesetzen zu erforschen.

Nach sechs Jahren des Schweigens folgte endlich der 1. Band seiner „Die Erdkunde im Verhältnis zur Natur und zur Geschichte des Menschen oder allgemeine, vergleichende Geographie“ (1817), die allen geist- und kenntnisreichen Interpretationsversuchen zum Trotz immer noch ein Rätsel geblieben ist. In dem sicheren Gefühl, daß der wohl nicht zufällig so wortreich und schwerfällig gewählte Titel einen Schlüssel zu ihrem Verständnis bietet, hat man immer wieder zu deuten versucht, was Ritter unter allgemein und vergleichend verstanden wissen wollte, und ob er einen Unterschied zwischen Geographie und Erdkunde statuierte. Mir erscheint die Lösung fast banal einfach, ergibt sich aber auch nur der historischen Sicht. Ritter selbst hat ausdrücklich seine Erdkunde als die Verwirklichung der Methode Pestalozzis im Bereich der Geographie bezeichnet. Die Methode Pestalozzis aber fordert drei Stufen der Erkenntnis, gleichviel ob auf pädagogischem oder auf wissenschaftlichem Gebiet: die elementare, die vergleichende und die allgemeine. Bringt Ritter also eine allgemeine vergleichende Geographie, so involviert das eine nach methodischen Grundsätzen verarbeitete, von „Ideen“, vom Logos her geprägte Darbietung, also eine echte Erd*kunde*, unter dem schon im Titel angedeuteten Verzicht auf eine Ausbreitung des elementargeo*graphischen* Stoffs, wie ihn neben dieser Erdkunde absolut unentbehrlichen Kompendien deskriptiven Charakters, selbstverständlich auch in einer überlegten methodischen Ordnung und Auswahl, auszubreiten haben. Bisher wurde in der Diskussion über den positiven Inhalt dieser Begriffe ihr ausschließendes Moment nie beachtet. Es liegt aber in der Natur der Sache und ist z. B. in Ritters Dankbrief an Guts Muts vom 29. 7. 1810 für dessen Lehrbuch der Geographie expressis verbis unmißverständlich ausgesprochen.

Damit aber stellt sich unserer bisher unangefochten geltenden Auffassung, Ritter sei der Begründer der modernen Länderkunde gewesen, überraschend aber unausweichlich die Frage, ob das wahr und unter diesen Voraussetzungen überhaupt möglich ist. Kann und darf eine Länderkunde auf eine im Rahmen ihres Maßstabs mögliche Darlegung des elementargeographischen Stoffs verzichten, ist es ihr gestattet, ihn nur nach Maßgabe einer besonderen Thematik auswählend heranzuziehen? Diese Frage stellen heißt, sie verneinen. Das hat selbstverständlich Konsequenzen. Diese sind ganz unproblematisch und erfrischend reinigend, soweit sie einem Großteil der Kritik an Ritter den Boden entziehen. Bestreite doch niemand, daß Ritter fähig gewesen wäre, Monographien nach dem ihm durchaus geläufigen „länderkundlichen Schema“ zu schreiben! Daß er ihren Wert anerkannte, sie aber nicht als zur Thematik seines Werks gehörig betrachtete, erhellt blitzartig daraus, daß er sie in die Anmerkungen oder Erläuterungen [8] verwies, wo er gelegentlich nicht auf sie verzichten zu können glaubte. Damit erledigt sich jede Kritik: hier, daß er die naturwissenschaftlichen, dort, daß er die statistischen Tatsachen in angemessener methodischer Vollständigkeit darzulegen versäumt hätte, und endlich, daß die Methodik seiner Länderkunde verworren sei, von selbst, fällt mit ihrer Voraussetzung.

Methode ist der Weg zu einem Ziel. Wer dieses nicht kennt, kann über jenen nicht rechten. Fragt man also nach dem Ziel, das Ritter mit seiner allgemeinen vergleichenden Erdkunde anstrebte, so kann man dieses nur ganz allgemein dahin bestimmen, daß er eine „mehr wissenschaftliche" Behandlung der Geographie anstrebte, wodurch er sie dem Zuge der rings um sie unter dem belebenden Hauch von Ideen sich mächtig entwickelnden anderen Wissenschaften anschließen zu können hoffte. In ihrem Umkreis war zunächst der Gegenstand der Geographie zu bestimmen. BÜSCHING [9] hatte ihn definiert als die Beschreibung des gegenwärtigen Zustands der Erdoberfläche nach ihrer natürlichen und bürgerlichen Verfassung. Das war klar, aber im Geist der Aufklärung gedacht, ohne Rücksicht auf einen methodischen Anschluß an Schwesterwissenschaften und die Unmöglichkeit, diesen Stoff anders als rein deskriptiv zu behandeln. RITTER griff tiefer. Die Erdoberfläche als das derzeitige Endergebnis der Erdgeschichte ist Objekt der Geologie [10]. Ihre rein naturwissenschaftlichen Methoden müssen jedoch versagen, sobald der Mensch mit landschaftsumgestaltender Kraft, also mit seiner Kultur sich auf ihr einrichtet. Damit ergab sich ihm zwangsläufig die Grenze der Geologie zu einer diesen Komplex mit anderen Methoden angreifenden Wissenschaft, eben die Grenze zur Geographie. BÜSCHINGS Gegenwart weitet sich ihm damit zur Epoche der schöpferischen Kultur. RITTER hat die Möglichkeit, von hier aus in die Naturhistorie abzuschweifen, als eine Gefahr durchaus gesehen und schon früh seinen Freund HENNING (Iferten) davor gewarnt. Ihm erschien seine Logik zwingend, die man ihm später als reinen Willkürakt eines historisierenden Geographen abgesprochen hat, jedoch ohne seine Argumente zu entkräften. Es würde hier zu weit führen, seine ähnlichen Abgrenzungsversuche gegen die übrigen Grenzwissenschaften zu verfolgen. Die später durch Geologen bestimmte Fortführung der Geographie hat ihm unrecht *gegeben,* fraglich aber ist angesichts der ungemessenen Methodenstreitigkeiten, die sich daraus ergeben haben, wer im Recht *war,* ob der spätere Gang der Geographie tatsächlich einer logischen Notwendigkeit folgte oder ob er von einem zeitbedingten, praktischen Zwang diktiert war, naturhistorische Probleme auf unbearbeiteten Außenfeldern der Nachbarwissenschaften zu verfolgen.

Dürfen wir somit den Gegenstand von RITTERS Geographie als in groben Umrissen gegeben annehmen, so fragt sich, welches Ziel ihm in dessen Erforschung vorschwebte. Auch hier wieder gilt es zunächst, Vorurteile auszuräumen. Man kann den seit eh und je sich durch die Literatur hinschleppenden Vorwurf, RITTER sei Physikotheologe gewesen, hätte die Welt aus Gott und Gott aus der Welt beweisen und erweisen wollen, schwarz auf weiß belegen, aber nur in jener Frühzeit seiner Entwicklung, als er mit anderen auch diesen Gedanken der Aufklärung überwand. Schon in Göttingen zur Zeit der Ausarbeitung des ersten Bandes seiner Erdkunde erschien ihm das als „Gotteslästerung". Dagegen nahm er das unabstreitbare Recht zu einer eigenen Geschichtsphilosophie für sich in Anspruch, die, soweit sie nicht konsequent materialistisch ist, in jedem Falle in metaphysische Wurzeln hinabführen muß. Ihm war die Welt noch eine Gotteswelt, voller Wunder, und jede Einsicht in neue Gesetzlichkeiten konnte ihn in diesem Glauben nur bestärken. Als göttlichen Eingriff hat er nie etwas zu erklären versucht. Er distanziert sich von dieser Auffassung im Gegenteil scharf, etwa am Beispiel des Monotheismus des Islam [11], der ihm vom Element der Volkseigentümlichkeit her dadurch getrübt schien, daß er einseitig die Willkür und Allmacht Gottes als seine wesentlichen Eigenschaften in den Vordergrund rückt und damit dem Fatalismus Tür und Tor öffnet. RITTER war nicht erkenntnistheoretischer Voluntarist! Gott lebt in der Anschauung ewiger Wahrheiten, dekretiert sie also nicht. Die Verfolgung dieses Gedankens ist für die Interpretation RITTERS keineswegs gleichgültig.

Schmitthenner interpretiert Ritter nun dahin, daß er die Erdoberfläche in natürlich gegebene Räume eingeteilt habe, die jeweils mit einer anderen Mitgift für die darin sich entwickelnden Völker ausgestattet seien. Seine Gliederung der Erde erwiese sich damit im Kern als theologisch-teleologisch vorbelastet. Das wäre denkbar, ist aber weder bewiesen noch wahrscheinlich, denn Ritters Denken war ausgesprochen funktional, ging weit interessierter der Dynamik in und zwischen den Räumen als ihren Strukturen nach. Lassen wir ihn selbst, etwa über Arabien sprechen [12] (auszugsweise): „Wir gehen (nicht mit den europäischen, seit Ptolemäus Arabien in die drei bekannten Gebiete teilenden, sondern) mit den orientalischen Geographen von der Betrachtung der das Gesamte charakterisierenden Mitte, des Dschesirat el Arab, d. i. der Halbinsel aus. Von diesem Dschesirat el Arab, das sich immer nur sehr unvollkommen als Halbinsel übersetzen läßt, geht der charakterisierende *Typus des Arabischen* in Hinsicht auf Natur- und Menschenverhältnisse aus; von hier, seiner erhabenen Mitte, beginnt die uns bekannt gewordene älteste Geschichte chamitischer und semitischer, arabischer Völkerstämme und Reiche, der Himyariten, die mittlere der Mohammedaner und die jüngste der Wehabiten, so daß hier wiederum, wie anderwärts, die Elemente der Geschichte mit der Landesnatur auf demselben Erdengrunde zusammenfallen, welcher mit Recht der *charakterisierende des Gesamten* genannt zu werden verdient. Und dennoch ist nirgends ein Volk weniger als das arabische auf die geographischen Grenzen seines in den Kompendien abgesteckten Territoriums beschränkt; sein Bereich geht in der Tat nach allen Winden hin, weit über die peninsulare, topographische Schranke hinaus. Durch solches lebloses Element den ganzen Cyklus der Betrachtung einer so lebensreichen Erscheinung beschränken zu wollen, führt zu jenem Mechanismus, zu jener scholastischen Leerheit, die eine der belehrendsten menschlichen Disziplinen an den Bettelstab gebracht hat. Nicht von den Begrenzungen, die wir jedoch als Übergänge zu den Nachbarländern und Nachbarmeeren in ihrem wesentlichen Zusammenhange mit jenen aufzufassen haben, sondern von der Mitte gehen wir aus, um uns zur Charakteristik des Ganzen zu erheben, und durch viele radiierende Gliederungen gehen wir von da zu den Peripherien und zu deren Wechselverhältnissen mit den Umgebungen, nahe wie fern, den Hauptumrissen nach, über."

Das klingt doch ganz anders! Hier wird doch just das, was ihm die Anklage unterstellt, die Einteilung der Erde in natürlich begrenzte Landschaften mit göttlich determinierter Mitgift, als jenes mechanistische Prinzip der „Reinen" Geographen abgelehnt, das die Geographie ruiniert habe. Statt dessen sehen wir aus der Mitte eines charakteristischen Raums immer wieder einen ähnlichen Typus von Kulturen und Reichen herausdrängen, seine Grenzen überfließen, sich über andere Landschaften und Kulturen ergießen, diese und sich selbst dabei wandelnd. Selbstverständlich hätte Ritter nicht Geograph sein dürfen, um darüber zu verkennen, daß es auch streng „limitierte Lokalzustände und Individualitäten von Natur- und Völkergruppen" [13] gibt, etwa den subtropisch-arabischen Wüstenstrich, dem das Kamel „als lebendiges Complement des dasigen ganzen Naturkomplexes notwendig angehört, um auch diesen erst zu einer vollen Harmonie der Erscheinungen zu erheben", nämlich als Wüstenbeleber, Völkerbildner und Träger der patriarchalischen Entwicklungsstufe des Menschengeschlechts „in der ihm angewiesenen Sphäre seiner Planetenstelle". „Wie ganz anders sein lokaler Gefährte, das arabische Pferd, dessen edles Tiergeschlecht nicht zur Festhaltung von patriarchalischen Völkerindividualitäten bestimmt war, sondern in seiner weiten Verbreitungssphäre durch alle Naturverhältnisse und alle tellurischen Räume, wie in seiner vielseitigsten Ausbildungsfähigkeit für alle Kulturverhältnisse der Völker, seinen Kosmopolitismus für die ganze Erde zur Mitgift erhielt" (ebd.).

Hier steht es, das Wort von der „Bestimmung", der „Mitgift" der Räume wie etwa einzelner Tiergattungen für die Kultur, leicht, aber doch bedeutungsvoll hingeworfen, Gleichnisse, die die Vernunft beflügeln sollen, nachdem sich der sondernde und sammelnde Verstand an den Tatsachen im Rahmen des Möglichen erschöpft hat. Jedoch wird die Vernunft hierbei nicht zu Ikarusflügen ins Transcendente verleitet, sondern bleibt über dem gleichen Objekt schweben, bis sie jene Perspektive erreicht, die sie zu neuen überraschenden Aussagen über dessen Wesen befähigt. Dieses divinatorische Vermögen, sich aus dem Staube umfassender Quellenstudien plötzlich adlergleich zu erheben und mit einem Griff den Kern einer Sache zu treffen, haben seine Zeitgenossen als seine prophetische Gabe bezeichnet und bewundert. Aber sie haftet an der Person, läßt sich nicht, wie das Handwerkliche einer Wissenschaft, lehren und weitergeben, wohl aber unter den Vorurteilen und Mißverständnissen einer in anderen Kategorien denkenden Zeit verschütten.

Stellt man sich also nochmals die Frage, was Ritter mit seiner „Erdkunde" gewollt hat, dann wird sich die Antwort darauf erst aus sehr eingehenden Untersuchungen ergeben können. Klar ist nur, was er nicht wollte. Er hat nicht „Länderkunde" schreiben wollen, sei es im damals herkömmlichen Sinne, die er der Kompendiengeographie überließ, sei es im heutigen Sinne. Unsere länderkundliche Tradition läßt sich nicht von Ritter her ableiten, sondern führt als Staatenkunde von Clüver über Büsching, Ebeling, zu Humboldts Essay politique, unter Ritter hinweg zu Wappäus und damit weiter in die modernen methodologischen Auseinandersetzungen einer Zeit, der Ritter längst kein Begriff mehr war. Sie hat sich auf diesem langen Wege selbstverständlich stofflich bereichert und methodisch geklärt, ist auch an Ritter nicht teilnahmslos vorübergegangen. Aber die nie erwiesene Behauptung, Ritter wäre der Vater der modernen Länderkunde gewesen, muß notwendigerweise die ganze Sicht auf ihn verzerren, falls sich herausstellt, daß das entweder überhaupt nicht oder doch nur sehr cum grano salis zutrifft.

Ritter hatte beide von ihm in der Jugend beschrittenen Wege verlassen, die „Reine" Geographie als einen erwiesenen Irrtum, die Kompendiengeographie als eine zwar notwendige, aber für ihn reizlose Heerstraße. Er hatte Büschings Definition der Geographie als Gegenwartswissenschaft dahin erweitert, daß sie die Spanne der Kulturentwicklung, nicht als historisches, sondern als kulturgeographisches Faktum, mit einzuschließen habe. Ausgeschlossen wurde die eigentliche Naturgeschichte als zu den Nachbardisziplinen gehörig ebenso wie die Geschichte im engeren Sinne, soweit sie nicht raumprägenden und vom Raum her geprägten Charakter hat, Räume individualisiert.

Daraus folgt für seine Konzeption der Geographie:

1. Die Korrektur der Fehler der „Reinen" Geographie kann nur die empirische Klärung des tatsächlichen Reliefs der Erde bringen. Seine Ermittelung und Darstellung ist die selbstverständliche Grundlage aller seiner Werke seit dem Ersten Band seiner „Erdkunde".

2. Die Kompendiengeographie ist notwendig, aber als zusammenhangloses Aggregat von Tatsachen abzulehnen. Sie muß in einem inneren Zusammenhang, im Wechselspiel von Ursache und Wirkung, d. h. mit seinem Wort „pragmatisch" dargestellt

werden. In diesem Rahmen stand er auch einer geographischen Staatenkunde wohlwollend neutral gegenüber.

3. Seine eigene „allgemeine vergleichende Erdkunde" wollte aber weder eine solche Staatenkunde, noch eine in der Gegenwartsdarstellung gipfelnde Länderkunde sein, sondern eine historische Geographie ganz eigener Art. Der Mensch ist das höchstentwickelte „Complement", nicht etwa Produkt des Planeten, und so wie die Erdoberfläche in ihren Teilräumen sich in lange voraufgehender Geschichte differenziert hat, ist auch der Mensch und seine Geschichte dem Grade und Maß dieser Differenzierung angepaßt. Australien, wo die Menschheitsentwicklung auf altsteinzeitlicher Stufe stehengeblieben ist, hat RITTER leider nicht behandelt, aber diesen Kontinent als den „Schlüssel" für seine Sicht auf den Zusammenhang von Mensch und Erde angesprochen. — Afrika, in dessen Weiten „die Natur des starren Daseins . . . vorherrscht" [14], hat der Geschichte nur geringe Impulse geben können, die daher die Züge der „unentwickelten Kindheit", der bewußtlosen Vernunfttätigkeit, „obwohl mit dem Glanz der Schönheit und von Gefühlen durchdrungen", trägt, ein Zustand, der eine reiche Zukunft bergen kann und nur dem „unaustilgbaren Wahne" des aufgeklärten Europäers, auf dem Kulminationspunkte der Kultur angekommen zu sein, „als eine Stufe der Roheit und der Niedrigkeit entgegentritt". Erst das stark differenzierte Asien ist ein Boden für Völker mit wachem Bewußtsein und tiefer Geschichte. Auf ihm verfolgt er von den letzten erreichbaren Wurzelspitzen her den Zusammenhang von Mensch und Erde, aber mit nur geringem Interesse am Gegenwartsbild. Mit Liebe verweilt er vielmehr am längsten in den Zeiten der Kulturkulmination jedes Gebiets, da er dort für seine Fragestellung die ergiebigsten Aufschlüsse erwarten durfte. Das ist der Grund, weshalb sich seine Geographie des statischen, geschichtslosen Afrika am stärksten unserem Bild der Länderkunde nähert, während seine Bearbeitung gerade der geschichtsträchtigen asiatischen Landschaften der erst von der modernen historischen Landeskunde eingeschränkte Vorwurf traf, in reine Geschichtsdarstellung abgeglitten zu sein.

Vor der RITTERforschung steht heute die große Aufgabe, sein Werk behutsam und vorurteilslos zu zergliedern, zu prüfen, was in ihm Vorarbeit, Grundlagenforschung ist, und wo seine eigentlichen Probleme lagen. Ohne dem vorgreifen zu wollen, wird sich wahrscheinlich ergeben, daß RITTERS „Erdkunde" weniger eine Länderkunde, als vielmehr eine aus den Teilräumen heraus gestaltete Anthropogeographie werden sollte. Ihren Kern aber wird man erst aus der Philosophie der Romantik heraus verstehen können, der RITTER bis in seinen Wortschatz hinein verpflichtet und verbunden ist. Denn das dürfte seine geistesgeschichtliche Stellung sein: Er vereinigte — auch hier ein Spätling — am Ende der Romantik noch einmal alle ihre Gedanken in einem System von großer Geschlossenheit und Eigenart, an dem das ihm wesensfremde Denken seines Kritikers, des Positivismus, selbst wenn er wohlmeinend und bereitwillig war, verständnislos abgleiten mußte. Wie im Wellenschlag der Geschichte Perioden der Aufklärung mit Perioden der Romantik wechseln, wird auch das Urteil über RITTER schwingend bleiben, werden Zeiten der Ablehnung solchen der Zustimmung folgen. *Unsere* Zeit scheint ihm in vielen ihrer Tendenzen gewogen. Vielleicht bringt sie die Kraft auf, die Kruste der Mißverständnisse der Vergangenheit zu durchbrechen, so daß wir bis 1979 jene Klarheit über ihn gewonnen haben werden, in der uns HUMBOLDT bereits zu erscheinen beginnt.

Literatur

1. Penck, A.: Die erdkundlichen Wissenschaften an der Universität Berlin. Rede a. d. Universität Berlin vom 3. 8. 1918. S. 5. Ähnlich Richthofen, F. v.: Triebkräfte und Richtungen der Erdkunde im 19. Jhdt. Rektoratsrede Berlin 1903. S. 35/36.
2. Schlüter, O.: Hier ist mir die Belegstelle leider entfallen.
3. Schmitthenner, H.: Zum Problem der allgemeinen Geographie. Geographica Helvetica 1951, S. 130, und Zum Problem der allgemeinen Geographie und der Länderkunde, Münchner Geographische Hefte, Heft 4, Regensburg 1954, S. 25 f.
4. Kramer, G.: Carl Ritter, ein Lebensbild, Bd. 2, Halle 1870, 2. Aufl. Halle 1875. Übrigens ist mir nicht bekannt, daß er zu der häufigen Behauptung, er habe anfänglich geschwankt, ob er Historiker oder Geograph werden wolle, einen Anlaß gegeben hat. Sein Weg war konsequent der des Geographen.
5. Brief Ritters an A. Bethmann-Hollweg vom 30. X. 1815, veröffentlicht in „Die Erde", Z. Ges. f. Erdkunde Berlin 1959, S. 157.
6. Einzelheiten und Belege hierzu bei Plewe, E.: Carl Ritter, Hinweise und Versuche zu einer Deutung seiner Entwicklung. „Die Erde" 1959, S. 98 ff.
7. Wieder abgedruckt in „Erdkunde, Archiv für wiss. Geographie" XIII, Bonn 1959, S. 83—88.
8. z. B. „Erdkunde" 6, 1836, S. 743 ff.; aber es gibt auch Gegenbeispiele, z. B. im gleichen Band die Abhandlung über die natürliche Beschaffenheit der Insel Ceylon, S. 67 ff., oder auch Erdkunde 4, 1834, S. 896 ff. und S. 1085 ff., wo jeweils die Darstellung eines Raums nach dem „länderkundlichen Schema" zur „Übersicht" gehört. Die romantisch wuchernde Gliederung seines Werks, die ja von der Verteilung der Gewichte des von ihm Gemeinten nicht trennbar ist, ist bisher noch nie untersucht worden. *Ein* Hilfsmittel dazu ist die leider vielen Ausgaben der „Erdkunde" fehlende „Registerkarte" zu Carl Ritter's Erdkunde, II. Buch, Teil II—VI, Ostasien, entworfen von H. Mahlmann, Berlin 1844.
9. Büsching, A. F.: Neue Erdbeschreibung, in der dem ersten Band aller Auflagen vorangesetzten „Einleitung in die Erdbeschreibung".
10. z. B. Erdkunde I, 1817, S. 60.
11. Erdkunde 12, 1846, S. 27 f.
12. Erdkunde 12, 1846, S 5.
13. Erdkunde 13, 1847, S. 622.
14. Erdkunde I, 1817, S. 423/424. Dieser § 35, „Rückblick auf Afrika und Schluß", ist überhaupt in höchstem Maß lesenswert und aufschlußreich für die Denkweise Ritters.

Carl Ritter

Hinweise und Versuche zu einer Deutung seiner Entwicklung

Von

Ernst Plewe

Summary: *Carl Ritter, some pointers to an interpretation of his career.* On the evidence of hitherto unpublished or imperfectly published letters to and from Carl Ritter, and with the aid of his diaries, an attempt is made to trace the development of his scientific work up to the appearance of his "Geography". As a teacher trained in the school of Salzmann and Guths Muths he early applied himself to geographical representation, at first in the sense of the prevailing political geography, without any particular originality, but showing initiative even in his physical maps of Europe. In 1807 he sought out Pestalozzi and his circle in Iferten for the first time, and their revolutionary ideas on teaching and scientific theory altered his way of thinking fundamentally. Apart from this he was here introduced to a form of Protestantism which was tolerant but positive. From his collaboration on a geographical textbook for Pestalozzi based on the latter's method Ritter gradually evolved his own methodology, which he puts into effect in his great "Geography". His successors derived ideas from this work, without, however, adopting its system, and failed to break away from political geography with its reference to the present.

Alexander von Humboldt und Carl Ritter werden zwar in der Geschichte der Geographie stets in einem Atem genannt, wofür es viele Gründe gibt. Dennoch lassen sich Unterschiede mit Händen greifen, die sich geradezu aufdrängen, wenn man sich einmal näher mit der Gestalt Ritters befaßt. Während der sprudelnde und immer noch als modern und lebensnah empfundene Humboldt in zahlreichen Wissenschaften seinen festen historischen Platz hat und gleichermaßen zu Spezialuntersuchungen wie zu immer wiederholten Versuchen, ihn als Gesamtphänomen zu würdigen angeregt hat, ist die Wissenschaftsgeschichte Ritter mit einer gewissen Vorsicht ausgewichen. Aus Form und Inhalt seines Werks weht eine Atmosphäre, die eigentümlich fremdartig, antiquiert anmutet, wie wenn man den Deckel von alten Truhen hebt, die lange in Vergessenheit gestanden sind. Einige wenige Gegenstände hat man wohl gelegentlich herausgehoben und sich an ihrem seltsam altfränkischen Glanz gefreut[1]), ihn wohl auch belächelt, hat dann aber doch immer wieder den Kasten in eine dunkle Ecke zurückgeschoben und es einer nächsten Generation überlassen, das merkwürdige Erbe zu sichten. Nur den Besitz selbst glaubte man nicht aufgeben zu dürfen, da auf seinen Titel „Vergleichende Erdkunde" noch Wechsel laufen, für die man in jenem die Deckung vermutet. Aber Geistesgut, das nicht mehr verstanden und weitergetragen wird, hat keinen Kurswert mehr, verwirrt eher, als daß es bereichert. Geht man aber Ritters intimeren Zeugnissen nach, die helfen könnten, ihn wenn auch vielleicht nicht wieder zu beleben, so doch wenigstens verständlich zu machen, dann zeigen sich schwere Lücken. Sein Nachlaß von etwa 23 Kapseln, den Bitterling

---

1) Beck, H.: Carl-Ritter-Forschungen. „Erdkunde" X, 1956, S. 227ff.

1929 noch eingesehen hat, ist im Kriege verbrannt[2]). Briefwechsel, von deren Existenz wir wissen, sind verloren oder werden sich erst durch systematisches Suchen finden lassen. Der bescheidene mir greifbar gewordene Rest[3]) vermag jedoch weiter zu führen, als es die einzige Ritter-Biographie[4]) beabsichtigt hat in ihrem für die Gegenwart schwer genießbaren Bestreben, unter bewußter Vernachlässigung der wissenschaftlichen Leistung des Berufenen in merkwürdig spätpietistischer Enge nur sein vorbildliches protestantisches Christentum in seiner Entwicklung vor Augen zu stellen.

Über Ritters Andenken liegt wie ein Makel der Vorwurf, reiner Schreibtischgeograph gewesen zu sein, der das Objekt seiner Forschungen zu schauen sogar scheute. „Zu nahe dem Gegenstande rücken, fördert nicht immer den Überblick des Wesens desselben“[5]). Nimmt man dann noch seine Geständnisse hinzu, daß ihn weder die Politik interessiere, noch das Aktuelle in der Welt einen Reiz für ihn habe, daß er bis in seine reiferen Jahre hinein nie eine Zeitung gelesen habe, berücksichtigt man die überaus spärliche Nennung seines Namens durch literarische Zeitgenossen, und vermißt man folglich seine Gestalt in so weitschichtig jene Zeit darstellenden Werken wie HAYMs Romantik oder KORFFs Geist der Goethezeit, so ergibt sich fast zwangsläufig das Bild eines jener seltsamen Antiquare, die in abgeschlossener Selbstzufriedenheit ihren endlosen Faden spannen, der nur anfangs aufblicken ließ, aber rasch langweilte und nicht mehr beachtet wurde. Und auch dafür lassen sich Belege bringen, so wenn Ritter klagt, er hätte in Bibliotheken, z. B. Englands oder Frankreichs, seine „dicken Bände“ unaufgeschnitten im Magazin gefunden, sei also trotz aller Ehrungen schon ein vergessener Mann[6]).

Zweifellos ist mit allem dem etwas Richtiges getroffen; fraglich aber bleibt, ob diese freundlich abweisende Biedermeierfassade das Wesentliche seiner Persönlichkeit zur Schau stellt, oder ob hinter ihr nicht doch Kräfte verborgen sind, die jenen be-

---

[2]) BITTERLING, TH.: Briefliche Mitteilung auf Grund seiner Erkundigungen über den im Kriege nach Mecklenburg verlagerten Ritternachlaß der Staatsbibliothek. Ebenso scheint der im Haus der Gesellschaft für Erdkunde Berlin verbliebene Teil im Kriege untergegangen zu sein.

[3]) Briefe in der Zentralbibliothek Zürich, der Stadtbibliothek in Winterthur und im GUTS MUTHS — Archiv des Klopstockhauses in Quedlinburg. In Quedlinburg liegt auch mindestens der größte Teil von Ritters Tagebüchern, von denen aber nur wenige wirklich ergiebig sind, den Erwartungen entsprechen, die man nach Angaben in seinen Reisebriefen hegen dürfte. Begonnene Tagebücher brachen in seinen späteren Jahren unter einem unüberwindbaren Schreibekel meist nach wenigen Seiten ab. Für die freie Benutzung dieses Materials danke ich aufrichtig dem großen und vielfach hinweisenden Entgegenkommen der Herrn Direktoren Dr. DEJUNG, Winterthur, Professor FORRER, Zürich und MÜLLER, Quedlinburg.

[4]) KRAMER, G.: Carl Ritter, ein Lebensbild nach seinem handschriftlichen Nachlaß, 2 Bde., Halle 1864—70. Die schönen Reisebriefe von 1824—1847 gesondert in Bd. II, in deren zweiter Auflage, Halle 1875, vermehrt um Briefe bis 1853. Die im Text verstreuten Briefe und Zitate meist ohne Angabe von Datum und Adressat. Ergänzend und kritisch: WAPPÄUS, J. E.: Carl Ritters Briefwechsel mit JOH. FRIEDR. LUDW. HAUSMANN, Leipzig 1879, mit wertvollen Anmerkungen und Erläuterungen S. 156—173.

[5]) Erdkunde 15a, S. 7.

[6]) KRAMER, G.: Carl Ritter, Bd. II, z. B. S. 327/28.

sonderen Akzent der ihm bei Lebzeiten entgegengebrachten Verehrung verständlich zu machen vermöchten. Tatsächlich hat auch ihn, ähnlich wie Humboldt, eine sehr intensive Auseinandersetzung mit den geistigen Bewegungen seiner Zeit zu seinem Werk befähigt. Vielleicht kann eine kurze, nur bei wesentlichsten Punkten verweilende Lebensskizze neue[7]) Ansätze für eine Deutung geben.

C. Ritter wurde 1779 als Sohn des Dr. Friedrich Wilhelm Ritter, Leibarzt der Äbtissin Anna Amalie, der Schwester Friedrichs d. Gr. in Quedlinburg geboren. Seine Eltern werden als ausgesprochen sensible Naturen geschildert, die Mutter fromm, der Vater begabt mit einem vorzüglichen diagnostischen Blick und starken philosophischen Neigungen. Dieses Ahnenerbe ist in Ritter lebendig geblieben und hat sich im früh Verwaisten trotz einer langen, diese Anlagen zurückdrängenden Erziehung in einer ganz anders gearteten Umgebung erstaunlich kräftig durchgesetzt. Der Medicus Ritter hatte schon 2 Jahre vor Carls Geburt den jungen Guts Muths von 1777—1782 in Halle Theologie, Physik, Mathematik, Geschichte und Sprachen studieren lassen und ihn dann als Hauslehrer aufgenommen. Als er aber schon früh, 1784, starb und seine Frau verhältnismäßig mittellos zurücklassen mußte, fügte es sich, daß Salzmann für sein eben in Schnepfenthal geschaffenes Philanthropinum zunächst vergeblich Schüler suchte und sich daher entschloß, einen begabten Knaben unentgeltlich aufzunehmen, wobei seine Wahl auf Carl Ritter gelenkt wurde. Dieser gefiel ihm so gut, daß er auch noch dessen etwas älteren Bruder Johann als Zögling und den mit philanthropinen Ideen längst vertrauten Guts Muths als Lehrer aufnahm. Carl blieb in Schnepfenthal bis zu seinem vollendeten 17. Lebensjahr, also 11 Jahre, länger als wohl irgend ein anderer Schüler. Die dortigen Erziehungsgrundsätze sind bekannt. Die Zöglinge sollten fleißige, sich ihres gesunden Menschenverstands selbsttätig bedienende, körperlich tüchtige Männer des praktischen Lebens werden, der neuen Sprachen mächtig, vertraut mit den technologischen Grundbegriffen, auch fähig, im Garten, in der Werkstatt oder am Zeichentisch selbst Hand anzulegen. Die theoretische Richtung trat in der Ausbildung gänzlich zurück, also etwa alte Sprachen, Kunst- und Literaturgeschichte, Ästhetik, Logik, Metaphysik, und auch der Religionsunterricht ging kaum über eine Morallehre hinaus. Der Geographieunterricht lag in der Hand von Guts Muths und dürfte sich im wesentlichen in den Bahnen Büschings bewegt haben, allerdings erheblich bereichert von der Heimatkunde her und durch alljährliche z. T. weite Wanderreisen, auf denen auch Fabriken u. ä. besichtigt wurden, sowie eifrige Übungen in Freihand- und Geländezeichnen. Geographie und Zeichnen waren des jungen Ritter Lieblingsfächer, in denen er Überdurchschnittliches leistete.

So sehr jedoch Ritter seinen „Vater" Salzmann, Schnepfenthal und alles was damit zusammenhing liebte, regten sich doch bereits früh in ihm Kräfte, die diese nur im Praktischen weitherzige, im Bereich des Humanitären aber enge Aufklärungsatmosphäre sprengen mußten. Ersten Anlaß gaben die schweren Nöte der Berufswahl. Der seiner selbst nicht sichere Spätling schwankte: Maler ? Zeichner ? Kupfer-

[7]) Plewe, E.: Untersuchungen über den Begriff der „vergleichenden" Erdkunde . . ., Erg. Heft 4 der Z. Ges. Erdkunde Berlin 1932, sah hinter der „Stille Rätsel verborgen, deren Lösung wohl für alle Zeiten mehr der Ahnung wird anheimgestellt bleiben müssen".

stecher? Dahin wollte ihn SALZMANN lenken. Theologe? Erzieher? Diese Neigung zum Studium unterstützte in gelegentlich heftigen Kontroversen mit dem Anstaltsleiter der tiefer blickende GUTS MUTHS, der mit dem geliebten jugendlichen Freund schon seit Jahren vorsorglich Latein getrieben hatte, jene conditio sine qua non jedes etwaigen Studiums. Da schützte einer jener glücklichen Zufälle, an denen Ritters Leben so reich war, vor einer verfrühten Entscheidung und legte gleichzeitig doch die Richtung günstig fest. Der vor den Franzosen geflohene Frankfurter Bankier BETHMANN lernte Ritter in Schnepfenthal kennen und bot ihm eine Erzieherstelle für seine beiden Söhne in seinem Hause und ein vorher in Halle zu absolvierendes Studium an. Das konnte nicht ausgeschlagen werden; Ritter aber blieb noch bis zum Oktober 1796 bei SALZMANN, der ihn in das Erzieheramt einführte. Er trug damit erstmals methodische Fragen an den jungen Mann heran, die ihn in den nächsten 20 Jahren nicht nur beschäftigen, sondern schließlich bis ins Innerste aufwühlen und eine radikale Umprägung seiner Persönlichkeit herbeiführen sollten. Zunächst aber verließ er Schnepfenthal als das Muster der dort angestrebten, sehr sorgfältigen, wenn auch schon ein Jahrzehnt später als „materialistisch" angeprangerten Erziehung: etwa 1,90 m groß, schlank, gewandt und jeder körperlichen Strapaze gewachsen, von einer Reinheit und Lauterkeit der Seele, an der alles Unsaubere spurlos abglitt, der französischen und englischen Sprache mächtig, bewandert im Italienischen und Dänischen, unterrichtet in Mathematik, Physik, Mineralogie, Botanik und Technologie, ein vorzüglicher Freihandzeichner, persönlich anspruchslos, bescheiden, fleißig, erfüllt von einer zwar von Geduld gezügelten, aber unbeugsamen Energie, gewandt im Auftreten und in hohem Maße kontaktfähig, ja anschlußbedürftig. In Halle immatrikulierte er sich für Kameralistik, erstrebte aber kein Fach-, sondern ein Bildungsstudium, hierin konform mit HUMBOLDT, wenn auch unter anderer Zielsetzung.

Es wäre nun Aufgabe einer ausführlichen Biographie, für die sein großer Briefwechsel mit GUTS MUTHS gerade aus jener Frühzeit möglicherweise Unterlagen bietet, nachzuweisen, wie der bisher ausschließlich in der Aufklärungsideologie Aufgewachsene sich langsam von ihr löste und sich zunächst neuen Perspektiven, dann aber auch immer entschlossener und freier Personenkreisen zuwendete, die jene ihm nicht adäquate Form brechen und ihn aus dem Kern des Eigenen heraus zu denken, zu handeln und zu leben halfen. Die Anfänge auf diesem Wege fördern zwar noch nicht, bekunden sich aber in einer abwehrenden Zurückhaltung gegenüber dem Moraltheologen NIEMEYER, bei dem er weisungsgemäß in Halle Wohnung genommen hatte. Lustlos versuchte er in die ihm fremden Materien der Logik, Metaphysik und in KANTS Kritik der reinen Vernunft einzudringen. SPRENGELS europäische Staatengeschichte brachte ihm nur „bloße facta", wenn auch nicht uninteressant, weit stärker fesselten ihn RÜDIGERS und später SPRENGELS „Statistik" und besondere Cameralia wie Landbaukunde. Daneben trieb er eifrig Physik, Chemie, Botanik, selbstverständlich auch Pädagogik, Psychologie und Anthropologie. Endlich aber bezauberten die Formprobleme der Ästhetik den bisher in nüchterner Enge Gehaltenen so, daß er über dem Hören und Mitdenken das Mitschreiben vergaß und sich nun mit Heißhunger auf die deutsche, englische und französische schöne Literatur stürzte. Ritters ausgeprägter Sinn für Formprobleme und seine latente Kraft, sie lebendig zu ergreifen, wurde hier erstmals angesprochen, aus dem bisherigen Bereich handwerklicher Widergabe auf die Höhe theoretischer Durchdringung gehoben und damit ein Boden aufgerissen, aus dem später ganz unerwartete Früchte sprießen werden. Der junge A. v. HUMBOLDT war indessen durch die Schule CHODOWIECKIS gegangen! —

Zwei Jahre später, 1798, verließ Ritter, 19jährig, die Universität und trat im Oktober seinen Dienst im Hause Bethmann in Frankfurt an, das von GUTS MUTHS und SALZMANN her bestimmte, alsbald aber wesentlich gehobene Ideal eines Erziehers vor Augen, dem er nun rastlos und mit einer seine physischen Kräfte überfordernden Energie nachstrebte. Wie SALZMANN lehnte er es ab, nur Instruktor bei Objekten einer fremden Erziehung zu sein, setzte vielmehr die eigene Verantwortung für die Gesamterziehung seiner Zöglinge durch und verließ mit ihnen sogar das elterliche Haus, als dessen Lebensstil die volle Wirksamkeit seiner Bemühungen gefährdete. Die Kinder des ersten Hauses von Frankfurt bedurften selbstverständlich einer anspruchsvolleren Erziehung, als er sie selbst genossen hatte, sollten gebildet werden im umfassend humanitären Sinne der Zeit. Wir wissen ,daß er sich in den alten Sprachen, in Mathematik, Geographie und Geschichte eifrig und systematisch fortbildete, und daß er den Anschluß an die Zeit in den Schriften von HERDER, FORSTER, HUMBOLDT, PESTALOZZI, GOETHE, SCHILLER u. v. a. suchte. Um des Stoffs sicher zu sein und gleichzeitig seine Gewandheit im Ausdruck zu steigern, arbeitete er jede Unterrichtsstunde schriftlich aus. Gleich HUMBOLDT suchte er Kontakt mit Persönlichkeiten, von denen er geistige Förderung und Klärung erwartete, z. B. mit den Pädagogen der Stadt, u. a. MIEG und ENGELMANN, oder mit BLUMENBACH, mit dem er sich in Göttingen einige Stunden über BUFFON unterhielt und vor allem dessen großen Bibliothekskatalog und die stets griffbereite systematische Ordnung seiner Kollektaneen kennen lernte, eine Technik des wissenschaftlichen Arbeitens, die ihm fortan für die Bewältigung seiner eigenen wachsenden Excerptenmassen unentbehrlich werden sollte. Beim Bergvogt FREIESLEBEN, einem Schüler WERNERS, den wir schon auf HUMBOLDTS frühen Spuren treffen, erhielt er 1800 Einblick in die Geologie und den Bergbau, den er später bei JOH. FR. LUDWIG HAUSMANN, dem geistesverwandten Lebensfreunde, vertiefte. Mit TH. SÖMMERING, dem großen Arzt, Anatomen und Naturforscher schloß er eine so innige Freundschaft, daß er wenig später, 1801, auch dessen Sohn in den Kreis seiner Zöglinge aufnahm. Er besuchte JEAN PAUL (1804) und auf einer zweimonatigen Reise in die Schweiz erstmals eine Woche lang auch PESTALOZZI (1807), der ihm aus der Literatur und über seine Freunde MIEG und ENGELMANN schon lange bekannt war[8]).

Diese Schweizer Reise bewirkte einen so entscheidenden Einschnitt, ja revolutionären Umsturz in seinem Leben, daß es notwendig ist, im Rahmen des Geographischen einen kurzen Rückblick auf seine bisherigen Leistungen zu werfen, um den Wechsel der Auffassungen, den Durchbruch zu neuen Perspektiven wenigstens zu erahnen.

---

[8]) Hierzu ausführlicher die gedankenreiche Arbeit von SCHMITTHENNER, H.: Studien über Carl Ritter. Frankfurter Geographische Hefte Jg. 25, Heft 4, Frankfurt 1951, S. 19.

Hierfür stehen die beiden Bände seines „Europa“ und der dazugehörige Atlas [9]). Man wird die Betrachtung beider zunächst trennen dürfen.

Das Textwerk müßte aus voraufgehenden Darstellungen beurteilt werden, so aus Lehrbüchern und geographischen Kompendien in der Nachfolge BÜSCHINGS, wie denen von SPRENGEL, EBELING u. a., und aus den von ihm angegebenen Quellen, also etwa STORCHS Historisch-statistischem Gemälde des russischen Reichs, nach PALLAS, GEORGI, GMELIN u. a. Das würde hier aber zu weit und auch kaum zu einem überraschenden Ergebnis führen, also etwa ein aufstrebendes Genie erkennen lassen. In hergebrachter Form stellt sich uns das „Gemälde“ Europas dar als eine Kunde von nebeneinander nach jeweils genau dem gleichen Schema abgehandelten Staaten. Auf eine historische Einleitung, in der allerdings kaum spürbar angedeutet etwas wie die Ahnung von historisch-landeskundlichen Querschnitten sich findet, folgt die Abhandlung der physischen Beschaffenheit (Größe, Grenzen, Gebirge, Gewässer und Randmeere, Klima, Urproduktion), der Industrie und des Handels, der Einwohner nach Zahl, Stämmen, Kultur, Religion, Justiz, Einkünften und Staatsmacht, und endlich ein Anhang über die Städte, wobei z. T. die Hauptstädte (Moskau, Petersburg u. a.), wie schon bei BÜSCHING, ausführlicher behandelt, die übrigen nur tabellarisch zusammengestellt werden.

Man hat dieses Werk später dramatisieren wollen, indem man dem Wort eines zeitgenössischen Referenten, „daß dieser wahrscheinlich erste Versuch des Herrn Ritters noch zu größeren Erwartungen berechtigen“ könne [10]), prophetische Bedeutung zubilligte. Das geht zu weit. Knüpfte sich nicht Ritters Name daran, wäre es längst vergessen. Die Aufnahme der Zeitgenossen war im allgemeinen freundlich, ohne daß auch nur einer darin etwas irgendwie Neues, Bahnbrechendes spürte oder es auch an mancher, über die Korrektur von Einzelheiten hinausgehender berechtigter Kritik im Hinblick auf die grundsätzlich unzureichende Behandlung des anspruchsvollen Titels fehlen ließ. Ein „Gemälde“ von „Europa“ sei eben doch etwas anderes, als das in sich unzusammenhängende Mosaik einer Staatenkunde; es fehlen ihm die „Landschaften (!), komponiert aus Himmel und Erde, Luft und Wasser, Tieren und Pflanzen“, wie sie nur der „philosophische Maler“, aber nie der Kompilator erreichen könne, zwischen denen der junge Autor stände [11]). Dem hätte Ritter allerdings entgegenhalten können, daß er indessen bereits seine 6 Karten von Europa, den ersten physischen Atlas dieses, bzw. überhaupt eines Kontinents und damit ein

[9]) RITTER, C.: Europa, ein geographisch-historisch-statistisches Gemälde, 2 Bde, Frankfurt 1804 und 1807.
RITTER, C.: Sechs Karten von Europa über Produkte, physikalische Geographie und Bewohner dieses Erdtheils, Schnepfenthal 1806; 2. Aufl. 1820. Er ist in französischer Fassung erschienen als Denaix Atlas phys. de l'Europe, Paris 1829 (vgl. hierzu seine „Erdkunde“, 2. Aufl. Asien Bd. I, 1832, S. 21, Anm.).

[10]) Allgemeine geographische Ephemeriden XVI, 1805, S. 314.

[11]) So sein Lehrer und Duz-Freund GUTS MUTHS in seiner „Bibliothek der pädagogischen Literatur“, Bd. I. Leipzig 1805, S. 246 f. Ähnlich die Aufnahme in der Allg. Lit.-Zeitung Halle 1805/III Nr. 198 (nicht 189, wie R. in der Vorrede zu Bd. II angibt), S. 164: „Zweck nicht erreicht, dazu gehört mehr, als Verf. geleistet hat“. Günstiger die Jenaische Allg. Lit.-Zeitung 1806 Nr. 139: Plan vollständig in der Anordnung ...!

echtes Gemälde, wenn auch im Frühstil einer neuen Epoche, geschaffen hatte; einige dieser Karten tragen Jahreszahlen zurück bis 1804. Hier wird über alle politischen Grenzen hinweg die Verbreitung der Kulturgewächse, der Säugetiere, der Völker und der Gebirge dargestellt. Endlich stellt ein Profil von Nordeuropa bis zum Ätna und nach Teneriffa im Vergleich mit HUMBOLDTS Ergebnissen am Chimborazo, also tropischen Verhältnissen, die Gebirge Europas in ihren Haupteigenschaften wie den Grenzen der Vegetation, des Ackerbaus, des ewigen Schnees, der Höhenlage der Städte, der Seen, der Pässe, der Höhenkrankheit dar über dem Meer, dessen größte damals gemessene Tiefe im Sockelstreifen erscheint. Hier liegt also ein neuer und wirklich ernsthafter Versuch vor, der Forderung seiner Vorrede [Bd. I, S. III] zu entsprechen, „den Leser zu einer lebendigen Ansicht des ganzen Landes, seiner Natur- und Kunstprodukte, der Menschen und Naturwelt zu erheben, und dies alles als ein zusammenhängendes Ganze so vorzustellen, daß sich die wichtigsten Resultate über die Natur und den Menschen von selbst, zumal durch die gegenseitige Vergleichung, entwickelten" zur „Veredlung des Geistes" und nicht als „Sammlung für das Gedächtnis". Der geographische Stoff muß aus seiner bisherigen sammelnden Darstellung auf das Niveau einer funktional denkenden Wissenschaft gehoben werden, denn „das Land wirkt auf die Bewohner und die Bewohner auf das Land", so daß beide getrennt nicht „getreu" dargestellt werden können, daher „Geschichte und Geographie immer unzertrennliche Gefährtinnen bleiben müssen". Solchen Vorreden hat man in der Geschichte der Geographie wohl immer zu große Bedeutung beigemessen. Derartige Vokabeln waren damals gang und gäbe. Auf die Kraft und auf tragfähige Ideen, sie im Stoff zu verifizieren, kommt es an. Es fehlte den Autoren, die ja noch alle keine Geographen, sondern Angehörige der unterschiedlichsten Berufe waren, an Kenntnissen, die sie konstruktiv im Sinne solcher Forderungen hätten verwerten können. An vielseitigen systematischen Kenntnissen in Natur- und Geisteswissenschaften fehlte es dem jungen Ritter nicht, aber der Absprung von einer theoretischen Forderung in die Tat erfordert Genie. Dieses aber künden in den Anfängen erst die 6 Karten an, nicht das „Gemälde". Die Karten aber kann man verschieden aufnehmen, entweder als Elemente eines wirklichen „Gemäldes" einer allgemeinen Regionalgeographie von Europa, oder auch als Teil einer allgemeinen Geographie nach ihren Elementen, durchgeführt für Europa, aber doch schon fortweisend in den afrikanischen und asiatischen Raum und im Profil bis in die inneren Tropen. Jedenfalls werden große Zusammenhänge gesehen und zunächst auf analytischen Karten in kontinentalem Rahmen dargestellt. Beides war für die damalige Zeit neu, die Thematik wie ihre Bewältigung in einer Folge analytischer Karten, deren Inhalt sich ihm aus der Durcharbeitung einer umfänglichen Literatur unter bestimmter Fragestellung ergeben hatte. So originell und wegweisend dieser Anfang war, läßt der Text doch noch die farbgebende, zu plastischer Gestaltung drängende Anschauung kontrastierender Räume vermissen.

Das große Erlebnis der Landschaft in ihrer Urgewalt und Fremdartigkeit, der Naturkräfte vom tosenden Strom bis in die erstarrten Eiswüsten, traf den höchst sensiblen Mann erst auf seiner Schweizer Reise 1807. Man muß den zwar gewandten aber doch trockenen Stil seiner bisherigen Schriften vergleichen mit dem Tagebucheintrag angesichts des Rheinfalls von Schaffhausen[12]). Es ist ein Hymnus, der streckenweise in freie Rhythmen übergeht. Mag auch im Hintergrund OSSIAN anklingen, niemand wird den sich überstürzenden, oft wie Schaumkronen abreißenden, jagenden Sätze die tiefe Erschütterung, das aufrührende Erlebnis, noch Ritter den Willen und die Kraft absprechen, dieser Eindrücke in der Gestaltung Herr zu werden, sie zu objektivieren. In diesen Zeilen offenbart sich ein romantisches Naturgefühl, wird die Irrationalität zerstörend rasender Kräfte als zum Universum gehörig erlebt, von der sich Ritter nicht mehr abwendet als von etwas Grausigem, Ungehörigem, oder sie durch Stilisierung und Verniedlichung erträglich zu machen sucht, sondern von der er sich als Teil der gleichen Natur unwiderstehlich angezogen fühlt. Es sind zwei Welten, jene den Rheinfall zu einem Spielzeug degradierenden Engländer, und jene anderen, die das alle physischen und seelischen Kräfte überschwemmende pantheistische Weltgefühl schließlich unwiderstehlich in den Strudel zieht. Ritter aber steht hüben, ergriffen von der gleichen „Sympathie", die nun aber nicht seine zur Auflösung drängenden, sondern seine gestaltenden Kräfte befreit. Noch ein zweites Bekenntnis zu diesem romantischen Pantheismus hat er seinem Reisebüchlein unter dem milderen Eindruck des abendlichen Blicks vom Rigi anvertraut[13]).

Zweifellos hätte sich unsere klassische Geographie aus der Nüchternheit und Rationalität der Aufklärung nicht erheben können ohne solche „Urerlebnisse" der Landschaft. Sie waren eine notwendige Voraussetzung ihres Durchbruchs durch ein Ordnungsschema vorgegebener, klar überschaubarer aber starrer Kategorien[14]) in eine Welt, die nun wieder Wunder, Unverständliches, Verwirrendes, Erregendes barg, wieder zum Rätsel geworden war. Welch ein Unterschied zwischen BÜSCHING, der sich nur widerwillig, aber doch getrieben von seinem pädagogischen Verantwortungsgefühl, zu einer kurzfristigen Besuchsreise nach einem Philanthropinum entschließt und nun auf der Fahrt durch die Mark aufmerksam alles am Wege Liegende notiert, kluge Bemerkungen zur Meliorisierung einstreut und das ganze mit Urkunden durchschießt zur Weckung des heimatkundlichen Interesses seiner Leser, und jenen beiden: Ritter am Rheinfall und Tage später in den Alpen, und HUMBOLDT am tropischen Gestade Südamerikas, beide in der gleichen, ungeheuren Spannung eines seither völlig veränderten Welt- und Lebensgefühls, beide zunächst niedergeschlagen von der Ohnmacht, das neu auf sie Einstürmende alsbald ihrer gewohnten Welt einzufügen. HUMBOLDT ging seinen Weg rasch, angeregt und vorbereitet durch J. G. FORSTER, wußte sich auf den tragenden Wogen dieser Erlebnisse seines Handwerks und seines Ziels sicher. Ausgerüstet mit großen Kenntnissen auf allen Gebieten der Naturwissenschaften und mit den modernsten Instrumenten mußte er, selbst eine dynamische Forschernatur, die Grenzen der Erkenntnis mindestens mit Wachstumsspitzen erheblich zurücktreiben, und es war nur eine Frage seiner Kombinationsgabe, ob und wieweit er über das neu gewonnene Detail hinaus zu einer wesenhaften Erweiterung des zeitgenössischen Weltbildes beitragen würde.

---

[12]) s. unten S. 137.

[13]) s. unten S. 138.

[14]) Vgl. PLEWE, E.: Büschingstudien in den Festschriften für H. LAUTENSACH, Stuttgarter Geographische Studien 69, Stuttgart 1957, u. für Hans KINZL, Schlernschrift. 190, Innsbruck 1958.

Ganz anders Ritter! Er stand HUMBOLDT an Einzelkenntnissen auf vielen Gebieten kaum nach. Gleich ihm unterlag er geradezu dem Zwang zur Produktivität. Seiner Beschäftigung mit Plato entsprang eine Darstellung des Lebens des Sokrates, seinem Bibelstudium ein Leben Jesu, Schriften, die nur der eigenen Klärung dienten und die er daher ohne Autorenehrgeiz anderen zur beliebigen Verwendung überließ. Aber zwei Dinge unterschieden ihn doch grundsätzlich von HUMBOLDT. Seine ausgesprochen kontemplative Natur strebte überall zur Synthese, zur überschauenden sichtenden Sammlung des Vielartigen unter konstruktiven Gesichtspunkten; ihr fehlte die analytische Kraft, aber auch der Wille HUMBOLDTS, mit Verstandesschärfe zu trennen und zu isolieren, Komplexe aufzulösen, zu experimentieren. Dieser Unterschied reicht tief hinab, bis in die Sprache und die von beiden meisterhaft und bewußt getroffene Wahl des Wortes: Es ist der schwer faßbare Unterschied von Begriff und Idee, der sich in ihnen geradezu personifiziert und über den sich Ritter auch ganz klar war (s. u.!). Damit hängt wurzelhaft zusammen, daß das eigentliche Objekt, um das er sich bemühte, dem gegenüber er sich verantwortlich fühlte, nicht wie bei HUMBOLDT die Natur, sondern der Mensch war. Den jungen Menschen, auch wenn dieser sich zunächst noch so widerstrebend gebärdete, noch so wenig zu versprechen schien, mit größter Geduld und Behutsamkeit aus Verhärtungen und Fesseln zu lösen, Schritt für Schritt in die fruchtbaren Tiefen seiner Seele hinabzuführen und von diesen Wurzeln her, Feindliches, Vergiftendes abwehrend und Förderndes unterstützend, das Heranwachsen einer großen, ausgeglichenen, umfassenden Persönlichkeit zu überwachen und zu lenken: das war sein Beruf, seine Kunst, worin ihm in seiner Zeit wohl kaum jemand überlegen war. Die Meister beider Richtungen werden sich letzten Endes ihrem Genie überlassen müssen, aber während der Analytiker HUMBOLDT seine Probleme in Spezialstudien, in Laboratorien, Herbarien, botanischen Gärten und Sternwarten, mit Mikroskop und Theodolit, Barometer und Thermometer, kurz allen Mitteln der exakten Forschung verfolgte, wird der andere mit gleicher Notwendigkeit zur Philosophie und Methodenlehre gedrängt, wobei sich zwischen beiden ein mehr oder minder breites Feld der Überschneidung ergeben wird, von dem allerdings viel abhängt. Fehlt es drüben, erwächst in der Isolierung der reine Spezialist, fehlt es hüben, dann führt ein Don Quixote seine Streiche mit Emphase „in den Wind". Diesen Unterschied muß man beachten, wenn man Rittern neben HUMBOLDT gerecht werden will; er ist grundsätzlich und blieb konstant. Es ist zugleich schief gesehen und falsch, wenn SCHMITTHENNER meint, daß Ritter, als er 1820 nach Berlin ging, über den „Haushofmeister", den „Schulmeister hinausgewachsen" sei[15]); dagegen sprechen zahlreiche Bekenntnisse bis in sein hohes Alter, spricht seine eigene Praxis. Bis zur Grenze des Möglichen, d. i. bis zum Tode seiner Frau und damit der Zerstörung seiner Familie, ist er praktischer Erzieher geblieben, sei es zunächst in der Kadettenanstalt oder in der hingebenden Ausbildung junger Generalstabsoffiziere, sei es daß er Zöglinge, meist Söhne von Freunden, in sein kinderloses Heim vollverantwortlich im Sinne seiner Frankfurter Jahre aufnahm. Sieht man Ritter in dieser Weise, man darf ohne Übertreibung sagen aus dem Kern

[15]) SCHMITTHENNER, H.: a. a. O. 1951, S. 22, 26, 30.

seines Wesens, dann konnte er seinen Weg nicht finden, ehe er nicht auf jenes andere große Erlebnis stieß, das er ja auch auf dieser Schweizer Reise suchte, ungeduldig erwartete: PESTALOZZI und seinen Kreis in Iferten. Denn in Frankfurt wurde „unter der reichsstädtischen Verfassung an dem sehr verfallenen Schulwesen mit Eifer und Erfolg gebessert" und unter der Leitung von HUFNAGEL und GÜNTERODE „die Pestalozzische Methode mit Erfolg angewendet"[16]).

Über diese Tage, den 19.—26. September 1807 in Iferten wissen wir bisher nichts außer einigen allgemeinen Bemerkungen bei KRAMER [I. S. 162/3], denen zufolge Ritter mit tiefem Ernst und fröhlichem Scherz pädagogische Fragen besprochen hätte. Jedoch führen seine Tagebücher wesentlich weiter, werfen Licht auf seine ganze spätere Entwicklung, die von dieser Woche her entscheidende Impulse erhielt.

Ritter traf in Iferten damals u. a. drei Persönlichkeiten, deren Einfluß auf ihn verschieden beurteilt wird: PESTALOZZI, die Seele und den eigentlichen Ideenträger des Kreises, NIEDERER, dessen Philosophen und TOBLER, den Geographielehrer der Anstalt. Die Pestalozzi-Forschung hat die bemerkenswerte Tatsache, daß dem greisen Pädagogen in Ritter das einzige Genie seines Lebens begegnet ist, das durch ihn erst zu sich selbst gefunden hat, noch nicht entsprechend beachtet[17]).

„Der edle Tobler", der später beansprucht hat, der eigentliche Initiator der Ideen Ritters gewesen zu sein, wurde in der ersten Begeisterung von Ritter zweifellos weit überschätzt. Er war sicher eine starke und integre Persönlichkeit, aber nicht der Mann, der der Geographie „gleichsam die Bahn für alle weitere Bearbeitung brach", sie „des Namens einer Wissenschaft würdig gemacht" hätte[18]). Aus HENNINGS Briefen[19]) wird deutlich, daß er trotz aller Verdienste um Iferten und den dortigen Geographieunterricht, den er begonnen hat und in welchen er bald darauf nach seinem Ausscheiden durch den bedeutenderen HENNING, einen „preußischen Eleven" ersetzt wurde, kein origineller Kopf war. In den Spuren der „reinen" Geographie laufend, pedantischer Becken- und Wasserscheidentheoretiker in der Nachfolge GATTERERS, hat er bis in die 40iger Jahre hinein ohne tiefere Kenntnisse und ohne Anregung von außen her an einem Lehrbuch der Geographie nach der „Methode" gebosselt und dafür vergeblich, als Greis endlich unter fruchtloser Anrufung der Vermittlung Ritters[20]), einen Verleger gesucht. Eine ausführliche Disposition des Werks in sauberer Abschrift zu Ritters Verwendung zwecks Weitergabe an einen etwa interessierten Verleger ist in Quedlinburg erhalten.

---

[16]) GUTS MUTHS: Neue Bibliothek für Pädagogik, 1808/2, S. 188—190.

[17]) Vielleicht bringen die bisher vergessen und noch nicht entziffert in Quedlinburg liegenden Briefe PESTALOZZIS an Ritter, die hoffentlich bald in die Schweizer Gesamtausgabe seiner Briefe eingehen werden, hier neue Anregungen. Die Mehrzahl der Briefe Ritters an PESTALOZZI scheint dagegen in der Schweiz verloren gegangen zu sein.

[18]) RITTER, C.: Zweiter Brief über Pestalozzis Methode, angewandt auf wissenschaftliche Bildung. Neue Bibliothek für Pädagogik, 1808/1, S. 193—214, hier S. 198ff.

[19]) S. unten z. B. S. 140, S. 152. Damit erledigen sich alle späteren Mutmaßungen über TOBLERS Bedeutung für die Geographie und für Ritter, so bei DEUTSCH, E.: Das Verhältnis von Carl Ritter zu Pestalozzi und seinen Jüngern. Diss. Leipzig 1893, S. 13ff. und SCHMITTHENNER, H.: a. a. O. 1951, S. 47/48 und S. 53.

Fortsetzung siehe Seite 108.

Anders NIEDERER! Er war von Haus aus Theologe und ein mehr scharfsinniger als schöpferischer Kopf. Geschult in der modernen Philosophie seiner Zeit, an KANT, FICHTE, SCHELLING u. a., war sein Bestreben, die vieldeutigen Ideen PESTALOZZIS zu logifizieren und zu systematisieren[21]). Der Streit, der hierüber ausbrach und schließlich zur Zerstörung der Anstalt führte, kann hier übergangen werden, da Ritter dazu nicht Stellung nahm und auch 1817 die ihm in der verfahreren Situation angebotene Nachfolge PESTALOZZIS ausschlug [KRAMER I, S. 380]. Es ist auch gleichgültig, ob er in den wenigen Tagen seiner Anwesenheit PESTALOZZI oder NIEDERER richtig verstehen lernte. Wichtig ist nur, was er selbst als sein großes Erlebnis aus Iferten mitnahm und in sich weiterwirken, reifen ließ. NIEDERER hat ihn zweifellos als nicht nur streng christlicher, sondern auch in gleicher Weise scharfsinniger wie wortgewaltiger und das Gemüt erregender Theologe im Kern seines Wesens zu packen vermocht. Man darf geradezu einen Akt der „Erweckung" im streng religiösen Sinne des Worts für Ritter annehmen und dessen Tag zu fixieren wagen. Am ersten Tage in Iferten, d. i. am 19. September, wohnte Ritter vormittags einer Unterrichtsstunde bei. Er notiert darüber Einzelheiten und fährt dann in seinem Tagebuch fort: „Dann geht mitten hinein Pestalozzi, dessen Stirn durch die Erfahrung und die Welt gefurcht ist, mit zarter physischer Konstitution bis in die Fingerspitzen hinein. Er geht umher, schlägt auf den Kopf, auf den Mund mit dem Schnupftuch. Mich am Arm — geht in den Garten. Mit Liebe sagt er: Den letzten Tag, wenn Ihr hier seid, sagt auch, was wir machen sollen. Wir wissen nicht die Bücher, die Wissenschaften die wir brauchen. Saget uns! In der Anschauung liegt das Urbild von allem, in der Klaue der Katze die Klaue des Tigers, in dem Kohlblatt die Kohlarten alle. Wieviel Urformen sind in den Bäumen, wieviel in den Sträuchern, in den Blüten, den Tieren etc. Saget uns, es macht nichts, wenn es Jahre dauert".

Wird Ritter hier also durch PESTALOZZI auf die Idee des Typus gestoßen, die ihm ältere Ahnungen klärt und ihn forttreiben wird auf dieser Spur[22]), bringt schon der Nachmittag ein neues erregendes Erlebnis, denn da: „. . . . nimmt mich Pestalozzi an der Hand und führt mich an seinen Tisch. Auch Niederer ist mit in dieser Mitteilung der Ideen über die absolute Form des Objektiven, die er gefunden zu haben glaubt. Sie liegt in der mosaischen Schöpfungsgeschichte (dies ist die höchste

[20]) Der offenbar einzige erhalten gebliebene Brief NIEDERERS an Ritter vom 31. 3. 1843. Vgl. unten S. 156. Sollte er die wahre Meinung seines Verf. ausdrücken, dann wäre er auf dem Standpunkt beharrt, dem Ritter schon 1807 widersprach. (Leider erst nach der Drucklegung erfahre ich durch frdl. Mitteilung von Herrn Kollegen ARTHUR STEIN aus Bern, daß in der Zentralbibliothek Zürich noch zwei Briefe von NIEDERER an Ritter erhalten sind. Am 10. 2. 1815 sucht er (Ms. PESTALOZZI, Fasz. 604, S. 163/164) Ritter für Iferten zu gewinnen, der zweite von 1825 fragt nach pädagogischen Lehrstühlen in Berlin und Halle. Herr Kollege STEIN hat eine Monographie über NIEDERER in Arbeit.)

[21]) DEJUNG, E.: Pestalozzi im Licht zweier Zeitgenossen: Henning und Niederer. Zürich 1944. Wichtig auch durch den Anmerkungsapparat.

[22]) Er plante für sein nie erschienenes „Handbuch der Erdkunde" einen Typenatlas von „Charaktercharten", „da wir mit Ländercharten überhäuft sind", wollte er darin „z. B. ein Alpenland, eine Wüste, ein Steppenland, ein Delta, . . . Inseln, Inselgruppen, . . . Wasserstürze" usw. bringen. KRAMER I, S. 264/65.

Form und einzige Wissenschaft des Universums, gleichsam im Gegensatz des Individuums), denn ihr geht das Unbedingte dem Bedingten vorher. Licht ist diese Bedingung in der moralischen wie in der physischen Welt, ohne die nichts hervorgehen kann. Das notwendig Vorgehende ist auch hier vorausgehend, Folge auf Folge, dies ist die Bedingung wie in der formalen Produktion. Und das Auffassen ist auch meine Sache, das Produkt meiner Tätigkeit auf das Reale, also immer ideal, und insofern als organisch potenziert möglich und notwendig. — Großer Gewinn hierdurch für die Menschheit, der hierdurch wiedergegeben wird, was die Gelehrsamkeit ihr entrissen hatte. Dem Volk ist alles wiedergegeben, was man ihm nahm, weil man es verachtete. Die Wissenschaft — Klarheit, Einfachheit, Umfang, Unendlichkeit im Individuum und Universum (vidi einen Brief von Hamann an Kant über eine Physik der Länder)".

Der Gedanke, in der mosaischen Schöpfungsgeschichte das Urbild und den Ausgangspunkt jeder Wissenschaft zu erfassen, öffnete doch wohl ein Tor in Ritters Gemüt, das dann weit aufgestoßen wurde in einem Gesprüch mit NIEDERER allein am 22.: „Mit Niederer über ästhetische Bildung. Ihm geht die ästhetische Erscheinung zur Seite der Mathematik wie die mythologische zur Seite der Religion. Es ist, als ginge die Herrlichkeit Gottes dort herauf über der religiösen Ansicht des Universums". Schon DEUTSCH[23]) hat für die religiöse Wendung Ritters den Anlaß gesucht und ihre „Formel" in stark geographischer Formulierung rekonstruieren wollen. Dieser letzte Satz: Es ist, als ginge die Herrlichkeit Gottes herauf . . . , das ist Ritters Formel, die fortan sein ganzes Fühlen und Denken durchtränken wird. Ihr weicht der romantische Pantheismus, der in Schaffhausen begann, auf dem Rigi noch einmal einen Höhepunkt erreichte und nun in Iferten durch NIEDERERS entschiedenes protestantisches Christentum stark zurückgedrängt, wenn auch kaum radikal abgelöst wird. Daß hier nichts in Ritter hineininterpretiert wird, ergibt sich zwingend aus seinem Brief an Pestalozzi vom 20. September 1810: „Wahrscheinlich ist Frau Bethmann-Hollweg in diesem Augenblick in Ihrer Nähe, um ihren Enkel zu besuchen und um zu sehen, ob in Ihrem Kreis ein Wunsch, den ich auf dem Herzen habe, in Erfüllung gehen kann. Es betrifft den Religionsunterricht meiner beiden Zöglinge, den ich gern von Niederers kraftvoller Rede für Geist und Herz bevor sie in die Welt treten, geschlossen oder vielmehr zu einem geschlossenen Ganzen erhoben sähe, und zwar im Kreise Ihrer Wirksamkeit. Ich kann mir keinen schöneren Plan denken". Ritter hatte die gesamte Ausbildung und Erziehung seiner Zöglinge allein durchgeführt, nur für den letzten Schliff in den alten Sprachen das Frankfurter Gymnasium in Anspruch genommen. Aber er, der (gleich SALZMANN) einem spezifischen Religionsunterricht früher recht ablehnend gegenüberstand, ihn soweit notwendig nicht an den kindlichen sondern erst an den gereiften Menschen heranbringen zu dürfen glaubte, erblickte nach seinem Erlebnis in Iferten gerade in der religiösen Unterweisung jene letzte erzieherische Prägung, deren er sich selbst nicht für fähig hielt, und die er daher NIEDERER, seinem Erwecker, überantworten wollte. Nur noch ergänzend darf zu diesem Gesamtkomplex hinzugefügt werden, daß

[23]) DEUTSCH, E., a. a. O. 1893, sucht sogar HERDER für Ritters auffallenden religiösen Umbruch verantwortlich zu machen, da er für Iferten keinen Beweis erbringen konnte (S. 30/31).

ihm das religiöse Erlebnis den Zugang zur religiösen Kunst erschloß, die ja später nicht zufällig auch ein wesentlicher Bestandteil seiner Kulturgeographie wurde, daß er in Göttingen erstmals ernsthaft in die Bibel eindrang, und daß er endlich überall in Zukunft seinen persönlichen Kreis in religiösen Zirkeln, bei überzeugten Protestanten suchen und finden wird, so in Genf, am stärksten aber in seiner zweiten Heimat, Berlin. — Die neuen Quellen lassen diesen Werdegang doch wohl schärfer fassen, als bisher möglich war[24]). Ritters religiöse Anschauungen haben sich keineswegs geradlinig aus kindlich naiven Anfängen über einen ernsthaften Religionsunterricht seiner Zöglinge zu ihrer letzten Form hin entwickelt, sondern bergen nach langer moraltheologischer Indifferenz und einem kurzen, aber enthusiastischen Umschlagen ins Pantheistische, ein Pauluserlebnis. Sein Glaube blieb auch nicht „kindlich naiv" und „schlicht biblisch", sondern vermochte das Fundament seiner Geschichts- und Naturphilosophie herzugeben, der hier aber nicht nachgegangen werden kann.

Damit aber hängt eine recht wesentliche Frage zusammen, nämlich die nach Ritters Verhältnis zu Goethe und damit zur deutschen Klassik[25]). Richtig ist wohl, daß Goethe Ritter nie persönlich begegnet ist und vielleicht auch dessen Werke nicht gekannt hat. Daß deshalb aber die aufblühende Geographie in den zwei ersten Jahrzehnten des vorigen Jahrhunderts an Goethe unbefruchtet vorbei gegangen sei, ist nicht zu halten. Die engen wissenschaftlichen Beziehungen zwischen ihm und A. v. Humboldt in dessen entscheidenden Jahren sind nicht fruchtlos geblieben. Daß Ritter seinen „unverständlichen Irrtum, sein vages Grauen vor dem großen Heiden" nicht hätte überwinden können und also aus Antipathie gegen den unchristlichen Goethe die wiederholten Anträge nach Weimar zu kommen „mit Absicht, ja mit Kunst", endlich sogar unter Vernachlässigung der Formen der Höflichkeit ausgeschlagen hätte, trifft nicht zu. Eine Instruktorstelle lag dem als Erzieher anspruchsvollen Ritter nicht. Er spricht das ganz klar gegen den Vertrauten Ebel aus: „Vor einem Jahre sollte ich auf Veranlassung der Frau v. Wollzogen als Lehrer der Prinzessinnen nach Weimar mit ganz annehmlichen Bedingungen gehen, aber ich konnte kein mütterliches Wort, nur immer ein fürstliches von der Mutter gewinnen, darum ward es mir unmöglich den Vorschlag anzunehmen der mich zugleich in einen mir niemals erwünschten Kreis von Menschen eingeführt hätte[26])". Das erklärt alles, auch das so stark kritisierte lange Zögern Ritters. Beide Partner warteten vergeblich, Weimar auf Ritter Zusage, Ritter auf jenes „mütterliche Wort", von dem er die Möglichkeit einer erzieherischen Einflußnahme erhoffte. Daß er mit seiner Absage überdies gern einer Hofgesellschaft, und sei es die Weimarer, auswich, ist verständlich. Das Problem liegt aber anders, wenn man unterstellt, er hätte Goethes wegen Weimar abgelehnt. Das widerlegt (neben zahllosen Merksprüchen aus vielen Werken Goethes) ein Tagebuchbekenntnis[27]) aus seiner schon „frommen"

---

[24]) Schmitthenner, auf Kramer fußend, a. a. O. 1951, S. 72/73.

[25]) Schmitthenner, H.: a. a. O. 1951, S. 27—32 und dort angegebene Literatur.

[26]) Brief Ritters an Ebel vom 25. 4. 1818, s. unten S. 159f.

[27]) Genfer Tagebuch S. 27.

Zeit in Genf, wohl 1811 so eindeutig, daß diese Diskussion damit für abgeschlossen gelten darf: „Beendigung von Goethes Aus meinem Leben. Er ein Glückssohn in allem — eignet sich alles an. Große Individualität in allem, die Bibel, das Judendeutsch, die Handwerker, die Maler, das französische Theater, die Kaiserkrönung, die Bildnisse, die Märchen, die Bibliothek, die Krönungsdiarien, Gretchen, alles. Er ist redselig, aufrichtig, sich selbst liebend — patriotisch. Er ist mir so willkommen! Mm de Staël sagt: er hätte zum Titel sein Porträt setzen sollen, wie er sich selbst umarmt". Das ist keine Abneigung, vielmehr das Eingeständnis starker Sympathie aus einer Ähnlichkeit des eigenen Wesens und Strebens heraus, die auf der Hand liegt. War GOETHE somit auch keine Gelegenheit gegeben, persönlich auf Ritter Einfluß zu nehmen, so war dieser doch ein sehr intimer Kenner aller seiner wichtigen Schriften, deren Spuren sich zweifellos in seinem eigenen Werk finden ließen. Denn beider Ideenwelt war, abgesehen vom religiösen Bekenntnis, zu tiefst verwandt.

Endlich lag der Grund der Absage auch nicht darin, daß er damals „innerlich über den Erzieher hinausgewachsen" gewesen wäre [SCHMITTHENNER 1951 S. 30]. Er, der Gott nicht anders als Erzieher im höchsten Sinne und die Erde als „Erziehungshaus" der Menschheit sah, der selbst sein Leben lang Erzieher blieb, hat das auch wiederholt als sein höchstes Glück angesprochen. 1819 kehrte er von seinen Göttinger Studien nach Frankfurt zurück als Professor für Geographie und Geschichte in der Überzeugung, „nur dort einen Wirkungskreis meinem inneren Berufe nach"[28]) (also als Erzieher) zu finden. Mitten aus seinen Göttinger Studien gesteht er EBEL: „Wenn diese Arbeit (d. i. seine Allgemeine vergleichende Erdkunde in 4! Bänden) beendigt ist, dann will ich mich die zweite Hälfte meines Lebens wieder zur Erziehung wenden, die mir bisher das größte Erdenglück bereitet hat"[29]). Aber diese pädagogische Grundtendenz reichte viel tiefer. Sein Werk in Schrift und Wort kann gar nicht anders verstanden werden, denn als die Erfüllung eines Bildungsauftrags, zu dem er sich berufen fühlte. Auch hierfür nur zwei Belege für viele: „. . . . da ich mit Sehnsucht einem Wink des Schicksals entgegensehe, der mich hervorruft und mir im tätigen Leben meine rechte Stelle weiset für die ich berufen bin. Daß ich es für eine bin, das weiß ich auf das bestimmteste. Nur das wo und das wie erwarte ich von der Vorsehung. Bis dahin arbeite ich, um immer mehr zur Reife zu kommen"[30]). Es fälscht den Kern dieses Bilds, wenn man aus moderner Ichbezogenheit heraus ihn für genötigt hält, sich nach dem Erlöschen seiner Frankfurter Pflichten ein neues Leben „erkämpfen zu müssen"[31]). Er wartete auf seine Stunde und konnte indessen gelassen ein Angebot nach dem anderen ausschlagen. In welcher Richtung er seine Sendung suchte, schrieb er nicht zufällig an PESTALOZZI: „Die Sache der Nationalerziehung soll der Hauptgegenstand meiner Tätigkeit bleiben, soviel sich mir auch in den Weg legt"[32]). In diesem Sinne ist sein ganzes Lebenswerk als sein Beitrag zur

---

[28]) Brief an EBEL vom 12. 1. 1819, s. unten S. 161.

[29]) Brief an EBEL vom 17. 7. 1816, s. unten S. 157ff.

[30]) Brief an GUTS MUTHS aus Göttingen vom März 1814, s. unten S. 135.

[31]) SCHMITTHENNER, H.: a. a. O. 1951. S. 22.

[32]) Brief aus Göttingen 1814. S. unten S. 145.

Nationalerziehung aufzufassen. Das unterscheidet ihn doch beträchtlich von HUMBOLDTS Kosmopolitismus, rückt ihn weit näher ans Zentrum unserer Klassik heran, an HERDER, PESTALOZZI, GOETHE, FICHTE.

Man könnte manches von diesem Einfluß Ifertens für zufällig halten. Ohne NIEDERER wäre das starke Einschwenken Ritters in einen positiven aktiven Protestantismus nicht vollzogen worden. Anders aber der Gedanke der Nationalerziehung! Ritter hatte PESTALOZZI aufgesucht, weil er von ihm eine Klärung seiner Grundsätze als Erzieher im eingeschränkten Sinne seiner Berufspraxis erwartete, doch konnten ihn dessen didaktische Methoden nur teilweise befriedigen. Aber daß er in ihm weniger einen genialen Schulmeister, als einen von politischer Verantwortung beseelten Volkserzieher traf, für den seine Anstalten nur exemplarische Bedeutung im Hinblick auf viel weiter gespannte pädagogische Ziele hatten, war zweifellos eine ebenso unerwartete, wie nachhaltige, zugleich aber auch von Iferten aus gesehen notwendige Bereicherung, die ihm nur dort und nirgend anderswo zufallen konnte.

Weit wesentlicher für sein späteres wissenschaftliches Werk aber wurden ihm die in Iferten aufgenommenen methodischen Anregungen. Hierbei ist wichtig, sich die Situation zu vergegenwärtigen. Um PESTALOZZI hatte sich ein Kreis von Männern geschart, denen, etwa von dem Mathematiker SCHMID abgesehen, eigentliche Fachkenntnisse fehlten. Sie waren vielfach Geistliche, durch PESTALOZZI von pädagogischer Leidenschaft beseelt. Dieser aber war dunkel; seine Worte ließen viele Deutungen zu. Vor allem NIEDERER bemühte sich, wenn auch wohl nicht immer glücklich, die Ideen des Meisters auf klare Begriffe zu bringen. Aber auch alle anderen Lehrer standen mindestens in ihrem praktischen Unterricht vor dem gleichen Problem. Das tägliche Schulpensum konnte hier nicht schematisch abgewickelt werden, sondern war ständiger Anlaß zu zahllosen klugen, im wahrsten Sinne tiefschürfenden und quelleröffnenden, leidenschaftlich geführten methodischen Diskussionen. Nun war aber auch Ritter keineswegs ein Pädagoge aus Genie, der sich seinen Intuitionen überlassen hätte, sondern von SALZMANN her methodisch geschult und daher für diese Gespräche sehr aufnahmefähig. Außerdem war er wohl auch mehr ein im Hören als im Lesen aufnehmender Typ, falls es sich um die Auffassung ungewohnter, abstrakter Gedanken handelte. Wie gering war doch bis Iferten hin der Einfluß der ihm bekannten Schriften HERDERS und PESTALOZZIS! Auch der vielberufene Einfluß SCHELLINGS auf ihn dürfte mehr aus Gesprächen mit NIEDERER, als aus Lektüre stammen. Dieser geistvolle, aber nervöse und unruhige Mann erwies sich für Ritter als ein höchst anregender Gesprächspartner. Kurzum, Ritter traf hier auf einen Diskussionskreis von größter Lebendigkeit, der ihm weit mehr bot, als er dem von dort ausgegangenen Schrifttum hatte entnehmen können. In ihm war er aber in sofern eine singuläre Gestalt, als er als einziger zusätzlich über spezifische Fachkenntnisse verfügte, die ihn befähigten und nötigten, die „Methode“ nicht nur als Problem der Pädagogik, sondern der Wissenschaft schlechthin zu sehen und zu überprüfen. Ohne Rücksicht darauf, ob er nun im einzelnen zustimmen oder widersprechen mußte, empfand er die hier empfangenen Anregungen als so folgenschwer, daß er sich durch sie völlig umgewandelt fühlte, sich selbst fremd geworden war[33]), nicht zuletzt auch im Verhältnis zu seinen alten Freunden. Es gibt Symptome, an denen wir diese durchaus nicht schmerzlose Ablösung von der Aufklärung, seiner bisherigen geistigen Haltung, fassen können. Nicht zufällig hat er etwa seine zahlreichen alten Briefe von GUTS MUTHS bis zur Iferter Zeit in drei schönen Pergamentbänden gebunden, sie später aber nur noch lose gesammelt. Als er nach Schnepfenthal als Lehrer gerufen wurde, offenbar weil er in bälde diese Anstalt übernehmen sollte, schlug er das aus, um seinen „Vater Salzmann" nicht zu kränken, da er vieles dort hätte ändern müssen. Seine „Erdkunde" ist im ersten Band beider Auflagen selbstverständlich den ihm Nächststehenden gewidmet: PESTALOZZI an erster Stelle als dem stärksten und fruchtbarsten Anreger, der ihm je begegnet ist, und GUTS MUTHS fraglos noch aus alter Anhänglichkeit und Treue.

Damit ist endlich jener Punkt erreicht, an dem sich die Frage erhebt: Was verdankt Ritter als Geograph der Gedankenwelt PESTALOZZIS? Denn es ist doch kein Ungefähr, wenn er noch nach Abschluß der bedeutsamen „Einleitung" zu seiner „Erdkunde" seinem Göttinger Tagebuch (1815/16) anvertraut: „Meine ganze geographische Arbeit ist Darstellung der Pestalozzischen Methode"!

Man muß hierbei ein Doppeltes unterscheiden. Einmal hatte Ritter PESTALOZZI versprochen, für Iferten ein Lehrbuch der Elementargeographie nach dessen Methode zu schreiben; zum anderen ist sein Hauptwerk von der Ideenwelt und den methodischen Anschauungen dieser Schweizer Gemeinde durchtränkt.

Die Entstehungsgeschichte des „Handbuchs" (Lehrbuch) beleuchten die Briefe HENNINGS an Ritter, doch scheinen die diesbezüglichen Briefe Ritters an HENNING und an PESTALOZZI verloren zu sein. Nach einem Dankschreiben vom 11. 3. 1810 hatte HENNING ein „Heft über Geographie" von Ritter erhalten und war erstaunt über die Menge der darin verarbeiteten Materialien, die ihm „größtenteils neu" waren. Dieses Heft enthielt den „formalen Teil" der Elementargeographie. Nach ihm hatte HENNING den Geographieunterricht in Iferten begonnen und bat am 12. Oktober um „auch die Fortsetzung, den materiellen Teil". Am 28. Dezember antwortete Ritter aus Frankfurt in einem Schreiben an PESTALOZZI, er hätte HENNING zu dem ihm bereits Zugegangenen „gern die ganze zweite Hälfte der Geographie bis auf die allgemeine Menschenkunde überschickt, wenn nicht täglich ... sich mir wichtige Zusätze dargeboten hätten". Aber „die Fortsetzung soll schneller folgen als bisher". Die Gelegenheit zur Absendung aber zerschlug sich, deshalb bittet HENNING am 19. 3. 1811 erneut dringend um das „angezeigte Manuskript über mineralogische und klimatische Geographie", unter Bezug auf Ritters (irrtümlich auf den 29. 12. datierten) Brief. Gleichzeitig trägt er ihm seine Idee großer Wandkarten als „das erste Bedürfnis des geographischen Unterrichts in Schulen" vor und die bisherigen Ergebnisse dieser Versuche. Am 23. 8. dankte er Ritter für eine zugesagte Karte und am 4. 9. für deren Empfang, bemängelte aber deren Zylinderprojektion und schlägt stattdessen „Planigloben" vor. Im gleichen Herbst schreibt er Ritter, daß er (unter Verwendung der Ritterschen Unterlagen) diese Planigloben habe zeichnen lassen, und daß die pädagogische Gesellschaft in Lenzburg dieser

[33]) Erst später gelegentlich seines letzten, die alten Eindrücke verstärkenden Aufenthalts in Iferten spricht er das ganz offen gegen GUTS MUTHS in einem Brief vom 13. 1. 1812 aus. S. unten S. 135

Befriedigung eines „schreienden Bedürfnisses“ zustimme und eine rasche Veröffentlichung wünsche, die er „zur Ostermesse 1812“ zu erreichen hoffe. Am 27. 11. 1811 dankt er Ritter für den dritten Teil seines Manuskriptes nebst Karten dazu, kündigt den baldigen Druck an und versichert, daß er TOBLERS und Ritters Anteil an der Arbeit hervorheben werde. Zugleich fragt er nach dem Titel, „unter welchem Ihr geographisches Werk (bei Cotta) erscheinen wird“. In einem Brief vom 18. Februar 1812 bedauert er, ein Heft Ritters noch nicht mit seiner Kopie verglichen zu haben, jedoch habe der Druck des Elementarbuchs „heute“ begonnen. Schon 10 Tage später schickt er ihm die ersten 4 Bogen und die geliehenen Manuskripte zu, am 6. März die ersten 6 Bogen mit denen die „dialogische Form“ als zu weitläufig aufhöre, äußert seine Begierde auf Ritters bald erscheinendes Werk, aber seine Schüchternheit dem eigenen Opus gegenüber, da es ja 1. im Namen PESTALOZZIS und der Anstalt und „gewissermaßen auch in Ihrem Namen“ erscheine, aber 2. doch noch recht unreif und unvollkommen sei. Die Karten, zu deren Veröffentlichung es nach vielfachen hoffnungsvollen Plänen schließlich aus verlegerischen Gründen aber doch nicht kam, sollten unter Ritters Namen erscheinen. Am 5. Juni sendet er Ritter, voll Zweifel ob dessen Schweigen zu den ersten 6 Bogen, die folgenden 22 und bittet ihn, nicht zu zürnen, falls etwas mißfallen habe, denn er habe „alles in der besten Absicht und nach dem besten Wissen geschrieben“. Er war auch irritiert durch den Tadel NIEDERERS, daß das geographische Element darin nicht „rein gesondert“ dargestellt sei. Im letzten Brief vom 2. September teilt HENNING Rittern seine Rückberufung nach Preußen auf den 20. September mit und sendet „anbei die letzten und ersten Blätter meines Buchs“, also den noch ausstehenden Rest mit Vorrede.

Demnach sehen wir doch auch hier wieder schärfer als bisher, wenn auch Unklarheiten genug übrigbleiben.

1. Es ergibt sich aus den z. T. sehr ausführlichen kritischen Bemerkungen in HENNINGS Briefen, daß der Anteil TOBLERS an dem Lehrbuch nur negativ war, und daß TOBLERS Name nur auf Drängen des ihm dankbar verbunden gebliebenen PESTALOZZI genannt wurde.

2. Es sind gleichzeitig zwei Entwürfe zu dem Lehrbuch auf Veranlassung PESTALOZZIS in Angriff genommen worden. Ein Entwurf HENNINGS lag schon vor, ehe das erste „Heft“ von Ritter eintraf.

Denn im Ritterarchiv zu Quedlinburg liegt ein 133 Seiten starkes Manuskript mit einer Aufschrift von fremder Hand „Eigenhändige Aufzeichnungen über den elementargeographischen Unterricht“, ohne Angabe des Verfassers und Datums. Man hat darin ein Manuskript Ritters, den Entwurf seiner „Elementargeographie“ vermutet. Jedoch ist es eine Kopie, deren Schreiber EGGER sich auf dem letzten Blattrand genannt hat und der nach Angabe von Herrn Dr. DEJUNG für den Pestalozzikreis gearbeitet hat. Ihr liegt eine von fliegender alter Gelehrtenhand im Moment des Postabgangs geschriebene „Vorbemerkung“ [33a]) an einen Ungenannten bei, in der u. a. steht :„Verzeihen Sie und haben Sie Nachsicht. Meine Ideen, denke ich, werden Sie doch daraus ersehen. Hier nur noch die kurze Übersicht des Plans der ‚Elementargeographie“. Daß es sich hier um einen Ritter zugeschickten ganz labilen ersten Ent-

[33a]) S. unten S. 156/157.

wurf HENNINGs handelt, ist überzeugend, denn nicht nur überholt die in der „Vorbemerkung“ aufgerissene rohe Disposition bereits die des Textes, sondern es liegt diesem Heft auch noch ein Blatt von Ritters Hand bei mit einer Kritik an Einzelheiten.

3. Es müssen aber auch bei Ritter damals schon zwei Manuskripte vorhanden gewesen sein, denn er kann unmöglich eine Arbeit, deren baldige Veröffentlichung er bis zum Schluß bei Cotta vorgesehen hat, und nach deren Titel und Erscheinungsdatum HENNING fortgesetzt fragt, diesem zum beliebigen Ausschlachten überlassen haben.

4. HENNING hat das Lehrbuch unter reichlicher Verwendung der „voluminösen“ Hefte Ritters so selbständig redigiert, daß er der Zustimmung desselben keineswegs sicher sein durfte. Da er außerdem das auf 1600 Seiten angeschwollene Manuskript TOBLERs ebenfalls auf ausdrücklichen Wunsch PESTALOZZIs hatte erbitten müssen und nichts schreiben sollte, was diesem widersprochen hätte, so bietet sich uns diese Elementargeographie bis auf vielleicht glückliche weitere Funde dar als eine Kompilation aus pädagogischen und allgemeinen Richtlinien und Ideen HENNINGs, von dem allein sie auch die Form im einzelnen erhalten hat, aus TOBLERs nie beendetem Lehrbuch und aus Ritters stoffreichen Heften. Man wird also sehr zurückhaltend sein müssen mit der bisher geltenden Annahme, daß Ritter das Werk vor der Drucklegung gekannt und gebilligt hätte, es also seiner damaligen Auffassung entsprach, ja daß man es als sein geistiges Eigentum betrachten dürfe. Das gilt cum grano salis nur von der darin enthaltenen Stoffmasse, also dem für eine etwaige Interpretation unergiebigsten, am schwersten greifbaren und letzten Endes diffusen Inhalt. Es gibt keine Kriterien dafür, ob und wie weit HENNING, dessen Herz nicht an der Geographie, sondern an den Religionswissenschaften hing, den Ritterschen Stoff immer sinngemäß verarbeitet hat, und welche Zugeständnisse ihm endlich durch TOBLERs damals schon antiquierte Ausführungen auferlegt waren. Ritter hat jedenfalls damals bereits in seinem kritischen Beiblatt das in diesem Buch durchgeführte Prinzip der „reinen“ Geographie als einen „Traum“ bezeichnet, sich also in einem entscheidenden Punkt von ihm distanziert.

Die naheliegende Frage, was für ein eigenes geographisches Werk Ritter damals neben den Heften für HENNING in Arbeit hatte, ist bis jetzt kaum zu beantworten. Man wird die Möglichkeit, daß er den ersten Band seiner „Allgemeinen vergleichenden Erdkunde“ damals schon für annähernd druckreif hielt, ausschließen dürfen. Hierfür kam wohl doch nur sein „Handbuch der allgemeinen Erdkunde“ in Frage, über das KRAMER[34]) ausführlich spricht, und dessen Veröffentlichung schließlich auf Grund einiger Bedenken, die L. v. BUCH im Oktober 1810 äußerte, unterblieb. Ist es dieses Werk, das nach KRAMERs Angabe an HENNING zur Auswertung ging, dann bleibt offen, was Ritter selbst in so naher Zukunft veröffentlichen wollte. Möglicher weise hat er eine ältere Vorarbeit zu diesem Handbuch geschickt, jene physische Geographie, die sich ihm als „nicht unwichtiger Beitrag zur Physikotheologie“ darstellte[35]), die nach seinem eigenen Zeugnis für PESTALOZZIs Anstalt geschrieben

[34]) KRAMER, G.: Carl Ritter, ein Lebensbild. 1864. Bd. I, S. 260—268.
[35]) KRAMER, G.: ebd. S. 200 und 205ff.

8*

wurde, und von der sich vielleicht eine zweite fortgeschrittene Fassung zu dem zwar von BUCH kritisierten, aber zunächst deshalb nicht aufgegebenen „Handbuch" fortentwickelt haben mag. Vielleicht hatte er auch damals noch die Absicht, den letzten HENNING nicht übersandten Teil desselben zu einem eigenen Werk auszuarbeiten. Eine Schwierigkeit der Beurteilung liegt darin, daß Ritter sehr rasch arbeitete und ebenso leicht weit gediehene Vorarbeiten plötzlich fallenließ, wie auch selbst während des Drucks noch nicht gesetzte Teile eines Buchs völlig umgestalten konnte, wie z. B. sein Briefwechsel mit Ebel (unten S. 159) erweist.

Diese Fragwürdigkeiten wären nicht erwähnenswert, wenn sie nicht einerseits scheinbar längst Geklärtes in Ritters Schaffen doch wieder problematisch erscheinen ließen, zum andern aber auch in Erinnerung brächten, daß Ritters „Erdkunde" acht Jahre lang, von 1804—1812, Entwürfe zu einer „allgemeinen Geographie" vorausgingen. Soweit sie ausgeliehen waren, hat er sie wieder eingefordert und zurückerhalten, also nicht fortgeworfen. Er dürfte sie später für sein alljährliches Winterkolleg in Berlin weiterentwickelt und auf dem laufenden gehalten haben. Auf dieser allgemeinen Geographie als einem vorläufigen, unzureichenden Gebilde baute er seine regionale Geographie auf mit dem Fernziel, auf dieser Grundlage jene in ihre Endform zu bringen. Wo ist ein so gewichtig im Zentrum seiner wissenschaftlichen Interessen stehendes Werk geblieben? Selbstverständlich hat er es nicht veröffentlichen können, da er die regionale Vorarbeit dazu, den Erdumgang, nicht zu vollenden vermochte. Aber daß es weiter gediehen und viel substantieller war, als DANIELS postume Publikation[36]), steht wohl außer Frage. Damit wird man aber wieder auf sein eigenes Zeugnis[37]) verwiesen und wird BERGHAUS' „Die ersten Elemente der Erdbeschreibung" Berlin 1830 als die damalige Endform seines Systems der allgemeinen Geographie ansprechen dürfen, wenn auch unter drei Einschränkungen: 1. als Kolleg war es pädagogisch und didaktisch geprägt, 2. BERGHAUS stand davon wieder nur eine Nachschrift zur Verfügung, und 3. ist bisher unbekannt, wie dieser mit seiner Vorlage umgegangen ist. In seinem Quellenwert ist es also HENNINGS „Elementargeographie" vergleichbar, dem Ausgangspunkt dieser Bemühungen.

Die zweite Frage, welche Ideen und methodischen Anregungen verdankte Ritter PESTALOZZI und seinem Kreis, kann hier nur andeutend und hinweisend behandelt werden. Vielleicht aber fällt von dieser Seite her Licht auf das an Ritter später immer als rätselhaft, unverständlich Empfundene.

Ritter hat expressis verbis eine Geographie nach PESTALOZZIS „Methode" angestrebt. Damit hat er nicht etwa dessen Unterrichtsmethoden gemeint, denn so aufmerksam er ihnen auch in Iferten gefolgt ist und sie im einzelnen sogar bemerkenswert erfolgreich fand, im ganzen lehnte er sie doch schon deshalb ab, weil diese Unter-

[36]) Allgemeine Erdkunde. Vorlesungen an der Universität Berlin, gehalten von Carl Ritter, hrsg. von H. A. DANIEL, Berlin 1862.

[37]) Allgemeine vergleichende Erdkunde, 2. Aufl. Asien I, 1832, S. 21, Anm. 42, bestätigt durch LÜDDE, J. G.: Methodik der Erdkunde, Magdeburg 1842, S. 14; ausführlich nochmals in seiner Geschichte der Methodologie der Erdkunde, Leipzig 1849, S. VI-VII, der zufolge Ritter die mit BERGHAUS wörtlich übereinstimmenden Teile seiner Hefte rot unterstrichen hatte. Der Umfang dieser Anmerkungen kennzeichnet BERGHAUS' Buch als reines Plagiat.

richtsart unendlich weitläufig war und somit allein aus Zeitmangel nie zu einem Gesamtziel führen konnte. „Methode" war für ihn vielmehr zunächst jene Form der Entwicklung des Stoffs, die den zur Mitarbeit angeregten Schüler zum vollen Verständnis der Sache aus ihren Gründen heraus erhob. Das charakterisiert „die echte Lehre, die vom Element bis zum vollendeten Umriß des Ganzen in keinem Punkt des wissenschaftlichen Zusammenhangs entbehren darf"[38]). Für diese Methode galt ihm PESTALOZZI nur als der ideenreiche Sprecher, nicht etwa als Erfinder. Wer dem „Gang der Natur gemäß" dachte und lehrte, war nach Ritters Meinung eben auch im Besitz der „Methode", und als solche nennt er selbst die FORSTER und A. v. HUMBOLDT. Der letzte allerdings kannte PESTALOZZIS Schriften, aber von den FORSTER ist das nicht anzunehmen. Es war ja auch der Hauptwunsch Ritters nach seinem ersten Erlebnis des Iferter Kreises, mit HUMBOLDT über ihn zu sprechen und diesen auch unmittelbar an ihm zu interessieren. Er kam aber nicht dazu, weil er HUMBOLDT 1807 in Frankfurt nie allein gesprochen hat und zu seinem Leidwesen auch dessen einzigen Besuch zu einem Gespräch unter vier Augen zufällig versäumte.

Ritter sah in dieser von der Pädagogik her zum Bewußtsein gebrachten Methode eine grundsätzliche Forderung an die Wissenschaft, der diese in ihrem herkömmlichen enzyklopädisch sammelnden und ordnenden Verfahren nicht entsprach, weil dadurch „kein Fortschritt zur Steigerung des Inhalts, keine Befruchtung des Vorhergehenden für das Folgende möglich" ist[39]). Unter diese von ihm fortan abgelehnten „Kompendien" mußte wohl oder übel auch sein eigenes „Europa" fallen. Es war daher ehrliche Konsequenz, wenn er nun dessen schon weit gediehenen dritten Band nicht mehr herausbrachte, sondern eine seinen fortgeschrittenen Auffassungen entsprechende Neufassung im Rahmen seiner „Erdkunde" vorbereitete. Dagegen stand er seinen „Sechs Karten von Europa" wohl auch später noch toleranter gegenüber, wenn er sie unverändert in 2. Auflage erscheinen ließ. Doch können hierbei auch andere Dinge, z. B. Verlagsinteressen (Schnepfenthal) bestimmend gewesen sein, wie der Mangel jedes eigenen Worts zu diesem Neudruck vermuten läßt.

Was demnach Ritter an PESTALOZZIS Methode bedeutsam fand, war weniger dessen Originalleistung, als vielmehr die Tatsache, daß er ein naturgemäßes, begründendes „organisches" Denken als pädagogische, damit aber auch als schlechthin wissenschaftliche Aufgabe wieder ins allgemeine Bewußtsein gebracht hat. Die Art und Weise aber, wie man an den konkreten Gegenstand der Untersuchung herankommt, trägt schon weit persönlichere Züge. Da steht uns am stärksten befremdend voran die Einstellung zum Begriff. Wir sind gewohnt, in Begriffen zu denken und verständigen uns zustimmend oder widersprechend umso leichter, je präziser sie definiert sind. Andererseits gehen wir aber auch von der Anschauung aus, denn „Begriffe ohne Anschauung sind leer". Nun gilt in der Ritter-Interpretation ganz allgemein, daß ihn schon Schnepfenthal und die dort betriebene Heimatkunde an die beobachtende Anschauung gewöhnt hätte, wobei stillschweigend impliziert wird,

[38]) Ritters Sammelband „Einleitung ... und Abhandlungen ...", Berlin 1852, S. 136, in der Akad. d. Wiss. vorgetragen 1833.

[39]) Ebd. S. 191.

daß der Schüler etwas sähe, z. B. eine Landschaft oder ein Quadrat, und dann unter Anleitung des Lehrers alsbald zu einem „Begriff“ davon geführt werde, wie es auch heute noch die Schulpraxis ist.

Das entspricht aber durchaus nicht Ritters von Iferten übernommener neuer Auffassung, die erst das Studium seiner Tagebücher auszuweisen vermag. Man ging dort grundsätzlich aus von der Anschauung in ihrer lückenlosen Breite unter Erschöpfung aller Möglichkeiten und scheute geradezu die Definition, die man bestenfalls für „die Blüte“, aber nie für den Anfang der Wissenschaft wie des Wissens und Erkennens überhaupt hielt. Voreilig gebildete Begriffe lassen alle Erkenntnisse auf halbem Wege erstarren, fixieren im Stadium der Frühreife, was noch bildsam vorwärts drängen könnte, lebendigen Erkenntnisen werden damit „Larven“[40]) vorgebunden, unter denen sie erstarren, sich schließlich in Unverständliches, wenn nicht gar in Unsinn verwandeln. Warnendes Beispiel waren ihm die erbitterten und schließlich sterilen Kämpfe um die „Reine“ oder „natürliche“ Geographie, in deren Netze er in seinen Frühwerken selbst verstrickt war. In seiner berühmten „Einleitung“[41]) führt der im dortigen Zusammenhang schwer verständliche Satz einen Abschnitt über die von ihm befolgten „Grundregeln“ ein: „Hier sei es nur . . . gesagt, wie es in dem Wesen der Anschauung, im Gegensatz des scharfen und sondernden Begriffes zu liegen scheint, daß sie mehr als jener zum Combibieren und Aufbauen sich hinneigt, wodurch die ganze Form der gegenwärtigen Arbeit bedingt wurde“. Ohne nun diesen bedeutungsvollen Wegweiser in sein Werk zu beachten, hat man bei Ritter stets einen gewissen Mangel an Schärfe in seinen Begriffen empfunden und das als seine persönliche Schwäche beklagt. Nie aber hat man darin eine methodisch begründete Absicht erkannt und hinter ihr einen ganz anderen, diametral entgegengesetzten Weg zum wissenschaftlichen Ziel, also eine echte Methode vermutet. So absurd es klingen mag, ist es doch Tatsache, die übrigens nicht des Tiefsinns entbehrt. Geht man, wie Ritter unter dem Einfluß von Iferten, davon aus, daß ein „historisches“, also real in der Welt existierendes Faktum in dem unendlichen Reichtum seiner Eigenschaften, seiner inneren Zusammenhänge, seiner Verbindungen nach außen hin usw. usf. in der Anschauung aufgefaßt werden muß, dann wird dem, der diesen ganzen Reichtum gegenwärtig hat, eine knappe Formel dafür unzureichend und sogar gefährlich erscheinen, und das um so mehr, je kürzer und schärfer, also auch ausschließender sie ist. Ein Quadrat läßt sich noch definieren, obwohl man in Iferten selbst damit sehr zurückhaltend war, aber eine Definition Arabiens etwa wäre seine

---

[40]) „Ich fühlte meine Erfahrungen über die Möglichkeit, den Volksunterricht auf psychologische Fundamente zu gründen, wirkliche Anschauungserkenntnisse zu seinem Fundament zu legen und der Leerheit seines oberflächlichen Wortgepränges die Larve abzuziehen, entschieden“. Aus Pestalozzi: Wie Gertrud ihre Kinder lehrte. Schweizer Gesamtausgabe Bd. IX, Zürich 1944, S. 21. Zum Vergleich Ritter: „Der eigentümliche Gang unserer Untersuchungen . . . ist der, daß wir überall nicht . . . von positiv gewordenen . . . meist larvenartigen Begriffen ausgehen, welche man vom Allgemeinen auf das Besondere gewöhnlich ganz irrig übertragen hat. Es besteht vielmehr darin, daß wir . . . uns erst überall . . . ganz im Einzelnen in den räumlich, naturgemäß, gesonderten Lokalitäten orientieren, um dieses dann in den zusammengehörigen Gruppen aufzufassen“. Vorwort zur „Erdkunde“, Asien I, 1832, S. XV.

[41]) Erdkunde I, 1; 1817, S. 23.

vollendete Landeskunde. So zu verstehen ist eine Eintragung in seinem Schweizer Tagebuch vom 24. September 1807: „Die Definition ist das Wesen, die Blüte der ganzen Wissenschaft. Und ist das Wesen erschöpft, so ist keine Definition notwendig". Ihm ging es stets um das so verstandene „Wesen", um die erschöpfende Erfassung des Ganzen, nicht um eine schlagende, leicht merkbare und als Scheidemünze in Umlauf zu bringende Abbreviatur. Dabei war er sich natürlich darüber klar, daß im Erkenntnisprozeß eine sinnvolle Erfassung der zahllosen Einzelheiten abhängig ist von einer intuitiv erfaßten, sich aber im Fortgang der Forschung dauernd korrigierenden Idee des Ganzen. Beides korrespondiert miteinander, und „Mangel einer ausgesprochenen Theorie führt also darum nicht eher zur Wahrheit, und schützt eben so wenig vor Parteilichkeit"[42]). Daher geht er auch von einer Anschauung der „Massen", d. i. von einem Gesamtüberblick des jeweils behandelten Raumes, aus, stürzt sich dann in die „Localitäten" ganz im Einzelnen und sucht von hier aus zu räumlicher Gruppierung zurückzukehren[43]). Daß sein Werk damit dem „schwerbeladenen Kauffahrer zum Orient" gleicht, liegt in der Natur der Sache. Wir nehmen heute seine „Vorgabe", seine im voraus orientierenden Überblicke über das Ganze, „die Massen", für das Wesentliche und beurteilen danach seine Kraft, bzw. sein Altern. Er aber hätte gerade umgekehrt gewertet; für ihn lag das eigentliche wissenschaftliche Gewicht seiner Arbeit in der nachfolgenden Bewältigung des Lokalen.

Aber, darf man fragen, kann der Versuch, einen uferlosen, endlosen Stoff auszubreiten, je zu einem Ende, zu der angestrebten Übersicht führen? Ja und nein! Und auch das führt zurück nach Iferten. Wie oben erwähnt, kämpfte man dort vergeblich gegen „die ungeheure Weitläufigkeit" in der praktischen Anwendung der Methode und ahnte dunkel, daß es möglich ist, „alle Empirie zu vernichten, weil sie in sich selbst das Gesetz der Notwendigkeit trägt"[44]). Das klingt 1828[45]) sehr deutlich wieder an: „Eben diese Bestimmung . . . diese Vernichtung des vielartigen und fast unübersehbaren Stoffs durch die Form scheint das höchste Bedürfnis der geographischen Wissenschaft in ihrer Fähigmachung zur Lehre, die . . . zurückgeblieben . . . die unbehülflichste Masse bis heute bleibt, die durch keine noch so vielfache Anstrengung hat überwältigt werden können". Form und Zahl, zwei Grundbegriffe Pestalozzis, will er in dieser Akademieabhandlung grundsätzlich stoffvernichtend und die Verständigung erleichternd in die Geographie einführen. Tatsächlich läßt sich ja nur das Deduzierbare in seinem den Stoff wirklich vernichtenden Bildungsgesetz fassen, nicht die Empirie überhaupt. Aber das Problem, von Pestalozzi gestellt und von Ritter damals notiert, klingt bis in den Wortlaut der 21 Jahre später liegenden Akademieabhandlung fort. Man darf aber auch näher greifen und ebenfalls im Geiste Pestalozzis, wenn auch nicht mit diesen Worten, eine höhere und eine niedere Form

[42]) Ebd. S. 22.

[43]) Vorwort zur „Erdkunde" 2. Aufl. Asien I, 1832, S. XVff.

[44]) Ritters Schweizer Tagebuch 1807, Blatt 3. S. unten S. 139.

[45]) Ritter, C.: Bemerkungen über Veranschaulichungsmittel räumlicher Verhältnisse bei geographischen Darstellungen durch Form und Zahl. Akad. d. Wiss. Berlin 1828, wieder abgedruckt in „Einleitung" 1852, S. 129—151, hier S. 133. Stärker als in dieser Schrift hat Ritter das Spezifische der „Methode" Pestalozzis nirgend im eigenen Werk zu Wort gebracht.

der Empirie unterscheiden. Die niedere Form ist der nur zusammengetragene Merkstoff, etwa der Kompendien. In der höheren Empirie wird der Stoff in seinen naturgemäßen Zusammenhang gebracht und damit durchsichtig und einleuchtend, also vom Geiste her rekonstruierbar. Auch so wird bloße Empirie „vernichtet", rationalisiert z. B. durch Einblick in ihre Kausalzusammenhänge, ihre Formzusammenhänge usf., kurz in das Gesetz ihrer „Notwendigkeit".

Ein anderes Mittel, den Stoff beherrschend darzubieten, liegt in dem ebenfalls Ritter von PESTALOZZI bewußt gemachten, wenn auch wohl auf HERDER zurückgehenden Gebrauch des Worts in einem gerichteten Sinne. PESTALOZZI führte in einem Gespräch mit Ritter am Abend des 25. September 1807 die vielen Mißverständnisse, denen er begegnet war, auf seine früher nicht „bis zur Klarheit ausgewachsene Sprache" zurück. Seine „Philosophie des Herzens" stieß in einer Welt der „Philosophie der Logik" nur auf Unverständnis, bis er die rechten, verbindenden Worte gefunden hatte. Auch dies war wieder ein Samenkorn für Ritter. Seine neuen Ideen und Gesichte waren in der alten Sprache der Aufklärung nicht wiederzugeben; sie bedurften einer neuen Sprache. Das hat auch DEUTSCH gesehen; wenn er aber als solche Wortneubildungen u. a. nennt: Zubäche, Zuströme, Stammflüsse, Gegenströme Parallelströme, lebendige Ströme, permanente Ströme usw. usf., geht er implicite davon aus, daß sich Ritter um möglichst präzise Begriffe bemüht habe. Das Gegenteil ist aber der Fall: „Omne simile claudicat, aber dafür hat jedes wahre Gleichnis seinen rechten Treffer, und gerade diesen in sich zum Bewußtsein zu bringen, wozu durch die Gleichnisrede aufgefordert wird, ist das wahrhaft belebende Prinzip der Lehre durch das Gleichnis. Es gibt daher nichts, sondern es lehrt immer etwas zu finden; die Lehre dadurch ist also nicht tötend, wie durch den Begriff. Das Gleichnis ist dadurch an sich selbst schon die methodische Form des Vortrags und darum wählte ihn Christus von dem überhaupt das wahre erweckende Leben ausging"[46]. Oder an der gleichen Stelle: „Demonstration findet nur bei toten Begriffen statt, Analogie und Bild sind die einzig möglichen Andeutungen von allem Lebendigen. Das Lebendige kann nur durch belebende Mitteilung sich erzeugen lassen, nicht beweisen, erzwingen. So ist das Ideal einer lebendigen Erweckung der Überzeugung, einer Zeugung des lebendigen Glaubens im herrlichsten Sinne, die Lehre Jesu. Gleichnis und Bild kann ich nur durch lebendige innere Anschauung begreifen und fassen. Das Bild hat seine wahre Mitte, fließt an den Seiten über in andere Wahrheiten: die Grenze ist nicht scharf für den Verstand definiert, aber um so reicher die Mitte für Sinn und Gefühl." Dieses Ringen um das treffende, sei es bildhafte, sei es gleichnishafte Wort abseits vom Begriff sollte man durch sein Werk verfolgen. Es fehlt den frühen Schriften, wird später aber geradezu kultiviert und bedient sich der verschiedensten Mittel. Es ist ja ein alter Irrtum, daß Ritter unverständlich und schwerfällig geschrieben habe. Tatsächlich war er ein Meister der deutschen Sprache, um die er sich von Jugend an redlich und in seinen reifen Jahren mit schöpferischer Kraft bemüht hatte. Die Mittel der Sprache sind verschieden. Überaus häufig wendet er z. B. den bildhaften Kontrast an, so etwa wenn er im turkestanischen Hochland „Trauer-

[46]) Göttinger Tagebuch 1816/17. S. unten S. 166.

landschaften" und „Kulturlandschaften"[47]) in Gegensatz wie in eine regelhafte räumliche Nachbarschaft stellt; dies zugleich als eine der überaus zahlreichen Stellen, wo er mit dem Begriff der „Landschaft" wissenschaftlich operiert, was SCHMITTHENNER [1951, S. 58] irrtümlich in Abrede gestellt hat. „Der Genauigkeit ungeachtet, mit welcher auf unseren neueren Karten seit dem Chinesischen (1793) und dem Britischen Kriege (1815) gegen die Gorkas die Grenzen des Königreichs Nepal abgesteckt sind, wodurch die statistische Ausdehnung des jetzigen Staats der Gorka-Dynastie, aber keineswegs die des Landes bezeichnet wird, würde es doch sehr schwierig sein, die eigentliche Landschaft Nepal zu ermitteln"[48]). An anderer Stelle[49]) bringt er den Godavari als einen Plateaustrom unter ungünstigen morphographischen und klimatischen Verhältnissen in Gegensatz zum Inn, dem „vollufrigen Alpensohn"; „er konnte daher kein Kulturstrom seiner Landschaften . . . werden, gleich seinen nördlichen und südlichen, kleineren und größeren Nachbarn" usw. Aus der Kontrastierung des Orients und Okzidents, der Wasser- und Landhalbkugel, der Neuen und der Alten Welt erwuchsen ihm Ideen in Fülle. Die Mineralschätze der Nalla Malla-Ketten konnten lange „dem spionierenden Auge der Europäer verborgen gehalten" werden, ein Wortpfeil, der ohne Umweg ins Schwarze trifft. Daß aber Ritter kontrastierende Bilder nicht nur als Mittel der Darstellung benutzte, sondern auch selbst eigentümlich empfindlich und empfänglich für Kontraste war, bezeugen seine Reisebriefe[50]) auf Schritt und Tritt, so „in der Einsamkeit des Wiener Weltgewühls" [S. 191], wo sein „Lebensschifflein wie eine Nußschale auf weitem Ozean umhertreibt"; oder in Paris, wo er im Getümmel der Hunderttausende „wie ein Kiesel im Strom fortgestoßen und abgerundet wird, . . . trocken und hart bleibt, weil man so hart genommen wird, . . . endlich aber so recht vom ärgsten Sinnentaumel ergriffen und herumgewirbelt, der einen nur ergreifen kann, die unaussprechlichste Sehnsucht nach dem Gegensatz empfinden" muß, „der uns, nach dieser Blendung, mit ganz neuen Reizen entgegenweht" [S. 176]. Selbstverständlich erhellen sich solche Gegenüberstellungen wechselseitig, z. B. der Inn den Godavari und umgekehrt. Die Kontrastierung ist aber nur der Vergleich über das Prinzip der Negation. Vergleicht man Individualfälle unter dem Prinzip der Identität, ergeben sich Typen.

Erinnern wir uns des Auftrags PESTALOZZIS an ihn, Urtypen zu suchen, der Bäume, der Sträucher, „und wenn es Jahre dauert"! Daß Ritter diesen Gedanken ins Geographische übertrug, ist ebenso selbstverständlich, wie seine Vermeidung einer vorschnellen Schematisierung, gegen die ihn nicht nur sein Postulat der Kenntnis aller Individualfälle schützte, sondern auch sein Verfahren, diese wiederum innerhalb eines aus ihnen abstrahierten Typs unter dem Prinzip des Widerspruchs erneut zu vergleichen und dadurch Untertypen zu gewinnen. Am Ende steht dann der Individualfall selbst, aber nun nicht mehr isoliert, sondern vom Typischen, von der „platonischen Idee" her durchstrahlt. In dieser Handhabung des Vergleichs als des Er-

47) Erdkunde 7, 1837, S. 325.
48) Erdkunde 4, 1834, S. 42.
49) Erdkunde 6/II, 1836, S. 426f.
50) KRAMER, G.: Ritterbiographie Bd. 2. 1870

kenntnisweges, auf dem sich „die wichtigsten Resultate gleichsam von selbst" anbieten, blieb Ritter ein wohl selbst von HUMBOLDT nicht übertroffener Meister. Jedoch hat die bequeme Sage, daß es nachgerade zwecklos geworden sei, in der monströsen Schutthalde seines Werks nach den seltenen Goldkörnern zu suchen, ein Leichentuch darüber gebreitet, unter das die beschwerenden Steine weiterer Vorurteile längst kein Lüftchen mehr dringen lassen. Nichts lag jedoch Ritter ferner, als toten Stoff anzuhäufen. Dafür ein Beispiel: Nachdem er den Himalaya nach Osten bis zum Irawadi-Ursprung „mühsam aber glücklich durchwandert" hat, bliebe „außerhalb des Himalaya noch ein gutes Dritteil des ganzen zusammenhängenden Gebirgssystems auf gleiche Weise zu durchforschen übrig. Aber hier gehen uns die Kräfte aus; denn noch keine Beobachter haben diese Teile wie jene durchforscht . . .". Aus chinesischen Karten „ohne alle innere Systematik oder Konstruktionslehre . . . läßt sich keine Frucht gewinnen; so lassen wir diese minutiöse Namengebung der Einheimischen, an welche wir keine naturgemäße Tatsachen, keine hierhergehörigen Gedanken und Ideenreihen anzuknüpfen imstande sind, auf sich beruhen und eilen zu einer allgemeinsten Übersicht . . ."[51]). Oder: „In die Topographie des Landes (Korea), welche fast nichts als Namen mit einzelnen historischen und statistischen Notizen und unzähligen Details enthält, (gemeint sind chinesische Vorlagen!) gehen wir natürlich nicht ein"[52]). Erst KAPP[53]) ist in die Geschichte der Geographie eingegangen mit seiner Typisierung der Kulturen in potamische, thalassische und oceanische. Ritter kannte damals längst kontinentale Kulturen unterschiedlichen Typs, potamische, litorale und ozeanische (Südchina) und sah sie überdies viel lebenswahrer, z. B. wenn er die Litoralkulturen nicht wie jener ungebührlich weit ausdehnte, sondern ihr schmales Band „gleichsam an die Felsen geworfen" in seiner Angreifbarkeit und Vergänglichkeit würdigte. Sein besonderes Interesse galt den Strömen. Wo hätte je eine Potamologie eine so kraftvolle Zusammenfassung gegeben, wie er über die Wassersysteme Ostasiens[54]) und diese dann im einzelnen so feinsinnig funktional interpretiert und typisiert, wie er den Amur [ebd. S. 430ff.], die chinesischen Systeme [490ff., besonders 712ff.] usw. Es würde zu weit führen, in das unermeßliche Feld seiner Typen von Naturgebilden jeder Art, Kulturen und Kulturräumen und schließlich typischer Funktionen einzugehen. Jedenfalls aber sind sie Ergebnisse seiner vergleichenden, grundsätzlich lückenlosen und in schöpferischer Reproduktion tätigen Anschauung.

Die „vergleichende Methode" lag im Zuge jener Zeit und fast alle Wissenschaften, die sich damals mit neuen Ideen neuen Zielen zuwandten, nannten sich „vergleichend". Dieser geistigen Strömung wußte sich Ritter verbunden, aber daß er historisch durch Iferten auf den Vergleich gebracht worden ist, daran ist nicht zu zweifeln. Man hat seit jeher über seinen Begriff der „vergleichenden" Erdkunde gerätselt. Auch hier führen erst wieder seine Tagebücher zu einer verblüffend einfachen Lösung: „Sehr merkwürdig ist der reine Gang der Methode (nämlich PESTALOZZIS) zur Kon-

[51]) Erdkunde 4, 1834, S. 399—400.
[52]) Ebd. S. 600.
[53]) KAPP, E.: Vergleichende allgemeine Erdkunde, 1845, 2. Aufl. Braunschweig 1868.
[54]) Erdkunde 4, S. 425—429.

struktion der Wissenschaft. Das Lernen des Einzelnen erste Stufe. Das Vergleichen des Vorhandenen aus allen Standpunkten zweite Stufe. Dies ist die Treppe, die zur dritten führt, zu dem allgemein Gesonderten nach allen möglichen Bedingungen, oder das Resultat des Ganzen, das durch den notwendigen Gang der Natur konstruierte System nach allen Standpunkten, die (nicht der Mensch) sondern die Natur selbst darbietet. Einzig mögliches System aller Wissenschaften für alle Zwecke der Wissenschaft und des Lebens"[55]). D. h. in nuce: Was er nicht bringen will, wenn er seine Erdkunde als die Geographie der zweiten und dritten Stufe „allgemein und vergleichend" nennt, ist die topographische Elementargeographie. Hier liegt für ihn auch der Unterschied von Geographie und Erdkunde. Sein Programm erlaubt ihm, nur Topisches, selbst wenn es sicher bekannt ist (siehe oben S. 122), fortzulassen, gleichzeitig aber die Hoffnung auszusprechen, daß seine „Erdkunde" auf die „Geographie" befruchtend wirken werde. Insofern ist seine „Erdkunde" also nicht vollständig im Sinne einer Aufwerfung des Gesamtmaterials einer „Universalgeographie", wie sie eine Landkarte, wenn auch leichenhaft[56]), bietet oder wie sie noch Büsching auf seine Art angestrebt hat. In diesem Sinne dankt er Guts Muths für die Zusendung seines Lehrbuchs der Geographie und die darin ausgebreitete „solide Ware". „Meine Arbeit wird nun im Grunde nichts anderes als den Grund dieses Daseins (nämlich der Tatsachen) enthalten, dessen Kenntnis ich nun voraussetzen kann . . . Meine Arbeit wird als ein Kommentar zur Geographie betrachtet werden können . . ." usf.[57]) In dieser grundsätzlich erst von Ritter angebahnten „räumlichen und chronologischen Gruppierung der Fakten, um überall die Einsicht in den Kausalzusammenhang der Erscheinungen des Planeten zu fördern"[58]), liegt einerseits der Grund unseres Unverständnisses für die Geographie des 18. Jahrhunderts, andererseits eine Malaise der modernen Geographie ihrem Stoff gegenüber. Seit Hettner wird Büsching vorgeworfen, er hätte „die Statistik" in einem ungebührlichen Umfang in die Geographie getragen und diese dadurch verfälscht. Das ist unrichtig. Was uns seit Ritter an Büsching befremdet, ist nichts weiter als die Physiognomie einer durchaus methodischen Elementargeographie, die die Masse des topographischen Stoffs nach dem Prinzip seiner räumlich-politischen Zusammengehörigkeit, aber sonst unverbunden, also auch nicht etwa mit statistischen Gedankengängen verkittet, in erreichbarer Vollständigkeit darbietet. — Die Schwierigkeit der modernen Geographie liegt aber genau in der Lücke zwischen Büsching und Ritter. Ihre Forderung auf den Spuren Ritters, nur kausal Verknüpftes zu bringen, stürzt sie der „atemberaubenden" Stoffmasse gegenüber in die Notwendigkeit, diese zu beschränken, also nicht mehr „vollständig" zu sein. Das wiederum führt zu Hettners Begriff des „Wesentlichen", der eine außerordentliche Straffung der länderkundlichen Darstellung mit einer starken Einschränkung in der Substanzdarbietung erkaufte, da alles, was auf der verfügbaren Seitenzahl nicht kausal oder in Funktionszusammenhängen darstellbar ist, unabhängig davon, ob solche bekannt sind oder nicht, grund-

[55]) Tagebuch II der Schweizer Reise 1807, Blatt 2. S. unten S. 140.
[56]) Einleitung 1852, S. 34/35.
[57]) Ritter an Guths Muths am 29. 7. 1810. S. unten S. 134.
[58]) Erdkunde 2, 1832, S. XII.

sätzlich entfallen muß. Das Raisonnement „von oben" her verdrängt zunehmend die Anschauung der „Lokalitäten ganz im Einzelnen". Die moderne Länderkunde ist damit tatsächlich, wie Ritter klarer als seine Nachfolger und Kritiker gesehen hat, nur noch ein Kommentar zu jener (vollständig-gedachten) Elementargeographie, also jener soliden Ware, die die Kompendien der Aufklärung nach darboten, deren Kenntnis gerade in ihrem relativ breiten Detail man heute aber notgedrungen, wenn auch zu Unrecht voraussetzt.

Kehren wir zurück zu Ritters Idee der „Anschauung". Man hat ihm aus einer gelegentlichen Äußerung, er sei froh, die in seiner „Erdkunde" beschriebenen Gebiete nicht selbst gesehen zu haben, weil ihm andernfalls die unvermeidbare Zufälligkeit seiner Eindrücke den freien Blick gestört hätte, vorgeworfen, er sei ein reiner Literaturgeograph gewesen, der die gepriesene Anschauung für seine Person sogar bewußt vernachlässigt hätte. Dem steht zunächst entgegen, daß er auf alljährlichen ausgedehnten europäischen Wanderungen und Reisen von ihm als unentbehrlich anerkannte „Analogieanschauungen" gewonnen hatte. Kunde der engsten Heimat, zunächst in topographischer Kenntnisnahme und dann in geistiger Durchdringung nach allen Richtungen als Sprungbrett für eine „Anschauung aus Analogie" ferner Gebiete lag im Programm von Schnepfenthal, sehr viel bewußter und ausgesprochener in jenem von Iferten[59]). Das wäre jedoch kaum besonders originell. Ganz anders aber ist eine lange Tagebucheintragung [59a]) seiner Schweizer Reise zu beurteilen, in der er sich die Frage stellt: Zu welch „höchsten Resultaten" muß die „Methode" führen, wenn sie „das Aggregat des durch Jahrhunderte hindurchlaufenden Menschenfleißes", die in 2000 Jahren von wissenschaftlichen Geistern gesammelten Beobachtungen nach den Ideen der „Heroen" der modernen Wissenschaften auf- und durcharbeiten würde ? Hier ist wieder einmal das letzte Wurzelende eines Gedankens erreicht, den Ritter in der Folge mächtig und zu einer eigentümlichen Methode, zur historischen Geographie in der ganzen Fülle ihrer unterschiedlichen Aspekte ausgebaut hat. Was ist nun unter diesem Gesichtspunkt für Ritter „Anschauung" ? Sie ist für einen bestimmten Ort (z. B. für einen Weg, ein Gebiet) die in historischer Folge zu fixierende Summe alles dessen, was darüber je an Beobachtungen angestellt und überliefert wurde, unter kritischer Würdigung der Aussagefähigkeit und des Aussagewillens (Beruf, Reisezweck, zeitbedingtes und persönliches geistiges Niveau, mögliche Irreführungsabsichten usw.) der jeweiligen Quelle. Alle diese Berichte, Beobachtungen, Tatsachen blieben aber isoliert, tot und wertlos, wenn sich ihrer nicht eine schöpferische Kraft bemächtigte und sie bildhaft umgestaltend vor die „innere Anschauung" stellte. Diese wirkt im schöpferischen Menschen wie ein „Naturtrieb", wie ein „Instinkt im edleren Sinne". Während aber der Künstler sich diesem „praktisch sicher" überlassen darf, trägt er den Forscher nur dann zum Ziel, wenn er ihn kritisch in das hellste Bewußtsein zu heben vermag. Diese „innere Anschauung" muß in Ritter mit solcher Kraft lebendig gewesen sein, daß sie ihm die äußere Anschauung entbehrlich machte. Hier genügte ihm offenbar tatsächlich eine „Anschauung aus Analogie" als Stütze.

---

[59]) Vgl. die Briefe Hennings an Ritter. S. unten S. 147.
[59a]) S. unten S. 143.

Mit allen diesen Augen sah Ritter sein jeweiliges Raumobjekt mit einem doppelten Ergebnis: einerseits erlaubt eine so vielseitige und (den gegebenen Umständen entsprechend) lückenlose Anschauung den „Gestaltungsprozeß", wir dürfen vielleicht sagen die begründende Darstellung des gegenwärtigen Raums in seiner Erfüllung, andererseits ermöglicht die historische Verfolgung der Quellen einen „Enthüllungsprozeß", zeigt das historische Werden, die tatsächliche Geschichte des Raums mit allen Wechselfällen, soweit diese auf Land und Leute Bezug haben, nicht etwa nur reine Geschichte sind, die Ritter sorgfältig ausgeschlossen hat. Endlich ergibt sich aus dieser Methode, wie der einzelne Raum allmählich ins wissenschaftliche Bewußtsein getreten ist, also seine Geschichte der Geographie. Historische Landeskunde, strukturelle Länderkunde und Geschichte der Geographie fließen somit für einen gegebenen Raum ineinander, bedingen sich gegenseitig[60]).

Die Vielfalt der Darstellungsmöglichkeiten so komplizierter Methoden kann hier nicht verfolgt werden. Den Gang der Untersuchung bestimmt etwa in einem Raum die Klärung von Stromgebieten, in einem anderen die von Paßstraßen; hier muß auf die nachspürende Lektüre verwiesen werden. Beispiele für jene bietet sein Afrika, für diese seine Darstellung des Himalaya. Ein so konzipiertes Werk muß einen gewaltigen Umfang annehmen; wenn man es aber in seiner sorgfältig durchdachten Architektonik mit einer Schutthalde vergleicht, erinnert das an zurückliegende Beurteilungen unserer gotischen Dome.

Verständlicher wäre die Frage, ob in ihm nicht bereits der Historismus sich ausspricht, jener historische Positivismus, der unter Leugnung tragender Ideen die Kulturgebilde nur als Produkte der historischen Entwicklung begreift, das jüngere Glied der Kette aus dem älteren ableitet ohne Frage nach einem Sinn, sei es im Zusammenhang des Gewesenen, sei es in bezug auf die Gegenwart. Davon ist Ritter selbstverständlich weit entfernt. Ein Werk, das bewußt erzieherisch, bildend wirken, ein Beitrag zur Nationalerziehung sein will, sucht die historischen Werte in seinem Objekt und wägt sie an eigenen Maßstäben. Daß Ritter diese hochherzig und in echtem Bemühen um ein adäquates Verständnis handhabt, erweist u. a. seine Kritik an einer unangebrachten oder verfehlten christlichen Mission[61]). Damit steht ihm die Geschichte unter der Idee eines ewig sich wandelnden und zu immer neuer Fülle drängenden Lebens, das die Wissenschaft zu erfassen und ins Bewußtsein der Gegenwart zu bringen hat. Das ist Geist vom Geiste der „Stimmen der Völker in Liedern", ist Produkt und zugleich Teil der deutschen Klassik, wie sie HERDER und GOETHE geprägt haben. Charakteristisch dafür ist der Glaube an den in gleicher Weise gesetzmäßigen, wie sinnvollen Zusammenhang des Ganzen wie der Sinn für die Individuation seiner Teile. In einem Gleichnis hat Ritter auch diesen Gedanken in seinem Göttinger

---

[60]) Hierzu seine wohl wichtigste Akademieabhandlung: Über das historische Element in der Geographie, Berlin 1833, wieder abgedruckt in der Einleitung 1852, S. 152—181.

[61]) Erdkunde 3, 1833, S. 152ff. An anderer Stelle wird als geographisch wichtig bezeichnet, wie sich ein Religionssystem „im wirklichen Leben" (hier in Nepal) ausprägt. Erdkunde 4, 1834, S. 134. Von dem mohammedanischen Gelehrten ABUL FAZL rühmt er, daß er „stets die Gegenwart auf die historische Grundlage zurückführt und das Bestehende, Nationale, Einheimische ehrt". Erdkunde 5, S. 626.

Tagebuch 1815 niedergelegt: „Merkwürdig ist es, daß die alten Botaniker in ihren Büchern das ganze Gewächs abbildeten mitsamt den Wurzeln, die neueren nur die Blüte — und obgleich sie so die Blüte zu erfassen glaubten von ihrer Wissenschaft, ist ihnen doch eben diese mit der Wurzel abgestorben. Mir waren die Wurzeln auf den Alpenböden noch wichtiger, als die schönsten Blüten der Gewächse! Überhaupt ist die Fortpflanzung der Gewächse ja garnicht auf die Blüte beschränkt, sie ist so vielfach, im Samen, in den Zwiebeln, in der Wurzel, im Auge, im Blatt! So ist das vegetative Wesen der Charakter der Gewächse, es ist ein unverwüstliches Geschlecht, und dieser Charakter muß wohl etwas zu bedeuten haben." Wenn er diesen Gedanken mitten in angestrengtester Arbeit an dem der Vollendung zureifenden ersten Bande seiner „Erdkunde" niederschrieb, dann wird auch das wohl „etwas zu bedeuten haben", denn auch die Länder und Landschaften sind ein auf Wurzeln stehendes unverwüstliches Geschlecht, wie eine „Naturpflanze nur an dieser Stelle in ihrer Heimat", sind ihm „Organismen".

Kehren wir nach dieser langen Abschweifung zurück nach Iferten, nicht um Ritters Lebensgeschichte wieder aufzunehmen, sondern um zu fragen, was sein Gewinn aus drei dortigen Aufenthalten, 1807, 1809 und 1811/12 gewesen sein mag. Die Ansichten gehen hier scharf auseinander. Ritter selbst schätzte ihn sehr hoch, E. Deutsch „verhältnismäßig gering". Deutsch aber irrt, weil er in falscher Richtung sucht, nämlich im Stofflichen, worin ganz Iferten Ritter weit unterlegen, hier eingestandenermaßen der empfangende Teil war. Man muß zur Kontrolle die Frage nur umkehren: Wäre Ritter ohne die Begegnung mit Pestalozzi und seinem Kreis vergleichsweise jene Gestalt geworden, als die er in die Geschichte der Wissenschaft eingegangen ist, so wird man das rundheraus verneinen müssen. Die bloße Lektüre der Schriften Herders und der Schweizer hatte keine durchgreifende Wirkung auf sein Schaffen, ist nur in einzelnen Sätzen spürbar. Abstrakte Gedanken nahm er offenbar nur im Gespräch auf, vermochte sie dann jedoch in seinem Sinne sehr stark weiterzuentwickeln und umzugestalten. Man kann wahrscheinlich die Notwendigkeit und Wirksamkeit persönlicher Kontakte in seiner Entwicklung gar nicht hoch genug anschlagen. Noch in seinem Göttinger Tagebuch von 1815/16 hat sich eine Philosophie der „Freundschaft" niedergeschlagen, diese „edelste Kraft", deren „erweckendes Leben, das aus dem Freund in den Freund überströmt", von der Pädagogik leider ganz vernachlässigt, wo nicht gar durch Entfesselung der Eifersucht „recht gotteslästerlich verfälscht, vergiftet und in den Staub getreten" wird. Der Funke starker und dauerhafter Freundschaft sprang zwischen Ritter und edlen Männern oft in Sekundenschnelle über. Dann aber genügte ihm eine Anregung; sie schlug in ihm Wurzel und wuchs in assimilierter Gestalt in ihm weiter. In diesem Sinne war er der Empfangende im Kreise Pestalozzis. Mißglückten Unterrichtsstunden konnte er den gesunden Kern, pädagogischen Erörterungen die tragfähigen Ideen für seine Wissenschaft entnehmen, und selbst aus seinem Widerspruch ergaben sich ihm fruchtbare eigene Gedanken[62]). Aber er bedurfte in jenen Jahren zweifellos des An-

[62]) Er war darin offenbar Leibniz verwandt, der ja auch auf Klagen über die törichte zeitgenössische Literatur antwortete, er habe noch kein Buch gefunden, das so dumm gewesen sei, daß er daraus nichts gelernt hätte, d. h. daß ihm darüber nichts Eigenes eingefallen wäre.

schlags, um selbst weiterklingen zu können. Daß er sich dabei in ganz wesentlichen Fragen keineswegs nur rezeptiv verhielt, zeigt seine Auseinandersetzung mit dem ihm auf anderem Gebiet geradezu als letzte Autorität erscheinenden NIEDERER. Dieser war z. B. der Ansicht, man müsse sauber trennen, müsse das Physische rein und für sich, dann das Menschliche für sich darstellen, und erst als Drittes die Verbindung zwischen beiden herzustellen suchen. Dem widersprach Ritter und setzte seine Meinung dann auch in HENNINGS „Elementargeographie" gegen ihn durch[63]). Alles Getrennte wies ihn zurück auf die „vereinigende Mitte", wie in seinen Augen umgekehrt aber auch wieder „alles Höhere ein Gegensatz" ist. Der Mensch als physisches und geistiges Wesen stand ihm zwischen Natur und Gott, hatte Teil an beiden Welten. Aber was ist Gott? Natura naturans in der natura naturata. Der Mensch ist vergeistigte Natur, aber die Natur selbst ist auch beseelt. Gott? Weltgeist? Erdgeist? Vielleicht sogar Kontinentalgeist? Das sind Gedanken, mit denen er sich in seinen Tagebüchern fragend auseinandersetzt. NIEDERER hat an ihnen offenbar vergeblich die Schärfe seines analysierenden Verstandes geübt. Ritter hat diese Glaubensfragen schließlich bewußt in der Schwebe gelassen[64]). Aber aufs entschiedenste wehrte er sich gegen NIEDERERS scharfe Trennung zwischen Mensch und Natur und wuchs in und durch diesen Widerspruch in seine eigene Klarheit und wissenschaftliche Praxis hinein, die ihm ohne diesen „Anschlag" kaum so bald und so stark gekommen wäre. Erst in Iferten wurde er jener Methodiker, ohne den er nicht „klassischer" Geograph geworden wäre. Ihm kamen die entscheidenden Anstöße aus einem Geflecht von Reflexionen, deren Samen in pro et contra in Iferten gelegt wurden, in den Jahren der zurückgezogenen Arbeit auf der Universitätsbibliothek in Göttingen in Übereinstimmung zueinander gebracht wurden und schon im ersten Band seiner „Erdkunde" so voll ausgereift an die Öffentlichkeit traten, daß die späteren Bände kaum mehr einen grundsätzlichen Fortschritt der Auffassung bringen. Sie erweist ihre Elastizität nur an stets neuen, andersartigen Stoffen und Gehalten.

Dennoch befriedigt diese scheinbar glatte Lösung noch nicht. Zwischen seinem „Europa" und seiner „Erdkunde" liegt als Novum seine wissenschaftsbegründende Konzeption des geographischen Raums. Diese aber stammt nicht nur nicht von Iferten, sondern widersprach dessen Geist geradezu diametral. So wegweisend Neues von dort ausging, geographisch steckte Iferten noch voll in der Aufklärung. Wie TOBLER und HENNING vor ihrem Kontakt mit Ritter beweisen, huldigte man dort dem Schematismus der „reinen" Geographie in der Nachfolge GATTERERS, letzten Endes des Plinius[65]). Auch das für Ritter so wichtige historische Verständnis krankte dort typisch aufklärerisch an der Deutung der Vergangenheit aus der Gegenwart „im unbedingten Glauben an die Macht" des allgemein-menschlichen Gemüts; dem hielt (doch offenbar!) Ritter z. B. für das Verständnis der homerischen Welt die Not-

[63]) HENNING an Ritter vom 5. 6. 1812. S. unten S. 154.

[64]) Göttinger Tagebuch 1815. Aber auch später, etwa: Erdkunde 14, S. 677f. oder Asien 15a, 1850, S. 10 („ein geistiges Moment auch in der materiellen Erscheinung der Welt mitwirksam") „Göttliches oder natürliches Gesetz, was gleichviel bedeutet"; Erdkunde 4, 1834, S. 426.

[65]) Erdkunde 8, 1838, S. 551.

wendigkeit „des eigenen Studiums der klassischen Historiker" entgegen, als einzigen Weg „zur eigentlichen historischen Bildung"[66]). Das sind in unserem Zusammenhang keine Nebensächlichkeiten, vor allem deshalb nicht, weil Ritters „Europa" noch in jenem Banne stand, in dem er sich durch Iferten hätte bestärkt fühlen können. Das zwingt die Frage auf, woher sein Raumbegriff stammt oder doch angeregt wurde. Ist er sein eigener Gedanke? Oder ist A. v. HUMBOLDT mit seinen „Ansichten der Natur" 1807 in Frankfurt der Anreger gewesen, wie SCHMITTHENNER meint? Es gibt Gründe, beides für unwahrscheinlich zu halten. HUMBOLDTS Aufsätze sind eigentlich mehr Beiträge zur allgemeinen Geographie und werden von Ritter wohl auch so aufgefaßt worden sein. Die zur Klärung eines so wichtigen Problems notwendige Aussprache mit diesem war damals ebenfalls nicht möglich. Endlich läßt ja auch Ritters bewundernd kumulierende, mit dem neuen Freunde geradezu prahlende Aufzählung alles dessen, was HUMBOLDT zu sagen hatte[67]), gerade dieses für ihn damals so entscheidende Problem der geographischen Raumauffassung vermissen.

Der Anstoß kam wohl auch hierfür wieder aus der Schweiz, aber in diesem Falle von einem Sachforscher, nicht von Methodikern. Auch Ritter hat, wie HUMBOLDT, dem damaligen Gelehrtenbrauch folgend alle erreichbaren Naturforscher vor allem der Schweiz aufgesucht, u. a. PICTET, DE LUC, STUDER, ESCHER (VON DER LINTH) und daraus reichen Gewinn gezogen. Aber einer von ihnen, mit dem er schon von Frankfurt her befreundet war, fällt als Forschergestalt wie in seinem Verhältnis zu Ritter aus diesem Rahmen: der praktische Arzt Dr. J. G. EBEL, ein ebenso origineller, wie universal gebildeter Kopf, ein rascher, subtiler, umsichtiger Beobachter, sattelfest in allen Gebieten der Naturforschung, in der Geologie, Mineralogie, Botanik, Anatomie und Physiologie, im Felde der Nationalökonomie und der Geschichte, ein Mann, der als emigrierter Deutscher von Paris aus die Schweiz zur Wahrung ihrer politischen Unabhängigkeit gegenüber dem revolutionären Frankreich auf dem Wege über eine freisinnige Reform ihres Gemeinwesens aufrief und dafür später das Schweizerische und Züricher Bürgerrecht erhielt. Eine ganz ungewöhnliche Persönlichkeit! Er hat als Früchte jahrelanger Wanderungen der Schweiz eine Reihe von Werken geschenkt, die dank seiner Unvoreingenommenheit und seinem (man kann nur sagen:) physiologisch die Zusammenhänge erfassenden Blick alsbald europäischen Ruf gewannen und noch heute mit Gewinn und Genuß studiert werden könnten. Im Band I seiner „Anleitung"[68]) hat er wohl als erster eine umfassende Technik des wissenschaftlichen Reisens entwickelt, in den drei weiteren Bänden einen lexikalisch geordneten überaus inhaltreichen Führer durchs Land geboten, mit dem Ritter mehrfach die Schweiz bereist hat und der in seinem Nachlaß in 4 Auflagen versteigert wurde. EBEL dürfte als erster „rhythmische" Erscheinungen der mannigfachsten Art im „Bau der Erde"[69]) festgestellt und sie unter diesem Be-

[66]) Schweizer Tagebuch 1807, Heft II, Blatt 8. S. unten S. 141.
[67]) Brief an GUTS MUTHS vom 23. 11. 1807. S. unten S. 133.
[68]) EBEL, J. G.: Anleitung auf die nützlichste und genußvollste Art die Schweiz zu bereisen. 1. Aufl. 1793, 2. Aufl. 1804, 3. Aufl. 1810. 4. Aufl. von Escher besorgt.
[69]) EBEL, J. G.: Über den Bau der Erde in dem Alpengebirge, 2 Bde. Zürich 1808 mit Atlas und erster geologischer Karte der Gesamtschweiz. Hier Bd. II, S. 421—425 und 368—401.

griff in die Geologie eingeführt haben. Wenn Ritter eine „Organisation und eigentümliches Leben der Erde" vorschwebte, gegen die bisher keine stichhaltigen Beweise vorgebracht worden seien, so gilt dieser Idee ein eigenes und mit diesen Worten überschriebenes Kapitel dieses Werks, und wenn bei Ritter immer wieder von der „Polarität von Nord und Süd" die Rede ist, bietet auch wieder EBEL, der die Erde als Voltasche Säule und bis in ihre kleinsten Teile hinein als elektromagnetisches Feld auffaßte, den Schlüssel dazu. Noch weit anregender muß auf Ritter aber seine „Schilderung der Gebirgsvölker der Schweiz"[70]) gewirkt haben. Wie sich hier ein Kanton nach dem anderen unter der Fiktion der Durchwanderung dem Auge in seinen physisch-geographisch sehr verschiedenen Teilen allmählich erschließt, wie ökologische Differenzierungen, etwa hochgelegene oder tief eingelassene Täler, feuchte oder trockene Talböden, Hänge, Almen, Expositionsunterschiede, Maß der Zerschneidung, u. v. a. auf sehr unterschiedliche Bedingungen im Menschen treffen, etwa auf solche der Religion, der Verfassung, der Besitzverteilung, der Regsamkeit des Geistes, der Bildung, der Volksdichte usw. usf., und sich daraus abgrenzbare Räume unterschiedlicher Struktur ergeben, die aber nicht starr, sondern wandlungsfähig sind, wird mit einer damals wohl unerreichten Meisterschaft geschildert. Physiognomie und Wesensgehalt werden kausal begründend und zugleich plastisch für kleine und kleinste Räume (Talschaften und ihre Teile) und Raumgruppen (z. B. freie und untertänige Kantone) herausgearbeitet. Man muß sich diese Tatsachen und dazu die enge Freundschaft beider Männer, die nach Jahren des persönlichen „Umgangs" in einem gehaltreichen Briefwechsel bis zu Ebels Tod fortlebte, vor Augen halten, um Ritters Wort würdigen zu können, daß seine „Erdkunde" „diesem Edeln das, was sie an Wärme und Leben besitzen mag", verdanke[71]). Daß der enge Verkehr mit SÖMMERING und HAUSMANN ihn in EBELS Anregung, „den überall verbreiteten Zusammenhang in der Natur" zu erkennen und zu verfolgen, bestärkte, ist selbstverständlich, aber diese beiden werden seinen geographischen Problemen kaum neue spezifische Gedanken zugeführt haben. Daher also die bedeutsame Widmung des 2. Bandes seiner „Erdkunde": BLUMENBACH, dem Vermittler der Technik der wissenschaftlichen Arbeit, SÖMMERING, dem engsten Freunde in den Jahren der Reife, und EBEL, dem Führer zum eigentlichen geographischen Objekt, dem geographischen Raum in seiner Begrenzung und in seiner kausal und funktional verknüpften reichen Erfüllung. Dieser erst hatte ihm an tausend Stellen den Zusammenhang nicht nur der Naturerscheinungen untereinander, sondern auch die zugleich wandelbare und doch gebundene Reaktion des Menschen auf sie gewiesen und nicht zuletzt gezeigt, wie hart in sich geschlossene Räume aneinanderstoßen können. Die Früchte des EBELschen Versuchsfeldes wuchsen dem so geschärften Auge Ritters jetzt weltweit.

So ausgerüstet, konnte er sich nun im Sommer 1813 nach Göttingen zurückziehen und eine Weltliteratur verarbeiten. Die dortige Bibliothek wird ihm zu dem Pathmos, auf dem er wie in einer freiwilligen Verbannung arbeitend heranreift. Wir wissen nur

---

[70]) EBEL, J. G.: Schilderung der Gebirgsvölker der Schweiz. 2 Bde, Leipzig 1798/1802.

[71]) Erdkunde I, 1817, S. 37.

Einzelheiten seines Tuns. Zwar begleitete er wieder seine beiden Zöglinge, BETHMANN und SÖMMERING, zu ihrem Universitätsstudium, beriet sie, hörte auch Vorlesungen mit ihnen zusammen. Aber sie waren selbständige Männer geworden, so daß ihm die meiste Zeit zu eigener Arbeit blieb. Verkehr und Anregung von außen hat er hier eher vermieden, als gesucht; nur mit HAUSMANN blieb er in enger Verbindung, hatte auch Gelegenheiten, mit BLUMENBACH über sein entstehendes Werk zu sprechen. Aber ob dieses tatsächlich durch jene beiden „nicht nur gewonnen, sondern eine ganz neue Gestalt erhalten"[72]) hat, bleibe dahingestellt, da diese Worte an den entfernten gemeinsamen Freund TH. SÖMMERING gerichtet sind. Wann er seine „Erdkunde" nach dem endgültigen Plan begonnen hat, wissen wir nicht; er selbst schreibt in einem Brief an seinen Bruder Johannes[73]), daß sie ihn seit etwa acht Jahren „beschäftigt", das wäre also etwa seit Abschluß des 2. Bandes seines „Europa". Aber was heißt das? Wieviele Entwürfe ganz verschiedener Konzeption sind in diese Beschäftigung mit eingeschlossen? Wir wissen genau, daß er seine „Einleitung" zu dem 1817 erschienenen ersten Band am 29. Oktober 1815 abgeschlossen hat[74]). Sie hielt er offenbar für geglückt; sie muß so adäquat das von ihm Gemeinte ausgesprochen haben, daß er sie auch der 2. Auflage und dem 1852 erschienenen Sammelband seiner Abhandlungen fast unverändert wieder beigegeben hat.

Wir haben Carl Ritter in den entscheidenden Phasen seines Lebens zu begleiten versucht bis an die Schwelle seiner „Erdkunde". In diese einzutreten und ihr die Fragen unserer Gegenwart zu stellen, aber auch nachzuprüfen, ob und wie weit die an ihr bisher fast nur aus dem Blick auf die Außenfassade geübte Kritik, sei sie wohlwollend oder ablehnend, richtig ist, ist hier nicht der Raum.

Ein Indiz seiner Einschätzung gerade in jener großen geistigen Zeit Deutschlands gibt es; es ist der Kreis jener, die ihn an sich zu fesseln suchen. Daß in seiner Gestalt Schnepfenthal etwas wie eine Rechtfertigung seiner bereits starker Kritik unterworfenen Grundsätze der Erziehung sah, ist begreiflich. Das aber war eine Selbstüberschätzung und Selbsttäuschung, denn nur in der „Rolle eines Reformators", die ihm aber aus Pietätsgründen unerwünscht war, hätte er das Angebot der Leitung angenommen [Kramer I, S. 382]. — Einem Ruf nach Iferten mochte er schon aus patriotischen Gründen nicht folgen, ganz abgesehen davon, daß die Anstalt nicht nur äußerlich, sondern in ihren Grundfesten erschüttert war und nicht mehr entfernt an jene ihre größte Zeit erinnerte, als Ritter hier weilte. — Daß Frau von WOLLZOGEN, die Schwägerin SCHILLERS, die stärkste Fürsprecherin seiner Berufung nach Weimar war, läßt doch wohl erkennen, daß seine Wahl weitere Kreise als die eines engen Hofbeamtentums zog. Daß man gewichtigen Wert gerade auf ihn legte, ergibt sich aus der Geduld, mit der man seine endgültige Antwort abwartete. — Schulen sahen in ihm selbstverständlich eine pädagogische Kapazität von Rang und er hat ja auch unter Angeboten von Bremen, Heidelberg und Frankfurt für kurze Zeit, 1819/20, eine Professur an dieser letzten ihm vertrauten Stätte angenommen, sah sich in ihr jedoch so stark beansprucht und beengt, daß er sie wieder aufgab. Die

[72]) KRAMER, G.: Carl Ritter, Bd. I, S. 348, ohne Datum!
[73]) Ebd. S. 349. Leider ohne Datum!
[74]) Ritter, Brief aus Göttingen an A. BETHMANN vom 30. 10. 1815, siehe unten S. 157.

Abhängigkeit eines Schulmeisters widerstrebte ihm, und sein Arbeitspensum ließ ihm für eigene Studien keine Zeit. — Es blieb also der Reigen der Universitäten. Die Entwicklung in Göttingen bedürfte einer Nachprüfung. Daß sich hier Kräfte für ihn regten, insbesondere sein Freund HAUSMANN, ist erwiesen. Wenn Heeren sich gegen ihn ausgesprochen haben sollte, könnte man darin fast etwas wie eine wenn auch unbewußte Abwehr der Aufklärung gegen ihn vermuten. Ein Einspruch BLUMENBACHS aber scheint ganz unverständlich. Vielleicht hat WAPPÄUS[75]) recht, wenn er einen Intriganten dahinter vermutet, der später jenen beiden seine Quertreibereien zur Last legte. Möglich ist aber auch, daß Ritter selbst [Kramer S. 392], wie nach einem Passus in einem Brief an SÖMMERING mindestens nicht ganz ausgeschlossen ist, nicht viel an einer Professur in Göttingen gelegen war. Sein Göttinger Tagebuch läßt keinen Zweifel daran, daß er trotz der Freunde und der Bibliothek diese Stadt nicht geliebt hat. — Von der neu gegründeten Universität Bonn weiß man nicht mehr, als daß er dort ernsthaft erwogen wurde.

Wie seiner Zeit ja schon BÜSCHING, wurde auch Ritter eigenartig stark von dem aufstrebenden und sein Bildungswesen entwickelnden Preußen angezogen. „Ich habe einen ganz außerordentlichen Hang, der im Blut liegt, für Preußen zu wirken, und weiß, ihm entfremdet, doch durchaus nicht recht, wie es anzufangen ist"[76]), schrieb er 1818 an seinen in Berlin lebenden Bruder Johannes[76]). Dort war man aber zweifellos schon länger auf ihn aufmerksam geworden, denn aus freien Stücken dürfte ihn der dortige Verleger Reimer kaum gefragt haben, ob er eine Stelle an einer preußischen Universität annehmen würde und unter welchen Bedingungen[77]). WILHELM VON HUMBOLDT und Freiherr VOM STEIN hatten ihn in Frankfurt, interessiert an seinen Arbeiten und Ideen, in ihren engeren Umgang gezogen, und ebendort hatte er auch General VON WOLLZOGEN, den Schwager seiner Weimarer Gönnerin, kennen gelernt. Als Geologe war sein alter Freund und wohlwollende Kritiker LEOPOLD VON BUCH an der Universität. Sicher nicht wirkungslos für Berlin sprach FR. SCHLEGEL von Ritters „Erdkunde" als von der „Bibel der Geographie". Zwei Gruppen des damaligen geistigen Berlin vereinigten sich nun in praktischen Vorschlägen und Angeboten, um Ritter dorthin zu ziehen, das Kultusministerium mit dem Angebot einer beamteten Professur an der Universität und dem Versprechen der Aufnahme in die Akademie der Wissenschaften bei nächster Gelegenheit. Hier drängten vor allem die Historiker, W. v. HUMBOLDT, SAVIGNY, WOLDTMANN. Sie wurden unterstützt durch die Heeresleitung, die damals eine nie wieder erreichte geistige Elite verkörperte und Ritter in weitblickender Erkenntnis des Wertes seiner Person wie der praktischen und theoretischen Bedeutung seiner geographischen Leistung ihren Erziehungs- und Bildungsplänen für den Nachwuchs ihrer Führungsschicht dienstbar machen wollte. Männer wie GNEISENAU, CLAUSEWITZ, WOLLZOGEN, MÜFFLING gaben die Gewähr dafür, daß diese Mühe nicht vergebens sein konnte. Überdies versprachen sie, die zur „Erdkunde" notwendigen Karten und Atlanten mit eigenen Fachkräften anfertigen zu lassen. Seit Jahren endlich sehnte sich Ritter

[75]) WAPPÄUS: Carl Ritters Briefwechsel mit Hausmann, 1879, S. 158.
[76]) KRAMER, G.: Carl Ritter, ein Lebensbild. I, 1864, S. 382.
[77]) KRAMER, G.: a. a. O. I, 1864, S. 381.

9*

auch nach den Predigten des verehrten SCHLEIERMACHER. Familiäre Bindungen in Berlin erleichterten die Wahl. Ein solches Angebot konnte nicht ausgeschlagen werden. Wenn irgendwo, durfte er in diesem Kreise jene „Bestimmung" erwarten, zu der er sich berufen fühlte. 1820 übersiedelte er daher von Frankfurt nach Berlin. Keine zweite deutsche Stadt hätte ihm ein vergleichbares Forum bieten können.

Briefe*) Carl Ritters an Guts Muths
(Ritterarchiv Quedlinburg, Klopstockhaus)

Frankfurt, den 9. 1. 1802

Meine geographischen Arbeiten sind indes weiter vorgerückt; ich habe Deutschland nach Norrmanns und vieler anderen Handbücher beendigt, viele spezielle Gebirgskarten entworfen und eine große Gebirgskarte von Deutschland nach jenem Plan fast fertig gebracht, nur statt alles in schwarzer Tusche zu schattieren, habe ich Lichter zu den höchsten Gegenden gebracht, und nur die Täler mit schwarzer Tusche angelegt, so daß ich überall mit schwarz einschreiben konnte; sie hat so ziemlich meinen Beifall, sie ist mit aller möglichen Genauigkeit in einem großen Maßstabe über 2′ breit und ebensoviel hoch gezeichnet. Von den meisten Gebirgen habe ich die besten Karten benutzen können, durch die hiesige Jägerische Landkartenhandlung; nur fehlen mir noch gute Karten vom Riesengebirge, vom Schwarz- und vom Steigerwald. Zumal von diesen beiden letzteren habe ich auch noch nicht die geringsten Nachrichten auftreiben können. Leider habe ich meine Augen dabei zu sehr angegriffen, weil die Arbeit für mich sehr viel Interesse hatte, und ich nicht davon gehen konnte; darum muß ich jetzt ein wenig damit einhalten und mich mehr mit der Ordnung und Verbindung meiner vielen, aus vielen echten Werken gesammelten Bemerkungen beschäftigen. Wenn nur meine Zeit nicht so beschränkt wäre; denn meine 3 Kinder und der liebenswürdige kleine Sömmering, der jetzt auch bei mir in Oberrad wohnt, geben mir vollauf zu tun; überdem reizt mich auch die schöne Gegend, der Wald und die ganze Natur, ihr so manches Stündchen zu weihen.

*) Alle im folgenden mitgeteilten Briefe und Tagebuchnotizen sind den handschriftlichen Quellen entnommen. In der Regel sind die Briefe nur in den geographisch interessierenden Teilen, aber immer wörtlich wiedergegeben. Brauchbar und in extenso veröffentlicht sind bisher nur die Briefe von Ritter an PESTALOZZI in den schwer zugänglichen „Pestalozziblättern" XI/1 und XI/2. Zürich 1890.

Frankfurt, 25. 3. 1804

...Und nun noch etwas über beiliegende Karte[1]), von Ausfeld gestochen, zu der August Ausfeld den Text drucken läßt, und sie (mit uns[2]), unter gewissen Bedingungen) zum Vertrieb übernommen hat. Vielleicht ist es zu gewagt von mir, die Sache öffentlich mitzuteilen, aber ich gestehe Dir, daß das Bewußtsein des redlichsten Fleißes, und Dein Lob in Deinem kritisierenden Briefe mich stolz genug machten, den Stich zu betreiben, da ich für meine Person überzeugt bin, daß die Kärtchen recht vielen Nutzen stiften können. Die Arbeit hängt ganz mit meinen übrigen Beschäftigungen zusammen, ich hänge ihr nach. Mit dieser Karte soll ein Versuch gemacht werden; eine Ankündigung habe ich an den Buchhändler Ausfeld geschickt. Hast Du ein Augenblickchen von Deinen dringenden Geschäften frei (nur hier halte ich es bei Dir nicht für unbescheiden darum zu bitten), so tue mir die Gefälligkeit, lies sie; sage Ausfeld oder mir Deine Meinung. Stimmt es mit Deiner Überzeugung überein, und glaubst Du, daß ich meinen Zweck erreichen kann, daß ich nicht zuviel verspreche — gefällt Dir noch jetzt die Vorstellungsart meiner Kärtchen, so nimm die Anzeige in dem nächsten Hefte der Pädagogischen Bibliothek auf und begleite sie mit ein paar Worten, daß Du die Karten gesehen und brauchbar gefunden hast.

[1]) Ankündigung seiner sechs Karten von Europa mit Probeblatt.
[2]) Gemeint ist Schnepfenthal.

Frankfurt, Weihnachten 1804

Vorzüglich gern hätte ich Dein Urteil über mein geographisches Buch[1]) gehört, oder irgendeine Kritik von einem Sachverständigen, um mich bei der Ausarbeitung des zweiten Teils, der jetzt unter die Presse kommt, darnach richten zu können, und die Fehler bei diesem wenigstens zu vermeiden, die mir vielleicht beim ersten ohne mein Wissen entschlüpft sind. Doch dieser sehnliche Wunsch ist mir noch nicht erfüllt worden. Der 2. Teil enthält Galizien, Ungarn, die Türkey, Großbritannien und Irland. Außer diesem Studium, das ich immer fortsetzen muß, beschäftigt mich vorzüglich die Geschichte und Mathematik, die ich beide in größeren Klassen lehre.

[1]) Europa I, 1804.

Undatierter Brief. Inv. IV, 35.
Er muß aus Frankfurt sein und zwar wohl 1806.

Wäre der leidige Krieg nicht dazwischen gekommen, so hätte ich diesen Herbst eine herrliche Reise zu Sömmering nach München gemacht; dieser hatte mir schon den Tag genau bestimmt, an dem er mit mir durch Salzburg und Südösterreich nach dem Adriatischen Meer ziehen wollte. Aber diese schöne Aussicht ging mir in den Wind. Was sagst Du zu dem Kriege? Seit 4 Tagen marschiert durch unsere Stadt fast ununterbrochen ein Korps nach dem anderen von der gallo-batavischen Armee. Nur vom Kriege hört man hier reden; bei mir nur nicht: denn ich bin der Politik spinnefeind...

Mein Streit mit Bertuch ist sehr einfach; ich habe ihm nun wohl schon seit dreieinhalb Jahren eine Abhandlung über die deutsche Alpenkette mit einer Karte und eine vergleichende Tafel der Gebirgshöhen von Europa zugeschickt, als Probe eines geographischen Werks. Ich bat ihn, es in die geographischen Ephemeriden aufzunehmen, wo nicht, mir alles wieder zurückzusenden, oder es an Dich zu schicken, weil Du ihm näher wohntest... Bertuch hat mir aber nicht darauf geantwortet, mir auch meiner vielen Anfragen ungeachtet nichts davon zurückgeschickt. Könntest Du mir vielleicht noch dazu verhelfen, es zurückzuerhalten, so würde es mir sehr lieb sein...

Dein alter Schüler
C. Ritter

Aus einem Brief vom 23. XI. 1807

...Aber einen derselben (Entschuldigungsgründe für langes Schweigen) muß ich Dir doch mitteilen. Jetzt sind es schon über 8 Tage, daß ich das große Glück genieße mit Alexander von Humboldt umzugehen. Er ist einer der interessantesten Menschen, die ich je gesehen habe; gleich den ersten Abend seines Hierseins hatte ich das Glück, ihm näher bekannt zu werden; seitdem habe ich die genußreichsten Stunden an seiner Seite verlebt. Du kannst Dir kaum den Umfang seiner Kenntnisse groß genug denken, und seine Darstellungsgabe ist hinreißend, seine Sprache schön, sein ganzes Wesen von der größten Lebendigkeit, sein Charakter liebenswürdig im Umgang. Ich habe ihn sehr viel über seine Resultate, die er von der großen Reise mit zurückbrachte, sprechen hören, bald bei Ärzten über Anatomie, Physiologie der Menschen und Tiere, über medizinische Anstalten, über das gelbe Fieber, über den Einfluß der Klimate auf Gesundheit, Ausbildung usw., bald mit Mineralogen, z. B. mit Dr. Ebel, über Mineralsysteme alter und neuer Zeit, über Geologie, den Bau der Alpen, der Cordilleren, über die Gebirgsformen der Bergketten der Erde überhaupt, über ihre Physiognomien, über die Krater des Ätna, Vesuv, Pic von Teneriffa, Cotopaxi und wie sie alle heißen, die er selbst bestiegen und in ihren Kratern chemische Versuche über die Luftarten gemacht hat. Bald mit Naturforschern über die fossilen Gerippe und millionen Knochen, die er in den Tälern und auf den Höhen von Südamerika fand, über die jedem Klima eigentümlichen Bewohner, Freuden und Leiden und über die antediluvianischen Tiere, die untergegangenen und noch lebenden Spezies, bald mit Botanikern über die Pflanzenwelt der heißen und der anderen Zonen. — Immer habe ich ihn gleich bewundern müssen und jeder der ihn hörte. Wie vieles Vortreffliche habe ich ihn nicht sprechen hören über den moralischen und Kulturzustand der anderen Welt, über die Urgeschichte der Indianer, über die Ruinen ihrer Kunstdenkmale, die er gesehen, über die Reste ihrer Wissenschaften etc., die er in Manuskripten zurückgebracht hat. Er hat mir von seinen astronomischen Beobachtungen mitgeteilt, seine eudiometrischen Versuche der Luftarten erklärt, seine Untersuchungen über die Temperatur des Meeres und ihrer Tiefen, über die Meeresströmungen usw. anschaulich dargestellt. Ja er will uns noch einen Nachmittag schenken und mir und meinen Freunden die Sammlung von einigen 70 Karten und Ansichten zeigen, die er teils selbst gemacht, oder doch alle aus Amerika mitgebracht hat und sie mit seinen Erklärungen begleiten. Du siehst nun leicht ein, wie ich diese Tage hindurch für alles andere verloren sein und alle meine Zeit nur ihm und dem Andenken an ihn gehören mußte. Noch nie wurde von irgend einer Gegend ein so anschauliches, in sich so vollkommenes Bild in mir erweckt, als durch den seltenen Humboldt in mir von den Cordilleren entstand. Ich hatte umso mehr Berührungspunkte mit dem Reisenden, da ich alle seine herausgekommenen Werke schon vorher mit einer Art von Heißhunger verschlungen hatte. — Sehr großen Gewinn erhält durch diesen Mann die physische Geographie. Er reiset jetzt nach Paris, um da die Herausgabe seiner Werke zu beschleunigen und dann seine zweite Reise nach dem asiatischen Hochland, nach Tibet, anzutreten. Er wird Riesenschritte zur Vollendung der Wissenschaften machen und dem langsamen Schlendrian mehrerer Jahrhunderte zuvoreilen. Humboldt ist ein Held für die Wissenschaften — schon oft hat er dem Tode für sie getrotzt. Er steht mit allen kultivierten Menschen von Europa in Verbindung; der König von Spanien, der Kaiser von Frankreich und der König von Preußen nennen sich seine Freunde, Fürsten und Gelehrte drängen sich zu ihm und Damen und — dennoch kehrt er in die große Natur zurück, zu den Wilden, zu den Wolkenregionen und zu den Quellen der Flüsse —

Hier bricht der Brief ohne Unterschrift ab. War er beendet?

Aus einem langen Brief aus Frankfurt Frankfurt, den 29. Juli 1810

Das zugeschickte Lehrbuch der Geographie[1]) hat mir aber noch weit mehr Freude gemacht, denn ich bin überzeugt, daß es vielen Menschen nicht nur ein sehr willkommenes, sondern auch ein sehr lehrreiches Geschenk ist. Erst vor ein paar Tagen habe ich es vom Buchbinder zurückerhalten und darum noch nicht durchgearbeitet, aber wo ich aufgeschlagen habe, fand ich, daß der denkende Geist überall vorherrschte und Licht und Klarheit auch in das Chaos zu bringen weiß. Mit dem größten Interesse habe ich den ganzen ersten und die ersten Bogen des zweiten Abschnitts gelesen, sowie mehrere Länderbeschreibungen; es hat mich ungemein gefreut, in vielen Punkten übereinstimmend mit Dir zu denken, über welche noch kein geographisches Lehrbuch sich eigentlich verständlich gemacht hat. Ungeachtet ich durch mancherlei Veranlassungen auf einem ganz entgegengesetzten Wege zur Bearbeitung einzelner Zweige der Geographie gekommen bin, so ist es für mich eine rechte Beruhigung gewesen, gerade auch in diesen in Deinem Sinne gearbeitet zu haben mir bewußt zu werden. Ich sehe darin die Bestätigung eines überaus wohltuenden Grundsatzes, daß es verschiedene Wege gibt zur Wahrheit zu gelangen, daß diese aber immer nur eine ist. Dein Buch enthält einen Schatz seit Jahrzehnten abgewägter solider Ware, welche die Feuerprobe schon bestanden hat und darum von Dauer ist. Ich sage Dir noch einmal meinen wärmsten Dank dafür. Ich tue es umso aufrichtiger, als ich durch dieses Werk einer mühseligen Arbeit quitt bin, die ich mir gleichsam auferlegt hatte, ungeachtet ich nicht die gehörige Besonnenheit und Muße und Gelegenheit dazu hatte. Denn nun kann ich das geographische Buch, das ich auf dem Papier habe, als eine weitere Ausführung, oder vielmehr als eine Begründung (in Bezug auf allgemeine Erdkunde) dessen in der physischen Organisation der Erde betrachten, was Du in Deinem Lehrbuch historisch als daseiend mitteilst. Meine Arbeit wird nun im Grunde nichts anderes als den Grund dieses Daseins enthalten, dessen Kenntnis ich nun voraussetzen kann indem ich mich auf den getreuen Referenten beziehe, der in Deinem Lehrbuch mit soviel Klarheit spricht. Meine Arbeit wird als Kommentar zur Geographie betrachtet werden können, um dem, der weiter gehen und sich nun (wenn er es selbst nicht könnte) von einem anderen die Gesetze entwickeln lassen wollte, warum denn dies alles so und nicht anders ist, dies Alles sage ich, nun das ist wohl zu viel gesagt, sondern warum einiges von diesem unendlich vielen da und so da ist, wie es ist.

Auch ich bin ganz der Überzeugung, die Du in der Vorrede äußerst, daß der Lehrer soviel Kopf haben muß, um einen vorgeschriebenen und gleichsam abgemessenen Kursus entbehren zu können; nur nehme ich eins davon aus: nämlich dies, daß es glaube ich nicht gleichgültig ist, welches die erste Anschauungsweise ist, die das Kind von der ganzen Erde als Kugel betrachtet, oder von der Physik der Erdoberfläche in den allgemeinsten Beziehungen erhält, und daß es für diese Betrachtung wohl einen Elementarkursus geben könne, der zugleich als Lehrgang bildend sein kann. Doch weiß ich wohl, daß Du dieses garnicht durch die Bemerkung, die Du in der Vorrede machtest, ausschließt. ... usw.

[1]) GUTS MUTHS, 1810. Lehrbuch der Geographie.

Ritter schreibt von sich selbst an Guts Muths. Yverdon, den 13. I. 1812

... Vor allem daß ich Dich bitte, in mir den alten zu sehen und nicht einen neuen entfremdeten Menschen, weil er in seinem letzten Schweigen sich in der Tat fremd zeigte. Aber mein Leben hat eine eigene Richtung genommen, einen Gang, der mich mir selbst ungetreuer gemacht hat in Beziehung auf meine Freunde und auf meinen Teil, den ich an der mir bekannten Welt hatte. Meine Ortsveränderung ist nur die äußere analoge Erscheinung meines ganzen inneren Losreißens vom bisherigen Leben, das mich umgab, und meine Zeit, meine Kräfte, meine ganze Existenz mußte auf einen anderen Punkt gerichtet werden, der mich mit allen seinen Fäden band und verschlang, und verschlingen mußte, wenn ich dem Zweck entsprechen und des Erfolges gewiß sein wollte. Wir sind in Genf, um uns zu Herren und Meistern der französischen Sprache und Form in ihrem ganzen Umfang zu machen, aber wir sind schon weit genug, um einen völligen Widerstreit in uns mit allem diesem zum lebendigsten Bewußtsein erhoben zu haben, und wir nehmen was das Land und Leute bieten als einen Zehrpfennig wie reisende Handwerksburschen kaum mit einem Dank an, und ohne den Glauben, daß es uns viel weiter führen wird. Indessen ist unser Leben in Genf außerordentlich reich an vielen neuen Erfahrungen. Die Natur hat uns ihre heilige Werkstätte mit allen ihren Schätzen aufgetan und uns schon mit ihrer Herrlichkeit überschwänglich gesegnet. Die Menschen haben sich uns in ihren doppelten Gestalten gegeben, wir werden von ihnen geliebt und belehrt. Wir leben glücklich in dem häuslichen Kreise einer Familie, die zu den edelsten Genfs gehört und genießen in jeder Hinsicht alle Vorteile, die man in Genf genießen kann, den Umgang edler, religiöser und sinnvoller Frauen, die feineren geselligen Verhältnisse in täglichen Versammlungen, wenn wir daran teilnehmen wollen, die Bekanntschaft (man kann wirklich sagen) vieler Männer von Wissenschaft, und den Unterricht der Academie. Aber mehr als alles dies ist mir das Studium der Menschen in ganz neuen nationalen und lokalen Verhältnissen von Interesse, das ich durch die vertraute Bekanntschaft mit der französischen Geschichte und Literatur, die mich übrigens bis jetzt noch ganz kalt läßt, zu erhöhen suche. Das Leben spricht mich noch mehr an als der Buchstabe, daher ist mir insbesondere der Geist Genfs, dieses einst so edlen Freistaats, der sich noch immer durch eigenen Charakter auszeichnet, besonders merkwürdig. Ich habe mir ein ziemlich reichhaltiges Tagebuch gehalten, das Dir zur Mitteilung zu Gebote steht.

Göttingen, im März 1814

..., da ich mit Sehnsucht einem Wink des Schicksals entgegensehe, der mich hervorruft und mir im tätigen Leben meine rechte Stelle weiset, für die ich berufen bin. Denn daß ich es für eine bin, das weiß ich auf das bestimmteste. Nur das wo und wie erwarte ich von der Vorsehung. Bis dahin arbeite ich, um immer mehr zur Reife zu kommen.

Aus einem Brief aus Göttingen vom 1. März 1816.

Diesen Winter lebte ich hier besonders eingezogen, weil mein edler Freund Hollweg... nicht mehr hier war. Ich hatte ihn bis Magdeburg begleitet, von wo er nach Berlin schon im vorigen Herbst ging, um Savignys Schüler zu werden. ... (Ich werde) ... nach Ostern wieder zu Hollweg nach Berlin gehen, weil wir angefangene Studien gemeinschaftlich fortsetzen möchten, weil wir Schleiermachers philosophische Vorträge benutzen wollten, und weil ich dort, wenn es mir gelingt, eine lange Arbeit zur Herausgabe fördern will, nämlich eine allgemeine physische Erdbeschreibung, von der meine Karten von Europa nur ein sehr schwaches Bruchstück waren. Wenn ich dieses zu Stande gebracht habe, dann will ich mich wieder ganz dem Erziehungswesen ergeben. Für jetzt habe ich nicht widerstehen können, mich in manche einzelne meist historische und naturhistorische Studien zu verlieren.

Aus einem Brief vom 11. Mai 1822

Es ist nichts Neues, was ich Dir hier sende[1]), aber es gehört doch Dir recht eigentlich zu wie das frühere.

Dein Deutsches Land[2]), womit Du Deinen Verehrern eine große Freude, vielen und auch mir ein willkommenes Geschenk gemacht hast, ist dagegen eine ganz neue sehr glückliche Bahn zu nennen. Auf die Fortsetzung sind wir alle sehr begierig.

1) Ritters „Erdkunde", Bd. I, 2. Aufl. 1822, Guts Muths gewidmet.
2) Guts Muths, 1821: Deutsches Land, Teil I.

Aus einem Brief vom 9. Mai 1825

Du wünschtest in Deinem letzten Brief Landkarten zur Erdkunde. Diesen Brief begleitet ein erstes Heft solcher Blätter, denen bald eine Reihe anderer folgen soll... Mein Bestreben war es längst, auf die zweckmäßigste Weise dem großen Mangel solcher Lehrmittel abzuhelfen. Aber diese ist freilich noch nicht erreicht; vieles mußte vorbereitet werden, vieles versucht und wieder weggeworfen. Meine Zeit erlaubt mir durchaus nicht mehr Anteil an dieser Arbeit zu nehmen, an welcher mein Gehilfe, der Hauptmann O'Etzel beim hiesigen Generalstabe, den größten Anteil hat.

Auf Deine Arbeit über Südamerika freue ich mich ungemein; bei meinem letzten Herbstaufenthalte, 6 Wochen in Paris, sah ich bei Alexander von Humboldt eine große Arbeit über die Gebirge und Flüsse Südamerikas nebst einer von ihm entworfenen Karte, die mit dem dritten Teil seiner Reise erscheinen wird, in welcher ein Kapitel diese geographische Übersicht enthalten soll; sowie ich soeben von dem Bruder W. v. H. höre, ist der letzte Bogen davon schon im Druck.

Aus einem Brief vom 1. April 1827, Berlin

Zu dem großen Glück meines Lebens gehört es, hier mit meinen edelsten Freunden in einer kirchlichen Gemeinschaft zu stehen, die sich mehr und mehr erweitert und auch in unserer großen Stadt an Wärme und Innigkeit wächst.

Aus einem Brief vom 14. Oktober 1830

(Er schreibt von seiner Reise nach Böhmen und Bayern und sagt dann):

Das wichtigste, was mir auf meiner Reise begegnet ist in diesen allgemein bewegten Zeiten, ist die genauere Kenntnis des Volks, die bei solchen gebrochenen Lichtstrahlen aus hellweiß in die 7 gebrochenen Schattenlichter deutlicher hervortritt, als vor dem Spiegel einer unbewegten Oberfläche; darüber wäre sehr vieles zu sagen.

Brief wohl von 1836, undatiert

(Ritter dankt Guts Muths für dessen „Versuch einer Methodik des geographischen Unterrichts", 1835.)

Deine „Methodik" ist von hohem Interesse für die geographische Wissenschaft, der sie manche Agenda zeigt ... Es ist ein erstaunliches Ding zeigen zu können, wievieles noch geschehen kann und muß, und mit der Überzeugung, daß es geschehen wird, weil es klar entwickelt sich nun jedem von selbst aufdrängt.

Ein sehr wichtiger Punkt ist auch darin berührt, die bessere Einrichtung einer Produktenkunde; ich höre zu meinem Vergnügen, daß Du diesem jetzt eine besondere Aufmerksamkeit widmen willst; er verdient es gewiß. Es interessiert mich um so mehr, als dasselbe Bedürfnis auch mich in den vergangenen Monaten antrieb, eine Abhandlung deshalb in unserer Akademie vorzulegen[1]). Einige Fragmente spezieller Artikel hoffe ich Dir bald zusenden zu können... Es tut sich damit in der Tat ein höchst wichtiges praktisch lehrreiches Feld auf; ich werde mich im höchsten Grade für Deine geographischen Darstellungen interessieren. Die bisherigen Versuche sind alle sehr unvollkommen. Daß sich manches dieser Art während meiner Stellung am Kadettenkorps auszubilden begann, möge Dir beiliegende Karte eines meiner jungen Freunde von Canstein zeigen, die ich zu behalten bitte, wenn Du sie gebrauchen kannst. Sie enthält das Allgemeine; die individuellen Verbreitungssphären würden erst das Complement zu diesem Allgemeinen abgeben.

[1]) Ritter, C.: Der tellurische Zusammenhang der Natur und Geschichte in den Produktionen der drei Naturreiche oder: Über eine geographische Produktenkunde, vorgetragen am 14. April 1836.

Tagebuchnotizen Carl Ritters
(Ritterarchiv Quedlinburg, Klopstockhaus)

C. Ritter, Tagebuch I der Schweizer Reise 1807
Inv. RT IV, 6 Wasserfall von Schaffhausen, am 13. August 1807 (Tgb. S. 8)

Das Chaos der Vorwelt, immer stürzt es herab, fortjagend, immer höher gen Himmel bäumt sich die Wasserflut, und unten tiefe Kessel, aus denen ein verhüllender Nebel empordampft, der den Strudel und seine Tiefen magisch verhüllt. Wie losgedonnerte Batterien tief aus der Tiefe empor hoch in die blaue Luft die Wasserwogen donnernd, und im Schäumen die empörte Wasserwelt, die zurückprallt und in Wirbeln dahinzieht. Das Aufschäumen und Auftürmen gegen das Felsentor, das im schon weißen Strahl seladongrün und blau daherrauscht, die Spiegel schwarz, die Wasser grün ätherisch! Der Schaum ist mehr als Schnee! Grünende Felsen! Ein Geyer schwebt darüber hin und treibt sich im Wirbel umher; es gefällt ihm die Welt der Zerstörung. — Die Blätter flattern herab in den Sturz und die aufbrausende Windsbraut schnellt sie hoch empor in die Luft. — Ein Held, ein kleiner Schmetterling strebt dem Sturz entgegen, er fliegt hinan. Der Nebelstrom schmettert ihn nieder, aber nur auf die Oberfläche der Silberwogen. Der Luftstrom wirbelt ihn wieder in die Höhe. Er strebt von neuem himmelan gegen den Strom und siegt, der Held. — Da wirbelt der Wind die Wolken; ein Gewitter zieht sich von allen Seiten zusammen und dröhnt. Das Gedonner des Sturzes wird dumpfer, die Wogen gekräuselt. Da peitscht der Sturm über den Sturz und schleudert die Wellentropfen hoch in die Luft. Die Wasserberge werden höher. Höher und immer scheint die Masse zu steigen und jetzt glaubst Du, der Strom selbst stürze herab wie ein verheerender Feind! Unten Nebel und Nebel! wirbelnd smaragdgrüne Flut mit Kristallschaum der in der Sonne glänzt... Welch herrlicher Anblick; die Alpen, der Montblanc, alles scheint im Feuergolde!!! Zum ersten Mal. Nun hinab an die Ebbe und Flut des Rheins und seiner Brandung. Hier neben Balkenmassen große Felsennagelfluh, und daneben die Liesel, die der Rheinsturz hinabschleuderte!, gewälzt und gerundet. Hier unten ist der Tummelplatz herrlicher Lachse von 30—60(?) Pfund in den tiefen Kristallsälen, und Aale. Ist es ein Wunder, daß jener Engländer sich hinabstürzte? Er fühlte, daß er nur ein Teil der großen Natur sei, und es war Sympathie, die ihn unwiderstehlich antrieb sich mit dem Strom zu vereinen. Hier stürzte sich neulich ein schwangeres Weib hinab und im vorigen Jahr ein Mann — wunderbarer Tod! — Engländer belustigten sich sonst am Wogensturz, über den sie Kähne hingleiten ließen, die nie als in Trümmern herabkamen. Und nun in den Nachen! auf der tanzenden seladongrünen Flut; eine seltene Fahrt, das Rauschen, die Wirbel, die Tiefe, die Empörung, die Weite des...(?), der Sturz! Jenseit eilt der Nachen pfeilschnell um einen Sporn in den Hafen hinter dem Schlößchen um Wörth. Hier eine Felsbucht, in der die Nachen stehn gesichert vor Sturm wie in der Odysse, sehr romantisch.

(Ritter kehrt nach einem längeren Weg abends zum Fall zurück):

Nun steht der Mond am blauen Himmel. Hinab zum Fall im Silberlicht, spornstreichs — warum spornstreichs? — warum so streng? Ja die Tore von Schaff(hausen) werden um 10 geschlossen... Nun hinab in den blinkenden Strom, Rock und Kappe ab und geschwelgt im Genuß — tanzend hinauf im Silberblick, hüpfend, mit jedem Ruderschlage vorwärts rückend, und nun wird der Kahn vom Trubel der Wellen getrieben an das Felsenufer hin! Unser der Rausch — Nebel, Wodan. Ossian, Silberpunkte schwimmen wie Ideen und wie von Geisterwelt dahin — Der Strahl im Wasser — Rückkehr im Mondlicht.

Freitag, den 14. August

Früh um 5 Uhr bei Morgensonne am Rheinfall. — Silberflut, alles ist reiner, blendender, bildmäßiger, niedlicher, weniger groß.

C. Ritter, Tagebuch I der Schweizer Reise 1807

Blick vom Rigi-Culm

Ich steige höher auf den Rigi-Culm und erblicke da den ungeheuren, piramidalischen Schatten schweben über dem Tal von Arth. Wie ein großmächtiger Riese hat er sich gelagert über diese Welt der Zerstörung.... Allmählich senkt sich die Sonne, alles wurde röter, die Alpen glühten, herrlich — die Nebel selbst wurden immer röter, die Umrisse bestimmter, die Steinlagerungen der Nagelfluh immer deutlicher, alles leicht zu unterscheiden. Schon liegt das Tal von Arth im Schatten, der Säntis von Appenzell tritt ganz deutlich hervor — rings die ganze Kette im Süden bis zum Pilatus, der Luzerner See im schwarzen Schatten, der Zürcher-, Greifensee — Zuger See, Egeri See. Der Morganten im dunkelsten Schatten! Der Baldacher und Hallewiler See — aber vor allem herrlich wird durch eine Glorie verklärt der herrliche See von Sempach, wo Arnold von Winkelried fiel. — Er ist schimmerndes Gold, und hinter ihm der runde Mauen See wie ein goldenes Schaustück. Alles in grauem Ton, nur diese glänzen hell daher. — Jetzt sinkt die Sonne, purpurglühender Weltball, in Wolken; Streifen vor ihr beginnen oben und unten zu glühen wie Kohle. — Die Luft wird kühler, der Nebel schneidet von oben sich ab, und zieht bei dieser wunderbaren Begebenheit rings um mich her einen magischen Kreis, in dessen Mitte der Weltgeist mich baut — ich fühle, daß ich ein Tropfen im Weltall bin, und daß es ein Planet ist, auf dem ich stehe — ich sehe den Weltbegebenheiten zu. — Die Feuerkugel sinkt hinter der Wolke hinab und verschwindet wie ein glühender Halbmond hinter dem Juragebirge. Nur noch der oberste Wolkensaum über den Alpen glüht mit der Farbe der Rosen. Alles Grün ist schwarz und saftvoll, die Welt scheint zu entschlafen. Noch tönt das frohe Geläute der Glocken aus den Tälern und Sennen herauf. Noch die Luft über den Wolken scheint auf einige Minuten in Purpur am Rigi-Staffel. Ein wundersamer heiliger Augenblick. Rot ist die Luft, hell das Kreuz, schwarz der Rasenteppich, und darüber der hell leuchtende Abendstern! Dies romantisch zur heiligsten Andacht stimmend.

C. Ritter, Tagebuch I der Schweizer Reise 1807

Freitag, den 18. September

In Pestalozzischen und Niederers Ideen studiert. Göttlicher genußreicher Morgen!

(Am 19. September ist er in Iferten bei Pestalozzi selbst und seiner Schule. Er hat sich zunächst Einzelheiten des Unterrichts notiert und fährt dann fort):

Dann geht mitten hinein Pestalozzi, dessen Stirn durch die Erfahrung und die Welt gefurcht ist, mit zarter physischer Konstitution bis in die Fingerspitzen hinein. Er geht umher, schlägt auf den Kopf, auf den Mund mit dem Schnupftuch. Mich am Arm — geht in den Garten. Mit Liebe sagt er: Den letzten Tag, wenn Ihr hier seid, sagt auch, was wir machen sollen. Wir wissen nicht die Bücher, die Wissenschaft die wir brauchen. Saget uns! In der Anschauung liegt das Urbild von allem, in der Klaue der Katze die Klaue des Tigers, in dem Kohlblatt die Kohlarten alle. Wieviel Urformen sind in den Bäumen, wieviel in den Sträuchern, in den Blüten, den Tieren etc. Saget uns, — es macht nichts, wenn es Jahre dauert....

Mittags, man kommt und geht, die ruhige Frau Pestalozzi, alte brave Mutter. Niederer ißt mit, auch sein Schwiegersohn. Und nachher kommt Muralt. Über Pestalozzis Methode: Wir sind aus uns allein hervorgegangen, es ist wahr, aber vorher sind wir auch in uns zurückgedrängt worden. — — —

(Aus einer Lehrerversammlung):

...nimmt mich Pestalozzi an der Hand und führt mich an seinen Tisch. Auch Niederer ist mit in dieser Mitteilung der Ideen über die absolute Form des Objektiven, die er gefunden zu haben glaubt. Sie liegt in der mosaischen Schöpfungsgeschichte (dies ist die höchste Form und einzige Wissenschaft des Universums, gleichsam im Gegensatz des Individuums), denn ihr geht das Unbedingte dem Bedingten vorher. Licht ist diese Bedingung in der moralischen wie in der physischen Welt, ohne die nichts hervorgehen kann. Das notwendig Vorhergehende ist auch hier vorausgehend, Folge auf Folge, dies ist die Bedingung wie in der formalen Produktion. Und das Auffassen ist auch meine Sache, das Produkt meiner Tätigkeit auf das Reale, also immer Ideal, und insofern als organisch potenziert möglich und notwendig. — Großer Gewinn hierdurch für die Menschheit, der hierdurch wiedergegeben wird, was die Gelehrsamkeit ihr entrissen hatte. Dem Volks ist alles wiedergegeben, was man ihm nahm, weil man es verachtete. Die Wissenschaft — Klarheit, Einfachheit, Umfang, Unendlichkeit im Individuum und Universum (vidi einen Brief von Hamann an Kant über eine Physik der Länder).

C. Ritter, Tagebuch II der Schweizer Reise 1807
Quedlinburg-Archiv RT IV, 7 Abendgespräch mit Niederer bei Tobler am 25. September 1807

Nicht die Philosophie hat verrückt, sondern die Anlage der Verrückung ist die Wurzel der Philosophie. Übrigens ist es ungerecht, daß man den Menschen Vorwürfe darüber machte, da es in ihrer Individualität liegt, so zu sein und in dem Augenblicke der Verirrung sie ja ihrer selbst bewußtlos sind. Sicher hat das neuere Zeitalter erst angefangen zu leben: denn es hat erst Ideen erhalten, vorher lebte es nicht im Reiche der Ideen. Aber unglücklich ist dieses Hin- und Herschwanken philosophischer Ideen. Sie gingen von Ideen aus zu Ideen hinan, die keine Realität in den Objekten suchte noch fand. Pestalozzis Methode hingegen geht von dem reinen Gegebenen aus, das sich notwendig konstruiert im Praktischen, ausgeprägt zur Wirklichkeit und hinaufführt zu denselben Ideen, die wie von zwei entgegengesetzten Polen zusammentreffen in der Wahrheit. —

Pestalozzis Methode geht darauf aus, alle Empirie zu vernichten, weil sie in sich selbst das Gesetz der Notwendigkeit trägt. Merkwürdig ist es, daß ihre Existenz durchaus gesichert ist für alle ewige Zeiten, wenn ihre Zweckmäßigkeit anerkannt wird, auch nur im Einzelnen, denn die Notwendigkeit, ihr eigentümliches, echtes, einziges Fundamentalleben, ist der erste und unumstößliche Beweis für ihre ewige Existenz. Die Philosophie, deren Basis selbst der Satz des Widerspruchs ist, beruht auf ihr, und es muß sich notwendig auf die Elementarmethode eine Elementarphilosophie aufbauen, aus welcher sich erst das Fundament, das System aller Philosophie konstruieren wird. — Zu diesem System liegen alle Data in der kindlichen Natur. Jene Prinzipien waren Prinzipien, die nur der Gelehrte als Prinzipien (Definitionen) anerkannte. Hier mußten die Prinzipien solche sein, welche selbst von der Kindernatur konstruiert und wie als Resultat des notwendigen Ideengangs ausgesprochen wurden. Bisher mußte das Prinzip allgemein mißverstanden werden. Man ging von Definitionen aus, z. B. was ist ein rechter Winkel (der Schüler wußte es nicht!). Aber die Definition ist erst gereifte Frucht aller erschöpfenden Ansichten des Ganzen; sie kann also nicht die Basis unserer Mathematik sein, und ist es doch!... Wie groß muß diese Inkonsequenz nicht bei allen anderen Wissenschaften sein! Nicht mit der Definition beginnt das Wissen, sondern mit dem in der Natur rein Gegebenen, mit Anfangsgründen aller Anschauungen und ihren Fortsetzungen, die völlig zum Bewußtsein, lückenlos und bestimmt, gekommen sein müssen nach ihrer Benennung, Form, Zahl, Verkettung, welche Zusammenstellung und Absonderung zu allgemeinen und allgemeinsten Gesichtspunkten führten, aus denen sich erst die Definition als die Blüte der ganzen Lebensnähe entfaltet. — Bestimmtes Durchgehen dieser Idee eines organischen Prinzips, dessen Resultat immer höher sich steigern muß durch alle Zweige der Erkenntnis und der Gemütswelt des Positiven und Negativen im Menschen!!! Klarheit der daraus hervorgehenden Einheit und Notwendigkeit des Prinzips und der Idee in ihrer Größe, in deren Allgemeinheit durch alle Formen der Erscheinungen und der Zahlenverhältnisse, Sprachenverhältnisse, Formenlehre, in der Tonlehre, Taktlehre, in der Gymnastik, in der Schrift und Zeichnung, Geographie, Naturgeschichte, in der Religion und dem Christentum. — Ihre Größe in der Armut der Hilfsmittel, eine Armut, die sie wahrscheinlich reich machte, weil das Ideale nur in dem Unabhängigen lebt und webt, das Geld wie der Überfluß aber jedes Gemüt trübt, jede Kraft lähmt. Ihre Größe in der Ausbreitung auf so unzählige Kreise und einen immer weiter reichenden Horizont..., Verbreitung über alle menschlichen und geselligen Verhältnisse.

Religion als der unendlichen und ewigen Rätsel Anschauung wird immerfort für die ganze Menschheit durch einzelne Individuen in ungeheurer Kraft und Lieblichkeit wiedergeboren werden. Aber Religion als erster Punkt des Erwachens im Menschen geht ihm lebendig, groß und herrlich im Leben wie eine Verklärung (ihm selbst bewußtlos) auf, und auf einmal — bei dem Schall des ... (unleserlich) oder an der Seite der liebenden Mutter. — Diese Religion ist ewig unabänderlich. Sie nicht, aber die innere Kraft kann gesteigert werden, und so erweitert sich immer mehr der Mensch für die Religion und nicht so die Religion selbst...

Der Gang der Methode erscheint in den äußeren Formen als weit und ungeheuer; doch ist er uns der einzige, der in sich selbst die Frucht trägt der Vollendung und Erhebung zur Allgemeinheit. Sehr merkwürdig ist der reine Gang der Methode zur Konstruktion der Wissenschaft. Das Lernen des einzelnen erste Stufe. Das Vergleichen des Vorhandenen aus allen Standpunkten, zweite Stufe. Dies ist die Treppe, die zur dritten führt, zu dem allgemein Gesonderten nach allen möglichen Bedingungen, oder das Resultat des Ganzen, das durch den notwendigen Gang der Natur konstruierte System nach allen Standpunkten, die (nicht der Mensch) sondern die Natur selbst darbietet.

Einzig mögliches System aller Wissenschaften für alle Zwecke der Wissenschaft und des Lebens.

Merkwürdig ist es, daß Engelmann durch diese Methode ganz vernichtet sich fühlt. Er steht in der Darstellung des Lebens und Wirkens nach seiner Individualität ganz auf dem entgegengesetzten Pol der Methode.

Die Methode beschränkt keine Individualität, sie gibt keine positive, nur eine notwendige Form, die sich in jedem Menschen individuell seiner Natur gemäß entfalten muß, indem er nur die Bedingung der allgemeinen Form in sich aufgenommen hat.

Donnerstag, den 24. September 1807

(Frau Hollweg verläßt die Gesellschaft in Richtung Frankfurt um 5 Uhr früh. Ritter „liest" nach dem Frühstück „Niederer aus", erhält den Besuch von Engelmann und Mieg und sie gehen mit Niederer zu Tobler; dessen geographische Hefte):

Die Abteilung der Becken etwas willkürlich über die Inselreihen hin. Er nimmt nur die Wasserscheiden als natürliche Einteilungen von Becken. Donaubecken getrennt durch den Donau-Rheinzug ect ect... Erst das Buch der Mütter in der Natur. Landschaft, Höhe, Tiefe, mittlere Höhe, Wasserhöhen, größte Höhen, größte Tiefen. Erdkugel — Erdrunde. Arten der Berge. Er geht von Inselbergen aus. Berge unter der mittleren Höhe — über der mittleren Höhe... von allen Formen und diese vereint als Gehügel, Gebirge, Landrücken, Ketten, Wasserscheiden. — Flüsse. Quellenbezirk. Seen sind nur andere Formen des Rinnsals, ihre Form, ihre Zahl, ihre Richtung. Nebenflüsse links, rechts, Senkung, senkrecht und absenkend, fallend, abfallend, hinabfallend, steigend, aufsteigend, hinaufsteigend, — Wand, Rinne ect. Zwei Rinnen, 3, 4, nach allen Richtungen, nach einer ect... Donau-Drauzug, Drausauzug ect ect. Dies der physische Teil. Nun der rein politische Teil, dann der rein physikalische Teil, und nun der Verbund: physischpolitisch, politischphysisch, physischmilitärisch und umgekehrt ect... Um vom Buch der Mütter zu diesem Teil zu gelangen, vor welchem man sich auf der Karte muß orientieren können, oder vielmehr auf dem Globus, geht die Meßübung vorher, zu sehen, was im Kreise liegt, von dem ich das Zentrum bin; erst in der Stube oder 10 Schritt, dann 20, dann 30 usw. Maßstab immer verkleinert bis er zur Meile, zum Grade wird, dann ausgedehnt bis zum 90. Grad. — Streichen — fallen. — Eliasberg.

Gespräch mit Niederer über die Nomenklatur, daß nicht die bestehenden (jetzt stand ursprünglich: Begriffe, gestrichen und dafür geschrieben:) Wörter den konstruierten Begriffen entsprechen, z. B. Klippen, daß aber der Seemann ein Total von Anschauungen zu einem Begriff verbindet.

Entweder ganz neue Nomenklatur, oder sehr besonnen. Sicherheit, Notwendigkeit dieses Gangs; die Natur hat bestimmt sich ausgesprochen. Das Ganze ist offenbar nur die Naturpflanze nur an dieser Stelle in ihrer Heimat.

Über Anbahnung der Ideen von Kultur, von Völkermythologien ect., die Niederer wichtig waren. Fortsetzung meiner Ideen, daß die ästhetische Kunstkultur der wissenschaftlichen gleichen Schritt geht, wie die mythologische der religiösen. —

(Am selben Tag noch mittags eine Eintragung:)

Ein französischer Offizier verlangt von Scheer (wohl ein Schüler? Hg.) die Definition eines rechten Winkels, aber dieser weiß es nicht — warum? Die Methode geht nicht von Definitionen aus, sondern kehrt zu ihnen zurück. Die Definition ist das Wesen, die Blüte der ganzen Wissenschaft. Und ist das Wesen erschöpft, so ist keine Definition notwendig. Dies wichtig!!! Hier geht ein wesentlicher Punkt der Methode auf.

(Am gleichen Abend Gespräch Ritter—Niederer—Tobler—Mieg:)

Meine Ideen über die Verbindung der Geschichte mit Geographie und dem Urtypus der Länder, wie dem Urtypus der Völker, wird noch nicht ganz verstanden. —

Niederer teilt seine Ideen über den Geschichtsunterricht mit. Es muß ihm Kenntnis seiner selbst vorhergehen, ehe er zur Welt mit anderen geführt wird. Der Mensch muß seine positiven und negativen Kräfte kennen, er muß in der Anschauung von sich selbst ausgegangen sein, in allen seinen Richtungen, er kommt zu außerordentlichen Resultaten. — Nicht die Philosophie führt dahin; es gehört nur der unbedingte Glaube an die Macht des kindlichen Gemüts dazu, der Glaube, daß das Wesen der Philosophie schon in seinen Grundzügen im Geiste des Kindes sich entfaltet, daß dieselben Bedingungen bei dem Kinde wie bei den Erwachsenen zur Philosophie finden. Die Geschichte muß von inneren Anschauungen ausgehen. Aber wie z. B. der entgegengesetzte Weg durch eine Homerische Welt? Sicher ist dieser Einwurf nicht ganz unbegründet! Zur eigentlichen historischen Bildung bleibt nur dem Knaben das eigene Studium der klassischen Historiker übrig.

(Ritter geht zu Hopf in den zoologischen Unterricht:) Den 25. September

Der Gang vortrefflich, notwendig. Erst was ist ein Tier, Zahl von Tieren, ihre Namen. — Nun die Teile des Tiers: Benennung, Zahl, Lage, Vergleichung. Welche Tiere haben Augen, Ohren, welche Augen—Ohren—Nase, Flügel, Federn, 2 Füße, 4 Füße, Schwänze, Schwimmhäute, Zehen, Hufe ect. Auch hier lernt das Kind erst alle Teile, alles vergleichen, und kommt zu dem allereinfachsten, natürlichen System, das alles umfaßt — aber ungeheuere Weitläufigkeit! Wie zu vermeiden? Verschiedene Vorschläge...

(Abends bei Tobler, wo über die ungeheure Weitläufigkeit des Unterrichts nach dem Gang der Methode diskutiert wird, bis Niederer kommt. Hg.)

Nun erscheint Niederer — er schlägt alles nieder und behauptet, erst müsse die Natur in sich vollendet werden, dann der Mensch in sich, dann erst die Wechselwirkung der Natur auf den Menschen und dann des Menschen auf die Natur. Vorzüglich dies auch auf den physikalischen und industriösen Teil. Hiergegen bäumt sich Mieg, der Practicus.

Niederer fordert mich auf zur Verbreitung der Idee von der Methode, die man noch nicht kennt. Ich erzähle ihm den Gang, wie ich darauf gekommen, er gibt mir zu, daß er niemand kenne, der so schnell zur Richtigkeit der Ansicht und der Methode gekommen.

(Abschied von Iferten) 26. September 1807

Abschied von der ganzen Pestalozzischen Welt. So, auf und fort — Mieg, Branni, Muralt, Engelmann und ich. 5 Stunden bis Peterlingen...

Eintreffen in Bern (Hier bis 29. September. Hg.) Sonntag, den 27. September

Pestalozzi unbekannt in Bern. Man bekümmert sich nicht um ihn, weil er Demokrat ist und jakobinische Grundsätze hätte, er erzieht Jacobiner. Auf in das Gymnasium! Sehr schönes Gebäude. Prof. Meisner doziert über das Allgemeine der Statistik — schwarz mit dem Degen an der Seite. — Alle Professoren in schwarzem Ornat. Dekan Ith im abgeschlossenen Kasten — ein echter Papst, vor ihm in zwei Reihen abgezirkelt die Knaben. Steife Antworten ohne Lust. Monatliche Zensuren — auf pestalozzisch sind das elende Krücken! — Die übrigen Klassen Geographie der Schweiz, tabellarisch, Historie tabellarisch, französisch — alles Tabellenwesen! — auswendig gelernt, nicht einmal selbst einstudiert, alles da, nur der Geist fehlt (viele Brillen!).

1. Oktober (Fahrt nach Lenzburg im Regen)

Situation zweier Pädagogen in Natura; Beiträge zur Verbreitung der Literatur in der Schweiz — reichliche Ader; nur ein Dutzend Wörter der neuen Schule wie Potenz, Idee, Christall, universell, Individuum, und man spricht Wunderdinge.

C. Ritter, Tagebuch II der Schweizer Reise 1807

Eintragung vom 25. September, 4—5 Uhr abends

Abends an die Bänke des Sees. Pestalozzi Spaziergang nach dem See. Ich stehe am Schloß. Er ergreift mich und zieht mich fort. Glaubt ihr, es müßte gehen, glaubt ihr, wir stehen fest, sicher! Das Resultat liegt in den Kindern. Die Methode hat ihre Erkenntnis gestärkt ohne ihr Gemüt zu schwächen. Die Methode, die weit bringt und nicht natürlich ist, muß schwächen. Also muß die natürliche sein, die weit bringt und nicht schwächt. — Ich habe ein ungeheures Glück gehabt. Wäre ich nicht so unglücklich gewesen, ich wäre nicht so glücklich geworden. Jetzt bin ich ruhig. Ich sehe wohl, warum man mich nicht verstanden hat. Ich hatte keine bis zur Klarheit ausgewachsene Sprache. Ich hatte eine philosophische Nase, aber keinen philosophischen Kopf. Ich hatte die Philosophie des Herzens und die Welt kannte die Philosophie des Herzens nicht; sie verstand nur die Philosophie der Logik, und die hatte ich nicht.

Ich weiß garnichts, ich bin der unwissendste Mensch. Mein Leben ist mir bewußtlos aufgegangen wie meine Methode. Ich verträumte 30 Jahre, in denen ich als Gespenst durch die Welt ging. — Ihr wißt's, Niederer! Wißt ihrs? den Grund? Ich hatte die Achtung verloren und ich verdiente es. Ich hatte Liebe. Liebe in der Idee ist der Tod im Leben; wo Liebe nicht tätig ist, ist sie das Wesen der Humanität vernichtend. Man muß zum Nachbarn ins Haus gehen, wenn man ihn liebt. Ich verträumte mein Leben, ich suchte die Freiheit in dem ungebrauchten Leben in meinem Hause und die Gerechtigkeit im Leben mit anderen; das war meine Demokratie.

Ich wollte, daß die Menschen durch meine Methode das was sie würden ganz würden. Die Dilettanten haben uns aufgefressen. Es gibt Dilettanten in der Musik, Dilettanten in der Tugend, Dilettanten in allen Wissenschaften, Dilettanten in der Sorge für die Armen. Sie schreiben und sprechen alle über die Abschaffung der Bettelei, aber keiner schafft den Bettler ab ect. In Bern wurde das Betteln verboten bei Geldstrafe. Fing man einen Bettler ein, mußte er zahlen. Konnte er nicht zahlen, so ließ man ihn so lange frei, bis er die Geldsumme erbettelt hatte. Die Berner sind erst Berner und dann Menschen. Hochwohlgeboren Laue ist erst Laue und dann Mensch. Das ist der Civismus.

Den 22. September 1807

Mit Niederer über die ästhetische Bildung. Ihm geht die ästhetiche Erscheinung zur Seite der Mathematik wie die mythologische zur Seite der Religion. Es ist, als ginge die Herrlichkeit Gottes dort herauf über der religiösen Ansicht des Universums.

C. Ritter, Tagebuch II der Schweizer Reise 1807

Hier liegt folgender Entwurf (von Ritters Hand?), vielfach umformuliert, korrigiert und mitten im Satz abbrechend als loses Blatt bei.

Die Einwürfe, welche man gegen die Anwendung der Methode auf die historischen Wissenschaften macht, müssen ungegründet sein, sobald man weder die Methode, noch die Wissenschaften, oder sobald man auch nur eins von beiden nicht kennt. Und wer sind die wissenschaftlich gebildeten Männer im Auslande, welche zugleich die Methode kannten? Und in der Anstalt selbst war des Tuns und des Wirkens so viel, daß keinem der Methodiker die Muße gegeben war, eine dieser Wissenschaften von der Wurzel an selbst zu überschauen. Mithin fallen alle Einwürfe (nach meiner Überzeugung) als völlig grundlos weg, so wie dagegen die Hoffnung, das ganze Reich der Wissenschaften für die Methode zu erobern, solange auch nur ein frommer Wunsch bleiben wird, bis man in ihnen wirklich aufgesucht hat, was für ihr Reich in ihnen liegt.

Denn wäre es nicht möglich, daß sie als das Aggregat des durch Jahrhunderte hindurchlaufenden Menschenfleißes dem Geiste der Methode gar kein Bild darböten, weil dieser in der durch nichts überlieferten augenblicklichen organischen Gestaltung des Einfachsten zum Zusammengesetzten besteht (indem er vom Punkte aus zum vielseitigsten Körper durch alle Zahl, Maß und Form durchdringt). Allerdings müßte dies sein, wenn nicht durch die Riesenschritte, welche die Heroen der Wissenschaft in den letzten Jahrzehnten gemacht, eine Straße angebahnt wäre, welche nun bald die ganze Erde nach allen Richtungen umkreiset hat. Es wird die Zeit kommen, wo die Genien im Reiche der Wissenschaft zu Propheten für den Gang der physischen Welt werden, und sie hat wirklich schon für die Bahn der Himmelskörper begonnen. Mit dieser Zeit nun kann auch die Anwendung der Pestalozzischen Methode im Reiche der Wissenschaften beginnen; vor einem halben Jahrhundert noch wäre sie zu einem leeren Spiel geworden, denn die höchsten Resultate, zu deren einfachem Ausspruch, oft nur in wenige Worte gefaßt, alle wissenschaftlichen Köpfe seit Jahrtausenden die Materialien sammelten (z. E. Strömungen des Meeres, die Sprachverwandtschaften der Völker), müßten nun die Elemente der Methode werden und können es; was zuerst Mittel der Beobachtung war, wird jetzt in der Methode notwendiges Resultat der gegebenen einfachen Wahrheit, und was das erste war, die einfache lokale oder individuelle Beobachtung, wird nun das letzte; der Schüler der Methode geht auch hier vom Allgemein-Notwendigen zum Bedingtnotwendigen über, und ohne alles zu wissen, kann er sich fast alles konstruieren. Aber dieses Konstruieren nach einem Gesetz kann noch nicht zur Wahrheit führen, weil in der Zeit mehrere Gesetze zugleich wirken. Es muß also zuerst ein ganzer Cyclus von ineinandergreifenden allgemeinen Gesetzen aufeinander folgen, bevor ein Endresultat auf das Individuelle angewendet erscheint.

Die Methode in den Wissenschaften geht also vom Allgemeinen aus und sucht das Individuelle in seiner Beschränkung auf, wie es sein könnte und wie es sein muß; aber hier nimmt ihr Verfahren den Charakter eines Enthüllungsprozesses an, im Gegensatz des gestaltenden Prozesses; so...

(reißt hier ab).

Briefe Ritters an Pestalozzi
(Pestalozzi-Archiv Winterthur)

Ehrwürdiger Mann! Frankfurt, den 12. I. 1808

Noch immer lebe ich und bin ich bei Ihnen; nie werde ich je wieder von Ihnen mich trennen können. Wenn auch Verhältnisse des Lebens und Pflichten mich an eine andere Zone fesseln, so wird mein Herz und mein Geist doch nur in jener Elementarwelt aufblühen, welche allem Werdenden erst die wahre Kraft und Fülle seines Daseins gibt.

Noch habe ich bis jetzt nicht gewagt, Ihnen zu schreiben, weil mir alles nicht wichtig genug zu sein schien, was ich ihnen sagen wollte; jetzt begleite ich nur mit diesen Worten das Wichtigste, was ich über Sie und Ihre Methode zu sagen hatte[1]), wozu meine Überzeugung und mein Herz mich drängte. Der Mensch soll ja auf seine Weise an der Geschichte seiner Zeit teilnehmen, und tun, was er kann, damit alles besser und das Bessere verbreitet werde. Mehr habe ich auch nicht tun wollen. Ich hoffte auf keine Weise dem Guten durch meinen Aufsatz zu schaden, dies würde mich tief schmerzen. Wo ich aber das Gute zu nennen suche, da tue ich es mit der völligsten Überzeugung, durchdrungen von der Wahrheit und Vortrefflichkeit dessen, was ich anerkenne.

Demungeachtet übersende ich die 3 Hefte, in welchen dies Schreiben enthalten ist, nur mit einer bangen Empfindung, weil der Gegenstand zu wichtig ist und zu umfassend, als daß ich mir schmeicheln wollte, auch immer das Allein Wahre und Notwendige gesagt zu haben... Sehen

Sie durchaus meine Bemerkungen nur als meine an; denn auch nur unter dieser Form und Bedingung habe ich sie dem Publikum mitgeteilt....

Über die Fortschritte, welche die Methode macht, kann niemand größere Freude empfinden als ich; ich habe mich von ihrem großen Umfange überzeugt und begreife das Gewicht jedes einzelnen Teils.

Mein größter Wunsch, den ich habe, ist bei Ihnen ein Jahr zuzubringen, um mich mit dem Inhalt zu erfüllen, den ich ahnde. Wann dies geschehen kann, weiß ich nicht; aber es wird sicher geschehen.... C. R.

[1]) Es scheint dieses der Begleitbrief zu sein seines: „Schreiben eines Reisenden über Pestalozzi". GUTS MUTHS Neue Bibliothek für Pädagogik 1808, Bd. 1, S. 17—33, 112—135 und 193—214.

Aus einem Brief
vom 20. September 1810

Wahrscheinlich ist Frau Bethmann-Hollweg in diesem Augenblick in Ihrer Nähe, um ihren Enkel zu besuchen und um zu sehen, ob in Ihrem Kreise ein Wunsch, den ich auf dem Herzen habe, in Erfüllung gehen kann. Es betrifft den Religionsunterricht meiner beiden Zöglinge, den ich gern von Niederers kraftvoller Rede für Geist und Herz bevor sie in die Welt treten, geschlossen oder vielmehr zu einem geschlossenen Ganzen erhoben sähe, und zwar im Kreise Ihrer Wirksamkeit. Ich kann mir keinen schöneren Plan denken; ob er ausführbar, ob er mit den wichtigen Pflichten und den überhäuften Geschäften Niederers, ob er mit den Plänen der Eltern und unseren hiesigen Verhältnissen vereinbar ist, das ist mir überaus wichtig, durch Frau Hollweg zu erfahren. (Er erwägt, in dieser Zeit seine Kraft als Lehrer im Institut zur Verfügung zu stellen auf eine Anfrage Pestalozzis hin und fährt dann fort:) Zu groß und erhebend der Gedanke, eines solchen Wirkungskreises wie der an Ihrer Anstalt, und so rührend und wohltuend die herzliche Einladung zu Ihnen mich anspricht: So will es doch bis diesen Augenblick die Vorsehung, welche mir jeden meiner Wege bezeichnete, nicht, daß ich mich dem ersten Wunsche meiner Seele überlasse. So wenig Gewinn dieser mein Plan also für Sie und soviel Gewinn er auch für mich sein würde: so habe ich mich doch durch diesen Schein des Eigennutzes nicht abhalten lassen, ihn zur Sprache zu bringen, da ich überzeugt bin, daß Sie die Reinheit meiner Absicht nicht verkennen werden. C. R.

Auszug aus einem Brief vom 28. Dezember 1810 Frankfurt, den 28. Dezember 1810

...Ich wollte und konnte mich nicht zu ihnen (zwei Pestalozzifreunden) setzen und versichern, wie wert mir der Gedanke an Sie... sei, ohne es kräftiger als durch Worte zu erkennen zu geben. Und doch war mir alles so zuwider, daß ich erst in diesem Augenblicke mein Päckchen zubinden konnte und es auch jetzt immer nur noch in seiner Halbheit geben kann. Nehmen Sie diesen Beitrag zu den Lehrmitteln der Anstalt mit dem Sinne auf, in dem ich ihn gebe, als ein Versuch und Streben nach dem Besseren. Ich getraue mir zu beweisen, daß der Lehrgang naturgemäßer und der Inhalt in Beziehung auf das Dasein der großen Natur würdiger und wahrer aufgefaßt ist, als in allen vorhergehenden Compendien und Lehrbüchern, welche alles zur Nothdurft zuschnitten wie der Schneider das Tuch zu einem besonderen Zwecke. Aber ich bin weit entfernt in dieser Überzeugung zu ruhen: Auch hier mag vieles Menschliche mit unterlaufen und ich wünsche nichts mehr, als daß jeder falsche Zug, der der Natur, sei es aus Unkunde oder Vorurteil, angedichtet ist, gemeistert und aufgedeckt werde. Weit entfernt, den methodischen Gang den ich einschlage für den einzigen zweckmäßigen in diesem Zweige des wissenschaftlichen Unterricht zu halten, ziehe ich ihn aber bis jetzt jedem anderen vor, weil er zu den wichtigsten und größten Resultaten führt, zu denen die bisherige geographische Methode nicht führte, und zwar zu Resultaten, welche nicht bloß wissenschaftlich, sondern rein menschlich sind. Hierbei liegt die Fortsetzung der Geographie, von welcher die eine Hälfte (obwohl in einer sehr unvollkommenen Gestalt, ich habe sie bereits berichtigt und vollständiger ausgearbeitet) Herrn Henning schon bekannt ist; ich hätte gern die ganze zweite Hälfte der Geographie bis auf die allgemeine Menschenkunde überschickt, wenn nicht täglich durch mancherlei Studien und glückliche Umstände sich mir wichtige Zusätze dargeboten hätten, welche das schnellere Kopieren unmöglich machten. Erschrecken Sie nicht vor dem scheinbar großen Volumen. Es ist nur durch die weitläufigen Charaktere so angeschwellt worden. Die Fortsetzung soll schneller folgen als bisher. Sollte Ihnen einmal zufällig das Aprilstück der Pädagogischen Bibl. von Guts Muths vom Jahre 1810 in die Hände kommen...: so durchsehen Sie gefälligst einen Aufsatz von mir über Heusingers Schulatlas; ich habe in demselben meine Ansichten über einige wichtige Punkte des geographischen Unterrichts mitgeteilt, die wie es scheint nicht ohne Berücksichtigung geblieben sind[1]).

Daneben werden Sie einige Blätter mit Zeichnungsversuchen finden, nebst einigen Zeilen von mir über einen Beitrag zum Zeichenunterricht...

Die Methode kann auf keine Weise gefährdet werden; sie hat in ihr Zeitalter eingegriffen, in das alle Reden einzugreifen unvermögend waren. Sie kann daher auch durch kein Reden verwiesen werden. Sie haben das Herz der Menschen durch Ihr Leben für die Erziehung wieder urbar gemacht, und die Augen, welche mit dem Nebel des Wissens umgeben waren, wieder sehen gelehrt. Das Ausführen und Vollenden wird das Werk eines halben oder ganzen Jahrhunderts sein. Tage und Jahre sind nur kurze Termine, und bei solchen Revolutionen liegt Widerspruch im Gang der Geschichte. Überlassen Sie den Kummer jüngeren Schultern, und leben Sie den großen Ideen, die Sie bewegen, und deren Mitteilung Ihre Zeitgenossen eine große Wohltat sein würden.

C. R.

In einem P. S. bedauert er, keine „Gelegenheit" zu haben und daher das Päckchen erst mit fahrender Post nachsenden zu können.

[1]) Nachdruck in „Erdkunde, Archiv für wiss. Geographie" 1959 Heft 2.

Aus einem langen Brief Göttingen 1814

Jetzt ist die Zeit, wo Ihre gewichtvollen Worte und Ihr Werk einen lockeren Boden finden zum Aufsprossen für junge Saat. Es ist überall Geist und Herz auf das gerichtet, was not tut, aller Gemüt ist empfänglich geworden, denn jedes Individuum fühlt sich gehoben durch das Allgemeine. Wenn bisher die Stimmen der Propheten sich in der Wüste erhoben, so wird nun bald — hoffe ich, der Retter hervortreten, der die bewegte Kraft bändigt, einigt, adelt. Weder Menschenklugheit noch Menschenweisheit allein ist stark genug, den großen Knoten der Verwirrung zu lösen, der labyrinthisch alle Völker Europas, alle religiösen Gemeinden, alle Stände, alle Industrien und Gewerbe verwickelt hat und vor dessen Entwirrung ein jeder zurückbebt. Nur ein höheres religiöses und sittliches Element kann hier ausgleichen und jedem sein Recht und seine Stelle geben. Kein Politiker, kein aus menschlicher Wissenschaft Entsprungenes kann hier ausreichen, und es müßte Willkür und Eigenmacht selbst darüber zuschanden werden.

Noch wissen wir nicht, was aus uns werden wird in politischer Hinsicht, und doch sind aller Augen darauf gerichtet und bis dahin jedes Unternehmen gehemmt. Wenn Ihre Schweiz eine zeitlang in innerem Kampfe begriffen war ehe sie zur Einigkeit zurückkehrte, so wird diese Verschiedenheit des Interesses in unserem lieben Deutschland sich leider bald noch lauter erheben, wenn nicht ein Höheres sie alle gemeinsam umschlingt, wenn nicht die Einheit des Sinns unter dem Volke und der Häupter den Sieg über die Vielheit derselben unter den Machthabern davonträgt. Könnte je eine Zeit wiederkehren, die für Deutschland mehr als die jetzige aufforderte nur Eine Nationalkraft zu entwickeln, nur Einen Körper zu bilden mit Einem Kopf, Einem Herzen und mannigfaltigen Gliedern, die Ein Nervensystem durchzöge, Ein Wille bewegte. Entweder jetzt oder Jahrhunderte nicht werden wir uns politisch gestalten... Zumal durch die Preußen, unter denen der Geist lebendig geworden ist, ist ein Fortschritt für die Freiheit und das Wohl des Volkes zu erwarten; sie haben überhaupt die große Lehre gegeben, zu welcher Höhe sich der Staat emporschwingt, wenn Volk und Fürst zu einer Familie gehören...

Die Sache der Nationalerziehung soll der Hauptgegenstand meiner Tätigkeit bleiben, soviel sich mir auch in den Weg legt. Die wunderbare Zeit verschlang alle Kraft und alle Aufmerksamkeit in sich, nach und nach werde ich wieder erwachen und zu meinen anfänglichen Beschäftigungen zurückkehren...

Göttingen, den 6. Mai 1814 C. R.

Adresse im Keilschen Haus in der Jüdengasse in Göttingen

Aus einem Brief vom 1. September 1818 Göttingen, 1. September 1818

(*Ritter empfiehlt Prof. Hausmann aus Göttingen an P. und fährt fort*):

Er ist mit dem Erbprinzen von Lippe Detmold... auf einer Reise durch die Schweiz nach Italien begriffen und wird sich glücklich schätzen, wenn Sie ihm eine Stunde... schenken wollen. Er ist hier Professor für Ökonomie, Technologie, des Bergwesens und als unser größter deutscher Mineralog und praktisch wie theoretisch Geolog im In- und Auslande allgemein anerkannt...

Die Gegenwart drückt mich mit Lasten vieler Art, deren Überwältigung mir oft schwer und sauer ist, aber ich sehe doch, daß ich fortschreiten werde und daß ich Ihnen treu bleiben kann und muß nahe oder fern bis an das Grab.

Mit unveränderter kindlicher Anhänglichkeit und Liebe der Ihrige C. R.

Das ist der letzte erhaltene Brief R's an P. im Archiv, also demnach wohl auch in der Schweiz überhaupt. Aus dem Brief Berlin, 16. September 1822

... Es ist nur ein Zeichen der Anhänglichkeit... denn dem ungeachtet glaube ich Ihnen in Ihrem großen Werke der Erweckung zur Menschenbildung getreu geblieben zu sein, und dieses große Werk trägt überall wo ich hinsehe seine Früchte... Doch hängt Ihr liebes Bild von unserm Schöner gemacht in meiner Stube neben mir und erinnert mich täglich und stündlich an Sie.

Von ganzem Herzen Ihr Sie innigst verehrender
C. Ritter, Professor an der Universität Berlin

(*Es muß dieses das Begleitschreiben zum 1. Band der 2. Aufl. seiner „Erdkunde“ (1822) sein, den er wieder Pestalozzi und Guts Muths gewidmet hat.*)

Briefe von W. Henning an Carl Ritter

(C. Ritter-Archiv, Quedlinburg)

Iferten, den 11. 3. 1810

Ich habe Ihr Heft über Geographie abschreiben lassen, gelesen, aber noch nicht eigentlich studiert, da ich in Religion, Geschichte... (überlastet bin mit Unterricht). So stark daher mein Herz mich auch trieb, Ihnen zu danken für Ihre herrlich ungemein lehrreichen Mitteilungen, so hielt mich doch der Gedanke, daß ich noch nicht fähig wäre, Ihnen Würdiges zu erwidern, immer noch von einer schriftlichen Unterhaltung zurück. Jetzt kann ich, darf ich nicht länger warten. Ich werde Ihnen meine Urteile über Ihr Werk — so unreif sie auch noch sind, nebst einer kurzen Nachricht von dem, was ich bis jetzt im Fach im geograph. Unterricht getan habe, hier in gedrängter Kürze darlegen — auf Ihre gütige Nachsicht zählend. —

Die Durchlesung Ihres Heftes und Ihres Briefes an Herrn Pestalozzi, aus welchem Briefe ich mir alles abgeschrieben habe, was Geographie betrifft, hat mir wenigstens die Übersicht über Ihr Werk gegeben und die Einsicht in den Plan desselben. Über diesen kann ich Ihnen eigentlich auch nur flüchtige Anmerkungen mitteilen, denn die Summe der Kenntnisse, die in Ihrem Heft niedergelegt ist, war mir größtenteils neu und setzte mich in Verwunderung. Über einzelne Materien habe ich also kein Urteil, denn ich habe weder Zeit noch hier Gelegenheit, Reisebeschreibungen und Bücher der Art zu lesen. — Sie fangen mit der Benennung der verschiedenen Teile des Landes und Wassers — mit der topischen Geographie an, voraussetzend, daß das Kind durch das Anschauen der Gegend innerhalb seines Gesichtskreises vorbereitet sei für die Anschauung der Erdoberfläche außerhalb seinem Horizont. Diese Idee ist die Idee der Elementargeographie, die Sie nicht weiter ausgeführt, sondern die Nachricht über die Ausführung derselben uns noch zu senden versprochen haben. Ich bin begierig darauf. Denn eben die Elementargeographie ist bisher am meisten vernachlässigt worden, und die Idee derselben ist recht eigentlich pestalozzisch. Der Mensch kann unmöglich die Gegend jenseits des Horizontes denken, wenn er seine vaterländische Gegend nicht kennen gelernt hat. Bis zum 12. Jahre sollte man mit dem Kinde in der Natur leben und es beobachten und sich zum Bewußtsein bringen lassen alles, was ihm die Natur darstellt — das Land und das Wasser in seinen Teilen, — die Luft und die Erscheinungen in derselben, Licht und Wärme — Produkte der Tätigkeit der Elemente — bis zum Menschen hinauf, — das Leben der Menschen in Beziehung auf den Teil der Erdoberfläche, den sie bewohnen und durch ihrer Hände Arbeit verändert, kultiviert haben, — ihr gesellschaftliches Leben, ihre Verfassung, ihre Gewerbe, — alles kann das Kind an seinem Geburtsorte selber beobachten, — darüber sich aussprechen, — das Gedachte niederschreiben, das Gesehene zeichnen. — Wann man so denkend und beobachtend mit Kindern in der Natur ihrer nächsten Umgebung lebte, — mit welch einem kräftigen Geiste würden sie alles auffassen, was ihnen von entfernteren Gegenden erzählt wird, — welche ewigen Haltungspunkte für alles spätere Wissen von der Natur des Erdkörpers im ganzen würden sie bekommen, — wie würde dann erst der geographische Unterricht eigentlich bildend und interessant für sie sein. Ich habe in einer Reihe von Vorträgen den hier Studierenden diese Ideen darzulegen und die Ausführung derselben anzudeuten gesucht und lege Ihnen diese Bogen der Abschrift zur Prüfung vor. Sie werden finden, daß vieles darin enthalten ist, was nicht Gegenstand des geographischen Elementarunterrichts sein zu können scheint, weil nicht die Gegend jedes Orts soviel der Anschauungen darbietet, wie die Schweiz, — besonders die Gegend um Iferten, — aber da muß man sich zuerst mit dem begnügen, was da ist, — und will man sogleich andere Formen des Landes und Wassers an die beobachteten anschließen, so muß dieses mit Hilfe von Basreliefs oder Kupferstichen geschehen, oder dadurch, daß der Lehrer selbst von Sand und Steinen ähnliche Formen den Kindern auf einer Tafel gleichsam aufbaut. —

Nach allen Rücksichten, nach welchen die Gegend des Wohnorts den Menschen interessieren kann, muß dieselbe betrachtet werden, — und da, meines Erachtens, die Gegend jenseits des Gesichtskreises nach ebendenselben Rücksichten ein Gegenstand des Erkennens und Forschens desjenigen ist, der zu einer vielumfassenden Bildung und Kenntnis Muße und Beruf hat, so wird die Elementargeographie recht eigentlich der Typus aller geographischen Wissenschaften sein müssen. Die Elementargeographie ist die Grundlage alles späteren geographischen Unterrichts; sie enthält die Anknüpfungs- und Haltungspunkte alles vollkommenen Wissens um die Erdoberfläche. Der Plan derselben, den ich Ihnen in beikommenden Bogen vorlege, ist also zugleich der Plan alles ferneren geographischen Unterrichts. Doch muß ich bemerken, daß der Lehrer der Elementargeographie sich durchaus keine Fesseln durch den von mir vorgezeichneten Gang anlegen lassen, sondern seinen Unterricht in ein freies, beobachtendes Leben in der Natur mit seinen Zöglingen verwandeln muß. — Da ich einmal angefangen habe, von meinen Versuchen zu sprechen, so lassen Sie mich noch einiges hinzufügen über den ferneren Gang des eigentlich wissenschaftlichen geographischen Unterrichts, ehe ich wieder auf Ihr uns mitgeteiltes Werk zurückkomme. — Nach einigen versuchten vorbereitenden Schlüssen des Lehrlings aus seinen eigenen Wahrnehmungen und Beobachtungen auf die Gestalt der Erdoberfläche — oder vielmehr des Erdkörpers — zeige ich ihm das Modell der Erde — den Globus —, und lasse denselben, wenn das Kind anders in der Formen- und Größenlehre schon zu der Lehre vom Kreise vorgerückt ist, als einen mathematischen Körper betrachten, und versuchen, die Lage gewisser angenommener Punkte gegeneinander auf der Kugel zu bestimmen. Rotation ist = Pole, Mittellinie — ein fester angenommener Punkt in derselben, aus welchem ich eine Linie gegen Nord- und Südpol zeichnen lasse — Länge Breite. — Größe der Kugel — des Erdkörpers, bestimmt durch Längen-, Flächen- und Körpermaß. Hierauf mache ich das Kind aufmerksam auf die Zeichnung, — Land und Wasser vorstellend, und lasse mir Land und Wasser auf dem Globus zeigen, — Flüsse, Seen, Meerengen usw. — Nun fange ich mit der Benennung der Haupthöhenzüge den ersten, topischen Teil der allgemeinen Geographie oder der zweiten Stufe des geographischen Unterrichts an, — und fahre mit der Benennung der einzelnen...

(Hier bricht am Ende des Bogens der Brief ab. Alles weitere fehlt, also auch leider H's Kritik zur Ritter'schen Niederschrift, aus der man sie etwa rekonstruieren könnte.)

Brief nach Frankfurt Iferten, den 12. Oktober 1810

Hochgeehrter, würdiger Mann,

da ich den geographischen Unterricht am hiesigen Institut einmal nach Ihren geographischen Heften angefangen und bald den formalen Teil beendet habe, so bitte ich Sie, uns auch die Fortsetzung, den materiellen Teil Ihres Werks zukommen zu lassen. Sie haben ihn Herrn von Türk versprochen, wie er mir gesagt hat, aber noch früher unserm Vater Pestalozzi. Ich unterrichte jetzt besonders die Erwachsenen, welche die Methode hier studieren, in der Geographie. Alle freuen sich auf die Erscheinung Ihres Werks bei Cotta, und allen, die hier waren, habe ich Ihre so lehrreichen Schriften empfohlen, die wirklich die angesprengte neue Bahn in diesem Gebiet des Wissens herrlich weiterführen und ebnen. Da ich mich keinem Zweige der Methode ausschließlich widmen darf, und ich vielleicht bald zurückgerufen werde, kann ich nicht, wie ich wohl möchte, mein Leben diesem Fache widmen. — In Ihrem Brief an Herrn Pestalozzi und Herrn von Türk gedenken Sie meines Tuns hier nicht. Sie sind vielleicht unzufrieden mit der Art, wie ich hier Geographie lehre, und meine Hefte über Elementargeographie haben Ihnen vielleicht nicht gefallen. Aber auch Ihr Tadel würde mir unendlich wert sein. Verzeihen Sie, wenn ich Sie jetzt bloß für Fortführung des Unterrichts im hiesigen Institut um die weitere Mitteilung Ihrer Arbeiten bitte, deren Kosten Herr Pestalozzi gern tragen wird.

Mit der größten Hochachtung
W. Henning

Iferten, den 19. 3. 1811

Würdiger Mann, verehrter Freund!

Wenngleich Ihr Manuskript über mineralogische und klimatische Geographie, sowie das über Elementarzeichnen, durch dessen angezeigte Absendung Sie dem edlen Vater Pestalozzi und uns allen eine so große Freude gemacht haben, vorzüglich mir und den anderen Lehrern der Geographie, wenn diese Hefte auch noch nicht angekommen sind, so kann ich doch unmöglich länger warten, Ihnen recht innig für Ihren Brief vom 29. Dezember vorigen Jahres zu danken...

Sie haben zunächst am meisten dazu beigetragen, wenn der geographische Unterricht auf Schulen und Universitäten mit neuem Leben in der rechten Bahn wandelt, die zum Ziele führt. Sie haben die Würde dieses Universitätszweiges auch neulich wieder durch Ihre Rezension des Heusingerschen Atlasses schön hervorgehoben und gegen herabwürdigende Gemeinheit der alles aufs irdische Leben beziehenden Brotmenschen verteidigt... Mit Sehnsucht erwarten wir Ihre Hefte, von denen ich sogleich Gebrauch machen will. Auch Herr von Türk wünscht sie sehr. Er hat mir schon gesagt, daß ich sie bald kopieren lassen, und dann ihm zustellen sollte, weil Sie ihm über die weitere Bestimmung dieser Hefte geschrieben hätten. — Bei unserer Armut an Karten und geographischen Büchern, und bei meiner ... zersplitterten Zeit werde ich wohl nicht imstande sein, irgend eine berichtigende Anmerkung Ihrem Werke zuzufügen: — ...

Ein großes dringendes Bedürfnis für die Schulen scheint mir das großer Wandkarten zu sein, welche alle Handatlasse aus den Händen der Kinder verdrängen müßten. Diese Handatlasse und besonderen Karten, welche man in die Hände der Schüler gibt, zerstreuen die Aufmerksamkeit auf einen Gegenstand, geben zu Störungen Anlaß, rufen den Lehrer bald hierhin, bald dorthin, sind oft sehr ungleich an Richtigkeit und verwirren die Kinder, heben auch das, was der Lehrer gerade vorträgt, besonders die Gebirge, nicht deutlich heraus. — Kurz richtige Landkarten, ins Große orographisch-hydrographisch nach den besten jetzt bekannten Karten vermittels des Storchschnabels gezeichnet (die zeitigen politischen Grenzen könnten etwa mit kleinen Punkten, die nur dem nahestehenden Lehrer sichtbar sind, und die wichtigsten Städte mit großen Punkten angedeutet sein) und durch den Holzschnitt oder Steindruck, damit die Karten wohlfeil werden, vervielfältigt, — halte ich für das erste Bedürfnis des geographischen Unterrichts in Schulen. Ein Büchlein Text von einigen Bogen, welches die durch Ziffern und Zeichen markierten Berge, Flüsse, Städte, Reiche dem sich vorbereitenden Lehrer benennte, könnte damit zugleich ausgegeben werden. Wir haben hier solche Karten versucht, und sie kosten Herrn Pestalozzi viel Geld. Es fehlte uns aber an guten gestochenen Karten, auch ist der Zeichner nicht immer genau genug gewesen, der ununterbrochene Zusammenhang aller Gebirge ist zu stark, und nicht so, wie die Natur ihn zeigt, dargestellt worden. Denn da wir keine Karte hatten, wo die Durchbrechung und Abstürzung des Gebirges der Erde deutlich dargestellt war, so zogen wir von einer Quelle zur andern die Bergschraffierung fort, und nur da, wo wir bestimmt wußten, daß die Berge hoch waren, machten wir sie stark. Der Dr. Lenzenberg aus Düsseldorf verwarf daher unsere Karten ganz; — dennoch tuen sie uns in den zahlreichen Klassen bessere Dienste, als alle gestochenen. Aber zum Vervielfältigen durch den Holzschnitt taugen sie nicht. Man dürfte[1]) nur die allgemeine Weltkarte und die Karten jedes Erdteils und etwa noch die des Rhein- und Donauflußgebietes auf diese Weise zeichnen lassen. Zu Frankfurt fehlt es gewiß nicht an guten Zeichnern und schönen Karten. Der Stich müßte nicht einmal fein sein, weil die Kinder von weitem sehen müssen, und nur weniges, nur die Hauptverhältnisse des Landes und Wassers darstellen. Wie sehr würde ich mich freuen, wenn Sie diese Idee der Ausführung wert hielten und dieselbe ausführen helfen wollten.

Über meinen Versuch einer Elementargeographie urteilen Sie richtig: Er ist nur für Eltern und Hauslehrer und enthält mehr allgemeine Physik. — Ich habe jetzt eine elementargeographische Klasse übernommen und erfahre fast täglich, wie schwer es ist, mit 30 Kindern ins Freie zu gehen und ihr Auge auf das zu fixieren, was sie sehen, einzelnes genau zu beobachten und über das Beobachtete sich mündlich und schriftlich auszusprechen. Ein freies, tätiges, beobachtendes Leben mit Kindern in der Natur schwebte mir bei jenem Entwurf vor Augen, und da ich z. B. die einzelnen Sumpfpflanzen erst kennen muß, ehe ich im allgemeinen einen Teil der Erdoberfläche darnach charakterisieren kann, so dachte ich, man müßte die Kinder auch auf die einzelnen Pflanzen aufmerksam machen — und so kam soviel Naturhistorisches in die Andeutung meiner Ideen. Ich werde aber bestimmt danach trachten, daß meiner Klasse das Geographische recht zum Bewußtsein kommt, und daß sie dasselbe trennen lernen vom Naturhistorischen und Physikalischen. — Den wissenschaftlichen Unterricht in der Länderkunde glaube ich immer noch erst später anfangen zu müssen, und zwar erst das Allgemeine, dann das Spezielle und endlich das Speziellste zum Gegenstande machen zu müssen. Alles Erlernen historischer Wissenschaften vergleiche ich dem Bauen; — zuerst das Fundament und Fachwerk, dann die Ausfüllung. — Tobler in Basel schreibt den ganzen Tag an seinem geographischen Werk... Es wird schon daran gedruckt. W. H.

[1]) „dürfte“ ist hier ostpreußische Mundart; gemeint ist: brauchte.

Hier nur im Auszug! Iferten, den 23. 8. 1811

Sehr verehrter Freund!

Mehr Mut und bessere Aufmunterung zu unserem geographischen Unternehmen konnten Sie uns nicht geben, als durch Ihren erfreuenden Brief... Herrn Mieg habe ich heute geschrieben und ihn gebeten, uns Ihre Karte zu senden, wodurch Sie uns ungemein verbinden. Es ist nicht möglich, daß irgend jemand das Werk wohlfeiler liefern kann als wir, da uns doch so manche Hilfsmittel unentgeltlich zu Gebote stehen, und keiner von uns irgend das Geringste dabei gewinnen will... Ehe wir die Karte aus Frankfurt haben, wollen wir nicht zu zeichnen anfangen. Es ist Herr Dinzi, Lehrer der Physik und der Feldmeßkunst, der die Ausführung der Zeichnung übernehmen will. ...Ich werde Sie immer von allem benachrichtigen. W. H.

Brief nach Genf Iferten, den 4. September 1811

Verehrter Freund,

ich habe Ihre Karten und Ihre Ratschläge zur bestmöglichen Einrichtung des geographischen Elementarunterrichts zu meiner großen Freude empfangen. Pestalozzi, Niederer und Blochmann danken Ihnen herzlich mit mir. Wenn das Unternehmen gelingt, so gehört Ihnen ein großer, wohl der größte Teil des Verdienstes, und wir werden das auch öffentlich bekennen. Für Ihre Karten und Manuskripte werde ich Sorge tragen und Ihnen dieselben zurückschicken, wenn wir den nötigen Gebrauch davon gemacht haben werden. — In zwei Punkten bin ich mit Ihnen nicht einig.

1. Sie halten dafür, daß die Beckeneinteilung dem Kinde nicht sobald einleuchtet; sie wird nach meiner Erfahrung den Kindern etwas schwer, und noch schwieriger die Angabe der Grenzpunkte derselben, wenn man damit den topographischen Teil der allgemeinen Geographie anfängt. Das Kind bemerkt zuerst Land und Wasser auf der Karte als die Hauptsache der Erdoberfläche wie in der Natur, dann die großen Teile des Landes und des Wassers, hernach die kleineren. Erst aus der deutlichen Erkenntnis der Höhen und Tiefen kommt das Kind dazu, wie dies auch der Gang des menschlichen Geistes im allgemeinen nach dem Zeugnis der Geschichte der Geographie gewesen ist, sich die natürliche Einteilung der Erdoberfläche in Becken zu abstrahieren. Mit dieser Abstraktion hat es zugleich die Grenzpunkte, denn es hat ja schon vorher Berge und Täler, Flüsse, Meere und Inseln pp. benennen gelernt. So wird denn die Sache auch bei dem Kinde, was sie bei dem Naturforscher ist: eine freie, selbständige und selbsttätige Ansicht der Erdoberfläche, welche sich auf die Anschauung der Höhen und Tiefen der Erdrinde gründet. Die Becken kann ich nicht für die Gänzen halten, mit denen man anfangen muß; Ganze als Teile der Erdoberfläche sind sie freilich, aber nicht die Hauptteile, die sich dem anschauenden Geist sogleich von selbst aufdrängen.

2. Das Büchlein, wovon ich Ihnen schrieb, soll durchaus nur für den Lehrer sein, und nie einem Kinde in die Hände kommen. Der Lehrer zeigt, spricht den Namen vor, buchstabiert ihn vor, läßt ihn nachsprechen, nachbuchstabieren und endlich im Heft von den Kindern selbst aufschreiben. Erzählt er ihnen von dem Lande, von seiner Beschaffenheit, und seiner . . . (unleserlich) seiner Geschichte, das frei, und das Kind hört zu, repetiert zu Hause schriftlich, und der Lehrer korrigiert den Aufsatz auch als Stilübung. Nach meiner Überzeugung brauchen nicht die Schüler, sondern nur die Lehrer geographische Schulbücher. Indessen kann man die Reihenfolge der Namen, der Berge, Flüsse, Meere usw., welche den topographischen Teil der allgemeinen Geographie konstituieren, leicht einige tausend mal besonders abdrucken lassen und das Exemplar für zwei Batzen verkaufen, da Herr Pestalozzi will, daß die Kinder schon sehr früh geographische Namen als Leseübung lesen sollen; oder es könnte dieser Teil auch in das methodische Elementarbuch für Schulen und Familien aufgenommen werden, was jetzt bearbeitet werden soll.

In vier Tagen reise ich von hier nach Zürich und Basel, wo ich auch mit Herrn Tobler sprechen werde. Gleich nach meiner Zurückkunft soll das Werk begonnen werden. Während meiner Abwesenheit denken wir auch Ihre Karte aus Frankfurt durch Herrn Mieg zu erhalten. Unser Ernst und Eifer soll der Sache würdig sein. —

Aber noch eines! Ihre Karten sind viereckig nach der Vorstellung, als sei die Erdoberfläche die abgelöste und ausgebreitete Fläche eines Zylinders, wodurch gegen die Pole alles verzerrt wird. Blochmann und Schacht behaupten, schon bestimmte Erklärungen gegen diese Projektionsart gehört zu haben und dringen darauf, daß die allgemeine Weltkarte für den Schulgebrauch aus den beiden Planiglobien bestehen müßte. Was sagen Sie dazu?

Die Post geht ab, ich eile. Leben Sie recht wohl; verlassen Sie uns nicht mit Ihrer Hilfe.

Herzliche Grüße... *usw.*
W. H.

Undatierter Brief nach Genf, wohl Herbst 1811

Sehr hochgeehrter Herr und Freund!

Von der pädagogischen Gesellschaft in Lenzburg sind wir alle, Herr Pestalozzi, Herr Niederer und ich glücklich zurückgekehrt... Meine Mitteilung der in Iferten von Ihnen und von Tobler empfangenen Ideen wurden von vielen trefflichen Männern mit Beifall aufgenommen. Ihres Werks freuen sich jetzt mehrere in Hoffnung. Die großen Wandkarten, die ich vorzeigte, gefielen sehr, besonders Herrn Pfeifer in Lenzburg, der auf ihre Verbreitung drang und selbst seine Hilfe dazu anbot. In Lenzburg wohnt nämlich ein sehr geschickter Holzschneider, der die Karten in Holz schneiden will. Sei es immerhin, daß die Karten unvollkommen sind, so sind sie wenigstens schreiendes Bedürfnis und werden ihre Stelle solange behaupten, bis bessere sie verdrängen. Wir sind hier jetzt also wirklich daran, die Wandkarten noch einmal durchzusehen, von neuem zu zeichnen und sie dann ruhig durch den Holzstich dem Publikum zu übergeben nebst einem Büchlein, welches enthalten soll: 1. Die Hauptübersicht der Elementargeographie, wie dieselbe einen Teil der Familienerziehung ausmacht, und wie ich sie Ihnen dargestellt habe. 2). eine Darstellung der Hauptideen zur Verbesserung des geographischen Schulunterrichts und die Übersicht des Ganzen in demselben. 3). Die allgemeine Topographie ausgeführt und zwar: a). Die Reihenfolge der Namen der Berge, b). der Flüsse, c). der Meere, d). der Nebenteile des Meeres, e). der Benennung des Kontinents nach den Gebirgen und Flüssen, an denen er liegt, f). die Namen der wichtigsten Nebenteile der Kontinente; g). die Namen der Becken erster, zweiter und dritter Stufe; h). die Namen der wichtigsten Städte; i). die Namen der wichtigsten Reiche, deren Grenzen auf der Karte nur schwach punktiert angegeben werden sollen. Ziffern und Buchstaben bezeichnen die Namen im topographischen Namenbüchlein und die Zeichen auf der Karte. Büchlein und Karte müßten zu einem Preise von einem Gulden geliefert werden können. — In vier Wochen soll der Stich der Karte angefangen sein und alles zur Ostermesse 1812 erscheinen. Nun kommen wir noch einmal zu Ihnen und bitten: Sagen Sie uns noch einmal, was wir auf der allgemeinen Weltkarte, die Sie gesehen haben, ändern sollen. Kaufen Sie uns auf Rechnung des Instituts die beste oro-hydrographische Weltkarte, die man nur in Genf haben kann... Wie hieß doch der englische Ingenieur, dessen Karten Sie so sehr rühmten? — Den dritten Teil Ihres Manuskripts dürfen wir doch erwarten? Herrn Obrist Lindenau habe ich Ihre hiesigen Hefte gezeigt; er interessierte sich so dafür, daß er uns bat, ihm eine Kopie davon zu besorgen, was sie auch kosten möge, und versicherte uns, daß er nie einen unrechten Ihnen mißfälligen Gebrauch von Ihrer Arbeit machen werde.

Erhalten Sie Ihr Andenken Ihrem
Sie herzlich verehrenden Freunde
W. Henning

Brief nach Genf Iferten, den 27. 11. 1811

Innigst verehrter Freund,

seit vier Wochen bin ich von meiner siebenwöchentlichen Reise zurück. Meine Abwesenheit hat mich des Genusses Ihrer Anwesenheit in Iferten während jener Zeit beraubt. ... Große Freude hat mir die Mitteilung des dritten Teils Ihres geographischen Werks im MS gemacht. Auch dieser Teil wird bald kopiert sein, und wir denken, Karten und Hefte Ihnen dankbar wieder einhändigen zu können, wenn Sie, wie wir uns schmeicheln, vielleicht zur Feier des 12. Januar hierher kommen. Dann werden auch die großen Wandplaniglobien, an welchen Herr Dinzi nach Ihrer uns so gütig mitgeteilten Karte täglich arbeitet, fertig sein, und eher, als Sie dieselben gesehen haben, werde ich sie nicht nach Basel an Herrn Has zur Vervielfältigung durch den Steindruck senden. — Von Mühlhausen habe ich 70 Bogen des Toblerschen Werks, das noch immer keinen Verleger gefunden hat, mitgebracht. Ich durchlese sie, um in dem geographischen Elementarbuch, an dessen völliger Ausarbeitung ich durch jene Lektüre etwas gehindert bin, nicht viel jenem Werk Widersprechendes vorkommen zu lassen, so daß unser Elementarbuch wirklich als eine Vorbereitung für den Gebrauch Ihres und des Toblerschen Werks angesehen werden kann. — Es ist gewiß, das Feld der Geographie ist weder umgrenzt, noch überschauet, noch weniger in allen seinen einzelnen Teilen erkannt. Dennoch aber müssen wir das unvollkommene Stückwerk geben, damit es dem Vollkommeneren wenigstens die Bahn breche durch die finst ren Wüsteneien der jetzt noch auf den meisten Schulen herrschenden geographischen Unterrichtsweise. Das Unvollkommene ging aber immer dem Vollkommeneren voran, so war es und so wird es ewig sein. Das Gebiet der Geographie ist unerschöpflich, wie das jeder anderen Wissenschaft, und an Vollendung ist nicht zu denken. — Herr Escher, Präsident der Linthkommission, und mehrere Geistliche in Zürich bezeigten ihren Beifall über die Darstellung unseres Unternehmens und munterten auf, meinten aber, man solle doch auch den jetzigen Schulunterricht in der Erdkunde nicht so schwächen, da wir doch allein durch denselben zu unserer besseren Erkenntnis erhoben worden seien; darauf mochte ich nicht antworten.

Die Karten sollen kräftig und genau gezeichnet werden; die Flüsse, Berge sollen mit ihren Namen, die Städte mit den Anfangsbuchstaben ihres Namens, die politischen Grenzen durch Strichlein und alles andere so bezeichnet werden, wie Sie uns angegeben haben. Zur Bezeichnung der Vulkane und der Luft- und Wasserströmungen fehlt uns Ihre Karte, die wir schon einmal hier hatten. Ist es Ihnen möglich, so leihen Sie uns dieselben noch bis zum neuen Jahr; sie müßte dann aber bald ankommen. Das geographische Elementarbuch soll nur in die Hände der Lehrer kommen, und wir wollen es nennen: „Methodischer Leitfaden beim Unterricht in der Erdkunde nach Pestalozzischen Grundsätzen für Eltern und Lehrer, herausgegeben von den Lehrern der Geographie am Institut zu Iferten". Der Nomenclator geographicus oder die Grundlage für Lokalisierung und Orientierung auf der Erdoberfläche könnte für die Kinder besonders abgedruckt werden, und Herr Pestalozzi will es; allein ich halte auch das für unnötig. ... Die Elementargeographie soll in wissenschaftlicher Form dargestellt werden, so wie sie in den Sekundärschulen gelehrt werden soll. Durch eine Anweisung sollen Eltern und Hauslehrer in den Stand gesetzt werden, jenen wissenschaftlichen Versuch der Elementargeographie mit Anwendung auf ihren Gesichtskreis zur Belebung und Führung des geographischen Sinns und Anschauungsvermögens ihrer Zöglinge zu gebrauchen. — Sobald die neue Ausgabe der Schutzrede Niederers, die ein neues herrliches Buch, etwa 30 Bogen stark, sein wird, von denen 18 Bogen gedruckt sind, die Presse verlassen haben wird, soll das geographische Elementarbuch gedruckt werden. Auf Ihr und Toblers Werke werden wir uns berufen. ... Betrachten Sie das Werk mit als das Ihrige und helfen Sie uns ferner, wie Sie es bisher so herrlich getan haben. Könnten Sie uns nicht den Titel senden, unter welchem Ihr geographisches Werk erscheinen wird?

Der Vater Pestalozzi hat mir heute den freundlichsten Gruß an Sie aufgetragen.

Ihr herzlich ergebener Freund
W. H.

Brief nach Genf Iferten, 17. Dez. 1811

Gestern empfingen wir Ihre Karte, die uns äußerst willkommen ist. Ich danke Ihnen sehr herzlich dafür. Unsere Karten werden dadurch so, daß sie dem Lehrer, der sich Ihres Werks, dessen Erscheinen so viele wünschen, bedienen will, zum Hilfs- und Veranschaulichungsmittel dienen können, und ich denke, wenn wir Ihnen Karten und Manuskript bei Ihrer Anwesenheit im Januar, die ... dem guten Vater die schönste und überraschendste Freude an seinem Geburtstag gewähren wird, werden vorgelegt haben, so werden Sie wohl unserer Bitte Gehör geben, die Anzeige dieses Werks in den gelehrten Blättern zu machen.

Toblers Werk hat keine empfehlende Ökonomie. 500 Quartseiten habe ich gelesen, 1100 hätte ich noch zu durchgehen, wenn ich mit dem fertig werden wollte, was ich bei mir habe. Und auf allen diesen Bogen ist er noch nicht bis zur klimatischen Geographie vorgerückt, über welche allein er schon ein Buch ausgearbeitet liegen hat. Das wird Ihnen aber nicht mehr auffallen, wenn ich Ihnen sage, daß er die Beschreibung der Seen in der Schweiz aus Ebels Anleitung die Schweiz zu bereisen abgeschrieben hat. Die Gebirge der Erde werden unter vier verschiedenen Ansichten oder Systemen dargestellt, als Gebirgsnetz, als Gebirgsketten, als Bergmeridiane und Bergäquator und Bergparallelen, und als von Gebirgsstöcken ausgehend. Endlich kommt noch ein weitläufiger Versuch, alle diese Ansichten in Einer Darstellungsweise zu vereinigen. Alle Flüsse, die er nur irgend auf Karten hat finden können, hat er in ihrer Unterordnung ausgeführt, und jetzt verlangt er unsere Kopien von dem formalen Teil Ihres MS, um darin nach Namen zu suchen, die ihm vielleicht entgangen sind, weil Sie genauere Karten, also auch mehr Namen in Ihrem Werk haben würden. Ich werde das Werk noch mal (?) haben, wenn Sie zu uns kommen, und dann überzeugen Sie sich selbst. Goldkörner findet man freilich auch, aber die Lektüre dieses weitläufigen Werks kommt mir vor wie eine Goldwäsche am Rhein. (... Bisher keinen Verleger gefunden, Cotta will nur auf unmittelbare Empfehlung von Pestalozzi verlegen.)

Den formalen Teil und die erste Hälfte des Materiellen, der bis zu den Klimaten geht, Ihres uns im MS zugesandten geographischen Werks hat Herr von Türk mit nach Vevay genommen. Daher habe ich die Stelle Ihres Briefs, welche die Versendung Ihrer Hefte nach Frankfurt betrifft, sogleich abgeschrieben und an Herrn von Türk geschickt, ihn auch ersucht, Ihnen baldigst Nachricht darüber zu geben.

Herr von Lindemann (Lindenau ?) in Stuttgart hat zu Krüsy, als dieser im September dort war, gesagt, er habe die Kopie von Ihrem Werk, welche ich ihm hier besorgt hatte, richtig erhalten, freue sich auch darüber, fände jedoch nicht die Befriedigung, die er erwartet, ließe mich aber bitten, ihm auch den dritten Teil Ihres MS kopieren zu lassen. (Dem hat H. aus verschiedenen Gründen noch nicht entsprochen.)

Herr Tobler will Umrisse von Ländern mit flüchtigen Andeutungen der Gebirge und Flüsse herausgeben oder vielmehr besorgen lassen, die man den Schülern wie andere Bogen Papier in die Hände geben könne, um dann selbst die anderen Verhältnisse hineinzutragen, die man ihnen beschrieben — welche geographische Übung er für die zweckmäßigste hält. Dieses Unternehmen möchte ihm vielleicht auch am meisten gelingen und am meisten eintragen.

Mit inniger Anhänglichkeit
W. H.

Im Auszug Iferten, 18. Hornung 1812

Dem Vater Pestalozzi ist es leider seit Ihrer letzten Trennung von uns nicht gut gegangen. Er nahm sein Ohr nicht in acht, so wurde die Wunde immer bösartiger, die Schmerzen stiegen bis zu einem Grad der Heftigkeit, den der ehrwürdige Leidende erst jetzt bekennt, da sie nachlassen, und ermatteten ihn so sehr, daß er den ganzen Tag fast im Bette zubrachte. Jetzt kann er schon wieder einige Stunden auf sein. Seine Geistesheiterkeit verließ ihn nie; oft scherzte er selbst über die heftigsten Schmerzen. Jetzt fürchten wir nicht mehr für sein teures Leben; er selbst auch nicht mehr. Aber er gestand es oft, daß er noch nicht gern stürbe; seine Ideen seien noch nicht in ihrem Umfang und in ihrer Klarheit dargestellt. Wenn Gott ihm wieder Gesundheit schenke, so wolle er mit Macht wieder an die Arbeit. Ihre Lampe, die ihn sehr freute, hat er nun nicht viel gebrauchen können, aber seine Frau bedient sich derselben. Die gute Mutter sagt, sie danke es Ihnen, daß sie bei dieser Lampe nun auch des Nachts lesen und schreiben könne....

Heute beginnt der Druck des neuen methodischen Leitfadens.... Herrn Blochmanns Krankheit hat gemacht, daß wir noch nicht Ihr Heft mit unserer Kopie haben vergleichen und danach berichtigen können. Verzeihen Sie, daß wir es Ihnen noch nicht zugeschickt haben. ... Has in Basel kann den Steindruck der Karte nicht besorgen, weil ihm dazu die Anstalten fehlen. Er sendet sie mit Bedauern zurück. Nun haben wir nach München geschrieben, um sie dort vervielfältigen zu lassen.

W. H.

Iferten, den 28. Februar 1812

Teurer verehrter Freund!

Hier übersende ich Ihnen: 1. den herrlich großen Brief unseres verehrten Mieg zu Paris, 2. die Ankündigung des geographischen Leitfadens und des Planiglobus. Die letztere bitte ich Sie besonders mit der Bemerkung zu begleiten, daß sie einige Teile des MS und auch das Planiglob gesehen hätten und dasselbe sehr empfehlenswürdig fänden; daß Sie glaubten, durch die Einführung dieser neuen Mittel für den geographischen Unterricht werde derselbe wirklich verbessert werden, daß Sie dieses Planiglob als ein Veranschaulichungsmittel bei dem Gebrauch Ihres bald erscheinenden Werks ansähen und daß dasselbe gewissermaßen den Faden des geographischen Unterrichts da aufnehmen und fortspinnen würde, wo wir ihn gelassen in jenem Leitfaden, und was Sie sonst noch hinzufügen mögen. ... Doch sende ich Ihnen vielleicht schon morgen die vier ersten gedruckten Bogen des Leitfadens zugleich mit Ihrem hier noch befindlichen MS. ...

Auf Tobler müssen wir soviel als möglich Rücksicht nehmen, im Grunde hat er doch schon seit 10 Jahren den Unterricht in der Erdkunde nach jenen Ideen gegeben und ihn im Pestalozzischen Institut zuerst eingeführt. ...

W. H.

PS. Wegen des Steindrucks des Planiglobus haben wir aus München noch keine Nachricht.

Im Auszug Iferten, den 6. März 1812

Innigst verehrter Freund!

Sie haben mich durch Ihren letzten Brief vom 1. März hoch erfreut und trefflich belehrt... Alle Ihre Änderungen an der Ankündigung habe ich freudig angenommen, nur da, wo es bei den Karten nach Ihrem Willen heißen sollte, sie seien uns von einem Freunde der Wissenschaft mitgeteilt worden, hat Niederer mich darin bestärkt zu schreiben: „von unserem Freunde Herrn C. R.“. Auch ist die Ankündigung gleich an demselben Tage nach Aarau gesendet worden. Hätten wir nur erst Nachricht aus München, ob der Steindruck daselbst beginnen kann. Gesetzt, der Herr der Anstalt für den Steindruck wollte den Verlag der Karten übernehmen, so könnte Herr Pestalozzi doch wenigstens 500 Gulden für die Karten verlangen. — Von dem Leitfaden erhalten Sie beikommend die 6 ersten Bogen. Ich übergebe das Werklein mit großer Schüchternheit dem Publikum: 1). weil ich es im Namen Pestalozzis und der hiesigen Anstalt, gewissermaßen auch in Ihrem Namen tue; und eine Sache, die diesen Namen nicht unwert sein soll, muß inneren Wert und wenigstens einen Grad von Vollkommenheit haben; diese Unreife und Unvollkommenheit ist es nun, 2)., die mich zaghaft macht.

Auf der anderen Seite bin ich auch wieder getrost und mutig, wenn ich bedenke, daß ich wenigstens keinen geographischen Leitfaden kenne, der mir künftig so viel beim Unterricht helfen kann, wie dieser, und vielleicht mehrere mit mir im gleichen Falle sind.

Sehr begierig bin ich auf Ihre Arbeit, verehrter Freund! Die ausführliche dialogische Form hört schon mit dem 6. Bogen auf. Das Werk würde ja sonst zu weitläufig werden...

Das Departement des öffentlichen Unterrichts in Preußen hat uns fürs erste den Bescheid gegeben, bis zum Juli noch in Iferten zu bleiben, da in Schlesien noch nicht die nötigen Vorkehrungen zum Anfange des Normalinstituts getroffen seien... W. H.

Hier nicht der (belanglose) Brief, sondern ein
Nachwort zu ihm: Iferten, den 24. 3. 1812

....

Der Geheime Rat von Utzschneider, München, wird das Planiglob lithographieren; die Kosten werden etwa zu 400 Gulden für 500 Exemplare angeschlagen; doch ist die Zeichnung noch nicht da gewesen. Dürfen wir darauf setzen lassen: Planiglobium, entworfen nach Arrow Smith, von C. Ritter und herausgegeben von Dinzi?

Iferten, den 5. Juni 1812

Teurer verehrter Freund,

lange haben wir zwar von Ihnen nichts erfahren, dennoch zweifeln wir weder an Ihrem Wohlsein, noch ich an der Fortdauer Ihrer freundlichen Gesinnungen gegen mich, wenn ich gleich, aufrichtig gesagt, manchmal besorgt gewesen bin, es möchte irgend etwas in den 6 Bogen des geographischen Lehrbuchs, die Sie erst in Händen haben, Ihnen mißfallen und Sie möchten deshalb auf mich zürnen. Doch habe ich alles in der besten Absicht und nach bestem Wissen geschrieben und hoffe daher, Verzeihung zu erhalten. — Ich übersende Ihnen durch diese Gelegenheit die folgenden gedruckten Bogen bis zum 28., etwa 5 Bogen möchten noch zu drucken sein mit der Vorrede. Die Karten können nur auf Pränumeration erscheinen, denn es wird dazu ein Kapital von 3000 Franken erfordert. Nächstens werde ich Ihnen die Pränumerationsanzeige und die Ankündigung des Buchs übersenden. Durch eine lange Unpäßlichkeit ist Herr Dinzi am Zeichnen der Karte verhindert worden und er wird sie erst in 4 Wochen vollenden, nach welcher Zeit ich Ihnen dann auch Ihre uns so gütig geliehenen Zeichnungen wieder zuschicken werde. Pestalozzi ... und mehrere sind mit diesem Buch zufrieden, Niederer aber nicht; dieser tadelt daran besonders, daß das geographische Element darin nicht rein gesondert und nicht rein durchgeführt sei. Er hat darüber auch an Herrn von Wangenheim geschrieben, und dieser hat ihm folgendes darauf geantwortet: „Ich habe Ihnen, teurer Freund, noch nichts über Hennings Geographie gesagt, weil ich noch nicht Muße und Stimmung gefunden, sie zu lesen. Jetzt aber habe ich die Lektüre des Buchs begonnen und bin damit bis zum 10. Bogen gekommen. Ich gestehe Ihnen aufrichtig, daß mich von allen im Institut erschienenen Lehrbüchern noch keins so befriedigt hat, als dieses. Das, was man vom Standpunkt der für Methode aufgestellten Grundsätze aus daran tadeln könnte, nämlich der Mangel scharfer Sonderung der geographischen Elemente von denen der ganzen Naturlehre, ist es gerade, was mich (wenn ich mich als Kind denke) gar sehr angezogen und für besondere Elemente der Geographie erwärmt hat. Denn diese bleiben doch ohne jene gar zu tot. Sollte es überhaupt für die Methode nicht ein ganz anderes Gesetz geben, wenn sie Elemente solcher Wissenschaften bearbeitet, die nur im Menschen, als ganz oder größtenteils eigen in sich produzierten, wie Zahl, Form und Wort (in gewisser Hinsicht), und wieder ein ganz anderes, wo der Stoff von außen gegeben, der nie für sich besteht, den Grund seines Daseins immer in einem anderen von ihm verschiedenen hat, und ohne die Einsicht in die Wesenheit dieses anderen in ihrer Beziehung auf das Hauptobjekt des Unterrichts garnicht begriffen werden kann? Sollte in dem Kinde (von dieser objektiven Seite her entwickelt oder angeregt vielmehr) nicht die Ahnung des Zusammenhangs des Einzelnen oder Vielen mit der Einheit, und dieser wieder mit der Allheit zeitig möglich gemacht und befördert werden? Und warum sollte es nicht, da ja doch unleugbar der Gegenstand dieses Unterrichtszweiges, wo nicht ganz, doch zum größten Teil der Sekundärschule anheimfällt? Die strengste Sonderung einer Doktrin aber nach höheren Lehrperioden, obgleich nicht der höchsten.“ —

Ich bin nun sehr begierig, auch Ihr Urteil über mein Buch zu erfahren. Ich habe damit nichts gesucht, als die Verbesserung des geographischen Unterrichts auf Schulen zu befördern. Übrigens weiß ich wohl, daß ich nicht zum Schriftsteller geboren bin. Auch ist es nicht die Geographie, sondern die Religionswissenschaft, zu der mein Herz mich hinzieht. Was ich in Hinsicht des geographischen Unterrichts aber in Iferten gelernt und erfahren habe, wollte ich zuerst niederlegen und bekannt machen, ehe ich mich wieder ganz ausschließlich der praktischen Pädagogik und den Religionswissenschaften widme....

W. H.

Im Auszug Iferten, den 5. Juli 1812

..., das ist die nächste Veranlassung dieses Briefs, den ich eigentlich als Antwort auf Ihr erfreuliches, gütiges Schreiben vom 12. Juni schon längst hätte schreiben sollen. ... Noch ist die Vorrede zu meinem Buch nicht gedruckt; sobald dies geschehen ist, werden Sie die übrigen ... Bogen erhalten. Die Holzschnitte zu meiner Geographie von Lörtscher (?) in Vivis sind trefflich ausgefallen, sodaß wir jetzt willens sind, die Karte aus München zurückkommen und sie durch den Holzschnitt vervielfältigen zu lassen, wodurch sie 500 Gulden wohlfeiler komme. — In diesem Fall würde es uns außerordentlich lieb sein, wenn Sie uns auf einige Zeit Ihre Humboldt'sche Karte von Nordamerika leihen könnten. Hauptirrtümer würden wir wenigstens vielleicht nach derselben noch berichtigen können. ... Wenn der Atlas von Lapie 1812, den Sie uns rühmen, nicht zu kostbar ist, so bitte ich Sie, ein Exemplar davon hierher zu senden; behält ihn das Institut nicht, so behalte ich ihn. Unsere beste Karte von Asien ist die Lichtenstein'sche. ...

W. H.

Es folgt dann ein letzter Brief Hennings an Ritter aus Iferten vom 2. September 1812. Henning wird am 20. September abreisen nach Berlin; mit ihm sind noch 2 andere preußische Lehrer von Iferten abgerufen und nach Preußen zurückbeordert worden.

Damit bricht dieser im Archiv in Quedlinburg nur einseitig vorhandene Briefwechsel ab. Ich nehme nicht an, daß er fortgesetzt wurde, da Henning ja schon früher die Absicht geäußert hatte, nach Erscheinen des Lehrbuchs (und der Karten, die nie erschienen sind) sich von der Geographie ganz zurückzuziehen.

Aus diesem Abschiedsbrief sind für uns nur abschließend wichtig die Worte:

„Anbei die letzten und ersten Blätter meines Buches“.

Fast gespenstisch kommt dann 1843 mit einem mit zitternder Hand geschriebenen Empfehlungs- und Erinnerungsschreiben Niederers (aus Genf) ein 24 Seiten langer Brief des 74jährigen Tobler, der indessen unentwegt an seiner Schulgeographie gearbeitet hat, und nun Ritter um eine Vermittelung ihres Druckes bittet.

Genf, den 31. März 1843

Den wohlgeborenen Herrn Carl Ritter,
Professor, Mitglied der Akademie der Wissenschaften pp Berlin.

Euer Wohlgeboren
haben an den Versuchen für die Gründung des Elementarunterrichts in der Geographie von meinem Freunde Tobler, Pestalozzis Gehilfen in Burgdorf, Münchenbuchsee und Iferten bis 1806 Anteil genommen. Tobler arbeitete in dieser Aufgabe bis heute fort. Ohne diesen Stoffes in seinem ganzen Umfang mächtig zu sein, weil es ihm dazu an Hilfsmitteln mangelte, und ohne den Standpunkt der Wissenschaft zu gewinnen, zu dem Sie die Geographie erhoben haben, erhielt er sich vom Formalismus und Mechanismus anderer Pestalozzianer frei. Seine unermüdeten Versuche in seinem Fach, sein Natur- und Kindersinn, haben ihn auf einen Weg, zu Mitteln und Resultaten geführt, die ich zwar keineswegs für unverbesserlich, aber im Wesen für naturgemäß und unumstößlich halte. Er, ein ehrwürdiger Greis, dem Grabe nahe, aber noch unermüdet mit jugendlicher Liebe für Pestalozzis Idee tätig und ihr unerschütterlich treu, hat sich aus sich selbst entschlossen, seine Arbeit und Ansicht des geographischen Elementarunterrichts, Ihnen, dem obersten Richter in diesem Fache vorzulegen. Sein Wunsch, seine Sendung an Sie mit ein paar Zeilen zu begleiten, ist in Beziehung auf Sie ganz überflüssig. Sie sehen auf die Sache und nicht auf die Person, und wo es Ihnen auf den Wert der Sache ankommt, gelten Ihnen alle Personen gleich. Und hier hat Tobler ein Verdienst, das ich garnicht aussprechen kann. Ihnen aber erweise ich durch Erfüllung dieses Wunsches einen Freundschaftsdienst, den ich ihm nicht versagen durfte, der mir aber als Anlaß, Ihnen unveränderliche Hochachtung zu bezeigen, sehr willkommen ist als

Ihrem ergebensten Verehrer
Niederer

(*Ob auf diesen Brief hin etwas erfolgt ist, ob R. ihn gelesen und beantwortet hat, ist nicht ersichtlich.*)

C. Ritter — Henning. Manuskript „Elementargeographie“

Im Ritterarchiv des Quedlinburger Klopstockmuseums liegt ein 133 S. starkes MS „Elementargeographie“, in einem Umschlag mit der Aufschrift: „Eigenhändige Aufzeichnungen über den elementargeographischen Unterricht“. Ihm liegt ein Blatt bei mit der Überschrift „Vorbemerkung“:

Einige Stunden vor Abgang der Post habe ich beiliegende Kopie erst nachsehen können. Sie ist sehr schlecht — manches ist ausgelassen. — Aber ich kann unmöglich jetzt selbst abschreiben. Verzeihen Sie und haben Sie Nachsicht. Meine Ideen, denke ich, werden Sie doch daraus ersehen. Hier nur noch die kurze Übersicht des Plans der Elementargeographie.

I. Hauptteil. Elemente der physischen Geographie.
1). Erdoberfläche — a) Land, b) Wasser.
a) Land. Erhöhungen und ihre Arten; Vertiefungen und ihre Arten. Name der Teile, Verhältnis, Beschaffenheit.
2). Die Luft. Beschaffenheit derselben, Bewegungen der Luft, Winde, Meteore.
3). Licht und Wärme. Wechsel, Tag und Nacht.
4). Produkte der Gesamttätigkeit von Erde und Wasser, Luft, Licht und Wärme.
Mineralien, Vegetabilien, Tiere.
Der Mensch, Elemente der geographischen Menschenkunde.

II. Hauptteil. Elemente der politischen Geographie.
Namen einzelner Menschenkongregationen und ihres Eigentums am Geburtsort. Verfassung ihres gesellschaftlichen Lebens.
Art des Lebensunterhalts, Gewerbe.

III. Hauptteil. Elemente der mathematischen Geographie.
Bestimmung der Lage einzelner Orte zu einander nach den Himmelsgegenden, nach Graden des Horizonts.
Bestimmung der Entfernung nach Meilen.
Bestimmung des Flächen- und Kubikinhalts,
im allgemeinen, noch nicht angewendet auf den ganzen Erdkörper.
Vom verjüngten Maßstab, mit messen und zeichnen im Plan. — Charten.

Vorbereitende Anleitungen zur zweiten Stufe des geographischen Unterrichts oder zur ersten Stufe des eigentlich wissenschaftlichen geographischen Unterrichts.

Aus einem Brief von Carl Ritter an Moritz August Bethmann-Hollweg, nach einer Niederschrift in seinem Göttinger Tagebuch Göttingen, den 30. Oktober 1815

Ich habe die ganze Idee meiner Arbeit in ihrem Zusammenhange in sich und mit dem Felde der Wissenschaften, wie mit der Zeit und dem Bedürfnis desselben und mit dem äußeren und inneren Menschen nach den wichtigsten Richtungen hin zur Klarheit gebracht und so in den wesentlichsten Punkten auch das Verhältnis zum Vaterlande, zum Volk, zum Staat und zur Kultur und zur Geschichte mir entwickelt.

Dadurch ist eine große Einleitung[1]) zu ihr entstanden, die sich gerundet hat und seit gestern auch rein ausgearbeitet daliegt. Wilhelm[2]) und Hausmann haben sie beide prüfend mit mir durchdacht, und da Du der dritte von meinem Bunde bist, so kann ich nicht eher ruhen als bis ich auch von Dir, für den sie insbesondere niedergeschrieben ist, Dein prüfendes Urteil erhalten habe, und dann erst mag sie in die Welt ausfliegen, wann oder wie hat keine Eile.

Aber Dir muß ich sie zuschicken weil Du den wesentlichsten Anteil daran hast, nicht nur durch einzelne Worte die Du hie und da darin wiederfinden wirst wie sie in mich zurückstrahlten, sondern weil Dein ganzes Leben gleichsam darin zu mir gesprochen hat.

Als Erzieher durch die Vorsehung zwischen zwei edle Naturen gestellt, durch die sie mich selbst erziehen wollte, die aber wie sich mir in den ersten Augenblicken offenbarte nach zwei verschiedenen Richtungen hin tätig waren, nach der der Natur und des inneren historischen Lebens[3]), entstand für mich eine unaussprechlich peinigende innere Angst, die aus der Unzulänglichkeit meiner eigenen Natur und dem anfangs nur leise aber immer gewaltiger gefühlten Zwiespalt der Richtung meiner eigenen inneren und äußeren Tätigkeit entstehen mußte. Erst nach einer langen Reihe von Jahren fand sich ein ausgleichender Mittelpunkt zur Beilegung des Streites, aber eine volle Versöhnung hat sich jetzt erst ergeben in dem Augenblicke wo die ganze Katastrophe beendigt schien[4]).

[1]) Gemeint ist die „Einleitung" zu seiner „Erdkunde".
[2]) Sein Zögling cand. med. Wilhelm Sömmering.
[3]) Wilhelm Sömmering wurde seiner Anlage nach Arzt, August Bethmann Rechtshistoriker in der Schule von Savigny.
[4]) Den Konflikt zwischen Natur und Geschichte erlebte der Erzieher Carl Ritter gleichartig in der unterschiedlichen Veranlagung seiner Zöglinge, wie in der Geographie, und glaubt ihn jetzt in jener „Einleitung" auf geographischem Gebiet, damit aber auch im Persönlichen überwunden zu haben.

Briefe C. Ritters an Ebel
(Ebelarchiv Zentralbibliothek Zürich)

Inv. Nr. C XV, 28 Berlin den 17. Juli 1816

(Aus einem langen Brief, den Ritter seinem Freunde Hausmann zugleich als Empfehlung mitgibt auf dessen Schweizer Reise):

... Ich bin seit zwei Jahren Hausmanns Schüler gewesen und verdanke ihm außerordentlich viel; ich bin überzeugt, daß er im ganzen Gebiet der nichtorganischen Naturkörper einst ein großes wissenschaftliches Ganzes aufstellen wird. Lassen Sie sich von ihm doch eine Erklärung des Wesentlichen seines Mineralsystems mitteilen und eine Ansicht von seinen Entdeckungen in der Theorie der Christalle. . . .

Sie fragen so teilnehmend auch nach dem was mich selbst betrifft, daß ich nicht umhin kann, Ihnen zu sagen, wie ich nun endlich auch einem gewissen Ziele, das ich mir vorgestellt hatte, näher gekommen zu sein glaube. Ich habe nämlich die Zeit welche mir in den letzten Jahren gegönnt war, dazu benutzt, mein schon längst angefangenes geographisches Werk von neuem zu bearbeiten; so ist bei der einige Jahre hindurch fortgesetzten Benutzung der wichtigsten Quellen des In- und Auslandes, die mir in Göttingen zu Gebote standen, ein natürliches System zustande gekommen, das ich in einer allgemeinen vergleichenden Erdbeschreibung in ihren Verhältnissen zur Natur und Geschichte so vollständig als möglich habe durchzuführen gesucht. Es ist in 4 Bänden ausgeführt, umfaßt die ganze Erdoberfläche und soll den Grund zu dem geben, was ich einst früher suchte, zu einer Methodik aller historischen Wissenschaften für den Unterricht, als die andere Seite zu der formalen, die ich früher suchte, die ich mir aber erst durch eine kritische Sichtung des Bisherigen zu einer Gewißheit erheben konnte. Die natürliche Erdbeschreibung ist der Grund der Anordnung, und die Geschichte ist als die lokale Entwicklung berücksichtigt, soweit sie als solche betrachtet und verfolgt werden kann. Daß ich auch darin von Ihnen vieles gelernt habe, können Sie denken, und ich habe dies nicht verbergen können. Wahrscheinlich wird der erste Teil hier in Berlin gedruckt werden können. Wenn diese Arbeit beendigt ist, dann will ich mich die zweite Hälfte meines Lebens wieder zur Erziehung wenden, die mir bisher das größte Erdenglück bereitet hat.

Gern möchte ich Ihnen über diese Königsstadt und das was sich in ihr regt einige Nachricht geben; aber ich bin zu wenig in ihr eingedrungen in die geheimeren Verbindungen, um viel Bedeutendes sagen zu können. Nur weiß ich, daß man außerhalb weit mehr von B. erwartet, als in der Stadt selbst. Es regt sich von oben her auch nicht der geringste Geist; von Verbesserung der Verfassung, von Landständen usw. ist keine Spur zu sehen. Der Canzler Beyme sagt man zwar arbeite an einer Konstitution, aber wie kann die von einem Einzelnen ausgehen. Über Hardenbergs Gleichgültigkeit, Allgewalt und Schwäche die nur nach Gunst verfährt ist nur eine Stimme. Schuckmann als sehr rechtlich gesinnt ist aber als Minister des Inneren in jeder Hinsicht sehr beschränkt; überall herrscht eine gewisse Furcht vor den Enthusiasten und Angst vor geheimen Anschlägen, an die nun einmal in einem so ehrlichen deutschen Lande nicht zu denken ist. Auch der König scheint wenig Vertrauen zu hegen, und überall ist alles im Gang, aber nicht im fortschreitenden sondern im stillstehenden. Der Justizminister Kircheisen ist anerkannter Gegner der historischen Juristen, an deren Spitze hier Savigny steht. Ebenso hat Schleiermacher keinen Einfluß im Staat; Niebuhr geht als preußischer Gesandter nach Rom, was man hier wohl eher für ein Exil ansieht, weil gerade er die lauteste Stimme und die geprüfteste Einsicht für alle Gegenstände einer Landeskonstitution gezeigt hat. Die rheinischen Provinzen sollen ohne Gnade nach dem preußischen Schnitte behandelt werden; Uniformierung zeigt sich noch überall als ein wesentlicher Charakter von oben her. Aber bei all dem ist hier im Staat doch in der Tat eine überaus herrliche Schaar der vortrefflichsten Männer an der Spitze der mehrsten Geschäftsfächer, und was eben von dem Einzelnen ausgeht, ist ausgezeichnet. Ich kenne nur den Teil der mit dem Lehrfache beschäftigt ist, und da ist überall der vortrefflichste Wille; dennoch ist der Geschäftsgang so hemmend, daß selbst der feurigste Wille dadurch abgekühlt werden kann. Die Universität hat die trefflichsten Lehrer versammelt, aber die Zahl der Studierenden ist im ganzen doch sehr gering und sie werden keineswegs in allen Fächern ganz befriedigt, dafür aber sind einzelne Stellen so besetzt, daß alle jungen Männer dahin wallfahrten sollten. Aber kein Historiker ist hier! Sehr viel guter Willen zeigt sich für das Schulwesen, und doch haben draußen Henning und Lavrau in Bunzlau mit sehr viel Hindernissen in ihrer Pestalozzischen Anstalt zu kämpfen. Das Turnwesen, das hier von dem Einzelnen ausgeht, ist im schönsten Gange und greift immer weiter um sich; Jahn selbst aber ist gefürchtet von oben her und man hat ihm ein Gehalt von 500 gegeben, unter der Bedingung, daß er nicht schreiben soll. Die hiesigen Garderegimenter bilden unter sich schon wieder einen eigenen Styl, einen Gegensatz gegen die Landregimenter, und in ihnen tritt wieder das alte krasse Adelswesen hervor. Aber unter dem Offiziercorps des höheren Generalstabs soll ein vortrefflicher Stamm sein, der nicht so bald untergehen kann. Es werden große Entwürfe zu einer allgemein durchgreifenden edleren Bildung des Offiziers der ganzen Armee durch Militärschulen und Militärakademien gemacht. Auch geschieht von oben her einiges zur Beförderung der Künste, doch immer mehr nur Versuche von außen her, als solche, die im Inneren die eigene Kraft erwecken und üben können. Übrigens soll B. in blühendem Zustande sein. Es ist volkreich; überall ist die lebendigste Teilnahme an dem Vaterlande und die größte Freimütigkeit in der Mitteilung.

....

Mit innigster Anhänglichkeit
Ihr C. R.

Auszug aus dem Brief nach Zürich
Inv. Nr. C XV, 29

Göttingen, den 25. April 1818

Lieber Theurer Edler Freund!

..... (*R. hat Ebel den ersten Band seiner „Erdkunde" geschickt, und offenbar sehr lobende Worte, die ihn aufmunterten, allerdings auch den Verleger angehende Worte des Tadels über die äußere Ausgestaltung erhalten. Nach einem Dank fährt R. fort*):

Der Arbeit ist freilich sehr viel, indes wird das Feld der Ernte nicht nur größer, sondern auch immer reicher und ich hoffe Sie sollen im zweiten Bande den doppelten Ertrag für die Geschichte des Menschen finden. Er ist dem Druck nach über die Hälfte beendigt und enthält das Vaterland der ältesten Kulturgeschichte, Vorderasien nach seinen naturgemäßbedingten Einflüssen auf europäische Natur und Geschichte. Da zu wenig Raum übrig bleibt, Auch Europa darin aufzunehmen, so wird er wohl nur noch das Buch vom Weltmeer in seinem Verhältnis zu den Vesten enthalten, eine Anordnung, welche dann zum Verständnis des vielartig bespülten Europas seinen Gestaden nach und im Verhältnis der Weltstellung zur anderen Welthalbe sehr vorbereitend sein wird. Es kommt hierbei manches Merkwürdige zur Sprache, weil in wissenschaftlichen Werken dieser Art bisher noch immer das Meer vom Vesten getrennt, aber nie in Wechselwirkung als Ein Gesamtes Fortwirkendes in seinen Tatsachen nachgewiesen war. Doch sehe ich wohl ein, daß dies Kapitel eigentlich von einem Weltumsegler geschrieben werden sollte. Es bleibt mir nur ein Trost dabei mehr, einen Mann zu wissen, der aus Erfahrung hier urteilen kann und vielleicht verbessern kann, wo Irrtum ist. Nur als Vorarbeit zu einem vollendeteren Ganzen sehe ich die meinige an, das nur durch viel Teilnahme dargestellt werden kann. Außer dem Reichtum, den uns die letztere Zeit zur Aufklärung über Westasien dargeboten hat, konnte ich aus dem Mittelalter die Arbeiten einiger 20 orientalischer Autoren zu meiner Bearbeitung benützen, welche hierdurch, weil diese Quellen im Vergleich mit alten und neuen fast ganz unbenützt waren, wie ich mir schmeichle besonders belehrend für die Entwicklungsgeschichte der neueren europäischen Welt, insofern Ortsverhältnisse auf sie Einfluß gewinnen konnten, geworden ist. Meine ganze Kraft ist nun gegenwärtig auf das deutsche Vaterland gerichtet, dessen Bearbeitung mir die allergrößte Belohnung verspricht, da hier in der Erdkunde bisher nur Verwirrung und Ärmlichkeit war, gegen den überschwänglichen Reichtum, den die Natur und die Geschichte hier überall zur Schau stellt. Römerkriege, Völkerwanderung, Gaueinteilung, Verbreitung des Christentums nach den urkundlichen actis sanctorum und Klosteransiedlungen, germanische Spezialgeschichte, und die Mundarten sind meine wichtigsten Quellen zu dieser Arbeit, welche bisher für diese Wissenschaft unbenutzt lagen und das Detail zu der Anordnung geben, welche die Lehre vom Bau der Erde im Alpengebirge[1]) vorzeichnet. Ich hoffe es soll daraus manche Lehre für große und kleine Staaten hervorgehen, und statt zur vielartigen, zerstückelten Oberfläche und Erweiterung, mit der Übergewalt, welche dem Faktum eigen ist und dem Hergang der Dinge, vielmehr zur einartigen gemeinsamen Tiefe leiten helfen, in welcher eines jeden Heil allein begründet ist.

Sie fordern mich zur Herausgabe von Karten auf; ich fühle das Bedürfnis ebenfalls, und bin auch überzeugt, daß eine Karte sogar mehr wirkt als ein Buch, in dem man sich vieles erst mühsam zusammenlesen muß, was auf ihr schon Ein Blick auch dem Ungeübtesten gibt. Ich habe

[1]) Unmittelbare Anspielung auf das gleichnamige Werk von Ebel.

sehr vieles zur Herausgabe zweckmäßiger Karten gesammelt und gezeichnet; aber sie herauszugeben davor scheue ich mich gewissermaßen, wie vor einem Systeme, welches man erst nach der Arbeit aber nicht vorher aufzustellen wagen kann. Indes ist es wirklich mein Entschluß, eine 1. Sammlung Blätter, die ich Grund-, Auf- und Um-Risse nennen möchte be:zugeben, um durch sie als Spezialkarten den Weg zu einer besseren Zeichnung von 2. Generalkarten zum Behuf meines Buches anzuleiten. Jene sollten nur Darstellungen der geographischen Gesetze ohne die Ausnahmen in Entwürfen enthalten, diese sollen aber auch diese darstellen und also ein treues Bild geben, das aber ohne gewisse äußere Vollendung der Arbeit nicht möglich sein würde. Die Ausführung von beiden ist mühsam und zeitraubend; das erste scheue ich nicht, aber das zweite, da noch „Berge" zu überschreiten vor mir liegen. Zur Ausführung der letzteren gehören Kosten; findet meine Arbeit Beifall und Unterstützung im Publikum: so wird die Herausgabe der Karten 2. dadurch erleichtert, und ich bin dann entschlossen sie folgen zu lassen. Aber auch ohne einen allgemeinen Beifall des Publikums denke ich an die Herausgabe der ersteren 1., nur muß ich zuvor einige freiere Bewegung durch meine Materialien hindurch gefunden haben. Das Feld ist fast zu weit um nicht zu erliegen, wenn nicht auch von außen vieles günstig ist. Hier in Göttingen kann ich nur an Quellenstudium denken, zur Kartenzeichnung ist hier gar keine Beihilfe. Die Entscheidung meiner äußeren Lage wird auch hier sehr wichtig sein. Mein Plan ist zwar, vorher, ehe ich wieder einem praktischen Geschäfte mich ganz hingebe, diese Arbeit zu beendigen, und ich habe bis jetzt alles getan, dies durchzusetzen, weil diese Arbeit z. B. mit einer Schullehrerstelle unvereinbar ist. Aber wie lange mir dies noch gelingen wird, weiß ich nicht. Leider ist meine Arbeit kein integrierender Teil meiner Brotwissenschaft, sonst würde ich wenigstens auf einige Zeit akademischer Dozent sein, weil ich dann Muße haben würde, das Angefangene zu vollenden. In Berlin bin ich gewesen, um einige Sammlungen zu benutzen, hierher zurückgekehrt bin ich um des historischen Büchersaales willen, den ich ganz bequem wie mein Eigentum benutzen kann. Vor einem Jahre sollte ich auf Veranlassung der Frau von Wollzogen, die sehr gütig gegen mich gestimmt ist, als Lehrer der Prinzessinnen nach Weimar mit ganz annehmlichen Bedingungen gehen, aber ich konnte kein mütterliches Wort, nur immer ein fürstliches von der Mutter gewinnen, darum ward es mir unmöglich den Vorschlag anzunehmen, der mich zugleich in einen mir niemals erwünschten Kreis von Menschen eingeführt hätte. Seitdem haben meine Freunde in Frankfurt versucht, mir eine Professorenstelle am dortigen Gymnasium zu verschaffen; aber diejenige welche mir zusagte, die Professur der Geschichte und die Bibliothekarstelle um meiner Arbeit willen, ist nicht wieder besetzt worden, eine andere vacante sagte mir nicht zu, weil sie mich sowohl in meiner Arbeit als in meinem Wirken auf Erziehung hindern und bloß auf Unterricht beschränken würde, dem ich mich nie ganz hingeben kann, ohne unbefriedigt zu sein. Der verwickelte, langsame, unbestimmte Gang aller Geschäfte in Fr. hat auch den Ausgang dieser Angelegenheit seit Jahr und Tag (seit Prof. Schlossers Abgang nach Heidelberg) aufgeschoben. Noch immer ist darüber nichts entschieden . . .

Ich habe dabei nur gewonnen, an Zeit für meine Arbeit, und an Freude im Umgang mit meinem braven, treuen, frommen August H. (ollweg), der mir mit Wilhelm S.(ömmering) zum innigsten Seelenfreund geworden ist. Er ist von Verona hierher zurückgekehrt um zu promovieren und ist von der einen Seite glücklich der diplomatischen Carriere entgangen, in die man ihn ziehen wollte, von der anderen der juristischen Professur zu welcher ihn Savigny heranziehen wollte, ausgewichen, um als Rechts-Gelehrter und Rechts-Mann seiner Vaterstadt und seinen Mitbürgern in der Verwirrung ihrer Lage und ihrer Begriffe, ihrer Gewohnheiten und Sitten mit Rat und Tat an Hand zu gehen. Von W. S.(ömmering) werden Sie bessere Nachrichten haben als ich.

Von Ihnen möchte ich selbst mündlich mehr hören können. Ich hatte mir zwar ein Plan zu einer Reise in die Schweiz gemacht, als ich in diesem Winter eine Einladung erhielt nach Yverdun und Hofwyl zu kommen; aber die Ausführung unterblieb aus verschiedenen wichtigen Gründen. Sie wieder zu sprechen und Ihre Untersuchungen weiter kennen zu lernen war eine Hauptepisode dieses Plans . . . Daß Sie Ihre Wanderungen in den schönen Alpentälern fortsetzen, habe ich aus dem Briefe an Prof. Hausmann gesehen. Wenn ich Sie doch zuweilen begleiten könnte! Hier ist der Boden arm gegen jene Landschaft; mich müssen zuweilen meine Zeichnungen aus der Schweiz als Reminiscenzen erquicken. . . .

C. R.

Inv. Nr. C XV 30 Göttingen, den 12. Januar 1819

Nehmen Sie mein teurer edler Freund! diesen zweiten Band[1]) meiner Arbeit, Ihnen als aus voller Seele gewidmet an. Ihrer frühen warmen Teilnahme an meinem inneren Leben verdanke ich unendlich viel, und gerne ergreife ich die Gelegenheit, dies, wenn auch nur mit schwachen Worten, öffentlich auszusprechen.

Nach bangem Hin und Herschwanken, wobei eigentlich die Beendigung meiner angefangenen Arbeit in Göttingen zum Grunde lag, ... hat mich das Los getroffen, nach Frankfurt zurückzukehren, um am dortigen Gymnasium die Professur für Geschichte zu übernehmen. Teils die alten Verbindungen, teils die Überzeugung mir dort einen Wirkungskreis meinem inneren Berufe nach auf diesem Wege bilden zu können, teils aber auch der entscheidende Augenblick, wo ich mir meinen eigenen Herd bauen konnte, dies alles führte mich dahin, jene Stelle anzunehmen und sie mit Ostern anzutreten. Im Laufe des Sommers werde ich dann das Glück des stillen häuslichen Segens mit meiner geliebten Julie Kramer vom Himmel mir erbitten. . . .

Bis jetzt bin ich noch hier an meinen Arbeitstisch gebannt; Ostern wird die Abhandlung[2]) erscheinen welche Sie in der Vorrede angekündigt finden werden. Sie wird glaube ich auch einiges Interesse für Sie haben, da sie sehr große und wichtige Verhältnisse der ältesten europäischen Völkergeschichte umfaßt, und vielleicht einige Aufklärungen die, wenn mich nicht alles trügt, für das ganze Altertum von Wichtigkeit sind, über die Verbreitung der Lehre von Einem allgemein anerkannten Gotte durch alle europäischen Völker, vor dem Polytheism der Griechen und Römer, und zugleich eine weitere Enthüllung der Religionssysteme der germanischen und skandinavischen Völker im Verhältnis zu denen des Orients. Dies führt mich dann erst recht in die Mitte der Bearbeitung von Europa, über welche ich Ihnen in meinem letzten Schreiben einige Nachrichten einstreute.

herzlich ergebener
C. R.

[1]) Seine „Erdkunde", Bd. II, 1818, u. a. J. G. Ebel gewidmet.
[2]) Seine „Vorhalle Europäischer Völkergeschichten . . . ." 1820.

Brief nach Zürich
Inv. Nr. C XV 31 Frankfurt, den 5. April 1820

. . . .

Die Beantwortung Ihrer Frage über die Schneelinie hat mich allerdings beschäftigt, ohne daß ich imstande gewesen wäre, etwas von Bedeutung darüber zu bemerken. Ich habe mit Geh.Rat Sömmering u. a. Geistesverwandten öfter darüber konferiert. Sie erhalten bestimmt darüber Nachricht von mir. Früher einer Untersuchung mich hinzugeben, war mir wegen gedrückter Amtsverhältnisse, die meine ganze Zeit in Anspruch nahmen, unmöglich. Seit 6 Tagen habe ich jedoch dieses niedergelegt und athme seit dem etwas freier. Nur allein um Muße zur Vollendung angefangener Arbeiten zu finden, und literarische Mittel, gehe ich von hier nach Berlin, und um durch die Beendigung und Anordnung des Vorbereiteten mir einen einflußreicheren Wirkungskreis zu bereiten. Der Augenblick dort ist nicht erfreulich, aber nur Zufall ist es, daß dort die verirrte Zeitwelt ans Tageslicht tritt; Schwäche des guten Willens und Mangel an tieferer Einsicht mit einer babylonischen Sprach- und Verhältnisverwirrung ist überall, auch hier wie dort, und daraus kann überall nichts Gutes hervorgehen. Aller Streit, der mit Wahrhaftigkeit geführt wird, kann jedoch nur Gutes bringen und die Lüge untergehen machen. ...

Ich sende Ihnen hierbei mein letztes Büchlein, eine Abhandlung, welche der Vorläufer meines dritten Teils der Erdkunde sein soll, in welcher Europa behandelt wird. Leider habe ich während meines ganzen hiesigen Lebens keinen einzigen Strich zu der Fortsetzung dieser Arbeit tun können, bin mehr rückwärts als vorwärts gegangen und hätte die Fortsetzung gänzlich aufgeben müssen, wenn ich länger hier hätte bleiben wollen. Das hiesige Treiben und die Abhängigkeit eines Beamten im Freistaat von der hiesigen Obrigkeit ist unvereinbar mit dem Leben für Ideen und ihrer Hervorrufung in das Leben; selbst für das jugendliche Leben treten hier, im selbstgefälligen Sündenschlaf, mit vollem Mangel an wissenschaftlichen Einsichten, die größten Hemmungen ein, bei dem edelsten Willen des Einzelnen. ...

Ich bleibe bis Mitte Juni hier, da erst im Oktober in Berlin meine Geschäfte beginnen; bis dahin habe ich ein halb Jahr Freiheit erlangt und Muße, über die ich mich königlich freue. Ich werde in diesen Frühlingsmonaten meiner lieben Frau, mit der ich seit vorigem Herbst sehr glücklich verheiratet bin, die Rheinlandschaften zeigen, ehe wir diese schöne Gegend mit der Mark vertauschen. Im Juni gehe ich auf ein oder zwei Monate nach Göttingen, und dann nach Berlin. Dort habe ich Militärstatistik zu lesen 4 Stunden wöchentlich in der Kriegsschule, und an der Universität über Erd-, Länder-, Völker-, Staatenkunde. Hierzu bereite ich mich nun diesen Sommer vor.

In wahrhafter Ergebung ganz Ihr
C. R.

Brief nach Zürich
Inv. Nr. C XV 33 Berlin, 29. Juli 1821

...; endlich ist aber die Copie meiner Buntzeichnung an Sie fertig und folgt mit erster Gelegenheit. Mein Anzug in Berlin, das erste Jahr der Vorträge in zweierlei Anstalten und die Bearbeitung der 2. Ausgabe meiner Erdkunde haben mich halb erdrückt. Aber jetzt fange ich an mich zu ermannen; meine Lage ist hier sehr günstig für die Fortsetzung meiner Arbeiten ...
C. R.

Aus einem Brief nach Zürich,
Inv. Nr. C XV 34 10. Mai 1822 (*Datum mit Blei von fremder Hand*)

...

Ich lebe jetzt hier in Berlin, meiner Geschäfts- und Berufslage nach so glücklich als ich es mir je habe wünschen können, da ich ganz dem Fache leben kann, das im letzten Jahrzehnt so ausschließlich Besitz genommen hat von meinem Denken und Tun und von dem größten Teil meiner Zeit. Hierzu kommt der Lehrstand in zweierlei Wirkungskreisen, bei der Universität und der allgemeinen Kriegsschule, die zur Ausbildung für den Generalstab bestimmt ist. Daneben noch der Kreis der hiesigen Academie der Wissenschaften, bei der ich nun auch als tätiges Mitglied mit eingetreten bin. Mein Zögling und halber Sohn A. Hollweg ist mein nächster Kollege als Prof. und meine Frau ist Freundin der seinigen. Ich selbst habe hier 2 Brüder, deren Umgang mir seit mehr als zwanzigjähriger Trennung endlich zum höchsten Bedürfnis geworden war. Ich kann daher mit meiner Ortsveränderung sehr zufrieden sein; die reizende Umgebung Frankfurts vermisse ich zwar, aber das beständige Herumwandern in allen Natur- und Landformen, wenn auch nur in der inneren Anschauung und in der Literaturwelt, entschädigt mich in dieser Hinsicht fast ganz. In Hinsicht der Menschen und der wissenschaftlichen Nahrung bin ich hier unendlich reicher geworden, als ich es in Frankfurt am M. war, wo es mir während meines 17jährigen Aufenthalts wegen der Menschen durchaus nicht mehr zusagen konnte. ...

Die Gegenwart und der enge Raum, auf dem ich festgewachsen bin, beschäftigt mich wenig; ich steuere mit Macht auf meine Ausarbeitung von Europa los; und würde schon viel weiter sein, wenn nicht die Vorbereitung in den ersten 2 Jahren für immer neue akademische Vorträge mir beinahe meine ganze Zeit gebraucht hätte. C. R.

Inv. Nr. C XV 37 Berlin, 28. April 1824

Überbringer dieser Zeilen ... Major im Generalstab, Scharnhorst, Sohn des Generals und Schwiegersohn Gneisenaus ... ist in jeder Hinsicht wert Ihnen empfohlen zu werden. Sie werden bald sehen, daß ihn das lebhafteste Interesse das Schweizergebirge kennen zu lernen erfüllt und daß er eben darum mit Lieutnant Beger der ihn begleitet als praktischer Ingenieur oder vielmehr Zeichner und Aufnehmer vom Generalstab mitgegeben, seine wissenschaftliche Beobachtungsreise durch die ganze Gebirgskette anstellt, um durch Anschauung für allgemeine historisch-militärische Erkenntnis Licht zu gewinnen. Er selbst besitzt ausgezeichnete geographische Kenntnisse und sein Begleiter ist vorläufig (insgeheim) von Alexander von Humboldt zum Begleiter auf seiner Reise nach Indien (von der er im vorigen Winter hier wie von einer ausgemachten Sache sprach) gewählt und durch General v. Müffling, dem Chef des Generalstabs, zur Förderung wissenschaftlicher Zwecke vom Staate zugeteilt worden. Er ist vortrefflicher Zeichner, Mathematiker und Astronom.

...

Meine große Arbeit rückt täglich fort, wenn auch nur um ein sehr geringes, denn ich kann ohne sie nicht leben, zumal da meine Hauptbeschäftigung Europa betrifft, in dessen Geographie der älteren, mittleren und neueren Zeiten ich die ganze örtliche Naturgeschichte und Historie verweben möchte. Schneller würde dies jedoch gehen, wenn nicht 4fache Amtsgeschäfte meine Zeit eigentlich schon ganz in Anspruch nähmen, 12 Stunden Vortrag für die Kriegsschule, 4 Erdkunde und Statistik, 8 an Wilkens Stelle, den wir verloren haben, über alte und neue Geschichte, und 5 wöchentliche Vorlesungen an der Universität, wo ich jeden Winter das Allgemeine und jeden Sommer einen Erdteil im besonderen vortrage. Dazu 6 Stunden wöchentlich Geogr. und Geschichte für Prinz Albrecht, des Königs jüngsten Sohn, womit manches andere Zeitopfer verbunden ist, und die wöchentlichen Sitzungen der Academie d. Wiss. und die damit verbundenen Geschäfte. ...

Mein Asien, 2te Bearbeitung ist inzwischen fortgerückt und ich glaube zu seinem Vorteil zu einem ganz neuen geworden. Der Druck sollte schon im Winter beginnen, nun sicher im Herbst[1]). Für Europa habe ich sehr vieles ausgearbeitet und trage danach z. T. in der Kriegsschule vor; aber da ich mir dabei möglichste Vollständigkeit in den Haupttatsachen zum Ziele gesteckt, so bleibt doch freilich wohl die Hälfte noch zu tun übrig. ... (Dank für die 2. Aufl. von E's Wanderungen und Kritik und Vorschläge dazu. Dann fährt er fort):

Es ist doch ungemein erfreulich den lebendigen Fortschritt in der Kenntnis unseres schönen Erdballs zu sehen, der mir wie eine große Erziehungsanstalt erscheint, die nur erst in ihrem Werden ist und von allen Seiten des Ausbaues von Menschenhand bedarf, um dem großen Entwurf ihrer Anlage nachzukommen.

... C. R.

[1]) Erst 8 Jahre später, 1832, ist ihr erster Band erschienen

Inv. Nr. C XV 40 Berlin, 28. Mai 1829

(*Er spricht davon, das leider Hollweg nach Bonn an die Universität gegangen sei auf Wunsch seiner alten Mutter, die ihn mehr in der Nähe wünschte, und fährt fort*):

Ich bin hier festgewurzelt und werde Bln schwerlich wieder verlassen ... Herz und Geist fand hier vollkommene Befriedigung mit einem Wirkungskreis, ... (den er nicht noch stärker erweitert, sondern verengt wünscht) um noch die geringen vorhandenen Kräfte zur Durchführung meiner allerdings wohl zu weitschichtig angelegten Arbeit zu verwenden... Nun, da mein 50. Jahr ebenfalls herangerückt, habe ich es selbst für Pflicht gehalten, bei dem Ministerium, das sich bis jetzt noch nicht um meine literarischen Unternehmungen bekümmert hatte, und doch darauf manche Ansprüche auf Verbesserung des geographischen Unterrichtswesens gründete, um Beihilfe anzusprechen, falls noch ein allgemeineres Interesse vorhanden sein sollte, das kaum nur erst Begonnene siegreich durchzuführen. Meine Anforderung ist nur Muße; wird mir diese gegeben, so hoffe ich bald auch Ihnen, wieder Zeichen meiner Tätigkeit geben zu können in einer Richtung, zu der Sie so frühe schon mein bester Wegweiser waren...

... Al. v. Humboldt ist jetzt auf dem Wege von Petersburg zum Ural; im November wird er wieder hier sein. Eben geht von Cotta aus meinem Zimmer, der hier bei uns gern etwas für Geographie tun möchte; er hat nun wohl sein politisches Geschäft, einen Handelstraktat zwischen den 3 Mächten Süd- und Norddeutschlands glücklich zustande gebracht: möge er zur Einheit und Kraft der guten Deutschen so viel beitragen, als er hofft und erwartet.

... C. R.

Der letzte Brief an Ebel, kurz und nur persönlich, datiert vom 27. August 1829 an den offenbar seit längerem kranken Mann. Ritter spricht darin seine Freude aus, seit 10 Jahren endlich wieder einmal nach Frankfurt reisen zu können, hauptsächlich um „den edlen Sömmering wieder zu sehen". 1830 ist Ebel in Zürich gestorben.

Aus Ritters Tagebuch, Göttingen 1815/16
(Quedlinburg, Ritter-Archiv im Klopstockhaus)

Die Cariatide ist eine irdische naturphilosophische Idee. — Der Ägypter führte sie als Ornament in die Baukunst; dem Griechen widerstrebte die Idee des in Stein gebundenen Menschen und er band die Natur des Steins in der Menschenform. So wie das weithin gelagerte Alpengebirge eine Natursphinx ist: so ist auch der Atlas die große Naturcariatide.

Merkwürdig ist es, daß die alten Botaniker in ihren Büchern das ganze Gewächs abbildeten mit samt den Wurzeln, die neueren nur die Blüte — und obgleich sie so die Blüte zu erfassen glaubten von ihrer Wissenschaft, ist ihnen doch eben diese mit der Wurzel abgestorben. Mir waren die Wurzeln auf den Alpenböden noch wichtiger als die schönsten Blüten der Gewächse! Überhaupt ist die Fortpflanzung der Gewächse ja garnicht auf die Blüte beschränkt, sie ist so vielfach, im Samen, in den Zwiebeln, in der Wurzel, im Auge, im Blatt! So ist das vegetative Wesen der Charakter der Gewächse, es ist ein unverwüstliches Geschlecht, und dieser Charakter muß wohl etwas zu bedeuten haben.

Warum findet der häufige Ländertausch im Norden von Deutschland statt und besonders im Preußischen Lande? Ist es nicht so unverantwortlich wie wenn der Vater sich kein Gewissen daraus machte seine Kinder zu verhandeln durch Tausch? Fehlt der religiöse Hintergrund in der Staatsausübung, so wird ihm seine ganze Größe und sein ganzer Ruhm nicht frommen. — In der Österreichischen Monarchie ist ein religiöser Hintergrund — in Berlin ist der König fromm, aber die Regierer sind frivol, darum ihre Gier nach dem Zusammenraffen; ihre Armut, ihr Wechsel, ihr Ländertausch. In Österreich sind die Herrschenden wenn auch grass, doch religiös, und so das ganze Volk, in dem ein ruhender Schatz liegt, aus dem jedes Individuum, wenn seine Zeit kommt, als eine lebendige Quelle springt. — Im Norden verpufft aber die sich immer erst erzeugende Kraft im einzelnen oder in einer allgemeinen Explosion.

Residenzen

Sie liegen nicht immer wie das Herz in der organischen Mitte des Staats — wie z. B. Wien oder London, Memphis, Babylon, Carthago, Moskau. Viele liegen in der mathematischen Mitte wie München, Berlin, Paris aber nicht in der Kraft-Mitte des Staats oder des Volks. Dann ists schlimm wenn ihnen erst aus den entlegensten Gliedern und Extremitäten wie aus Schlesien, Ostpreußen, den Rheinprovinzen der wahre Nahrungsstoff zugeführt werden soll. Das sind Mißgestaltete Organisationen im Staate. Die Naturvölker wußten besser zu wählen, und die Völker der Alten Welt als die Norden! — Alexander d. Große baute Alexandria, Peter d. Große Petersburg und der eine gründete eine Weltkolonie die den Schwung über sein eigenes Reich gewann, Peter d. Große das Verbindungsglied seines asiatischen Reiches mit dem modernen Europa. —

Es ist strenggenommen die größte Gottlosigkeit das Dasein Gottes zu beweisen: denn eben dadurch setze ich voraus daß es bewiesen werden kann und muß, was bei dem Gegenstande des Glaubens nicht erst geschehen muß. Ja, indem das Dasein bewiesen wird, wird zugleich der andre, der ja eben die Kraft hat einen Beweis zu versuchen, aufgefordert das Gegenteil darzutun. — Eben so unrecht ist es in der Moral casuistische Fragen vorzulegen, und unnütz: denn das Organon welches dem casuistischen Frager die Kunst die Frage verfänglich zu stellen gab, gibt auch dem Antworter die Kunst, die Antwort casuistisch zu stellen, und dieser hat nicht Unrecht in der wider die Sittlichkeit streitenden Antwort, wenn jener das Recht haben soll eine wider die Sittlichkeit streitende Frage aufzugeben.

Omne simile claudicat, aber dafür hat jedes wahre Gleichnis seinen rechten Treffer und gerade diesen in sich zum Bewußtsein zu bringen, wozu durch die Gleichnisrede aufgefordert wird, ist das wahrhaft belebende Prinzip der Lehre durch das Gleichnis. Es gibt daher nichts, sondern es lehrt immer etwas zu finden, die Lehre dadurch ist also nicht tötend wie durch den Begriff. Das Gleichnis ist daher an sich selbst schon die methodische Form des Vortrags und darum wählte ihn Christus von dem überhaupt das wahre erweckende Leben ausging. —

Charakteristisch ist ein Resultat von einem Ganzen, charakterisiert ist ein Einfaches an einem Ganzen. Der Charakter an einem Individuum ist ein spezielles an einem Individuum, das dadurch spezifiziert ist. Der Charakter einer Spezies aber ist die Regel, so wie auch beim Genus. Aber alle Charaktere, der wesentliche wie der repräsentierende etc. machen erst das Wesen eines Dinges aus.

Je mehr die Spezies charakterisiert ist, desto weniger ist es das Individuum. Z. B. die Neger sind sehr charakterisiert, aber jeder einzelne Neger wenig individualisiert. Der Charakter des Kindes ist weit hervortretender wie der des Erwachsenen, daher alle Kinder in tausend Dingen einander gleich, nicht so der Erwachsene; dagegen sind die Individuen der Erwachsenen stärker charakterisiert als die der Kinder, und der Mann ist mehr charakterisiert als die Frau.

Jedes Ding hat einen Gegensatz, ein + oder —. Aber auch zwischen beiden ist eine Mitte — und insofern spaltet sich alles in ein hüben und drüben und in die Mitte. Das Hüben und Drüben ist immer das $\frac{\text{einfache}}{\text{einseitige}}$, das in der Mitte aber Zusammengesetzte, das Vielseitige, aber zugleich die Einheit. Denn insofern ich mir im Hüben und Drüben das Differenzierte denke, liegt in der Mitte die Indifferenz oder die Einheit. Das Einfache ist also verschieden von der Einheit: denn jenes beruht auf der Idee vom Getrennten, vom Gegensatze, von den Polen; diese aber vom Verbundenen, Mannigfaltigen, in sich Einigen.

Denke ich mir den Kreis, so liegt im Zentrum die Einheit und in der Peripherie liegen alle Differenzen. Aber auch die Peripherie schließt noch nicht alle Differenzen der Einheit überhaupt auf: denn zu dieser müßte ich die Kugel nehmen, in deren Peripherie ich wieder die Systeme in ihrer gehörigen Stelle differenzierend anbringen könnte. — Doch würden auch diese wieder nur als Kügelchen anzubringen sein und das Ganze eine runde Traube werden müssen.

Die Natur wirkt stetig fort, der Mensch nur stoßweise! Aber der Mensch ist selbst nur die höchste Blüte der Natur! und insofern gehört er doch noch mit zur Natur, die in allen ihren höchsten Entwicklungsmomenten stoßweise zu wirken beginnt. — So bei der Zeitigung der Fruktifikationsteile bricht die Knospe an einem Morgen im Momente auf, indeß die Wurzel jahrelang braucht um sich nur erst fest zu wurzeln und das Samenkorn um zu keimen. So tritt die ganze Blüte des Jahres, der Frühling als sein höchster Punkt der Organisation plötzlich hervor. — Schon eine kurze Periode ist das Erwachen der Mannbarkeit im Jüngling, seine erste Liebe hat ein Augenblick entschieden, seine Idee ist im Momente da, der Tod für das Vaterland in der Schlacht oder als Märtyrer ist ein Blitz, das Höchste was er erleben kann. Offenbarung hat kein Verhältnis zur Zeit mehr, und die Gottheit ist ewig.

Pädagogik

Meine ganze geographische Arbeit ist Darstellung der Pestalozzischen Methode — sie ist vom Standpunkt des Erziehers aus geschrieben, und darum umfaßt sie die ganze historische Seite des Unterrichts. Darum hebt sie die Seite der Anschauung und ihren Einfluß auf den inneren Menschen, auf ihre Notwendigkeit für jeden Menschen zur selbständigen Darstellung seiner Individualität in dem wirklichen Leben, wodurch jedesmal eine der Platonischen Ideen realisiert werden muß, was ja immer die Aufgabe jedes Menschen ist, und durch die er nur zum Besitz des freien Gebrauchs seiner eigenen Kraft teils zum Aufnehmen des Fremden, teils zum Produzieren des Eigenen gelangen kann. —

Darum wird in der Einleitung[1]) die sittliche Seite in der Betreibung der Wissenschaften hervorgehoben, das gemeinschaftliche Streben nach Wahrheit, die freundliche Verbrüderung und Unterstützung darin, und wo es hervortritt das befruchtende Wesen der Freundschaft — das befruchtende Wesen des Sinns für Volkserziehung im Großen, das befruchtende Wesen der

[1]) Die „Einleitung" zu seiner „Erdkunde".

Historie und der Natur für Belehrung im Allgemeinen und die doppelte Art der Belehrung für hohe Sittlichkeit in der Aufstellung des erreichten oder des verfehlten Ideals in der Historie und der Belehrung für zu erringende Wohlfahrt für das Volk durch die Prophetenkunst, von der die Staatsweisheit ein Teil ist. Von beiden soll der Erzieher durchdrungen sein, der für das Individuum oder für mehrere nur für die Periode der Jugend zugleich die Kunst des Historikers und des Propheten in sich vereinen sollte. — bis zum Eintritt in das Leben in der Periode, wo jedes Individuum diese Kunst in sich schon wieder geübt oder doch schon geahndet hat und nun in den Jünglingsjahren zur Fertigkeit bringt.

Moses Schöpfungshymnus ist eine rückwärtsgehende Prophezeiung vom Allgemeinen zum Einzelnen. Die Historie geht vom Einzelnen aus und gelangt so zum Philosophischen; die Philosophie geht vom Allgemeinen aus und spaltet uns in der Welt der Begriffe. Die Prophezeiung geht vom Allgemeinen aus und spaltet uns in der Welt der Begebenheiten, und indem sie uns darstellt als ginge sie den umgekehrten Gang, kann sie eben Poesie werden.

So ist alles Höhere ein Gegensatz! Den Gegensatz denken wir uns als Einheit in der Erscheinung, das ist der Zwiespalt (Nord- und Südpol) für die Wissenschaft. In der Idee steht die Einheit darüber! So erkennen wir nur das Eine aus dem Anderen. Aus der Natur die Gottheit, oder aus der Gottheit die Natur (der Mensch steht in der Mitte!) — Auch die Gottheit können wir uns nicht denken ohne die Welt, die Natura naturans nicht ohne die Natura naturata. Und Gott selbst hatte ja eine Sehnsucht die Welt zu erschaffen, das ist: seinen Gegensatz zu realisieren. —

Wer nur von einem Erlernten erregt wird und es dunkel mechanisch ausübt, der ist ein Handwerker. Der Künstler fühlt seinen eigenen Naturtrieb, ist sich seines Instinkts im edleren Sinne klar bewußt und stellt sein Inneres praktisch sicher dar. Der Philosoph allein sucht die Wissenschaft und strebt zum Bewußtsein seines Bewußtseins. Er sucht seine innere Notwendigkeit auch in dem Äußeren und strebt so zur unbedingten Einheit auf, die die bedingte Mannigfaltigkeit umfaßt.

Demonstration findet nur bei toten Begriffen statt, Analogie und Bild sind die einzig möglichen Andeutungen von allem Lebendigen. Das Lebendige kann nur durch belebende Mitteilung sich erzeugen lassen, nicht beweisen, erzwingen. So ist das Ideal einer lebendigen Erweckung der Überzeugung, einer Zeugung des lebendigen Glaubens im herrlichsten Sinne die Lehre Jesus.

Gleichnis und Bild kann ich nur durch lebendige innere Anschauung begreifen und fassen. Das Bild hat seine wahre Mitte, fließt an den Seiten über in andere Wahrheiten: die Grenze ist nicht scharf für den Verstand definiert, aber um so reicher die Mitte für Sinn und Gefühl.

Im Menschen erst geht das wahre geistige göttliche Leben der Idee auf. Es gibt aber nur Ein Menschengeschlecht mit im Ganzen geringer Rasseverschiedenheit, von denen jede unter gehörigen Umständen gleich zum geistigen Leben erwachen kann.

CARL RITTERS „PRODUKTENKUNDLICHE" MONOGRAPHIEN IM RAHMEN SEINER WISSENSCHAFTLICHEN ENTWICKLUNG

Von Ernst Plewe (Heidelberg)

Man kann, ohne viele Abstriche befürchten zu müssen, behaupten, daß sich die Geographie ihren wohl fähigsten, fleissigsten, originellsten und kenntnisreichsten, aber auch rätselhaftesten Kopf, Carl Ritter, soweit in den toten Winkel und hinter einen Wall widersprüchlicher Vorurteile geschoben hat, daß er ihr dahinter fast unsichtbar geworden ist. Schon daß man ihn stets zusammen mit A. v. Humboldt nennt, trägt wenig zu seinem Verständnis bei und läßt recht grundsätzliche Unterschiede übersehen. Hier Humboldt, von u. a. drei Prinzen, drei Ministern und drei Generalen aus der Taufe gehoben, von besten Hauslehrern erzogen, nach Belieben studierend, steil im Staatsdienst aufgestiegen, bis ihm ein reiches Erbe jene Tropenreise ermöglichte, auf der sich seine unvergleichliche Forschergestalt abrundete. Dort C. Ritter, den als zarte Halbwaise ein Philanthropinum um Gotteslohn aufnahm, wo er in geistig recht beschränkten Verhältnissen aufwuchs, gegen Widerstände ein Studium durchsetzte und dann 20 Jahre lang Hauslehrer blieb, bis auch er seine Form gefunden hatte. Beiden eignete eine außergewöhnliche Rezeptionskraft und Creativität. Was aber Ritter zum Polyhistor brachte, war neben gründlichen Geländebeobachtungen auf Reisen in der Schweiz und in Italien als Mentor seiner Schüler in erster Linie der pädagogische Ehrgeiz, seinen Zöglingen in der Vermittelung einer umfassenden und gründlichen Allgemeinbildung stets weit voraus zu sein. Uneingeschränkt konnte er sich diesem Trieb zur Selbstbildung erst seit seinen Göttinger Studienjahren überlassen und blieb von ihm bis zu seinem Tode besessen. Beide, Humboldt wie Ritter, konnten dank ihrer großen Kontaktfähigkeit vielseitige Anregungen in dieser geistig bewegten Zeit an den Quellen schöpfen. Aber ihre unterschiedlichen Bildungswege ließen Ritter weit mehr zum Stubengelehrten werden, als den weit gewanderten und welterfahrenen Humboldt, in dem Ritter stets den befreundeten „Meister" verehrte.

Dieser im weitesten Sinne unterschiedlichen Herkunft entsprechen auch unterschiedliche Ziele. Humboldt weitete sich zum Kosmographen, hatte weder Neigung noch Veranlassung, sich nur *einer* Wissenschaft zu verpflichten. Ritter hingegen war und wollte nichts anderes sein, als Geograph. Immer wieder überantwortete er in seiner „Erdkunde" die weitere Verfolgung von

Problemen den zuständigen Spezialwissenschaften, auch wo er sicher selbst noch manches hätte dazu beitragen können. Diese Unterschiede, denen man leicht noch mehr hinzufügen könnte, etwa den des fachgebundenen Hochschullehrers gegen den ungebundenen freien Forscher, muß man beachten, um ihre doch sehr verschiedenen Standorte in der Wissenschaftsgeschichte zu sehen und zu verstehen.

Ritters heutige Einschätzung faßt wohl am treffendsten A. Hettner[1] zusammen, wenn er ihm u. a. die geistige Durchdringung des massenhaft von ihm aufgeworfenen Stoffs abspricht und davon nur seine „ausgezeichneten" produktenkundlichen Monographien ausnimmt. Mit der Analyse dieser „nur dem Menschen nützlichen Erzeugnisse" habe er aber, wie auch Theobald Fischer[2] in seiner unmittelbar an Ritter anknüpfenden Monographie über die Dattelpalme, „den Boden der eigenen Wissenschaft" verlassen und sich „in ein Nachbargebiet" begeben. Da er aber unter Vernachlässigung des Klimas sowie der Pflanzen- und Tierwelt gründlich eigentlich nur die Topographie, jedoch auch diese nur im Hinblick auf den Menschen untersucht, und überdies mit seiner teleologischen Einstellung den unabdingbaren Boden induktiver Forschung grundsätzlich verlassen haben soll, fragt man sich, mit welchem Recht man ihn neben Humboldt immer noch „den Begründer der wissenschaftlichen Geographie" nennt.

Jeder kritisiert Ritter aus der jeweils eigenen Auffassung der Geographie heraus ohne zu fragen, zum einen, was er selbst darunter verstanden hat, und zum anderen, ob er mit seinem Werk zum Abschluß gekommen ist, seine Vorstellungen tatsächlich in ihm verifiziert zu haben glaubte.

Es würde sehr umfänglicher Analysen seiner „Erdkunde"[3] bedürfen, wollte man seine Auffassungen zu bestimmen und sie gegen die etwa Hettners oder Anderer abzugrenzen versuchen. Einfacher ist der umgekehrte Weg, nämlich Ritter zu fragen, ob er seine Ziele in deren Länderkunden geklärt und fortentwickelt sähe. Er würde das verneinen, u. a. aus folgenden Gründen:

1. Nach ihm ist jede, auch die aus den Quellen erarbeitete Länderkunde, eine „Kompendiengeographie", denn sie muß notwendigerweise auch jene gesamte „Elementargeographie" enthalten, die seine „allgemeine verglei-

[1] Hettner, A.: Die Geographie, ihr Wesen und ihre Geschichte. Breslau 1927. Etwa S. 84ff, 125, 149.

[2] Fischer, Teobald: Die Dattelpalme, ihre geographische Verbreitung und culturhistorische Bedeutung. Eine verspätete Gabe zu Karl Ritter's hundertjähriger Geburtstagsfeier. 2 Karten. Pet. Erg. H. 64. 1881.

[3] Ritter, C.: Die Erdkunde im Verhältnis zur Natur und zur Geschichte des Menschen oder allgemeine vergleichende Geographie als sichere Grundlage des Studiums und Unterrichts in physikalischen und historischen Wissenschaften. 1. Aufl. 2 Bde. Berlin 1817/18., 2. Aufl. 20 Bde und 2 Registerbände. Berlin 1822–1859.

chende" Erdkunde grundsätzlich als bereits bekannt voraussetzt. Das sagt er wiederholt selbst, und man kann das auch leicht an seiner Behandlung z. B. Südafrikas nachprüfen. Hier hätten ihm die Reisebeschreibungen allein von J. Barrow und von seinem Freund H. Lichtenstein massenhaft in einer Länderkunde unentbehrlichen Stoff zur deskriptiven Ausbreitung geboten, auf den seine Problemgeographie aber verzichtete. Ein besonders klar und durchsichtig durchgeführtes länderkundliches Programm kann es also nicht gewesen sein, das alle Welt nach Erscheinen des 1. Bandes seiner „Erdkunde" aufhorchen und sich um seine Dienste reißen ließ.

2. Mit seinen also doch wohl anderen Vorstellungen hängt es auch zusammen, daß er die heute gängige Auffassung von der Geographie als einer Gegenwartswissenschaft abgelehnt hat, sie vielmehr stets als eine „antiquarische", die ganze Zeit der Geschichte einschließende Wissenschaft verstanden wissen wollte. Steinbach hat vor Jahren in einer Diskussion in Speyer mit Friedrich Metz der Geographie vorgehalten, sie beschränke sich sogar in ihrer historischen Landeskunde auf das von der Geschichte in der heutigen Landschaft „Sichtbar Übriggebliebene" und begebe sich damit wichtiger Einsichten. Das ist genau der Punkt, an dem sich Ritter eher Steinbach, als Hettner – Metz zuwenden würde.

Viel von Ritters Programm spricht schon der lange und scheinbar schwerfällige, tatsächlich aber sehr überlegte Titel seines Werks aus. Seine „Erdkunde" will das Verhältnis zwischen der Natur und der Geschichte des Menschen, also das seit Hippokrates schwebende und damals ganz allgemein und international lebhaft diskutierte Problem angehen. Sie will damit „die sichere Grundlage" schaffen zum Studium der „physikalischen und historischen Wissenschaften", und das selbstverständlich aus geographischer Sicht. Aber wie das? Indem sich die Geographie im Zuge und im Anschluß an alle ihre eben mächtig neu aufblühenden Nachbarwissenschaften so wandelt, daß sie Fragen zu stellen und zu beantworten fähig wird. Bestehen Zusammenhänge zwischen Mensch und Erde, Natur und Geschichte, dann als Ergebnis eines Kräftespiels, in dem „Massen auf Massen wirken", das also nur eine „physiologische" Geographie ergründen könnte. Da er dieses im Zusammenhang mit der Geographie aber „fremdartig" anmutende Wort scheute, ersetzte er es „durch zwei bezeichnende Ausdrücke", die nach ihm das Gleiche andeuten: „allgemein und vergleichend"[4]. Das aber ist nur von Pestalozzi her zu verstehen. Nach ihm erarbeitet man sich einen Stoff methodisch schrittweise. Die notwendige Basis ist die „elementare" Kenntnisnahme des gesamten klassifizierend geordneten Stoffs. Damit beginnt die Wissenschaft, beginnt in der Schule auch das richtig

[4] RITTER, C.: Einleitung zur allgemeinen vergleichenden Geographie und Abhandlungen zur Begründung einer mehr wissenschaftlichen Behandlung der Erdkunde. Berlin 1852, S. 5; 24ff.

zur Stoff-*Übersicht* angeleitete Kind. Erst ein zweiter Schritt, die allgemeine vergleichende Methode, macht den Stoff *einsichtig*, bringt ihn in ontologische Zusammenhänge unterschiedlichster Art. Erst sie stützt bisher nur zur Kenntnis genommene Tatsachen untereinander ab, erfaßt sie etwa in Kausalzusammenhängen, ordnet sie Typen ein, sieht in ihnen Gestalten, läßt aus elementaren Kenntnissen Erkenntnisse, also Wissenschaften erwachsen.

Ist eine solche Elementargeographie also die Grundlage aller wissenschaftlichen Geographie, muß man fragen, ob es sie von Ritters Hand gibt. Sein „Europa"[5] ist es nicht, bietet dem Leser, wie der Titel schon sagt, in einem methodisch unsauberen Konglomerat aus vielen Wissenschaften eingängig nützliche Informationen über die einzelnen Staaten Europas. Seine „Sechs Karten von Europa"[6], die man ihres Titels wegen stets allzunah an das gleichzeitig erschienene Textwerk heranstellt, sind es aber auch nicht. Sie lösen sich nämlich nicht nur vollständig von allen statistischen Grundlagen, also den Staaten, und übergreifen Europa als Gesamtgebiet, sondern sind auch durchaus kausal gedacht, im Einzelblatt wie in der (geplanten) Folge der Blätter untereinander, liegen also schon ganz im Zuge seiner späteren „allgemeinen vergleichenden" Methode. Wahrscheinlich hat ihn die Arbeit an diesen Karten von der Unzulänglichkeit seiner Europabände überzeugt und zum Verzicht auf den geplanten dritten Band geführt. Zukunftsweisend war an diesem Werk nur das Vorwort, das er aber noch nicht einlösen konnte.

Sehe ich recht, sind in diesem Zusammenhang aber „Die ersten Elemente der Erdbeschreibung" von Heinrich Berghaus[7] unbeachtet geblieben. Zweimal, in seiner „Erdkunde" (2, 1832, S. 21) und in seiner Erwiderung an Julius Fröbel[8] hat Ritter diese „Elemente" in ihrem „ganzen inneren Oganismus " und größtenteils auch in ihrem Wortlaut als sein geistiges Eigentum beansprucht. J. G. Lüde[9] bestätigt das in seiner „Methodik der Erdkunde" und in seiner „Geschichte der Methodologie der Erdkunde" (1849, S. VII): „Wenn man Ritters Manuscript zu seinen Vorlesungen über allgemeine Erdkunde mit den von Berghaus herausgegebenen Elementen vergleicht, so stimmen letztere

[5] RITTER, C.: Europa, ein geographisch-historisch-statistisches Gemählde. 2 Bde. Frankfurt a.M. 1804 und 1807.

[6] RITTER, C.: Sechs Karten von Europa über Producte, physicalische Geographie und Bewohner dieses Erdtheils. Schnepfenthal 1806. (Mir zugänglich nur die „Neue Ausgabe" von 1820).

[7] BERGHAUS, Heinrich: Lehrbuch der Erdbeschreibung. Erster Kursus. Die ersten Elemente der Erdbeschreibung. Berlin 1830.

[8] RITTER, C.: Schreiben an Heinrich Berghaus, in Beziehung auf den vorstehenden Aufsatz des Hrn. Julius Fröbel. Annalen der Erd-, Völker- und Staatenkunde, herausgegeben von H. Berghaus, Bd. 4, Berlin 1831, S. 506–520.

[9] LÜDDE, J. G.: Methodik der Erdkunde. Magdeburg 1842; ders.: Geschichte der Methodologie der Erdkunde. Leipzig 1849.

mit ersterem großentheils wörtlich überein. Ich sah bei Professor Ritter dessen Manuscript vor zwei Jahren (also 1840. D. Verf.) in dieser Hinsicht genau ein und füge hier ausdrücklich hinzu, daß Ritter in seinem Hefte alle die Stellen rot unterstrichen hatte, welche sich in den „ersten Elementen" abgedruckt befinden, und daß dergestalt fast das ganze Heft rot unterstrichen war". Berghaus' Eigentum an ihnen ist nur die mathematische Geographie (S. 5–34), die nach Ritter nicht zur Geographie gehört.

Dank diesem verblüffenden Plagiat besitzen wir also die für die Frage nach seiner methodologischen Entwicklung wichtige „Elementargeographie" in einer nur für den Unterricht, nicht zur Veröffentlichung bestimmten Niederschrift. Insgesamt entspricht sie der Forderung Pestalozzis, ist eine räumlich geordnete Bestandaufnahme der horizontalen und vertikalen Gliederung sowie der Hydrographie der Erde. Von den beiden kurzen abschließenden Kapiteln „Umrisse der Klimatologie" und „Ethnographie oder Völkerkunde, in Umrissen" fällt nur das erste (S. 336–354) durch eine damals unvermeidbare Kausalverbindung von Klima und Vegetation („Das Pflanzenleben als Verkündiger des Klimas der Zonen") aus dem sonst streng deskriptiven Rahmen des Ganzen, denn die Klimazonen konnten damals nur aus den besser bekannten Vegetationszonen erschlossen werden.

Nun erwachsen Erkenntnisse nicht von selbst oder durch ein weiteres geschicktes Klassifizieren aus dem neutral vorgeordneten Stoff, der unbefragt steril in sich ruhen bleibt, inmitten unter Umständen größten Reichtums nur „materieller Besitz" „unbelebter" Fakten ist, der zur „nutzlosen Last" werden kann (Einleitung 1852, S. 182). Eine solche den Stoff aufschließende und zum Fruchten bringende Frage hatte Ritter schon im Vorwort zu seinem „Europa" (I, S. VI) gestellt mit der These „Das Land wirkt auf die Bewohner und die Bewohner auf das Land", kam damals aber über eine Konfrontierung von Fakten der Geschichte und der physischen Geographie kaum hinaus und sah als Ergebnis dieser Wechselwirkung nur eins: Produkte (ebd. S. VII), über die er statistisch berichtete.

Heinrich Schmitthenner[10] hat in seinen aufschlußreichen „Studien über Carl Ritter" behauptet, seine Entwicklung sei mit der 2. Auflage seines „Afrika", also 1822, abgeschlossen gewesen; alles Folgende „brachte in der Grundauffassung nichts Neues" (S. 70). Das kann man nicht gelten lassen. Die große Wirkung der 1. Auflage seiner Afrika und Asien umfassenden „Erdkunde" lag in der Fülle der durch sie neu in die Geographie eingebrachten Probleme und in der Prägnanz ihrer Erörterung. Demgegenüber brachte die 2. Auflage seines „Afrika", das ja nur randlich oberflächlich bekannt war und bis hin zu

[10] Schmitthenner, H.: Studien über Carl Ritter. Frankfurter Geographische Hefte, 25. Jahrgang, Heft 4, Frankfurt 1951.

Heinrich Barth, abgesehen von seinem Nordrand, für geschichtslos galt, nichts grundsätzlich Neues. Ganz anders die 2. Auflage seines „Asien" (1832-1859). Dieser damals weit besser bekannte Erdteil, dessen unvergleichlich reich differenzierte Natur nicht zufällig zum Quellraum der Geschichte geworden ist, befähigte ihn nach 10 Jahren arbeitsamen Schweigens gerade unter seiner Fragestellung „Mensch und Erde" zu einer Tiefe und Weite der Untersuchung, die in unserer geographischen Literatur ohne Beispiel dasteht und auch Humboldts staunende Bewunderung gefunden hat. Sollte das alles wirklich nur in alten Geleisen laufend „nichts Neues" gebracht haben? Schwer vorstellbar!

Ein so riesenhaftes, in seiner Komposition vielschichtiges, einer Symphonie vergleichbares Werk[11], schlecht auf miserables Papier gedruckt und überschaubar nur bei ständigem Rückgriff auf das sehr ins Einzelne gehende Inhaltsverzeichnis, drängt sich nicht auf, schreckt eher ab und verschwand, wie Ritter selbst einmal klagte, oft unaufgeschnitten in den Bibliotheken. Er hat daher einen Teil seiner programmatischen Abhandlungen in einem handlichen Bändchen (Einleitung 1852, vgl. Anm. 4) nachdrucken lassen und in ihm (S. V) angekündigt, es werden auch die in seinem Asienwerk „zerstreut vorkommenden Monographien aus der Productenkunde ... in einem zweiten, diesem folgenden Bändchen, nach ihrem mineralogischen, botanischen und zoologischen Inhalt besonders zusammengestellt, im Druck erscheinen, da sie als selbständige, für sich abgerundete Abhandlungen dort nur als gelegentliche Zugaben zu dem heimatlichen Vorkommen ihres Gegenstandes dienen sollten, um von einem höheren, allgemeineren Standpunkte aus die locale Erscheinung in ihrem Causalzusammenhange zu vergegenwärtigen". Es blieb bei der Absicht, leider. Wahrscheinlich schreckte der Verlag vor diesem voluminösen „Bändchen" zurück. Zum Programm seiner „Produktenkunde" ist in das Bändchen von 1852 nur seine Akademierede von 1836 aufgenommen: „Der tellurische Zusammenhang der Natur und Geschichte in den Productionen der drei Naturreiche, oder: Über eine geographische Productenkunde" (S. 181–205). An deren Schluß hat er einige dieser Monographien stichwortartig und ohne bibliographischen Nachweis genannt, und sie sind auch seither nie vollständig zusammengestellt worden. Sie seien daher hier, ebenfalls nur in Stichworten und unter Verzicht auf ihre oft außerordentlich langen Titel,

[11] Eine Stilanalyse würde mit dem alten Vorurteil, es sei verworren und chaotisch, gründlich aufräumen. Sie wäre überdies ein weiterer Weg, ihn geistesgeschichtlich zu orten. Der frappierende Stilbruch, sowohl in seiner Syntax als auch in der Aufnahme zahlreicher, vorher nie gebrauchter Wörter liegt zwischen seinem „Europa" und dem 1. Band seiner „Erdkunde", also zwischen 1807 und 1815, dem Jahr der Niederschrift der „Einleitung" zu seiner „Erdkunde". Eine entsprechende Analyse würde ihn wohl dem wissenschaftlichen Biedermeier zurodnen und damit auch wissenschaftsgeschichtlich interessante Perspektiven freilegen.

chronologisch geordnet genannt. Wo nur die Bandzahl und die Seitenzahl angegeben sind, handelt es sich um die 2. Auflage seiner „Erdkunde".

1818 Die Perlbänke des Indischen Ozeans. Erdkunde, 1. Aufl. Bd. 2, S. 164–165.
1818 Die Balsamgärten von Engaddi und Jericho. Ebd. S. 348–350.
1818 Die Seidenkultur. Ebd. S. 636–643.
1820 Die älteste Perlenfischerei der Kolchier im Golf von Manar. „Die Vorhalle"[12] S. 118–119.
1820 Die Terra Cottas am Pontus. Ebd. S. 231–245.
1832 Der Rhabarber. 2, S. 179–186.
1832 Barnaul, der große Schmelzhof; Concentration der metallurgischen Tätigkeit am Altai. 2; S. 848–856.
1833 Theekultur, -verkehr und -verbrauch, 3; S. 229–256.
1833 Die Shawls – Weberei in Kaschmir. 3; S. 1198–1203.
1835 Malabar. Clima, Monsunverbreitung und Vegetation. 5; S. 791–803.
Wildwachsende Bäume:
Teak S. 803–815.
Sandelholz S. 815–823.
Cassia und Cardamomen. S. 823–827.
Die Plantationen.
Die Palmenarten und Gewürzpflanzen. S. 827–831.
Die Dattelpalme. S. 832–834.
Die Kokospalme S. 834–854.
Die übrigen Palmenarten. S. 854–864.
Die Culturpflanzen: S. 864.
Der Pfeffer und das Pfefferland in Indien. S. 865–875.
Die Pfefferblattrebe (Betel). S. 875.
Pisang oder Banane. S. 875–888.
Die Mango S. 888-894.
Die Fauna in Malabar. S. 894–895.
Der Büffel und das Buckelrind. S. 895–897.
Das Pferd. S. 898–903.
Der Elefant Indiens nach seiner Verbreitungssphäre und seinem Einfluß auf das Leben des Orients. S. 903–923.
1836 Ceylon. Temperatur und Witterung (u. a. „Die Fieberzone") 6; S. 101–107.
Das Mineralreich. Eisen, Edelsteine, Salz. S. 107–112.
Flora und Agricultur. S. 112–123.
Der Zimtbaum. S. 123–142.
Fauna auf und um Ceylon. S. 142–147.
Die Sanga- oder Chankfischerei. S. 157–160.
Perlauster und Perlfischerei. S. 160–180.
1836 Die Nalla-Malla-Ketten, ihr Metallreichtum, ihre Diamantlager. 6; S. 337–343.
1836 Die Diamantlager in Indien. 6; S. 343–368.
1836 Die Carneolgruben der Rajpipleyberge. 6; S. 603–607.
1836 Der Indische Feigenbaum (Ficus indica) und der Buddhabaum (Ficus religiosa). 6; S. 656–688.

[12] RITTER, C.: Die Vorhalle europäischer Völkergeschichten vor Herodotus, um den Kaukasus und an den Gestaden des Pontus. Berlin 1820.

1836 Das Löwen- und das Tigerland in Asien. 6; S. 688–723.
1836 Die Mohnpflanze und die Opiumcultur. 6; S. 773–800.
1836 Die Steinkohlenlager in Bengalen. 6; S. 1218–1222.
1837 Der Ju- (Yu) Stein der Chinesen. 7; S. 380–389.
1838 Die Türkisminen von Nischapur. 8; S. 325–330.
1838 Maulbeerbaum und Seidenzucht in Asien. 8; S. 679–710.
1838 Die Heuschreckenplage der Länder der Alten Welt. Striche und Züge der Wanderheuschrecke. 8; S. 789–815.
1840 Die Cultur des Zuckerrohrs in Asien. 9; S. 230–291.
1841 Die geographische Verbreitung des Zuckerrohrs in der Alten Welt vor dessen Verpflanzung in die Neue Welt. Mit einer Karte[13]. Abhn. Ak.d.Wiss. Berlin, S. 305–412. (Teil I der Abhandlung, S. 305–380, stimmt wörtlich mit der Monographie in „Erdkunde" Bd. 9 überein; neu ist Teil II, S. 380ff, der die Verbreitung nach Westen bis zur Neuen Welt behandelt).
1844 Die asiatische Heimat und Verbreitungssphäre von: (Bd. 11)
Platane S. 511–516.
Ölbaum S. 516–537 (Davon Auszug in den Berichten der Ak. d. Wiss. Berlin 1844), S. 171–181
Feigenbaum S. 537–549.
Granatbaum S. 549–561.
Pistacie S. 561–567.
Cypresse S. 567–582.
1846 Der arabische Weihrauch und verwandte Spezies in Afrika, Persien und Indien. 12; S. 356–372.
1846 Die Perlfischerei in Bahrein. 12; S. 594–599.
1846 Cultur und Gebrauch von Cât oder Káad in Jemen. 12; S. 795–798.
1847 Die geographische Verbreitung einiger charakteristischer arabischer Produkte. 13; S. 533–858.
Der Kaffeebaum nach seiner wilden wie Culturheimat in den verschiedenen Stationen sowie die Einführung des Kaffeetranks im Orient und Occident. S. 535–608.Vergl. dazu auch Auszug in Berichte der Ak. d. Wiss. Berlin 1846, S. 237–238.
Das Kamel in der Alten Welt. S. 609–759.
Die geographische Verbreitung der Dattelpalme. S. 760–858[13a].
1847 Die geographische Verbreitung von Kameel und Dattelpalme.
Berichte der Ak.d.Wiss. Berlin S. 8–14.

[13] Engelmann, Gerh.: Carl Ritters Produktenkarten 1800–1836. Internationales Jahrbuch für Kartographie, VI. 1966, S. 41–45, hat diese Karte in Ritters Handzeichnung gefunden und teilreporduziert, hielt sie aber für nicht veröffentlicht.

[13a] Zu diesen beiden letzten Monographien gibt es eine „Karte der geographischen Verbreitung des Kameels zu Ritters Erdkunde Band XIII, S. 609–858 nach einer Handzeichnung von Carl Ritter vermehrt mit der geographischen Verbreitung der Dattelpalme Phönix Dactilifera durch J. M. Ziegler". Ohne Jahr und Maßstab. Top.Anstalt von J. Wurster und Comp. in Winterthur. In Commission bei Dietrich Reimer, Berlin. – Diese Afrika südlich des Äquators abschneidende Karte und auch andere Karten Ritters in seinen Atlanten zu Afrika und Asien sind sehr viel reicher an tier- und pflanzengeographischen, ethnographischen, geologischen, wirtschaftsgeographischen, reisegeschichtlichen u. a. Daten, als ihre Titel und ein kurzer Blick auf sie vermuten lassen. Sie harren immer noch der bibliographischen Erfassung und der Analyse ihres Inhalts.

1848 Die Gummi-Acacie und das arabische Gummi. 14; S. 334–342.

1848 Die zurückgebrachten Produkte der Ophir-Fahrt und ihre fragliche Heimat. 14; S. 395–431.

1848 Die Manna auf der Sinai-Halbinsel und in anderen Regionen der Erde. 14; S. 665–695.

1850 Die Verbreitung der Dattelpalme in geographischer und ethnographischer Beziehung sowie über ihre älteste Cultur. Monatsberichte über die Verhandlungen der Ges. f. Erdkunde Berlin. N. F. VI, S. 92–100.

1852 Über die geographische Verbreitung der Baumwolle und ihr Verhältnis zur Industrie der Völker alter und neuer Zeit. Erster Abschnitt. Antiquarischer Theil. Abhn. Ak.d.Wiss. Berlin S. 297–359. (Den offenbar geplanten Teil 2 gibt es wohl nicht). Auszug in Berichte der Ak. d. Wiss. Berlin 1851, S. 659–664.

1852 Die Purpurmuschel und ihre Fischerei. 16; S. 610–612.

1854 Die tyrische Purpurmuschel und die Purpurfärberei der Alten und im Mittelalter. 17/I; S. 371–379.

1854 Der Maulbeerbaum nach Herkommen und Einführung zur Seidenzucht in Syrien. 17/I; S. 481–499.

1854 Die Cedern auf dem Libanon. 17/I; S. 632–649.

1858 Die Ziegen- und Schafherden und ihre Hirten im galatischen Hochland, zumal die Zucht der Angoraziegen. 18; S. 505–520.

1858 Geographische Verbreitung von Crocus sativus und der Safrankultur. 18; S. 736-741.

1858 Die Tunfischerei von Sinope und im Pontus. 18; S. 794–796.

Diese Fülle unterschiedlicher und z. T. sehr umfänglich bearbeiteter Themen gibt wohl einen ersten Eindruck vom Reichtum der Ritterschen „Erdkunde“. Und es sind ja nicht die einzigen; man kann das ganze Werk als eine Folge aufeinander abgestimmter und untereinander verbundener Monographien auffassen. Es sei nur an die hydrographischen über die Flüsse und Seen, die siedlungsgeographischen über Städte, Residenzen, Klöster, Wallfahrtsorte und -räume und an die verkehrsgeographischen erinnert. Kein Geograph vor ihm hat so eindringlich die überragende Bedeutung der Wege gewürdigt, auf denen Menschen ihre Güter, die Kenntnis ihrer Techniken, Ideen jeder Art, also u. a. auch Haustiere und Kulturpflanzen in die Ferne tragen und diese dadurch verändern, auf denen aber auch Tod und Vernichtung ziehen und blühende Gebiete verwüsten können. Wo der anregende Verkehr ganz oder doch fast ganz fehlt, Gebiete ganz auf sich selbst angewiesen sind, wie Australien oder die Südspitzen der Südkontinente, herrscht physische und geistige Armut. Das völlig isolierte Australien ist bar aller Haustiere und Kulturpflanzen und jeder höheren Kultur und wird so zu einem „Schlüssel“ der Geographie. Den „Kontrast“ (eins seiner Lieblingsworte) dazu bilden die auf der Nordhalbkugel breit ausladenden Landmassen der Alten Welt.

Was ist nun der Sinn aller dieser und insbesondere der produktenkundlichen Monographien? Als Ritter 1816 den ersten abgeschlossenen Band seiner „Erdkunde“ in Berlin zunächst dem Verlag der Nicolaischen Buchhandlung anbot, in der sein Bruder tätig war, wies ihn deren Besitzer Parthey ab. „Der Mann scheint vor der ganzen Idee zurückgeschrocken zu sein, die ihm als etwas Naturphilosophisches vorgekommen ist“, schrieb er damals seiner Schwester. Erst Dank dem „vollen Beifall von den Naturhistorikern Link und Weiß und von den historischen Kennern Savigny, Woltmann u. a. verlor sich die Bangigkeit“[14], suchte und fand er in Reimer, dem angesehenen Verlag der Schriften Schleiermachers, Niebuhrs u. a., dauernde Aufnahme. Hier rührt man an den Nerv der Dinge. Der uralten Frage nach dem Zusammenhang von Mensch und Erde hatte sich selbstverständlich auch die damals in Deutschland blühende Naturphilosophie angenommen und suchte sie spekulativ zu lösen, wie etwa Henrik Steffens[15]. Ihr wußte sich Ritter eben so fern, wie dem Materialismus, dem die Welt nur ein von Kausalitäten beherrschtes Zufallsgebilde war. Als bis zum Tode frommer und praktizierender Protestant, glaubte er an einen Sinn, an ein göttliches Walten in der Welt. Aber wie es nicht Aufgabe der Religion ist, diesen Sinn in der unermeßlichen Fülle der irdischen Gegebenheiten wissenschaftlich zu ergründen, bestritt er das auch dem Vermögen eines nur spekulativen Denkens. Parthey hatte sich also in ihm geirrt, aber der Verdacht, den eine spätere Zeit zum erwiesenen Vorwurf verdichtete, er sei spekulativer Teleologe gewesen, blieb an ihm hängen.

Produkte sind nach Ritter selbstverständlich alle Artefakte als Erzeugnisse des industriellen Fleißes, überdies alle Schöpfungen der Natur, Lagerstätten, Wildtiere und -pflanzen, also die Naturprodukte, und endlich das von der Natur unter dem pfleglich-steuernden Einfluß des Menschen Hervorgebrachte, also Kulturpflanzen und Haustiere. Sie alle können und müssen Objekte verschiedener Wissenschaften, der Technologie, der Biologie, Geologie, Mineralogie usw. sein oder doch werden. Aber: „nicht die naturhistorische Lehre dieser Organisationen, sondern nur ihre Ansiedlungsweise an eine bestimmte Heimath und die Erforschung des Raumverhältnisses zu dieser Heimath, in den üppigsten Culminationen ihrer Entwicklung, wo sie am gedeihlichsten den höchsten Grad der Vollkommenheit, oder der Menge nach die größte Zahl erreichen, wo sie als herrschende Formen hervortreten, bis zu ihren stufenweisen Verkümmerungen oder Abartungen und dem Verschwinden an den Grenzen dieser natürlichen Verbreitungssphären, wird der Gegenstand der geographischen Darlegung in der Productenkunde sein müssen“ (Einleitung 1852, S. 99/100). Da aber nicht alle Produkte in ihrer „Urheimat“ verharren, sondern teils auf natürliche Weise sich ausbreitend eine neue „Wanderungsheimat“ finden, oder auch „durch gesellige Wanderung mit Menschen und

[14] Kramer, G.: Carl Ritter. Ein Lebensbild nach seinem handschriftlichen Nachlaß. 2 Bde. Halle 1864 und 1870. Hier Bd. I, S. 358.

[15] Plewe, E.: Teleologie und Erdwissenschaften im Rahmen der Naturphilosophie von Heinrich Steffens, Beiträge zur geschichtlichen Landeskunde. R. Oehme-Festschrift. Veröffentlichungen der Kommission für Geschichtliche Landeskunde in Baden-Württemberg. Reihe B, Forschungen, 46. Band. Stuttgart 1968, S. 55–77.

Völkern zu Land und zu Wasser" auf vielfach sehr verwickelten Wegen und aus den unterschiedlichsten Motivationen „eine neue Culturheimat erhielten", ergeben sich daraus die geographischen Probleme der Produktenkunde. Von diesen wanderungsfähigen Produkten sind die „festgewurzelten" eines „lokalen Naturegoismus", also die Lagerstätten zu unterscheiden, die „in der Folge der Zeiten zu merkwürdig anregenden Anziehungspunkten der Begier und Habsucht der Völker oder zu Antrieben höherer Art werden mußten". Bedenkt man überdies, daß alle diese Produkte ja nicht auf einen homo oeconomicus stoßen, sondern auf Menschen in bestimmten Heimaten, die zwischen Kontrasten wie den leeren unermeßlichen Räumen der Wüste und der „alles überwuchernden Fülle" tropischer Wälder zu suchen sind, und daß jede Heimat ganz eigentümlich auf ihre Bewohner wirkt, ohne daß ihnen das bewußt wird, dann sieht man hier sich eine Fülle von Fragen erheben, von denen die alte statistische Geographie keine Ahnung hatte. Das früher und auch noch von ihm in seinem Jugendwerk nur statisch Gesehene und statistisch Festgestellte hatte er jetzt als Prozesse zu verstehen gelernt, die überall auf die „Annalen der Geschichte" zurückzugreifen zwingen. Damit werden die „dinglich erfüllten Räume" zu schwer überschaubaren dynamischen Komplexen, die man nur schrittweise durch Herauslösung und Verfolgung von Einzelproblemen durchleuchten kann. Dem galten seine Monographien, wobei die produktenkundlichen den Vorteil bieten, daß ihre Objekte naturgegeben und damit der subjektiven Deutung weitgehend entzogen sind, an sie gestellte Fragen dem Beobachter oft selbst beantworten.

Ritter hoffte während der Arbeit an den ersten Bänden seines Werks aus seinen Regionalanalysen noch selbst die allgemeingeographischen Teildisziplinen, also eine Klimatologie, eine Pflanzen- und Tiergeographie entwickeln zu können, und daß sich aus dem Ganzen als „spät erst reifende Frucht" eine ihm noch nicht vorstellbare „Universalgeographie" ergeben werde (Einleitung 1852, S. 25), in der seine Kardinalfrage der Lösung wesentlich näher gebracht sein müßte. Sein Werk verstand er aber immer nur als einen Weg zu diesem Ziel, das er mit zunehmendem Alter als ihm unerreichbar erkannte.

Die Durchsicht der oben zusammengestellten Monographien zeigt, daß er keineswegs nur Objekte gewählt hat, wenn auch selbstverständlich vorwiegend solche, „die dem Menschen nützlich sind", denn man wird das vom Löwen und Tiger, den Heuschreckenschwärmen, aber auch von der Platane, der Cypresse, dem Buddhabaum nicht behaupten können. Ritters Frage ist primär nicht die nach der Nützlichkeit eines Objekts, sondern die, ob es Ansätze bietet, Zusammenhänge zwischen Mensch und Natur aufzudecken und damit gleichzeitig zur Charakterisierung des betreffenden Raums und seiner Menschen beizutragen. Vieles hat für den Menschen symbolische Bedeutung gewonnen. Urbilder etwa der Kraft und des Muts sieht diese

Kultur im Löwen, jene im Tiger verkörpert und stellt sie im Kunstwerk dar, das damit aber auch zum geographischen Problem, etwa der einstigen Verbreitung dieser dort meist längst ausgerotteten Tiere, wird. Die wie eine Flamme hochschießende Cypresse war den Feueranbetern heilig und wanderte mit dieser Religion, bis sie, profaniert, nur noch um ihrer Schönheit willen weiterverpflanzt wird. Symbolgestalt war auch die mit ihrer mächtigen Krone Schutz und Schatten bietende in ganz Vorderasien religiös verehrte Platane. Der Zusammenhang zwischen den alles vernichtenden Heuschreckenschwärmen, Raumcharakter und Völkerschicksalen ist offensichtlich; Ritter hat aus einem großen historischen Quellenmaterial für unterschiedliche Gebiete die Häufigkeit und insgesamt die geographischen Grenzen dieser Plage zu bestimmen versucht. In außergewöhnlichen Jahren wie 1748/50 drangen sie in Schwärmen über Polen und Preußen hinweg bis nach Südschweden und in Einzelexemplaren sogar bis nach Schottland vor. Die von ihm in diesem Zusammenhang aufgeworfene Frage der Systematik, ob nämlich alle schwärmenden Heuschrecken der gleichen Spezies angehören, oder ob es nicht doch verschiedene und damit dann vielleicht auch verschiedene Quellgebiete solcher Schwärme gibt, überließ er grundsätzlich dem dafür zuständigen Fachmann.

Mit der Klärung der Objekte ist ein Problemkreis angesprochen, auf den er viel Arbeit und Scharfsinn gewendet hat. Sehr einfach war es z. B. beim Ju-(Yu) Stein der Chinesen (1837). Er kannte ihn unter den verschiedensten Handelsnamen, wußte von seiner Kostbarkeit, aber auch von zweifellos falschen systematischen Einordnungen, mußte aber die Frage, was er eigentlich ist, auf sich beruhen lassen, da seine mineralogische Untersuchung noch fehlte. Von wieder anderen Objekten kannte man nur das gehandelte Produkt, etwa den Zimt, hatte aber von der Ursprungspflanze in den Reisebeschreibungen sehr widersprüchliche Angaben. Gibt es nur eine oder mehrere, und was unterscheidet sie gegebenenfalls? Man stand damals ja erst am Anfang der großen Bestandsaufnahme ferner Länder. Wie wertet man die Literatur richtig aus? Die richtige Übersetzung, die Zuordnung des treffenden Worts zur gemeinten Sache, die Frage nach der Glaubwürdigkeit oder der Sicherheit oder Unsicherheit der Kenntnisse der Autoren bilden insgesamt ein Gestrüpp, durch das sich Ritter in fast jeder dieser Monographien hindurcharbeiten mußte.

Ein von ihm immer besonders energisch verfolgtes Problem ist das nach der Heimat eines Produkts und seiner späteren Verbreitung, also etwa des Zuckerrohrs. Kennt man die Wildpflanze, ist es nur eine oder sind es mehrere, und wo liegt ihr „Paradiesklima“ und damit wohl auch ihre „Urheimat“? Unter welchen Namen ist sie und sind ihre Derivate hier bekannt? Meist sind es in der Urheimat und in ihrer engeren Umgebung deren viele. Unter welchen Namen wird sie verbreitet, und was läßt sich allein schon aus diesen verschiedenen Namen auf den verschiedenen Wegen über den Gang der Ausbreitung schließen? Oft haben ihn solche Untersuchungen zu historischen Ergebnissen geführt, die weit über die ältesten literarischen Quellen hinausweisen. Auf diesen Wegen sind ihm viele gefolgt, als s. Z. wohl nahmhaftester Victor Hehn[16]. Ritter hätte sich von ihm aber nur sehr teilweise und im Grundsätzlichen nicht verstanden und fortgeführt gefunden. Hehns Absicht spricht sich voll im Titel seines Werks aus, zeigt seine ausschließlich auf Europa gewendete und nur kulturhistorische Sicht. Ritter hat die Übertragung z. B. von Kulturpflanzen aus ihrer Heimat stets nach *allen* Richtungen verfolgt, also z. B. die des Zuckerrohrs auch nach Ostasien und der asiatischen Inselwelt hin, „da keineswegs bloß die räumliche Annäherung an *unsere* Civilisation das Maass der gründlichen Betrachtung *aller* Erdräume abgeben kann, ein noch immer herrschendes Vorurteil" (Erdkunde 5, S. VIII). Selbstverständlich verfolgte er interessiert die Wege der „Produkte", aber er wollte damit in erster Linie geographische Räume erfassen und verstehen, und dabei sind Wege in anderer Richtung als nach Europa nicht gleichgültig, in aller Regel sogar wichtiger. Für Wanderungen in jüngerer historischer Zeit schöpft Ritter möglichst alle Quellen aus, etwa für den Kaffee, für den er die „Stationen" seiner Verbreitung als Konsumgut nach N und W, oder für den Tee, dessen beide Wege, den über See und den über Ostasien er genau verfolgt. Setzt man hier in seine Darstellung die heute gängigen Vokabeln wie Innovation, Dispersion, Motivation, Konzentration usw. ein, sieht man, wie erstaunlich modern er seinen Problemen nachgegangen ist. Ganz fehlen sie ihm ja nicht, hat er doch (1832) über die „Concentration" der Hüttenindustrie im Bergbaugebiet des Altai eine eigene Monographie geschrieben. Auch Korrelationen wie etwa die der Verbreitung von Wüste, Dattelpalmen und Kamel und deren Folgen auf die Lebensweise der dortigen Menschen sind sein Fund. Er blieb auch nie beim bloßen Wort, das zur „Larve" werden kann, sondern sah hinter ihm stets das Objekt in seiner vollen Realität, also etwa die Dattelpalme in den Räumen ihrer köstlichsten Früchte und folglich massenhaften Auftretens bis hin zu jener Grenze, an der sie nur noch vereinzelt als bloßer Zierbaum Gärten und Alleen schmückt und als einziges Produkt ihre Wedel für kultische Zwecke hergeben muß. – Ohne die Kenntnis bestimmter Techniken bleibt vieles unverständlich. Ritter ist z. B. dem Problem der Erfindung der Zuckerraffinerie mit einer Akribie nachgegangen, der man heute noch gespannt folgen kann, wobei es gleichgültig ist, ob jedes Wort der späteren Forschung standhalten kann oder nicht; das Grundsätzliche und Wesentliche hat er richtig erfaßt. Er hat wohl auch als erster den Zusammenhang von

[16] HEHN, V.: Kulturpflanzen und Haustiere in ihrem Übergang aus Asien nach Griechenland und Italien sowie in das übrige Europa. Berlin 1870.

Zuckerproduktion, Plantagenwirtschaft und Sklaverei in helles Licht gestellt und darin die späte Anerkennung durch Leo Waibel[17] gefunden.

Eine ganz eigenartige Idee Ritters, der ja nicht nur ein rastlos arbeitender Gelehrter, sondern auch ein Grübler war, ist die der „Begabung". Womit ist ein Individuum, ein Volk, in einem Volk auch etwa ein Stand (z. B. der arabische Apotheker), aber auch eine Pflanze, ein Tier „begabt"? Was steckt verborgen in ihm drin, kann also unter günstigen Umständen aus ihm herausgeholt werden? Alle Kulturpflanzen und Haustiere sind aus solchen „begabten" Naturprodukten entwickelt worden. Für ihn als Geographen stand im Hintergrund aber die große Frage: Haben auch geographische Räume ihre eigene, ihnen eigentümliche Begabung? Wohl immer geht Ritter in seinen Monographien mit dem ersten Wort in medias res, hält sich mit keiner Vorrede auf. Nur seine Abhandlung „Über die geographische Verbreitung der Baumwolle ...", 1852, leitet er mit grundsätzlichen Erörterungen ein, die seine Geosophie enthalten. Demnach ist unserem ganzen Planeten einschließlich jenem Glied, das wir „irrig todte Natur" nennen, „der Charakter eines nicht abgerundeten , festgestellten, sondern eines *fortschreitenden sich fortentwickelnden Organismus* eingeprägt". In diesem Prozeß konnte „jedes einzelne Gewächs vermöge seiner Mitgliedschaft an dem planetarischen Organismus, dem es angehört, je nach der ihm innewohnenden Naturmitgift, und je nach seiner Begabung für das Ganze, auch eine neue Entwicklung eingehen, eine neue Funktion für den Fortschritt des Planeten gewinnen, denn eben in der Entwicklungsfähigkeit seiner Gliederung liegt die Perfectibilität des tellurischen Erdganzen, das, darin, dem menschlichen, durch Leib und Seele bedingten Organismus ganz gleich steht, insofern uns die *Menschenwelt* nur als die *Beseelung der Naturwelt* erscheint".

An diesem Punkt setzen seine produktenkundlichen Monographien ein, denn „nicht nur die Menschenwelt ist seit dem Anbeginn ihres Daseins eine andere geworden, auch die *Pflanzenwelt*, nur ein Glied des planetarischen Ganzen, mußte gleichfalls eine andere in ihren Entwicklungen und Functionen für dasselbe werden". Nicht voreingenommen, sondern mit größter wissenschaftlicher Redlichkeit verfolgte er aus der unübersehbaren Masse der Pflanzen (wie auch der Tiere und Mineralien) einzelne, und zeigt an ihnen, wie sie als Glieder des Erdorganismus an seiner Entwicklung und Perfektionierung teilnehmen. Der Wege dahin gibt es viele. Manche Naturprodukte veredeln sich unter der Hand des Menschen, bereichern seine materielle Kultur und beflügeln dadurch auch seinen Erfindungs- und Entdeckungsgeist. Andere Naturwesen bleiben sich gleich, regen aber dank der ihnen eigentümlichen

[17] WAIBEL, Leo: Die Wirtschaftsform des tropischen Plantagenbaus. In: Probleme der Landwirtschaftsgeographie, (einziges) Heft 1, Breslau 1933. S. 13-31.

Gaben die religiöse oder ästhetische Phantasie des Menschen an und tragen so, durch den ihnen eigenen „Adel", zur Veredelung des Ganzen bei. So kann dem Planeten, wie er seine Geologie und Archäologie hat, „seine Culturgeschichte nicht abgesprochen werden", die er in seinen Monographien in Teilaspekten erfaßt hat.

Aber nicht diese Culturgeschichte als solche wollte er bieten, sondern sich fragen, „ob es sich nicht der Mühe verlohne, (diese) auch einmal von einer minder beachteten Seite, von dem Gesamtschauplatz ihrer Tätigkeit, nämlich der Oberfläche der Erde aus", zu betrachten. Dann zeigt sich nämlich, daß, wie es unterschiedlich begabte Individuen und Völker, so auch unterschiedlich begabte Räume gibt, in denen sich der Totalcharakter der dinglichen Erfüllung jeweils sehr verschieden ausprägt und auch in seiner Wirkung auf das Ganze sehr unterschiedlich sein kann. Z.B. war Ägypten trotz der außerordentlichen Höhe seiner Kultur ein in sich abgeschlossener Raum ohne eine der Höhe dieser Kultur entsprechenden Wirkung auf das Ganze. Bei sehr ähnlichen Naturbedingungen auf vielen Gebieten hat der linear hingestreckte afrikanische Küstenstreifen des Mittelmeers mit der Wüste in seinem Rücken eine viel ärmere Entwicklung genommen, als das reich gegliederte und allseits zugängliche Gegengestade. Es kontrastieren auf der Erde z. B. Brückenkontinente wie Vorderasien mit Rückzugsgebieten wie den Ceylonischen Gebirgen und völlig abgeschiedenen Erdindividuen wie Australien. Es gibt Räume, die bei ursprünglich verhältnismäßig großer Armut aufnahmefähig geworden sind für eine so außergewöhnliche Menge von Kulturgewächsen der verschiedensten Vegetationszonen, daß sie die großen Gartenbaugebiete der Erde geworden sind, wie der Mittelmeerraum. Im allgemeinen zeigen Gebiete das Höchstmaß ihrer Begabung zur Zeit der höchsten Blüte ihrer Kultur, weshalb Ritter das Schwergewicht ihrer Untersuchung in jene Zeiten legte. Es kann aber auch sein, das just die Armut einem Land und seiner Bevölkerung und von ihnen ausstrahlend der ganzen Erde zu höchstem Segen gereicht. So konnten die Juden im schwer zugänglichen, armen, weder Händler noch Eroberer anlockenden Palästina in der Nähe der damals lebhaftesten Welthandelswege ziemlich ungestört ihren Monotheismus entwickeln und in sich so festigen, daß alle späteren Berührungen mit anderen Völkern und deren Religionen diesen Glauben nicht mehr erschüttern konnten, der zur Wiege hier des Christentums und damit der höchsten Gesittung, dort des Islam und seiner kulturellen Prägekraft wurde. Es genügt also nicht, etwa eine Kulturpflanze nur auf den Wegen ihrer Verbreitung zu verfolgen, man muß sie immer auch als Glied in ihrer neuen Heimat sehen, in der sie in ein anderes Spiel von Wechselwirkungen eintreten kann. Der in seiner indischen Heimat niemandem schadende, nur nützliche, aber leicht verderbliche Sirup wandelt sich auf seinem Weg durch den Orient zum Kristallzucker, wird zum vielbegehrten

Welthandelsgut, vernichtet auf seinem Siegeszug nach Westen Völker und Kulturen und reißt Millionen Neger auf einen neuen Kontinent und in Knechtschaft und Sklaverei.

Unausgesprochen und doch immer gesucht liegt Ritters Forschungen die Frage (also nicht etwa die Arbeitshypothese oder gar die Behauptung!) zugrunde, ob auch von den verschiedenen Erdindividuen, also den räumlichen Gliedern des Erdorganismus, eine eigene, nur in langen Zeiträumen wirksam werdende Kraft ausgeht. Lange vor Peschel hat er die Zone der Religionsstifter erkannt; ist sie *nur* Menschenwerk, geschichtlich zu erklären, oder strahlen von diesem orientalischen Raum selbst auf den Menschen Kräfte aus, die seine religiöse Empfänglichkeit anregen? Stellt sich nicht der modernen Wissenschaft, wenn auch auf anderer Ebene, ein ähnliches Problem in den geographisch umrissenen „Genzentren"?

Kritisch wandte er sich gegen die traditionelle Geographie: „Volk, Nation und Land blieben *neben* einander stehen, die Landesgeschichte der Gegenwart fand keine Wurzel in der Vergangenheit, keinen Spiegel in der Natur der Gegenwart. Alles blieb dunkel, oder confus und ohne inneres Leben, ohne *Causalzusammenhang*" (Erdkunde 12, 1846, S. VII/VIII). Eine Fülle von neuen Problemen bieten dieser steril gewordenen Geographie einerseits die ringsum aufblühenden Wissenschaften, andererseits Reisende wie Niebuhr, Humboldt, Chesney und viele andere. Versucht man ihre Beobachtungen, Erkenntnisse und Probleme für eine neu zu gestaltende Geographie fruchtbar zu machen, fängt man also erst zu sehen an, worauf es ankommt, dann stößt man auch in weit älterer Literatur, in der Antike, bei den Arabern usw. auf noch unausgewertete und oft zu unrecht abgewertete aufschlußreiche Quellen, ohne deren Rezeption uns riesige Räume in ihrer Entwicklung absolut verschlossen bleiben.

Ein so großes Programm konnte selbst ein Mann wie er, der sich ein gründliches, urteilsfähiges Wissen in zahlreichen Realwissenschaften angeeignet hatte und aller wichtigen modernen wie der alten Sprachen völlig mächtig war, nicht ohne fremde Hilfe bewältigen. Das gängige Vorurteil, er habe von Naturwissenschaften nichts verstanden, widerlegt schon der obige Themenkatalog seiner Monographien, und auch ein Blick auf die entsprechenden Abteilungen seiner Arbeitsbibliothek[18]. Aber wo seine Untersuchungen die Kenntnis asiatischer oder malaiischer Sprachen erforderten, mußte und durfte er sich auf die stets gern gewährte Hilfe der besten deutschen Spezialisten stützen. In deren üblicher Arbeit blieb „das *specifisch-geographische Feld*, die Lehre der erfüllten Räume und ihre Einwirkung auf den Entwicklungsgang der

[18] Plewe, E.: Die Carl Ritter Bibliothek. Geographische Zeitschrift, Beihefte. Erdkundliches Wissen, Heft 50. Wiesbaden 1978. (Teilnachdruck der Auktionskataloge, Leipzig 1861).

Völkergeschichten dabei meist unberührt, oder erstickte unter dem Ballast philologisch-mythologischer Daten; den dabei gebliebenen Mangel suchte unsere Arbeit als ihre Hauptaufgabe zu verfolgen" (Erdkunde 17/I, S. IX).

Die Produktenkunde, wie Ritter sie verstand, wäre als Wirtschaftsgeographie zu eng gefaßt, ist vielmehr Teil der Kulturgeographie. Herrn Kollegen Schmithüsen sei der Hinweis auf diese Monographien als Gruß dargebracht, weil sie in ihrer Mehrzahl auf der Biogeographie begründet sind, also seinem Arbeitsgebiet, auf dem ihm Ritter näher steht, als man gemeinhin vermutet. Zufällig kann damit aber auch an Ritters 200. Geburtstag, den 7. August 1779 erinnert werden.

SUMMARY

The "Product Monographs" of Carl Ritter in the Context of his Scientific Development

In contrast to the cosmographer A. v. Humboldt, Carl Ritter's intention was to found, consolidate and define geography as an independent science. Carl Ritter developed from a statistically conceived "Staatenkunde" to a causalistic and problem-oriented cultural geography based on physical geography and history. This development is exemplified by some concepts and thoughts in Ritter's "Product Monographs", listed in their entirety for the first time in this article. Some common prejudices concerning Carl Ritter (considering him being ignorant of natural sciences, being a historian and not a geographer and being a teleologist) are being refuted.

Heinrich Barths Habilitation im Urteil von Carl Ritter und August Boeckh

Von

Ernst Plewe

Summary: *Heinrich Barth's Habilitation in the Judgment of Carl Ritter and August Boeckh.* The prejudice that CARL RITTER had failed to interest scientists of the younger generation in his conception of geography, is proved wrong by the example of HEINRICH BARTH. HEINRICH BARTH was originally a scholar of the famous historian for ancient history, AUGUST BOECKH, who awoke his interest in the problems of ancient economic history, under whose guidance he graduated, and who also wanted to lead him to the habilitation he had intended from the beginning. However, under RITTERS influence, BARTH became interested in geography and exploration of terrain. As a result of exploring expeditions throughout many years, he submitted his „Wanderungen durch die Küstenländer des Mittelmeers . . ." (Excursions through the maritime countries of the Mediterraneum) to the philosophical faculty of the University Berlin. In accordance with the nature of this work, the faculty requested RITTER for his expert's opinion and BÖCKH for a second report. These reports of which the originals, written by hand and signed by all professors in ordinary, are kept at the West-German library at Marburg, are quoted in their full wording. As Barth was not successful at lecturing, RITTER, notwithstanding the objections of A. VON HUMBOLDT, paved him the way to take part in the expedition on behalf of the British Government to North and Central Africa from 1849—1855, during which he practised RITTER's conception of geography in the terrain.

Bei der RITTER-Gedächtnisfeier auf dem Deutschen Geographentag 1959 wurde der Wunsch ausgesprochen, die Wissenschaftsgeschichte wolle die starken Impulse, die sie im HUMBOLDT-Jahr erhalten habe, auch der RITTER-Forschung zugute kommen lassen. Denn RITTERS Wirksamkeit in der Akademie, als Professor an der Universität und als langjähriger Mittelpunkt der Gesellschaft für Erdkunde zu Berlin war für die Geographie in mancher Beziehung wohl wichtiger gewesen als die HUMBOLDTS. Aber da er außerhalb der selbstgesteckten engen Grenzen eines stillen Gelehrtendaseins kaum Aufsehen erregte, auch keinen wissenschaftlichen Biographen gefunden hat, blieb er in dessen Schatten. Abgesehen von BITTERLING hat sich niemand mehr um seinen Nachlaß gekümmert, der z. T. im zweiten Weltkrieg verbrannte, z. T. verstreut ist und der Aufnahme und Bearbeitung harrt.

Ein Vorwurf gegen RITTER ist der, daß er in der Geographie keine „Schule" hinterlassen und auch für keinen geeigneten Nachfolger gesorgt habe. Die RITTER-Schule im Zusammenhang zu bearbeiten, wäre eine lohnende Aufgabe, zu der aber bisher alle Vorarbeiten fehlen. Wenn sich nun ein Stück von Belang dazu findet, sollte man es wohl zugänglich machen.

Bei meinem Suchen nach HUMBOLDT-Archivalien für die in Entstehung begriffene HUMBOLDT-Briefsammlung fand ich in der Sammlung Darmstädter (Stichwort „CARL RITTER") der Westdeutschen Bibliothek in Marburg das Gutachten, mit dem RITTER und der berühmte klassische Philologe und Altertumsforscher AUGUST BOECKH HEINRICH BARTH erfolgreich der Philosophischen Fakultät Berlin zur Habilitation empfahlen. Grundlage des Verfahrens war der erste und einzig erschienene Band[1]) von BARTHS: „Wanderungen durch die Küstenländer des Mittelmeeres, ausgeführt in den Jahren 1845, 1846 und 1847", den er in zwei starken, handgeschriebenen Quartbänden vorgelegt hatte.

Nun ist HEINRICH BARTH zwar zweifellos der größte aller deutschen Afrikaforscher, aber auch über ihn schweigt die Geschichte der Geographie. Von Kindheit auf verschlossen und abweisend, ja gelegentlich von verletzender Schroffheit, hatte er offenbar wenig Talent, sich Freunde zu schaffen, oder auch nur eine seinen Leistungen entsprechende Anerkennung zu finden. Bis heute ist die kleine Biographie[2]) seines Schwagers, des Generallieutenants G. VON SCHUBERT, die Hauptquelle geblieben, die ähnlich wie KRAMERS Ritterbiographie auf die wissenschaftliche Würdigung verzichten mußte in der vergeblichen Hoffnung, daß hier die Fachwelt das Fehlende nachholen werde.

Schubert weiß von der Unsicherheit des jungen BARTH, als er 1839 die Universität Berlin bezog und sich hier zunächst nicht zwischen den allgemeinen Altertumswissenschaften und einer geographisch-historischen Fachrichtung entscheiden konnte. Nach einem ersten Studienjahr ging er auf eine Italienreise, kehrte dann wieder nach Berlin zurück und promovierte bei BOECKH mit einer Arbeit über den Handel des alten Korinth. Da er von Anfang an die Hochschullaufbahn anstrebte, wandte er sich, um die drei Jahre bis zur Habilitation zu überbrücken und wissenschaftlich zu nutzen, wieder zurück an die Gestade des Mittelmeeres zu jener Reise, mit deren Teilergebnissen er dann am 20. Oktober 1848 die Dozentur in Berlin erwarb. Aber v. SCHUBERT läßt die Frage offen, ob diese nun endgültig vollzogene Hinwendung zur Geographie auf den Einfluß RITTERS zurückging. Im W. S. 1839/40, also im 1. Semester BARTHS, las RITTER die „Geographie des alten Palästina" und „Geographia universalis" (5 st.). Im S. S. 1840 hat er seine Vorlesungsankündigung auf die Rückkehr von seiner Reise verschoben, sie ist also nicht im Druck festgehalten. Im Winter 1840/41 las er „Geographie des alten Palästina II" und wiederum eine „Geographia universalis" (5 st.). Für das folgende Jahrzehnt fehlen mir bisher leider die Unterlagen. Jedenfalls aber hat BARTH eines der entscheidenden historisch-geographischen Kollegs bei RITTER in einem Jahresturnus gehört und darf außerdem in der allgemeinen Geographie für wohl unterrichtet gelten.

Daß RITTER das Hauptgutachten über BARTHS Habilitationsschrift zugesprochen wurde, zeigt klar, wie die Fakultät BARTHS Leistung und Habilitationsantrag beurteilte, ganz abgesehen davon, daß BARTH selbst in der Einleitung (S. XVI) CARL RITTER als einzigen seinen „verehrten Lehrer" nennt und die vorgelegten Ergebnisse seiner Forschungsreise nur als „Vorarbeit einer umfassenden systematischen Behandlung des ganzen Bassins des Mittelmeeres mit dem gesamten Kreis seiner Gestadeländer in physischer und ethnographisch-geschichtlicher Hinsicht" bezeichnet. BARTH hatte sich also den sehr konkreten Vorschlägen von BOECKH ent-

[1]) HEINRICH BARTH: Wanderungen durch das Punische und Kyrenäische Küstenland oder Mâg'reb, Afrik'îa und Bark'a. Mit einer Karte. Berlin 1849.

[2]) GUSTAV VON SCHUBERT: Heinrich Barth, der Bahnbrecher der deutschen Afrikaforschung. Ein Lebens- und Charakterbild auf Grund ungedruckter Quellen entworfen. Berlin 1897.

zogen, der ihn für die Geschichte gewinnen wollte (SCHUBERT S. 27). Er war ein Geograph RITTERscher Schule geworden, der von dem damals fast Siebzigjährigen nicht mehr erwartete, daß er die versprochene „Erdkunde von Europa“ noch liefern werde, und der sich das Mittelmeergebiet gewählt hatte, um dieses in seines Lehrers Sinne zu erforschen und darzustellen. Für den vorgelegten ersten, historisch-geographischen Teil waren ihm neben der Fülle eigener Beobachtungen seine umfassende Kenntnis der literarischen Quellen des Altertums und der Araber, wie auch eine für die damalige Zeit offenbar unerreichte Interpretationsfähigkeit der baulichen Reste die Grundlage.

Es ist nun sicher nicht ohne Reiz, aus den Gutachten, vor allem von RITTER, aber auch von BOECKH, einen Einblick in die Beurteilung des jungen BARTH zu gewinnen; charakterisieren sich dadurch die Gutachter doch auch selbst. Es kann hier nicht verfolgt werden, wie RITTER die Hypothesen, die er selbst noch in der zweiten Auflage seines „Afrika“ auf Grund von ESTRUP vertreten hatte, nicht einmal mehr für erwähnenswert hält. Es erweisen aber auch BOECKHs konkrete Angaben, z. B. über den 10. und 11. Abschnitt, die in BARTHs Veröffentlichung wohl dem Stoff nach, nicht aber mehr als Kapitel existieren, daß das Manuskript vor der Publikation, offenbar unter dem Eindruck der Kritik der beiden Gutachter, noch gründlich im Sinne einer Raffung bearbeitet worden ist.

Daß BARTH als Privatdozent sofort scheiterte, daß es ihm nicht gelang, die Studierenden zu fesseln, wohl weil er ihnen einen schwer überschaubaren Stoff nicht verständlich darbieten konnte, wird man seinen Lehrern nicht zur Last legen können, klingt aber in RITTERs Gutachten bereits vorsichtig an. Dagegen hat er RITTER geholfen, seine Vorlesungen über die „Geschichte der Erdkunde und der Entdeckungen“ für eine geplante, aber erst nach dessen Tode verwirklichte Veröffentlichung vorzubereiten (SCHUBERT, S. 29), ein Beweis zweifellos sehr enger Zusammenarbeit mit einem sehr geschätzten Schüler. BARTHs Rückzug von der Universität bot dann aber die Möglichkeit, ihm die Teilnahme an der Nord- und Zentral-Afrika-Expedition 1849—1855 zu erwirken, mit der sein Name in die Geschichte eingegangen ist. Hier aber war wiederum die treibende Kraft nach seinem eigenen Zeugnis nicht HUMBOLDT gewesen, sondern RITTER bzw. über RITTER und BUNSEN (nach einer ersten Anregung von A. PETERMANN) die Gesellschaft für Erdkunde zu Berlin, wie aus dem Brief HUMBOLDTs an HEINRICH BERGHAUS vom 4. 1. 1852 hervorgeht[3]). HUMBOLDT hielt nicht viel von einem Forschungsreisenden, der nicht sicher in der geographischen Ortsbestimmung war, und reichte daher BARTHs Begleiter OVERWEG „den Preis“. Hier hatte also doch wohl CARL RITTER mit schärferem Blick aus der Not eine Tugend gemacht und einen hervorragenden Forschungsreisenden und Gelehrten, der auf dem Katheder nicht zur Entfaltung kam, alsbald auf den richtigen Weg gebracht. Das hat BARTH ihm, dem „verehrten Lehrer und Freund“, im Vorwort zum ersten Band seines großen Reisewerks[4]) bestätigt und gedankt.

[3]) Briefwechsel Alexander von Humboldts mit Heinrich Berghaus aus den Jahren 1825 bis 1858. 3 Bde., 2. wohlfeile Jubelausgabe, Jena 1869. Hier besonders Bd. III, S. 204—216. „Der Geographischen Gesellschaft (wie Ritter und Bunsen) gehört der ganze Verdienst der Reise“. (S. 215). Auch VON SCHUBERT, S. 31 ff.

[4]) BARTH, H.: Reisen und Entdeckungen in Nord- und Central-Afrika in den Jahren 1849—1855. Bd. I, Gotha 1857.

Acc. Darmstädter, 1917. 424. Westdeutsche Bibliothek Marburg.

[Gutachten von Carl Ritter und August Boeckh zur Habilitation von Heinrich Barth auf Grund der von diesem vorgelegten „Wanderungen durch die Küstenländer des Mittelmeeres, ausgeführt in den Jahren 1845, 1846 und 1847".]

Die von Herrn Dr. Heinrich Barth eingereichte Arbeit, in zwei Quartbänden, enger Schrift, ist von so großem Umfang, daß es unmöglich ist sie in allen ihren Theilen in kürzester Zeit hinreichend zu prüfen, zumal da sie sich auf einem geographischen Gebiete bewegt, auf dem noch so sehr Vieles sich in einem schwankenden Zustande befindet, und einer genaueren Sundierung der Texten wie einer allseitigen Erforschung der Oberflächen und ihrer Verhältnisse bedürftig ist. Umso anerkennenswerther war ein mehrere Jahre hindurch nicht ohne ernsten Muth, Ausdauer und vielfache Opfer fortgesetztes wissenschaftliches Bestreben, eben auf solchem schlüpfrigem und gefahrvollem Boden, der in seinem Gesamtumfange und inneren Zusammenhange, wissenschaftlich, kaum aufgefaßt und in vielfacher Hinsicht ungemein lückenvoll geblieben war.

Auf ihm neue Anschauungen zu gewinnen, neue Quellen aufzusuchen, aus den einheimischen Monumenten und Localitäten selbst die Tatsachen zu ermitteln, welche zur Critik der Autoren, zum Verständnis ihrer Angaben, wie zur Berichtigung und Erläuterung der herkömmlichen Geschichte des Alterthums maßgebend sein dürften, ist an sich schon so beachtenwerth, daß es Pflicht schien die weitläufige Berichterstattung, deren Verdienst mehr in bunter Weise aufeinanderfolgender Monographien als in Zusammendrängung von Endresultaten, ihrer Natur nach, bestehen mußte, in ihren daher mehr gegenseitig sich erläuternden Richtungen, vollständig, vom Anfang bis zum Ende durchzulesen. Der Gesichtspunkt des Reisenden, die topographischen und antiquarischen Tatsachen zu einer umfassenderen Geschichte des alten Weltverkehrs, in dem schönen und reichen Culturbecken des Mittelländischen Meeres, in Beziehung auf Völkerzüge, Colonisation, Städtebau, Architectur, Industrie, Kunst, geistige Cultur, wie auf Schiffahrts- und Handelsgeschichte insbesondere zu erforschen, ist nicht nur in der wirklichen Umwanderung des ganzen mediterranen Gestadekranzes, von den Säulen des Herakles bis zu dem Nil, den Häfen Phöniciens, den Cilicischen Pässen, dem Thracischen Bosporus, und den Halbinseln Griechenlands, Italiens, Spaniens, nicht selten mit großen Entsagungen, aber mit besonderem Glück durchgeführt, sondern auch die darauf sich beziehende Arbeit ist, soweit sie bis jetzt vorliegt, mit Consequenz in ihren Schranken zusammengehalten. Hieraus konnte denn, bei der gründlichen Vorbereitung zu solchen Untersuchungen, die schon in der früheren Dissertation des Verfassers: Corenthiorum commercii et mercaturae historiae particula sich zeigte, und aus der inhaltreichen Aufgabe selbst, ein derselben entsprechender reicher Schatz von Beobachtungen und theilweisen Ergebnissen hervorgehen, der für eine künftige Ausarbeitung des Hauptthemas nicht ohne den erfreulichsten Einfluß bleiben wird.

Wenn auch dem Reisenden und Berichtgeber, wie dies nicht anders sein konnte, mancher Gegenstand der Beobachtung entschlüpfte und ganz außer dem Wege liegen blieb, wie wir dieß leider in Beziehung auf die speziellen Naturverhältnisse, denn die allgemeineren blieben auch von ihm keineswegs ganz unberücksichtigt, bedauern, da diese doch auch nicht unwichtige und oft recht charakteristische Aufschlüße für Ansiedlung, Handel und Wandel, alter und neuer Zeiten, darbieten, so ist ihm doch noch eine solche Fülle von merkwürdigen örtlichen und monumentalen Verhältnissen entgegengetreten, daß der bezeichnete Mangel, den der Reisende selbst anerkennt, und daher in dieser Beziehung auch frei von hypothetischen Annahmen bleibt, daß die ganze Kraft des Forschenden in Anspruch nahm, und ihm hinsichtlich desselben kein Vorwurf erwachsen kann, wenn schon mancher gelegentliche Wunsch oder manche Erwartung dabei unbefriedigt bleibt. So etwa Auskünfte: über die Gebirgsnatur der inneren karthagischen Landschaften nach geographischen hypsometrischen Verhältnissen, über die Natur der Gewächse, zumal der Waldungen etwa derselben Gebirge, oder auf dem Cyrenaischen Plateau und Berglande, im Gegensatz der Libyschen kontinentalen wie maritimen Niederlande, ferner über die Cultur der Obst-Oliven, Dattelarten, der Bananen, Kornarten u. a.; über die Natur der verschiedenen Wasser und Quellen in Beziehung auf Eigenschaften für Purpurfärbereien der Alten oder Rothfärbereien der Neueren in so bestimmten Localitäten; ferner über die Temperatur der Quellen undso vieler Höhlenwässer, Bassins; über die Seeproducte, die Arten der Schlangen, Insecten wie der Heuschrecken, botanische Beschreibungen von Kräutern, zumal officineller Gewächse, wie des Silphium, Charakteristik der Heerdenthiere, wie des verschiedenen Menschenschlages, der Tribus der Beduinen und Eingeborenen u. a. Aber manche dieser wirklichen Mängel, wie z. B. in bestimmter Angabe der Distanzen, der Orientierungen in gewissen Partien, sind jedoch, vorzüglich, dem großen Verluste des Reisenden bei der Plünderung aller seiner Habe und Journale auf der Cyrenaisch-Libyschen Grenze in der Marmarica zuzuschreiben, welche den Verfasser selbst in wissenschaftlicher Beziehung schmerzlich berühren mußte. So gingen z. B. die mitgenommenen Exemplare des Silphiums zu einer näheren Bestimmung gänzlich verloren wie Anderes was in näherer Beziehung zu seinem Hauptziel die Antiquitäten stand.

Umso überraschender ist es, wie vieles Wichtige dennoch, nach solchem Verluste, zur Mittheilung für die vorliegende Arbeit erhalten blieb, auf demselben weiten Gebiete von Marokkos Gestade, bis zur Ostgrenze der Cyrenais, auf dem ganzen karthagischen Binnenlande, wie dem Syrtischen und Cyrenaischen Küstenlande, auf dessen teilweisen Partien, seit Thom. Shaws classischen Bestrebungen, kein anderer Beobachter eine reichere Ernte eingesammelt hat wie unser Reisender; eine Ernte die noch viel sichtbarer ausgefallen sein würde, wenn seine Tagebücher, Messungen, Zeichnungen, Inscriptionen, antiquarische Sammlungen usw. über diese Theile nicht meist ein Raub der Beduinen geworden wäre.

Unverkennbar bleibt es, daß unser Reisender in Hinsicht classischer Bildung seinen meisten Vorgängern auf denjenigen mediterranen Ländergebieten, von denen hier Fragmente über die Westküste Marokkos, das altkarthagische Reichsgebiet, über Byzacium, die Syrten, die Cyrenais vorliegen, weit überlegen ist, und daher mit weit größerer Besonnenheit, Klarheit und Critik die Erscheinungen der Gegenwart mit denen des Mittelalters und der karthagisch-punischen, der Barcäer und der Ptolemäer-Periode, wie mit der römischen und byzantinischen Zeit zu vergleichen, von ihnen zu sichten und gegenseitig zu erläutern im Stande war. Ihm kommt nicht nur die Vertrautheit mit griechischer und römischer Sprache und Literatur, sondern auch eine hinreichend erworbene Kenntnis des Arabischen nach seinen dortigen localen Redeweisen, die sich nur durch längeren Aufenthalt erwerben ließ, zu statten, sowie seine verlässigen in Italien und Spanien gewonnenen Kunstanschauungen und Studien von Monumenten, um den Styl älterer und späterer Zeiten der verschiedenen Völker in den Mauerkonstructionen und Ornamenten besser beurtheilen zu können. Wenn er, daher, auch allein, auf seine eigene Hand, auszuführen hatte, was vor ihm ganze dazu ausgerüstete Expeditionen, wie die von Falbe, Temple, Della Cella, Bechey, Pacho u. A. vorbereitet hatten: so ist doch das Geleistete, in Beziehung auf jene, doppelt achtungswerth, zumal da den letzteren, wenn schon bei unleugbaren sonstigen Verdiensten, doch fast alle Critik zur Beurtheilung des frühen Alterthums fehlte, sowie eine umfangreichere Einsicht in die Literatur des Mittelmeeres und eine Benutzung der arabischen Geographen, denen unser Reisende nicht wenig lehrreiche Aufschlüße, auch über die älteren Zustände und ihre Übergänge zu neueren Zeiten, verdankt. Alle diese Hülfsmittel nahm er sehr umsichtig, in gedrängter, einfacher, anspruchsloser Weise, jedoch in scharfer Auffassung und Durchdringung so mancher Widersprüche und Unbestimmtheiten auf, um die Wahrheit zur Sicherheit auszumitteln, und wo dieses nicht in seinen Kräften lag, scheut er sich nicht, dieses auch zur Belehrung seiner Nachfolger offen anzuerkennen. Die große Fülle von Tatsachen die ihm zu ermitteln oblag bewahrte ihn vor aller unnützen Weitläuftigkeit, und vor überflüssigem Prunk der Rede, die darum keineswegs an gewichtigen Stellen des schönen und tiefen Eindrucks entbehrt, welcher aus der würdigen Entfaltung der Gegenstände selbst hervorgeht und der ernsten Begeisterung, wie diese z. B. aus der gehaltvollen Untersuchung über das Heiligthum des Apollo in Cyrene hervortritt, aus dem Nachweis der Karthagischen Herrscherzeit u. A. m.

Gehen wir in die einzelnen Abtheilungen der Vorlage ein, so sieht man es dem ersten Abschnitt: Die Küstenreise im altklassischen Küstenlande von Magreb el aksa wohl an, daß der Reisende, hier, noch Neuling auf ganz fremdem Gebiete seine Vorschule zu machen hatte. Doch ist seine erste Wanderung von Tandjah, Tingis, auf dem antiken Gebiete des Herrschenden Antäus, an dessen colossalem Tumulus vorüber, den man wol untersucht wünschte, zum Promont. Solve, Spartel, nicht ohne Interesse wegen der Felsgrotte des Melkarth, in welche die Woge des atlantischen Ozeans immer tiefer hereinbricht. Weiter südwärts am jetzt verödeten Gestade alter punischer Handelsstationen, die in Hannons Periplus schon aufgezählt sind, glückte es ihm, bei Larasch, am schiffbaren Lukhosstrom, etwas landein, die längst vergessenen und überwachsenen Ruinen der alten Lix, der karthagischen Hauptcolonie, zu entdecken, ihre Ringmauern von 3 Mill. Umfang zu messen, usw. Der Ansicht, den Lixis Fluß weiter gegen den Süden zu verlegen, können wir jedoch nicht beistimmen, an welchem die Lixiten des Hannonischen Periplus saßen, dem jetzigen Lukhos (Lixo flumini Linx proxima. P. Mela III, 10), ein Name, der vom Reisenden nicht angeführt wird; weil die kleinen Barken, die von Gades auf den Fischfang an den Lixis ausgingen, wohl die südlichere Fahrt den großen Schiffen überlassen mußten, und die Lixiten, welche den Hannonischen Schiffern als punische Dolmetscher für die südlichere Fahrt dienen sollten, ihre Wohnsitze nur in der nördlicheren Nähe karthagischer Handelsstationen, nicht erst in weiter äthiopischer Ferne gehabt haben können.

Auf karthagischem Gebiete wird, gleich anfangs, das Verhältnis von Tunis, der λευκὸς Τύνης, der ursprünglichen Tanith, als Artemision, im Verhältnis zu Karthagos Lage erwogen, und der Erforschung auf diesem Gebiete ein dreimonathlicher Aufenthalt gewidmet, durch welchen der Reisende hier ganz einheimisch geworden zu sein scheint. Daher seine Forschungen, in denen er Falbe's und Dureau de la Malles Hauptansichten folgt, ohne, der seit den genaueren Aufnahmen unhaltbar gewordenen Hypothesen Estrups zu erwähnen, hier, sehr ins Einzelne gehen, die Angaben seiner Vorgänger vielfach bestätigend, berichtigend widerlegend. Wäre eine genauere Orientierung nach der Boußole gegeben, so würden wir nicht anstehen diese Untersuchung und Darstellung der alten Stadtanlage für die vollkommenste zu halten, die wir bis jetzt besitzen; jedoch ohne die Aufnahme von Falbe's Plan möchte sie bei zu unbestimmter Angabe so vieler sich schneidenden Winkel, durchkreuzenden Linien und Richtungen kaum verständlich sein. Es wäre daher die berichtigende Ausarbeitung eines topographischen Ruinen-Plans von Karthago, nach des Reisenden Untersuchung, mit Benützung seiner Aufnahmen, höchst wünschenswerth gewesen, was auch, gewiß, ohne den Verlust des geraubten Materiales in der Absicht des Berichterstatters lag. Dann würde die Ursache deutlicher hervortreten, warum er von Falbe's Ansicht der Stadtmauern abweicht, die er einer falschen Orientierung derselben bei Appian zuschreibt, Dann würde die normale Breite des Isthmus, welcher die Stadt vom Festland abschnitt und nach Falbe's Plan heutzutag wirklich von S. nach N. an 14 bis 15000 Fuß, d. i. die verlangten 25 Stadien beträgt, sich in Beziehung auf seine jüngere und ältere Erweiterung, durch Anschwemmung des Bagradas, näher ermitteln lassen; durch geologische Untersuchung der Alluvionen, die der Verf. selbst wünschte, da er der Ansicht wurde, daß die älteste Katharda wirklich auf einer oder zwei Inseln gelegen, und der Isthmus erst später sich gebildet habe. Diese Annahme würde jedoch, uns eines Herodotischen Ausdrucks zu bedienen, einen gewaltig arbeitenden Strom in dem Bagradas voraussetzen, um ein so mächtiges Schuttland aufzuwerfen, wozu die Natur des jetzigen Medjerdah, wie uns scheint, kaum berechtigen dürfte, falls er auch in den Urzeiten solches angebahnt haben könnte.

Sehr besonnen bleibt der Verf. dabei stehen, daß die Richtung der dreifachen Landmauer im Einzelnen nicht mehr mit Gewißheit nachzuweisen sei; desto bestimmter und lehrreicher geht er, dagegen, auf die Fixierung der Einzelheiten der römischen Carthago in ihrer lange dauernden Unbegrenztheit, wenn schon sie nur einen kleinen Theil der Punischen Karchedon einnahmen, nach Monumenten auf den überdauernden, grandiosen Grundlagen jener ein, die er nicht blos aus den Architekturen und Bodenbeschaffenheiten, sondern auch, mit vielem Glück, wie es uns scheint nachweiset, aus dem nachmaligen Göttercult, der trotz des Priesterfluchs der auf diesem Boden der todfeindlichen Punier lastenden Verwünschungen, eine mehr democratische Carthago im politischen Gegensatz aus dem Grabe der Punischen Karchedonia durch die folgende aristocratische und Consulenperiode hervorblühen ließ. Nach seiner Untersuchung trat, nämlich, in der Nova Carthago, der Cult der Coelestis an die Stelle der Tanith, des Saturnus an die des Moloch und des Aesculap an die des Esmun, deren Orakelorte, nach wie vor, die alte punische Zeit bis in die byzantinische hinein überlebten. In dem großartigen Ruinenfelde in welchem das allergrößte Gebau der ganzen Landschaft in Trümmern sich erhebt, die man für eine Art Kloster gehalten, die der Verf., vielleicht, für einen Tempel der Coelestis hält, das aber Abu Obeid Bekri djummas oder humas nannte, wäre es vielleicht erlaubt die Bezeugung eines Gymnasium angedeutet zu finden.

Dem Einwurfe gegen die in der That merkwürdige Beschränktheit der auf die beiden noch vorhandenen Wasserbassins gegründeten Lage der beiden karthagischen Häfen, an der Südseite der Stadt, die als ein Entscheidungspunct für die ganze städtische Topographie anzusehen sei, begegnet der Reisende mit der allgemeinen Bemerkung, daß die Nautik der alten Völker in der vormakedonischen Zeit, überhaupt, gegen die später ungemein erweiterte Nautik, nur mit einem kleinen Maßstabe zu messen, und für ihre Schiffe jene Größe der Häfen genügend gewesen sei. Insbesondere, aber, da jener Karthagische Kriegshafen doch nur 220 Schiffsdocken enthielt, die Zahl ihrer Schiffe aber schon im ersten punischen Kriege die Tausend überstieg, daß die Kriegs- und Handelsflotten die meist auswärts beschäftigt waren auch in anderen Puncten ihrer Hafenstationen großenteils verteilt lagen, wie dies aus vielen historischen Zeugnissen hervorgehe. Wirklich sind die regelmäßigen Quai Fundamente in theilweisen Quadermauern des südlichen der beiden Bassins, des Kauffahrdeihafens, noch sichtbar genug, der für kleine Handelskraft jener Zeit, für 300 bis 400 Schiffe großer und kleiner Art geräumig erschiene; die Wiederentdeckung von Wasserbauten der Carthager in anderen ihrer Häfen, wie in den Syrten, zumal im ältesten Stadtviertel der von Sidoniern erbauten Leptis magna, bestätigten die hinreichende Größe des nördlichen Hafenbeckens, des Kothon, im alten Karthago, für die Zahl ihrer 220 Schiffsdocken. Zu Lebda, dem heutigen östlichen Theile der Leptis magna, deren westliche Hälfte von den Sandbänken der Syrte so mit Sand überdeckt ist, daß ihre hohen Palläste zum Theil nur noch in ihren oberen Spitzen über die schneeweißen Dünen hervorragen, entdeckte der Reisende unter vielen anderen großartigen Uferbauten noch zwei vollkommen erhaltene lange Dockengewölbe vom schönsten Quaderwerk der ältesten Zeit, die ihm die Maße zur Beurtheilung und Berechnung der Schiffsdocken des Kothon darboten. —

Begleitet man den Reisenden durch das ganze Karthagische Ländergebiet, nordwärts nach Utica und Hippo-Zarytos (Benzert), oder an den ganzen östlichen Gestadesaum umher, von der Insel Malta, dem Hermaeum Prom. (Cap Bone), durch zahllose Küstenorte südwärts über Hadrumet (Susa), Tapsus (Cap Dimas), Taphrura (Sfakes) und Tacape (Kabes) bis zur Südgrenze an der kleinen Syrte, ad Emporia, und zur Lothophagen Insel Meninx (jetzt, die noch immer paradiesische el Djerbi, wo noch in später Byzantiner Zeit Kaiserliche Procuratoren den Purpurfärbereien vorstanden); oder, folgt man ihm durch die Mitte des Karthagischen Gebirgs- und Binnen-Landes, am Bagrada Strome (jetzt Medjerda) aufwärts, über Toburbum (Teburba), Colonia Bisica Lucana (Testur), Tibbur (Tebursuk), Sicca Veneria (Kef) bis zu den cyclopenartigen, antiken, einheimischen, noch räthselhaften Monumenten der ältesten Punierzeit (weil sie einige Analogie mit denen des Hadjar Cham auf Malta zeigen), falls sie nicht Autochthonen oder Libyern selbst angehören, und von da ostwärts zu den Necropolen des centralen Gebirgslandes nach Tucca Therebinthina (Muader), wo die Monumente Trajans, Verrius, Nervius u. A. stehen, oder zu denen des Djebbel Trozza bis zu dem Vicus Augusti (später Kiruan), über Thysdra (Ledjem, der Heimath Gordians, wo sein mächtiges Amphitheater das später der Heroin Kahina Königin der Berbern gegen die Araber zur Residenz und Festung diente), und zu den Syrten zurück — überall wird man, auch nach Shaw, Falk, W. Temple, ganz neue Belehrung, Entdeckung, Beobachtung, Vervollständigung und Erweiterung des früher Bekannten erfahren. Und doch sind wir noch nicht über die Hälfte der vorliegenden Arbeit vorgerückt, von der die zweite Hälfte vielleicht die inhaltreichste ist. Wenigstens enthält die nächste Syrtenreise von Tripoli bis Bengasi, auf einer so selten durchwanderten Uferstrecke, auf welcher Della Cella fast nur der einzige Vorgänger genannt zu werden verdient, einen großen Schatz neuer Entdeckungen und Bestimmungen, wie jener Küstenstrich eine veränderte Physiognomie, in Beziehung auf das höhere Alterthum, da hier Beecheys marine Aufnahme zwar vortrefflich ist, der übrige Theil aber vieles zu wünschen übrig läßt, was die Localität des Landes betrifft.

Wollten wir in gleicher Weise wie die Carthagische auch die Cyrenaische Reise charakterisieren, so würden wir weit das hier gesteckte Maaß überschreiten, da diese vielleicht die anziehendsten Beobachtungen und Untersuchungen zur Würdigung des Landes und seiner antiken Colonisatoren enthält, weil dieser Reisende der erste ist, der mit classischer Bildung ausgerüstet, die unendliche Fülle ihrer Monumente erforscht hat. Die nordöstliche Seite der Cyrenais ist durch seine Entdekkungen vorzüglich bereichert worden; sie zeigt, daß hier noch ein großes belohnendes Feld zur Erforschung für alten Weltverkehr vorliegt.

Die vorliegenden Daten enthalten wol schon überwiegende Beweise, wenigstens meiner Überzeugung nach, denen sicher die Bearbeitungen der noch übrigen Rundreise entsprechen werden, daß der Verfasser das geographisch-antiquarische Studium für die Wissenschaft neu zu gestalten und tiefer zu begründen nicht ermangeln werde, wenn ihm die Gelegenheit dazu geboten und Laufbahn eröffnet wird, wozu ich meine volle Zustimmung zu geben sehr bereit bin.

Berlin, d. 23sten Juli 1848 C. Ritter

Nach Durchsicht des obigen Gutachtens des Hn. Ritter habe auch ich mich zwar in dem ganzen vorliegenden Werke orientiert, glaube jedoch nicht, daß es nöthig sei, das Ganze Wort für Wort ebenfalls durchzulesen, um ein sicheres und gewissenhaftes Urtheil darüber abzugeben. Indessen habe ich dies vom 8ten Abschnitt (S. 198) an gelesen, und sowohl in diesem als im 9ten das günstige Urtheil des Hn. Ritter bestätigt gefunden. In antiquarisch-topographischer Rücksicht scheint mir in diesen Parthien besonders das über Meninx, Sabratha und Leptis Magna Gesagte von nicht geringem Belang. Vorzüglich habe ich mir jedoch den Theil des Werkes von der Cyrenaika (10ter Abschnitt, S. 269ff. und Abschnitt 11) zur Beurtheilung ausersehen. Ich hebe die bedeutendsten Puncte heraus, von welchen der Verf. handelt: Hesperiden oder Berenike, Adriane, Taucheira, Ptolemais, Bosko, Balakrai, endlich Kyrene selbst und die Hafenstadt Apollonia nebst Umgegend. Ich habe überall gefunden, daß der Verf. die heutige Beschaffenheit und Zustände des Landes genau auffaßt, die Localitäten deutlich beschreibt, besonders alle Beziehungen auf Handel und Schiffahrt gut hervorhebt, ohne dabei das auf die Bodencultur Bezügliche zu vernachlässigen; daß es ferner die historischen Quellen, sowohl die aus dem klassischen Althertum als auch die Arabischen, studiert und die darin enthaltenen Nachrichten, selbst die Mythen, mit seinen Anschauungen glücklich zu verbinden gewußt hat. In der Betrachtung der Ruinen zeigt er eine besondere Kenntnis der verschiedenen Bauarten, welche auf der Vergleichung der von ihm in den verschiedenen Ländern gemachten Beobachtungen beruht (man sehe z. B. seine Bemerkungen über die Mauern von Taucheira, S. 214). Allerdings ist nicht alles, was er sagt, neu; aber während er gegen seine Vorgänger anerkennend ist, berichtigt er sie vielfach. Die Form der Reisebeschreibung ist der Übersicht der Hauptergebnisse, besonders der neuen, nicht besonders günstig; aber sie giebt der Darstellung Leben, und man folgt dem Verf. mit Theilnahme, auch bei den kleineren Begebnissen der Reise. S. 244 bezieht sich der Verf. auf einen Abschnitt über die alte Geographie der (großen) Syrte; dieser ist in dem vorliegenden Hefte nicht enthalten: Die Ergebnisse für die alte Geographie werden am besten in solchen Beilagen zusammengestellt werden, und es wäre zu wünschen gewesen, daß der Verf. Einiges der Art mit vorgelegt hätte. Da der Verf. seiner Papiere beraubt worden ist, so fehlen auch topographische Pläne, die man besonders bei Kyrene vermißt. Aber das Verdienst des Verf. liegt überhaupt nicht in dem Topographischen, welches ich allerdings auch für das am wenigsten Wissenschaftliche im Gebiete der Erdkunde halte, sondern vielmehr in der Verbindung der Localbetrachtung mit dem Geschichtlichen sowohl im Einzelnen als in Beziehung auf Cultur und Civilisation im Allgemeinen, und zwar nicht bloß der alterthümlichen, griechischen und römischen und barbarischen, sondern auch der gesammten Späteren. Hierdurch erweist sich der Verf. als einen Gelehrten, der vermöge seines weiten Gesichtskreises als Lehrer der Geschichte und Geographie vortheilhaft zu wirken im Stande sein wird, und ich stimme daher unbedingt für seine Zulassung zur Habilitation.

Berlin, d. 4ten August 1848 Boeckh

KARL THEODOR ANDREE

20.X.1808 - 10.VII.1875

Von Ernst Plewe, Heidelberg

Man weiß es: zwar wurde die moderne wissenschaftliche Geographie von ihren "Klassikern", A.v. Humboldt und C. Ritter, begründet, aber jener konnte und dieser wollte offenbar keine "Schule" bilden, so daß sie eigentlich erst seit Peschels Berufung nach Leipzig 1871 eine kontinuierliche Entwicklung nahm. Es ist demnach nur konsequent, wenn nach Thomale [2] "der gegenwärtige geographiegeschichtliche Konsens, die Anfänge der Anthropogeographie in der gleichlautenden Schrift von Ratzel zu erkennen, ... historisch zu Recht bestehen" kann, ihr Geburtsjahr also auf 1882 festgelegt wird.

Aber darf man die Geschichte einer Wissenschaft so einseitig von ihrer Vertretung an den Hochschulen her sehen und werten? Ist es nicht vielleicht sogar im Gegenteil möglich, daß der notwendige und erfolgreiche Universitätsbetrieb das früher in weiten Kreisen eines weltoffenen Bürgertums verbreitete geographische Interesse gelähmt hat und einschlafen ließ? In diesem Sinne aufschlußreich ist Wilhelm Engelmanns "Bibliotheca Geographica. Ein Verzeichnis der seit Mitte des 18. Jahrhunderts bis zu Ende des Jahres 1856 in Deutschland erschienenen Werke über Geographie und Reisen", 1857 (Reprint Amsterdam 1965), denn es enthält auf seinen 1150 Textseiten, von wenigen Ausnahmen abgesehen, kein an den Universitäten entstandenes Schrifttum, sondern nur Veröffentlichungen, die sich selbst ihren Markt suchen mußten, nicht an ihm vorbeigeschrieben werden durften. Von den meisten ihrer Autoren weiß man heute nichts mehr; man kennt sie nicht einmal mehr als "veraltet". Ohne daß sie aber schon "historisches" Interesse gewonnen hätten, schweben sie im Fegefeuer zwischen Tod und Auferstehung. Daß aber mancher einer Untersuchung wert ist, hat jüngst erst Pfeifer [3] an J.G. Kohl überzeugend nachgewiesen. Anspruchsloser sei hier an Karl Andree erinnert, bei dessen Nennung man schon auf bezeichnende Irrtümer stoßen kann: manche halten ihn mit Andree-Heiderich-Siegers bekannter "Geographie des Welthandels" für den Zeitgenossen und Mitarbeiter der beiden letzten, andere für den Schöpfer von Andree's "Allgemeiner Handatlas" 1881, der aber sein Sohn Richard (1835-1912) gewesen ist.

Karl Theodor Andree wurde am 20. August 1808 in Braunschweig geboren. Auch er hatte seine "Schulprobleme". Mit vier Jahren aufs Gymnasium geschickt, durchlief er es rasch und sicher mit 15 Jahren und mußte daher die beiden Primen, sich jetzt ausschließlich den alten Sprachen bis zu deren völliger Beherrschung widmend, repetieren, ehe er 1826 mit 17 Jahren in Jena zum Studium der Geschichte und Staatswissenschaften immatrikuliert werden konnte. Hier schloß er sich zwei liberalen Professoren, dem Philosophen Fries und dem Historiker Luden, und über diese der Burschenschaft an, ohne zu ahnen, wie das seinen weiteren Weg bestimmen sollte. 1827 wechselte er für ein Semester nach Berlin, wo er Boeckh, Ranke, C. Ritter, Gans, Hegel, Raumer, Schleiermacher und A. v. Humboldts Vorträge hörte. Von diesem sagte er anläßlich der Feier seines 100. Geburtstages im Verein für Erdkunde zu Dresden: "Und nun der Zauber seiner mündlichen Rede! Es war, als ob man den alten Nestor hörte, von dessen Lippen ja die Rede süßer als Honig floß! Wer, gleich mir, das Glück gehabt hat, Humboldts Vorträge über physikalische Geographie zu hören, dem ging ein neues Leben auf, der erhielt Antriebe, die nie erlöschen können. Der Vortrag war lebhaft, spannend, wunderbar ergreifend; ganz im Gegensatz zu dem seines Freundes Karl Ritter, der langsam, methodisch und wenig um die ästhetische Form bekümmert seinen Gegenstand erörterte" (1 c, S. 290). Im Semester 1828/29 in Göttingen, wo er Heeren und Otfr. Müller hörte, gefiel ihm das studentische Treiben so wenig, daß er nach Jena zurückkehrte. Hier gab die Pariser Juli-Revolution von 1839 dem ungewöhnlich redebegabten und am Aktuellen interessierten Studenten Gelegenheit, auf dem Markt fortlaufend viel besuchte Vorträge über das Zeitgeschehen zu halten. Im Herbst d.J. promovierte er zum Dr. phil. Über die bisher unbekannten Umstände dieser Promotion (1 d, S. 4) verdanke ich Herrn Dr. Wahl, Universitätsarchiv Jena, folgende wertvolle Auskunft vom 18.8.1976:

"Zu Ihrer Anfrage nach der Jenaer Promotion von Carl Theodor Andree können wir Ihnen mitteilen, daß sich sein Sohn bei der Angabe des Datums (19.9.1830) sicher auf das lateinische Doktordiplom gestützt hat, welches hier als Abdruck in den Akten der Philosophischen Fakultät vorhanden ist. Entgegen dem üblichen Verfahren wird darin nicht das Thema der Dissertation genannt.

Das hat folgende Bewandtnis: Andree wandte sich am 18. Sept. 1830 mit einem Promotionsgesuch an den Dekan der Philosophischen Fakultät und bat darum, ihm die Doktorwürde ohne voraufgehendes Examen zu verleihen, da er wegen der Unruhen, die sich in seiner Heimat ereignet hätten, sofort nach Braunschweig abreisen müsse. Da nach dem Statut der Fakultät die Erteilung der Doktorwürde ohne voraufgehendes Examen möglich war, stimmte die Fakultät dem Ansuchen des Kandidaten zu. Allerdings mußte er neben dem Nachweis der vollendeten akademischen Studien und diversen Sittenzeugnissen noch eine Abhandlung in lateinischer Sprache vorlegen. Noch am gleichen Tag reichte er den Anfang einer lateinischen Abhandlung (8 Seiten) ein und versprach, die gesamte Abhandlung der Fakultät später vorzulegen. Die betreffende Schrift hat keinen Titel, wird aber auf einem separaten Bogen bei der Beglaubigung der Autorschaft von Andree als "Abhandlung de stata urbis Athenarum ect" bezeichnet.

Der Fakultät genügten die eingereichten Unterlagen, so daß Andree bereits am folgenden Tag zum Dr. phil. promoviert wurde, worüber das gedruckte Diplom Auskunft gibt. Ausschlaggebend waren dafür die besonderen Umstände seiner bevorstehenden Abreise. Der eingereichte Anfang der Abhandlung dürfte unter den gegebenen Umständen erst am 18. Sept. in wenigen Stunden niedergeschrieben worden sein. Einen "Doktorvater" hat es in dem heute üblichen Sinne nicht gegeben. Die Abhandlung ist, da es nicht notwendig wurde, demnach niemals vollendet worden. Als Ergebnis der Fakultät ist in den Akten nur festgehalten, daß er auf Grund der eingereichten Nachweise ohne Examen die Doktorwürde der Philosophischen Fakultät verliehen bekommt." So unbürokratisch und rasch konnten einst deutsche Universitäten verfahren, wenn, wie bei Andree, kein Zweifel an der Befähigung eines Studenten bestand.

In Braunschweig bereitete er sich, wohl unterrichtet in Geschichte, Geographie, Volkswirtschaftslehre, Statistik und Völkerrecht, auf eine in Tübingen erstrebte Dozentur vor und übersetzte und bearbeitete Malte-Brun's und Chodzko's "Polen in geographischer, geschichtlicher und culturhistorischer Hinsicht" 1831. In Tübingen lernte er das südwestdeutsche Kleinbauerntum, tief erschüttert durch Gespräche mit nach Amerika Auswandernden, kennen, und wurde auch im täglichen Umgang mit Franz Grund in die Umstände des Lebens in Amerika eingeführt. Seine ihm sicher bewilligte Habilitation verstellte er sich aber selbst durch die Unterzeichnung einer Protestation schwäbischer Oppositioneller. Er kehrte nach Braunschweig zurück, übersetzte Suetonius Tranquillus, 5 Bände Stuttgart 1834 (mehrfach aufgelegt) und Balbi's "Handbuch der politischen Erdbeschreibung" 2 Bde 1834/35, dieses allerdings für deutsche Interessen erheblich umgearbeitet. Dieses wiederum befähigte ihn zu einem "Lehrbuch der allgemeinen Erdkunde für höhere Gymnasial- und Realklassen" (1836), in dem er eine Stärkung des lebensnahen Unterrichts unter Zurückschneidung des übertriebenen philologischen forderte, und in dessen Kapitel "Kulturgeographie" er schon viele erst in seinem späten Hauptwerk ausgeführte Gedanken andeutet. Vorwiegend warf er sich hier aber auf ein vertiefstes Studium der nordamerikanischen Verhältnisse im weitesten Umfang, korrespondierte mit Murat und übersetzte dessen "Briefe über die moralischen und politischen Zustände der

Vereinigten Staaten von Nordamerika" (1833). 1834 heiratete er. Versuche angesehener Bürger, ihm am Collegium Carolinum eine seinen Gaben entsprechende Stellung zu verschaffen, scheiterten an einer üblen politischen Denunziation, deren völlige Haltlosigkeit zwar 1838 gerichtlich erwiesen wurde, ihn aber bewog, auf jede Staatsstellung zu verzichten und freier Schriftsteller zu werden, ein Entschluß, den er nie bedauert hat.

1837 hatte er sich in Leipzig, dem literarischen Zentrum Deutschlands, "eine gute Position" geschaffen, als ihn die "Mainzer Zeitung" in ihre Redaktion berief, der Beginn seiner glänzenden Laufbahn als unabhängiger, keiner Partei oder auch staatswissenschaftlichen Schule angehörender Journalist, die einer Untersuchung von zuständiger Seite wert wäre. Er war nicht "stramm deutschnational", wie sein Sohn Richard behauptet hat. Er war national im Sinne seines Lieblingsbuchs, Jahn's "Deutsches Volkstum" (1810), und liberal, verurteilte z.B. den von einer Erlanger Invasion erzwungenen Ausschluß von Juden und Katholiken aus der Jenenser Burschenschaft als intolerant. In Mainz kämpfte er erfolgreich für ein neues Nationalbewußtsein gegen die dort noch sehr starken französischen Tendenzen. 1842 nach Karlsruhe an die "Oberdeutsche Zeitung" berufen, stellte er sich gegen Bürokratie und Opposition für die Wahrung der Bürgerrechte. Ein Jahr später Chefredakteur an der größten rheinischen, der "Kölnischen Zeitung", interessierten ihn, wie schon in Karlsruhe, vorwiegend Industrieprobleme. 1846 wechselte er an die "Bremer Zeitung", wo er sich vorwiegend maritimen Fragen, dem Seeverkehr und Seehandel, sowie wieder amerikanischen Problemen zuwandte. Anträge mehrerer Wahlbezirke, für sie ins Frankfurter Parlament zu gehen, lehnte er ab, gab diesem keine Zukunft, hielt sich als freier Journalist für wirksamer. Verstimmungen ließen ihn 1848 nach Braunschweig an die "Deutsche Reichszeitung" wechseln, wo er u.a. sein "Nordamerika in geographischen und geschichtlichen Umrissen" (1851) schrieb, worin er einleitend A. v. Humboldt und C. Ritter "für ihre rege Teilnahme und stets bereitwillige und liebevolle Unterstützung" und H.W. Dove für die Überlassung seiner neuesten Klimatabellen dankte, Zeugnis seiner wissenschaftlichen Kontakte, für die uns andere Quellen vorläufig noch fehlen. Das Werk fand allseits und gerade auch in Amerika eine so günstige Aufnahme, daß es fast unverändert, aber vermehrt um einen Atlasband von H. Lange, 1854 in 2. Auflage erschien. 1851 nach Bremen zurückberufen, gründete er das rasch zu Ansehen gebrachte "Bremer Handelsblatt" und setzte seine Amerikastudien in 5 Bänden seines "Westland. Magazin zur Kunde amerikanischer Verhältnisse" (1852) fort. Anträge, die Werke seines Freundes Friedrich List herauszugeben, die ihn nach Süddeutschland zurückgeführt hätten, lehnte er ebenso ab, wie in leitender Position als Wirtschaftspolitiker nach Wien zu gehen, dies wohl ein Erfolg seiner weitblickenden handelspolitischen Aufsätze, auch in der "Augsburger Allgemeinen Zeitung" und in der "Triester Zeitung". Als ihn Bremer Gegner des Zollvereins aber zu Konzessionen zwingen wollten, verließ er 1853 sowohl Bremen, als auch den Journalistenberuf. Ihn hielt die zermürbende Tagesfron unter einer willkürlichen Zensur und zwischen widerstreitenden Parteien zu stark von seinem eigentlichen Interesse, der wissenschaftlichen Publizistik, ab, der er fortan in Sachsen mit Wohnsitz meist in Dresden, zeitweise auch in Leipzig, nachging. Er leitete diese letzte Epoche seines Lebens mit einer Reise nach Italien mit seinem Freund Berthold Auerbach ein, übrigens die einzige, von der wir wissen, obwohl versichert wird, er habe fast ganz Europa aus eigener Anschauung gekannt.

Anerkennung fand der international durch viele Ehrenmitgliedschaften Ausgezeichnete immer wieder; das eben gegründete Organ der Gesellschaft für Erdkunde zu Berlin, die "Zeitschrift für allgemeine Erdkunde", nahm ihn 1853 in ihren Mitherausgeberstab auf, in dem er bis Band 15 (1860) blieb, auch wählte ihn die Republik Chile in Würdigung seiner amerikanischen Arbeiten 1858 zum Konsul für Sachsen. Einen wesentlichen Beitrag zur Erwachsenenbildung und Herausführung der Deutschen aus der Enge ihres Blickfelds sah Andree seit jeher in der Herausgabe von Reisebeschreibungen in hauptsächlich auf ihren im weitesten Sinne anthropogeographischen Ertrag komprimierten billigen Volksausgaben, d.h. in Sammlungen und "Bibliotheken", die er teils selbst gründete, teils mit herausgab. Es sind zu nennen: Reisen durch Nordamerika bis zur Mündung des Großen Fischflusses in den Jahren 1833-1835 von Kapitän G. Back, 1836; Die Afrikanische Wüste und das Land der Schwarzen am oberen Nil, nach d'Escayrac de Lauture, 1855; Wanderungen durch die Mongolei nach Thibet. Von Huc und Gabet. 1855; Wanderungen durch das chinesische Reich. Von Huc und Gabet. 1855, 2. Aufl. 1867; E.G. Sqier: Die Staaten von Central-Amerika, insbesondere Honduras, San Salvador und die Moskitoküste, 1856; Burtons Reisen nach Medina und Mekka und in das Somaliland nach Härrär in Ostafrika, 1861; Burtons und Spekes Wanderungen nach Fuga im Lande Usambara, ihre Reise von Zanzibar bis zum Tanganyika-See und Speke's Zug vom Kazeh in Unyamwesi bis zum Nyanza-See, 1861; Krapf und Rebmann im ostafrikanischen Küstenlande, 1861. Freier in der Bearbeitung sind: Südafrika und Madagaskar, geschildert durch die neuesten Entdeckungsreisenden, namentlich Livingstone und Ellis, Leipzig 1859, XVIII, 416 S. (Mir liegt aus Carl B. Lorck's Hausbibliothek, Bd. 64, ein Band XI, 224 S., Leipzig 1869 vor, nicht aber jener erste, Bibliographien entnommen); Deutsche Reisende der neuern Zeit, erster Theil. Allg.

deutsche Bürgerbibliothek, herausgegeben von K. Andree und August Lewald, XXXV. Band, Karlsruhe 1843 (In dem mir vorliegenden unvollständigen Bändchen der U.B. Heidelberg ist noch ein dritter Halbband angekündigt, doch scheint nach Engelmanns Bibliotheca Geographica S. 100 nur der erste Teil erschienen zu sein). Hier zeigt Andree nach einer weitergreifenden Einführung von 24 Seiten am Beispiel Nordasiens, daß Deutschland als Heimat wissenschaftlicher Reisender nicht hinter England und Frankreich zurückbleibt. Verstreute Aufsätze ohne Angabe eines etwaigen früheren Erscheinungsorts hat Andree in den zwei Bänden "Geographische Wanderungen" Dresden 1859 gesammelt. Neben den völkerpsychologischen Aufsätzen über "England und die Engländer" und "Frankreich und die Franzosen", in welchem seine seit seiner Kindheit datierende Abneigung gegen die damalige Besatzungsmacht im "Königreich Westfalen" zum Ausdruck kommt, widmet sich der größte Teil amerikanischen Problemen, doch kommen auch Themen wie "Der Kanal von Suez in geographischer, commercieller und handelspolitischer Bedeutung" (Leipziger Zeitung, Wiss. Beilage, Herbst 1856), "Die Euphratbahn", "Die Russen und die Engländer in Innerasien", "Das Erwachen der Südsee" und "Die afrikanische Republik Liberia und die Farbigen in den Vereinigten Staaten von Nordamerika" zur Sprache. Ihnen kann man noch beifügen die "Umwandlungen im Weltverkehr der Neuzeit: Auswanderung und Schifffahrt; Colonialwaren, Colonialarbeiter, Sklaven". Deutsche Vierteljahrsschrift, Stuttgart und Augsburg, J.G. Cotta 1855, S. 285-352 und 1856, S. 209-244 (dieser zweite Aufsatz ist, wie die meisten dieser Vierteljahrsschrift, nicht signiert). Man sieht, es sind durchweg aktuelle Themen, zu denen Andree hier nicht mit viel Wenn und Aber, sondern in klarer und unmißverständlicher Darlegung seiner Ansichten Stellung nimmt. Dem gleichen Ziel, der interessanten und jedermann verständlichen Information der deutschen Öffentlichkeit gelten noch zwei weitere Publikationen:

"Der Globus. Illustrierte Zeitschrift für Länder- und Völkerkunde. Chronik der Reisen und Geographische Zeitschrift". Bibliograph. Institut Hildburghausen 1862 ff, eine Zeitschrift, die anfangs mit dem französischen "Le Tour du Monde, nouveau journal des voyages" vertraglich verbunden war. Ihr Plan, "im Kreise des gebildeten Publikums Theilnahme für die Länder- und Völkerkunde anzuregen und wach zu halten", gelang, denn schon nach einem Jahr zählte sie trotz kritischer Beurteilung (z.B. Pet. Mittn.) 4 000 Abonnenten und konnte zunehmend namhafte Autoren gewinnen. Andree hat sie bis zu seinem Tod geführt und 28 Bände herausgebracht.

Das anerkannte Hauptwerk Andrees aber ist seine "Geographie des Welthandels. Mit geschichtlichen Erläuterungen", Bd. I, 668 S., J. Engelhorn, Stuttgart 1867, Bd. II, 975 S., Stuttgart 1872. Der 3. Band in 3 Teilen 1877 enthält in rein statistischer Behandlung Europa von verschiedenen Autoren, zeigt aber keinen Hauch mehr vom Geiste Andree's. Auch hier ist schon das Erscheinungsjahr fraglich. Richard Andree schreibt, Band I "erschien 1867", wundert sich aber, daß das Vorwort "im September 1861" abgezeichnet ist (1 d, S. 11). Des Rätsels Lösung ist, wie Besprechungen z.B. in Pet. Mittn. beweisen, daß er in Lieferungen spätestens ab 1862 erschien und 1867 nur abgeschlossen wurde, was bei so turbulenter Entwicklung in einem so auf aktuelle Information zielenden Werk (vergl. z.B. 441!) nicht gleichgültig ist. "Ich fand in keiner Literatur einen Anlehnungspunkt oder ein Vorbild; der ganze Aufbau und die Behandlungsweise des Stoffes gehören mir ... Ich habe aus den Quellen gearbeitet . . . Es kam darauf an, sich von der Masse des Stoffes nicht erdrücken zu lassen, sondern sie frei und geistig zu beherrschen" (Bd. II, S. VI). Schon die Rezensionen der ersten Lieferungen bestätigen Andree, daß er hiermit die Handels- bzw. Wirtschaftsgeographie auf völlig neue Grundlagen gestellt hatte. Band I würden wir heute als eine allgemeine, Band II als eine regionale oder länderkundliche Wirtschaftsgeographie bezeichnen. Das Originelle liegt in Band I, in den er Dinge zog, "welche in der Handelsgeographie bisher nicht berücksichtigt wurden", aber unentbehrlich sind, "um das Leben und die Bewegung des Weltverkehrs zu veranschaulichen": Den Kaufmann und den Handelsbetrieb, den Dolmetscher und die Handelssprachen, Märkte und Messen, den Karawanenhandel in aller Welt, die Krankheiten und ihren Einfluß auf den Handelsverkehr, den Schiffsbau und die Gefahren der Schiffahrt, den Seeraub, Meeresströmungen und Winde, die Stellung der Ozeane im Seeverkehr, und endlich die geographische Verbreitung der wichtigsten Handelsgüter.

Andree war kein Theoretiker, mißtraute in jener Zeit sich überstürzender Innovationen, der frühen Seekabel und Überlandtelegraphen, des oft noch erfolgreich bestandenen Wettlaufs der Klipper mit den Überseedampfern, der Diskussion um Suez- und Panamakanal, des allen Angriffen zum Trotz richtig vorausgesagten "Riesen in der Wiege", der Zuckerrübe, des seiner Ansicht nach von beiden Seiten, vor allem der Ideologen, her falsch geführten Kampfs um die Sklavenbefreiung, den wie Pilze aufwachsenden neuen Lagerstätten u.v.a. Theorien, denen jeder Tag den Boden unter den Füßen entzog. Er hielt sich an die führenden Männer der Wirtschaft, aber nicht jene, die nicht über den Tellerrand ihrer Betriebe hinwegsehen konnten, sondern an jene, die ein Gefühl für die Auflösung der Partikularwirtschaften in dem jetzt erst mächtig heranwachsenden Weltverkehr hatten und daraus die Folgerungen zogen. "Alle Culturvölker beider Erdhalben nehmen an ihm thätigen Antheil, während die weniger entwickelten Nationen mehr oder weniger gleichfalls berührt werden. Denn der

Blutumlauf in diesem Weltverkehr ist rascher, die Pulsschläge sind voller und kräftiger als je zuvor. Die Dampfschifffahrt ist auch oceanisch, die Eisenbahn und der Telegraph sind intercontinental geworden. Eine Gemeinschaft der Belange erstreckt sich über alle Handelsplätze der Erde und verbindet sie; der Schlag, welcher eine Gegend trifft, wirkt elektrisch auf alle anderen; das Jahr 1857 mit seiner Krisis hat uns den ungeheuern Umfang dieser Solidarität klar gemacht" (I, S. 7). "Vor der Seele dieses Wahrschauers (seines Freundes Fr. List) standen solche Ergebnisse, und sein Auge blitzte, ... wenn er im eifrigen Gespräch sie voraus verkündete. Mir bleibt ein Sommertag des Jahres 1837 unvergeßlich, an welchem er vor mir, dem jungen Manne, ein Gemälde der wirtschaftlichen Zukunft aufrollte. Wahrhaftig, es hat mich in späteren Tagen oftmals durchbebt, wenn ich an diese Prophezeiungen jenes Tages gedachte" (I, S. 8). Es ist also selbstverständlich, daß er Wirtschaft und Handel "physiologisch" zu erfassen und darzustellen versuchte, der damals die Darstellung beherrschenden Statistik nur eine untergeordnete, das Verständnis unterstützende Rolle zuwies. Eine Wirtschaft physiologisch erfassen heißt für ihn, sie auf historischer Grundlage aus ihren völkerkundlichen und völkerpsychologischen Gegebenheiten, selbstverständlich unter Einbeziehung der naturgeographischen Grundlagen zu verstehen. Er vermied also grundsätzlich den Fehler, die Wirtschaft der Welt nur von europäischer Warte her zu sehen, erkannte z.B., daß insbesondere Chinesen und Japaner "trotz unserem Dampf und unseren Maschinen uns in vielen Dingen entschieden überlegen sind" (I, S. 551). Die Neger hielt er für intellektuell kaum entwickelbar, sah aber auch die europäische Kultur in einem tragischen Konflikt, denn auch abgesehen von rüdesten und absolut unentschuldbaren Verbrechen, etwa in der Unterwerfung der Neuen Welt, ist sie "unbarmherzig, auch wo sie das Gegentheil sein möchte. Viele Völker anderer Rassen sind ausser Stande, sie auch nur theilweise zu ertragen, geschweige denn sie in sich aufzunehmen. Für solche ist selbst die Sorgfalt, welche man ihnen widmet, gleichbedeutend mit allmählicher Vernichtung" (I, S. 241).

Stand Andree Theorien, also dem "Modellbau", skeptisch gegenüber, hatte er doch andererseits die Gabe, bisher isoliert Gesehenes in übergeordneten Begriffen zusammenzufassen und es von dieser höheren Warte her wiederum zu differenzieren. So verstand er etwa unter "Karawanen" nicht nur die allseits bekannten typischen Asiens und Nordafrikas, sondern u.a. auch die Trekzüge der Buren, die Karrenzüge in der Pampa, die "Bootskarawanen" der Pelzjäger im nördlichen Amerika u.a. Er sah, daß Eisenbahn und Ozeanschiff ihr altes Monopol brachen, alte Bahnen veröden ließen, sie auf neuen Wegen zu Zubringern neuer Märkte, nämlich von Häfen und Bahnstationen herabdrückten, eine gewaltige Revolution im Handelsverkehr. Aber er erkannte auch, daß die Karawanen abseits der modernen Verkehrsmittel, also im Regional- und Lokalverkehr, ihre Bedeutung behielten, also in der Analyse nicht vernachlässigt werden dürfen. In gleicher Linie liegen etwa Bemerkungen wie: "Die Physiognomie des Lebens in den neuen Goldländern ist in hohem Grade eigenthümlich und ziemlich gleichartig; nur die volksthümlichen und klimatischen Unterschiede bedingen einige Abweichungen" (I, S. 547), oder seine Antwort auf die oft gestellte aber "an sich müßige Frage, ob Gold oder Kohle wichtiger seien: Gold repräsentiert Werth, Kohle produciert ihn" (I, S. 527).

Es sind dies nur einige herausgegriffene Gedanken aus einem Werk, das weniger wissenschaftlich, als ein "Lesebuch" sein wollte, aber doch in eminentem Maaße wissenschaftlich ist, und das an einer sehr markanten Grenze stand, einerseits an einer der Wirtschaft selbst, an der es noch lohnte, z.B. transkontinentale Karawanenwege mit ihren Märkten und wechselnden Verkehrsmitteln zu verfolgen, andererseits aber auch des ethischen und politischen Engagements des Autors, der die Welt nicht wertfrei - kausal sich entwickeln sah, sondern überall sein eigenes Urteil in die Waage warf, ein Moment, das gerade diesem Buch eine wohl nie wieder im geographischen Schrifttum erreichte innere Geschlossenheit, eine unverkennbare "Handschrift" verleiht. 1881 hat sein Sohn Richard Band I, praktisch unverändert, in 2. Auflage herausgebracht.

1910 lief dann mit sicherem Gefühl für verlegerische Propaganda anstandslos etwas über die Bühne, was man einen wissenschaftsgeschichtlichen Skandal nennen könnte. Die Verlagsbuchhandlung Heinrich Keller, Frankfurt a.M., forderte Robert Sieger zu einer Neuherausgabe der "Geographie des Welthandels" auf. Dieser zog als Mitredakteur Franz Heiderich und als Mitarbeiter ein Consortium von Geographen heran, die nun ein völlig neues Werk schufen. Das K. Andree Wichtigste, das Verständnis der Wirtschaft vom Menschen her, aus dem weiten Fächer unterschiedlicher Kulturen, kommt laut Vorwort hier, "da in der anthropogeographischen Literatur vielfach erschöpfend abgehandelt", "nur gelegentlich zur Sprache". Hatte Karl Andree stets "Culturlandschaften" im Auge, sehen die neuen Autoren mehr "die aus der Landesnatur herauswachsenden Differenzierungen des Stoffgebiets". So ist also "ein ganz neues Werk entstanden, ... von der ersten bis zur letzten Zeile ganz neu geschrieben", das sicher seiner Zeit "den modernen Anforderungen Rechnung getragen hat", nur Eins nicht verantworten konnte, nämlich den Namen Andree gleichlaufend mit denen der Herausgeber auf das Titelblatt zu setzen, denn mehr als "einige Anregungen" sind von ihm nicht übrig geblieben.

Obige Zeilen können kaum ein Versuch sein, einen so eigenartigen und fruchtbaren Geographen wie Karl Andree auch nur umrißhaft zu skizzieren, wollen nur wieder an ihn erinnern, ihn aus der Verbindung mit Heiderich und Sieger lösen, sein Werk als das hinstellen, was es ist, nämlich nicht "veraltet", sondern eine höchst lebendige Schilderung von Weltwirtschaft und Welthandel im Übergang zum technischen Zeitalter durch einen überragenden Vertreter der Geographie vor deren orthodoxer Konsolidierung. Denn für einen Geographen hat sich dieser Gründer des "Vereins für Erdkunde zu Dresden" (1863) genau so selbstverständlich gehalten, wie jeder spätere auf einer Lehrkanzel. Hettner erzählte mir, daß ihn s.Z. u.a. auch die Vorträge dieses Vereins zur Geographie geführt hätten, daher auch die Enttäuschung des jungen Studenten über ihre so ganz andere, naturwissenschaftliche Behandlung an der Universität. Sein Hauptinteresse galt trotz seinen vielen naturgeographischen Studien immer der Geographie des Menschen, ein offenbar latent weiterwirkender Einfluß des von ihm stets hochgeschätzten Andree. Auch die Anthropogeographie entsprang nicht 1882 dem Haupte des Zeus. Es ließe sich leicht nachweisen, daß Hettners frühe anthropogeographische Studien in Südamerika über den von ihm recht kritisch (1891) gesehenen Ratzel hinweg zurückgriffen auf die Vorstellungen von J.G. Kohl und Karl Andree.

Andree wird uns als stattlicher, hochgewachsener Mann von unangreifbarer Gesundheit geschildert, der schließlich einem Blasenleiden in Bad Wildungen erlag, wo er auch begraben liegt. Er besaß eine umfassende Kenntnis der internationalen Literatur, über die er mit einem ausgeprägten Sinn für klare Gedankengliederung verfügte. Für ihn war es selbstverständlich, das als wissenschaftlich richtig Erkannte interessant und fesselnd an den Leser heranzutragen, und nur entsprechende Mitarbeiter zog er auch an seine Zeitschrift heran, etwa Schweinfurth oder Brehm. Das Wort fehlte ihm, dem gewandten Redner, nie, daher schrieb er seine Texte ohne nachträgliche Korrekturen mit sauberer, klarer Handschrift druckfertig nieder. Nach seinem von der Journalistik her geprägten Verständnis war ihm die Geographie, anders als seinem Lehrer und Anreger Carl Ritter, nicht eine "antiquarische", sondern eine die gegenwärtigen Kulturlandschaften bis in ihre aktuellsten Probleme hinein klärende, sie gegebenenfalls auch kritisierende und Alternativen anbietende Wissenschaft. Aber er war kein Ideologe oder Utopist, versicherte immer wieder, daß dem Einsichtigen oft nur das kleinere Übel zu wählen übrig bleibt, z.B. in der Frage der Sklavenbefreiung, und daß im Endergebnis Philanthropen und Idealisten, die ihre für allgemeingültig gehaltenen Vorstellungen übereilt durchsetzen können, allseits oft mehr Unheil stiften, als harte Geschäftsleute, die sich veränderten Bedingungen zögernder und daher nolens volens eine ruhigere Entwicklung fördernd hätten anpassen müssen. Steht er uns wirklich so weltfern, wie man uns 1910 einreden wollte? Jedenfalls sah ihn seine Zeit hierzulande und weltweit positiver. Er war nicht nur chilenischer Konsul (1858-

1869), sondern auch Ehrenmitglied der naturforschenden und geographischen Gesellschaft Vargasia zu Caracas, der ökonomischen Gesellschaft zu Dresden; corr. Mitglied der k.k. Geograph. Ges. Wien, der Naturforschenden Gesellschaft in der Wetterau, der Tael=en letterkundig Genootschap zu Brüssel, der Ethnological Society in New York, der Sociedad de los amigos de la historia natural del Rio de la Plata zu Buenos Ayres, der Historical Society zu New York und der Naturforschenden Gesellschaft zu Emden, und natürlich Ehrenpräsident seiner Gesellschaft für Erdkunde zu Dresden. Die Heuglin-Zeil'sche und die Österreichische Nordpolarexpedition haben 1870 und 1874 je eine der von ihnen entdeckten Inseln im Nordpolarmeer nach ihm benannt.

1) Biographische Quellen sind:
   a) Andree, Karl: Erinnerungen eines alten Jenensers. Gartenlaube, Leipzig 1858, S. 474/79, 491-496.
   b) Steger, Fr.: Karl Andree. Ergänzungs-Conversationslexikon der neuesten Zeit auf das Jahr 1858/59, 14. Bd. oder N.F. Bd. 7, 1859, herausgegeben von Fr. Steger, Leipzig-Meißen, S. 791-800.
   c) (Andree, Richard): Karl Andree. Globus, Illustrierte Zeitschrift für Länder- und Völkerkunde, begründet von Karl Andree, hersgg. von Richard Kiepert. Bd. 28, 1875, S- 289-293; 305-308; 321-324. Als Verf. dieses anonym erschienenen Aufsatzes gibt sich R.A. zu erkennen in:
   d) Andree, Richard: Karl Andree geb. 20. Okt. 1808, gest. 10. August 1875: In: Karl Andree's Geographie des Welthandels vollständig neu bearbeitet von einer Anzahl von Fachmännern und herausgegeben von Heiderich, F. und Sieger, R. Frankfurt/M. 1910, Bd. I, S. 1-11.
   e) Schramm-MacDonald, H.: Karl Andree, Leipziger Illustrierte Zeitung vom 18. Sept. 1875, S. 212-214.
   f) Hantzsch, V.: Andree, Karl Theodor. Allgemeine Deutsche Biographie, Bd. 46, 1902, S. 12-15.
   g) Drygalski, E. v.: Karl Andree. Neue Deutsche Biographie.
2) Thomale, E.: Sozialgeographie. Eine disziplingeschichtliche Untersuchung zur Entwicklung der Anthropogeographie. Marburger Geographische Schriften, Heft 53. Marburg 1972, S. 20.
3) Pfeifer, G.: ... "man sollte J.G. Kohl nicht vergessen". Westfälische Geographische Studien 33, Festschrift für Wilhelm Müller-Wille. Münster 1976, S. 221-236.

EDUARD HAHN
STUDIEN UND FRAGEN ZU PERSÖNLICHKEIT, WERK UND WIRKUNG

von Ernst Plewe, Heidelberg

Beruf der Wissenschaft ist es, Theorien zu entwickeln und anzuwenden, kritisch ihren Geltungsbereich abzustecken, oder auch sie zu stürzen und durch sich besser bewährende zu ersetzen. Dabei bilden sich Fachsprachen, die mehr sind als nur Verständigungsmittel, denen vielmehr eine von sich aus die Forschung weitertreibende Dynamik innewohnt. Bevor z. B. die Diluvialmorphologie ihr Begriffssystem entwickelte, war etwa Norddeutschland nur ein Hügel- oder Flachland, von dem sich wenig Kennzeichnendes sagen ließ.

Dies vorausgesetzt, wird die Anthropogeographie kaum einen fruchtbareren Theoretiker hervorgebracht haben als Eduard Hahn, dessen Biographie aber merkwürdige Lücken aufweist und über dem und dessen Wirken schon zu Lebzeiten und auch später eine eigenartige Tragik liegt. Als er 1928 als Privatdozent und Titularprofessor der Universität und der Landwirtschaftlichen Hochschule Berlin starb, wurde ihm eine Wirkung bereits nachgesagt oder doch in Aussicht gestellt, die jedenfalls in der Geographie nur teilweise eingetreten und ihr überdies vielfach sogar außer Sicht geraten ist. Schon Engelbrecht (1928) rühmte, daß Hahns Begriffe des Hackbaus und Pflugbaus zwar „unmerklich wissenschaftliches Gemeingut geworden" sind, daß man aber den „Begründer der Theorie fast vergessen" habe, und Hahns Berliner Freund und Kollege W. Vogel (1928a, S. 174) äußerte sich im gleichen Sinne, hoffte aber, daß „je mehr die Geographie den Menschen als gestaltenden Faktor der Erdoberfläche würdigen lernt .... (sie) auch dem genialen Tiefblick des Gelehrten noch besser gerecht werden" wird (Vogel 1928b). A. Vierkandt zeichnete ihn als einen Forscher „voller Selbständigkeit gegenüber den Überlieferungen und den Schulmeinungen .... beherrscht von der Neigung, seine wissenschaftlichen Erkenntnisse anzuwenden auf die sozialen Fragen und Kulturprobleme der Gegenwart" (Vierkandt 1929).

Seither ist ein halbes Jahrhundert vergangen, hat sich die Geographie „dem Menschen als gestaltendem Faktor der Erdoberfläche" so entschieden zugewendet, daß viele in der Sozialgeographie Kern und Krone des Fachs sehen, so daß nunmehr eine Bilanz im Hinblick auf die Wertung dieses genialen Wirtschafts- und Sozialgeographen gezogen werden darf. Aber das Ergebnis ist überraschend. Dankte Hahn noch der Volkswirtschaftslehre als seinem frühesten Parteigänger, beklagte aber, daß die Prähistorie und die Völkerkunde seine Anregungen kaum aufgegriffen, wenn nicht gar verworfen hätten, so zeichnet sich hier der Wandel schon darin ab, daß der Prähistoriker Ernst Wahle in der Neuen Deutschen Biographie seine Würdigung übernommen hat, und daß die jüngsten und positivsten Stellungnahmen von Ethnologen (Berner 1959, Hermann 1959) stammen, während er der Volkswirtschaftslehre völlig aus der Sicht geraten ist (v. Below 1928, Bäthge 1960). Auffallend zurückhaltend verhält sich auch die Geographie. Ihr jüngstes großes Lexikon (Westermann Lexikon 1969, Bd. II) widmet ihm 11 Zeilen und nennt als weiterführende Literatur nur ein Erinnerungswerk von Sven Hedin (Hedin 1939, S. 37), in dem er nur ein Mal genannt, aber auch als „unerschöpflich im Aufstellen neuer Theorien" gründlich mißverstanden wird, denn Hahn hat nur eine, jedoch sehr umfassende Theorie entwickelt. Sieht man vorläufig von Hettner und seiner Schule ab, so hat ihn wohl nur noch Gradmann (1942, S. 114 ff.) seinen Vorstellungen einzuordnen versucht.

Seine Behandlung in der Geschichte der Geographie läßt ihn zum disziplingeschichtlichen Problem werden. Hanno Beck (1973) nennt ihn selbst in seinem weit über den Text und das Literaturverzeichnis hinausgreifenden Forscherverzeichnis nicht. Auch Thomale (1972), der die Geschichte nur der Sozialgeographie unter Einschluß von Autoren verfolgt, die sich selbst kaum als Geographen verstanden haben, hält Hahn in seinem Literaturverzeichnis, das „eine literarische Dokumentation ihres (der Sozialgeographie) inzwischen vorliegenden Forschungsertrags zusammenzustellen" beabsichtigt, nicht für erwähnenswert. Ebenso fehlt er in den Darlegungen von Ernst Winkler (1966), G. Schwarz (1948) oder H. Overbeck (1954), wo man ihn den Themen nach suchen dürfte, und findet sich auch in dem stattlichen Informationsband von Bartels (1970, S. 131 u. 420) sowie bei R. E. Dickinson (1969) – dieser verwechselt ihn auch mit Friedrich Hahn – nur gelegentlich und ohne näheren Hinweis auf seine Bedeutung erwähnt. In jüngerer Zeit hat ihm wohl nur die Disziplingeschichte Amerikas mit Fritz L. Kramer (1967) einen weiterführenden Beitrag gewidmet. Das alles fügt sich nahtlos an A. Pencks Rektoratsrede (1918), die Hahn schweigend übergeht, E. v. Drygalski den einzigen an der Universität habilitierten Richthofenschüler und als Wirtschaftsgeographen nur G. Braun und A. Rühl nennt. Da Hahn als Berliner Privatdozent diese Rede gehört haben dürfte, stellt sich nun doch wohl die Frage, wer er überhaupt und was er in Berlin gewesen ist. Die Antworten hierauf sind verwirrend. Nach E. Banse (1923), dem sich Eugen Wirth (1969, S. XII)[1] anschließt, war er „Privatdozent für Wirtschaftsgeographie", nach Engelbrecht (1928) Wirtschaftsgeograph, nach dem Großen Brockhaus (1929) und Westermanns Lexikon der Geographie Wirtschaftshistoriker, nach Wahle Soziologe und Ethnologe. Honigsheim (1929) würdigt ihn als den Mann, „der als erster aus dem instinkthaften Wissen um die Not seiner Zeit Ethnologe ward", und auch Maurizio (1927), der in seinem Werk ein frühes Programm Hahns verwirklicht hat, zitiert ihn hier mehrfach als Ethnographen. Der Soziologe und Ethnologe Mühlmann (1938, S. 87 f.) preist ihn als den „Begründer der modernen völkerkundlichen Wirtschaftsforschung . . . der zum ersten Mal die menschliche Wirtschaft als etwas Gewachsenes, als *kulturelle Leistung* zu sehen lehrte" (Sperrung d. Mühlmann), während Müller-Armack (1959, z. B. S. 56) seine von ihm positiv beurteilte Theorie zur „frühgeschichtlichen Forschung" stellt. Nach W. Vogel (1928 u. 1931) war er Ethnologe und Geograph und nach Vierkandt (1929) Völker- und Volkskundler und Vorgeschichtler. Diese Liste, die sich leicht verlängern ließe, wie seine interdisziplinär gestaltete Festschrift (Buschan 1917) erkennen läßt, zeigt die außergewöhnliche Weite und Grundsätzlichkeit seiner Forschungen, mit denen sich die verschiedensten Wissenschaften immer noch auseinandersetzen, auch wenn sein Name dabei zuweilen nicht oder auch herabsetzend fällt (Thurnwald, Menghin). Die sich daraus ergebende Frage nach dem Kern seiner Forschungen, von dem aus er in so viele andere Wissenschaften nachhaltig anregend eingegriffen hat, nötigt zu einer knappen Skizze seines Lebensweges.

Eduard Hahn wurde 1856 in Lübeck dem wohl ersten deutschen Konservenfabrikanten als drittes von sechs Kindern geboren, war also fast altersgleich mit Penck und Hettner. Von zarter Gesundheit, kam er erst 1877 zum Medizinstudium, das er bald zugunsten der Naturwissenschaften, insbesondere der Zoologie, aufgab. Er schloß sich in Leipzig dem damals das vakante Ordinariat vertretenden Priv. Doz. William Marshall an, dessen tiergeographische Neigungen sich u. a. in der Bearbeitung des entsprechenden Teils von Berghaus' „Physikalischem Atlas" (1886–1892[2]) niederschlugen[2]. Unter ihm bearbeitete er eine weit verbreitete coprophage Käferart, über die er, weil das damals bei einem Priv. Dozenten noch nicht möglich war, wohl recht zufällig bei Ernst Häckel in Jena 1887 promovierte (Hahn 1887). Dieser relativ späte Start erhielt seine fortan bestimmende Richtung durch die von Marshall vermittelte Bekanntschaft mit F. v. Richthofen, dem sich Hahn eng anschloß und nach seiner Promotion im Herbst 1887 nach Berlin folgte. Seinen dort alsbald gehaltenen Seminarvortrag über die Entstehung und Verbreitung der Haustiere riet ihm Richthofen zur Habilitationsschrift auszubauen, was in zwei Jahren möglich sein müsse, da er „ja viel Literatur ohne Schaden zu sich nehmen" könne, die gut aufgearbeitet sei, so daß „viel Neues dabei nicht herauskommen" werde (Hahn 1915)[2]. Es kam aber ganz anders. Zum einen wurde Hahn als der älteste und gelehrteste bald zum wissenschaftlichen und persönlichen Kristallisationspunkt der sich rasch um Richthofen sammelnden Schüler, dessen filtierenden und fördernden Einfluß dieser stets dankbar anerkannt hat (Tiessen 1933). Zum anderen erwies sich die Literatur in ihren theoretischen Thesen als falsch und in den konkreten Angaben der Reisenden über die elementaren Tatsachen der Wirtschaft der außereuropäischen Völker als so vage und lückenhaft, daß Hahn hier wider Erwarten weitgehend auf Neuland stand. Bevor er seine keineswegs leichte Ernte einbringen konnte, mußte er erst mit seiner hervorragend entwickelten Selbständigkeit und Unvoreingenommenheit bis in die Antike zurückreichende Vorurteile und Irrtümer als solche erkennen und abräumen. Im übrigen auch an beschauliches Arbeiten gewöhnt und, da finanziell unabhängig, auf eine rasche Karriere nicht angewiesen, konnte er erst im Winter 1890/91 Richthofen seine neue Theorie der Wirtschaftsformen, zu der sich seine Haustierstudien unter der Hand entwickelt hatten, unterbreiten (Hahn 1909). 1891 trug er sie an Hand einer Karte der „Culturformen" der Versammlung Deutscher Naturforscher und Ärzte in Halle vor (Hahn 1891a), stellte sie auch im „Ausland" zur Diskussion (Hahn 1891b) und veröffentlichte eine Kurzfassung mit der Karte 1892 in Pet. Mittn. (Hahn 1892). Zum Abschluß seines großen, von Richthofen ungeduldig erwarteten Werks über die „Haustiere" als „eine geographische Studie", in das er die alte Karte übernahm, kam er aber erst im Herbst 1894 (Hahn 1896). Der Verlag veröffentlichte es 1895, aber gegen Hahns Korrektur unter dem Erscheinungsjahr 1896, woraus sich später Prioritätsfragen ergaben (Hahn 1915, S. 249). Die meisten seiner späteren Schriften[3], die über einen sehr weiten Wissenschaftsfächer streuen, galten der Verteidigung und dem Ausbau seiner Theorie sowie ihren theoretischen und praktischen Konsequenzen. Dem opferte er seinen in den Vorarbeiten weit fortgeschrittenen Plan, die Geschichte und Verbreitung auch der Kulturpflanzen analog den „Haustieren" darzustellen.

In verständlicher Zurückstellung des Positiven und eigentlich Mitteilenswerten, seiner in Kürze kaum wiedergebbaren eigenen Theorie, wird Hahn oft nur als der Überwinder der Dreistufentheorie[4] genannt, derzufolge sich der Mensch vom ursprünglichen Fischer und Jäger über die Stufe des Nomaden zum seßhaften Bauern entwickelt hätte. Seine Leistung ist also eine Theorie, nicht etwa eine kulturhistorische Erzählung oder die Kartierung eines auf Idealtypen zurückgeführten geographischen Sachverhalts[5]. „Ich habe aber mit einer großen Theorie zu tun, die mir nur in den dürftigsten Bruchstücken in die Hand gekommen ist, und die ich doch in den großen Zügen wiederherzustellen die Pflicht fühle" (Hahn 1909, S. 102 u. 103). Diese Theorie läßt sich aber nicht, wie oft behauptet, seinem letzten zusammenfassenden Büchlein „Von der Hacke zum Pflug" (1914) entnehmen, das, „für breiteste Kreise" (Vorwort) geschrieben, auf alle Belege verzichtet und auch die sexualwissenschaftlichen Aspekte, die in ihrem Zusammenhang wesentlich sind, und die neben mancher Zustimmung auch starken Widerspruch gefunden hatten, aus naheliegenden Gründen unterdrückt.

Haustiere unterscheiden sich von ihren freilebenden oder auch nur gezähmten Artgenossen durch viele körperliche und seelische Eigenschaften, u. a. dadurch, daß sie sich im *Zusammenleben mit dem Menschen* fortpflanzen und erst in dieser Symbiose jene wirtschaftlich nutzbaren Qualitäten erworben haben und weitervererben, die seither ihren Wert ausmachen. Sieht man von einigen wenigen Tieren ab, die ursprünglich ihren Rudeltrieb (Hund) auf den Menschen übertrugen, sich von seiner sie faszinierenden Feuerstelle (Katze) oder seinen Abfallhaufen (Schwein) nicht vertreiben ließen, die als kranke Tiere alle Scheu vor dem Menschen verlieren (Lama) oder endlich als Kinderspielzeug echte Hausgenossen wurden (Meerschweinchen), und fragt sich nach den Motiven für die wirtschaftlich zunächst ganz unverständliche Inpflegenahme etwa des Wildrinds, des Wildschafs oder der Wildziege und wer hierfür die Voraussetzungen mitbrachte, dann scheidet der Jäger aus. Er hegt nicht, sondern tötet, bestenfalls auswählend und den Wildbestand erhaltend. Ein etwa von ihm aufgenommenes Kalb würde noch am gleichen Tag an Milchmangel eingehen oder andernfalls der nächsten seiner häufigen Notlagen zum Opfer fallen; dem Jäger fehlt also jede Voraussetzung für die Stetigkeit, die für die Herausbildung des Haustiers aus dem Wildtier notwendig ist. Die Einsicht in diese Lücke der Dreistufen-Theorie führte Hahn zur Analyse jener seßhaften Produktivwirtschaft, die im Unterschied zu unserem gewohnten Ackerbau ohne Vieh auskommt, die man bisher kaum beachtet, von der man keinen Begriff und für die man nicht einmal einen Namen, ein kennzeichnendes Wort hatte. Er nannte sie nach dem entwickeltesten ihrer Geräte mangels eines besseren Worts Hackbau, dem er den Grabstock- und den Pflanzstockbau als Varianten zuordnete, sträubte sich aber aus vielen Gründen gegen den Vorschlag des ihm im übrigen zustimmenden Karl Sapper, ihn technisch neutral im Unterschied zu unserem „höheren" als „niederen Ackerbau" zu bezeichnen (Hahn 1910). Er lehnte die darin enthaltene Wertung und Stufung ab, weil sich jede Wirtschaftsform aus primitiven Anfängen zu hoher Vollkommenheit entwickeln kann, sich regional gerade der Hackbau zur intensivsten und ertragreichsten Bodennutzung überhaupt, zum „Gartenbau" (u. a. Südchina, Japan) erhoben hat, und weil überdies der sehr viel ältere Hackbau ungemein viel phantasiereicher und produktiver in der Heranzüchtung von Kulturpflanzen war, als der vermeintlich „höhere", tatsächlich aber in vieler Hinsicht extensivere Pflugbau traditioneller Prägung. Er hielt es auch für grundsätzlich unzulässig und unzweckmäßig, zwei so radikal verschiedene Anbauformen, die als solche aber wieder nur Teile ebenso verschiedener Wirtschafts-, ja Kulturformen sind, terminologisch wieder zu vermengen.

Den klassischen Hackbau als bekannt voraussetzend, sei hier nur der rote Faden der Theorie verfolgt. Hahn sah den Ursprung des Grabstocks in der Hand der Wurzeln grabenden Frau primitivster Kultur, die er nach einem beiläufigen Wort des alten Botanikers Link als „Sammler“ (Hahn 1896, S. 385) bezeichnete. Sieht man von ausgeprägten Jagdkulturen ab, die sich nur unter besonders günstigen Voraussetzungen in begrenzten Räumen entwickeln konnten, so obliegt bei den Sammlern der Frau die Ernährung, die regelmäßige Versorgung der Familie bzw. Horde, zu der der jagende Mann nur im Glücksfall beiträgt. Nur die Frau konnte in Jahrtausenden auch die Kunst entwickeln, durch komplizierte Zubereitungstechniken Nahrungsmittel zu konservieren oder Giftpflanzen genießbar zu machen, entzog also diesen Teil ihres Sammelguts dem schnellen Zugriff der stets hungrigen Männer und sicherte sich hierdurch und durch dessen Verteilung gegen den physisch überlegenen Mann ein wirtschaftliches und soziales Gewicht. Auf sie geht selbstverständlich auch der mehrfach auf der Erde entstandene Anbau zurück, also der Hackbau, in welchem sie ihren alten, funktional bedingten wirtschaftlichen Vorrang mit allen Rechten und Pflichten wahrte. Sie also erfand und trug noch lange die „Arbeit“ (Hahn 1908). Der Mann aber, in dieser Kultur wirtschaftlich fraglos zweitrangig und nur okkupatorisch tätig, entwickelt in ihr die sozialen und öffentlichen Angelegenheiten, die ideelle Kultur: die Religion und ihre Riten, Recht, Politik, Kunst, Sport, Krieg, Handel usw. und die materielle Kultur, soweit sie hiermit zusammenhängt.

Jetzt erst, nachdem Hahn eine in große Tiefen der Prähistorie zurückreichende seßhafte Produktivwirtschaft nachgewiesen und charakterisiert hatte, sah er die Möglichkeit, nach der Entstehung der Haustiere (Hahn 1909, S. 102 u. 103) zu fragen. Wirtschaftlich läßt sich diese, wie erkannt, nicht motivieren, also mußten einmal in menschliche Gefangenschaft und Gewalt geratene Tiere etwas Anderes sein, als Nahrungsvorrat für schlechte Zeiten, der immer wieder verbraucht worden wäre, also nie zu der über viele Generationen anhaltenden Gewöhnung des Tieres an den Menschen geführt hätte, die die Voraussetzung für die Haustierwerdung ist. Das Motiv für diese Tierhaltung sieht er im Religiösen, das den Menschen schon der Sammelkultur, erst recht den der Hackbaukultur in einem uns unvorstellbar hohen Maße beherrscht. Der Einwand, der Mensch jener Kulturen dächte und handle „wie wir“, ist falsch und versperrt jede tiefere Einsicht in ihr Wesen.

Kein Naturphänomen fesselt die Phantasie der Naturvölker so stark wie der Mond. Auf ihn bezieht man seine Zeitaussagen, seinem Wechsel ist u. v. a. die Frau unterworfen. Dieser Gottheit muß selbstverständlich geopfert werden. Sie bedarf aber auch in ihren regelmäßigen (Neumond) und mehr noch in ihren plötzlichen und unerwarteten Notzeiten (Mondfinsternis) der Hilfe, des sie stärkenden Opfers. Dieses kann nur das wegen der Form seiner Hörner dem Mond heilige Rind sein, das daher in stets überschüssiger Zahl in großen Gattern gehalten wurde. Hier fühlten die Tiere sich frei, pflanzten sich fort und gewöhnten sich an den Menschen. Aber auch der Mensch blieb dank dieser Tierhege nicht der gleiche, ein weites Feld der Forschung, auf das Hahn grundsätzlich und mit vielen anregenden Bemerkungen hingewiesen hat. Aus seiner passiven Rolle als Opfer trat das Rind erstmals aktiv heraus in der Prozession als Zugtier des Götterwagens, denn auch der Wagen war vor seiner Profanierung ein sakrales Gerät. Viel später erst gewann man vom Rind die Milch, zunächst als Trankopfer für die Götter, dann stellvertretend für die Priester, und endlich auch seine Arbeitskraft vor dem ebenfalls ursprünglich sakralen Pflug. Wann und wo ein einziges Mal in der Weltgeschichte ein Genie auf die Idee kam, die Hacke umzudrehen und das vom Wagen her bereits bekannte Zugrind davor zu spannen und zu pflügen, wird man nie nachweisen können, jedoch läßt sich hierüber doch manches mit hoher Wahrscheinlichkeit erschließen. Wie schon Richthofen erkannt hatte, sind die ältesten Pflugkulturen an periodisch überschwemmte Flächen im Vorland jahreszeitlich beregneter oder abtauender Gebirge gebunden. Da Ostasien den Pflug aus dem Westen, Ägypten das Rind aus dem Osten erhalten hat, liegt das Ursprungsland zwischen ihnen. In der Wahl zwischen Indusgebiet und Mesopotamien sprechen nach Hahn mehr Gründe für das letzte.

Wie der frühe Wagen, waren auch der Pflug und sein Vorspann zunächst sakral. Jedoch enthielt der Pflug ein zusätzliches gefährliches Moment, die Herausforderung des Zorns des Vegetationsdämons, der Erdgöttin, die mit der Mondgöttin identisch ist. Alles gebärend, aber auch alles verzehrend, spendet sie freiwillig, was der Mensch benötigt. Das aber änderte der Pflug. Er reißt als Phallus gewaltsam den Schoß der Gottheit auf und zwingt sie durch Einsaat zur Erzeugung auch des von ihr nicht Gewollten. Man suchte daher die Tat sichtbar und eindrucksvoll in ihren Dienst zu stellen, indem man ihr die Täter, die Stiere, durch Kastrierung in uralter Weise weihte und überdies noch weitere Fruchtbarkeitsriten für Einsaat und Ernte ersann und befolgte, um das Wohlwollen der Göttin und eine gute Ernte zu beschwören. Selbstverständlich führte der Mann den Pflug. Nach dem Vorbild des Rinds traten bald auch Schaf und Ziege, zunächst auch nur als Opfertiere, in die Wirtschaft ein und als ältestes Transporttier der Esel. Erheblich jünger sind Pferd und Kamel, gefolgt vom letzten der großen Haustiere, dem Ren. Aber trotz jahrtausendealter Nutzung wurde der seelisch offenbar besonders empfindliche Elefant nie zum Haustier.

Von Mesopotamien wurde der Pflugbau (= Ackerbau) in die heute von ihm beherrschten Gebiete der Alten Welt mit einer Gründlichkeit übertragen, die jede Erinnerung an ihre ältere Hackbaukultur ausgelöscht hat, während sich die Vorstellungswelt schon des frühesten Pflugbaus aus antiken Quellen und z. T. bis in die Gegenwart reichenden, wenn auch längst nicht mehr verstandenen Bräuchen aus dem Gesamtgebiet von Irland bis Nordchina rekonstruieren läßt. Hahn schließt daraus, daß sich diese Übertragung als ein mit missionarischem Eifer verfolgter revolutionärer Akt von beispiellosem Tiefgang vollzogen haben müsse, den er mit der Ausbreitung der Bronzekultur in Zusammenhang bringt.

Parallel zum Pflugbau entstand der Nomadismus dadurch, daß die Weidetiere mit der sie hütenden Bevölkerung aus den Fruchtoasen in die benachbarten Steppen verwiesen wurden. Er blieb solange mit dem Esel als einzigem Transporttier eine harmlose, regional begrenzte Randerscheinung, bis er mit Kamel und Pferd Instrumente gewann, die ihn zur Beherrschung des gesamten Trockenraumes zwischen den gemäßigten Breiten und den Tropen, der schließlich gegen ihn errichteten chinesischen Mauer und dem Atlantischen Ozean, zur Entwicklung des transkontinentalen Welthandels wie zu vernichtenden Kriegszügen, aber auch durch Stellung großer Herrscher zur politischen Organisation besiegter seßhafter Völker befähigten. Auch er ist selbstverständlich patriarchalisch, jedoch insofern eine zwar scharf ausgeprägte, aber unselbständige Wirtschaftsform, als er zur Deckung seiner pflanzlichen Nahrung auf seßhafte Produktivkulturen angewiesen blieb. Neben dem Fernnomadismus blieb der ältere enge Halbnomadismus erhalten.

Der berechtigte Zweifel an der für die Theorie nebensächlichen Verknüpfung von Pflugkultur und Bronze, die eine neolithische Viehzucht ausschließen würde, rührt nicht an Hahns Erkenntnis, daß die Verdrängung des Hackbaus durch den Pflugbau für die betroffenen Gebiete eine Revolution von größter Tragweite gewesen ist. In seinem Ursprungsgebiet faßte dieser zusammen: die Technisierung der Landwirtschaft auf entsprechend größeren Betriebsflächen durch die volle Integrierung des Großviehs in die Wirtschaft, und zwar als Arbeitskraft und als Produzent von Milch, Fleisch, Häuten, Wolle, Blut und Dung, die wiederum bestimmte Techniken voraussetzte (Geschirr, Ackergeräte) bzw. zur Folge hatte (Bodenpflege. Rohstoffverarbeitung); die einseitige Konzentration auf den Körnerbau, die Bewässerungswirtschaft und die Betriebsführung durch den Mann, der fortan die Frau auf den Haushalt und den Garten als den Rest des von ihr in die neue Wirtschaftsform herübergeretteten Hackbaus verwies.

Im Zuge seiner Ausbreitung konnte der Pflugbau den einen oder anderen seiner ursprünglichen Bestandteile verlieren. So löste er sich in humiden Gebieten von der Bewässerung, verlor in Ostafrika den Pflug und wurde zum Rindernomadismus, büßte in China seine milchwirtschaftliche und (für das Rind) fleischwirtschaftliche Komponente ein, ersetzte in Nordeuropa das Rind als Zugvieh durch das Pferd. Aber vom Hackbau unterscheidet er sich überall grundsätzlich. Jedoch war er nicht überall und unter allen Umständen die überlegene Wirtschaftsform. Hahn hielt seine Grenze gegen Tropisch-Afrika nicht für klimatisch, sondern durch die Widerstandskraft der in langer Tradition gefestigten Hackbaukultur der Neger bedingt.

Die Katastrophe brachte die weltweite Expansion Europas. Sie löschte die Sammel- und Jagdkulturen Amerikas und Australiens aus, bevor sie erforscht waren. Weniger brutal, aber problemreicher ist die Expansion über Hackbauvölker. Versteht der Europäer dort u. v. a. die ganze andere Rollenverteilung von Mann und Frau nicht, unterstellt er ihnen seine ihm selbstverständlichen pflugbaulichen Vorstellungen, scheitert er mit seinen Zielen oder muß sie, wie regelmäßig geschehen, gewaltsam durchsetzen. Hahn sah hier schon 1893, mitten im europäischen Kolonialenthusiasmus, sehr weit und kritisch, „daß der letzte der Kämpfe hier sicher noch nicht gekommen“ ist, „daß sich die rohe und anscheinend so unvollkommene Organisation der Neger als ungemein widerständig“ erweisen wird, und „daß sehr zu befürchten ist, daß es hier noch einmal zu greuelvollen Rassekriegen kommen wird“, falls man nicht auch hier „die Frage aller Fragen unserer Tage, die sociale“ (Hahn 1893), vernünftig löst. Diese Lösung kann aber in Afrika nicht der Plantagenbau, die zu Lasten des Negers europäisch finanzierte und organisierte Pervertierung des Hackbaus sein, sondern die Pazifizierung der politisch überaktiven und daher auch gegeneinander aggressiven Neger, die dann im wohlverstandenen eigenen Interesse selbständig ihren uralten, autochthonen und sehr flexiblen Hackbau auf die Bedürfnisse auch der Weltwirtschaft auszurichten fähig sein werden. Nur ungern und mit allen Vorbehalten hat Hahn daher auch den Plantagenbau als eine Quasi-Wirtschaftsform ausgeschieden.

Diese Theorie hat er auf einer Erdkarte dargestellt, wohl die älteste wirtschaftsräumliche Karte überhaupt (Engelmann 1965; auch Witt 1970 nennt nichts Vergleichbares), die nicht einzelne Wirtschaftsgüter, sondern wirtschaftlich relevante anthropogeographische Komplexe veranschaulicht. Er hat sie nur noch einmal durch Eintragung der Sammlerkultur korrigiert (Hahn 1926, S. 267), die er ursprünglich als zwar hypothetisch notwendig, aber bereits untergegangen, nicht mehr existent, angesprochen hatte. Zweck der Karte war, die Feldforschung, die wissenschaftlichen Reisenden, auf die hier angeschlagenen Probleme hinzuweisen und eine gezielte Problemforschung anzuregen.

Kehren wir nach dieser rohen Skizze seiner Theorie zu ihm und nach Berlin zurück. Nach Jacobeit (1960, S. 204) enthält Hahns Nachlaß im Archiv der Deutschen Akademie der Wissenschaften u. a. seinen Briefwechsel, was mein Freund Fritz G. Lange, einst Mitarbeiter der Akademie, mir leider nicht bestätigen konnte, so daß er als verloren gelten muß. Auskünfte aus dem Universitätsarchiv verdanke ich dessen Leiter, Herrn Dr. Kossack; die Archive der Landwirtschaftlichen Hochschule und der Ges. für Erdkunde Berlin hat der Krieg vernichtet. Dankbar bin ich Herrn Professor Dr. E. Wahle, der noch Hahns erste Vorlesung gehört hat, für freundliche mündliche Auskünfte. Das ist die dürftige Summe der nicht-literarischen Quellen für das Folgende.

Warum Hahn mit seinen „Haustieren" die angestrebte Habilitation für Geographie nicht erreicht hat, ist rätselhaft. An Richthofen kann es nicht gelegen haben, vielleicht aber an einer nicht mehr faßbaren Kritik. „Aus den geographischen Fachkreisen, zu denen ich mich, solange Herr von Richthofen lebte, rechnete, fiel einmal das harte Urteil, und zwar von einer recht maßgebenden Stelle, das Buch wäre »nicht erschöpfend«" (Hahn 1909, S. 2). In den durchweg positiven geographischen Rezensionen konnte ich dieses unangemessene Wort nicht finden, doch könnte es, vertraulich gefallen, „maßgebend" seine Habilitation verhindert haben.

Zahlreiche Ursachen, die Hahns Würdigung und Wirkung entgegenstanden, lagen teils an ihm, teils an der Zeit. Man lebte zwar von der Wirtschaft, hielt sie aber von dem noch von W. v. Humboldt bestimmten klassischphilologisch-historischen Wissenschaftsideal her nur in ihren historischen Bezügen für ein Objekt akademischer Forschung. Trug Hahn nun gar noch sexuelle Gedanken hinein, wurde er der prüden Zeit suspekt. Gering geachtet wurden auch Wissenschaften wie die Anthropologie, wie die lange Herauszögerung der Gründung des entsprechenden Instituts[6] beweist, die Völkerkunde, für die Vierkandt 26 Jahre lang als Privatdozent um Anerkennung rang (Hahn 1909, S. 2), die Prähistorie u. a.. Damals schon forderte Hahn vergeblich ein Institut für Primatenforschung zu Klärung des frühmenschlichen Verhaltens. In der Völkerkunde fand er seine schärfsten Gegner in der damals herrschenden Kulturkreislehre, also in P. W. Schmidt, Koppers, Gräbner und der von ihr abhängigen Prähistorie, etwa Menghin, gegen die er aber seither, etwa bei E. Werth, Fritz Krause, Dittmer u. a. (stellvertretend für viele Werth 1954 u. Krause 1924) entschieden an Boden gewonnen hat. Der Wind blies ihm also scharf ins Gesicht.

Er war aber auch kein geschickter und anpassungswilliger Anwalt seiner Sache. Wenn er z. B. immer wieder seine Theorie durch Hinweise auf arrivierte Vorgänger wie A. v. Humboldt (fehlender Nomadismus in Amerika), Ratzel (Grabstock), A. Bastian (Sexualtheorie) oder Richthofen (Gartenbau) zu decken und als nichts Neues hinzustellen suchte, denen er aber nur isolierte Gedanken oder auch nur ein passendes Wort verdankte, stellte er sein Licht unter den Scheffel. Auch sein Prioritätsanspruch gegen das viel gelesene Werk von Grosse (1896) trug dazu bei, ihn mißzuverstehen, denn dieses steht doch noch grundsätzlich auf der Dreistufentheorie, auch wenn darin Einzelheiten, z. T. recht widersprüchlich, fraglos nach Hahn korrigiert sind. Schwerer wog, daß Hahn als engagierter Nonkonformist jede, auch die unpassendste Gelegenheit wahrnahm, die herrschenden Schichten und Strömungen seiner Zeit dumm, verbohrt, egoistisch, verantwortungslos, philiströs und arrogant zu schimpfen, worin er zwar mit einer kleinen Elite sachlich übereinstimmte, aber die Lesbarkeit seiner Schriften beeinträchtigte und es seinen Gegnern erleichterte, ihn, den überalterten Privatdozenten, als Phantasten und Außenseiter abzutun. Heutige Kulturkritiker jeder Richtung können ihre Argumente bei ihm sammeln. Vom Großkapital, der Großindustrie und dem Großgrundbesitz erwartete er nichts. Den imperialistischen Kolonialismus verdammte er. Den christlichen Missionen hielt er den Islam als dem Charakter des Negers angemessener entgegen. Gegen den ihm verhaßten und durch seine kulturgenetischen Forschungen für widerlegt gehaltenen Marxismus und die Sozialdemokratie versäumte er keinen Hieb. Den Wissenschaften, so der zu einseitigen Prähistorie, der zu musealen Völker- und Volkskunde, den für die Realien des Lebens blinden Altertumswissenschaften, der auf Reinzüchtung fixierten und daher den viel aussichtsreicheren Bastardierungsexperimenten abgeneigten angewandten Biologie warf er ihre auf Vorurteilen beruhenden Versäumnisse und Fehlinterpretationen vor. Veränderungen erwartete er von keiner der den Zeitströmungen angepaßten Organisationen, sondern nur von einer geistigen Elite, die sich, etwa nach dem Beispiel der Freimaurer, international zusammenschließen und wissenschaftlich fundiert wirksam werden müsse. Wer gegen vordergründige gewichtige Zeitinteressen so zielsicher und energisch den elfenbeinernen Turm der Wissenschaften zu sprengen versuchte, war kein „Kulturpessimist", konnte nur sehr freie Geister quer durch viele von ihm schließlich doch nachhaltig angeregte Wissenschaften zu Freunden gewinnen und erst spät Anerkennung finden. Der Junggeselle schuf sich, nachdem das Richthofenkolloquium wesenlos geworden war, seinen eigenen Diskussionskreis in seinem „bis zur Selbstaufgabe gastlichen" Haus, dem seit dem Internationalen Geographenkongreß 1899 seine Schwester Ida vorstand. Wahrscheinlich hat die Inflation auch seine Finanzen zerrüttet, denn laut Universitätsarchiv war Ida nach seinem Tode (1928) bis zu ihrem Tode (1942) auf staatliche Unterstützung angewiesen. Hahn, der „einen gewaltigen Komplex von Erscheinungen in einen organischen Zusammenhang . . . . . von großer Überzeugungskraft" (Schlüter 1906, S. 61 u. 62) gebracht hatte, der aber deshalb von einem Einzelnen kaum sachgerecht beurteilt werden kann, mußte schließlich doch den Zugang zur Universität finden. Wie es im einzelnen am 26. Okt. 1910 zu seiner Habilitation für „Geschichte und Geographie der Landwirtschaft"[7] kam, ist nicht mehr feststellbar. Er legte „außer seiner Dissertation fünf Werke und zwanzig Zeitschriftenaufsätze vor, die als Habilitationsleistung anerkannt wurden". „Gutachter waren die Professoren Schmoller, Sering, F. E. Schulze, Wilh. Schulze und A. Penck", wobei „Penck sich in einem eigenen Schreiben an den Dekan der Phil. Fakultät für die Habilitation einsetzte". „Aus den hier vorliegenden Habilitationsakten geht leider nicht hervor, weshalb Hahn erst im Jahre 1910 seine Habilitation beantragte. Aus dem Gutachten Schmollers ist jedoch zu entnehmen, daß es sich bei Hahn um eine umstrittene Persönlichkeit handelte, dessen wissenschaftliche Theorien höchst unterschiedlich beurteilt wurden. Es läßt sich auch feststellen, daß die ihm durchaus wohlgesinnten Gutachter (Schmoller, Sering, Schulze) versuchten, Voreingenommenheiten bei den übrigen Fakultätsmitgliedern auszuräumen"[7]. Also: Zwei agrarwissenschaftlich sehr interessierte Volkswirte als Hauptgutachter, unterstützt vom Zoologen und dem vergleichenden Sprachwissenschaftler, dazu ein Sondervotum des Geographen ebneten dem damals schon 55-Jährigen geschickt und energisch gegen eine zum Schweigen gebrachte Opposition den Weg zur Dozentur. Die Landwirtschaftliche Hochschule, die ihn etwa gleichzeitig gewann, legte ihrem in weiteren Einzelheiten nicht mehr rekonstruierbaren Verfahren sein schon 1909 erschienenes Buch „Die Entstehung der Pflugkultur" zugrunde, dem ein Habilitationstitelblatt mit dem Erscheinungsjahr 1911 vorgesetzt wurde[8]. Seit dem Sommersemester 1921 führen die Vorlesungsverzeichnisse den jetzt 66-Jährigen als außerplanmäßigen Professor.

Hahn hat mit Ausnahme des Wintersemesters 1913/14, in dem er zu einer Ägyptenreise mit seinem Freund Schweinfurth beurlaubt war, der einzigen, die ihn aus Europa herausgeführt hat, bis in sein Todesjahr gelesen, aber nie ein systematisches oder regionales Kolleg, sondern nur unter den verschiedensten Themen über seine eigenen Forschungen. Entsprechend gering war seine Hörerzahl. Eine eigene Schule bildete sich um den Privatdozenten selbstverständlich nicht. Sein Alter und dieses Vorlesungsangebot standen einer Berufung an eine andere Hochschule entgegen. Bemerkenswert ist auch der Ort seiner Vorlesungsankündigungen. Die Universität zeigte sie in ihrem Vorlesungsverzeichnis nicht (d. h. nur ganz ausnahmsweise und dann wohl aus Versehen) in der Gruppe „Geschichte und Geographie", sondern unter den „Staats-, Kameral- und Gewerbewissenschaften" an, die Landwirtschaftliche Hochschule in der Unterabteilung I c „Betriebslehre und Geschichte der Landwirtschaft", die sie erst im Sommersemester 1931 wieder auf „Betriebslehre" einengte, nachdem sie also wohl die Hoffnung auf einen Nachfolger für ihren verstorbenen Historiker aufgegeben hatte.

Hahns Wirkung ist unüberschaubar, denn seine Begriffe sind, auch bei seinen Gegnern, teils anonyme Scheidemünze geworden, teils diskutierte Probleme geblieben, ohne daß i. d. R. dabei noch sein Name fällt. Sie kann daher nur für die Geographie und auch nur auswählend angedeutet werden. Ernst Friedrich (1904, S. 32) sei vorweg stellvertretend für alle absolut Verständnislosen genannt.

Emil Werth war „wohl einer er ersten, die den kurz vorher von Eduard Hahn begrifflich festgelegten ..... „Hackbau" der tropischen Landvölker an Ort und Stelle studieren konnten (und den) ... seitdem das Interesse an allen Formen des Landbaus, der Kulturpflanzen und Haustiere, an der Entwicklung der Landgeräte und anderen mehr nicht wieder losgelassen hat"[9]. Er stimmt mit ihm im meisten, wenn auch nicht in allem überein, z. B. nicht mehr in der Datierung des Beginns der Haustierzucht. Hier würde Hahn heute nachgeben müssen, aber kaum in der von Werth unter Hinweis auf die Hausmaus und den Arbeitselefanten vorgeschlagenen Neufassung des Haustierbegriffs. Für ihn wäre der Arbeitselefant nach wie vor ein gezähmtes Nutztier und die Maus einer der unerwünschten Gäste, die sich dem Menschen zäh aufdrängen und dabei Haustiereigenschaften entwickeln können. Er erwartete ja auch, daß die in zoologischen Gärten neuerdings erfolgreich gezogenen Wildtiere über kurz oder lang Haustiereigenschaften annehmen müssen, und seine kühne Vermutung, daß der Mensch selbst als ältestes „Haustier" in seinen Rasseunterschieden nur spontane Domestikationsvarianten aufwiese, hat Eugen Fischer (1917) vergleichend-anatomisch zu beweisen versucht. Verblüffendes, das sich der weiteren Forschung aber als tief durchdacht, fruchtbar und wegweisend darstellt, gibt es nach Eugen Fischer bei Hahn vielfach.

Otto Schlüter (1906 u. 1919, S. 23) hat in seiner Bilanz darüber, was die Anthropogeographie aus eigenen Mitteln an übergeordneten Prinzipien und Grundbegriffen erarbeitet hat, unter dem vergleichsweise Wenigen Hahns Kultur- und Wirtschaftsformenlehre genannt, die weiterverfolgt werden sollte.

Hettner hat als erster die geographische Bedeutung von Hahns Ideen erkannt und sie am entschiedensten aufgegriffen und weitergeführt, wie hier aber auch nur angedeutet werden kann. Ihm genügte die kurze freundliche Rezension der „Haustiere" in der G. Z. 1896 durch Fr. Hahn nicht, er schickte ihr eine eigene Aufsatzbesprechung (Hettner 1897) nach und suchte die Diskussion durch Beiträge von Vierkandt (1897) und Chalikiopoulos (1904)[10] in seiner Zeitschrift in Gang zu halten. Vieles von dem, was Hahn kraftvoll und originell zusammenfaßte, lag damals „in der Luft" (Kramer 1967), so etwa auch Hettners Aufsatz über die Transportmittel (Hettner 1894), den Hahn hoch einschätzte. Hettner schickte seinen bevorzugtesten Schüler Heinrich Schmitthenner (Sommersemester 1910 bis

Wintersemester 1910/11) eigens nach Berlin in Hahns „offenes Haus" und äußerte Ernst Wahle, der Hahns erstes Kolleg gehört hatte und sich nun seiner Schule in Heidelberg anzuschließen kam, seine Freude über Hahns endlich vollzogene Habilitation. Er las 1919 gemeinsam mit Schmitthenner (Plewe 1954, S. 242) und vielfach auf Hahn fußend ein Kolleg über den „Gang der Kultur über die Erde", aus dem sein wohl originellstes Werk (Hettner 1929) hervorgegangen ist. Auch seine „Allgemeine Geographie des Menschen" (Hettner 1947–57) zeigt die Unentbehrlichkeit und Fruchtbarkeit der Hahnschen Gedanken im Gesamtsystem.

Wenn Hettner und Schlüter (1906) Hahn nahelegten, seine Polemik zu unterlassen, die nichts nütze, ihm nur schade und den Fluß seiner Schriften störe, unterschätzten sie sein ethisches Engagement. Hettners produktive Kritik führte dagegen weiter.

Hahn hat wiederholt betont, daß er die Wirtschaft nur vom Verhältnis des Menschen zum Tier her sähe, von hier aus aber jeweils das Ganze der Wirtschaft zu erfassen suche. Daraus ergeben sich systematische Engen und Unsicherheiten, denn vom Tier her läßt sich z. B. die industrielle Wirtschaft nicht fassen; wie seine Karte zeigt, hat Hahn auch kolonialeuropäische und nomadische reine Viehzuchtgebiete nicht hinreichend unterschieden. Hier zeigt sich Hettner als der überlegene Systematiker. Er schied die Hochkulturen als eigene Wirtschaftsform aus, trennte die des Altertums als wesensverschieden von denen des Mittelalters und erkannte, daß sie alle, mit Ausnahme der andinen, im Bereich der Pflugkultur liegen. Er klärte Hahns Karte, indem er den entscheidenden Horizontalschnitt um 1 500 legte, der die damalige Welt noch annähernd in Hahns kulturgeographischen Begriffen zu fassen erlaubt. Die Folgezeit suchte er auf zwei Wegen zu erhellen, die jedoch vielfach miteinander verknüpft sind: Die Verfolgung der industriellen Entwicklung Europas und die weit über Hahns Ansätze (1897) hinausgehende Typisierung der Kolonien, die es ermöglicht, die seither in den alten traditionellen Wirtschaftsräumen eingetretenen Veränderungen in ihren Ursachen und Zielen deutlicher zu erfassen. Aus dieser Sicht erscheint, um bei diesem Beispiel zu bleiben, der Nomadismus als Wirtschaftsform von der seßhaften reinen Viehzucht als extremer Betriebsform der Pflugwirtschaft klar unterschieden. Endlich konnte Hettner von seinem methodologischen Standpunkt aus auch das, was er (u. v. a.) an Hahns Theorie für zweifelhaft hielt, die religiösen und sexualpsychologischen Hypothesen, abstoßen, diese den zuständigen Spezialwissenschaften zur Klärung überlassen und nur die für richtig gehaltenen Ergebnisse in seine Kulturgeographie übernehmen.

Seine Schule hat das Erbe Hahn-Hettner angetreten und in Lehre und Forschung produktiv fortgeführt, Schmitthenner (1938/1951) in seiner hier nicht in Rede stehenden Analyse der Hochkulturen, Waibel (Pfeifer 1952) in zahlreichen agrargeographischen Arbeiten, Credner (1935) vor allem in seiner Landeskunde von Siam. Das Faszinierende an diesem Werk ist, wie Credner in diesem Mischgebiet aller Kultur- und Wirtschaftsformen, denen nur der Nomadismus fehlt, bis in die Analyse der einzelnen Dorfgemeinde hinein die Forderung Hahns (ohne ihn zu nennen) erfüllt, seine am grünen Tisch geschaffene Theorie in der Feldarbeit anzuwenden, zu korrigieren und zu verfeinern. Auch die dritte wissenschaftliche Generation folgte Hahns Spuren. Edgar Lehmann (1965), ein Schüler Schmitthenners, hat allen Wirtschaftskarten seines „Weltatlas" das Begriffssystem Hahns zugrundegelegt, eine Leistung, die zu recht mit einem Ehrendoktorat honoriert wurde, denn dieser Atlas bietet erdweit das übersichlichste und genaueste Bild jener Wirtschafts- und Kulturräume, das Hahn 1892 nur roh skizzieren konnte. Der Geograph Eduard Hahn hat hierfür die Grundlagen geschaffen, die sich im Kern als fruchtbar und richtig erwiesen haben. Wenn schon seine Freunde klagten, wie anonym sein Werk geworden sei, möge es dem Historiker der Geographie erlaubt sein, als Nachzügler das verloren gegangene Gut aufzulesen und es wieder an die Front der Forschung zurückzubringen. Es enthält über das hier Angedeutete hinaus neben manchem Zeitgebundenen und auch Skurrilen (Hahn 1900) vieles auch heute noch Diskussionswürdiges, ja mehr denn je zuvor der Beachtung Bedürftiges und Aktuelles.

Fassen wir die Ergebnisse im Hinblick auf das Generalthema dieser Festschrift, den Wirtschaftsraum, zusammen:

Eduard Hahn hat eine Theorie der agrarischen Wirtschaftsformen entwickelt, die, von der primitivsten Form ausgehend, jede weitere „Innovation" als Erfahrungstatsache erfaßt, sie in die jeweils dazugehörige Gesamtkultur stellt und in ihr zu motivieren versucht. Zeitlich einander nachgeordnet ergeben sich folgende Kulturen: Als okkupatorische (nach Thurnwald „Wildbeuter") die Sammler und niederen Jäger, regional begrenzt die Höheren Jäger und Fischer. Aus dem Sammlertum entwickelt die Frau mehrmals auf der Erde und spontan den Hackbau, der in Übervölkerungsgebieten zum hochintensiven Gartenbau fortentwickelt werden kann. Religiöse Motive sind verantwortlich für die Entstehung der Viehzucht, die den aus nur *einer* historischen Wurzel entsprungenen, aber sehr expansionsstarken Pflugbau ermöglichte. Von diesem zweigt sich der Nomadismus in seinen verschiedenen Formen ab. Durch Unterwerfung von Hackbauvölkern entsteht die kapitalistisch geformte Plantagenwirtschaft, die durch das, was man später „tropische Volkskulturen" nannte, also einen der Weltwirtschaft zugewandten und überholte Techniken abstreifenden, genossenschaftlich organisierten Hackbau ersetzt werden sollte. Die beiden letzten sind grundverschieden, werden aber nicht selten (z. B. auf Wirtschaftskarten durch Verwendung der gleichen Signatur) zusammengefaßt.

Was hier, um eine genetische Theorie der Wirtschaftsformen entwickeln zu können, in chronologische Ordnung gebracht wird, hat in jedem beliebigen historischen Querschnitt seine geographische Entsprechung in Wirtschaftsräumen. Sie sind insofern das Primäre, als Hahn ihnen – im Querschnitt seiner Gegenwart – das Beobachtungsmaterial entnommen hat, aus dem er seine Theorie abgeleitet hat. Jeder dieser Wirtschaftsräume ist charakterisiert, enthält entweder eine oder in Durchdringungsgebieten mehrere dieser Wirtschaftsformen, und diese entweder rein oder in Mischformen. Die Gesamtheit aller dieser Wirtschaftsräume ist identisch mit der Ökumene. In diesen Wirtschaftsräumen ist der Mensch mit seiner jeweiligen Grundkultur die Dominante, das Ausschlaggebende. Die durch physisch-geographische Gegebenheiten oder auch historisch begründeten Abwandlungen und Differenzierungen (etwa des Hackbaus) sind, gegen das große Ganze gestellt, Arabesken, wenn auch keineswegs gleichgültige und i. d. R. wohl begründbare.

Damit hat und behält Hahns Theorie der Wirtschaftsformen ihre Eigenart, ihren hohen Rang und ihre Bedeutung auch unter den übrigen geographisch relevanten Wirtschaftstheorien.

Thünens Theorie setzt einen Markt in einem physisch-geographisch und daher auch produktionstechnisch einheitlich gedachten Umland der Pflugkultur voraus und analysiert nur den für diesen geldwirtschaftlich funktionierenden Markt erzeugten Teil der Gesamtproduktion. Was nicht für diesen Markt produziert wird, existiert für sie nicht, und wo nicht für ihn produziert wird, herrscht – auch bei möglicherweise reicher Subsistenzwirtschaft – Thünens „Wildnis". Das ist der Preis, den man für diese Abstraktion zahlen muß. Waibels (1922) Versuch, Thünens Wirt-

wirtschaftsraum unter Überspringung der nicht fortzuabstrahierenden Subtropen und Tropen in die gemäßigte Zone der südlichen Halbkugel zu erweitern, ist interessant, sprengt aber den eigentlichen Kern der Theorie, die ein Raumkontinuum voraussetzt.

Engelbrechts „Landbauzonen der Erde" (1930) nehmen auf die in den unterschiedenen Räumen tatsächlich betriebene Wirtschaft kaum Bezug. Sie sind optimale Klimagebiete für den Anbau (vorwiegend) bestimmter Getreidearten. Als erdweite Konzeption ist seine Karte eine angewandte Klima-, keine Wirtschaftskarte.

Weitere theoretische Ansätze, wie z. B. die über die Stadt-Umland-Beziehungen, sind regionaler Natur, zielen nicht auf das Erdganze. Keine dieser Theorien ist entbehrlich. Aber Hahns Theorie erscheint in ihrer Fortbildung durch Hettner, Waibel, Credner u. a. als die umfassendste und inhaltreichste. Sie stellt den Menschen als Agens der Wirtschaft ins Zentrum, aber nicht als einen homo oeconomicus, sondern als jeweils in einer bestimmten Kultur stehend, von ihr geprägt und aus deren Wesen heraus handelnd, u. a. auch wirtschaftend. Sie gibt damit den Rahmen und die Grundierung jeder großräumigen Wirtschaftsanalyse, warnt vor der kritiklosen Anwendung europäischer Maßstäbe in Räumen nichteuropäischer Kultur, läßt aber der Anwendung weiterer Theorien und geographischer Gesichtspunkte jeden wünschenswerten Spielraum, fordert geradezu dazu heraus.

Anmerkungen

1. Hier findet sich auch ein Nachdruck von Hahn: Wirtschaftsformen der Erde (1892) mit Karte, S. 30–40.
2. Biographische Angaben S. 248/49, nach denen Engelbrecht (1928) zu berichtigen ist.
3. Die Hahn-Bibliographie 1887–1915 in seiner „Festschrift" (Buschan, Hrsg.) 1917, S. VII–XI von seiner Schwester Ida bedarf des Nachtrags und ist fehlerhaft. Über Ida Hahn vergl. Maier, H. 1939: Ida Hahn zum 70. Geburtstag. In: Mannus: Z. f. deutsche Vorgeschichte 31, S. 320–323, mit Bibliographie.
4. Hahn wird historisch ergänzend erneut behandelt von Kramer 1967.
5. Krause, F. 1924 interpretiert Hahns Methode in Teil II als die einzig mögliche.
6. Freundlicher Hinweis von Herrn Prof. Wahle.
7. Freundl. amtliche Auskünfte durch Herrn Kossack vom 2.5. und 28.6.74. Habilitation also nicht für „Wirtschaftsgeographie" oder lt. Joh. Asen: „Gesamtverzeichnis des Lehrkörpers der Universität Berlin" Bd. I, Leipzig 1955, S. 68, für „Geographie und Ethnologie".
8. In dieser Form vorhanden auf der Universitätsbibliothek der Humboldt-Universität Berlin.
9. Zitat nach E. Werth 1954, Vorwort; gemeint ist Werth 1915: Das Deutschostafrikanische Küstenland und die vorgelagerten Inseln. 2 Bde. Berlin.
10. Wohl unter Hettners Einfluß ausgebaut und bei Hettners Verleger B. G. Teubner als Buch erschienen: Chalikiopoulos 1906: Landschafts-, Wirtschafts- Gesellschafts- u. Kulturtypen. Leipzig

Literaturverzeichnis

Bäthge, G. 1960: Die logische Struktur der Wirtschaftsstufen. Wirklichkeit und Begriffsbild in den Stufentheorien. Diss. Mannheim, Meisenheim a. Glan

Banse, E. 1923: Lexikon der Geographie. Braunschweig u. Hamburg

Bartels, D. (Hrsg.) 1970: Wirtschafts- und Sozialgeographie. Neue Wissenschaftliche Bibliothek, Köln u. Berlin

Beck, H. 1973: Die Geographie. Freiburg u. München

v. Below, G. 1928: Wirtschaftsstufen. In: Handwörterbuch der Staatswissenschaften VIII, Jena, S. 1062–1065
Berghaus, H. 1886–1892: Physikalischer Atlas. 2. Aufl. Gotha
Berner, U. 1959: Eduard Hahns Bedeutung für die Agrarethnologie und Agrargeschichte der Gegenwart. In: Z. f. Agrargeschichte u. Agrarsoziologie 7, S. 129–140
Buschan, G. (Hrsg.) 1917: Festschrift Eduard Hahn zum 60. Geburtstag. Studien und Forschungen zur Menschen- und Völkerkunde. Stuttgart
Chalikiopoulos, L. 1904: Geographische Beiträge zur Entstehung des Menschen und seiner Kultur. In: Geogr. Zeitschr., S. 417 ff.
Credner, W. 1935: Siam. Das Land der Tai. Stuttgart
Dickinson, R. E. 1969: The makers of modern Geography. London
Engelbrecht, H. 1930: Die Landbauzonen der Erde. Pet. Mittn. Erg. Heft 209 (Hermann Wagner Gedächtnisschrift), S. 287 ff mit Erdkarte
Engelbrecht, Th. 1928: Eduard Hahn. In: Geogr. Zeitschr., S. 257–259
Engelmann, G. 1965: Frühe thematische Karten zur ökonomischen Geographie. In: Geogr. Berichte, S. 233–240
Fischer, E. 1917: Die sekundären Geschlechtsmerkmale und das Haustierproblem beim Menschen. In: Buschan (Hrsg.), S. 1–8
Friedrich, E. 1904: Allgemeine und spezielle Wirtschaftsgeographie. Leipzig
Gradmann, R. 1942: Hackbau und Kulturpflanzen. In: Deutsches Archiv für Landes- und Volksforschung 6, S. 107–118
Große, E. 1896: Die Formen der Familie und die Formen der Wirtschaft. Freiburg u. Leipzig
Hahn, E. 1887: Die geographische Verbreitung der coprophagen Lamellicornier. Diss. Jena, Lübeck (als Diss.-Druck ohne, als Buchausgabe mit Karte)
– *1891a*: Vorführung seiner Karte über die „Culturformen" mit Erläuterungen. In: Verhn. d. Ges. Deutscher Naturforscher und Ärzte zu Halle, Leipzig, S. 559–562
– *1891b*: Waren die Menschen der Urzeit zwischen der Jägerstufe und der Stufe des Ackerbaus Nomaden? In: Das Ausland 64, Stuttgart, S. 481–487
– *1892*: Die Wirtschaftsformen der Erde. Pet. Mittn. S. 8–12, Karte
– *1893*: Die wirtschaftliche Stellung des Negers. In: F. v. Richthofen Festschrift, Berlin
– *1896*: Die Haustiere und ihre Beziehungen zur Wirtschaft des Menschen. Eine geographische Studie. Leipzig
– *1897*: Siedlungskolonien, Plantagenkolonien und Faktoreikolonien. In: Aus allen Weltteilen 28, Berlin, S. 221 ff. Auch separat in: Sammlung geographischer u. kolonialpolitischer Schriften, Nr. 4, Berlin
– *1900*: Die Wirtschaft der Welt am Ausgang des 19. Jahrhunderts. Eine wirtschaftsgeographische Kritik nebst einigen positiven Vorschlägen. Heidelberg
– *1908*: Die Entstehung der wirtschaftlichen Arbeit. Heidelberg
– *1909*: Die Entstehung der Pflugkultur (unseres Ackerbaus). Heidelberg
– *1910*: Niederer Ackerbau oder Hackbau? In: Globus, S. 202/04
– *1915*: Menschenrassen und Haustiereigenschaften. In: Z. f. Ethnologie 47, S. 248–257
– *1926*: Eine verbesserte Karte der Wirtschaftsformen. Vorgelegt auf d. allg. Versammlung d. Deutschen Ges. f. Anthropologie, Volkskunde u. Vorgeschichte. In: Petermanns Mitteilungen, S. 267 (ohne die nie erschienene Karte)
Hedin, S. 1939: 50 Jahre Deutschland. 3. Aufl., Leipzig
Hermann, F. 1959: Die religiösen Momente bei der Entstehung der Pflugkultur. In: Z. f. Agrargeschichte u. Agrarsoziologie 7, S. 141–153
Hettner, A. 1894: Die geographische Verbreitung der Transportmittel des Landverkehrs. In: Z. Ges. Erkunde Berlin 29, S. 271–289, Karte
– *1897*: Die Haustiere und die menschlichen Wirtschaftsformen. In: Geogr. Zeitschr., S. 160–166
– *1929*: Der Gang der Kultur über die Erde. 2. Aufl. Leipzig
– *1947–57*: Allgemeine Geographie des Menschen. 3 Bde. Stuttgart
Honigsheim, P. 1929: Eduard Hahn† und seine Stellung in der Geschichte der Ethnologie und Soziologie. In: Anthropos 24, S. 587–612
Jacobeit, W. 1960: Hinweis auf Hahns Nachlaß. In: Z. f. Agrargeschichte u. Agrarsoziologie 8, S. 204
Kramer, Fr. L. 1967: Eduard Hahn and the end of the „three stages of man". In: Geogr. Review, S. 73–89
Krause, Fr. 1924: Das Wirtschaftsleben der Völker, Breslau

Lehmann, E. 1965: Weltatlas. Die Staaten der Erde und ihre Wirtschaft. VEB Hermann Haack, Gotha, 8. Aufl.
Maurizio, A. 1927: Geschichte unserer Pflanzennahrung von den Urzeiten bis zur Gegenwart. Berlin
Mühlmann, W. 1938: Methodik der Völkerkunde. Stuttgart
Müller-Armack, A. 1959: Religion und Wirtschaft. 2. Aufl. Stuttgart
Overbeck, H. 1954: Die Entwicklung der Anthropogeographie, insbesondere in Deutschland, seit der Jahrhundertwende. In: Blätter für deutsche Landesgeschichte 31, S. 182–244
Penck, A. 1918: Die erdkundlichen Wissenschaften an der Universität Berlin. Berlin
Pfeifer, G. 1952: Das wirtschaftsgeographische Lebenswerk Leo Waibels. In: Erdkunde VI, S. 1–20
Plewe, E. 1954: Heinrich Schmitthenner. In: Petermanns Mittn. 98, S. 241–243
Schwarz, G. 1948: Die Entwicklung der geographischen Wissenschaft seit dem 18. Jahrhundert. Berlin
Schlüter, O. 1906: Rezension von Hahns „Das Alter der wirtschaftlichen Kultur der Menschheit", Heidelberg 1905. In: Z. Ges. Erdkunde Berlin, S. 61–62
– *1919*: Die Stellung der Geographie des Menschen in der erdkundlichen Wissenschaft. In: Geographische Abende Heft 5, Berlin
Schmitthenner, H. 1938/1951: Lebensräume im Kampf der Kulturen. Leipzig, 2. Aufl. Heidelberg
Thomale, E. 1972: Sozialgeographie. Eine disziplingeschichtliche Untersuchung zur Entwicklung der Anthropogeographie. Marburger Geographische Schriften 53
Tiessen, E. (Hrsg.) 1933: Meister und Schüler. Ferdinand von Richthofen an Sven Hedin. Berlin
Vierkandt, A. 1897: Die Kulturformen und ihre geographische Verbreitung. In: Geogr. Zeitschr., S. 256–267; 315–326; 2 Karten
– *1929*: Zum Andenken Eduard Hahns. In: Archiv f. Geschichte der Mathematik, d. Naturwissenschaften u. d. Technik, XI S. 225–239
Vogel, W. 1928: Eduard Hahn. In: Petermanns Mittn., S. 174
– *1931*: Eduard Hahn. In: Deutsches Biograph. Jb. für 1928, Stuttgart u. Berlin, S. 88–93
Wahle, E.: Hahn, Eduard. In: Neue Deutsche Biographie VIII, 504/5
Waibel, L. 1922: Die Viehzuchtgebiete der südlichen Halbkugel. In: Geogr. Zeitschr. 28, S. 54 ff.
Werth, E. 1954: Grabstock, Hacke und Pflug. Versuch einer Entstehungsgeschichte des Landbaus. Ludwigsburg
Westermanns Lexikon d. Geographie Bd. II., o. J. (1969)
Winkler, E. 1966: Ethnographie und Geographie. In: Geographica Helvetica 21, S. 186 ff.
Wirth, E. (Hrsg.) 1969: Wirtschaftsgeographie. Wege der Forschung, Darmstadt
Witt, W. 1970: Thematische Kartographie, 2. Aufl. Hannover

Nachtrag:
Von ethnologischer Seite wird wiederum die systematische Kraft und Überlegenheit Hahns selbst Bastian gegenüber herausgestellt; so bei Fiedermutz-Laun, A. 1970: Der kulturhistorische Gedanke bei Adolf Bastian. Studien zur Kulturkunde 27, Wiesbaden.

Ernst Plewe

ALFRED HETTNER

SEINE STELLUNG UND BEDEUTUNG IN DER GEOGRAPHIE

Die Frage nach der Stellung Hettners in der Geographie ist nicht etwa zufällig veranlaßt durch seinen in diesem Sommer zum hundertsten Mal sich jährenden Geburtstag. Sie ist auch keine späte Dankadresse an einen Gelehrten, der in dreißigjähriger Wirksamkeit den Ruf der Universität Heidelberg auf seinem Forschungsgebiet zu internationaler Geltung gebracht hat. Sie ergibt sich vielmehr von selbst aus der bedeutsamen Tatsache, daß er sich als erster alsbald nach seinem 1877 in allen Fächern „mit Auszeichnung" bestandenen Maturitätsexamen der Geographie zugewandt hat mit dem Ziel, ihr an der Universität zu dienen.

Der Zeitpunkt hierfür war markant. Selbstverständlich hat es zu allen Zeiten seit der Antike Geographen gegeben, aber sie sind durchweg aus anderen Berufen später und meist fast zufällig zur Geographie gestoßen. Es waren Kartographen oder Kosmographen, Theologen, Philologen, Historiker, Juristen und Statistiker, Apotheker und Biologen, Missionare, Ärzte, Politiker, Chemiker und Philosophen, Mönche, Soldaten und Seeleute, oder auch nur geniale Stromer. Es sei nur an Merian oder Sebastian Münster, an Kant, Herder, Büsching, die Forster, James Cook erinnert. Aber wie diese alle aus vorgegebenen Interessen und mit sehr unterschiedlicher Vorbildung zur Geographie kamen, so zeigt auch ihre Arbeit jeweils charakteristische Stärken und Schwächen. Somit erhielt die Geographie etwas Amöbenhaftes in ihrer Entwicklung. Wo ein spezifisches Zeitinteresse Studien in einer bestimmten Richtung förderlich war, oder wo eine starke Persönlichkeit ihren eigenen geographischen Interessen Beachtung und Nachfolge erzwingen konnte, zeigt sie Wachstumsspitzen, während gleichzeitig weniger interessierende Zweige auch wieder verlassen wurden. Tatsächlich verdankt die Geographie dieser überaus bunten Schar ihrer Freunde und Förderer außerordentlich viel. Aber eine Begrenzung nach außen und eine Struktur, eine Systematik hat sich für sie auf diese Weise selbstverständlich nicht ergeben können.

Eine innere Konsolidierung bahnte sich nach engbrüstigen Versuchen der Aufklärung erst von den beiden großen Klassikern, Alexander von Humboldt und Carl Ritter her an. Sie hatten zwar reiche Anregungen ausgestreut, aber auch viel Verwirrung und Unsicherheit hinterlassen, und auf der Universität keine Tradition begründen können. Humboldt lebte und wirkte grundsätzlich als freier Forscher, beugte sich weder unter das Beamtenjoch, noch fühlte er sich einer Einzeldisziplin verhaftet oder verantwortlich; er wurde und blieb der letzte Kosmograph. Die Mehrzahl der Geographen der Folgegeneration wurde durch sein Vorbild dazu verführt, ihren Gegenstand ähnlich weit im Sinne einer allgemeinen Erdwissenschaft zu fassen, dadurch aber zugleich unter den Händen zu verlieren. – Carl Ritter dagegen war zwar von 1820 bis 1859 Professor für Geographie an der Universität Berlin gewesen, aber er hatte sich mit der Romantik, der er entstammte, so überlebt, daß man nicht einmal mehr seine Sprache

15

verstand. Das Andeutende, Hintergründige, zuweilen betont Begriffsfeindliche ihrer Diktion war der harten, zupackenden, sich im Konkreten erschöpfenden Begriffssprache des Positivismus gewichen, der in seiner Bescheidung auf das Gegebene den einzigen gegen Vorurteile abgeschirmten Forschungsweg zu erkennen glaubte. Ritters Anregungen flossen sichtbar in der historischen Geographie und in der Kartographie, im übrigen aber keineswegs unfruchtbar in verdeckten Kanälen fort, d. h. ohne eine eigentlich systematisierende Kraft.

Spricht man von Oscar Peschel als von dem dritten Pionier und Mitbegründer der modernen Geographie, so liegen die Dinge hier doch anders. Er eröffnete mit seiner Leipziger Professur, die er von 1871 bis zu seinem frühen Tode 1875 innehatte, die seither nicht mehr unterbrochene Hochschulgeographie, an der sich nach der Reichsgründung die deutschen Staaten allmählich und ohne Überstürzung interessiert zeigten. In die Geschichte der Geographie ist er als ihr Historiograph eingegangen. Sein eigentliches Verdienst aber liegt darin, daß er, von Haus aus Jurist, der über den wissenschaftlichen Journalismus zur Geographie gekommen war, mit seinem ausgeprägten Gefühl für Strömungen der Gegenwart den Siegeszug des genetischen Prinzips erkannte und ihm in glänzend geschriebenen Essays auf dem naturwissenschaftlichen Sektor der Geographie Eingang zu schaffen vermochte. Der Vorwurf der Oberflächlichkeit, der diese Studien mit Recht getroffen hat, ist demgegenüber belanglos. Weniger verdienstlich war, daß Peschel seine rasche, geschliffene Feder auch in den Dienst methodologischer Erörterungen stellte, die in ihrer sachlichen, historischen und logischen Angreifbarkeit alsbald eine Flut von ähnlichen Erzeugnissen nach sich zogen, die einer ruhigen Entwicklung unserer jungen Wissenschaft keineswegs förderlich waren. Die Vertreter gegensätzlichster Auffassungen suchten einander in überspitzten Thesen zu überbieten, unbekümmert darum, ob diese mit der geographischen Tradition oder auch nur mit der eigenen Praxis in Einklang zu bringen waren. Eine Sturm- und Drangperiode stellte die Unsicherheit der jetzt zwangsläufig zu einer Konsolidierung strebenden Wissenschaft peinlich in der äußeren Erscheinung, die eigenen Reihen verantwortungslos verwirrend, zur Schau.

Einer Klärung dieser verworrenen Situation standen damals latente Gärungsprozesse im Wege. Der eine lag unvermeidbar im Wesen der Sache. E i n e Wurzel der Geographie, die einfache Erzählung dessen, was man in verschiedenen Gebieten der Erde antrifft, hatte in diesem Zeitalter der Verwissenschaftlichung ihren Kredit verloren. Umso stärker stützte man sich auf die andere, die ebenfalls historisch tief hinabreichende Kosmographie, die eben ihren letzten Höhepunkt in Humboldts faszinierendem „Kosmos" erreicht hatte. Schied man die Astronomie aus ihr aus, die seit jeher wenig Verbindung zur Geographie hatte, blieb eine Wissenschaft übrig, die die Gesamterde zum Gegenstand hatte, also scheinbar eine sehr befriedigende Lösung der Abgrenzung gegen andere Wissenschaften vom Forschungsobjekt her. Ihr Reichtum an naturwissenschaftlichen Problemen zog die Geographen jener Generation mächtig an, es sei nur an die Physik der Atmosphäre, des fließenden Wassers, des Ozeans, des Eises, der Brandung, der Erdbebenwellen usw. erinnert. Aber auch Problemkreise, die sich mit dem Menschen, seinem Kulturbesitz und den Formen seines Zusammenlebens befaßten, wurden nunmehr, mit angeregt und gefördert vom kolonialen Geschehen, energisch mit wachsendem Material und verfeinerten Methoden bearbeitet. Mit anderen Worten entwickelten sich unter der prall gespannten Haut dieser Geographie als allgemeiner Erdwissenschaft eine ganze Reihe Wissenschaften so umfänglich, daß sie niemand mehr in ihrer Gesamtheit überblicken konnte. Sie drängten daher zur Verselbständigung, zur Lösung von der ohnmächtig gewordenen Mutter, es sei nur an die Meteorologie, die Ozeanographie, die Seismik, die Völkerkunde, Anthropologie, Statistik usw. erinnert. Andererseits war aber auch gerade durch die „klassische Geographie" eine so enge Verbindung seit jeher selbständiger Wissenschaften wie der Botanik oder der Zoologie mit der Erdkunde in den Problemkreisen der Pflanzen- und Tiergeographie geschaffen worden, daß tatsächlich nur zwei Auswege möglich schienen: nämlich entweder alle diese Erdwissenschaften auch weiterhin in einer „Allgemeinen Erdkunde" zusammenzufassen, oder aber dieses immer imaginärer werdende Band aufzugeben und den Gesamtinhalt der Geographie unter selbständige Einzeldisziplinen aufzuteilen. Der Einwand, daß bei diesem Totalausverkauf ja doch immer noch ein Objekt übrig bliebe, das keinen Käufer interessieren werde, nämlich die Länder der Erde, stieß auf das Gegenargument, daß deren Darstellung nur eine Anwendung der Ergebnisse der allgemeinen Geographie auf begrenztem Raum, also überhaupt kein Objekt der Wissenschaft, sondern des Darstellungsgeschicks sei. – Aus der nach dem Zusammenbruch der großen Systeme des Idealismus zu einer sterilen Erkenntnistheorie geschrumpften Philosophie floß weiteres Öl in die Flammen. Ihre Unterscheidung von Natur- und Geisteswissenschaften bewies a priori von der Methode her die Unmöglichkeit einer die Gegebenheiten der Natur und des Menschenwerks gleichzeitig umfassenden Wissenschaft, denn diese müsse notwendig einen dualistischen Charakter haben, hier mit den Gesetzen der Natur, dort am gleichen Objekt mit der Freiheit des Menschen operieren. Also schon von der Methode her könne diese postulierte Landeskunde keine Wissenschaft sein, wenn damit auch der Nutzen zweckmäßig zusammengestellter Daten aus den Ergebnissen aller möglichen wirklichen Wissenschaften für den Überblick über einen begrenzten Raum, etwa einen Staat, nicht geleugnet werden solle.

Diesen und zahlreichen anderen Problemen stand nun eine seit 1871 langsam wachsende Schar von Männern gegenüber, die insgesamt als geographische Autodidakten auf neu gegründete geographische Lehrstühle berufen wurden, so der Mathematiker Hermann Wagner in Königsberg, die Philologen Alfred Kirchhoff und Cornelius Gerland in Halle und Straßburg, der Althistoriker Heinrich Kiepert in Berlin, der ehemalige Apotheker und Auslandskorrespondent Friedrich Ratzel in München, der mathematische Physiker Zöppritz in Königsberg als Nachfolger des bald nach Göttingen berufenen Hermann Wagner u. a. Vertreter anderer Fächer lehrten die Geographie nebenberuflich, etwa der Althistoriker Carl Neumann in Breslau, der Statistiker Wappäus in Göttingen u. a. Es waren durchweg bedeutende Männer, die Werke von bleibendem Wert hinterlassen haben. Aber e i n e m Auftrag, nämlich die von ihnen als Disziplin vertretene Geographie nach außen abzugrenzen und nach innen zu befestigen, waren sie doch nur unzureichend gewachsen. Beispielhaft dafür ist Gerland, der um der Einheit der Methode der Geographie willen den Menschen aus ihr verbannte, die so amputierte restliche Länderkunde als „angewandte Geophysik" bezeichnete, sein universales Wissen und Können aber mit großem Erfolg der engeren Geophysik, der Anthropologie und der Völkerkunde widmete. Antipodenhaft hierzu bemühte sich Heinrich Kiepert um die Ethnographie und Geographie der Antike. Ein Blick in die ersten Jahrzehnte des seit 1866 erscheinenden „Geographischen Jahrbuch", unseres wichtigsten Referierorgans, zeigt, wie wenig man auch nur noch den Schein einer Geographie als selbständige Disziplin aufrechterhalten konnte. Denn in ihm kamen damals ausschließlich Forscher der Nachbarwissenschaften mit ihren Berichten zu Wort: Geologen, Geodäten, Geophysiker, Botaniker, Zoologen, Statistiker, Ethnographen und Anthropologen, während der Geograph als Herausgeber nur wie anhangsweise in Abständen das methodologische Schrifttum der Geographie mit einer Mischung von Zorn, Hohn und Bedauern der geschliffenen Kritik seines mathematisch geschulten Scharfsinns unterzog, ohne mit seinem eigenen (dualistischen) Standpunkt überzeugen zu können. In der gleichen Richtung lag es, wenn das in jenen Jahrzehnten gehaltreichste Lehrbuch der „allgemeinen Erdkunde" von drei Nichtgeographen, dem Meteorologen Hann, dem Geologen von Hochstetter und dem Botaniker Pokorny stammte.

Für einen Studenten wie Alfred Hettner, der 1877 auszog, um sich das Gesamtgebiet der Geographie anzueignen, es darüber hinaus aber auch methodisch zu durchdringen – sein ältestes noch im Nachlaß erhaltenes Manuskript zur geographischen Methodenlehre datiert aus dem Jahre 1878! –, war die Wahl der Universität also fast gleichgültig, denn er stand von vornherein, schon in der Anlage seines Studiengangs, auf eigenen Füßen, konnte sich an kein Vorbild anlehnen. In Halle zog ihn der instinktsichere geographische Takt von Kirchhoff an, aber er verließ ihn schon nach einem Jahr, um sich in Bonn die von jenem empfohlene breite naturwissenschaftliche Grundlage zu erwerben. Der damals noch sehr junge Theobald Fischer vermochte ihn dort über die Wahl und Förderung eines günstigen Promotionsthemas hinaus kaum anzuregen. Dagegen wird man den mitreißenden geistigen Schwung, den er im „Bonner Kreis", einer freien Vereinigung liberal eingestellter, ungewöhnlich begabter Studenten, suchte und fand, kaum hoch genug einschätzen können. Zum Promotionsabschluß kam Hettner 1881 in Straßburg bei Gerland mit einer Arbeit über „Das Klima von Chile und Westpatagonien". Durch sie wurde er mit der Klimatologie, einem zentralen Teilgebiet der Geographie, von Grund auf bekannt, ja bis zu einem gewissen Grade hat er sie als geographische Teildisziplin von der Meteorologie zurückerobert. Er lernte von einem unsicheren und der kritischen Sichtung bedürftigen Quellenmaterial abstrakter Zahlen her in geophysikalische Vorgänge einzudringen, sie ins Geographische zu transponieren und sie zu Aussagen im Sinne eines physiologischen Ablaufs des Klimas im Wechsel der Jahreszeiten zu verdichten. Hettner hat seither die richtige Auffassung des Klimas stets als den Schlüssel zum Verständnis der Physis der Länder betrachtet. Er blieb ein auch von Meteorologen anerkannter Meister in der Interpretation meteorologischer Tabellen. Aber im Gegensatz zu seinem Freunde Wladimir Köppen hat er nie Klimagebiete mit Hilfe von Schwellenwerten unmittelbar den Temperatur- und Niederschlagsdaten enthoben, sondern sie stets erst in den Raum transponiert, also in geographische Daten verwandelt, ehe er zur Charakterisierung und Abgrenzung von Klimagebieten schritt. Der ihm daraus entstandene Vorwurf des

Eklektizismus übersieht, daß Hettners Weg zur Synthese weiter und umsichtiger war. Er hielt Klimate, die Köppen ihrer ähnlichen Schwellenwerte wegen eng zusammenstellte, wie die der tropischen Höhen, der europäischen Westwindgebiete und des südjapanischen Monsunbereichs streng auseinander. Eine auf Schwellenwerte gegründete Klimatologie löste sich in seinen Augen vom eigentlichen geographischen Objekt, der Erdoberfläche ab zugunsten des Scheins einer mathematisch gesicherten Exaktheit, deren Subjektivität aber schon in der willkürlichen Wahl der Grenzwerte sichtbar wird. Das Klima war ihm keine Abstraktion, sondern eine konkrete Eigenschaft der Länder, die mit anderen Eigenschaften derselben in zahllose Wechselwirkungen eintritt, die stärker beachtet werden müssen, als Durchschnittszahlen gemessener Werte.

Hettner blieb der nach seinem Tode geführte Nachweis, daß sein Circulationssystem der Winde nicht mehr zu halten ist, erspart. Jedoch wird dadurch seine regionale Klimatologie als deskriptive Synthese weder berührt, noch überflüssig; sie verlor dadurch nur einen Teil ihrer physikalischen Begründung, und zwar auch nur jenen Teil, der nun den geographischen Methoden der Feldbeobachtung endgültig entglitten und an die Geophysik übergegangen ist. Da das gleiche übrigens auch für Köppens von vornherein stärker deskriptive Klimakunde gilt, stehen nach wie vor beide Systeme, jedes mit seinem eigenen Wahrheitsgehalt und Aussagewert, und beide einander ergänzend, aber grundsätzlich unvereinbar zur Wahl.

Um seinen hochverehrten Lehrer Gerland nicht zu kränken, gegen den er sich als überlegener Gegner heranwachsen fühlte, der nicht immer würde schweigen dürfen, verließ Hettner Straßburg und wandte sich zurück nach Bonn, wo indessen Ferdinand von Richthofen als international anerkannter Führer der Geographie sein Amt angetreten hatte. Aber ihm widerstrebte dessen vitale Autokratie, deren wissenschaftlicher, aber auch trinkfroher Dynamik Sven Hedin ein plastisches Denkmal gesetzt hat. Daß er aber das Genie Richthofens nicht verkannt hat, beweist sein schöner Nachruf (1906) auf ihn, zu dessen berühmter Schule sich zu bekennen ihn jedoch seine bedingungslose Ehrlichkeit und Objektivität hinderte.

Aus dieser Unsicherheit befreite ihn schicksalhaft das Angebot, in Bogotá für die Jahre 1882–1884 eine Hauslehrerstelle unter finanziell sehr günstigen Bedingungen anzunehmen, die auch eingehalten wurden und ihm die Möglichkeit zu zahlreichen Forschungsreisen in Kolumbien boten, als er in Bogotá bald aller Pflichten ledig war. Und noch einmal, 1888–1890, konnte der auch völkerkundlich gut gebildete Schüler Gerlands, diesmal als Sammler im Auftrage des Berliner Museums für Völkerkunde, die tropischen Andenländer besuchen und erhielt nachträglich die Genehmigung, seine Reise über große Teile von Chile, Argentinien, Uruguay und Südbrasilien auszudehnen. Hettner gehört damit jener Pioniergeneration der Forschungsreisenden an, die noch die volle Last heute historisch gewordener Strapazen zu ertragen hatte. Pferd und Maultier trugen ihn auf oft gefährlichen Saumpfaden über die Gebirge, und wo die Hänge zu steil und der Morast für sie zu grundlos war, die Tiere wie auf Leitern kletterten, mußte er sich dem Ochsen anvertrauen. Noch in hohem Alter standen ihm diese die Tiere bis zur völligen Erschöpfung anspannenden Gewalttouren lebhaft vor Augen. Über die Steppen Uruguays ging es dann mit der Kutsche leichter. Diese umfassenden Erfahrungen in den verschiedensten Klima- und Höhenzonen der amerikanischen Tropen und Subtropen ließen ihn fortan auch fremde Ergebnisse sicher beurteilen. Der dafür gezahlte Preis aber war eine fortschreitende Beinlähmung, deren vielleicht angeborene Anlage nach starken Strapazen plötzlich in Chile zu akutem Ausbruch kam, ihn aber nach kurzem Krankenlager nicht daran hindern konnte, seine Reise planmäßig zu Ende zu führen. Er hat auch später noch große Reisen gemacht, etwa durch Rußland, und tagelang im Sattel gesessen, so in Tunesien und Algerien, oder auf einer Weltreise in Indien, Java, Japan und China. Aber seine freie Beweglichkeit war doch stark und mit steigendem Alter bis zur fast völligen Gehunfähigkeit behindert.

Das rasch vorgelegte Ergebnis seines ersten Aufenthalts in Südamerika waren seine heute leider kaum mehr bekannten „Reisen in den columbianischen Anden", 1888, ein klassischer Reisebericht in allgemeinverständlicher Form, dem fraglos Humboldt Pate gestanden ist, wie seine späteren Aufsätze über das Deutschtum in Chile und Südbrasilien reich an sozialgeographischen Beobachtungen und Gedanken. Aber rascher als die streng wissenschaftlichen Ergebnisse beider Reisen brachte er bereits zurückliegende morphologische Studien über seine engere Heimat, die Sächsische Schweiz, zum Abschluß, mit denen er sich bei Friedrich Ratzel in Leipzig habilitierte. Heinrich Schmitthenner betont mit Recht, daß diese Analyse der Sächsischen Schweiz eine der wenigen morphologischen Arbeiten des vorigen Jahrhunderts ist, die noch heute lesenswert und anregend sind. In ihr nahm er u. a. eine Theorie der fluviatilen Einflächung und Massenabtragung vorweg, die Jahrzehnte später, nachdem er sie längst auf Grund seiner Tübinger Erfahrungen durch seine Theorie der Schichtstufen eingeschränkt und ergänzt hatte, erneut in der Form eines deduktiven Schemas zu unverdienter Anerkennung kam, eine Modeströmung, mit der er jahrelang erbittert gerungen hat. Er blieb grundsätzlich Anhänger der induktiven empirischen Forschung.

Erst nach seiner Habilitation fand er die Muße, seine „Kordillere von Bogotá" auszuarbeiten, ein wohl heute noch kaum überholtes Werk. Als vor einigen Jahren ein Geologenkongreß in Frankfurt die Kontinentalverschiebungstheorie Wegeners an dem hierfür entscheidenden Problem der Struktur der Anden überprüfte, schlug Gerth eine abweichende Interpretation des Baus der Kolumbianischen Anden durch Hans Stille mit dem Hinweis auf die vollinhaltliche Bestätigung ihrer alten geologischen Kartierung durch Hettner nieder. Für diesen war das aber nur ein Teilproblem seiner umfassenden Länderkunde dieses Raums, die aber später so in Vergessenheit geriet, daß seine Gegner ihm vorwerfen konnten, er habe über Länderkunde zwar viel und klug philosophiert, aber nie eine geschrieben. Er hat sie aber nicht nur vorgelegt, sondern schon damals auf ihren grundsätzlichen Mangel, nämlich die fehlende Untergliederung in Einzellandschaften, hingewiesen, deren Fülle und Verschiedenheit aber so groß sei, daß hierfür seine Beobachtungen und die literarischen Quellen nicht ausreichten.

Nicht sein Beinleiden, sondern ein früh gesetzter und schon in den Anden in den Umrissen skizzierter Plan ließ ihn in der lange erwogenen Alternative, entweder Südamerikaspezialist zu werden und seine Reisen fortzusetzen, oder stärker vom Schreibtisch her das Gesamtsystem der Geographie in Angriff zu nehmen, das letzte wählen. Und wieder kam ihm ein Zufall zu Hilfe. Der Verlag Spamer schlug ihm vor, einen Handatlas (französischer Vorlage) auf den freien Rückseiten der Kartenblätter mit einem entsprechenden länderkundlichen Text zu versehen. Hettner ergriff diese Gelegenheit, sich in das Gesamtgebiet der Länderkunde einzuarbeiten, aber das Ergebnis entsprach aus vielen, z. T. äußerlichen Gründen nicht seinen Ansprüchen. Aber er setzte die Arbeit im stillen fort, löste sie im Einvernehmen mit dem Verlag gänzlich von dem beengenden Atlas und legte 12 Jahre später den ersten der beiden Bände seiner „Grundzüge der Länderkunde" vor, ein heute zwar in vielen Einzelheiten von den Tatsachen überholtes, aber durch nichts ersetztes Werk. Aus seinen fünf Auflagen haben Generationen von Studenten einen maßvoll ausgewogenen, knappen und klaren Überblick über die Länder der Erde erhalten. Hettner hat lange gehofft, diesem Lehrbuch eine weniger dogmatische, der Diskussion breiteren Raum gewährende Länderkunde von etwa 4 starken Bänden folgen lassen zu können. Die sehr umfangreichen Vorarbeiten hierzu liegen in zahlreichen Mappen wohlgeordnet in seinem Nachlaß.

Aber wir sind vorausgeeilt, müssen zu dem Privatdozenten nach Leipzig zurückkehren, der nun daranging, in Aufsätzen teils weitere Ergebnisse seiner Reisen vorzulegen, teils aber auch Probleme und Begriffe grundsätzlicher Art zu diskutieren. Hierbei mußte er erfahren, daß die damaligen wissenschaftlichen geographischen Zeitschriften sich nur Spezialforschungen öffneten, etwa den kartographischen Ergebnissen seiner Reisen, Aufsätze berichtenden oder grundsätzlichen Inhalts aber zugunsten von Zeitschriften ablehnten, die einen breiten gebildeten Leserkreis ansprachen, etwa „Das Ausland", die „Deutsche Rundschau für Geographie und Statistik", „Über Land und Meer" u. a. Diese nahmen zwar anschauliche Berichte von Land und Leuten gern, wiesen aber ebenfalls theoretische Abhandlungen mit anerkennenden Worten zurück. Eine befruchtende oder gar kritische Wirkung konnte von ihnen also nicht einmal in Deutschland, geschweige denn auf das Ausland ausgehen.

Nun ist wohl deutlich geworden, daß die damalige Situation der Geographie allein durch Spezialforschung nicht zu bessern war. Sie bedurfte dringend einer Klärung ihrer Grundlagen. Diese konnte aber nicht von einer gelegentlichen Programmschrift ausgehen, von denen unser Schrifttum damals buchstäblich überlief, sondern nur von einem konsequent durchgehaltenen Bemühen. Die Geographie bedurfte nicht des raschen Schnittes eines Chirurgen, sondern der geduldig formenden Schläge eines Schmieds.

Wohl aus ähnlichen Erwägungen wandte sich in diesem Augenblick B. G. Teubner mit dem Wunsch, eine geographische Zeitschrift zu eröffnen, an Ratzel. Dieser war an der Frage persönlich uninteressiert, kannte aber die gleichlaufenden Pläne seines jüngeren Kollegen und verwies den für B. G. Teubner sprechenden Hofrat Ackermann an Hettner. Dieser stand damals vor der von seinem Lehrer Richthofen angeregten Frage, mit Futterer zusammen eine Zeitschrift zu gründen, in der gleichermaßen die Geographie und Geologie zu Wort kommen sollten. Nun ergriff er die Möglichkeit, 1895 als alleiniger Herausgeber die „Geographische Zeitschrift" zu gründen und diese unabhängig von fremden Fachinteressen nach seinen Ideen zu gestalten.

Diese vertrauensvolle Zusammenarbeit mit dem Verlag schuf ein sehr dauerhaftes Band, auch nachdem Hettner seine Rechte 1935 an Heinrich Schmitthenner abgetreten hatte, und erst im Kriege wurde es durch Verbot der Zeitschrift 1943 gewaltsam gelöst. 40 Jahre lang hat Hettner seine Zeitschrift bis in die letzten Einzelheiten allein geführt. Die ständigen Mitarbeiter waren Redaktionsassistenten ohne eigene Befugnis. Die Frage, was Hettner in seiner Zeit für die Geographie bedeutet hat, schränkt sich nunmehr fast ein auf die nach der Bedeutung der Geographischen Zeitschrift.

Die „Geographische Zeitschrift" stand von ihrem ersten Heft an unter einem festen Programm, dessen konsequente Durchführung sie nicht nur alsbald zu internationaler Anerkennung und Wirkung brachte, sondern ihr einen so ausgeprägten Charakter verlieh, wie ihn wohl kaum je eine wissenschaftliche Zeitschrift Jahrzehnte hindurch festgehalten hat. Spezialuntersuchungen, „die nur vom Fachmann verstanden werden und für ihn Interesse haben", wurden ausgeschlossen. Vielmehr sollte die Zeitschrift grundlegende Fragen erörtern, oder die Ergebnisse der Forschung in allgemeinverständlicher und möglichst fließender Darstellung der geographischen Fachwelt und den Fachlehrern, aber auch interessierten Vertretern der Nachbarwissenschaften und gebildeten Laien nahebringen. Sie sollte Originalaufsätze und Forschungsberichte bringen, entlegene, aber in ihren Ergebnissen grundsätzlich wichtige Spezialarbeiten unter profilierter Heraushebung des geographisch Wesentlichen referieren und sich im übrigen den akuten Problemen der Zeit stellen.

In Hettners Hand wurde diese Zeitschrift zu einem machtvollen Instrument, das er mit hohem Verantwortungsbewußtsein gebrauchte. In ihr stellte er der Geographie ihren Gegenstand und ihre Ziele vor Augen, untersuchte ihre Grundlagen und die Reichweite ihrer Aussagefähigkeit. Bleiben wir nur bei Beispielen: Die von Humboldt über Peschel und Gerland herkommende Definition der Geographie als allgemeine Erdwissenschaft wurde im Rückgriff auf Carl Ritter einschneidend auf die Erdoberfläche eingeschränkt. Aufgabe der Geographie ist es, die Erdoberfläche in der Verschiedenheit ihrer Teilräume unter kausalen Gesichtspunkten zu untersuchen und darzustellen. Was zum Wesen eines Erdraums gehört, was nicht fortgedacht werden kann, ohne daß dadurch eine Lücke in der Begründung oder eine Änderung im Habitus des Raums die Folge wäre, was also im Wechselspiel der Elemente im Raum eine maßgebliche Rolle spielt, gehört zur Geographie. Alles andere fällt entweder anderen Wissenschaften als Forschungsgegenstand zu, oder ist unwesentlich. Damit war viel geklärt. Die Geographie löste sich aus überkommenen Verzahnungen mit der Geologie und den verschiedenen Zweigen der Geophysik. Die Physik der Atmosphäre ist Gegenstand der Meteorologie. Aber das einen bestimmten Erdraum mit einer gewissen Konstanz beherrschende Klima gehört als eine wesentliche Eigenschaft diesem Raum an, steht mit allen übrigen Landschaftselementen in Wechselwirkung. Damit ist es als solches und in seinem Beziehungsreichtum, seinen Folgen, einer geographischen Untersuchung fähig und bedürftig. Also nicht von den Gesetzen der Physik der Atmosphäre her, auch nicht von meteorologischen Daten her, sondern von den Räumen her, in denen die verschiedenen Klimate erscheinen und mit deren übriger Erfüllung sie in Wechselwirkung stehen, ist eine geographische Klimakunde zu betreiben. Ähnlich grenzte er die Pflanzengeographie gegen die Botanik und Geobotanik, die Tiergeographie gegen die Geozoologie als biologische Teildisziplinen ab.

Selbstverständlich gehört in eine so aufgefaßte Geographie auch der Mensch, aber

22

wiederum nicht an sich, als biologisches Wesen oder als Schöpfer geistiger und materieller Güter, für die die Anthropologie, die Völkerkunde, die Soziologie u. a. Wissenschaften zuständig sind. Dagegen ist er in seiner unterschiedlichen Verteilung über die Erde und in jenem komplizierten Wechselspiel zwischen Naturbedingungen und Handeln, soweit es landschaftsgestaltenden Charakter hat, geographisches Forschungsobjekt. Stimmten hierin immer noch einige seiner Vorgänger mit Hettner überein, so stießen diese doch durchweg beim Menschen auf jenen Punkt, wo dessen freies Handeln die bisherige Linie naturwissenschaftlicher Begründung der angetroffenen Sachverhalte durchbricht, an dem also der dualistische und damit grundsätzlich fragwürdige Charakter der Geographie als Wissenschaft offenbar zu werden scheint. Das Problem war, ob zwischen Natur und Kultur, zwischen Naturgesetz und Freiheit eine tragfähige Brücke möglich ist, oder ob eine unüberbrückbare Kluft anerkannt werden und bestehen bleiben muß.

Die Lösung dieser Frage ist Hettners originellste Leistung. Er hat die Freiheit des Einzelnen nicht geleugnet, sie skeptisch auf sich beruhen lassen, hielt sie aber in Massenerscheinungen, die ja allein geographisch relevant sind, mindestens für unerheblich, falls überhaupt voraussetzbar. Der möglicherweise freie Akt einer Persönlichkeit ist kein geographisches Faktum. Findet er aber Nachfolge in einem landschaftsprägenden Umfang, dann auf Grund eines Motivs, das nicht zufällig, nicht willkürlich sein kann, sondern in der Sache begründet sein muß. Nun ist es nicht Aufgabe der Geographie, die Geschichte eines Sachverhalts zu verfolgen, also auch nicht jenen Punkt aufzusuchen und aufzuhellen, an dem vielleicht ein freier Akt eine Wende heraufgeführt hat, und auch nicht von ihm rückwärts jene Linie zu verfolgen, auf der jener ursprüngliche Gedanke u. U. zahlreiche und grundsätzliche Wandlungen erfahren hat. Dem Geographen genügt vielmehr das Faktum als solches, seine (nicht historische Herleitung, sondern) sachliche Begründung, die in jedem Falle möglich sein muß. Die anthropogeographische Forschung hat es also mit zwei Komplexen zu tun, die beide ihre immanente Gesetzlichkeit haben, aber durch ein dichtes Netz von Klammern miteinander verbunden und verheftet sind. Der eine Komplex ist die Natur der Erdoberfläche in allen ihren Erscheinungen und ihrer Wandelbarkeit als Ganzes, von der – von Ort zu Ort verschieden – zahllose Verbindungen zum reaktionsfähigen Menschen hinüberlaufen. Diese reichen von der zwingenden Ausschließung von Handlungen dadurch, daß für sie notwendige Naturbedingungen nicht erfüllt sind, bis zur handgreiflichen Verlockung auch für den primitivsten Geist, etwas Bestimmtes zu tun, also etwa die Früchte eines Baumes, eines Waldes einzusammeln. In diesen Naturkomplex eingebettet steht der Mensch, dessen allgemeine Kulturentwicklung – auch wieder von Kultur zu Kultur verschieden – vom Geographen genauso als vorgegebenes Faktum zur Kenntnis zu nehmen ist, wie etwa die in einem Urwald angetroffene Flora. Mit jeder Phase der Kulturentwicklung reagiert der Mensch selbstverständlich anders auf seine Umgebung, ändern sich seine Motive, die im Bereich seines Handelns die Naturgesetze vertreten. Es schwindet also die Begründbarkeit seiner Handlungen nie. Ist z. B. die Dampfmaschine erfunden, die wir als Faktum zu nehmen haben, wird sie u. a. auch dem Verkehr dienstbar gemacht, hat also raumprägende Konsequenzen der mannigfachsten Art, die der Geograph verfolgen muß.

Leitgedanke wird ihm dabei sein, daß der Mensch die ihm gegebenen Mittel im Rahmen seiner jeweiligen Technik und Erkenntnis möglichst zweckmäßig anwendet. Wo er gelegentlich ins Unzweckmäßige abirrt, pflegen sich die Dinge meist rasch von selbst zu korrigieren. Anders liegen die Dinge, wenn der Beharrungssinn bereits unzweckmäßig gewordene Formen einer älteren Technik in der Landschaft bewahrt. Hier wird der anthropogene Komplex in der Landschaft vielschichtig, aber auch spannungsreich, bleibt jedoch selbstverständlich begründbar. Oder mit anderen Worten: Dem geographischen Objekt, der Kulturlandschaft, fehlen Sachverhalte, die unverständlich bleiben würden, wenn nicht der Hinweis auf die menschliche Freiheit eine sehr zweifelhafte Scheinbegründung zuließe.

Damit war die Brücke zwischen Natur und Kultur für eine spezifisch geographische Fragestellung geschlagen. Heute empfinden wir die schroffe Alternative jener älteren Geographen als selbstgebauten Zaun; wir haben es vergessen, daß auch sie im Banne einer Philosophie stand, zu deren Überwindung gerade Hettner einen nicht unwesentlichen Teil beigetragen hat. Die Neigung, komplexe Sachverhalte in diametrale Gegensätze aufzulösen, hat im Neukantianismus die Wissenschaftstheorie und damit auch die Geographie beherrscht, nicht zum geringsten auch vom Heidelberger Lehrstuhl her. Daß die Modellkonstruktion der idiographischen und nomothetischen Wissenschaften wohlabgerundete Wissenschaften aufspaltet, daß ferner zwischen beiden die typologische Betrachtungsweise liegt, und daß endlich das Wesen der konkreten Welt nicht darin liegt, daß ein freies Handeln des Menschen auf eine starre physikalische Naturkausalität stößt, sind Einsichten, die Hettner von seinem Forschungsgebiet her gewonnen und in ihm durchgesetzt hat. Er hat es mit Recht bedauert, daß die allgemeine Wissenschaftstheorie seine Anregungen kaum aufgegriffen und diskutiert hat. Philosophisch lehnte er den Neukantianismus in allen Formen ab, neigte zu einem psychologisch begründeten kritischen Realismus der Richtung Külpe, H. Maier und W. Wundt.

Es würde zu weit führen, nach dieser Skizzierung seiner erkenntnistheoretischen Fundierung der Geographie auch noch seine methodologischen Bemühungen um deren Teilgebiete darzulegen. Nur beispielhaft sei das für die Länderkunde angedeutet. Länder und Landschaften sind Komplexe, zu denen sich ihre Raumelemente zusammenschließen. Nun lösen berühmte Vorbilder, etwa Ratzels „Vereinigte Staaten von Nordamerika" und sein „Deutschland", Partsch's „Mitteleuropa", Theobald Fischers Länderkunde von Südeuropa, programmatisch aber Hermann Wagners Länderkunde der einzelnen Kontinente jeweils ihren Gesamtraum in seine Landschaftselemente auf und behandeln diese, also das Relief, das Klima, die Pflanzenwelt, die Tierwelt, den Menschen usw. isoliert für sich. Es bleibt dann dem Leser überlassen, sich die zwischen diesen Elementarschichten bestehenden Verknüpfungen selbst herzustellen. Sehr deutlich schlägt hier also noch die alte allgemeine Erdkunde in der Länderkunde durch. Der Verzicht auf die kausale bzw. funktionale Verknüpfung der Elemente im *engeren* Raum macht eine solche allgemeine Länderkunde tatsächlich weithin problemlos. Soweit eine Problematik besteht, liegt sie in der Horizontalen der einzelnen Sachgebiete. Demgegenüber verlangte Hettner grundsätzlich, daß die Länderkunde in ihrem einleitenden Teil nur die den Gesamtraum *übergreifenden* Tatsachen darzulegen habe, dann aber alsbald zu einer so zweckmäßigen regionalen Aufgliederung des Ganzen schreiten müsse, daß in den Teilräumen die Verknüpfung der Elemente befriedigend und einleuchtend möglich ist. Erst in einer so tief gegliederten Länderkunde kommen kleine, aber unterscheidende und damit wesentliche Landschaftszüge zu ihrem Recht, ja überhaupt zu sinnvoller Erwähnung, die in einer „allgemeinen Länderkunde" zufällig oder unwesentlich erscheinen oder überhaupt unter den Tisch fallen. Instinktiv war das Verfahren Hettners auch schon früher praktiziert worden; nun aber war das Ziel der Länderkunde gestellt und begründet.

Ohne das Forum der „Geographischen Zeitschrift" hätte Hettner seine Bemühungen um die Konsolidierung der Geographie nicht Jahrzehnte hindurch zur Diskussion stellen, aber auch die Angriffe gegen sie nicht so souverän beantworten können. Die Geographie ist zweifellos anfällig, läuft leicht Gefahr, von außen her an sie herangetragenen Zeitströmungen zu folgen. Solange diese nicht den Kern der Wissenschaft unterspülten oder eine umgreifende Verwirrung und Diskreditierung verursachten, ließ er sie gewähren. Aber wer spricht heute noch von einer expressionistischen, einer organischen, einer dynamischen Geographie, nachdem Hettner sie mit dem ihm eigenen Angriffsstil von eiskalter Logik, Ironie und ein wenig Bosheit in ihrer Dürftigkeit entlarvt hatte! Auch die Landschaftskunde, die Auslandskunde, die Geopolitik haben manchen bunten Lappen im Kampf mit ihm verloren. Jedenfalls hat er sein Versprechen in der Ankündigung seiner Zeitschrift, sich aktuellen Problemen zu stellen, konsequent eingehalten, u. a. auch im Bereich der von ihm aufmerksam verfolgten Politik.

Den ersten Band seiner Zeitschrift leitete ein Aufsatz von Ferdinand von Richthofen über den Frieden von Shimonoseki ein. Hettner selbst hat den jeweiligen Aktionszentren, Rußland, Großbritannien, dem Vorderen Orient, aber auch Polen, Frankreich, den Problemen des Friedensschlusses usw. gewichtige Aufsätze gewidmet, aus denen u. a. seine Bücher über Rußland und das Britische Weltreich nicht als Länderkunden, sondern als anthropogeographische Studien entstanden sind, die in zahlreichen Auflagen, wie er es wünschte, einen großen Leserkreis im eigenen Lager, unter geographisch interessierten Forschern der Nachbarwissenschaften und unter gebildeten Laien gefunden haben. Als er sich im ersten Weltkrieg verpflichtet fühlte, der Politik und der Heeresleitung durch die hervorragendsten Sachkenner gründliche und lesbare Darstellungen der Kriegsschauplätze vorzulegen, sprengte das allerdings den Rahmen der G. Z. und nötigte ihn zur Herausgabe einer eigenen Serie. Am Nationalsozialismus endlich hat ihn nichts stärker erbittert, als sein terroristisches Verfahren, den Urteilsfähigen bei Gefahr für Leib und Leben den Mund zu verschließen, worin er auch sein Ende voraussah, die ungehemmte Radikalisierung auf der eigenen Linie, die schließlich zum Absturz führen mußte.

Aber es wäre falsch, wenn aus allem dem der Eindruck entstände, daß nur seine eigenen Beiträge der Geographischen Zeitschrift Gewicht gegeben hätten. Er hat es verstanden, um sich eine große Schar Gleichgesinnter zu sammeln und zu Wort zu bringen. Er hat die Autoren gewichtiger Spezialstudien veranlaßt, den grundsätzlichen Ertrag ihrer Untersuchungen in seiner Zeitschrift darzulegen und hat somit wahrscheinlich mehr Aufsätze angeregt, als ungebeten Eingesandtes veröffentlicht. Mustergültig war sein Referatwesen, da er für jedes zu kritisierende Werk den geeigneten Fachmann selbst wählte. Insofern steht also auch hinter jedem fremden Wort und Namen Hettners Gestalt und sein Wille. Seine Zeitschrift ist im ganzen *sein* Werk, ja bis zu einem hohen Grade sein eigentliches Lebenswerk gewesen, mit dem er sehr breit und tief in seine Zeit hineingewirkt hat. Seit ihrem Untergang sind wichtige große Werke diskussionslos auf sich beruhen geblieben, sind richtungweisende Aufsätze in praktisch unerreichbaren Zeitschriften zerstreut worden. Man hat die Geographische Zeitschrift zerstört und allen Bemühungen zum Trotz nicht wiederaufleben lassen. In der Konkurrenz mit ganz anders gearteten Fachzeitschriften schien ihre konzentrierende Kraft einer geringen finanziellen Anlaufunterstützung, mit deren Hilfe sie wieder hätte erscheinen können, nicht wert.

Manche Angriffe sind seither gegen Hettner gestartet worden. Teils kommen sie aus einem echten Fortschritt der Forschung, teils aber wurzeln sie auch nur in abweichenden Auffassungen, denen er sich gestellt hätte. Aber den Gesamtbau seines Schaffens berühren sie alle nicht. Hettner hat auch heute noch keinen Gegner gefunden, der nicht voll auf seinen Schultern stände. Aber daß er keinen ebenbürtigen Nachfahren gefunden hat, zeigt angesichts unserer heutigen Problematik ein Vergleich der zeitgenössischen geographischen Literatur mit seinen mutigen und umsichtigen Analysen der Fragen seiner Zeit. –

Das letzte Jahrzehnt seines Lebens galt der Zusammenfassung seines Systems der allgemeinen Geographie. Dessen naturwissenschaftliche Grundlagen hat er in den vier Bänden seiner „Vergleichenden Länderkunde" dargelegt, unter denen seine Biogeographie noch lange Beachtung finden wird, ein überraschender Wurf insofern, als er nicht, wie fast alle anderen Werke, auf voraufgehenden Spezialstudien fußt. Seine Tiergeographie hat überhaupt kein Gegenstück in unserer Literatur. Seine „Geographie des Menschen" aber ist nach seinem Tode von Schülern z. T. nur herausgegebener, z. T. bearbeiteter Torso geblieben. Dieser Konstruktionsversuch des konsequentesten Systematikers der Geographie wird seinen Wert behalten, sei es als Richtpunkt, sei es als Prüfstein für künftige ähnliche Versuche. Die auch von ihm empfundene, aber für grundsätzlich schließbar gehaltene Lücke seines Systems ist der Mangel einer Geographie der Meere; er hat sie der Konzentrierung seiner Arbeitskraft auf den gewaltigen Rest opfern müssen.

Charakteristisch für Hettners literarisches Schaffen ist die absolute Zurückhaltung, die er sich, sehr im Gegensatz etwa zu Ratzel, Krümmel, Sapper, Penck u. a., Nachbarwissenschaften gegenüber auferlegte. Man hat ihm das mit Unrecht als Enge ausgelegt. Er war auf den weitesten Gebieten zahlreicher Wissenschaften interessiert, belesen und urteilsfähig. Wo er in seiner Jugend geologisch gearbeitet hatte, haben sich seine Beobachtungen und Schlüsse auch gegen Angriffe hervorragender Spezialforscher schließlich als richtig erwiesen. Sein Haus suchten Geologen und Philologen, Historiker und Prähistoriker, Biologen und Agrarforscher, und nicht zuletzt Philosophen gern zu sachlichen Gesprächen auf. Er hat die berühmte Literaturgeschichte seines Vaters in ihrer ursprünglichen Form wieder herausgeben lassen, nachdem er sich von den zerstörenden Eingriffen späterer Editoren überzeugt hatte. Er hat den befreundeten Zoologen Hesse zu seiner Tiergeographie angeregt, wenn ihn das Ereignis auch nicht überzeugte. Wenn er sich aber auch jeder literarischen Äußerung enthielt, die in seiner Nachfolge hätte auf Abwege führen können, so hat er doch immer wieder von den Nachbarwissenschaften her fruchtbare Linien in die Geographie hereingetragen. Er hat wohl als erster Eduard Hahns Haustierforschungen in ihrer Bedeutung erkannt und sie in die Wirtschaftsgeographie hineingeleitet. Sein vielleicht schönstes Werk, „Der Gang der Kultur über die Erde", ist eine Synthese, die das geographisch Relevante fast aus dem Gesamtbereich der Wissenschaften vom Menschen mit unvergleichlicher Prägnanz, Knappheit und Klarheit gezogen hat. Wenn Ewald Banse im Lexikon der Geographie bedauert, daß Hettner keine Hürden überspringen konnte, so verkennt hier ein Nomade, dessen flüchtiger Schritt keine Spur hinterläßt, nicht nur Absicht und Wesen Hettners, sondern der Wissenschaft überhaupt. Hettner hat sich früh sein Ziel in einer wenig günstigen Situation seiner Wissenschaft umfassend gesteckt, und er hat es nach einem langen Leben in zähem Ringen mit seinen Problemen auf breitester Front schließlich erreicht, ohne Sprung, aber auch ohne Umwege. Es liegt eine eigentümliche Konsequenz in diesem Forscherleben, das immer wieder auf oft weit zurückliegende Arbeiten zurückgreifen und sie in die aktuelle Diskussionsfront werfen konnte. Der Grund dafür liegt darin, daß auch seine scheinbaren Spezialstudien stets auf das Allgemeingültige zielten, nie nur lokale Verhältnisse klären wollten.

In dieser kurzen Erinnerungsstunde konnte selbstverständlich nicht der Ertrag sechzigjähriger Forschungen ausgebreitet und dargelegt werden. Auch die erwünschten Verbindungslinien zurück zu Strabo, Humboldt und Ritter oder zu den Zeitgenossen Ratzel und Richthofen blieben unberührt. Endlich wird man Hettner selbst eine Entwicklung zubilligen müssen, nicht Worte jedes Alters unterschiedlos gegeneinander auf ihre Übereinstimmung oder etwaige Widersprüche abwägen dürfen; uns konnte es hier nur auf eine Skizze der Generallinie ankommen. – Wir deutschen Geographen aber sollten es als Glück betrachten, daß unserer Wissenschaft ihr größter Systematiker und Methodologe in unserem Sprachraum geschenkt wurde, und wir sollten mit diesem Pfunde wuchern. Hettners System ist weit und zugleich engmaschig genug, jedem neuen Gedanken Anknüpfungspunkte zu bieten. Es ist geschaffen worden nicht nur im Ringen um die eigene Konsolidierung, sondern auch um das Verständnis der geographischen Fragestellung von seiten der Nachbarwissenschaften. Es läge in unserem eigenen Interesse, von dieser Grundlage auszugehen, auch wenn der Weg von ihr weiterführen sollte. Der eigene Weg gewinnt dadurch an Sicherheit, und die geographische Forschung an Zutrauen und Gewicht im Rahmen der Gesamtwissenschaft. Denn darin liegt die Stellung und Bedeutung Hettners: Er hat die Einheit der Geographie geschaffen und ihr Bild, wie er es sah, vor uns gestellt. Er hat ihr die innere Struktur, die Abgrenzung nach außen gegeben. Wissenschaft ist lebendig. Wer aber an ihrem Antlitz fortmodelliert, hat kaum in einer anderen Wissenschaft so leicht die Möglichkeit, seinen Ausgangspunkt in einem vorgegebenen System zu bestimmen und Richtung und Ziel seines Weges von hier aus zu bezeichnen.

Prof. Dr. WALTHER TUCKERMANN

27. 8. 1880—14. 9. 1950

Von Ernst Plewe, Heidelberg

Der Aufforderung, auf diesen Blättern Walther Tuckermann Worte der Erinnerung und Würdigung zu widmen, kann sich sein Nachfolger im Amt schwer entziehen, auch wenn ihn ein Gefühl der Unzulänglichkeit vor diesem Beginn zögern läßt. Denn wer unter den Gebildeten unserer strebsamen und interessierten Stadt kannte Tuckermann nicht? Wer aber, darf man auch wiederum fragen, kannte diesen trotz aller weltmännisch gewandten Umgänglichkeit im Eigentlichen fast scheu zurückhaltenden Mann so gut, daß er ein giltiges Bild seines Wesens und Wirkens zu geben sich anmaßen wollte?*) Ich darf mich nur bedingt dazu zählen und zur Begründung die Grenzen unserer Berührung zeichnen.

Den ersten engeren Kontakt brachte der für Tuckermann sehr schmerzliche Augenblick der Auflösung der Städtischen Handelshochschule Mannheim, als ich 1933 als Assistent und Beauftragter des Geographischen Instituts Heidelberg von ihm zum ersten und einzigen Male in sein bereits verwüstetes Mannheimer Institut geführt wurde, um dessen Zerstörung fortzusetzen. Ich mußte jenen Teil der Bücher- und Kartenbestände heraussuchen, die das Heidelberger Institut zu seiner Vervollständigung übernehmen sollte. Er hat als damaliger Rektor der Hochschule diesen für sein Werk vernichtenden Schlag nicht aufhalten können. Zehn Jahre der Wirksamkeit als Ordinarius für Geographie in Mannheim, davon fünf Jahre in der leitenden Stellung eines Rektors bzw. Prorektors, wurden durch die Überführung der Hochschule nach Heidelberg und ihre Angliederung an die dortige Universität in der Form einer Staats- und Wirtschaftswissenschaftlichen Fakultät jäh abgebrochen. Denn Tuckermann wurde nicht, wie der größere Teil des Mannheimer Lehrkörpers, nach Heidelberg übernommen, sondern behielt als Emeritus seinen Wohnsitz in Mannheim. Das ist nur teilweise auf seine betont antifaschistische Haltung zurückzuführen. Schwerer wog, daß ihn der damalige Heidelberger Fachvertreter als zweiten Ordinarius an seiner Seite aus völlig anderen Gründen ablehnte. Das liegt dokumentarisch fest. Ich kenne ihn also als Mannheimer Dozenten nicht mehr und habe ihn auch in den späteren Jahren vertrauensvoller gemeinsamer Tätigkeit am Heidelberger Institut ab 1945 nie als Lehrer erlebt.

*) Nachrufe haben ihm gewidmet: Sein Schüler TH. KRAUS (Köln) in den Berichten zur deutschen Landeskunde. Bd. 10, Stuttgart 1951 und in der Zeitschrift „Erdkunde", Bd. V, 1951, der Freiburger Geograph FRIEDRICH METZ in der Zeitschrift d. Gs. f. Erdkunde Berlin 1951/2 und ERNST PLEWE in Petermanns Geogr. Mitteilung 1951 (mit Bibliographie seiner Veröffentlichungen).

denn er hat sich dort alsbald meinen Besuch seiner Vorlesungen und Seminare verbeten, da er sich andernfalls irritiert fühle. Aus Gesprächen mit Heidelberger Bürgern, die seine länderkundlichen Vorlesungen gern als Gasthörer besuchten, war zu entnehmen, daß die Systematik dieser Darbietungen in der Regel wenig straff war, daß die herangetragene Stoffülle aber Perlen treffender Charakteristiken enthielt, die oft weit über das Verständnis junger Fachadepten gingen. Er war kaum ein Lehrer für Anfänger. Ihm lag es weder, primitive Grundbegriffe zu erörtern, noch mehr oder weniger schematisch „große Linien" zu entwickeln. Seine Universalität sprengte spielend alle Fachgrenzen und führte oft erst auf weiten Umwegen, auch durch enge und scheinbar abgelegene Gassen, nie aber auf der Heerstraße zum Ziel, zur ganz individuellen Erfassung von Kulturlandschaften. Die freie Rede ließ ihm dabei mehr Spielraum für liebevolle Einzelbetrachtung, als der stets als knapp empfundene Rahmen seiner Schriften. TH. KRAUS hat von ihm treffend gesagt, er wirke in jeder seiner Schriften wie ein mit allen Einzelheiten vertrauter Lokalforscher. Jedoch verführte diese peinliche Beachtung des Kleinen ihn nicht zur Kleinlichkeit, vielmehr eröffnete er dadurch in der Regel ganz neue, sehr wesentliche Perspektiven, deren kritische Würdigung aber noch aussteht.

Immer mehr bricht sich in der gegenwärtigen länderkundlichen Diskussion die Erkenntnis durch, daß ein Fortschritt in der Weiterführung der seit 100 Jahren verlassenen Wege des klassischen deutschen Geographen CARL RITTER gesucht werden müsse. Ganz unbeachtet blieb dabei, daß Tuckermann längst auf diesen Wegen wandelte, dem ganzen Generationen entglittenen Meister vielfach verwandt durch seine Herkunft aus der Geschichte, durch seine kulturwissenschaftliche Polyhistorie, nicht zuletzt auch durch die religiös-humanitäre Überzeugung, die seine Forschung unbeschwert und fruchtbar durchleuchtet. Mit RITTER hat er das Wesen der Länder in ihrer kulturellen „Erfüllung" gesehen, nahm gleich ihm deren natürliche Ausstattung mehr oder minder als Faktum hin. Wie jener ging er in der Analyse einer Kulturlandschaft nur soweit zurück, wie die historischen Quellen reichen, überließ mit bemerkenswerter methodischer Eigenwilligkeit und Selbständigkeit die Genese der Physis der Länder den Nachbarwissenschaften. Dennoch waren ihm — wie RITTER — diese Gebiete nicht etwa fremd. Die Geomorphologie des Rheinischen Schiefergebirges z. B. hat er sich im Geleit PHILIPPSONS gründlich erwandert, hatte ein sehr bestimmtes und klares Urteil auch dort wo er literarisch grundsätzlich schwieg.

Diese kulturwissenschaftliche Sicht der Länderkunde leitete ihn auch bei der Wahl seiner Forschungsgegenstände. Es sind stets sehr komplizierte, geschichtstiefe und schichtenreiche Länder und Örtlichkeiten: seine Vaterstadt Köln, der er mehrere eindringende Studien widmete, die Niederlande, die mittleren Oberrheinlande, Eupen-Malmedy, das Saargebiet, Mannheim, Osteuropa, Ostkanada mit seinen mannigfachen Kolonisationswellen, die Philippinen. Umfangreiche Vorarbeiten galten Frankreich, den Britischen Inseln, Nordeuropa, Vorderindien, Vorderasien u. a. Seine Vorlesungen, die in der Regel länderkundliche, kaum allgemeingeographische Gegenstände behandelten, bereitete er sorgfältig vor, wenn möglich durch voraufgehende wochenlange Bereisung des zur Erörterung gestellten Landes. Er kannte aus eigener Anschauung Nordamerika, Teile Nordafrikas und Vorderasiens und fast alle europäischen Länder außer Spanien, das trotz vielfältiger Vorbereitung nie betreten zu haben ihm bis zum Tode ein aufrichtiger Schmerz war. Ähnlich haben sich ihm chilenische Pläne zerschlagen. Diese Reisen sowie seine generöse Gastlichkeit haben ihm hie und da in unserer Stadt den Ruf großen Reichtums eingetragen. Davon ist keine Rede. Er war von Haus aus wohlhabend, so daß er nicht wie die Mehrzahl seiner Kollegen ausschließlich auf das laufende Gehalt angewiesen war, sich auch die zeitraubenden obligaten Assistentenjahre ersparen und sein Ziel unmittelbar anstreben konnte. Aber darüber hinaus war er mit Reichtum nicht gesegnet. Was er tat, tat er ganz, und was er besaß war solide, und in seiner Einfachheit von erlesenem Geschmack. So schuf er um sich eine Welt vornehmer Gelassenheit und strenger Objektivität, ging seinen eigenen Weg fernab von Modeströmungen und Schlagworten jeder Art in Wissenschaft und Politik, kümmerte sich nicht um Lob noch (versteckten) Tadel oder Widerspruch, war aber wesentlichen aktuellen Problemen der Welt wie der heimatlichen Enge stets aufgeschlossen und hier auch zu festem persönlichen Zugriff bereit.

Mit Kriegsbeginn wurden zunächst die Hochschulen geschlossen und auch beide Heidelberger Geographen zur Truppe eingezogen. Ich als der leichter Reklamierbare wurde im Januar 1940 wieder an die Universität zurückgezogen und habe von nun an in der Erkenntnis, daß bis ins dritte Glied der wehrfähigen Männer gekämpft werden würde, versucht, Tuckermann nach Heidelberg zu ziehen, was ein Jahr lang an seinem verletzten Stolz scheiterte. Nach drei Trimestern erst gelang es, ihm die Zusage abzuringen, die kommissarische Leitung des Instituts zu übernehmen, falls er als Honorarprofessor dorthin berufen würde. Rektor und Fakultäten entsprachen dieser Bedingung sofort und m. W. einstimmig. Vom Frühjahr 1941 bis 1945 hat er das Heidelberger Geographische Institut allein betreut. Die Dinge lagen also etwas anders, als die früheren Nachrufe in ihrer gedrängten Kürze vermuten lassen. 1942 war ich wieder häufiger Gast seines Hauses, als ich als Kriegsverletzter auf eine Mannheimer Etappenstelle zurückgezogen war. Stunden bei ihm waren ein Genuß, entbehrten aber auch nicht einer kleinen, liebenswürdigen Komik. Alle Tische, Stühle, Sessel waren mit großen Stößen von Büchern, Karten, Zeitungen und Zeitschriften, Mappen und Exzerpten belegt, Zeugen eines ununterbrochenen, weitschichtigen, fleißigen Studiums und eines fast manischen Sammeleifers, für jeden Fremden ein Chaos, in dem nur er selbst sich erstaunlich rasch und sicher zurechtfand. Im übrigen aber ein Bücherschatz, der auf seinen Arbeitsgebieten Raritäten allererster Ordnung in Fülle enthielt; mir sprach er einmal von etwa 23 000 Bänden, was überschlägig geschätzt nicht übertrieben schien. In drei Reihen hintereinandergesetzt säumten sie bis zur Decke die Wände seines Arbeits- und seines Bibliothekszimmers und quollen von hier in die übrigen Räume, wo erst das engere Bereich seiner Gattin ihnen eine stets respektierte Grenze setzte. Dennoch war er kein Bücherwurm, sondern ein Mann, dem regelmäßige, weite Märsche ein lebensnotwendiges Bedürfnis blieben. Wiederum bezeichnend aber für ihn ist, daß er Landstrecken fast gelangweilt mit Riesenschritten durcheilte, in Dörfern und Städten aber gemächlich von Haus zu Haus pilgerte. Er war Stadtmensch, und nur die in der Siedlung kristallisierte Kulturlandschaft, nicht die freie Natur zog ihn an, fand in ihm ihren feinsinnigen Deuter.

Schon 1942 sanken erhebliche Teile Mannheims, auch in nächster Nähe seiner Wohnung in der Augusta-Anlage, in Trümmer. Ich bat ihn damals oft und dringend, wenigstens einen Teil seiner Kostbarkeiten, vor allem die Manuskripte fast vollendeter großer Werke, in meine Heidelberger Wohnung zu verlagern. Er lehnte ab. Die individuellen Gründe für diese fast starrsinnig anmutende Weigerung sind zahlreich. Kein Sammler trennt sich gern vom Gegenstand seiner Passion. Dazu kam, daß er bis zur Drucklegung an seinen Manuskripten dauernd besserte, also weder sie, noch das dazugehörige Arbeitsmaterial auch nur zeitweilig entbehren wollte. Tiefster Grund schien mir aber seine zwischen uns nie berührte religiöse Überzeugung zu sein. „Lassen Sie nur, es kann doch nicht a l l e s kaputt gehen!", winkte er jeden Vorschlag ab. Er wollte einem Unglück nicht ausweichen, von dem er nicht glaubte, daß es ihn treffen würde. Hätte seine skeptischere und entschlossene Gattin nicht heimlich einige lebensnotwendige Dinge und ein paar seitabstehende schöne Einrichtungsgegenstände in ein leerstehendes Zimmer nach Heidelberg verbracht, so hätte ihn in seinen letzten Jahren kein Stück seiner alten Habe umgeben. Denn wie eine Fackel brannte in der Nacht vom 5. auf 6. Sept. 1943 alles nieder, während gleichzeitig Plünderer den Versuch von Frau Tuckermann, die im Keller aufgehobenen Manuskripte zu retten, bereits zunichte gemacht hatten. In Wein und Scherben getretener Schmutz war alles, was sie noch antraf. Tuckermann selbst entkam der Brandorgie nur erheblich verletzt in den Keller der nahen Christuskirche und mußte nun nach Heidelberg übersiedeln.

Damit begann zusehends der Verfall dieses bis dahin so rüstigen, energischen, motorischen und zielbewußten Mannes. Eine schwere eitrige Rippenfellentzündung warf ihn monatelang auf die Schwelle zwischen Leben und Tod. Eine Verkalkung des Zentralnervensystems hemmte ihm zunehmend den freien Gebrauch der Glieder. Langwierige und sich vielfach wieder zerschlagende Berufungsverhandlungen um seinen Nachfolger zwangen den allzu Pflichtbewußten, weit über sein Vermögen hinaus im Dienst zu bleiben. Schwer traf ihn der ganz unerwartete Tod seines vor wenigen Tagen erst als Nachfolger begrüßten Freundes Wilhelm Credner. Nur buchstäbliche Totalzusammenbrüche mit den notwendigsten Aufenthalten in Kliniken und Sanatorien in ihrem Gefolge unterbrachen seine rastlose Tätigkeit als Dozent, Institutsleiter und Forscher. Bis zum völligen Versagen der Stimme nahm er — schließlich in seiner Wohnung — Staatsprüfungen ab, ehe er sich einige Minuten vertreten ließ, folgte aber selbst dann noch angespannt der Wechselrede und bestimmte nach dem Gesamtergebnis die Note. Neun Jahre lang hat er so als Emeritus und Entpflichteter seinen Studenten und Kollegen ohne eine Bemerkung über seine eigene Person ein Ethos vorgelebt, das manchen Empfänglichen nachhaltig beeindruckt hat. Die Plötzlichkeit des Verfalls lag aber doch wohl in tieferen als nur medizinischen Gründen, wie vielleicht durch ein bezeichnendes Erlebnis mit ihm dargelegt werden darf.

Das anregende Werk meines Leipziger Lehrers WILHELM VOLZ „Die Besitznahme der Erde durch das Menschengeschlecht" führte mich dazu, einigen Kulturproblemen und deren Konsequenzen an der Schwelle der menschlichen Vernunft hypothetisch nachzugehen*). Mit diesen Fragen wandte ich mich auf einem Spaziergang auch an Tuckermann und erfuhr dabei zu meiner Überraschung eine ungemein scharfe Zurechtweisung etwa folgenden Wortlauts: „Ein vernunftloser Mensch der Gegenwart ist ein furchtbarer Krankheitsfall; das hypothetische Gedankenspiel mit einem noch nicht vernünftigen Menschen der Vorzeit aber ist eine hemmungslose Versündigung an der Würde des Wesens des Menschen. Schweigen Sie mir davon!" Das waren Worte aus dem Kern seiner Auffassung vom Sinn und Wert menschlicher Existenz. Daß die Vernunft in Gott wurzelt und endet, war ihm als überzeugtem Christen selbstverständlich. All seine vielberufene Toleranz aber, die ihn etwa zur Una Sancta neigen ließ, dem Kölner Protestanten ein tiefes Verständnis und warmes Gefühl für die Werte des Katholizismus, ja im Grunde jeder Religion, ermöglichte, hatte haarscharfe Grenzen dort, wo echtes Menschentum auch nur theoretisch in Frage gestellt schien, geschweige denn dort, wo es sich in blindem Haß selbst in Frage stellt, ja aufhebt. Dem Zerstörungswillen, dem Wesen und Werte, die ihm tief verbunden waren, ringsum wahllos zum Opfer fielen, konnte sein empfindliches, durch keine Skepsis geschütztes Kulturbewußtsein, konnte damit der Kern seines Wesens nur kurze Zeit Widerstand leisten. Es entspricht völlig seiner leblang geübten unerbittlichen Selbstzucht, daß er sogar in den Stunden völliger Umnachtung der letzten Monate nicht ein einziges Mal in Wort oder Gebärde ein Gran jener gesammelten aristokratischen Haltung verlor, die ihm bei vollen Kräften zur selbstständlichen Natur geworden war.

Es kann hier also nicht von jenem Walther Tuckermann gesprochen werden, der als Student mehrerer mittel- und süddeutscher Hochschulen von Anbeginn ein sehr weit gestecktes historisches Ziel zu verfolgen begann, das Gesamtgebiet der Geschichte, Kulturgeschichte, Kunstgeschichte und Religionswissenschaften, aber auch die Grenzgebiete zu den Naturwissenschaften, Geologie und Geographie, vor allem bei SAPPER mit einschloß, um schließlich mit einer wirtschaftsgeschichtlichen Dissertation bei dem Historiker GEORG VON BELOW zu promovieren. Von diesem her wird viel seiner der deutschen Geographie fremden Eigenart verständlich: die grundsätzlich historische Sicht jedes Problems, die Offenheit für soziologische und wirtschaftliche Gesichtspunkte, die konservative Grundhaltung, die aus der Romantik sich herleitende geschichtsphilosophische Auffassung, die einem (allerdings historisch zu begründenden und nicht leichtfertig zu postulierenden) „Volksgeist" gestaltende Kraft zubilligt, endlich die Entschiedenheit der kritischen Urteilsbildung. Aus seiner individualisierenden Geschichtsbetrachtung stammt seine allen „Gesetzen" abgeneigte kulturgeographische Auffassung. Dagegen ist er seinem Lehrer nicht gefolgt in dessen Freude an der Polemik, die ihm ganz fern lag, leider aber auch nicht in dessen Neigung, den eigenen wissenschaftlichen Standpunkt

*) Geogr. Z. 1943, S. 188—202.

abstrakt zu formulieren. Denn Tuckermann hätte der methodischen Problematik der Geographie manchen bereichernden Gedanken schenken können. Keine Erinnerung reicht zurück zu dem jungen Offizier, der vier Jahre an der Westfront, zuletzt als Rittmeister d. R. verwendet wurde, ausgezeichnet mit dem E.K. I. Auch der überaus fröhliche, mitunter vor Lebenskraft überschäumende Kölner Stadtarchivar und junge Privatdozent der Jahre nach dem ersten Weltkrieg, der nach angestrengter Tagesarbeit abends mit gleichgestimmten und anregenden, wenn auch keineswegs immer verwandten Seelen wie KUSKE durch die Weinstuben der Altstadt zog, liegt weit zurück. Tuckermann hatte sich aber einen gütigen Humor bewahrt, der sich kaum je mehr in einem Lachen, wohl aber in aufgeräumter Stimmung in treffenden trockenen Bemerkungen offenbarte, dann stets in Kölner Mundart.

1923 traf die Mannheimer Hochschule sicher die glücklichste Wahl, als sie diesen bereits durch eine Fülle gediegener Arbeiten zur Geschichte, Geographie und historischen Geographie der Niederrheinlande sowie durch verkehrsgeographische Gesamtdarstellungen zweier großer osteuropäischer Länder bekannten Forscher auf ein für ihn geschaffenes geographisches Ordinariat berief, nachdem er soeben mit einem gehaltreichen Aufsatz über „das Saargebiet" (Geogr. Z. 1922) sein Interesse für den oberrheinischen Raum bekundet hatte. Erst das 4. und 5. Jahrzehnt seines Lebens, die Jahre der Unabhängigkeit in Mannheim, wurden zur eigentlich produktiven Periode seines Schaffens, der gegenüber alles Voraufliegende wie Vorarbeit wirkt. Hier erst erstand ihm in einer Reihe wertvoller Länderkunden und Einzelstudien die Ernte seiner subtilen Kenntnis der Niederrheinlande, zu denen er auch Belgien und Luxemburg rechnete, griff er nach überseeischen Gebieten, nach Kanada, USA, Philippinen über, suchte (1925) „die Änderungen der Weltwirtschaft seit 1913" oder „die Neuindustrialisierung der Erde" (1926) zu erfassen. Daneben kümmerte er sich auch um den „Geographieunterricht in den Oberklassen der höheren badischen Schulen" sowie um das Problem, ob „die pädagogische Akademie auch für die Landlehrer die geeignete Bildungsstätte" ist. Viel gegriffene Sammelwerke enthalten Beiträge aus seiner Feder, so ANDREE-HEIDERICH-SIEGER's Wirtschaftliche Länderkunde seine Darstellungen Belgiens und der Niederlande (1926), die Jahrhundertausgabe der SEIDLITZ'schen Geographie den Abschnitt „Osteuropa" (1931), dem zwei Bändchen gleichen Titels in Jedermanns Bücherei, der bekannten HIRT'schen Sammlung voraufgingen. Als Mitarbeiter am Handwörterbuch des Grenz- und Auslandsdeutschtums zeichnete er für die Artikel Eupen und Malmedy, die Philippinen, Alberta, Britisch-Kolumbien und Kanada. Zur Festschrift für GEORG VON BELOW trug er eine Studie über „das Deutschtum in Kanada" (1928) bei, bereicherte die PHILIPPSON-Festschrift mit einer länderkundlichen Darstellung der „ostniederländischen Provinz Drente". Insgesamt lassen sich gegen 100 Schriften nachweisen, die im einzelnen aufzuzählen zu weit führen würde. Dagegen wird mancher alte Mannheimer sich gern an die weitgreifende „Akademische Rede" erinnern, mit der der damalige Rektor der Handelshochschule „Die Rheinische Jahrtausendfeier" 1925 in ein helles historisches und zugleich gegenwartsnahes Licht stellte.

Man hat die Frage gestellt, welche dieser Veröffentlichungen man als Tuckermanns Hauptwerk ansprechen darf und neigt in Köln dazu, seiner *„Länderkunde der Niederlande und Belgiens“* (1931) die Palme zu reichen, Ländern, die, wie er selbst einleitend sagt, „zu den kompliziertesten unseres Erdteils gehören, das südliche wohl noch mehr als das nördliche“. Wie diese beiden Staaten auf 158 Seiten, jeweils zunächst in einem allgemeinen Überblick und dann in den Einzellandschaften untersucht und dargestellt werden, ist meisterhaft. Die knappen Sätze jagen einander fast unverbunden, jeder bringt neue Tatsachen, neue Gesichtspunkte, neue Probleme, nirgend verweilt der Blick, nirgend läßt der allzu knapp bemessene Raum die drängende Fülle wirklich zu voller Entfaltung kommen. Kein deutscher, man darf wohl sagen, überhaupt kein Geograph seiner Zeit hätte ihn mit dieser Darstellung erreichen oder gar überbieten können. Man kann aber rückblickend nur bedauern, daß gerade dieses Werk in der „Enzyklopädie der Erdkunde“, einer zwar ganz vorzüglichen, aber in der Raumbeschränkung für die Hand des Lehrers bestimmten Sammlung erschienen ist. Der reichlichere Zuschnitt etwa der „Bibliothek länderkundlicher Handbücher“ wäre der Bedeutung dieses Raums und der intimen Vertrautheit Tuckermanns mit ihm angemessener gewesen.

Dennoch zögern wir, auch nur einem seiner Werke vor anderen einen unbedingten Vorzug zu geben. Wie wertvoll wäre es, hätten wir auch von andern Ländern Untersuchungen wie seine *„Verkehrsgeographie der Eisenbahnen des europäischen Rußland“* (1916), die neben dem gesamten historischen und geographischen Schrifttum auch die historische Folge der Fahrpläne als Quellen heranzieht und dadurch bis zur Berichtigung erheblicher amtlicher Irrtümer vordringt, von der Korrektur ausländischer geläufiger Vorurteile ganz abgesehen. Tuckermanns Interesse am Eisenbahnwesen war bekannt. Um sie hat sich die Geographie bis heute viel zu wenig gekümmert. Sätze Tuckermanns wie „Das müssen Sie sich immer vor Augen halten: Wo keine Eisenbahnen laufen, da ist auch nichts los!“, sollte man ihr ins Stammbuch schreiben. Er hat Staatsexamensarbeiten vergeben, die sich mit einer einzigen relativ kleinen Bahnstrecke zu beschäftigen hatten, verlangte dann aber auch das ganze Drum und Dran vom Beginn der Planung, den Erörterungen der Tracierung bis zur laufenden Strecke und den sich aus ihr ergebenden wirtschafts- und siedlungsgeographischen Konsequenzen. Er selbst besaß als einen gepflegten Schatz seiner Bibliothek ein riesiges Fahrplanarchiv der ganzen Welt von den Anfängen bis zur Gegenwart als konkreteste und knappste Dokumentation des Wandels der Kulturlandschaften im Zeitalter der Technik.

„Ein köstliches Kleinod“ nannte Albrecht Haushofer Tuckermanns *„Philippinen, ein kulturgeographischer Rück- und Ausblick“* (1926), dank Hettner eines seiner wenigen Werke, das überhaupt eine Würdigung erfahren hat. Hettner, der führende Geograph jener Jahrzehnte, seinem Wesen nach alles andere als ein Historiker, war von dieser historisch-geographischen Monographie so beeindruckt, daß er sie als Heft 2 seiner „Geographischen Schriften“ herausbrachte, sie somit seiner eigenen klassischen Studie „Der Gang der Kultur über die Erde“ in dieser Reihe unmittelbar folgen ließ. Das auch stilistisch prachtvoll ausgefeilte Bändchen behandelt die Philippinen zunächst im Kampf zwischen Portugal und Spanien, dann die bei ihrer Weltentlegenheit rasch, aber ohne die Schrecken der Konquista unter dem Schutz der spanischen Krone fortschreitende Christianisierung und die damit einhergehende grundlegende Änderung der ganzen Kulturlandschaft, die aber ganz verschieden ist vom kulturellen Gepräge des romanischen Amerika, schon dank dem Fehlen des spanischen Elements und der spanischen Sprache auf dem flachen Land. Der eigentliche Herrscher war nicht der dauernd wechselnde und damit praktisch entmachtete spanische Beamte, sondern der Mönch, der die verstreut wohnenden Eingeborenen um die Kirche in neu entstehenden Dörfern sammelte und dadurch das ehedem in wilden Fehden lebende Land befriedete. Nie kam es hier zur Sklaverei. „Im Grunde war der Staat nichts anderes als die organisierte Kirche." „Eine bessere Schutz- und Kampftruppe hat noch nie ein Land besessen, als sie Spanien auf seinem verlorenen Posten in der Südsee besaß", nämlich in der Theokratie der Mönche über die Eingeborenen, die gegebenenfalls gegen Angriffe von außen her auch recht wehrhaft war. Seit dem 19. Jahrhundert wird das ehemalige Paradies anachronistisch und drückend, und in Zusammenarbeit zwischen Aufrührern und Nordamerika wird in einem raschen, für Spanien aussichtslosen Feldzug die spanische Herrschaft 1898 beseitigt, alsbald aber gegen die neue amerikanische Militärregierung um die Autonomie weitergekämpft. Trotzdem setzt sich sofort eine tiefgreifende Angloamerikanisierung der Eingeborenen durch, möglich geworden durch ihre geringe Hispanisierung trotz dreihundertjähriger spanischer Herrschaft. Damit parallel geht zwar ein starker wirtschaftlicher Aufstieg, setzt eine neue Periode in der Entwicklung der Kulturlandschaft ein, beginnen aber bis dahin unbekannte soziale Probleme innerhalb der aus patriarchalischer Betreuung in die Weltwirtschaftskonkurrenz versetzten Bevölkerung sich anzumelden. „Ich bin mir bewußt, den engeren geographischen Rahmen nicht immer eingehalten zu haben. Aber ich glaubte doch, diese Überschreitung zulassen zu sollen, um ein einigermaßen geschlossenes Bild von der Stellung und der Entwicklung der Inselgruppe geben zu können. Letzten Endes geht ja auch die höchst eigenartige Entwicklung des Archipels auf eines der wichtigsten geographischen Momente, auf das der L a g e zurück, dessen Bedeutung bei der Würdigung der ganzen insularen Verhältnisse nicht hoch genug veranschlagt werden kann", schließt Tuckermann die Einleitung zu diesem plastischen und kraftvollen Bild jenes fernen Archipels, den er nie betreten hat. Alles ist aus einer unglaublich weitschichtigen Literatur, großenteils aus weit entlegenen spanischen Missionsschriften erarbeitet, deren Verwertung ein sehr kritisches Urteil voraussetzt. Ihm war das ein Leichtes, denn er verfolgte seit jeher das christliche Missionsschrifttum aller Sprachen für seine erdumspannende „Kulturgeographie des Christentums", von der „Die Philippinen" nur ein abgelöster kleiner Splitter war. Den offenbar sehr weit fortgeschrittenen Rest fraßen die Flammen.

Am Oberrhein aber wird wohl immer als Tuckermanns nachhaltigste Leistung geschätzt werden *„Das altpfälzische Oberrheingebiet von der Vergangenheit zur Gegenwart"*, wobei man leider einschränkend hinzufügen muß: soweit man dieses Buch überhaupt kennt. Denn dieser seiner Zeit vorauseilende Wurf hat offenbar ein eigenartiges und mir in Einzelheiten nicht bekanntes Schicksal gehabt. Deckel und Titelblatt tragen nur den Titel, den Namen des Verfassers und die Angabe der Druckerei. Es fehlen Jahreszahl und Verlag, die auf einem eingeklebten Schreibmaschinenzettelchen nachgetragen sind: Köln a. Rh. 1935, Verlag Gonski & Co., Inh. Helmuth Vincentz, Akademische Buchhandlung. KRAUS spricht davon, daß es als Manuskript gedruckt worden sei. Tatsache ist, daß man dieses doch fast unbekannt gebliebene Werk zu einem lächerlichen „Selbstkostenpreis" bei ihm haben konnte, und daß sich der Rest der Auflage in gepackten Paketen in seinem Nachlaß fand, von wo ich ihn für die Wirtschaftshochschule Mannheim als Austauschmaterial erwarb. Auf diesem seltsamen Umweg wird es allmählich einer Anzahl in- und ausländischer Bibliotheken zugänglich, ist aber dem Markt, will sagen dem eigentlichen Adressaten, dem politisch und kulturell an seinem Raum interessierten Pfälzer in Stadt und Land links und rechts des Rheines praktisch entzogen; ein gerade in der gegenwärtigen Situation des Ringens um Staat und Grenzen bedauerlicher Umstand.

Sieht man ab von Darstellungen*), die das Gebiet des Rheingrabens und seiner Randgebirge großzügig als Einheit sehen, dann begegnet man in der Literatur wie in der Vorstellung der Allgemeinheit einem überraschend schroff an den gegenwärtigen politischen Grenzen haftenden Denken. Zwischen Baden und der „bayerischen Pfalz" scheinen die Grenzen ebenso selbstverständlich und berechtigt, wie zwischen Baden und Württemberg. Der „Pfälzische Geschichtsatlas" (!) reißt in fast sämtlichen Karten schroff am Rhein mit der napoleonischen Staatsgrenze ab, als hätte es Heidelberg, Schwetzingen, Mannheim als Sitze der Kurfürsten der Pfalz, Bruchsal als Residenz der Speyerer Bischöfe nie gegeben. Darstellungen „badischer" oder „pfälzischer" Volkskunden, Landeskunden, natürlicher Landschaften im Rahmen dieser Grenzen erschienen wie selbstverständlich. Als dann aber nach dem ersten Weltkrieg die Idee einer Neugliederung des Reichs auftauchte, konnte man hier am mittleren Oberrhein etwa den weitgreifenden Ansprüchen des robusten Frankfurt **) und seiner Sprecher nichts Wesentliches entgegenhalten, als sie das „anthropogeographische Kraftfeld" des rhein-mainischen Raumes um den Doppelpol Frankfurt—Wiesbaden im W bis zur luxemburgisch-lothringischen Grenze, im S bis zum Elsaß und auf eine Linie Bruchsal—Wimpfen—Wertheim—Lohr ausdehnten. All diesen unzulänglichen Konzeptionen hat Tuckermann durch seine behutsame und umsichtige, aber auch scharf abhebende Herausarbeitung des „altpfälzischen Oberrheingebietes" den Boden entzogen, indem er uns „das Rhein-Neckargebiet aus den natürlichen Grundlagen und aus der auf ihnen ruhenden Entwicklung heraus" wieder begreifen lehrte. Er stellt also die nach der Neugliederung Deutschlands zu Beginn des 19. Jahrhunderts verschüttete Frage neu „Was ist und wo liegt eigentlich die Pfalz?" und beantwortet sie mit einer erschöpfenden Landeskunde, die sich ihr Objekt in langem Anlauf erst selbst — sogar im Umriß — erarbeiten muß, mit einer Darstellung, „wie sie kaum jemals versucht wor-

*) METZ, FR.: Die Oberrheinlande. Breslau 1925.

**) BEHRMANN-MAULL: Rhein-Mainischer Atlas für Wirtschaft, Verwaltung und Unterricht, Frankfurt 1929.

den" ist. Hier geht es also nicht mehr um die theoretische Erfassung eines mehr oder minder interessanten oder eigenartigen Raums, also um ein Stück fleißiger, aber vielleicht auch entbehrlicher Gelehrtenarbeit, sondern hier wird auf hoher Warte die Wissenschaft selbst zur Politik, allerdings in einer durch keine Zwecke gebundenen Zurückhaltung.

Ausgangsbasis ist ihm selbstverständlich die Territorialgeschichte, denn die Pfalz ist kein natürlicher, sondern ein politisch-territorialer Begriff. Höchst packend wird dargelegt, wie die Zentralgewalt des Reichs und viel von seinem Besitz an Territorialherren verloren geht, die am Oberrhein das Schwergewicht ihrer Macht in der Ebene suchen und sich von hier auf die Gebirgsflügel nach Osten und Westen ausdehnen. Jedes dieser Territorien ist topographisch zerfasert, verfilzt mit dem der Nachbarn und geladen mit Konfliktstoffen. So ringen das Erzbistum Mainz, um ihre Handelsinteressen besorgt vorsichtig und wenig ausgreifend die freie Reichsstadt Frankfurt, das Bistum Worms zusammen mit Kloster Lorsch, das Bistum Speyer, die Grafen von Leiningen und viele Kleinere um einen Ausgleich ihrer Territorialinteressen. Sie erreichen aber ihr Ziel nicht, da im mittleren 12. Jahrhundert die vom Mittelrhein kommende Pfalzgrafschaft sich zwischen sie setzt, mit Heidelberg eine gewichtige Schlüsselstellung über das untere Neckarland in die Hand bekommt und nun in langem erfolgreichen Kampf mit allen älteren Mächten dieses Raums, viel noch erhaltenes Reichsgut aufnehmend, die beherrschenden Positionen nicht nur in der Ebene, sondern auch weit über beide Gebirgsflügel gewinnt, im 14. Jahrhundert bereits die erste weltliche Kurwürde des Reichs erhält. In alle natürlichen Teillandschaften des nördlichen Oberrheingebiets wird diese Territorialentwicklung verfolgt, um dann abschließend „die Tendenzen in der Territorialpolitik des nördlichen Oberrheingebiets" kraftvoll zusammenzufassen. Wiederum werden zunächst alle größeren Staatsgebilde ringsum behandelt, gezeigt, wie Kurmainz, das am Oberrhein nie stark war, ausgeschaltet wurde, die Katzenelnbogen (Hessen) am Oberrhein zu schwach, auf der linken Stromseite überhaupt nicht verankert waren, die Markgrafschaft Baden von der Pfalz im N abgedrängt nur im S etwas freiere Entwicklung fand. Zwischen diese größeren Herrschaften lagerte sich über beide Stromseiten mit dem Kern im Unterneckarland, aber weit auf die Randgebirge ausgreifend und die Talausgänge beherrschend die Pfalz. Sehr schön wird dargelegt, wie sie zwar ein einigermaßen arrondiertes Gebiet nur in der Rheinebene war, tatsächlich aber auch in den peripherеren Teilen zersplitterten Besitzes die Herrschaft über untergeordnete fremde Einschlüsse in einem Umfang ausübte, den „die rechtlich formale Lage, wie sie das Kartenbild wiederzugeben sich bemüht", nicht erkennen läßt. Selbstverständlich ordneten sich die kleinen Ritterschaften und Splitter im Kraichgau, um den Donnersberg und an der unteren Nahe schon um ihrer bloßen Existenz willen der Pfalz unter, ebenso die einst so mächtigen Gegner, die Leininger. Auch die sechs Reichsstädte des Raums, Heilbronn, Wimpfen, Weißenburg, Landau, Speyer und Worms, standen in der Regel mit der Pfalz in engem Bündnisverhältnis, das sich mit der Erstarkung des Landesfürstentums gegenüber den Städten bis zur völligen Abhängigkeit steigerte. So rundet sich denn etwa im 16. Jahrhundert das Bild: Zwischen den mächtigen Nachbarn mit politischem Eigenwillen, Kurtrier, Nassau-Saarbrücken, Lothringen, Baden, Württemberg, Würzburg, Katzenelnbogen (Hessen-Darmstadt) und Kurmainz ist der „pfälzische Raum" entstanden, roh begrenzt durch die Orte: Mosbach, Michelstadt, Lindenfels, Bensheim, Worms, Oppenheim, Kreuznach, Simmern, Kastellaun, Trarbach, Birkenfeld, Baumholder, Homburg, Zweibrücken, Bergzabern, Germersheim, Philippsburg, Graben, Weingarten, Bretten, Heilbronn, Wimpfen. „Daß eine derartige Zusammenfassung der um die Pfalzgrafschaften sich sammelnden Gebiete zu einem pfälzischen Raum auch früheren Generationen verständlich war, beweist die Topographie der Pfalzgrafschaft am Rhein von Mathäus Merian. In dem Pfalzband bringt er außer der Kurpfalz und Pfalz-Zweibrücken auch die Hochstifter Speyer und Worms, die gleichnamigen Reichsstädte und andere kleine Herrschaften." Am Ende des 18. Jahrhunderts ein Gebiet von 15 000 qkm und reichlich 700 000 Einwohnern, also der dreifachen Fläche der heutigen Rheinpfalz, ein achtunggebietender Faktor gerade in dem so zerrissenen rheinischen Raum.

Grenzland geworden, muß die Pfalz der erstarkenden französischen Politik gewaltige Opfer bringen. Ein arrondierter Bruchteil ihres linksrheinischen Gebiets wird bayerische Exklave, der gesamte rechtsrheinische Raum Baden und Hessen zugesprochen, die Grenze erstmals in der Geschichte der Pfalz in den Rhein verlegt. Damit ist das einst stärkste politische Gebilde am Oberrhein ausgelöscht, die alte Hauptstadt Mannheim zur Grenzstadt geworden, deren Gemarkungsgrenzen zu $^{2}/_{3}$ als Staatsgrenzen funktionieren, sind zahlreiche Interessengegensätze entstanden.

Erst mit diesem Rückgriff auf die geschichtlichen Zusammenhänge hat sich Tuckermann die Sicht frei gemacht auf den tatsächlichen pfälzischen Raum, kann nun erst die Frage nach dessen kulturgeographischem Inhalt, nach seiner ihn von den umgebenden Gebieten abhebenden Eigenart stellen. Auch diese wird nicht aus rascher Intuition heraus beantwortet, sondern aus zweitausendjähriger Geschichte, rückgreifend bis auf die Römerzeit, beleuchtet. Pfälzisch ist die eigene Aktivität der Bevölkerung dieses Raums, die sich nicht nur stets und überraschend schnell von schwersten Rückschlägen erholte, selbst Totalverwüstungen (Mannheim, Heidelberg u. v. a.) überwand, sondern zu allen Zeiten auch eine Vielzahl bedeutender Kulturmittelpunkte, heute vielfach vergessen, entwickelte: Rheingönheim, Ladenburg, Neuenheim, Altrip schon zur Römerzeit, dann Worms, Speyer, Hockenheim, Kloster Lorsch und seine Gründungen wie Kloster Schönau, Kloster Heiligenberg, ferner Kloster Limburg und Dürkheim, Kaiserslautern, Zweibrücken, Pirmasens, Alzey, Kreuznach, Bruchsal, Neustadt, Heidelberg, Landau, Mannheim, Frankenthal. „So steht der Raum um die Neckarmündung etwa dem am unteren Main in keiner Weise nach; er lag in keinem Zeitabschnitt in der Schattenlage von Mainz oder später von Frankfurt." Mit lapidarer Kürze wird die Eigenart aller dieser städtischen Zentren skizziert, die kunstgeschichtliche Prägung des pfälzischen Raums — hier vor allem im Stil der Burgen — beleuchtet. Dann erst wird das ländliche Siedlungswesen von seinen faßbaren Anfängen bis zur Gegenwart in allen Teillandschaften gesondert verfolgt und die

Beharrlichkeit der vorherrschenden großen Dorfsiedlung herausgestellt, ihre landschaftliche Erscheinung in typischer Siedlungslage, Hausformen, öffentlichen Bauten, auffallend früher großer Volksdichte u.s.f. skizziert. In der gleichen Weise wird dann die pfälzische Territorialstadt als Gesamterscheinung gewürdigt, endlich der Pfälzer selbst vorgestellt in seiner rassischen, historischen (etwa eigenartigen religiösen), psychologischen, mundartlichen Prägung. Aber nirgend wird schematisiert, überall zeigt sich das ernsteste Bestreben, individuelle Züge innerhalb des Ganzen nicht nur herauszuheben, sondern sie auch zu begründen. Es lohnt sich schon, einmal diese Charakteristik des Pfälzers durch Tuckermann zu vergleichen mit der W. H. Riehl's und sich die Frage vorzulegen, wer von beiden „die überraschende Mannigfaltigkeit" schärfer gesehen, tiefer durchdacht und treuer dargestellt hat, eine allerdings nicht mühelose Aufgabe, denn der Form glänzender Darstellung bringt Tuckermann keine erkannte Wahrheit zum Opfer. Dennoch liest sich sein Werk nicht etwa schwer; das von unten heraufstrahlende Feuer heiliger Nüchternheit wird nur den allzueiligen Leser vergeblich zu erreichen suchen!

Den Abschluß des Ganzen bilden drei der heutigen Wirtschaft gewidmete Kapitel, in denen die Landwirtschaft, die Industrie und im Zusammenhang mit der Verkehrslage die übrigen wirtschaftlichen Erscheinungen besprochen werden. Auch in diesen Abschnitten steht der Leser betroffen vor der Fülle des Gebotenen, vor der Leichtigkeit, mit der gegenwärtige Verhältnisse aus denen vergangener Jahrhunderte entwickelt werden. Nur ein wahllos herausgegriffenes Beispiel: „Für die Ackerwirtschaft der Ebene ist das völlige Fehlen der Ackerweide und der Brache bestimmend. Der Getreidebau hat wohl in keinem Zeitabschnitt eine ausschließliche Bedeutung gehabt, wiewohl die Kurpfalz in längerer Friedenszeit häufig in der Lage war, an andere Gebiete Getreide abzugeben. Aus Rheinhessen wurde noch um 1820 1/3 des Getreides ausgeführt. Wenn heute der Anteil des Getreides am Gesamtackerland sich auf beiden Seiten auf knapp die Hälfte beläuft, so zeugt das davon, wie bedeutend der Anteil anderer Feldfrüchte ist." Und nun wird berichtet, wie der einst vorherrschende Spelz durch den noch 1830 in der Ebene beinahe völlig unbekannten Weizen verdrängt wurde, hier auch der Hafer zurückging, dagegen die Gerste sich auf den kalkreichen warmen Böden des Alzeyer Gaus seit dem 18. Jahrhundert, als sie hier noch die Hauptbrotfrucht war, gehalten hat, werden die so raumcharakterisierenden Handlungsgewächse besprochen, der ebenso bezeichnende Futteranbau des wiesenarmen Landes bis ins 17. Jahrhundert verfolgt, wird des Garten- und Weinbaus dieses stark parzellierten Gebiets gedacht. Ähnlich wird jedes Teilgebiet des pfälzischen Raums skizziert, werden landwirtschaftliche, industriewirtschaftliche, verkehrsgeographische Einheiten innerhalb des Gesamtraums herausgearbeitet, wird aber auch gerade auf dem verkehrsgeographischen Sektor die unheilvolle staatliche Zersplitterung, die Aufteilung des Gebiets zwischen drei Eisenbahndirektionen mit ihren unglücklichen Konsequenzen dargelegt. Trotz vieler solcher Trennungslinien drängen aber doch die wirtschaftlichen Verhältnisse immer wieder in die „natürlichen Bahnen", kristallisiert sich wie einst auch unter den neuen technischen Bedingungen um den

Rhein-Neckarkern ein einheitlicher und umrissener Wirtschaftsraum mit deutlicher O-W-Achse, dessen Eigengewicht aber bisher weder die Theorie, noch auch die vielberufene Praxis erkannt haben, wofür die letzte Seite des Buches Schlag auf Schlag bemerkenswerte Beispiele bringt. „Weil man eben vor lauter Schlagbäumen die selbständigen starken wirtschaftlichen Kräfte des Rhein-Neckargebiets nicht leicht voll erfassen und abwägen kann, neigt auch die wissenschaftliche Literatur dazu, sie zu unterschätzen, zu zersplittern und sie damit regional falsch einzugliedern.“ Nach einem nochmaligen Abschütteln rhein-mainischer Ansprüche schließt das Werk mit dem Satz: „Der Rhein-Neckarraum ist dank der natürlichen Voraussetzungen ein Raum klarer geschichtlicher Eigenprägung, wie er sich seit der karolingischen Zeit herauszusondern beginnt und wie er sich als solcher heute noch trotz aller nicht aus den natürlichen Leitlinien folgender Verkümmerungen darstellt.“

Es ist ein Werk sachlich kühler Betrachtung, distanziert und vornehm, ohne Pathos und ohne Polemik, aber von einer aufrüttelnden Konsequenz der Linienführung, von einer schlagenden Prägnanz des Urteils. Das Abstimmungsergebnis über den Südweststaat hat die alten historischen Bindungen, wenn auch überdeckt durch dankbare Erinnerung an die letzten 150 Jahre wertvoller badischer Geschichte, wieder zum Ausdruck gebracht: die altbadische Meridionale zwischen Rhein und Schwarzwald, die altpfälzische West-Ost-Achse im Rheinneckarraum. Es wird eine wesentliche Aufgabe der Zukunft sein, das alte Gewicht der Pfalz im neuen Staatsverband wiederherzustellen, zentralistische Bestrebungen auf das Notwendigste zu beschränken. Nicht wieder darf, das hat Tuckermann vorbildlich herausgearbeitet, die Pfalz ein peripheres Grenzgebilde zwischen divergierenden Interessen werden, seien es solche der Parteien, der Konfessionen, der Börsen, der Häfen, der industriellen Schwerpunkte o. ä.

Daß Tuckermann dieses grandiose Werk nicht aus dem Ärmel geschüttelt hat, daß er mit allen Fasern in diesen Raum hineingewachsen ist, ihm eine große Zahl sehr beachtlicher weiterer Publikationen aus den Vor- und Nacharbeiten erwachsen sind, ist selbstverständlich. Sie sind anschließend wenigstens in ihren Titeln angeführt, heute leider meist kaum mehr zugänglich. Wie er Mannheimer Bürger sein wollte und nicht nur anonymer Einwohner, so hat er in Tagesblättern und Mannheimer Lokalzeitschriften mit großem Ernst und eindringlicher Sachkenntnis Stellung genommen auch zu Tagesfragen der Verwaltung und Politik, zu Problemen des Eisenbahnfahrplans oder der Tarifordnung, wenn sie seine Wahlheimat betrafen. Er hat sich wohl gefühlt und auch gesorgt um Mannheim gerade als Kölner, angezogen von der lebendigen Tatkraft einer Bürgerschaft, die sich alles selbst verdankt. Ihn hat es nie nach Heidelberg gezogen, wo ihm erst nach der Vernichtung seiner Mannheimer Welt eine dankbar empfundene Zuflucht geboten wurde. Der Umgang mit Kreisen lebendiger Praxis, mit Rechtsanwälten, Stadträten, Herren der Industrie- und Handelskammer, weitblickenden Unternehmern, lag ihm näher, als mit der gelehrten Welt Heidelbergs, wenn ihm natürlich auch hier Freunde nicht fehlten, die er dann aber, um ihnen den Weg an den

Rhein zu sparen, zu festlicher Abendrunde in einem reservierten Saal Heidelbergs empfing.

Tuckermann war überzeugter Handelshochschulprofessor, erklärter Gegner einer Legierung von Handelshochschule und Universität. Er hat den Kräften, die s. E. aus falschem Ehrgeiz „die erste Handelshochschule der Welt, Köln", auf den Rang einer mittleren Universität herabdrückten, ebensowenig verziehen, wie jenen, die schon lange vor 1933 an der Auflösung der Mannheimer Hochschule zugunsten ihrer Vereinigung mit der Universität Heidelberg gearbeitet hatten. Der Heidelberger Mißerfolg, der 1945 zur Auflösung der „sechsten" Fakultät und 1946 zum Neuaufbau der „staatlichen Wirtschaftshochschule" in Mannheim führte, gab ihm recht, sollte vor einer Wiederholung des Experiments warnen. Die Leistungen Tuckermanns für seine Hochschule, sein Kampf um ihr Recht und ihre Anerkennung, schließlich um ihre Existenz und die Fortführung dieses Kampfes in Heidelberg ruht in noch geschlossenen Akten. Im ganzen ist es ein gewichtiges Stück seiner Lebensarbeit, das er bitter ernst genommen hat, das ihn zu scharfen Auseinandersetzungen mit sehr maßgeblichen Persönlichkeiten des öffentlichen Lebens, ja bis hart an die Grenze der Androhung eines Disziplinarverfahrens geführt hat. Er war nicht händelsüchtig und nicht disputfreudig, im Gegenteil. Wenn er aber nach langer und gründlicher Prüfung einen Standpunkt eingenommen hatte, dann konnte ihn niemand, auch kein Mehrheitsbeschluß davon abbringen.

Tuckermann war ein Kölner Sproß mit einem halben Jahrtausend gepflegter stolzer Bürgertradition, den rheinischen Landen von der Quelle bis zur Mündung verwachsen und mit ihnen vertraut, wie selten ein anderer. Welcher Pfälzer würde sich zutrauen, sein „altpfälzisches Oberrheingebiet" auch nur erweitert neu herauszugeben, wo ist eine der seinen an Gehalt adäquate Länderkunde der Niederrheinlande? Wer hätte gleich ihm im Stadtbuch von Köln (1948) „die geographische Lage der Stadt Köln" herausarbeiten können? Dennoch hat er 1946 die Frage, ob er an einer Stadtgeographie von Mannheim arbeite, mit den Worten beantwortet: „Gott sei Dank nein! Einem Gegenstand von solcher Größe und Kompliziertheit bin ich nicht mehr gewachsen!" Auch diese bei allem berechtigten Selbstbewußtsein fast demütige Bescheidenheit des großen Gelehrten gehörte zu seinem Wesen.

Tuckermann hat testamentarisch seine Überführung nach Köln-Melaten verfügt, wollte in die Erde zurückkehren, auf der seine Familie Jahrhunderte gewirkt hat. Den Gesprächen mit seiner Gattin auf dieser letzten Fahrt verdanken diese Blätter manche Einzelheit. Es ist sicher nicht in seinem Sinne, daß überhaupt von ihm gesprochen wird. Ihm ging es stets nur um Sachliches, um Personen nur so weit, wie sie im Dienst einer beachtenswerten Sache standen. Sein empfindliches Distanzgefühl lehnte es instinktiv ab, auch nur andeutungsweise, etwa in einem psychologischen Urteil, die Grenzen der fremden Persönlichkeit zu berühren, seine eigene Person z. B. im Lichtbild oder Porträt fixieren zu lassen. Selbst seine Gattin konnte uns kein Bild aus den Jahren seiner Kraft zur Verfügung stellen. Dennoch scheint es geboten, unserer nach Vorbildern und Halt suchenden

Gegenwart den Schattenriß eines Mannes in seinem Wesen, Wirken und Streben in Erinnerung zu rufen, der als Mensch und Forscher an der Wende eines neuen Zeitalters sich zu einer Größe erhoben hat, an der schweigend vorüberzugehen Selbstberaubung wäre.

Der Verein für Naturkunde zu Mannheim aber und die seit 1951 mit ihm vereinigte, einst von Tuckermann begründete Gesellschaft für Erd- und Völkerkunde in Mannheim legen diese Blätter des Gedächtnisses und ehrfürchtiger Würdigung vor den Manen ihres langjährigen Mitgliedes und Vorstandes nieder, dessen letzten Gang zu begleiten ihnen nicht vergönnt war.

Den pfälzischen Raum betreffende Veröffentlichungen Tuckermanns.

1922: Das Saargebiet. G. Z. 28, S. 217—232.

1923: Der politische und wirtschaftliche Kampf um die Rheinlande. G. Z. 29, S. 1—23.

1925: Die Rheinische Jahrtausendfeier. Akad. Rede Mannheim. 28 S.

1927: Mannheim-Ludwigshafen. Beitr. z. Oberrhein. Landeskunde. Festschrift z. 22. Dt. Geogr. Tag, hersg. v. FR. METZ. Breslau, S. 153—174.

1927: Die oberrheinische Tiefebene und ihre Randgebiete als Verkehrsland. G. Z. 33, S. 264—274, 314—321. Ebd. auch erschienen als „Oberrheinische Landschaften", hersg. v. A. HETTNER.

1929: Mannheims Lage, sein Schicksal. In „Die lebendige Stadt", Zweimonatsschrift der Stadt Mannheim.

1930: Geographische Grundlagen der Besiedelung im Mannheimer Raum. Ebd.

1931: Was soll eigentlich aus Mannheim werden? Ebd.

1931: Über die Entwicklung des deutschen Städtewesens, insbesondere der Mannheimer Stadtgemeinde. Ebd.

1932: Zur Entwicklung der Handels-Hochschulidee. In: Zum 25jährigen Bestehen der Handelshochschule Mannheim 1907—1932. S. 3—11.

1932: A. VON HOFFMANNS Werk: Das deutsche Land und die deutsche Geschichte. Mannheimer Geschichtsblätter. (Eingehende Besprechung mit besonderer Berücksichtigung der Oberrheinlande.)

1934: Grundlinien der Territorialbildungen am Oberrhein. Mannheimer Geschichtsblätter Bd. 36, S. 163—167.

1935: Das altpfälzische Oberrheingebiet. Von der Vergangenheit zur Gegenwart. Köln. GONSKI & CO., 164 S.

1936: Aus der Zeit JOHANN GOSWIN WIDDERS und seiner pfälzischen Topographie. Die Westmark, Völkische Wissenschaft III/4. Heidelberg - Saarbrücken, S. 14—21.

1937: Das Lauterer Becken und der topographische Aufbau der Stadt Kaiserslautern. Abhn. z. saarpfälzischen Landes- u. Volksforschung I, Kaiserslautern, S. 81—108. (Die dort angekündigte Untersuchung über „Kaiserslautern und sein Raum" ist in umfänglichen Exzerpten und Ansätzen stecken geblieben, nicht verbrannt, wie ein Biograph behauptet hat.)

1939: Der pfälzische Geschichtsatlas. Mannheimer Geschichtsblätter, S. 14—21. (Bringt wesentliche Ergänzungen u. Korrekturen.)

1940: Die verkehrsgeographische Verknüpfung der Pfalz und des Saarlandes mit dem nördlichen Elsaß und mit Lothringen. Westmärkische Abhn. z. Landes- u. Volksforschung IV, S. 48—73.

1948: Fragen zur Verwaltungsgliederung SW-Deutschlands. Berichte z. deutschen Landeskunde V, Stuttgart, S. 83—91.

HERMANN LAUTENSACH †

* 20.9.1886 † 20.5.1971

Mit 1 Bild[1]

Von Ernst Plewe (Heidelberg)

Am 20. Mai 1971 ist Prof. Dr. Dr. h. c. Hermann Lautensach im 85. Lebensjahr, nach einer Erkrankung, die man in wenigen Tagen zu beheben hoffte, an einer Lungenentzündung im Johanniter-Krankenhaus in Wildbad im Schwarzwald gestorben. 5 Jahre vorher war ich bei ihm, um das, was er selbst in seinem Leben für wesentlich hielt, für eine von mir verlangte laudatio zu erfragen (Forschungen und Fortschritte 40, 1966, 282–284).

Die Familie Lautensach (ursprünglich Lautensack) blickt auf eine jahrhundertelange Geschichte zurück, in der immer wieder zwei Begabungen bzw. Charakterzüge zum Durchbruch kamen: hohe künstlerische und nicht selten auch beruflich ausgeübte Gestaltungskraft und ein gelegentlich bis zur Pedanterie gesteigerter Hang zur Genauigkeit. Hierin scheint ein Schlüssel zu liegen für Lautensachs Leistungen und seine Art, sie zu erbringen.

Lautensachs Großvater war Hafenrendant in Stralsund, wo auch dessen Sohn Otto geboren wurde, der später als erfolgsreicher und strenger Altphilologe an dem berühmten Gymnasium Ernestinum in Gotha wirkte. Hier wurde ihm am 20. Sept. 1886 sein Sohn Hermann geboren, dem seine Vaterstadt zum Schicksal werden sollte. A. Supan zog schon den Schüler in den Verlag Justus Perthes, räumte ihm hier ein Arbeitszimmer ein und beriet auch sein Ostern 1905 aufgenommenes Studium. Er schickte ihn zunächst für 2 Semester nach Göttingen in die mathematisch-kartographische, darüber hinaus aber auch das Gesamtsystem der allgemeinen Geographie pflegende Schule von Hermann Wagner. Dem folgte ein Semester in Freiburg zur gründlichen Einarbeitung in die Geologie bei Gustav Steinmann. F. v. Richthofen, bei dem er ursprünglich sein Studium

[1] Das Lichtbild zeigt Lautensach wenige Wochen vor seinem Tode. Für die Möglichkeit seiner Reproduktion danke ich Frau Dr. Eugenie Lautensach-Löffler.

abschließen wollte, war schon 1905 gestorben, daher wurde Lautensach einer der ersten Berliner Schüler von A. Penck. Dieser schloß, von Wien kommend, in diesen Jahren „Die Alpen im Eiszeitalter" ab, wofür Lautensach das Register anfertigte. 1909 promovierte er auf Pencks engstem Spezialgebiet mit einer Arbeit „Glazialmorphologische Studien im Tessingebiet", die erweitert 1912 unter dem Titel „Die Übertiefung des Tessingebiets" als Heft 1 der Neuen Folge von Pencks Geographischen Abhandlungen erschien. Penck hielt das Tessingebiet für eine petrographisch einheitliche Region, in der also die Glazialformen rein, d.h. unabhängig von Unterschieden des Gesteins, zum Ausdruck kommen mußten. Lautensach stellte demgegenüber fest, daß es aus mehreren, petrographisch verschiedenwertigen Decken besteht, daß also viele Formen auf selektive Glazialerosion zurückzuführen sind; auch bewies er die fluviatile Entstehung der Trogplatten. Das waren die ersten Schritte, die über Pencks Ergebnisse hinausführten. Ein Jahr später, 1910, bestand Lautensach das Staatsexamen in Geographie, Chemie, Physik und Mathematik mit Auszeichnung, obwohl er gleichzeitig, 1909/10, die Assistentenstelle bei Penck verwaltete, allerdings in dessen Abwesenheit als Austauschprofessor an der Harvard-Universität. Nachdem Penck zurückgekehrt war, brach sein völlig überarbeiteter Assistent im Institut mit einem Blutsturz ohnmächtig zusammen. Penck und Frau besuchten Lautensach zwar noch am gleichen Abend auf seiner Bude, aber wie Penck mit Anerkennung stets sparsam war, so auch jetzt; er ließ nichts von dem vernehmen, was er später an Partsch geschrieben hat, nämlich daß Lautensach sein bester Assistent gewesen sei, den er gern behalten hätte. Falls zu dieser Zurückhaltung auch seine Befürchtung einer bleibenden Erkrankung seines Schülers beigetragen haben sollte, war dies ein Irrtum, denn die Untersuchung fand ihn tuberkelfrei, die Lunge heilte rasch aus, und Lautensach erfreute sich bis ins höchste Alter einer nie unterbrochenen körperlichen und geistigen Gesundheit und Frische. Jedenfalls begrub er jetzt aber seine Hoffnungen auf eine akademische Laufbahn, trat seine Assistentenstelle an W. Behrmann ab und ging in den Schuldienst, anfangs in Berlin, dann in Hannover, wohin er auch 1919 nach seinem Wehrdienst im 1. Weltkrieg zurückkehrte. 1913 hatte er eine innig geliebte Frau geheiratet, die er später in Greifswald durch einen Autounfall verlieren sollte.

Zunächst galt sein Wirken der Schule. Ab 1921 erschien von ihm „Supans Deutsche Schulgeographie" (3 Bde.) in völliger Neubearbeitung in mehreren Auflagen, bis sie der Nationalsozialismus paradoxerweise verbot. Ein Aufsehen erregender Wurf wurde sein „Handbuch zum Stieler" (2 Bde. Gotha 1926), ein Kompendium der Allgemeinen Geographie und der Länderkunde aus einem Guß, das er, vom Schuldienst ohne Gehalt beurlaubt, in 2 Jahren niederschrieb. Prof. Hans Meyer empfahl es uns Leipziger Studenten 1927 in seinem Kolleg über Südamerika als eine „in einheitlichem Stil geschriebene, ebenso gründliche wie gewandte Länderkunde". 1944 erfuhr das Werk eine von ihm berichtigte Neuauflage.

Die Möglichkeit, auf Grund verwandtschaftlicher Beziehungen in Portugal mit für ihn tragbaren Kosten zu arbeiten, bewog ihn, sich wiederum ohne Gehalt für das Jahr 1927 dorthin beurlauben zu lassen. 1928 habilitierte er sich in Gießen mit einer „Morphologischen Skizze der Küsten Portugals" (Z. Ges. Erdkde. Bln, Sonderband 1928), verzichtete auf seinen Studienrat und alle wohlerworbenen Beamtenrechte und lebte fortan 7 Jahre lang mit seiner Familie in der ungesicherten Position eines anfangs 42 Jahre alten Assistenten unter seinem nur 11 Monate älteren Institutsdirektor F. Klute. Er folgte dessen Rat, seine mittlerweile umfassend gewordenen portugiesischen Forschungen auf die gesamte Iberische Halbinsel auszudehnen, woraus einer der besten Teile, „Spanien und Portugal" (1934/36), in Klutes „Handbuch der geographischen Wissenschaft", Bd. Südost- und Südeuropa, hervorging. Aber auch Portugal selbst hat er eine mustergültige länderkundliche Darstellung (Pet. Mitt. Erg. H. 213 und 230, 1932/37) gewidmet.

Die Arbeiten auf der Iberischen Halbinsel in der Westrandlage Eurasiens lenkten Lautensachs vergleichenden Blick auf die entsprechende Halbinsel in der Ostrandlage gleicher Breite, auf Korea. Opferfreudig steckte er seine gesamten Ersparnisse, 8000,– Mark, in dieses Unternehmen und fuhr 3. Klasse von Gießen bis Wladiwostok. Er durchzog Korea in allen Landschaften auf einer sehr strapaziösen Forschungsreise während des ganzen Jahres 1933. Dem folgte endlich, 1934, die Berufung auf eine pl. ao. Professur in Braunschweig und ein Semester später auf das Ordinariat in Greifswald als Nachfolger von Gustav Braun. Die Frucht der Reise: „Korea. Eine Landeskunde auf Grund eigener Reisen und der Literatur", erschien als erste umfassende geographische Enzyklopädie über dieses ferne Land wegen der Schwierigkeiten der Literaturauswertung erst 1945 in Leipzig, wo aber alsbald über $^2/_3$ der Auflage im Bombenkrieg verbrannten. Daher sind die erhalten gebliebenen Exemplare heute ein gesuchtes Rarum geworden. Eine für einen weiteren Leserkreis von allem Detail entlastete Kurzfassung, die nun, nach dem Koreakrieg, auch das Schicksal des geteilten Landes berücksichtigte, erschien 1950.

Nach dem Krieg in Greifswald zunächst vom Dienst dispensiert und besorgt, daß ihm als Koreaspezialist eine unerwünschte Verwendung drohen könnte, wich er in den Westen aus und wurde nach unterschiedlichen Tätigkeiten in den tumultuarischen Nachkriegsjahren 1949 Ordinarius an der TH Stuttgart, wohin seine zweite umsichtige und energische Frau, Dr. Eugenie Lautensach-Löffler, auch seine gesamte Habe einschließlich seiner Bibliothek überführte. Hier nahm er noch zwei große Arbeiten auf. In Nachfolge seines 1929 gestorbenen Lehrers Hermann Wagner hatte Lautensach gemeinsam mit H. Haack von 1930–1944 bei Perthes „Sydow-Wagners methodischen Schulatlas" in 4 Neuauflagen und 3 berichtigten Neudrucken herausgebracht. Hierdurch mit den Erfordernissen der Schulkartographie völlig vertraut und seitens des Verlags davon unterrichtet, daß dieser Atlas nicht wieder erscheinen werde, gestaltete er einen österreichischen Schulatlas für deutsche Bedürfnisse nicht nur völlig um, sondern schuf in der Eigenart seiner thematischen Karten einen ganz neuen Schulatlastyp, von dem wertvolle Impulse auch auf andere Atlanten ausgegangen sind (Atlas zur Erdkunde, 1954, 6. und 7. Aufl. 1964, Keysersche Verlagsbuchhandlung). Er ist in entsprechenden Bearbeitungen heute in vielen Ländern der Erde an Schulen eingeführt. Überdies schrieb er als Ergebnis von insgesamt 16 z. T. langen Forschungsreisen als umfassende Landeskunde „Die Iberische Halbinsel" (1964), eine von allen Zuständigen anerkannte Meisterleistung, die auch ins Spanische übersetzt wurde (Barcelona 1967).

Diese kurze Skizze seines Lebens, das sich nicht einmal auf der Hochzeitsreise (Taormina und seine Landschaft, Z. f. Erdkunde 1940) Entspannung gönnte, kann dessen reichen Inhalt nur andeuten. 1924 berief ihn Karl Haushofer zum Mitherausgeber seiner „Zeitschrift für Geopolitik", der er laufend Berichterstattungen und Aufsätze über politisch-geographische Probleme vorwiegend des Mittelmeergebiets lieferte. Als diese Zeitschrift aber eine seiner wissenschaftlichen Überzeugung nicht mehr entsprechende Tendenz annahm, legte er schon 1928 seine verantwortliche Tätigkeit an ihr nieder. Viel fruchtbare Arbeit als langjähriger Fachberater der Deutschen Forschungsgemeinschaft oder als Herausgeber der „Geographischen Handbücher", desgleichen seine Lehrtätigkeit, aus der gegen 30 Dissertationen hervorgegangen sind, sowie seine zahlreichen anregenden Vorträge über seine Reisen und Forschungen kann nur kennen und werten, wer sie mindestens teilweise miterlebt hat.

Als seine bedeutendsten Arbeiten erschienen ihm selbst zwei nur kleine, aber inhaltschwere Studien: „Der geographische Formenwandel, Studien zur Landschaftssystematik" und „Über die Begriffe Typus und Individuum in der geographischen Forschung" (beide 1953), in denen er die Methodologie der Geographie, insbesondere der Länderkunde als ihr Kerngebiet, vor neue Probleme stellte. Er war kein Mann einer ihn bedrängenden Gedankenfülle. Ihm ergaben sich neue Einsichten nur aus sicher und ruhig fortschreitender methodischer Forschung, von der er immer wieder fragend Abstand nahm. Er mißtraute der Intuition, suchte der immanenten Logik im Zusammenhang der Tatsachen zu folgen. Was bisher dem „geographischen Takt“ überlassen worden war, insbesondere die Abgrenzung von Landschaften gegeneinander, hielt er für dem Tatsachenkomplex selbst inhärent und bei Anwendung feinerer und gezielter angesetzter Analysen für sachlich zwingend, also einer subjektiv wertenden Auffassung entzogen. Damit hat er eine Grundsatzdiskussion eröffnet und ihr in mehreren eigenen sowie in von ihm beratenen fremden Landeskunden (Menschings „Marokko“ 1957 und „Tunesien“ 1968) Angriffsflächen geboten. Erfahrungsgemäß hat er hierin bei Studenten, die sich durch diese Werke dank seiner Methodik sicher und umsichtig geleitet fühlen, starken Anklang gefunden. Lautensach knüpfte an Hettners Auffassung von der Geographie als der Lehre von den Erdräumen in ihrer Verschiedenheit von Ort zu Ort an, der er mit seinem System geographischer Kategorien das logische Fundament und mehr Unterscheidungsschärfe geben wollte. Das Fesselnde an seiner Auffassung ist der innige Zusammenhang von allgemeingeographischen Befunden, die sich aus der Regelhaftigkeit im regionalen Wandel der Landschaftselemente ergeben, und der individualisierenden Charakterisierung der Landschaften, die sich aus der Integration dieser Elemente im jeweiligen konkreten Raum ergibt. Selbstverständlich konnte und wollte er damit nicht alles erklären, betonte, daß der so aus dem Gewebe des Ganzen herauspräparierten Landschaft ganz individuelle Züge und Fakten eigen sind, die dem regelhaften Wandel nicht unterliegen. Gerade durch deren Einfügung am rechten Ort soll der bis dahin sozusagen schwebende Landschaftstyp erst in seiner eigentlichen Konkretheit, eben als Individuum, erfaßt werden. Daß sich mit dieser Methode Naturkomplexe, insbesondere des Klimas und seiner Folgeerscheinungen, leichter erhellen lassen, als soziale, kulturelle oder politische, liegt auf der Hand. Jedoch ist hier mindestens auf einem wichtigen Teilsektor ein bedeutsamer Schritt über Hettner hinaus getan worden. Gerade in der Anknüpfung an Hettner, dem er innerlich fernstand und den er ablehnte, weil er stärker dessen Gegner Otto Schlüter[2] zuneigte, zeigt sich seine Redlichkeit, das „leidenschaftliche Bemühen“ um die unvoreingenommene Klärung der eigenen „großen Gedankenleistung, die in der Formenwandellehre steckt“, der auch H. Schmitthenner „aufrichtige Achtung nicht versagen“ konnte. Jedoch fühlte sich Lautensach in dessen Kritik[3], die nicht minder grundsätzlich und tief-

[2] Otto Schlüters Bedeutung für die methodische Entwicklung der Geographie. Pet. Mittn. 1952, S. 219–231.

[3] Schmitthenner, H.: Studien zur Lehre vom geographischen Formenwandel. Münchner Geographische Hefte 7, Kallmünz/Regensburg 1954.

gründig ist, mißverstanden. Leider haben diese beiden großen Gegner ihre Diskussion, die nicht wie so manche andere dem Haupt des Zeus entsprungen war, sondern auf festem disziplingeschichtlichem Boden mit großer Sachkenntnis und im Rückblick auf eigenes einschlägiges Schaffen geführt wurde, nicht mehr fortgesetzt. Noch bedauerlicher ist, daß Lautensach die in hohem Alter begonnene Erdüberschau nach seiner Formenwandellehre nicht mehr beenden konnte, nur einen Kartenentwurf zurückgelassen hat. Ob er seinen „Formenwandel“ mit seinen Formeln bereichert oder aber belastet hat, wovon ich ihn vor dessen Veröffentlichung vergeblich zu überzeugen suchte, wird die Zukunft weisen. Er hat sie jedenfalls im Text wie auch im Kartenanhang (Karte 11) seiner „Iberischen Halbinsel“ durchweg verwendet und war davon überzeugt, daß man mit ihnen wie mit chemischen Formeln werde arbeiten können. Das aber war bei ihm nicht Starrsinn oder Rechthaberei, denn er hat, jedenfalls mir gegenüber, seine Habilitationsschrift für grundsätzlich überholt erklärt, weil sie die erst später in ihrer Bedeutung erkannten Meeresspiegelschwankungen vernachlässigt hatte. Er räumte also gern und aus freien Stücken das Feld, falls er auch nur einen Teil des von ihm Geschriebenen für revisionsbedürftig hielt.

Manche wertvollen Erkenntnisse erhielt man von ihm erst im stets anregenden Gespräch, umwölkt vom Rauch seiner geliebten Zigarre. Als ich ihn einmal auf den „koreanischen Ziehspaten“[4], ein ihm bis dahin unbekanntes Problem, ansprach, lachte er. Er hätte ihn sehr oft im Gebrauch gesehen, er wurde aber nie gezogen, was ja auch technisch unvorstellbar ist, sondern von einem Mann in die Erde gestochen und von seinen beiden Gehilfen an den beiden an ihm befestigten Stricken mit der abgestochenen Scholle herausgehoben. Das aber ist eine reine Spatenarbeit verhältnismäßig schwächlicher und körperlicher Anstrengung abgeneigter Bauern, die hinreichend gewitzt sind, sich die schwerste aller notwendig anfallenden Arbeiten, nämlich das Umgraben, auf diese Weise zu erleichtern. Damit aber entfällt ein wesentlicher Pfeiler dieser in Museen entwickelten Theorie der Pflugentstehung.

Lautensach hat wie wohl kein anderer Geograph mit großem Verantwortungsbewußtsein stets das Ganze seiner Wissenschaft vor Augen gehabt und produktiv gefördert: vom Schulbuch, dem Schulatlas und seinen Lehrplanvorschlägen über den akademischen Unterricht und zahllose Spezialforschungen bis hin zur umfassenden, genetisch begründeten, breit ausladenden Landeskunde und zur Theorie eines solchen Unterfangens. Man spricht heute vielfach einem Einzelnen die Fähigkeit zu einer Landes-

[4] Leser, Paul: Entstehung und Verbreitung des Pfluges. Ethnologische Anthropos-Bibliothek, hrsg. W. Schmidt und W. Koppers, Bd. III, Münster i.W. 1931, S. 551ff.

kunde ab. Wenn Lautensach sich die Grundlagen hierfür in sorgfältig vorbereiteten Reisen und umfassenden Literaturstudien sowie zahlreichen Spezialuntersuchungen erarbeitet hatte, wie für Portugal, die Iberische Halbinsel und Korea, dann reizte gerade diese Aufgabe sein zum Ganzen strebendes Denken und seinen Gestaltungswillen. Wer davor kapituliert, legt nur ein persönliches Bekenntnis ab, nimmt damit aber der Geographie nicht ihr uraltes Ziel und kann damit auch vorhandene gute Länderkunden, wie gerade die Lautensachs, aber auch anderer, nicht fortdisputieren.

1954 wurde Lautensach emeritiert. Mit Recht wurde er oft geehrt und ausgezeichnet, so von der Gesellschaft für Erdkunde zu Berlin schon 1928 für sein Handbuch zum Stieler mit der Silbernen Carl-Ritter-Medaille und 1959 für sein Gesamtwerk mit der selten verliehenen Goldenen Humboldt-Medaille. Die Philosophische Fakultät der Universität Coimbra verlieh ihm für seine Landeskunde von Portugal das Ehrendoktorat, die Akademien der Wissenschaften in Wien, Halle, Barcelona die Ehrenmitgliedschaft. Die Fränkische Geographische Gesellschaft zeichnete ihn 1959 mit der Goldenen Martin-Behaim-Plakette aus. Das Geographische Institut der TH Stuttgart widmete ihm in den „Stuttgarter Geographischen Studien" (Bd. 69, 1957) eine Festschrift mit einer Bibliographie seiner bisherigen Schriften, der von ihm herausgegebenen Arbeiten und der unter ihm entstandenen Dissertationen, die C. Troll in seiner Würdigung (Erdkunde XX, 1960, S. 243–252) vervollständigt hat. Seither hat sich die Reihe seiner Publikationen aber noch stattlich vermehrt. Genannt seien hier unter vielen anderen nur die Würdigung seines Freundes Carl Troll (Erdkunde 1959, S. 245–258); „Maurische Züge im Bild der Iberischen Halbinsel" (Bonner Geograph. Abhn. 28, 1960); „Die Temperaturverhältnisse der Iberischen Halbinsel und ihr Jahresgang" (Die Erde 1960, S. 86–114; auch ins Spanische übersetzt, 1962) sowie die Herausgabe von acht Bänden der „Geographischen Handbücher", einer Reihe, die hoffentlich ihren immer drängenden und mahnenden getreuen Eckart überleben wird.

Wer Lautensach näher stand, wird ihn als stets liebenswürdigen, fast bedrückend bescheidenen, zurückhaltenden und immer uneigennützig hilfsbereiten Mann, der u.a. manchem Kollegen durch seine Vertretung eine Forschungsreise ermöglicht hat, in dankbarer Erinnerung behalten. Der Forschung aber wird sein Werk noch lange darüber hinaus ein weithin sichtbares Wahrzeichen bleiben.

Heinrich Schmitthenner

3. 5. 1887 — 18. 2. 1957

Von Prof. Dr. Ernst Plewe, Universität Heidelberg

Vor fünf Jahren vereinigten sich hier in Marburg Kollegen, Freunde und Schüler, um Heinrich Schmitthenner zu seinem 65. Geburtstag Glück und die Muße zu wünschen, eine Geomorphologie und eine Landeskunde von China, Werke, die in seinem Geist längst Form gewonnen hatten und zur Niederschrift drängten, herauszustellen. Aber das Schicksal hat nicht alle Wünsche erfüllt. Glück hat er im Kreise seiner Familie und der wachsenden Enkel auch weiterhin in reichstem Maß dankbar erfahren, aber seine damaligen wissenschaftlichen Pläne wurden von anderen Konzeptionen durchkreuzt. Vor einem Vierteljahr begleiteten wir den einem plötzlichen Herztod erlegenen Freund auf seinem letzten Weg, und heute, am Tage nach seinem 70. Geburtstag, bleibt der um sein Andenken gesammelten Schar nur noch der Versuch, sich zu vergegenwärtigen, was er uns gewesen ist. Aber die Worte, die er einst, sich selbst bescheidend, seinem Freunde Leo Waibel nachrief, jeden verfrühten Versuch einer Würdigung in den Bereich des Unzulänglichen verweisend, gelten doch auch von ihm: „Erst eine spätere Generation wird richtig verstehen, welchen Verlust sein Tod für die deutsche Geographie bedeutet. Wie keinem anderen aus der älteren Generation deutscher Geographen war es ihm gelungen, zum Prinzipiellen und Einfachen vorzustoßen, auf dem allein ein festes Gebäude zu stehen vermag".

Heinrich Schmitthenner[1]) wurde als Sohn des Pfarrers und Schriftstellers Adolf Schmitthenner am 3. 5. 1887 in Neckarbischofsheim geboren. Hier verbrachte er in einem harmonischen, freien und kinderfrohen Elternhaus die ersten 6 Jahre und kam dann nach Heidelberg, wo sein Vater die Stadtpfarrei Heiliggeist übernahm. Anfängliche Schulschwierigkeiten überwand ein Aufenthalt von einem halben Jahr in der französischen Schweiz, der dem mathematisch-naturwissenschaftlich begabten Schüler auch den Zugang zu den bisher verschlossenen Sprachen öffnete. 1908 an der Universität Heidelberg immatrikuliert, wandte er sich zunächst unter Salomon-Calvi und Wülfing dem Studium der Geologie und Mineralogie zu, Wissenschaften, in denen er ein solides und in späteren Forschungen produktiv verfügbares Wissen erwarb. Aber bald führte ihn der wachsende Einfluß Alfred Hettners ganz der Geographie zu, deren Studium er nach der volkswirtschaftlichen und historischen Seite bei Max und Alfred Weber, Gothein und Oncken ergänzte. Hettner wäre aus Kummer über anfängliche Mißerfolge in seiner akademischen Lehrtätigkeit wohl ein vergrämter Sonderling geworden, wenn sich nicht rechtzeitig eine Gruppe kongenialer Schüler um ihn geschart und seine außerordentliche Lehrbefähigung gelöst hätte. Was dieser Kreis: Franz Thorbecke, Ernst Hauck, Fritz Jaeger, Friedrich Metz, Ernst Michel, Leo Waibel, Ernst Wahle, Oskar Schmieder, Bruno Dietrich, Wilhelm Credner, Walter Penck, A. A. Grigorew, W. D. Jones und mancher andere sich selbst und dem verehrten Lehrer bedeutete, hat Schmitthenner mit feinem Humor in seinem Nachruf auf Waibel[2]) gezeichnet. Daß sie alle ihre spezifische Begabung entwickeln konnten, hatten

[1]) Die Schmitthenner-Festschrift, Pet. Mitt. 1954, Heft 4, S. 241—332 bringt einleitend eine biographische Skizze und im Anhang ein Verzeichnis seiner Schriften.
[2]) Pet. Mitt. 1953, S. 161—169.

sie dem psychologischen Tiefblick und der instinktsicheren Leitung Hettners zu danken. Keiner von ihnen hat sich aber Zeit seines Lebens so eng an ihn angeschlossen wie Schmitthenner, dessen vielseitig hervorragende Begabung im Schoß eines umfassend gebildeten Geistes und einer zarten empfänglichen Seele sich dem bald zum Freunde gewordenen Lehrer rasch erschloß. Ihrer beider Zusammenarbeit blieb so eng, daß es nachträglich kaum möglich ist, ihre Leistungen zu trennen. Drei Semester Berlin unterbrachen das im übrigen in Heidelberg absolvierte Studium. Hier wirkte Albrecht Penck morphologisch anregend. Aber weit wesentlicher wurde für Schmitthenner der geniale Eduard Hahn, der ihn nicht nur in seine Probleme der Anthropogeographie einführte, in deren Sicht die europäische Kultur zu einer unter sehr profiliert gesehenen anderen schrumpfte, sondern ihn auch eines engen persönlichen Umgangs und der Teilnahme an seinen offenen Abenden würdigte, an denen er mit den damals lebendigsten Forschern der älteren Generation zusammentraf. Wer vermag den Unterschied zu ermessen zwischen diesem Studenten, der in den Wipfeln des Baumes der Wissenschaft miterleben durfte, wie allseits Probleme aufgeworfen, diskutiert und ihrer Lösung zugeführt wurden und jenen zahllosen anderen, die mehr oder minder auf sich selbst gestellt die trockenen Blätter des lehrbuchmäßig sedimentierten Stoffs auflesen! Daß Schmitthenner diese Öde verwaltender Rezeptivität nie erfahren hat, verband ihn zutiefst mit seinen maßgeblichsten Lehrern, Hettner, Hahn und Salomon-Calvi.

In Heidelberg zog ihn Hettner auf dem frischen Weg der Forschung weiter. Er, der Halbgelähmte, mietete häufig ein Pferdefuhrwerk und führte den Schüler auf weiten Fahrten durch Südwestdeutschland in seine Arbeits- und Denkweise ein. Ihm kam es auf zwei Dinge an: Die scharfe Beobachtung an Ort und Stelle durfte nichts, auch nicht das scheinbar Unerhebliche, vernachlässigen; der methodische Vergleich der unter verschiedenen Bedingungen angetroffenen Befunde mußte der kausalen Fragestellung durch Einengung der Möglichkeiten den schließlich beweisbaren Schluß gestatten. Aus dieser Schulung ging Schmitthenners Dissertation über „Die Oberflächengestaltung des nördlichen Schwarzwaldes“[3]), hervor. Die hier erschlossene Problematik der Schichtstufenlandschaft hat ihn an den verschiedensten konkreten Objekten wie im Grundsätzlichen bis in die letzten Tage hinein gefesselt.

Schon im nächsten Jahr nahm Hettner ihn als Privatassistenten auf eine Frühjahrsreise in die Atlasländer mit, um ihn in einer Welt andersartiger Klimate und tektonischer Bedingungen und fremder Kultur in das Zentralproblem der regionalen Geographie, die Typisierung und Gliederung von Landschaften, sowie in die Expeditionstechnik einzuführen. 1913 vor die Wahl gestellt, in gleicher Eigenschaft entweder Fritz Jaeger auf seine Expedition nach Südafrika, oder aber Hettner auf einer großzügig geplanten Asienreise zu begleiten, schloß er sich Hettner an. Über Sibirien und die Mandschurei, Tsingtau, Schantung ging die Reise nach Peking und in das Lößgebiet, einen ersten Schwerpunkt. Von hier fuhren sie über Korea nach Japan, wo sich Schmitthenner auf einer 12tägigen Gebirgstour in pausenlosem Regen offenbar jenes schwere Nierensteinleiden zuzog, von dem er sich nie mehr hat befreien können. Über Shanghai und weite Fahrten im Jangtsekiangdelta führte die Reise über See nach Hongkong und weiter zu Studien in Südwest-China im Bereich des Westflusses und des Sikiang,

---

[3]) Abh. z. Bad. Landeskunde, Heft 2, Karlsruhe 1913.

wurde hier aber wegen politischer Unruhen vorzeitig abgebrochen. Von Singapore aus wurde die Ostküste der Halbinsel Malakka mit ihren Plantagen, Zinnerzgebieten und dem hier in die Weltwirtschaft eindringenden Kolonialchinesentum studiert und schließlich Java in allen wesentlichen Landschaften bereist. Dann aber nötigten schwere Nierenkoliken Schmitthenner zur Heimfahrt, die nur durch einen kurzen Abstecher nach Innerceylon und einen zweiten nach Nordägypten unterbrochen wurde, während Hettner noch Indien bereiste. Beide erreichten kurz vor Kriegsausbruch wieder Heidelberg.

Noch nicht genesen, wurde Schmitthenner so unzweckmäßig als Bausoldat eingesetzt, daß er alsbald für 3/4 Jahr im Lazarett verschwand. Der vorgesehenen Abmusterung entging er aber durch eine Meldung zum Wehrgeologentrupp von Professor Philipp, bei dem er im Lothringischen Stufenland vorwiegend für Wasserversorgung, Stellungsbau und Sprengberatung eingesetzt wurde. Hier entstand auf Grund sorgfältigster mehrjähriger Geländestudien seine Arbeit über „Die Oberflächenformen des Stufenlandes zwischen Maas und Mosel"[4]), mit der er sich alsbald nach Kriegsende 1919 in Heidelberg habilitierte. Aus einer gemeinsamen Vorlesung mit Hettner ging dessen anregendes Werk „Gang der Kultur über die Erde"[5]) hervor, in welchem die Theorien Hahns stärker ins Geographische gewendet und ausgebaut wurden. Die Anregung zu diesem weltweit zielenden kulturgeographischen Wurf ging zweifellos auf Schmitthenner zurück, während der entwicklungsgeschichtliche Tenor Hettners Eigentum ist. Ihre breite Verwebung im geographischen System fanden diese Ideen in Hettners nachgelassener „Allgemeiner Geographie des Menschen"[6], die Schmitthenner pietätvoll herausgab. Wenn die Kritik ihm vorgeworfen hat, er hätte es versäumt, seine eigenen, über Hettner hinausgewachsenen Gedanken in dem Werk zu verarbeiten, liegt darin eine bedeutsame Wertung.

In Heidelberg war der junge Privatdozent zunächst Privatassistent von Hettner, während Friedrich Metz die Institutsassistenz wahrnahm. Da die damaligen Institutsverhältnisse[7]) aber diesen Aufwand kaum lohnten, verzichtete Metz auf seine Stellung zugunsten von Schmitthenner. Nun begann für ihn im Kreis fröhlicher Freunde eine reiche, unbeschwerte Arbeitszeit. Jetzt reifte seine Theorie

---

[4]) Geographische Abhandlungen, hrsg. von A. Penck, 2. Reihe, Heft 1, Stuttgart 1923. Wegen der damaligen finanziellen Schwierigkeiten in der Inflation nur ein Teildruck.

[5]) Geographische Schriften, hrsg. von A. Hettner, Heft 1, B. G. Teubner, 1923; umgearb. und stark erweiterte Auflage Teubner 1929.

[6]) 3 Bände, Stuttgart 1947, 1952 und 1957. Bd. 1 enthält auf S. XI—XLIV eine ausführliche biographische und wissenschaftliche Würdigung Hettners aus Schmitthenners Feder.

[7]) Sie wurzelten z. T. in der persönlichen Anspruchslosigkeit Hettners, der Rufe an andere Hochschulen weder für sich noch für sein Institut (damals hieß es „Seminar"), als Grundlage für Finanzverhandlungen mit dem Ministerium nutzte. Sachlich aber war Hettner der Ansicht, daß es Aufgabe der Universitätsbibliothek sei, mit der er stets eng zusammenarbeitete, gewünschte Spezialliteratur zu beschaffen. Er stattete also sein Institut nur mit einer kleinen Zahl sorgfältigst ausgewählter Standardwerke aus allen Gebieten der Geographie gleichmäßig aus, sowie mit den wichtigsten Zeitschriften. Seine Schüler verwies er nachdrücklich auf die UB. und stellte ihnen auch seine eigene Bibliothek zur Verfügung. Den breiten Ausbau des Instituts durch seinen Nachfolger beobachtete er schweigend, aber in vertraulichen Äußerungen scharf ablehnend. Die Präsenzbibliothek eines Instituts sollte nach ihm den Studierenden in klar überschaubarer Gedrängtheit Umfang und Inhalt eines Studienfachs in den Grundzügen vermitteln, nicht mehr bieten. Seine Assistenten waren also wenig mit Dienstobliegenheiten mechanischer Art belastet, zumal Hettner den ganzen Schriftverkehr des Instituts in seiner Wohnung mit Hilfe

der Schichtstufenlandschaft [8]) in ihrer endgültigen Form. Das untere Neckartal [9]) wurde mustergültig erforscht. Als gewichtige Reisefrüchte wurden die beiden Bücher über „Algerien und Tunesien" [10]) und über „Chinesische Landschaften und Städte" [11]) vorgelegt. Rückgreifend auf Berliner Anregungen von Eduard Hahn und Theodor Engelbrecht entstand ein Aufsatz über „Die Reutbergwirtschaft in Deutschland" [12]). Die Kulturgeographie der Rheinlande fand eine umfassende Darstellung [13]). Über all dem wurde eine zweite Reise nach China zum Studium des Lößproblems und des eigenartigen ostasiatischen Gebirgssystems am Beispiel des Hwaigebirges vorbereitet und schließlich mit Hilfe der Universität Heidelberg und der Notgemeinschaft der deutschen Wissenschaft 1925/26 durchgeführt. Ihre spezialwissenschaftlichen Ergebnisse brachte ein umfangreicher Aufsatz in der Z. d. Ges. f. Erdkd. Berlin [14]), während die allgemein interessierenden Probleme der seit der ersten Reise in diesen gewaltigen Block eingetretenen Änderungen in dem Buch „China im Profil" [15]) dargelegt wurden, nach dem mir gegenüber geäußerten Urteil mehrerer hochgebildeter Chinesen das Beste, was in aller Welt über diese Fragen überhaupt geschrieben worden ist. Kein Wunder, denn hier sprach ein Mann, der zwar weder chinesisch konnte, noch sich in sinologische Fachfragen einlassen wollte, aber mit ergebenen eingeborenen Dienern bescheiden und unauffällig fernab von allem Europäertum zahlreiche Provinzen mit landesüblichen Mitteln, mit scharfem Blick für das wesentliche und vor allem mit offenen Augen für die schweren sozialen Probleme dieser in Gärung und Aufruhr befindlichen Kultur bereist hatte und sich in einem chinesischen Pidgin-Englisch hinreichend verständigen konnte. Wer wie er in ständigem Ortswechsel gewohnt war, sein Feldbett zur Nacht in chinesischen Landgasthäusern, sehr häufig aber auch entweder auf Gräbern oder einfach auf dem Markt aufzuschlagen, unter den Augen des herumwimmelnden staunenden Volkes aß, schlief, packte, schrieb und mit seiner selbst Räubern eines Anschlags nicht werten Habe weiterzog, immer den Vergleich mit dem vor 12 Jahren Angetroffenen vor Augen, durfte sich wohl ein Urteil über China erlauben, das Gewicht beanspruchte und sich von der üblichen Reiseliteratur scharf distanzierte.

1928 ging ein Lebensabschnitt des inzwischen sehr glücklich verheirateten Privatdozenten zu Ende. Hettner wurde emeritiert, womit eine lange gemeinsame Institutsarbeit aufhören mußte. Um auch den leisesten Schein von Nepotismus zu meiden, setzte er sich für J. Sölch als seinen Nachfolger ein, übersah wohl zu ängstlich die eben wieder durch eine grundlegende tektonisch-morphologische

---

seiner Privatsekretärin erledigte und auch die Redaktion der „Geographischen Zeitschrift" als seine Privatangelegenheit streng vom Seminarbetrieb getrennt blieb. Diese von Hettner auf seine Privatkasse übernommene Entlastung des Instituts von fast allem Bürobetrieb erklärt neben seiner anregenden Kraft als Forscher und Lehrer die Fruchtbarkeit des damaligen Heidelberger Instituts.

[8]) G. Z. 1920, S. 209—229; Z. f. Geomorphologie, 1, S. 3—28.

[9]) Z. Ges. f. Erdkde. Berlin 1922, S. 126—142; Geogr. Anz. 1925, S. 233—239.

[10]) Algerien und Tunesien. Die Landschaft und ihre Bewohner, Stuttgart 1924.

[11]) Stuttgart 1925.

[12]) Geogr. Zeitschr. 1923, S. 115—127.

[13]) Die kulturveränderte Landschaft des Rheingebietes und das Siedlungsbild der Gegenwart". in „Der Rhein", Bd. I, 1931, S. 288—352.

[14]) Jg. 1927. S. 171—196, 377—394; Auch Verhdn. 22. Dt. Geogr. Tag Karlsruhe, S. Breslau 1928, S. 141—154.

[15]) Leipzig 1934.

Arbeit[16]) begründete Anwartschaft seines Schülers auf eine Position in seinem Forschungsgebiet. Doch berief gleichzeitig Leipzig Schmitthenner auf das durch Hans Meyers Ausscheiden freigewordene Extraordinariat für Kolonialgeographie. Das verlockende Angebot an den Morphologen, das von Sölch verlassene Ordinariat in Innsbruck wahrzunehmen, wehrten sofort großzügige Zugeständnisse des Sächsischen Kultusministeriums ab. Das bedingungslose Vertrauen, das sich Schmitthenner in jeder Stellung erwarb, spricht sich darin aus, daß er, der ungetarnte Gegner des Nationalsozialismus, nach der Emeritierung von Volz 1936 auf dessen Lehrstuhl in Leipzig berufen wurde, auf dem die bisherigen Fesseln seiner thematisch gebundenen Lehrtätigkeit fielen. Früchte dieser Jahre sind u. a. sein Werk über die „Lebensräume im Kampf der Kulturen"[17]), das in seiner konzessionslosen Sachlichkeit nach dem Kriege in zweiter Auflage[18]) und sogar in französischer Übersetzung[19]) erscheinen konnte, sind morphologische Studien im Thüringer Becken, sind die drei Bände „Lebensraumfragen europäischer Völker"[20]), die er mit den Freunden Schmieder und Dietzel zusammen als Gemeinschaftsleistung der deutschen Geographie besorgte, eine wahre Fundgrube gewichtiger und weitblickender Studien, sind u. v. a. endlich die 10 Bände „Geographische Zeitschrift", deren Herausgabe er 1935 von Hettner übernahm.

1943 traf dieses bisher so glückliche Leben ein empfindlicher Schlag mit der Totalvernichtung der schönen Wohnung in der Inselstraße. Ohne eine Rettungsmöglichkeit brannten ab die riesige Arbeitsbibliothek, das ganze Urmaterial an Reisetagebüchern, Reisebriefen, Lichtbildern, ein im ersten Band abgeschlossenes, im zweiten weit gefördertes Manuskript über China für die Geographischen Handbücher und das ganze Hab und Gut einer in angemessenen Verhältnissen kultiviert lebenden Bürgerfamilie. Er hat damals die rasche Hilfe vieler treuer Freunde dankbar empfunden, sich auch über den Verlust hinwegzusetzen versucht mit dem christlichen Gedanken, daß ihm ja nur vom Schicksal Geliehenes wieder abgenommen worden sei. Aber noch in Marburg schreckte er oft wie aus einem Traum auf, wenn er in seiner impulsiven Art an sein nun schmal gewordenes Bücherbord sprang, um etwas Altgewohntes zu greifen, dessen Verlust ihm eben doch nicht ganz in Fleisch und Blut übergegangen war. Aber das im ganzen doch wohl berechtigte Grundgefühl, dem die Marburger Jahre wieder reichlich Nahrung zugeführt haben, ein Sonntagskind des Schicksals zu sein, haben diese Jahre nicht beeinträchtigen können. Blieb ihm doch das wesentliche, die Spannkraft und gelöste Heiterkeit des Geistes und der Kreis seiner Familie erhalten.

Nach dem Kriege mit seiner Familie von den Amerikanern nach Weilburg evakuiert, übernahm er mit der Wiedereröffnung der Universität Marburg 1946 zunächst kommissarisch und noch im gleichen Jahr als Ordinarius die Leitung des Geographischen Instituts, womit sich Bemühungen der Universität Frankfurt um seine Person erledigten. Wir wollen hier die Schwere der Jahre vor der Währungsreform nicht wieder berufen; sie sind überstanden. Das für Schmitthenner

---

[16]) Die südwestdeutsche Stufenlandschaft und der Graben der Rheinebene in ihren Beziehungen zueinander. Beiträge zur Oberrheinischen Landeskunde. Festschr. z. 22. Dt. Geogr. Tag. Karlsruhe 1927.

[17]) Leipzig 1938.

[18]) Heidelberg 1951.

[19]) Les espaces vit aux et le conflit des civilisations, übers. v. L. Mengin-Lecreulx, Paris 1953.

[20]) Leipzig 1941—1943.

Bleibende und seinen weiteren Weg als Forscher Bestimmende darf aber nicht ganz entfallen. Eine der Injektionen, die der von einer schweren epidemischen Grippe erfaßte, erschreckend abgemagerte und widerstandslos gewordene Körper brauchte, verätzte ihm den Ischiasnerv des linken Beines derartig stark, daß eine erhebliche Gehbehinderung zurückblieb. Damit hatten die Geländearbeiten dieses bisher so wanderfreudigen und motorischen Mannes ein Ende. Das lenkte den an den Schreibtisch Gefesselten in den letzten Jahren stärker als bisher auf das Gebiet der Methodologie und der Disziplingeschichte, Arbeiten, die ihn über seine Emeritierung hinaus verfolgten. Es mag wohl das instinktsichere Gefühl des nicht mehr fernen Endes gewesen sein, das ihn schließlich doch davon abhielt, geplante umfängliche Werke noch aufzunehmen. Stattdessen hat er eine Reihe kleinerer, methodologischer Schriften vorgelegt, deren Gedankentiefe, Konsequenz und Geschlossenheit die deutsche Geographie noch lange bewegen werden.

Wir betrauern seinen Tod. Stellen wir aber angesichts seines Werks die Frage, ob er uns zu früh entrissen wurde, müssen wir sie in ehrfürchtigem Staunen vor einem rastlosen Forscherleben, das in völliger Übereinstimmung mit der einhaltgebietenden Vorsehung sein Ziel erreichte, verneinen. Wir sprechen hier nicht vom Persönlichen, lassen stumm auf sich beruhen, was der Gatte, der Vater, nicht zuletzt der begeisterte Großvater den Seinen noch hätte sein und geben können. Auch die Wissenschaft beklagt aus persönlichen Motiven sein Scheiden. Mit ihm ist eine der letzten großen Führungspersönlichkeiten, die noch tief in der klassischen deutschen Geographie wurzelte und diese Tradition weiterzugeben vermochte, von uns gegangen. Daß seine mahnende und leitende Stimme nicht mehr gehört wird, auch wenn sie in ihren hastig sich übersprudelnden, oder aphoristisch knappen, oft auch delphisch orakelnden Worten nicht immer gleich verstanden wurde, wird mancher schwer empfinden. Diesen regelmäßigen Gast und Mittelpunkt zahlreicher Diskussionen und anregender Abende auf unseren Geographentagen werden viele vermissen. Mit seiner bescheidenen, zurückhaltenden, aber im Kampf um das für wahr und richtig Erkannte stets leidenschaftlich in der vordersten Linie Streitenden ist ein Akademiker von kristallklarer Lauterkeit und größter Verantwortungsfreude für sein beschränktes Fach wie für den Geist der Universität aus der gerade hier nie sehr dicht gewesenen Linie gefallen. Mit einem Forscher, der ebenso hingebungsvoll 50 Jahre lang die gleiche Sandgrube mit immer neuen Fragestellungen absuchen, wie einem Subkontinent auf zwei verhältnismäßig kurzen Reisen die entscheidenden Probleme entlocken konnte, ohne daß ihm je eine Fehlbeobachtung, ein übereilter Schluß, eine Unsachlichkeit nachgewiesen werden konnte, hat unsere Wissenschaft ein Stück unwiederbringlicher Substanz verloren. Das alles wiegt schwer. Um so dankbarer dürfen wir dafür sein, daß mit ihm doch wohl kein Verlust an noch Unausgesprochenem zu beklagen ist. Auch in noch etwa vergönnten Jahren hätte er das zur Unzeit vernichtete Chinawerk nicht wieder geschrieben, und was er in seiner geplanten Geomorphologie gesagt hätte, liegt in seinen Einzelstudien fest, die nie am Objekt haften blieben, sondern darüber hinaus stets ins Prinzipielle vorstießen. Das Neuland aber, das er in seinen letzten Jahren, altersgereift und doch voller federnder Frische, betrat, läßt ihn den Kreis seiner Gedanken harmonisch schließen. Hier bricht kein neuer Anlauf jäh ab, sondern reflektiert ein vollendeter Forscher über den Ursprung, den Sinn und das Ziel der Arbeit seiner Generation.

Ein Versuch, Schmitthenners Werk zu würdigen, steht alsbald vor zwei Schwierigkeiten, einerseits dem großen Umfang seiner literarischen Produktion, die allein 11 selbständige Werke, 85 z. T. umfängliche Aufsätze und Akademie-Abhandlungen und eine erhebliche Herausgeber- und Kritikertätigkeit umfaßt, andererseits vor der Weite und Vielseitigkeit der aufgegriffenen Probleme. Daher müssen hier jene zahlreichen, wertvollen Arbeiten zurückgestellt werden, die entweder nur lokale Bedeutung haben, wie seine langjährigen und zu bleibenden Ergebnissen gediehenen Neckarstudien, oder in denen er einen gewählten Stoff in nur einmaligem Anlauf bewältigt hat, wofür sein Aufsatz über die Reutbergwirtschaft in Deutschland ein Beispiel ist, das allein einer ausführlichen Interpretation wert wäre. Ebenso ausgeschlossen ist es, in dieser Kürze auf seine Leistungen als Herausgeber, etwa der Geographischen Zeitschrift und seine Bemühungen um ihre Wiederbelebung, als akademischer Lehrer und gar seine Führungsleistung als Doktorvater einzugehen. Alle seine gewichtigen Arbeiten zur Deutschen Landeskunde, die ihm stets am Herzen lag, können hier nur insoweit herangezogen werden, als sie zu allgemeinen Ergebnissen geführt haben. Auch auf seine Nachrufe[21]), die weit über eine warmherzige biographische Skizze jeweils in sachliche und disziplingeschichtlich wichtige Zusammenhänge leuchten, kann hier nur hingewiesen werden. 50 Jahre Forschung, die sich nicht in Formeln ausdrücken läßt, sondern qualitative Zusammenhänge von vielfach tiefer Schichtung und großer Spannweite klärt, kann nicht in Kürze dargelegt werden.

Jene Arbeiten aber, mit denen Schmitthenner maßgeblich und bleibend die Forschung befruchtet hat, lassen sich in einigen Gruppen zusammenfassen. Der Hauptteil gilt der Geomorphologie, insbesondere des Stufenlands und der klimatischen Morphologie, eine zweite Gruppe der ostasiatischen Welt, eine dritte der Kolonialgeographie, eine vierte der Kulturgeographie der Hochkulturen, und eine letzte der Methodologie.

Die geomorphologischen Arbeiten begannen mit seiner Dissertation. In ihr griff er ein Kernproblem, die Form der Stufenlandschaft, ihre Entstehung und die Physiologie ihrer Entwicklung auf eigenen Wegen an und kam zu Ergebnissen, die die damals herrschende deduktive Forschungsrichtung nicht einmal als solche erkannte, geschweige denn würdigen konnte. Schmitthenner aber war seines Weges erstaunlich früh sicher: „Zwar ist es gegenwärtig Mode geworden, in morphologischen Untersuchungen deduktiv synthetisch zu verfahren. Aber man setzt hierbei die Kenntnis von Art und Größe der abtragenden Kräfte mehr oder weniger als bekannt voraus. Es ist aber klar, daß eine solche Methode, die die Lücken unserer Erkenntnis kaum beachtet, nur zu Erkenntnismöglichkeiten, anstatt zu Beweisen führt. Ich habe daher den induktiven Weg eingeschlagen und besonderes Gewicht auf die Beobachtung der vielen kleinen Vorgänge und ihrer Wirkung gelegt, und versucht, die Abtragung am Kleinen zu belauschen, um dann erst an die Erklärung der Großformen heranzutreten." (S. 7). Diese „Beobachtung der vielen kleinen Vorgänge", aus deren Integration große Wirkungen verständlich gemacht werden können, ist geradezu das Leitmotiv der Forschungsweise Schmitthenners geblieben. Er sah die Welt dynamisch, nicht statisch formal, lebte sich überall forschend in ihre gestaltenden Kräfte ein, um so ihren Bildungsgesetzen auf die Spur zu kommen, ohne deren Kenntnis jede Deduktion haltlos

[21]) Hans Meyer, G. Z. 1930; F. W. Paul Lehmann, Pet. Mitt. 1930; A. Hettner G. Z. 1941; Fr. Ratzel, Europ. Wissenschaftsdienst 1944; Leo Waibel, Pet. Mitt. 1953; K. H. Dietzel, M. S. 1954; Fritz Klute, Nachr. Gießener Hochschulges. 1954.

in der Luft schwebt. Das Hauptergebnis seiner Dissertation ist die Klärung der Entstehung der Stufenstirnen geneigter und zertalter Sedimenttafeln und des Mechanismus ihrer Abtragung durch Rückverlegung. Daraus ergab sich zwingend, daß die zur Erklärung des Flußnetzes über die Stufenkanten hinweg konstruierten Rumpfflächen fluviatiler Entstehung unmögliche Hypothesen sind, denn jede Rückverlegung der Stufenkante bringt diese auch in eine andere Höhenlage und würde damit einen neuen Einrumpfungszyklus postulieren. Die Aufnahme dieser wegweisenden Arbeit durch die Fachwelt ist typisch. G. Braun[22]) nennt sie zwar in einem Sammelreferat über die Morphologie des Schwarzwaldes, ist aber noch so befangen in der eben von Schmitthenner widerlegten Rumpfflächentheorie, daß er sie als völlig ergebnislos ablehnt und den nördlichen Schwarzwald morphologisch noch zur terra incognita zählt. Die Schwäche der Dissertation lag in der mangelnden Klärung des Mechanismus auf den Landterrassen, wozu der mittlere Buntsandstein in seiner Durchlässigkeit wohl auch nur schwer Beobachtungsmöglichkeiten bot. Hier brachte erst die Analyse des Stufenlandes zwischen Maas und Mosel die schon im Schwarzwald angeklungene, nun aber theoretisch ausgebaute Lösung durch die Einschätzung der in den Dellen wirkenden denudativen Kräfte. Aigner maß dieser Theorie wohl mit Recht eine solche Bedeutung zu, daß er mit ihrer Darstellung[23]) das erste Heft des ersten Bandes seiner „Zeitschrift für Geomorphologie" einleitete. Erst die Dellen wurden Schmitthenner „der Schlüssel zum Verständnis der Stufenlandschaft". In ihren flachen Mulden summieren sich die kleinen Abtragungskräfte auf den scheinbar unbewegt flachwellig daliegenden Landterrassen jenseits der Steilformen der Stufenstirnen ununterbrochen und gleichsinnig. Die Landterrassen sind also keineswegs fossil, vielmehr ist ganz im Gegenteil die auf ihnen wirksame Denudation der Grund, weshalb sich z. B. entlang den Tälern im Stufenland keine durchlaufende Erosionsterrassen bilden, zum mindesten aber nicht über längere Zeit erhalten können. Damit war jene Stufenlandtheorie im Prinzip abgeschlossen, die sich bleibend an Schmitthenners Namen knüpfen wird. Immer wieder hat er sie teils in ihren Regeln[24]), teils an Objekten, zuletzt im Thüringer Becken[25]) überprüft und dargestellt, hier in einem klassischen Gebiet der Geomorphologie, von dem er schon in seiner Habilitationsschrift vorausahnend angenommen hat, daß die „Philippische Rumpffläche" sich bei genauerer Analyse wahrscheinlich als eine verkleibt gewesene Stufenlandschaft herausstellen würde. Erst von Leipzig aus hat er hierfür die Beweise erbringen und seine Theorie auf Endformen der Entwicklung

---

[22]) G. Braun: Zur deutschen Landeskunde, V., Der Schwarzwald, Z. Ges. Erdkunde, Berlin, 1914, S. 199 ff.

[23]) Schmitthenner, H.: Die Entstehung der Dellen und ihre morphologische Bedeutung. Zeitschr. f. Geomorphologie, Bd. I, 1925/26, S. 3—28.

[24]) Die Entstehung der Stufenlandschaft. G. Z. 1920; Probleme der Stufenlandschaft, Pet. Mitt. Erg. Heft 209, 1930; Die Regeln der morphologischen Gestaltung im Schichtstufenland, mit Abb. von Dr. E. Schmidt, Pet. Mitt. 1954; Probleme der Schichtstufenlandschaft, Marburger Geogr. Schriften, herausg. von H. Schmitthenner und C. Schott, Bd. 3, Marburg 1956. Diese letzte, reifste Studie zum Problem der Stufenlandschaft ist insofern unentbehrlich, als sie manche seiner älteren Auffassungen, z. B. über die Wirksamkeit der Dellen, das Problem der Talanfänge, auf Landterrassen u. a. vertieft und teilweise auch korrigiert.

[25]) Die Muschelkalkstufe in Ostthüringen. Ber. d. Math.-Phys. Klasse der sächs. Akad. d. Wiss. zu Leipzig. XCI. Band, Leipzig. 1939; Muschelkalkstufe und Talgeschichte im Gebiet der unteren Unstrut, Ebd. Leipzig 1940.

und den Mechanismus ihres Wiederauflebens bei erneuter Erosion ausdehnen können.

Ebenfalls in seiner Dissertation klingt bereits der Gedanke an, daß die Basislandterrasse, also die Rumpffläche, die den Sedimentmantel trägt, vor den rückwandernden Stufen nicht unverändert nur wieder aufgedeckt wird, sondern ebenfalls einer Abtragung unterliegt, die aber grundsätzlich anderen Charakter hat und andere Formen erzeugt, als die Abtragung der Decke. Gehoben und erodiert, wird sie in Erosionsterrassen, Piedmontflächen und schließlich in ein echtes Bergland aufgelöst, während eine Schichtstufenlandschaft die Hebung durch Rücklauf der Stufen ausgleicht, wobei die Erosion die formenden Kräfte nur auslöst, sie aber nicht selbst stellt. Das Endstadium der Abtragung eines Gebietes von „grundstürzendem Neubau", d. h. kräftiger Faltung, ist die echte Rumpffläche, das eines Stufenlands die Verkleibungsfläche. Dieser Unterschied ist grundsätzlich, denn er bestätigt sich in kleinen, aber entscheidenden Formunterschieden, mehr aber noch in dem bei erneuter Hebung unterschiedlich einsetzenden Abtragungsmechanismus. Wenn Schmitthenner am Ende seines Lebens (Probleme der Schichtstufenlandschaft; Marburger Geographische Hefte, Bd. 3, S. 9) schrieb: „Die Stufenlandschaften sind der einzige Landschaftstyp, in dem bestimmte Regeln, die man fast Gesetze nennen könnte, auftreten", und wenn er sich berechtigt glaubt, diese Regeln weltweit und ohne Rücksicht auf die hier nur modifizierend wirkenden unterschiedlichen Klimate — mit Ausnahme des in seiner Wirkung gewaltsamen Gletscherklimas — bestätigt zu finden, dann ist die Regelfindung im wesentlichen sein Werk. Wer den durch ihn erreichten Fortschritt ermessen wollte, müßte das alte Gemeinschaftswerk von ihm und Hettner „Oberflächenformen des Festlands" (1921) auf den Stand seiner letzten Einsichten bringen. Er hätte damit in etwa jene Geomorphologie in Händen, die Schmitthenner nicht mehr geschrieben hat; diese würde aber mit jenem zurückliegenden Werk nur noch entfernte Ähnlichkeiten aufweisen.

Schmitthenners grundsätzliches Bestreben, aus der Beobachtung der kleinen Kräfte die Großformen zu erklären, zeigt sich in seinen klimamorphologischen Arbeiten im Monsungebiet Ostasiens[26]). Steilformen herrschen hier im Gebirge stärker vor als bei uns, einerlei, ob sie in winterharten Klimaten in schroffen Zacken, oder in wintermilden in wollsackähnlichen runden und glatten Formen auftreten. Agentien der Formung sind die wolkenbruchartigen Sommerregen, die Schalenbildung im freigespülten Gestein und in deren Gefolge die Abschuppung hier, die Frostsprengung dort. Der den Tälern zugeführte Schutt schafft flache Talhänge unter einem charakteristischen Steilrelief, also gerade die umgekehrte Formenvergesellschaftung, die wir in unserem Klima gewohnt sind. Eine klima -und kluftbedingte Quellerosion zerlegt das Gebirge quer zum Allgemeinstreichen schließlich in einzelne Gebirgsstöcke von inselbergartiger Form, schafft zwischen ihnen tiefe, talähnliche Einsenkungen, die zur irrtümlichen Annahme verlassener Täler veranlassen können. Die Täler selbst schließlich werden in ihrer Form bestimmt durch den jahreszeitlichen Rhythmus von Schuttüberlastung aus den Nebentälern und einem enormen Geschiebetransport mit all seinen be-

[26]) Die Oberflächengestaltung im außertropischen Monsunklima. Düsseldorfer Geogr. Vorträge (Verh. Geogr. Abh. der 89. Tagung der Ges. Dt. Naturforscher und Ärzte in Düsseldorf, 20.—24. 9. 1926), III. Teil, Morphologie der Klimazonen, Breslau 1927; Landformen im außertropischen Monsungebiet, Wiss. Veröff. Museum f. Länderkunde, zu Leipzig, N. F. 1, Leipzig 1932, S. 81 ff.

kannten Wirkungen in der Hochwasserzeit. Dadurch gezwungen, ununterbrochen in der Hochwasserzeit zu pendeln, unterschneiden die Flüsse alle Talsporne und schneiden in den Gebirgskörper auffallend breite, geradlinige und im Profil häufig an Glazialtröge erinnernde Talfluchten hinein, die unseren Aufschüttungstälern ähnlich sind, während dort tatsächlich in der Regel der nackte Fels rasch unter der dünnen und rhythmisch talabgeschobenen Schotterdecke ansteht. Nur junge Erosionsschluchten weichen selbstverständlich von diesem normalerweise von der Seitenerosion beherrschten Typ ab. Mit dieser sehr groben Skizzierung seiner wichtigsten klimamorphologischen Arbeiten, die z. B. seine Lößstudien gar nicht berücksichtigen, sollte nur gezeigt werden, daß Schmitthenner schon 1927 in der vordersten Front dieses jungen Forschungszweiges stand und damals bereits ausführlich und in einem folgerechten Zusammenhang dargelegt hat:

1. Daß klimatische Unterschiede der Abtragung keineswegs nur in den Kleinformen modifizierend auftreten, sondern auch in den Großformen andere Gebilde schaffen, als wir sie im vollhumiden Klima Europas gewohnt sind;
2. daß das Inselbergproblem sich auch ohne einen Klimawandel erklären läßt aus den Kräften eines noch gegenwärtigen und im wesentlichen geologisch weit zurückprojizierbaren Klimas, falls dieses nur die Rhythmik und Exzessivität des ostasiatischen Monsunklimas in sich trägt. Damit hat er Vorzeitformen nicht geleugnet, war aber sehr zurückhaltend, sie auch dort anzuerkennen, wo er in heute noch wirksamen Kräften ausreichende Erklärungsmöglichkeiten zu finden glaubte.

Wenden wir uns der zweiten Gruppe seiner Arbeiten, den ostasiatischen zu, dann treten darin zwei Bemühungen heraus: 1. das länderkundliche, das danach strebt, nach sorgfältiger Beobachtung und Analyse auf breiter, Natur und Mensch gleichmäßig umfassender Grundlage ein kausal begründetes, deutlich profiliertes, synthetisches Bild eines Teils der Erdoberfläche in klarer Abgrenzung gegen andersartige Gebiete darzustellen. Dieser Aufgabe gilt im Anschluß an seine erste Chinareise sein Werk über „Chinesische Landschaften und Städte", dem ersten Versuch seit Ferdinand von Richthofen, China in landeskundlichen Einzelmonographien darzustellen. Eindringlich ersteht vor uns z. B. Peking im Wandel seiner historischen Funktionen auf dem Hintergrund der Spannung zwischen China und der zentralasiatischen Welt, sein Verfall in dem Augenblick, als die alte Kultstätte mit dem Untergang der Monarchie ihre Bedeutung verlor, und die Kampffront sich erstmals an den bisher sicheren Küsten entfaltete, aber diesmal nicht gegen schlimmstenfalls assimilierbare Nomaden, sondern gegen den unaufhaltsam andringenden Geist der expansiven europäischen Kultur. Wir folgen ihm in ähnlicher Weise, die hinter der klar dargestellten Form stets die funktionale Dynamik zu fassen sucht, in die sechs von ihm besuchten Räume und ihre Städte. in das nordchinesische Lößgebiet, nach Schantung, in die nordchinesische Ebene, in den Raum der Jangtsemündung und schließlich an die südchinesische Küste und ihr Hinterland. Diese Monographien, die umfassende Beobachtungen und Literaturstudien zu greifbaren Raumgestalten verdichten, sind ein wesentliches Fundament unserer geographischen Kenntnis Chinas geblieben. — In analoger Art erschließt sein Beitrag: „Die japanische Inlandsee" [27]) in ganz

[27]) Die japanische Inlandsee. In „Zwölf länderkundliche Studien", von Schülern Alfred Hettners ihrem Lehrer zum 60. Geburtstag. Breslau 1921.

außerordentlich gedrängter Form synthetisch-regional einen umgrenzten ostasiatischen Raum. Nirgend anderswo hat Schmitthenner einen so umfänglichen Stoff ähnlich auf engsten Raum gepreßt, die Form und die Physis des Meeres wie der umgebenden Landschaften in Konnex gesetzt zur japanischen Kultur bis hin zu den sozialen Problemen. Hier verlangt eigentlich jeder Satz eine Interpretation. Es ist also kein Zufall, wenn just diesem kleinen Werk eine von ihrem Autor kaum erwartete Nachwirkung beschieden wurde. Da es etwa gleichzeitig mit der Entwicklung der japanischen Geographie zur Hochschulwissenschaft erschien, gab es dieser einen ausgezeichneten Ansatz für ihre länderkundlichen Bemühungen, eine Art Initialzündung, und steht bei ihr noch heute als das Muster der wissenschaftlichen Behandlung länderkundlicher Probleme in Ehren[28]).

Ganz anderer Art ist die zweite große Frucht seiner China-Studien nach der zweiten Reise und vom Katheder eines Kolonialgeographischen Instituts gepflückt: „China im Profil". Hier wird der vom Westen her in Gärung gebrachte Komplex China als Ganzes zum Problem. In einer Reihe von Themen, die jeweils elementare Sachverhalte des chinesischen Lebens aufreißen, werden diese zunächst von der üblichen europäischen Sicht gereinigt, auf ihren eigentlich chinesischen Inhalt zurückgeführt und dann wird gezeigt, wie hier Neues neben Altem und oft über das Alte hinausstrebend, Form zu finden sucht. Auch hier ist wieder alles durchtränkt von eigener Erfahrung. Man wird China kaum verstehen, wenn man z. B. nicht das tief in die Seele und die Lebensweise dieses Volkes leuchtende Kapitel „Große und kleine Räuber" gelesen und miterlebt hat, wie hier die Macht gleich einem Federball herrenlos von Hand zu Hand fliegt, die Marschälle sich von den Wegelagerern, aus deren Reihen sie ja auch oft genug kommen, nur graduell unterscheiden. So werden Chinas Begriffe von Geld und Reichtum, wird sein Verkehrswesen, sein vom europäischen stark verschiedenes Städtetum, werden die Probleme und Scheinprobleme seiner Übervölkerung zu ebenso vielen Profilen gezeichnet, über deren Gesamtheit hinweg der Leser einen Einblick in chinesisches Wesen erhält, wie es wurde und war, wie es jetzt mit der Neuzeit zusammenstößt und dadurch bis in den innersten Winkel des Landes hinein spürbare Wandlungen erfährt. Wie in dieser traditionsgebundenen und assimilationskräftigen Kultur heute unvermittelt Altes neben Neuem liegt, und dadurch Konflikte von unvorstellbarem und in der chinesischen Geschichte erstmaligem Ausmaß entstanden, ohne daß sich die dem chinesischen Wesen gemäße neue Lebensform vorläufig auch nur ahnen läßt, ist das Generalthema dieses Buches. Der Unterton, daß die europäische Kultur, in sich selbst uneins und zersplittert, nicht ohne Gefahr für sich selbst so tief und vielfach auch leichtsinnig an die Lebensordnung von 550 Millionen Ostasiaten gerührt hat, daß die dort draußen übernommene Verantwortung schließlich in einem Selbstschutz münden wird, und der Nachweis, daß die im Lande noch reichlich vorhandenen Ausweichsmöglichkeiten, in die ein neugeformtes China hineinwachsen kann, nicht nur ungeheure Kapitalien, sondern auch einen tiefgreifenden Wandel der urtümlichen chinesischen Wirtschaftsweise voraussetzen, rückt uns diese Fragen auf unserer klein gewordenen Erde beunruhigend näher. Daß auch diesen Arbeiten eine Fülle landeskundlicher und politisch-geographischer Spezialstudien zugrunde liegt, ist selbstverständlich. Wieviel vorausschauendes Urteil spricht allein in den beiden

[28]) Freundliche mündliche Mitteilungen von Herrn Kollegen Martin Schwind.

Aufsätzen, die den Typ der japanischen[29]) mit dem der chinesischen Kolonisation[30]) konfrontieren, wieviel Kraft im Exemplarischen das Ganze zu treffen, in der Charakterisierung Nord- und Südchinas am Unterschied der Verkehrsmittel: „Im Norden Pferd, im Süden Boot" [31]). Aus welcher Fülle scharf beobachteter Einzelzüge jeder Art entsteht vor uns der Typus der chinesischen Stadt! [32])

Greift man die kolonialgeographische Gruppe seiner Arbeiten heraus, so geht deren Ansatz zurück auf die Reise in die Atlasländer 1913, niedergeschlagen in seinem Buch über Algerien und Tunesien, das ausgedehnte eigene Beobachtungen mit der umfänglichen französischen Literatur zu einem Ganzen eigener Sicht verarbeitet, und seither keine gleichwertige Nachfolge in unserem deutschen Schrifttum gefunden hat. Der Tenor ist kulturgeographisch, nicht politisch, wenn der Gang der Politik auch seine trüben Prognosen seither nur zu sehr bestätigt hat. Im selben Sinne, Kolonialgebiete gleich welcher Mutterländer als geographische Strukturtypen länderkundlich zu erfassen, hat er später seine Leipziger Professur wahrgenommen und ihren ursprünglich unter Hans Meyer auf „Kolonialgeographie und Kolonialpolitik" ausgedehnten Lehrauftrag ausdrücklich auf die Kolonialgeographie beschränken lassen. Im Nachruf auf seinen langjährigen Assistenten und späteren Nachfolger K. H. Dietzel hat er seine eigene Auffassung der Kolonialgeographie von der Meyers und Dietzels abgehoben, so daß diese biographische Skizze sich zu einer Teilgeschichte der Kolonialgeographie in Deutschland weitet, die aus vielen Gründen, nicht zuletzt dem der Selbstverteidigung der Wissenschaft, eine würdigere und vor allem auch den künftigen Historikern zugängliche Drucklegung verdiente. Der Verlust unserer Kolonien und die Entbindung der deutschen Wissenschaft von der Verpflichtung, auf kolonialem Gebiet deutsche Interessen zu vertreten, hat die allerdings schon unter Meyer nicht akute Gefahr der Verengung vollends aufgehoben und zu einer Weite der Gesichtspunkte und Objektivität der Erörterungen geführt, der man in der Literatur von Völkern, die Ansprüche und kolonialpolitische Maßnahmen in beschränkten Räumen zu verteidigen haben, so leicht nicht begegnet. Hier stand Schmitthenner wieder an der Spitze unserer Forschung. Durch Beobachtungen im Lande bekannt mit Kolonialgebieten Frankreichs, Hollands, Großbritanniens, Rußlands, Chinas und Japans nahm er den einst von Heeren begonnenen und über Roscher bis zu Hettner führenden Versuch der Typisierung der Kolonialgebiete auch von sich[33]) aus auf und führte ihn fort z. B. durch den Begriff der Seegemeinschaft. Daß eine Reihe seiner Leipziger Schüler in kolonialgeographischen Monographien an diesem Bau mitarbeiteten[34]), ist selbstverständlich. Aber seine eigenen ostasiatischen Studien ließen ihn doch wohl letzten Endes am Wert einer generellen Klassifikation zweifeln, die die unterschiedlichen Bindungen zwischen Altland und Kolonialraum unter meist weltwirtschaftlichen Gesichtspunkten teils überhaupt verdeckt, mindestens aber eines wesentlichen Teils ihrer Substanz beraubt. Mit anderen Worten, die Kolonialräume können in

[29]) Die japanische Expansion und Kolonisation in Ostasien, G. Z. 1928, S. 1—22, Japan und die Mandschurei. Kol. Ber. 1933, S. 176 ff.

[30]) Der geographische Typus der chinesischen Kolonisation, G. Z. 1929, S. 526—540.

[31]) Pädagogische Warte 1935, S. 739—745.

[32]) Die chinesische Stadt in „Stadtlandschaften der Erde", hrsg. von S. Passarge, Hamburg 1930, S. 85—108.

[33]) Die Typen der Kolonialgebiete, Kol. Rundschau 1932, S. 52—64.

[34]) Verzeichnis dieser Arbeiten in der Schmitthenner-Festschrift. Pet. Mitt. 1954, S 331.

ihrer jeweiligen Eigenart nur verstanden werden unter voller Berücksichtigung der gesamten kulturellen, wirtschaftlichen und politischen Struktur ihrer jeweiligen Mutterländer, deren Wirksamkeit in ihren Neuländern sich selbstverständlich den dort angetroffenen natürlichen und kulturellen Bedingungen anpassen muß. Aus diesem Grundgedanken ist sein wohl packendstes Werk hervorgegangen: „Lebensräume im Kampf der Kulturen". Elf lebende Hochkulturen, als zu deren Wesen gehörig die aktive Expansion auf passive Räume und Kulturen erkannt wird, greifen unterschiedlich aber notwendig über ihre Kerngebiete hinaus, d. h. sie betätigen sich kolonial. Die Wege und Ergebnisse dieser oft ganz unbewußten und staatlich nicht notwendig gelenkten Betätigung sind außerordentlich mannigfaltig und auch historisch wandelbar. Die Kompliziertheit und Dynamik der unter diesem Gesichtspunkt der Überschichtung mannigfaltiger Kulturen sich ergebenden Kulturgeographie der Gesamterde hat auch Schmitthenner auf den verfügbaren 225 Seiten nur skizzenhaft, wenn auch zeitlos wegweisend, darzustellen vermocht. Das dort schon bis zum äußersten Komprimierte hier mit einigen Worten ins Wesenlose zu verallgemeinern, wäre sinnwidrig. Man muß selbst nachlesen, was alte Hochkulturen wie die abendländische, die osteuropäische, die orientalische, die indische, die ostasiatische, aber auch Neubildungen wie die anglo-amerikanische und die ibero-amerikanische jeweils unterschiedlich und geographisch interpretierbar intern auszeichnet, und wie jede von ihnen sich anders nach außen in Neuländer hinein projiziert. Die Gegenwart aber steht vor der neuen und beklemmenden Situation, daß die ideologisch gegensätzlichen Kulturen die früher trennenden Sperr-Räume zwischen sich überschwemmt haben und sich heute an neuralgischen Fronten berühren. Damit erhebt sich das gegenwärtige Kernproblem der Weltpolitik, ob eine Selbstbeschränkung und Koexistenz der in ihrer Expansion beengten Kulturen möglich ist, oder ob sie den traditionellen Ausweg in der nun aber gegeneinander gerichteten Gewalt suchen werden. Dieses Problem steht besonders eindringlich vor dem Abendland, nicht zuletzt dank der ihm eigenen, fast explosiven Expansionskraft, die ja nicht nur kolonialpolitisch unvergleichbar ins Weite gegriffen, sondern auch auf dem Umweg über die Wirtschaft „virtuellen Lebensraum" im Bereich aller anderen Kulturen für sich gewonnen hat. In seiner heutigen Defensive kann es einen ausreichenden Teil dieses alten Gewinns nur unter Einstellung seiner traditionellen Selbstzerfleischung im Bewußtsein der Einheit seiner Struktur behaupten. Dieses Werk Schmitthenners wandte sich nicht nur an Fachgeographen, sondern an die gebildete Welt, wollte nicht mit theoretischen Auseinandersetzungen belasten, sondern sollte gelesen werden. Erst aus einer gewissen Defensive heraus ergänzte er es durch eine Studie „Zum Begriff Lebensraum"[35]), die den theoretischen Extrakt eines Buches über „Großraumbildungen, eine politisch- und wirtschaftsgeographische Betrachtung" darbot. Die Reichsschrifttumskammer des Nationalsozialismus hat dessen Erscheinen durch eine Konfiszierung verhindert, da es dem Totalitätsanspruch dieses Staats und seiner Machtphilosophie entgegenstellte die Priorität der kulturprägenden Kraft der Bevölkerung des jeweils zur Diskussion stehenden Raums.

Es wäre befremdend, wenn eine von Hettner ausgehende, fruchtbare, vielseitige und stets auch auf das Allgemeine hin reflektierende Forschung am Ende nicht auch ihre Grundlagen und Ziele kritisch untersucht hätte. Dafür, daß die

[35]) G. Z. 1942, S. 405—417.

methodologische Besinnung nicht ins Leere stoßen konnte, bürgte eine große Forschungserfahrung auf allen Wegen, eine starke Neigung zur Besinnlichkeit und eine ungewöhnliche geistige Energie. Der Anstoß zu diesen Untersuchungen kam von zwei Seiten, einerseits von der leidenschaftlichen Abkehr von der „Allgemeinen Geographie", wie sie Erich Obst mehrfach und für Schmitthenner entscheidend auf dem Geographentag in München vorgetragen hat, und andererseits von Lautensachs System des „Geographischen Formenwandels", mit dem er die Geographie auf neue theoretische Grundlagen stellen wollte. Ohne in seiner kritischen Abwehr das Positive der gegnerischen Auffassungen zu verkennen, setzte ihnen Schmitthenner Gründe entgegen, die an die Tradition Hettners anknüpfen, zugleich aber erstmalig in unserer Disziplingeschichte abrücken von gewissen romantischen Prämissen Carl Ritters, deren verführerische Konsequenzen erst er durchschaut hat.

Obst hielt er entgegen[36]), daß die regionale Geographie wie jede andere Wissenschaft teilweise auf übernommenen Fremdbegriffen weiterbaut, die man sich in einer Propädeutik aneignen müsse. Ihnen stehen aber andere, ebenfalls Geltung heischende Allgemeinbegriffe zur Seite, die sich die Geographie nur selbst unter eigenen Fragestellungen und nach eigenen Bedürfnissen erarbeiten kann. Er hätte an seinem wohl klassisch zu nennenden Aufsatz über „Die großen Typen der Orographie, des Baues und der Bodengestaltung" [37]) demonstrieren können, wie solche zunächst beschreibend geographischen Begriffe nach ihrem Durchgang durch das Walzwerk allgemeingeographisch-genetischer Forschung eine Bereicherung ihres Inhalts und eine Eindeutigkeit in bezug auf subsumtionsfähige bzw. auszuschließende Einzelfälle gewonnen haben, die ihnen vorher weitgehend fehlte. Kann die Länderkunde hier also der Allgemeinen Geographie genetisch entwickelte morphologische Begriffe entnehmen und diese nunmehr ohne hemmende erneute Ableitung als zutreffende Strukturbegriffe in beschreibenden Darstellungen verwenden, so ist das Gleiche auch für alle anderen Faktorenreihen anzustreben, für die Pflanzenwelt, den Verkehr, das Siedlungswesen usw. Eine Allgemeine Geographie ist also notwendig und gerade in ihren leitenden Begriffen keineswegs der passive Abklatsch des Begriffssystems ihrer Grundwissenschaften. Wie der Morphologe nur in Kenntnis, aber nicht im Bann der Geologie arbeiten kann, so hat der klimatologisch arbeitende Geograph Aufgaben und Begriffe, die seiner Grundwissenschaft, der Meteorologie, fremd sind usw. Aus der so häufigen Überwältigung der räumlichen Forschung durch die sachgebundene, die z. B. darin zum Ausdruck kommt, daß ganze Teile sog. Lehrbücher der „Allgemeinen" Geographie nicht von Geographen, sondern von Vertretern systematischer Wissenschaften geschrieben werden, kommen die methodischen und systematischen Zweifel. Richtig verstanden gehen geographische Typenbegriffe aus der regionalen Arbeit am konkreten Objekt und dem sinngemäßen Vergleich mit ähnlichen Objekten an anderen Orten hervor. Gerade aus dem räumlichen Vergleich ergeben sich in der Allgemeinen Geographie die Variationsbreite der einzelnen Typen oder aber auch die Notwendigkeit ihrer Untergliederung in Untertypen. Ausgangspunkt und Ziel sind also in beiden Richtungen die gleichen: die dingliche Erfüllung der Erdoberfläche in ihrer örtlichen Verschiedenheit zu erfassen und zu begründen,

[36]) Zum Problem der Allgemeinen Geographie. Geographica Helvetica 1951, S. 123—137. Zum Problem der Allgemeinen Geographie und der Länderkunde. Münchener Geogr. Hefte, hrsg. von Hartke und Louis, Heft 4, Regensburg 1954.

[37]) G. Z. 1936.

nur tritt die Geographie im einen Fall an einen faktoriell komplexen Gegenstand, eine Landschaft, heran, im anderen Fall an die Erscheinungen eines einzelnen Faktors, der in seiner räumlichen Differenzierung verfolgt wird. Aber auch hierbei wird eine völlig isolierende Betrachtung kaum zu befriedigenden geographischen Ergebnissen führen, da jeder Einzelfaktor in unlösbaren Zusammenhängen mit anderen Geofaktoren steht. Fassen wir das Ergebnis zusammen, so hat Schmitthenner versucht, einen seit mehr als einem Jahrhundert schwelenden Methodenstreit über die Unvereinbarkeit der allgemeinen mit der regionalen Geographie durch Aufdeckung zahlreicher falscher, aber in die Praxis übernommener Voraussetzungen und den Nachweis der engen Verwandtschaft beider Arbeitsrichtungen zu klären.

Danach war es nur folgerichtig, auch die neueren Bestrebungen in der regionalen Geographie zu überprüfen[38]). Schmitthenner geht davon aus, daß es schlechthin gegebene geographische Räume, also Raumorganismen, Raumindividuen, nicht gibt, sondern nur ein Raumkontinuum, eben die Gesamterdoberfläche, die man mehr oder weniger zweckmäßig unterteilen kann, wobei sich unter verschiedener Thematik ganz verschiedene Teilräume ergeben können. Jeder Versuch, unter Ausschaltung der angeblichen Willkür der Forschung zwingende Grenzen in der regionalen Gliederung der Erde zu finden, wurzelt in der oft berufenen, aber bisher immer mißverstandenen Auffassung Carl Ritters,[39]), nach der die Erde nicht ein zufälliges Naturprodukt ist, sondern ein im Hinblick auf die Menschheitsentwicklung von der vorausschauenden Allweisheit Gottes planmäßig, geschaffenes Raummosaik. Aufgabe der Geographie war für ihn demnach, unter stetem Vergleich der Räume mit der sich in ihnen abspielenden Geschichte dieses Mosaik zu durchleuchten und hierdurch Gottes Absichten zu verstehen. In diesem physico-theologischen Glauben der prädestinierten Bezogenheit der Geschichte auf die gegliederte Erdoberfläche als des Erziehungshauses des Menschen haben Ideen wie Erdorganismus, Raumglieder verschiedener Ordnung usw. einen Sinn. Dieser Glaube hat aber einer nüchterneren naturwissenschaftlich-genetischen Auffassung weichen müssen, in der all diese übernommenen und übertragenen Begriffe kaum mehr als verführerischen Klang behalten haben. Raumgliederungen sind Setzungen der Zweckmäßigkeit geworden, deren Willkür eingeengt wird durch die jeweiligen Voraussetzungen. Von mathematisch eindeutigen Fragestellungen, die eine zwar scharf linienhafte, aber ziemlich wesenlose Zoneneinteilung zulassen, bis zu sehr komplexen Fragestellungen, unter denen sich die unterschiedlichsten Räume herausschälen lassen mit breiten Grenzräumen gegeneinander oder auch derart, daß die einen die anderen partiell überdecken, sind zahlreiche Gliederungsmöglichkeiten gegeben, ohne daß man sagen kann, eine von ihnen wäre allen anderen gegenüber notwendig, zwingend übergeordnet. Jeder Versuch, die Geographie auf die Findung eines solchen zwingenden Raumordnungsprinzips festzulegen, ist sogar unheilvoll, denn sie entzieht ihr ihren eigentlichen Forschungsgegenstand und ihr wissenschaftliches Prinzip,

[38]) Studien zur Lehre vom geographischen Formenwandel. Münchner Geographische Hefte, Heft 7, Regensburg 1954.

[39]) Über seine oben zitierten methodologischen Schriften hinaus sind gewichtige Studien zur Carl-Ritter-Forschung seine Arbeiten; Carl Ritter und Goethe, G. Z. 1937; Studien über Carl Ritter, Frankf. Geogr. Hefte 25/4, Frankfurt 1951; Carl Ritter 1779—1859 in: Die großen Deutschen, Dt. Geographie in 4 Bänden, hrsg. v. Heimpel, Heuss und Reifenberg, Bd. 3, Berlin 1956.

nämlich unvoreingenommen die Erdoberfläche zu untersuchen, zugunsten einer unerweisbaren Hypothese.

Diese Auffassungen knüpfen evolutionär an Hettner an, begründen dessen Darlegungen aber konsequenter und historisch tiefer. Sie rücken von Hettners erkenntnistheoretischem Rüstzeug der Nachkantianer ab und stellen die von der modernen Philosophie herausgearbeitete fruchtbarere Kategorie des Typus stärker in den Vordergrund. Er läßt nicht nur unmittelbarer die Klammer zwischen dem Individualfall und dem Allgemeinen erfassen, sondern verleitet auch weniger zu jenen Verabsolutierungen, zu denen der alte Begriff des „Gesetzes" geführt und unnötig den Streit um den dualistischen Charakter der Geographie verursacht hat.

Die Fachwelt ist in die Diskussion dieser methodologischen Schriften Schmitthenners noch nicht eingetreten. Es wäre daher voreilig, hier ein abschließendes Urteil zu wagen. Aber soviel kann schon jetzt gesagt werden: ihr Verdienst ist es, unter behutsamer Wahrung des im 19. Jh. mit logischer Schärfe Gewonnenen, dessen zeitbedingte Fesseln gesprengt zu haben in dem Bestreben, stärker als bisher die Methodologie der Geographie nicht aus allgemein-philosophischen Erwägungen heraus zu entwickeln, sondern ihre leitenden Kategorien dem Gang der Forschung selbst abzulauschen.

Zur Persönlichkeit Schmitthenners können wir uns in diesem Kreise kurz fassen. Die im akademischen Leben außergewöhnliche Tatsache, daß Freunde, Kollegen, Schüler aller Altersklassen und aller Richtungen z. T. von weither gekommen sind, um dem Verstorbenen einen Tag der Erinnerung und des Dankes zu weihen, spricht zu eindrucksvoll für seine bezeichnendsten Charakterzüge: Die umweglose Lauterkeit seines Herzens, die Aufrichtigkeit und Beharrlichkeit seiner Gesinnung, seine Treue und Aufgeschlossenheit den Freunden gegenüber, von denen ihm jeder am nächsten zu stehen glaubte, und ein Herz, das Liebe zu spenden und in Dankbarkeit zu empfangen gewohnt war. Immenser Fleiß war ein Stück seiner Natur, den auch äußerlich die leicht gebeugte hohe Gestalt nicht verleugnen konnte. Sein angeborener Hang, das Kleine zu belauschen, hatte seinen Blick selbstverständlich auch für die Nachtseiten dieser Welt geschärft, denen er aber mit einem köstlichen Humor begegnete, falls sie sich in jenen Grenzen hielten, die nicht seinen leidenschaftlichen Widerstand herausforderten. Das alles sind Eigenschaften, die seinen großen Freundeskreis verständlich machen, aber auch begründen, warum er niemals eine wissenschaftliche Gegnerschaft in persönliche Feindschaft umschlagen ließ. Persönlichen Antipathien, die ihm naturgemäß auch nicht fremd waren, ließ er nie soweit die Zügel schießen, daß der Betroffene hiervon auch nur etwas geahnt hätte. Die Acht auf Äußerlichkeiten waren diesem von Grund auf bescheidenen und anspruchslosen Mann fremd, der, wo er ging und stand in dauernder Verlegenheit wegen der umhergestreuten Zigarrenasche war, denn sie brachte ihn in Konflikt mit der ihm natürlichen Höflichkeit. Nur bei Kossmat ist mir noch einmal jene rissig verarbeitete Hand eines großen Gelehrten begegnet, die das gewohnte Widerlager des unter wuchtigem Hammerschlag splitternden Steins war. Ein Bekenntnis aus seinen letzten Tagen gibt nicht nur einen tiefen Einblick in sein Wesen, sondern wirft auch viel Licht zurück auf sein Werk. Er schrieb mir, sein Schicksal sei es, als Sinnsucher eine chaotische Natur zu sein. Hier liegt sein tiefster Gegensatz zu Hettner, dem verstandesklaren Systematiker, der stets im Hinblick auf seine vorgezeichnete architektonische Idee den Stoff souverän nach Bedarf heranzog, unbewegt und leidenschaftslos. Dort der unter dem Andrang der Gesichte Leidende, der die in aller Existenz wuchernden Widersprüche in sich und in der Welt spürte und erlebte und der doch den innersten Trieb hatte, den quellenden und quälenden Reichtum zu gestalten. Dieser Gegensatz der Persönlichkeiten reicht tief, wurde aber auch sehr deutlich und unmittelbar von Außenstehenden empfunden. Ein Sohn des bekannten Chileforschers Carl Martin erzählte mir gelegentlich eines Deutschlandbesuchs, daß der Schimmel, den sein Vater einst lange dem jungen Forschungsreisenden zur Verfügung gestellt hatte, noch viele Jahre lang unter dem Namen gelebt habe, den auch sein Reiter im engen Familienkreis getragen habe, „der alte Hettner". Umgekehrt erzählte mir einst Hettner strahlend, daß sich ein nur um wenige Jahre älterer Fachkollege bei ihm über „den jungen Schmitthenner" wegen irgendeiner Bagatelle beschwert habe. Schmitthenner wirkte eben bis ans Ende seiner Tage in seiner Impulsivität, seiner unvoreingenommenen Frische allem Neuen und jedem Einwand gegenüber, seinem Mangel an professoraler Würde durchaus jugendlich, und auch der Schnee des Alters fiel nur langsam und fast unmerklich in das hochblonde Haar.

Begnügen wir uns hier mit dem kurzen Hinweis darauf, welches seltene Glück es für die Deutsche Geographie gewesen ist, daß zwei so gegensätzliche Naturen wie Hettner und Schmitthenner einander trafen und in wechselseitiger unwägbarer Befruchtung einen langen Weg in nie getrübter Freundschaft gemeinsam zum gleichen Ziel gehen durften. Hettner hat ganz fraglos viel geistiges Eigentum Schmitthenners seinem architektonisch-logischen Bau eingefügt. Umgekehrt ist es aber fraglich, ob Schmitthenner ohne die gestrenge und gütige Führung Hettners in so hohem Maß seiner mit elementarer Dynamik sprudelnden Gaben Herr geworden wäre, wie es uns in seinem Werk vor Augen steht.

VERÖFFENTLICHUNGSTÄTIGKEIT VON ERNST PLEWE

1. EIGENE VERÖFFENTLICHUNGEN[1]

1. Untersuchung über den Begriff der „Vergleichenden" Erdkunde und seine Anwendung in der neueren Geographie.
   – Berlin 1932. 92 S.
   = Zeitschrift der Gesellschaft für Erdkunde Berlin. Ergänzungsheft IV.
2. Randbemerkungen zur geographischen Methodik.
   In: Geographische Zeitschrift. 41, 1935, 6. S. 226–237.
3. Mensch und Landschaft im Weinbaugebiet vor der Haardt.
   In: Die Westmark. 1936, 8. S. 1–8.
4. Philosophische Erdkunde.
   In: Zeitschrift für Erdkunde. 6, 1938, 3. S. 97—102; Nachdruck in: „Probleme der Allgemeinen Geographie, Wege der Forschung, Bd. CCIC, hrsg. v. E. Winkler, Darmstadt: Wiss. Buchgemeinschaft Darmstadt 1975, S. 157–166.
5. Geomorphologische Studien am pfälzischen Rheingrabenrand.
   – Freiburg i. Brsg./Heidelberg 1938, V, 70 S., 5 Profile.
   = Badische Geographische Abhandlungen. H. 19.
6. Der Zerfall der Kausalität in der Geographie.
   In: Geographische Zeitschrift. 43, 1939, 3. S. 104–106.
7. Die Karte als Ausdrucksform.
   In: Geographische Zeitschrift. 46, 1940, 5. S. 161–169.
8. Ein verschollener Atlas von Johann Christoph Gatterer.
   In: Petermanns Geographische Mitteilungen. 86, 1940, 12. S. 393–399, 3 Ktn.
9. Küste und Meeresboden der Tromper Wiek (Insel Rügen).
   In: Geologie der Meere und Binnengewässer, Bd. 4, 1940, S. 1–41, Abb., 1 Ktn.Sk., 1 Lageplan, Profile (Teildruck eines Gutachtens für den preußischen Uferschutz).
10. Anthropogeographische Gedanken um Mauer an der Elsenz und den Homo Heidelbergensis.
    In: Geographische Zeitschrift, 49, 1943, 5. S. 188–202, 1 Kt.
11. Große deutsche Geographen: Alfred Hettner (6. 8. 1859–31. 8. 1941).
    In: Atlantis, 14, 1942, 6. S. 210–212, Abb.
12. Die Landschaft um Heidelberg.
    – Heidelberg 1947. 33 S., 1 Ktn. Sk., 2 Profile.
    = Heidelberger Vorträge, Bd. 1.
13. Saargebiet und Pfalz [Schrifttumsbericht].
    In: Naturforschung und Medizin in Deutschland (1939–1946). Ausgabe der Fiat Review of German Science. Bd. 47; Geographie, Teil 4. Hrsg. v. W. von Wissmann.
    – Wiesbaden 1949. S. 72–76.
14. Alexander von Humboldt. Rede zur feierlichen Immatrikulation an der Wirtschaftshochschule Mannheim am 7. Dezember 1949.
    – Heidelberg 1949. 37 S.
    = Schriftenreihe der Wirtschaftshochschule Mannheim, H. 2.
15. Alexander von Humboldt.
    In: Arbeitsbericht des Vereins der Studenten und Förderer der Geographie an der Universität Heidelberg. 3, 1949/50. S. 6–9.
16. Walther Tuckermann (27. 8. 1880–14. 9. 1950).
    In: Petermanns Geographische Mitteilungen. 95, 1951, 1. S. 34–36; Verzeichnis der Schriften von Walther Tuckermann. Ebenda S. 36–38.
17. Prof. Dr. Walther Tuckermann (27. 8. 1880–14. 9. 1950).
    In: Jahresberichte d. Vereins f. Naturkunde Mannheim 1950/51, Mannheim 1952. S. 61–75.

[1] Ohne Kurzbesprechungen

18. Klufttektonische Züge im Landschaftsbild Südnorwegens.
    In: Petermanns Geographische Mitteilungen. 96, 1952, 3. S. 179–182, 1 Kt.
19. Vom Wesen und den Methoden der regionalen Geographie.
    In: Studium Generale. 5, 1952, 7. S. 410–421; Nachdruck in „Zum Gegenstand und zur Methode der Geographie", Wege der Forschung, Bd. LVIII, hrsg. v. W. Storkebaum, Darmstadt: Wiss. Buchgemeinschaft 1967. S. 82–100.
20. Die Entwicklung der letzten 20 Jahre. [Nachwort in:]
    Walther Tuckermann: Das altpfälzische Oberrheingebiet. 2. Aufl. Herausgegeben von E. Plewe. – Mannheim 1953. S. 145–157.
21. Das Geographische Institut (der Wirtschaftshochschule Mannheim).
    In: Forum Academicum. 4, 1953, Sondernr.: Die Wirtschaftshochschule Mannheim. S. 3–4.
22. Zur Frage der wirtschaftlichen Verflechtung der Pfalz.
    In: Die Raumbeziehungen der Pfalz in Geschichte und Gegenwart. Niederschrift über die Verhandlungen der Arbeitsgemeinschaft für westdeutsche Landes- u. Volksforschung ⟨Bonn⟩ in Kaiserslautern v. 6.–9. X. 1954. S. 62–65, 1 Tab. (Mit Diskussion. S. 66–67).
23. Zerstörung und Wiederaufbau im kurpfälzischen Raum.
    In: Kurpfalz. 5, 1954, 3. S. 3–4 u. 4. S. 9–10.
24. Die Industrie von Mannheim-Ludwigshafen.
    In: Geographische Rundschau, 6. 1954, 5. S. 193–198.
25. Heinrich Schmitthenner.
    In: Petermanns Geographische Mitteilungen. 98, 1954, 4. S. 241–243.
26. Zur Entwicklungsgeschichte der Stadt Mannheim.
    In: Festschrift der Wirtschaftshochschule Mannheim zur Einweihung ihres Gebäudes im Mannheimer Schloß, 11. 5. 1955. – Mannheim 1955. S. 7–52, 5 Abb.
27. Stellungnahme der südwestdeutschen Hochschullehrer der Geographie zum Entwurf der Lehrpläne für Gymnasien Baden-Württembergs.
    In: Zum Erdkundeunterricht im höheren Schulwesen in der Bundesrepublik und in West-Berlin (= Veröffentlichung des Geographischen Instituts der Technischen Hochschule Stuttgart). – Stuttgart 1955, S. 5–8.
28. Die Bedeutung der Industrie von Mannheim-Ludwigshafen.
    In: Die BASF. 5, 1955, 4. S. 155–167.
29. Lautensachs Atlas zur Erdkunde.
    In: Erdkunde. 9, 1955, 3. S. 226–229.
30. Die Rheinbrücke bei Speyer.
    In: Kurpfalz. 8, 1957, 1. S. 5–6.
31. Mannheim in seinem Raum.
    In: Deutsche Städtebücher. Jubiläumsausgabe: 350 Jahre Mannheim. – Mannheim 1957. S. 52–57.
32. Kräftig profilierte Persönlichkeiten fehlten nie. Die wirtschaftlichen Energien Mannheims und Ludwigshafens folgen historisch begründeten Lebenslinien.
    In: 350 Jahre Stadt Mannheim 1607–1957. Sonderbeilage des Mannheimer Morgen, Nr. 20 v. 24. 1. 1957. S. 25.
33. Der Rhein.
    In: Mannheimer Hefte, Mannheim 1957, 1. S. 2–4.
34. Heinrich Schmitthenner (3. 5. 1887–18. 2. 1957), Gedächtnisansprache im Geographischen Institut Marburg am 19. 2. 1957.
    In: Mitteilungen des Universitätsbundes Marburg, 1957, 2/3 (zugleich Marburger Geographische Schriften, H. 7) – Marburg 1957. S. 3–19.
35. D. Anton Friedrich Büsching. Das Leben eines deutschen Geographen in der zweiten Hälfte des 18. Jahrhunderts.
    In: Lautensach-Festschrift (= Stuttgarter Geographische Studien, Bd. 69). – Stuttgart 1957. S. 107–120.

36. Studien über D. Anton Friedrich Büsching.
In: Festschrift zum 60. Geburtstag von H. Kinzl.
Hrsg. v. H. Paschinger. – Innsbruck 1958. S. 203–223.
37. Vielfalt der Landschaft und Wirtschaft.
In: Baden-Württemberg. Zwischen Schwarzwald und Odenwald: Der Regierungsbezirk Nordbaden (= Monographien deutscher Wirtschaftsgebiete. Bd. 11). – Oldenburg 1958. S. 49–54.
38. Ernst und Ilse Plewe: Ludwig Spuhler 60 Jahre.
In: Pfälzer Heimat. 9, 1958, 3. S. 154–155, 1 Bild, Schrifttum.
39. Carl Ritter (1779–1859).
In: Geographisches Taschenbuch 1958/59. – Wiesbaden 1958. S. 501–503.
40. Alexander von Humboldt (1768–1859).
In: Geographisches Taschenbuch 1958/59. – Wiesbaden 1958. S. 494–500.
41. Carl Ritter. Hinweise und Versuche zu einer Deutung seiner Entwicklung.
In: Die Erde. 90, 1959, 2. S. 98–166.
42. Carl Ritters Stellung in der Geographie.
In: Tagungsberichte und wiss. Abhandlungen zum Deutschen Geographentag Berlin 1959. – Wiesbaden 1960. S. 59–68.
43. Alexander von Humboldt-Feier, Berlin 18. u. 19. Mai 1959.
In: Die Erde. 90, 1959, 3. S. 299–301.
44. Plewe, Ernst u. Rudolf Planck:
Alexander von Humboldt. Festreden am 12. Mai 1959 in der Techn. Hochschule Fridericiana.
– Karlsruhe 1959. 24 S.
= Karlsruher Akademische Reden, N. F. Nr. 17.
45. Zum 100. Todestag von Alexander von Humboldt.
In: Mitteilungen der Pollichia der Pfalz. Reihe 3, Bd. 6, 1959. S. 180–187.
46. Vorwort zu Carl Ritters „Einige Bemerkungen bei Betrachtung des Handatlas über alle bekannten Länder des Erdbodens; herausgegeben von Herrn Professor Heusinger im Herbst 1809".
In: Erdkunde. 13, 1959, 2. S. 83–84.
47. Landschaft und Wirtschaft am mittleren Oberrhein.
In: Der kurpfälzische Raum in Geschichte und Gegenwart (= Schriften der Mannheimer Akademie und Volkshochschule). – Mannheim 1959. S. 1–17.
48. Alfred Hettner, seine Stellung und Bedeutung in der Geographie u. Alfred-Hettner-Bibliographie. I
In: Gedenkschrift zum 100. Geburtstag von Alfred Hettner (= Heidelberger Geographische Arbeiten. H. 6). — Heidelberg, München 1960. S. 15—27; Alfred Hettner-Bibliographie. Ebenda. S. 81—88.
49. Alfred Hettner 1859–1941.
In: Die Karawane. 1960, 1/2. S. 3–5, 1 Abb.
50. Die Wirtschaft in Raum und Zeit, Gedanken zur Entstehung von Industrie und Handel.
In: Der Heidelberger Portländer, 1961, 3. S. 14–21; Nachdruck in: aspekte – Betrachtungen zur Baukunst und zum Baugeschehen. – Heidelberg 1972.
51. Mediterrane Züge im Antlitz Griechenlands.
In: Die Karawane, 2, 1961/62, 2/3. S. 31–42.
52. Mannheim-Ludwigshafen.
In: Welt am Oberrhein. 1961, 1. S. 8–9 u. S. 77.
53. „Allgemeine Abteilung" [der Wirtschaftshochschule Mannheim] und „Geographie" [Lehrfach an dieser].
In: Wirtschaftshochschule Mannheim. 2. Aufl. – Basel, Berlin/West 1962. S. 36–37 u. 49–51.
54. Die Agglomeration Mannheim-Ludwigshafen.
In: Geographisches Taschenbuch 1962/63. – Wiesbaden 1963. S. 108–118.

55. Landschaft und Mensch im Industriezeitalter. Texte zu Luftbildern.
In: Baden-Württemberg, Porträt eines deutschen Landes. 3. Aufl. – Stuttgart 1963. S. 215–234.
56. Heinrich Barths Habilitation im Urteil von Carl Ritter und August Boeckh.
In: Die Erde. 94, 1963, 1. S. 5–12.
57. Mannheim-Ludwigshafen, eine stadtgeographische Skizze.
In: Festschrift zum 34. Deutschen Geographentag Heidelberg 1963. – Wiesbaden 1963, S. 126–153, 4 Taf. m. 2 Pl.
58. Alfred Philippson 1. 1. 1864 – 28. 3. 1953.
In: Die Karawane, 4, 1964/65, 3/4. S. 3–6.
59. Zur Integration der Geographie in die Gemeinschaftskunde.
In: Mitteilungsblatt d. Hessischen Philologenverbandes. 15, 1964, 6/7. S. 15–27.
60. Humboldt (1769–1859).
In: Die berühmten Entdecker und Erforscher der Erde. – Köln 1965. S. 152–155, 1 Bild.
61. Diskussionsbeiträge von der Podiumsdiskussion des Geographentages Bochum 1965.
In: Tagungsberichte u. wiss. Abhandlungen des 35. Deutschen Geographentags Bochum 1965. – Wiesbaden 1965. S. 480–499.
62. Von einem neuerdings erhobenen vornehmen Ton in der Geographie. In: Geographische Zeitschrift. Bd. 53, 1965. S. 188–191.
63. Heinrich Barth und Carl Ritter. Briefe und Urkunden. In: Die Erde. Zeitschrift der Gesellschaft. Jg. 96, 1965, 4. S. 245–278.
64. Zum Problem der sozialgeographischen Gliederung der Vorderpfalz.
In: Berichte z. deutschen Landeskunde. Bd. 35, 1965, 2. S. 311–320.
65. Heinrich Barth und Carl Ritter, Briefe und Urkunden.
In: Die Erde. 96, 1965, 4. S. 245–278.
66. Ernst und Ilse Plewe: Das Westmittelmeer. Aspekte seiner Kultur und Wirtschaft.
In: Die Karawane. 1966, 4/7. S. 54–65.
67. Hermann Lautensach 80 Jahre.
In: Forschungen und Forschritte. 40, 1966, 9. S. 282–284, 1 Abb.
68. „Einführung" zu Hans Pichler: „Ganzheit und Gemeinschaft". Herausgegeben von E. Plewe u. E. Sturm.
– Wiesbaden 1967. S. XIII–XXIV.
69. Zur Einrichtung einer geographischen Fachbücherei. Überlegungen anläßlich einer Rezension der Reihe „Das Geographische Seminar".
In: Geographische Rundschau. 20, 1968, 9. S. 350–352.
70. Teleologie und Erdwissenschaften im Rahmen der Naturphilosophie von Henrich Steffens.
In: Festgabe für Ruthardt Oehme zur Vollendung des 65. Lebensjahres (= Veröffentlichung der Kommission für geschichtliche Landeskunde in Baden-Württemberg, Reihe B: Forschungen, Bd 46) – Stuttgart 1968. S. 55–77.
71. Von Ludwig Uhlig: Georg Forster. Einheit und Mannigfaltigkeit in seiner geistigen Welt (Besprechung).
In: Mitteilungen der Fränkischen Geographischen Gesellschaft, Bd. 13/14. – Erlangen 1968. S. 450–452.
72. Straßburg im Vergleich mit Mannheim-Ludwigshafen. Ein elsäßischer Beitrag zur Geographie der Oberrheinlande.
In: Berichte zur deutschen Landeskunde. 41, 1968, 1. S. 135–140.
73. Die „Industrieformation" Jockgrim; ein wirtschaftsgeographisches Problem.
In: Berichte zur deutschen Landeskunde. 42, 1969, 2. S. 325–331.
74. Ritter, Carl
In: International Encyclopedia of the Social Sciences; Bd. 13, (s. l.), USA 1968, S. 517–520.
75. Alfred Hettner [Einleitung zum Nachdruck von:] Alfred Hettner: Reisen in den columbianischen Anden. – Stuttgart 1969. S. 5–28.

76. Geleitworte zu Rolf Italiaander: Heinrich Barth; „Er schloß uns einen Erdteil auf". – Hamburg 1970, S. 7–9; nachgedruckt unter dem Titel „Zu der Briefausgabe Heinrich Barths". In: Paul G. Fried: Die Welt des Rolf Italiaander. – Hamburg 1973. S. 55–58.
77. Alexander von Humboldt, 1769 * 1969. – Mannheim 1970. 32 S., 1 Bild = Schriften der Gesellschaft der Freunde Mannheims und der ehemaligen Kurpfalz, Mannheimer Altertumsverein von 1859, H. 10 (gleichzeitig: 137. Jahresbericht des Vereins für Naturkunde Mannheim, 1970).
78. Tunesienexkursion des Geographischen Instituts [der Universität Mannheim] im Frühjahr 1970.
In: Mitteilungen [der] Gesellschaft der Freunde der Universität Mannheim e. V. Jg. 20, 1971, 2. S. 29–40.
79. Zum Tode von Prof. Dr. Hans Rücklin.
In: Mannheimer Berichte – Aus Forschung und Lehre an der Universität Mannheim. 1, 1971. S. 40, 1 Abb.;
= Nekrolog auf Professor Dr. Hans Rücklin.
In: Mitteilungen [der] Gesellschaft der Freunde der Universität Mannheim e. V. Jg. 20, 1971, 2. S. 50–51.
80. Alfred Hettner.
In: Neue Deutsche Biographie. Bd. 9 – Berlin 1972, S. 31–32.
81. Alexander v. Humboldt.
In: Neue Deutsche Biographie. – Berlin 1973, S. 33–43.
82. Hermann Lautensach (20. 9. 1886—20. 5. 1971)
In: Geographische Zeitschrift 60, 1972, 1. S. 1–7, Bild.
83. Zum Problem der Anzeige von Nachdrucken am Beispiel von Humboldts „Relation Historique".
In: Geographische Zeitschrift 60, 1972. S. 390.
84. Ein Streifzug durch die Geschichte der Geographie. Zu Hanno Becks „Geographie". In: Mitteilungen der Fränkischen Geographischen Gesellschaft. Bd. 20. Erlangen, 1973. S. 219–227.
85. Terrassenbau im südpfälzischen Weinland. Erinnerungen an Forstrat a.D. Ökonomierat Eduard Rebholz. In: Festschrift für Landrat Fr. Ludw. Wagner zum 85. Geburtstag. Jahrbuch zur Geschichte von Stadt u. Landkreis Kaiserslautern. Bd. 12/13. – Kaiserslautern 1974/75. S. 418-422.
86. Eduard Hahn. Studien und Fragen zu Persönlichkeit, Werk und Wirkung. In: Der Wirtschaftsraum. Beiträge zur Methode und Anwendung eines geographischen Forschungsansatzes. Festschrift für Erich Otremba zu seinem 65. Geburtstag. In: Beihefte zur geographischen Zeitschrift. Erdkundliches Wissen. Bd. 41. – Wiesbaden 1975. S. 120–140.
87. Eduard Hahn 1856–1928. In: Geographisches Taschenbuch 1975/76. – Wiesbaden 1975. S. 239–246.
88. Die Entwicklung der französischen Geographie im 18. Jahrhundert. In: Francia. Forschungen zur westeuropäischen Geschichte. Hrsg. v. Deutschen Historischen Institut (Institut Historique Allemand). Bd. 5, 1977. – München 1978. S. 714–732.
89. Abraham Gottlob Werners Prolog an die Adepten der Geognosie. In: Beiträge zur Geographischen Methode und Landeskunde. Festgabe für Gudrun Höhl. In: Mannheimer Geographische Arbeiten I. – Mannheim 1977. S. 27–40.
90. Ansprache zu Professor Dr. mult. W. G. Waffenschmidts 90. Geburtstag 1977 (Ungedruckte Festrede vor der Universität Mannheim).
91. Karl Theodor Andree 20. X. 1808 – 10. VII. 1875. In: Geographisches Taschenbuch 1977/78. – Wiesbaden 1977. S. 165–175.
92. Carl Ritter. Von der Compendien- zur Problemgeographie. In: Carl Ritter – Geltung und Deutung. Beiträge des Symposiums anläßlich der Wiederkehr des 200. Geburtstages von Carl Ritter November 1979 in Berlin (West). Hg. von Karl Lenz. – Berlin 1981. S. 37–53.

93. Carl Ritters „produktenkundliche" Monographien im Rahmen seiner wissenschaftlichen Entwicklung. In: Geographische Zeitschrift. Bd. 67, 1979. S. 12–28.
94. Carl Ritter, Geograph. Rede anläßlich der Anbringung einer Gedenktafel am 4. Juni 1979. Jüdenstr. 12 in Göttingen. In: Göttinger Jahrbuch. Bd. 27, 1979. S. 201–207. Abdruck in: Mannheimer Geographische Arbeiten. 416, 1982. S. 3–16.
95. Alfred Hettner, 1859–1941. In: Geographers, bio-bibliographical Studies. Vol. 6. – London 1982. S. 55–63.
96. Alfred Hettner. In: Badische Biographien, N.F. Bd. 1. – Stuttgart 1982. S. 170–171.
97. Eugenie Lautensach-Löffler 80 Jahre. In: Jahrbuch zur Geschichte von Stadt u. Landkreis Kaiserslautern. – Kaiserslautern 1982. S. 609–614.
98. Carl Ritter 1779–1859. Leben und Wirken des Begründers der Geographie als Hochschulfach. Vortrag gehalten zum 200. Carl-Ritter-Gedächtnisjahr am 19. Juni 1979 vor dem Verein für Naturkunde Mannheim e.V. In: Mannheimer Geographische Arbeiten. H. 16, 1982. S. 15–39.
99. Ansprache zur Carl-Ritter-Ausstellung der Universität Heidelberg. In: Mannheimer Geographische Arbeiten. H. 16, 1982. S. 43–56.
100. Dankworte anläßlich des Festkolloquiums zum 70. Geburtstag von Ernst Plewe. In: Mannheimer Geographische Arbeiten. H. 16, 1982. S. 73–74.
101. Ferdinand Freiherr v. Richthofen, eine Würdigung. In: Kolloquium Geographicum. Bd. 17. – Bonn 1983. S. 15–23.
102. Der junge Alfred Hettner. In: Ernst Plewe und Ute Wardenga, Der junge Alfred Hettner. Studien zur Entwicklung der wissenschaftlichen Persönlichkeit als Geograph, Länderkundler und Forschungsreisender (= Erdkundliches Wissen, H. 74). Stuttgart 1985, S. 9–26.
103. Alfred Hettner (1859–1941). In: Semper Apertus. Sechshundert Jahre Ruprecht-Karls-Universität Heidelberg 1386–1986. Berlin-Heidelberg 1985, S. 526–534.
104. Johann Eduard Wappäus. In: Festschrift für Slbert Kolb zum 80. Geburtstag. [Im Druck]

2. HERAUS- UND MITHERAUSGEGEBENE VERÖFFENTLICHUNGEN

1. Tuckermann, Walther:
   Das altpfälzische Oberrheingebiet von der Vergangenheit zur Gegenwart. 2. Aufl., Hrsg. v. E. Plewe.
   – Mannheim 1953. 166 S., 1 Abb. a. Taf., 1 Kt. im Anh., Schriftt.
   = Abhn. d. Wirtschaftshochschule Mannheim. Bd. 1.
2. Festschrift der Wirtschaftshochschule Mannheim zur Einweihung ihres Gebäudes im Mannheimer Schloß. 11. Mai 1955, Redaktion E. Plewe.
   – Mannheim 1955. 101 S. 1 mehrf. Karte, Abb.
3. Hettner, Alfred:
   Allgemeine Geographie des Menschen. Hrsg. v. H. Schmitthenner, Bd. 2. Wirtschaftsgeographie. Bearbeitet v. E. Plewe.
   — Stuttgart 1957. 371 S., Bild, Tab., Schriftt.
4. Hettner, Alfred:
   Drei autobiographische Skizzen Hrsg. v. E. Plewe.
   In: Alfred Hettner (geb.) 6. 8. 1859. Gedenkschr. z. 100. Geburtstag (= Heidelberger Geographische Arbeiten H. 6).
   – Heidelberg, München 1960. S. 41–80.
5. Pichler, Hans:
   Gesammelte Schriften. Hrsg. v. E. Plewe u. E. Sturm. Bd I, Hans Pichler: „Ganzheit und Gemeinschaft". Mit einer Einführung von E. Plewe.
   – Wiesbaden 1967. XXIV, 297 S. 1 Taf.

3. MITHERAUSGEGEBENE PERIODIKA

1. **Schriftenreihe der Wirtschaftshochschule Mannheim, Heft 1, 1949 ff. Ab 1953: Veröffentlichungen der Wirtschaftshochschule Mannheim, Reihe 1: Abhandlungen, 1953 ff.; Reihe 2: Reden, 1957–1966.**
2. **Geographische Zeitschrift. Begr. v. Alfred Hettner. Hrsg. v. Albert Kolb, Gottfried Pfeifer, Ernst Plewe (u. A.). Jg. 51, 1963, 1. (ff.).**
3. **Erdkundliches Wissen. Schriftenfolge für Forschung und Praxis, ab H. 14 zugleich: Beihefte der Geographischen Zeitschrift. Hrsg. v. E. Meynen u. E. Plewe. H. 8, 1964 – H. 70, 1984.**

BIBLIOGRAPHISCHE NACHWEISE DER AUSGEWÄHLTEN BEITRÄGE

1. Ergänzungsheft IV zur Zeitschrift der Gesellschaft für Erdkunde zu Berlin. 1932.
2. Geographische Zeitschrift. Bd. 41, 1935. S. 226–237.
3. Zeitschrift für Erdkunde. Bd. 6, 1938. I, S. 97–102.
4. Studium Generale. Jg. 5. H. 7, S. 410–421.
5. Schlern-Schriften, hrsg. v. R. Klebelsberg, Bd. 190: Geographische Forschungen. Festschrift zum 60. Geburtstag von Hans Kinzl, besorgt von H. Paschinger. Innsbruck 1958. S. 203–223.
6. Francia. Forschungen zur Westeuropäischen Geschichte. Hrsg. v. Deutschen Historischen Institut (Institut Historique Allemand), Bd. 5 (1977). München 1978. S. 714–732.
7. Veröffentlichungen der Kommission für geschichtliche Landeskunde in Baden-Württemberg. Rh. B. Forschungen, Bd. 46: Beiträge zur geschichtlichen Landeskunde – Geographie, Geschichte, Kartographie. – Festgabe für Ruthardt Oehme. Stuttgart 1968. S. 55–77.
8. Schriften der Gesellschaft der Freunde Mannheims u. der ehemaligen Kurpfalz. Mannheims Altertumsverein von 1859. H. 10. – Mannheim 1970. 31 S.
9. Tagungsbericht. Deutscher Geographentag Berlin. Mai 1959. – Wiesbaden S. 59–68.
10. Die Erde. Zeitschrift der Gesellschaft für Erdkunde zu Berlin. Jg. 90, H. 2. S. 98–166.
11. Geographische Zeitschrift. Bd. 67, 1979. S. 12–28.
12. Die Erde. Zeitschrift der Gesellschaft für Erdkunde zu Berlin. Jg. 94, 1963, H. 1. S. 5–12.
13. Geographisches Taschenbuch 1977/1978. – Wiesbaden 1977. S. 165–175.
14. Geographische Zeitschrift. Beihefte. Erdkundliches Wissen. H. 41: Festschrift für Erich Otremba zu seinem 65. Geburtstag. – Wiesbaden 1975, S. 120–134.
15. Heidelberger Geographische Arbeiten 6. – Heidelberg 1960. S. 15–27.
16. Jahresberichte des Vereins für Naturkunde. Bd. 117/118. Mannheim 1950/51. S. 61–75.
17. Geographische Zeitschrift. Bd. 60, 1972. S. 1–7.
18. Mitteilungen Universitätsbund Marburg. 1957. H. 2/3. Marburg 1957. S. 3–19.